Alexander Kalcher

Einstieg in den LKW-Modellbau

Aufbau und Umbau von LKW-Bausätzen

Einstieg in den LKW-Modellbau

Aufbau und Umbau von LKW-Bausätzen

Alexander Kalcher

Verlag für Technik und Handwerk neue Medien GmbH
Baden-Baden

vth-Fachbuch
Best.-Nr.: 310 2247

Redaktion: Oliver Bothmann

Bibliografische Information der Deutschen Nationalbibliothek
Die Deutsche Nationalbibliothek verzeichnet diese Publikation in der Deutschen Nationalbibliografie; detaillierte bibliografische Daten sind im Internet über http://dnb.d-nb.de abrufbar.

ISBN 978-3-88180-462-2

Postfach 22 74, 76492 Baden-Baden

Printed in Germany
Druck: Griebsch & Rochol Druck GmbH, Hamm

Inhaltsverzeichnis

Über den Autor

Los ging das Modellbauer-Leben von Alexander Kalcher (geb. 1982) wie bei vielen anderen als Junge mit der Märklin-Modellbahn in H0, die mit dem Vater gemeinsam gebaut wurde. Bei den regelmäßigen Besuchen der Intermodellbau in Dortmund stieß er erstmals auf die noch beschauliche, aber nicht weniger beeindruckende Funktionsmodellbau-Szene. Im Laufe der Jahre dauerten die Aufenthalte in der Trucker-Halle länger als bei den Modellbahnern.

Mit einem Weihnachtsgeschenk im Jahr 1998 in Form eines Tamiya Mercedes Benz 1838 begann der Werdegang als LKW-Modellbauer. Viel Taschen- und Lehrgeld flossen in die Sattelzugmaschine, an der im Laufe der Jahre dauernd um-, an- und ausgebaut wurde. Um viele Erfahrungen und inzwischen einige Kontakte in die Modellbauszene reicher folgte 2006 der große Schnitt: Von Grund auf wurde systematisch ein neues Modell konzipiert, konstruiert und gebaut. Der dabei entstandene MAN TGA dreht noch heute seine Runden. Weitere Fahrzeuge und Auflieger folgten, farblich fast alle am Kobaltblau mit orangener Beschriftung der fiktiven „Sauerland Logistik" zu erkennen.

Als freier Mitarbeiter einer Tageszeitung lag für ihn nahe, auch über seine Modellbau-Erfahrungen in Wort und Bild zu berichten. So erschien 2001 sein erster Artikel in der Truckmodell, über 50 weitere sollten bis heute folgen. 2006 erschien die erste Auflage des Buches „Einstieg in den Truckmodellbau".

Sicherlich ist diese Verknüpfung von Technik und Journalismus auch nicht ganz unschuldig an seiner Studienwahl. An der Fachhochschule Gelsenkirchen studierte er „Journalismus und Technik-Kommunikation" und arbeitet seitdem als Technischer Redakteur in einem Maschinenbauunternehmen. Hier erstellt er Montage-, Bedienungs- und Wartungsanleitungen sowie technische Fachartikel.

Vorwort

Das Sprichwort „aller Anfang ist schwer" ist abgedroschen und steht sicher am Anfang eines jeden Einsteiger-Buches zu egal welchem Hobby auch immer. Aber es stimmt. In welches Hobby man auch einsteigen möchte: Der Anfang ist schwer. Woher soll ich wissen, was ich können, kaufen und haben muss? Woher soll ich wissen, wie das alles geht und wer hilft mir weiter?

Einsteigern in das Hobby des Truckmodellbaus geht es da nicht anders. Am Anfang steht die Inspiration. Vielleicht durch einen Besuch auf einer einschlägigen Modellbaumesse, die nachhaltig den „Aha"-Effekt („Das will ich auch haben") hinterlassen hat oder durch den Blick ins Schaufenster des heimischen Spiel- oder Modellbauhändlers, in dem schon seit Monaten dieser ferngesteuerte LKW steht und man sich endlich entschlossen hat, mal in den Laden zu gehen. Aber wie geht es nach der Inspiration weiter? Auf der Modellbaumesse kann man zwar sehr gute Ideen und auch Beratung finden, mitunter führen aber auch einfache Fragen an die Experten auf den Vorführflächen zu fachchinesischen Antworten. In die mischen sich dann noch zwei Kollegen vom Fach ein und das Ganze endet in hitzigen Profi-Diskussionen. Am Ende ist man dann vielleicht auch nicht schlauer als am Anfang. Und der heimische Spielwarenhändler? Vielleicht kann er tatsächlich nützliche Tipps zum Einstieg in den LKW-Modellbau geben. Aber vielleicht will er auch nur jenen Bausatz verkaufen, der ja nun schon seit Monaten im Schaufenster steht.

Und nun? Richtig! Dieses Buch soll Ihnen bei allen Fragen helfen und den Einstieg in den Bau von ferngesteuerten LKW-Modellen erleichtern. Und auch dieser Satz steht so ähnlich sicher am Anfang eines jeden Buches über den Einstieg in ein Hobby.

Dieses Buch soll eine möglichst unabhängige Informationsquelle sein für jeden, der mit dem Gedanken spielt, einen ferngesteuerten Modell-LKW zu bauen. Dabei geht es ganz am Anfang los. Wir klären die Voraussetzungen und die unterschiedlichen Philosophien des LKW-Modellbaus. Und auch ganz wichtig: Wir klären, was Sie überhaupt wollen, falls Sie sich da noch nicht ganz sicher sind.

Sicherlich ist der Einstieg keine einfache Aufgabe. Vor allem, wenn man sich die unterschiedlichen Voraussetzungen vor Auge führt. Schließlich vereint der LKW-Modellbau die verschiedensten handwerklichen Tätigkeiten in einem. Damit ist zum einen das grundlegende Mechanische gemeint. Hier müssen Dinge geschraubt, geklebt und geschliffen werden. Geht man etwas weiter, kommt die Metall-, Holz- oder Kunststoff-Bearbeitung dazu. Zudem ist manchmal ein bisschen Hintergrundwissen aus der Welt der Technik hilfreich. Andererseits müssen, je nach eigener Vorstellung, Kabel verlegt und angeschlossen, Leuchtdioden verdrahtet oder sogar Bauteile verlötet werden. Handgriffe für einen Elektriker. Aber auch Lackieren ist nicht unwichtig. Grundieren, streichen und sprühen sind hier die Tätigkeiten.

Diese Aufzählung könnte man noch beliebig fortsetzen. Aber schon jetzt dürfte deutlich werden, dass der LKW-Modellbau dutzende unterschiedliche Disziplinen verbindet. Und die müssen in diesem Buch alle unter einen Hut gebracht werden.

Aber: Keine Angst. Mit diesem Buch soll jedem der Einstieg in dieses Hobby gelingen. Egal, in welchem Bereich man schon Erfahrung hat oder auch nicht. Andersherum sollen auch den schon erfahrenen Bastlern langwierige Erklärungen über Dinge, die sie längst kennen, erspart bleiben. Mehr dazu auf den nächsten Seiten.

Tiefschläge werden sich vielleicht nicht vermeiden lassen. Aber mit Sicherheit muss niemand vor dem Hobby Truckmodellbau zurückschrecken, weil er Angst vor Elektronik, Mechanik oder anderen Dingen hat. Vieles ist viel einfacher, als man zunächst denken mag. Zumal es inzwischen eine große Auswahl an aufeinander abgestimmten Bauteilen gibt, die einfach nur miteinander verbunden werden müssen. So ist selbst ein absolut blutiger Anfänger in der Lage, das funktionsfähige Modell eines ferngesteuerten LKW zu bauen. Auch wenn er noch keine Ahnung vom Schrauben, Löten, Pinseln, Nieten und Bohren hat.

Über dieses Buch

Dieses Buch soll jedem angehenden LKW-Modellbauer ein Begleiter sein. Vom ersten Schritt an und vor dem Kauf eines Modells geht es los, sich Gedanken über das eigene Ziel zu machen. Dann geht es gedanklich ins Spielwarengeschäft oder in einen Internet-Shop – auch hier gibt es Tipps, was die Produkt- und Qualitätswahl betrifft. Und zwar unabhängig vom Hersteller und möglichst neutral. Erst dann geht es an die größte Aufgabe: Den Bau des ersten LKW-Modells.

Sicherlich gibt es unterschiedlichste Gründe, mit dem Bau eines Modelltrucks zu beginnen. Klar ist aber, dass viele Anfänger bereits einiges über den einen oder anderen Teilbereich wissen. So könnte es Umsteiger geben, die bisher ferngesteuerte Rennautos gebaut haben und jetzt einen LKW basteln möchten. Oder gelernte Feinmechaniker, die ihren Beruf in der Freizeit ausüben möchten und aus diesem Grund einen LKW bauen wollen – mit der mechanischen Finesse, die sie aus ihrem Job kennen.

Um jeden über das zu informieren, was er noch nicht weiß, ihn aber nicht mit dem zu langweilen, was er schon weiß, geht dieses Buch nach einem bestimmten System vor.

Alle grundsätzlichen Informationen aus den Bereichen Fernsteuerung, Mechanik und Elektronik sind vom eigentlichen Text abgetrennt und stehen in Infokästen.

An diesen drei Symbolen erkennt man, um welches Themengebiet es sich handelt. So kann jeder die – und wirklich nur die – Informationen lesen, die ihn interessieren. Der Schlosser kann zum Beispiel die Kästen über die Mechanik (a – blaues Symbol) getrost überspringen. Der Elektriker kann sie jedoch lesen und dafür die Elektronik-Kästen (b – grünes Symbol) auslassen. Abgesehen von diesen Infokästen gibt es noch ausführliche Grundlagen-Kapitel, die der Wissende ebenfalls überspringen kann.

a

b

c

Im Anhang des Buches gibt es darüber hinaus ein ausführliches Glossar. Hier werden alle Fachbegriffe aus den Bereichen LKW-Modellbau und LKW-Technik kurz und präzise erklärt. Ist also irgendein Begriff im Laufe des Buches oder während der Arbeit im Bastelkeller unklar, kann hier nachgeschlagen werden. Auch die Begriffe, die bereits in den Infokästen erläutert wurden (aus den Bereichen Mechanik, Elektrotechnik und Fernsteuerungstechnik (c – gelbes Symbol)), werden nochmals kurz erklärt und auf die Infokästen verwiesen. Also kann dieses Buch nicht nur der Begleiter für den ersten Modelltruck werden, sondern auch danach als Nachschlagelexikon immer griffbereit stehen.

Sowohl US-Truck als auch Euro-Lkw werden hier berücksichtigt

Die Reihenfolge der Kapitel ist dabei sachlogisch aufgebaut: Zuerst sind einige Dinge aus der Welt der großen LKW zu klären. Dann definieren wir, was LKW-Modellbau überhaupt ist und was nicht. Weiterhin sind einige grundsätzliche Überlegungen nötig. Was möchte ich bauen? Welches Modell soll zum Schluss vor mir stehen? Und dann ist noch zu klären, was ich alles benötige, bevor es losgeht.

Danach geht es an die konkrete Modellplanung. Hier stellen wir die schon angesprochenen Philosophien des LKW-Modellbaus vor. Im Grund geht es dabei um die Frage „komplett selber bauen oder auf einen Baukasten zurückgreifen". Auch die Vor- und Nachteile der verschiedenen Hersteller von Bausätzen wollen wir an dieser Stelle ansprechen und – wie versprochen – möglichst unabhängig beraten. Danach gibt es eine ausführliche Bauanleitung für drei LKW-Modelle von den Herstellern Tamiya und Wedico. Am Ende dieses Kapitels steht schon ein fertiger Truck vor einem. Damit geben wir uns aber natürlich nicht zufrieden. Der Truckmodellbau wäre schließlich ziemlich langweilig, wenn es nur um das Zusammenschrauben von Bausätzen ging. Daher beschäftigen wir uns in den dann folgenden Kapiteln mit ersten Umbauten an den Baukasten-LKW. Denn ohne viel Mühe und auch mit den einfachsten Werkzeugen kann man aus einem Baukasten-Truck einen individuellen LKW bauen, der sowohl unter der Haube (also technisch) als auch optisch hervorsticht. Genau das macht nämlich den Reiz in diesem Hobby aus: An einem Baukasten so lange herumschrauben, bauen und basteln, bis aus dem Modell von der Stange genau das geworden ist, was man sich am Anfang vorgestellt hat: Ein individuelles Modell, das den eigenen Vorstellungen entspricht. Neben allgemein gehaltenen An- und Umbaumöglichkeiten an diversen Modellen werden wir im Verlauf des gesamten Buches an einem der beschriebenen Baukastenfahrzeuge, einem MAN, den Umbau von einer Fernfahrer-Sattelzugmaschine in ein Baustellenfahrzeug beschreiben. Dieses Modell wird im Laufe des Buches stückweise mitwachsen und uns immer wieder begegnen. Natürlich ist dies aber eine sehr individuelle Sache und das Ganze ist somit nur als ein Beispiel von vielen zu sehen, was im Truckmodellbau möglich ist.

Auch dabei versuchen wir, die Bastel- und Bauvorschläge möglichst neutral zu halten, obwohl je nach Hersteller mehr oder weniger Änderungen möglich und sinnvoll sind. So wird es sich leider nicht immer vermeiden lassen, etwas mehr über den einen oder anderen Hersteller zu schreiben. Darüber hinaus sind in der Szene in den letzten Jahren durchaus Tendenzen zu beobachten, die sich mehr und mehr in Richtung eines bestimmten Herstellers bewegen, nämlich dem japanischen Großkonzern Tamiya, was sämtliche deutschen Hersteller von Zubehör teilweise stark in deren Produktprogramm geprägt hat. Eine Tendenz, die wir hier natürlich nicht ignorieren können.

Völlig neutral sind wir jedoch bei der Art des LKW. Denn in nichts sind Modelltrucker so verschieden wie in der Herkunft ihrer Fahrzeuge. Während die Einen nur auf europäische Zugmaschinen schwören, die auf unseren Autobahnen fahren, lassen die Anderen nichts auf amerikanische Sattelschlepper mit langen Motorhauben und viel Chrom kommen. Wir werden hier beiden Favoriten gerecht: Denn sowohl amerikanische als auch europäische Bausätze werden in diesem Buch gleichermaßen berücksichtigt.

Aber um noch mal auf das Vorwort zurückzukommen: Schrecken Sie nicht zurück. Dieses Buch wird Ihnen den Einstieg in den Truckmodellbau so leicht wie möglich machen und Sie werden schnell merken: So schwer ist das alles gar nicht.

Bevor es losgeht

Was ist ein LKW?

Zugegeben: Diese Frage klingt ein wenig banal und ist auch nicht ganz ernst gemeint. Aber bevor wir uns dem LKW im Modell widmen, ist es sinnvoll, sich ein wenig in der Welt der großen Lastwagen zu Recht zu finden. Schließlich bauen Sie bald einen LKW nach, mit allem was dazugehört (mehr dazu im Kapitel „Was ist LKW-Modellbau?“ weiter unten). Und da gehört doch auch zumindest eine kleine Portion Fachwissen zu. Gestandene Trucker können diesen Abschnitt natürlich getrost überspringen.

Der Rahmen oder auch Fahrgestell ist die Grundlage eines jeden LKW. Hier werden die Vorder- und Hinterachsen befestigt, der Motor samt Getriebe und Ähnlichem angebracht und das Fahrerhaus oder auch die Kabine aufgesetzt. Auf dem Rahmen wird auch der Aufbau hinter das Fahrerhaus gebaut. Vom Aufbau hängt ab, was der LKW hinterher transportieren kann. Der geläufigste ist hierbei sicherlich der Pritschen-LKW.

Er besteht im Grunde aus einer einfachen Plattform, auf die Paletten, Kisten, Kartons

Auf der Pritsche können Paletten abgestellt und mit der Plane vor Wind und Wetter geschützt werden. Die Seiten lassen sich wie eine Gardine auf- und zuziehen. Zugmaschine ist ein MAN-Sattelschlepper der neusten Generation. Foto: MAN

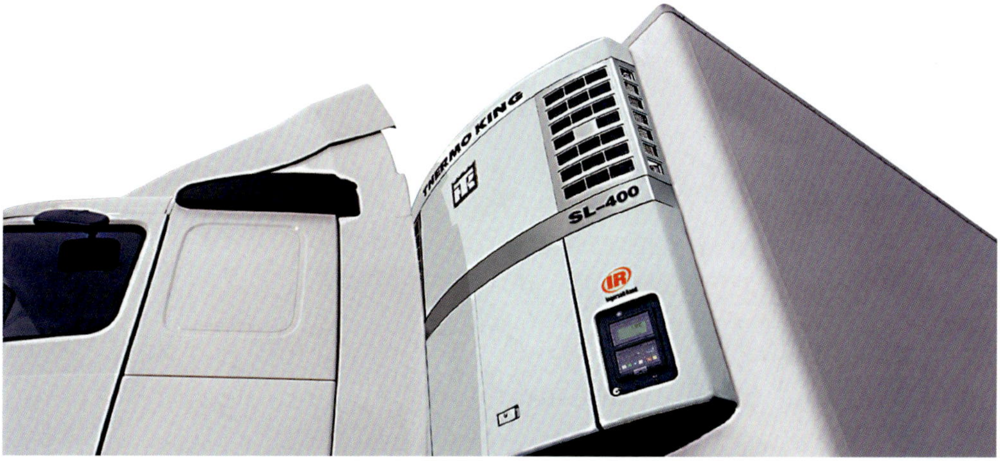

Mit einem Kühlauflieger können zum Beispiel Lebensmittel transportiert werden. Der Aufbau ist isoliert und wird mit einem solchen Aggregat auf eine bestimmte Temperatur gebracht. Foto: Thermoking

oder andere große Dinge gestellt oder gelegt werden können. Diese Plattform (die Pritsche) kann mit einer Plane vor Wasser und Schnee geschützt werden. Sie wird entweder über ein Gerüst aus Rohren gehängt oder bei modernen Schiebeplanen-LKW an Schienen wie eine Gardine zugezogen.

Ähnlich ist der Kofferaufbau. Auch hier werden auf einer Ladefläche größere oder kleinere Verpackungen oder Dinge abgestellt und gesichert. Anders als der Pritschen-LKW hat der Kofferaufbau jedoch stabile Seitenwände und ein Dach. Das schützt die Ladung hervorragend vor Feuchtigkeit, Schmutz und Langfingern.

Tankauflieger dienen zum Transport von Flüssigkeiten aller Art. Sie sind häufig isoliert und können teilweise gekühlt oder gewärmt werden. Foto: Scania

Kipper sind ideal für lose Ladung, zum Beispiel auf Baustellen. Foto: Meiller

Der Schritt vom Kofferaufbau zum Kühlaufbau ist recht klein. Ein Kühlanhänger oder -auflieger hat ebenfalls massive Seitenwände und ist mit einem Kühlaggregat ausgestattet, das den Innenraum des Aufbaus auf eine bestimmte Temperatur kühlt.

Der Aufbau ist dazu natürlich entsprechend isoliert. Transportiert werden hiermit meist frische Lebensmittel.

Flüssigkeiten hingegen werden in Tankwagen transportiert. Hier ist der Aufbau meist rund oder oval und kann direkt mit flüssigen Lebensmitteln oder Chemikalien befüllt werden.

Spezielle Tank-LKW können sogar die Flüssigkeit im Inneren kühlen (Milchtransport) oder warm halten.

Sehr ähnlich sieht ein Silo-Aufbau aus. Er ist ebenfalls rund und nur auf den zweiten Blick von einem Tankwagen zu unterscheiden: Die Rückseite läuft häufig spitz zu, hier können Schläuche befestigt werden, zudem kann der gesamte Silo-Aufbau nach hinten gekippt werden. Silo-LKW dienen zum Transport von kleiner und loser Ladung, dem Schüttgut. Das kann zum Beispiel Futtermittel für die Landwirtschaft, aber auch Kunststoffgranulat sein. Diese Silos werden entweder durch das Kippen des Aufbaus entleert oder mit Druckluft ausgeblasen.

Ebenfalls für Schüttgut ausgelegt sind Kipper. Hier ist ein Aufbau mit massiven Seitenwänden auf dem LKW montiert, der nach oben auf ist. So kann der Kipper zum Beispiel mit einem Bagger, aber auch durch Förderbänder von oben beladen werden. Entladen wird, indem der Aufbau mit einer Hydraulik angehoben und gekippt wird.

Daneben sind natürlich zahlreiche andere Aufbauformen möglich. So gibt es Flachbettauflieger, die lediglich aus einem stabilen Boden bestehen. Möglich sind auch Wechselpritschen.

Hydraulik

Bei einem hydraulischen Antrieb wird eine Bewegung durch den hohen Druck einer Flüssigkeit durchgeführt. Dazu wird Öl von einer kräftigen Pumpe in einen Zylinder gepresst. Dieser Zylinder ist, vereinfacht dargestellt, ein Rohr, am einen Ende verschlossen. In das andere Ende wird eine Stange gesteckt, die im Rohr verschiebbar ist, der Kolben. Wird jetzt das Öl in das Rohr gepumpt, breitet sich der Flüssigkeitsdruck in alle Richtungen im Zylinder aus und drückt die Stange nach oben hinaus. Diese Bewegung des Kolbens kann jetzt für unterschiedliche Dinge genutzt werden, zum Beispiel, um die Ladefläche eines Kippers anzuheben.
Hydraulik ist auch im Modellbau möglich. Hier sind die Kolben und Pumpen natürlich entsprechend kleiner, das Prinzip ist aber dasselbe.

Das sind normale Pritschenaufbauten, die durch Absenken des LKW vom Fahrwerk getrennt und ausgetauscht werden können. Und natürlich gibt es zahlreiche weitere Sonderformen – je nach zu transportierender Ladung.

Zudem unterscheidet man LKW auch in ihrer Ausführung. Die Rede ist hier von Sattelzügen und Gliederzügen. Beide sind auf Europas Straßen häufig zu finden. Die beiden Arten unterscheiden sich im Konzept des Lasters. Sattelzüge bestehen aus einer (in Deutschland meist zweiachsigen) Zugmaschine. Sie selbst kann keine Ladung transportieren und ist nur Fahrerhaus und Fahrgestell mit Antrieb. Hinter dem Fahrerhaus direkt auf dem Fahrzeugrahmen und über der Hinterachse befindet sich die Sattelplatte, eine Art Anhängerkupplung für den Auflieger. Um Ladung zu transportieren, muss erst der Sattelauflieger aufgesattelt werden.

Dieser Auflieger ist ein langer Rahmen, auf dem der entsprechende Aufbau befestigt ist. Der Auflieger selbst hat keinen Antrieb, er wird von der Zugmaschine gezogen. Die (meist drei) Achsen am Auflieger befinden sich hinten, vorne sorgen ausfahrbare Stützen dafür, dass der Auflieger ohne Zugmaschine waagerecht steht. Den Wechsel eines Aufliegers bezeichnet man als Auf- bzw. Absatteln. Dazu fährt die Zugmaschine rückwärts unter den Auflieger. Die Sattelplatte rastet in einen Bolzen am Auflieger, den Königsbolzen, ein. Nun werden die Stützen des Aufliegers eingefahren, er liegt jetzt auf dem Hinterteil der Zugmaschine. Beim Auflieger spricht man grundsätzlich vom Auf- bzw. Absatteln, anhängen oder ankoppeln kann man lediglich Anhänger.

Ein Sattelzug ist sehr flexibel. Da die Zugmaschine schnell ab- und aufgesattelt werden

Ein kompletter Sattelzug. Vorne ist die zweiachsige Sattelzugmaschine zu erkennen, hinten ist der dreiachsige Sattelauflieger aufgesattelt. Der Aufbau ist hier ein Kofferaufbau. Foto: MAN

Ein Gliederzug besteht aus einer Zugmaschine mit Aufbau und einem Anhänger. Dieses Gespann ist für den Transport von Tieren vorgesehen. Foto: Scania

kann, werden lange Standzeiten vermieden und so Geld gespart. So kann ein Auflieger beladen und gesichert werden, während die Zugmaschine schon mit einem anderen unterwegs ist.

Der zweite Typ LKW ist der Gliederzug. Hier bilden Fahrerhaus, Aufbau und Fahrgestell eine Einheit. Der Aufbau ist also direkt hinter dem Fahrerhaus befestigt. Für Gliederzüge gibt es dann noch passende Anhänger. Sie haben vorne und hinten am Rahmen Achsen und können mit einer Deichsel an das Zugfahrzeug gehängt werden.

Als Besonderheit sind noch Kombinationen aus Sattel- und Gliederzügen möglich. In Deutschland kennt man sie unter dem Begriff Gigaliner. In Australien und teilweise den USA spricht man hier von Road Trains (engl. Road = Straße, Train = Zug, Eisenbahn). Hier wer-

Scania-LKW als Roadtrain unterwegs im Nirgendwo. (Foto: Scania)

Ein Kenworth W900: Ein typischer US-Truck mit viel Chrom, glänzenden Auspuffrohren und einem großen Schlafabteil hinter dem Führerhaus. Foto: DAF

Moderne Lkw gehen in Sachen Komfort sogar weiter, als ein Luxus-PKW. Dieser Fahrersitz ist beheizt und klimatisiert, ein temperierter Luftstrom erwärmt oder kühlt, entfeuchtet und filtert das Sitzkissen und die Rückenlehne. Die integrierten Lüfter erzeugen dabei einen klimastufenabhängigen Luftstrom. Die aktuelle Temperatur wird durch einen Sensor am Sitzteil ermittelt. Foto: MAN

den einfach mehrere Anhänger hintereinander gehängt und von einer Zugmaschine gezogen. Auch mehrere Sattelauflieger können aneinandergereiht werden. Dazu sind sogenannte Dollys nötig. Das sind kurze, meist zweiachsige Anhänger, die keinen eigenen Aufbau, sondern lediglich eine Sattelplatte haben, die einen Auflieger aufnimmt. Über eine normale Anhängekupplung kann dieser Dolly dann als Anhänger gezogen werden. Ein Dolly ist also quasi ein Adapter, der aus einem Auflieger einen Anhänger macht. Road Trains werden vor allem als Alternative zur Eisenbahn verwendet, um weit entlegene, kleine Orte zu versorgen. Die deutschen Gigaliner hingegen sind ein Versuch, die Frachtmenge pro LKW zu erhöhen.

Insgesamt sind moderne LKW vor allem im Fernverkehr mittlerweile sehr luxuriös. Schließlich verbringen Trucker ihre gesamte Arbeitszeit hinter dem Lenkrad. So gehören bequeme Sitze und komfortable Klimaanlagen zum Standard. Bordcomputer, Tempomaten und digitale Anzeigen erleichtern dabei die Arbeit der Fahrer.

Hinter den Fahrersitzen sind häufig noch Betten untergebracht, in denen die Fernfahrer ihre Ruhezeiten verbringen.

Bei der Form der Fahrerhäuser haben sich zwei unterschiedliche Varianten in Europa und Amerika entwickelt. Europäische Fahrerhäuser sind so kurz wie möglich. Sie sitzen ganz vorne auf dem Fahrgestell und haben keine Motorhaube wie ein PKW. Der Aufbau, egal ob Sattelschlepper oder Gliederzug, ist dicht hinter dem Fahrerhaus angebracht. Der Grund ist folgender: In Europa ist gesetzlich die Gesamtlänge des Zugs festgelegt. So darf der komplette LKW mit Fahrerhaus und Aufbau eine bestimmte Länge nicht überschreiten. Da natürlich möglichst viel Platz für die Ladung vorhanden sein sollte, ist der Motor unter das Fahrerhaus gerutscht – die Frontlenker sind entstanden. In Amerika ist nicht die Gesamtlänge, sondern lediglich die Länge des Aufbaus vorgeschrieben. Wie lang die Zugmaschine sein darf, ist weniger strikt reglementiert. So haben sich auf der anderen Seite des Ozeans die Hauber-Fahrzeuge durchgesetzt.

Hier befindet sich der Motor, wie beim PKW, vor der Kabine unter einer Motorhaube. Die Schlafstelle des Fahrers ist deutlich größer, häufig sogar getrennt vom Fahrerhaus hinter der Kabine angebracht. Zudem sind amerikanische Trucks optisch meist deutlich imposanter: Chromleisten, Airbrush-Motive, Zierketten und Figuren machen den Charme aus, der US-Fans Fernweh bereitet. Aber auch dort gibt es Fahrzeugtypen, bei denen das Fahrerhaus über dem Motor sitzt. Diese werden Cabover (engl. für „Cabine over engine“, etwa Fahrerhaus über dem Motor) genannt.

Welchen LKW Sie als Modell nachbauen möchten, bleibt natürlich Ihnen überlassen. Hier scheiden sich die Geister gewaltig. Einige Tipps zur Wahl zwischen Glieder- und Sattelzug, US- oder Eurotruck und Pritschen- und Tank-LKW gibt es im Kapitel „Gretchenfragen“.

Welle

Eine Welle ist ein stabförmiges Element, das in der Technik zum Weiterleiten von Drehbewegungen und Drehmomenten genutzt wird. Bei einem LKW ist zum Beispiel an den Ausgang des Getriebes eine Welle montiert, die Kardanwelle. Sie läuft mittig in Längsrichtung im Rahmen bis zur Hinterachse des Fahrzeugs. Die Kardanwelle wird vom Getriebe gedreht und überträgt diese Drehbewegung wiederum auf die Hinterachse.

LKW werden grundsätzlich mit einem Heckantrieb angetrieben. Der Motor bringt die Kraft dabei über eine Welle auf die Hinterachse und somit auf die Straße.

Der Grund ist einfach: Egal ob Sattel- oder Gliederzug, das hohe Gewicht der Ladung drückt immer auf die Hinterachse. Daher wird diese Achse zum Antrieb genutzt, damit das Gewicht die Räder fest auf den Boden drückt.

Gerade in Sachen Achsanordnung gibt es zahlreiche Varianten. Natürlich sind LKW mit Allrad-Antrieb lieferbar. Das ist vor allem auf Baustellen sinnvoll, damit der Lastwagen nicht stecken bleibt. Bei höherem Gewicht werden häufig zwei Hinterachsen eingesetzt, die beide angetrieben werden. Daneben ist aber auch eine sogenannte Nachlaufachse möglich, die lediglich das Gewicht besser verteilt, um die zulässigen Achslasten einzuhalten, aber nicht angetrieben ist. Als Besonderheit gibt es auch lenkbare Hinterachsen, die die Wendigkeit des LKW erhöhen. Je nach Anforderung sind noch zahlreiche andere Varianten möglich. Weitere Details zum Thema Achskonfiguration, auch bei Modell-LKW, gibt es im Kapitel „Über Stock und Stein Teil 1: Differenzialsperren“.

Genau wie ein Auto sind natürlich auch LKW gefedert. Hier ist überwiegend eine Luftfederung zu finden. Diese besteht aus Gummipuffern, die während der Fahrt mit Druckluft aus einem Kompressor gefüllt werden. Sie sind als Federelemente zwischen Achse und Rahmen angebracht. Der besondere Clou ist dabei, dass das Fahrzeug durch Ablassen der Druckluft einige Zentimeter nach unten sinkt. Das macht man sich vor allem bei den oben erwähnten Wechselaufbauten zunutze: Der Aufbau wird über herunterklappbare Stützen an Ort und Stelle gehalten, dann die Luft aus den Federbälgen gelassen. Das Fahrzeug sinkt nach unten, der LKW kann unter dem Aufbau wegfahren und einen anderen Aufbau nach demselben Prinzip wieder aufnehmen.

Wie schon angedeutet soll dies nur ein kleiner Ausflug in die Welt der großen LKW sein. Wer mehr wissen möchte, sei auf die zahlreichen Bücher zum Thema LKW-Technik verwiesen. Uns soll an dieser Stelle dieser Einblick genügen. Schließlich sollten wir uns jetzt endlich dem Thema Modellbau widmen.

Was ist LKW-Modellbau?

Jetzt wurde schon eine Menge über echte LKW geredet. Und im Vorwort wurde auch schon über LKW- oder auch Truckmodellbau gesprochen. Aber eigentlich wurde noch nicht geklärt, was wir überhaupt unter dem Begriff verstehen.

Schließlich gibt es die unterschiedlichsten Varianten im Modellbau. Ist zum Beispiel das Zusammenkleben eines LKW-Modells von Revell bereits LKW-Modellbau? Ja, eigentlich schon. Und was ist mit Papierbastelbögen, Lego-Bausteinen oder Märklin-Metallbaukästen? Im Grunde auch LKW-Modellbau.

Man baut dann ein Modell, wenn man versucht, ein Vorbild (das Original) in einem bestimmten Maßstab mit bestimmten Techniken nachzubilden. Mit „bestimmten Techniken" ist hierbei die Art gemeint, wie man das Modell umsetzt. Beim Papp-Bastelbogen beschränkt man sich darauf, das Modell aus Papier oder Karton nachzubilden. Andere Hobby-Kollegen beschränken sich auf Zündhölzer und bauen berühmte Bauwerke als Streichholz-Modelle nach.

Um jetzt genau zu unterscheiden, was wir in diesem Buch machen wollen und was nicht, fehlt noch eine wichtige Abkürzung, die bisher noch nicht erklärt wurde. So soll es hier eben nicht nur um den Bau von LKW-Modellen, sondern um den Bau von ferngesteuerten LKW-Modellen oder auch RC-Truckmodellen gehen.

RC-Modellbau

Die Abkürzung „RC" steht für den englischen Begriff „Radio Controlled" und bedeutet nichts anderes als „Fernsteuerung" oder „ferngesteuert". Das bedeutet, dass das Modell nicht nur im Regal steht, sondern mit Motoren und anderen elektronischen Komponenten in der Lage ist, tatsächlich zu fahren.

Gesteuert wird es dabei aus der Ferne, der Fahrer hat eine Art Bedienpult in der Hand, den Sender, mit dem er das Modell steuern kann. Dazu benutzt er Steuerknüppel und Schalter, deren Betätigungen elektronisch erfasst und per Funk an das Modell gesendet werden. Hier werden die Signale in einem Empfänger übersetzt und an die Motoren übertragen.

RC-Modellbau gibt es nicht nur im LKW-Bereich. Sehr verbreitet sind Rennautos, aber auch Flugzeuge, Helikopter, Schiffe und sogar U-Boote.

Mehr zur Funktion der Fernsteuerung im Kapitel „Grundlagen Fernsteuertechnik".

Wir möchten also das Modell eines LKW bauen, welches mit einer Fernsteuerung gesteuert kann. Damit aber nicht genug. Ziel beim RC-Truckmodellbau ist es häufig, das Vorbild so detailliert wie möglich nachzubauen.

Das trifft zum einen auf die Optik zu. Das Modell sollte also dem Original so ähnlich wie möglich sehen, sei es bei der Lackierung, den Proportionen oder dem allgemeinen Aufbau. Das Ganze kann natürlich auch auf die Spitze getrieben werden, der LKW ist dann im Idealfall eine exakt verkleinerte Kopie in einem bestimmten Maßstab. Das ist natürlich in technischer Hinsicht nicht möglich, wohl aber kann man das Vorbild des Modells optisch bis ins letzte Detail nachempfinden. Dabei spricht man vom Scale-Modellbau, dem sich zum Beispiel der Modell-LKW-Hersteller ScaleArt verschrieben hat.

Zum anderen trifft dieses „Nachbauen" aber auch auf die Funktion zu. So versuchen viele Modellbauer, jede erdenkliche Fähigkeit des Original-Trucks funktionsfähig nachzubauen und am besten noch ferngesteuert auszuführen. Neben Antrieb und Lenkung trifft das auch auf die komplette Beleuchtung zu. Das Modell fährt also mit Scheinwerfern, Blinkern, Bremslicht und Rückfahrscheinwerfern sowie vielleicht Nebellampen oder gelben Warnleuchten. Weiterhin soll bei Bedarf ein Warnblinker aktiviert, große Arbeitslampen oder eine Innenraumbeleuchtung eingeschaltet werden können.

Aber auch andere technische Funktionen sollen so realistisch wie möglich nachgebaut werden. So soll bei einem Kipplaster die Ladefläche per Fernsteuerung angehoben oder für einen Planenauflieger die Sattelkupplung betätigt werden können, damit der Auflieger abgesattelt werden kann. Zudem könnte das Modell ein Schaltgetriebe haben und dann per Fernsteuerung wie beim Auto ein bestimmter Gang eingelegt werden. Bei einem Baustellenfahrzeug ist auch denkbar, einen Allrad-Antrieb einzubauen, der bei Bedarf zugeschaltet werden kann oder das Fahrzeug mit ferngesteuerten Differenzialsperren auszustatten.

Aber nicht nur optisch, auch akustisch kann möglichst detailgetreu gearbeitet werden. Da LKW-Modelle mit Elektromotoren angetrieben sind, fehlt natürlich der typische Diesel-Sound. Hier gibt es entsprechende Möglichkeiten, das Modell mit Soundmodulen auszustatten, die den Dieselmotor simulieren.

Und nicht zuletzt geht es auch darum, einen LKW so nachzubauen, wie er tatsächlich als Original vorkommen könnte. Das bedeutet also, dass man zum Beispiel keinen Anhänger mit nur einer Achse bauen sollte und das Modell dann als Schwerlasttransporter einsetzt. Das ist als Mini-LKW sicher möglich, wird aber in der Realität so nicht auf der Straße zu finden sein, weil es einfach technisch nicht machbar ist.

Diese Hinweise, was LKW-Modellbau ist und was nicht sollen natürlich nur als Anregung dienen. Ob Sie nun einen kunterbunten Spaß-LKW bauen oder das Modell nur mit den grundsätzlichen Funktionen Antrieb und Lenkung ausstatten, bleibt letztendlich Ihnen

Differenzialsperren

Fährt ein Fahrzeug eine Kurve, legt das Rad, das im inneren der Kurve fährt, eine kürzere Strecke als das Äußere zurück, es dreht sich langsamer. Wäre nun die Antriebsachse des Fahrzeugs starr und durchgehend, würde eines der Räder durchdrehen oder blockieren, weil sich die Räder nicht unterschiedlich schnell drehen können. Mit einem Differenzialgetriebe ist genau das möglich: Durch mehrere Zahnräder kann ein Rad langsamer gedreht werden, als das andere, beide Räder zusammen rollen aber weiterhin vorwärts. Differenzialachsen sind im Straßenverkehr unabdingbar, jedes Auto und jeder LKW ist damit ausgerüstet. Auf losem Untergrund kommt ein Differenzial jedoch schnell ein seine Grenzen. Sobald ein Rad durchdreht, wird konstruktionsbedingt nur noch dieses Rad angetrieben. In diesem Fall kann der Fahrer das Differenzial sperren, also die Zahnräder des Differenzials blockieren und so eine durchgehende, starre Achse schaffen. Das Fahrzeug fährt weiter.

überlassen. Das schöne am LKW-Modellbau ist, dass Sie Ihr Modell auch nachträglich mit Zusatzfunktionen ausrüsten können. Im Grunde sind die drei hier aufgeführten Kriterien nur als das Höchste anzusehen, was ein RC-LKW-Modellbauer verwirklichen könnte.

Vor allem am Anfang sollte die Messlatte für den ersten eigenen Truck verständlicherweise nicht so hoch angesetzt werden. Denn selbst der perfekte Scale-Modelltruck hat wohlmöglich mal als Baukasten-Modell angefangen.

Wie fange ich an und wer hilft mir dabei?

Was RC-LKW-Modellbau ist, haben wir jetzt geklärt. Bevor es aber an die konkrete Planung geht, müssen noch einige weitere grundlegende Dinge geklärt werden, die beim Bau des ersten LKW-Modells eine Rolle spielen.

Zum einen der Maßstab. Er gibt an, um wie viel der Vorbild-LKW verkleinert werden soll. Das bestimmt natürlich dementsprechend die Größe, die das Modell hinterher haben wird. Die gängigen Maßstäbe in unserem Hobby wurden von den Bausatz-Herstellern geprägt. Sie liegen etwa im Bereich zwischen 1:16 und 1:13. Das bedeutet, dass eine Fahrzeugbreite von zum Beispiel 2,5 Metern bei einem Maßstab von 1:14 im Modell 17,8 Zentimetern (250 cm geteilt durch 14) entspricht.

Der genaue Maßstab ist dabei jedoch eine Diskussion für sich. Was die Bausatz- und Modellhersteller angeben, stimmt manchmal nicht unbedingt mit dem überein, was beim genauen Nachmessen und Umrechnen herauskommt. Das reine Vergleichen der Zahl hinter dem „eins zu“ auf der Verpackung ist somit eine tückische Falle.

Während sich die Trucks im Bereich zwischen 1:16 und 1:13 nur um einige Zentimeter voneinander unterscheiden und auf der Modellbau-Baustelle ohne Probleme miteinander interagieren können, sind noch Modelltrucks in 1:8 verbreitet. Hier spricht man oft von der Königsklasse im Modellbau. Diese LKW sind oft kniehoch, bis zu 100 kg schwer und im eigenen Auto nur schwer zu transportieren. Zudem gibt es nur wenige Bausätze und Zubehör auf dem Markt, hier ist also oft der komplette Selbstbau angesagt.

Neben diesen sind am Rande noch einige andere Maßstäbe vertreten. So findet man 1:12 und 1:10-Modelle. Eine eigene Szene hat sich durch die Firma „Kleine Laster“ auch um den Modellbau von 1:25-Modellen entwickelt. Zudem ist auch der Mikromodellbau sehr gefragt. Hier wird im Maßstab 1:87 gebaut. Modelleisenbahn-Fans kennen ihn als H0. Dabei wird versucht, den doch sehr kleinen Kunststoffmodellen von Marken wie Kibri oder Wiking einen elektrischen Antrieb und eine Fernsteuerung einzubauen. Eine sehr filigrane Arbeit.

Für und Wider der einzelnen Maßstäbe und einige Hinweise, die die Entscheidung für den Maßstab Ihres ersten LKW erleichtern sollen, gibt es im Kapitel „Gretchenfragen“.

Weiterhin wurde bereits mehrfach vom Bausatz bzw. vom Eigenbau gesprochen. Der typische Einstiegsweg in den LKW-Modellbau ist der Bausatz. Das ist eine Art Komplettpaket und enthält fast alle Teile und Komponenten, die für den ersten fahrtüchtigen Truck nötig sind. Mit dem Kauf eines Bausatzes legt man sich natürlich auf einen bestimmten Maßstab und das verwendete Material (Kunststoff oder Metall) fest. Dafür hat man aber auch alles, was der erste Truck braucht. Angefangen vom Fahrzeugrahmen über die Achsen samt Getriebe und Motor bis hin zum Fahrerhaus und der kompletten Karosserie. Zudem ist der gesamte Bausatz aufeinander abgestimmt. Es gibt also eine Anleitung, in der genau beschrieben ist, welches Teil in welcher Reihenfolge wo befestigt wird. Im Grunde wird also „nur“ ein wenig geschraubt und eventuell lackiert und fertig ist der Truck. Dafür hat man aber auch fast eine Erfolgsgarantie: Das erste eigene Modell steht in wenigen Tagen fertig auf dem Tisch, das Er-

Getriebe

Ein Getriebe in einem LKW dient zum Umwandeln der Drehbewegung, die der Antriebsmotor erzeugt. Diese Umwandlung ist nötig, um die Drehzahl und das Drehmoment (die „Kraft" der Drehbewegung) des Motors zu ändern. Der Motor selbst dreht sich deutlich zu schnell und hat viel zu wenig Drehmoment, um einen LKW von der Stelle zu bewegen. Ein Getriebe besteht aus mehreren Zahnrädern, deren Größe und Art so gewählt ist, dass die Drehzahl herab- und dadurch das Drehmoment heraufgesetzt wird. Dieses Verhältnis besteht bei jedem Getriebe und ist ein Grundsatz bei der Konstruktion: Wird die Drehzahl heruntergesetzt, steigt das Drehmoment – und umgekehrt.

Sowohl im 1:1-Fahrzeug als auch bei einigen Modelltrucks sind Getriebe schaltbar. Durch die Verschiebung von Zahnrädern wird das Verhältnis der Umwandlung verändert. Im ersten Gang ist die Drehzahl gering, die Kraft dafür sehr hoch. Die Kraft ist nötig, um den schweren LKW erstmal ‚in Gang zu setzen'. Im letzten Gang wird dann nur noch recht wenig Kraft benötigt, weil der Truck schon fährt und nicht mehr stark beschleunigt werden muss. Dafür ist die Drehzahl recht hoch, um die Geschwindigkeit zu halten.

folgserlebnis muss nicht Monate lang auf sich warten lassen.

Das ist natürlich deutlich einfacher, als sich die Komponenten einzeln zusammenzukaufen und selbst für die Montage zu sorgen. Das ist nämlich die nächste Stufe. Rahmen, Achsen, Fahrerhaus, Motor und Getriebe werden nach dem eigenen Geschmack einzeln gekauft und zusammengestellt. Auf diese Weise kann sich der Modellbauer ein völlig eigenes Modell bauen und es ganz so erschaffen, wie er sich das vorstellt. Der Truck wird sehr individuell, aber auch anspruchsvoll. Schließlich hat niemand gesagt, dass Achse A ohne Probleme an Getriebe B und Motor C gebaut werden kann. Hier ist eine Menge Handarbeit angesagt, bis das Modell auf den Rädern steht. Fehlschläge sind vor allem als Anfänger fast vorprogrammiert. Zudem dauert ein derartiges Projekt mitunter mehrere Monate.

Die vollständige Herausforderung ist der komplette Eigenbau. Hier wird kaum auf fertige Teile zurückgegriffen, alles wird selbst gefertigt. So entsteht das Fahrerhaus aus entsprechend bearbeiteten Kunststoff- oder Messingplatten, das Getriebe wird eigens berechnet und aus Zahnrädern zusammengesetzt und die Felgen werden selbst gedreht.

Drehen

Das Drehen ist ein mechanisches Bearbeitungsverfahren zur Herstellung von Gegenständen mit rundem Querschnitt. Dabei wird ein Metallkörper in eine Vorrichtung gespannt und schnell um sich selbst gedreht. An der Außenseite dieses drehenden Körpers wird nun eine Art Klinge, das Schneideisen, gehalten und entlang geführt. Durch die Bewegung wird das Metall im gewünschten Umfang abgetragen. Felgen sind ein typisches Drehprodukt.

Als Vorlage dienen meist nur Baupläne oder Fotos. Es ist wohl unnötig zu erwähnen, dass hier ein großer Maschinenpark und noch größere Erfahrung nötig sind, um so ein Modell herstellen zu können. Ohne Fräse, Drehbank und Werkzeugmacherausbildung ist so etwas kaum hinzubekommen.

Trotz dieser drei Wege zum ersten Modell ist keiner davon absolut. So kann auch jemand, der „nur" einen Bausatz zusammenschraubt über kurz oder lang zu einem schönen und vor allem individuellen Modell kommen. Denn genau wie das Eigenheim wird auch der Modelltruck nie wirklich fertig.

Für einen unbedarften Modellbauer empfiehlt es sich, zunächst den Einstieg mit einem Bausatz zu versuchen. So kann man feststellen, ob einem das Hobby überhaupt Spaß macht und dann entscheiden, ob man mehr will. Denn auch ein Bausatz bietet etliche Möglichkeiten zum Um- und Ausbau. So kann im Laufe der Zeit eine zweiachsige Zugmaschine eine dritte Achse bekommen, grobstollige Reifen, vielleicht einen Allrad-Antrieb und dann einen Kippsattelauflieger. Oder sie wird mit gelben Warnleuchten und einem Tieflader für Sondertransporte ausgebaut. Oder aus ihr wird mit vielen kleinen Leuchtdioden und einem Soundmodul ein toller Show-Truck. Man sieht: Auch Bausätze lassen sich mit weiteren Komponenten zum eigenen, individuellen Truck umbauen, eignen sich aber hervorragend für den Einstieg. Genau dies werden wir übrigens im Laufe dieses Buches machen: Die zunächst laut Bauanleitung zusammengebaute Tamiya-MAN Sattelzugmaschine rüsten wir im Verlauf der verschiedenen Kapitel um zu einer Baustellenzugmaschine mit Allradantrieb, dazu passender Karosserie und Beleuchtung.

Leuchtdiode

Leuchtdioden sind elektrische Bauteile (Halbleiter-Kristalle), die beim Anschluss an eine Stromquelle Licht erzeugen. Sie funktionieren nach einem anderen Prinzip als eine Glühlampe. In einer Lampe wird ein dünner Draht durch Elektronenfluss zum Glühen gebracht. Leuchtdioden hingegen leuchten, weil die Elektronen, die nur in einer Richtung durch die Leuchtdiode fließen können, Energie in Form von Licht abgeben. Die Farbe des Lichtes wird durch den Kristall bestimmt, aus dem die LED besteht.

Dennoch: Das Leben des LKW-Modellbauers ist nicht nur von Erfolgen gekrönt. Auch wenn man auf Messen den Eindruck bekommen mag, die Trucks der Kollegen waren immer schon so toll. Misserfolge gehören zum Modellbauerleben. Gerade, wenn es an kompliziertere Eigenbauten geht, verzweifelt man schon mal an dem einen oder anderen Teil – auch, wenn es nur Zentimeter groß sein mag. Da ist unter Umständen auch mal „Entsorgen und Neubauen“ angesagt. Aber das gibt natürlich nicht jeder zu! Viel Übung und Erfahrung sind wichtig, um ein komplettes Modell aufzubauen. Übung macht den Meister. Lassen Sie sich also auch bei erneuten Fehlschlägen nicht entmutigen. Oft hilft, das Ding in die Ecke zu stellen und am nächsten Tag erneut zu probieren.

Sehr wichtig ist auch der Erfahrungsaustausch. Kontakt zu anderen RC- oder Truckmodellbauern kann helfen, viele Probleme zu vermeiden, bevor sie entstehen. Häufig hat einer der Mitstreiter etwas Ähnliches bereits probiert oder präsentiert die zündende Idee für das spezielle Problem.

Zudem hat man so die Gelegenheit, mit anderen Modellbauern gemeinsam zu fahren. Denn nichts macht mehr Spaß, als mit Gleichgesinnten im Park, auf dem Parkplatz oder gar in einem Parcours herumzufahren, Auflieger zu tauschen oder den Kipper vom Radlader des Kollegen beladen zu lassen.

Als „Kontaktbörse“ eignen sich zum einen die schon erwähnten Modellbaumessen. Sie sind der ideale Ort zum Fachsimpeln und Fragen stellen. Die Vorführflächen auf Messen werden überwiegend von Modellbauvereinen organisiert, gestaltet und während der Messe betrieben. Bei einigen Vereinen besteht die Möglichkeit, als sogenannter Gastfahrer mit seinem eigenen Modell auf dem Messeparcours mitzufahren. Eine aktuelle Liste mit Orten und Terminen finden sie auf der Website www.truckmodell.de

Außengelände des Roadworker Parcours Urmitz. Einmal im Monat kann hier an den Fahrtagen gebaggert, gefahren und gekippt werden. Und natürlich gefachsimpelt! Foto: Mirco Piatek

Zum anderen gibt es in ganz Deutschland inzwischen fest aufgebaute Parcours. Diese werden entweder ebenfalls von Vereinen betrieben und bieten auch hier Gastfahrern einen Anlaufpunkt. Aber auch privat oder gewerblich betriebene Modellstädte finden sich immer häufiger. Hierbei entfällt der Vereins- und Gastfahrerhintergrund, Modellbauer können sich einfach zu den entsprechenden Fahrtagen anmelden und mitmachen.

Egal, um welches Event es geht: Man kann sein eigenes Modell mitbringen und die Probleme am Objekt besprechen. Zudem kann man hier sehen, was die anderen Modellbauer auf die Räder stellen. Ein bisschen Abgucken ist ja sicher erlaubt! Nachteil ist aber auch häufig der hohe Anspruch der Experten dort. Wie schon im Vorwort erwähnt, kann es passieren, dass nur eine einzelne Frage zu einer ausufernden Antwort mutiert, die einem als Anfänger nicht weiterhilft. In diesem Fall einfach den nächsten Modellbauer fragen.

Weiterhin eignen sich Messen sehr gut, um sich auf dem Markt umzusehen. Fast alle wichtigen Hersteller von Einzelteilen oder Bausätzen präsentieren ihre Produkte und Neuheiten an eigenen Ständen. Schon manche Idee für einen neuen Auflieger oder Aufbau hat sich beim Schlendern durch die Messehallen ergeben.

Zu einem weiteren Treffpunkt für Modellbauer aus ganz Deutschland und Europa hat sich das Internet entwickelt. Mehrere große Plattformen und Diskussionsforen dienen dort zum regen Erfahrungsaustausch untereinander. Hier kann man ein eigenes Thema für sein Modell eröffnen, Bilder von den neusten Ergebnissen hochladen und dazu Meinungen und Tipps Anderer erbitten. Aber auch bei Überlegungen vor dem Bau oder allgemeinen Fragen – auch zu Einsteiger-Themen – wird einem in der Regel innerhalb weniger Stunden bis Tage geantwortet. Eine sehr bequeme und effektive Möglichkeit des Erfahrungsaustausches.

Eines der großen Internet-Foren über Lkw-Modellbau ist unter www.modelltruck.net zu finden

Einen hohen Stellenwert haben zudem natürlich Fachzeitschriften. So bringt zum Beispiel der Verlag für Technik und Handwerk neue Medien alle zwei Monate die Zeitschrift TRUCKMODELL heraus, die neben Veranstaltungstipps und News von allen möglichen Herstellern auch Bauberichte über Eigenbauten und Tests der neusten Modellbau-Teile enthält.

Grundlagen der Fernsteuertechnik

Dieser Abschnitt ist vor allem für die Einsteiger interessant, die noch keinen Kontakt mit dem Thema Fernsteuerung hatten. Veteranen aus dem RC-Schiffs- oder Automodellbau können diesen Abschnitt überspringen.

Fangen wir ganz vorne an: Das Modell soll aus der Ferne bewegt werden. Dazu sind zunächst zwei technische Komponenten notwendig. Der Sender, mit dem der Fahrer steuert und der Empfänger, der in das Modell eingebaut wird.

Senden ...

Der Fahrer braucht ein Pult, mit dem er Lenkung, Antrieb und die Zusatzfunktionen kontrollieren kann. Dieses Pult ist die Fernsteuerung oder auch der Sender. Er hat mehrere Steuerknüppel und kleine Kippschalter, vielleicht auch Drehregler oder Schieber, alle zusammen Steuerinstrumente genannt. Die Anordnung dieser

Mit den verschiedenen Steuerinstrumenten (Kreuzknüppel und Kippschalter) kann der Fahrer die Funktionen des Modells steuern

Ein Kreuzknüppel. Nach links und rechts bewegt steuert einen Kanal, nach oben und unten einen anderen

Steuerinstrumente kann dabei unterschiedlich sein. Meist gibt es jedoch zwei Knüppel, die jeweils von der Mitte aus sowohl nach links und rechts, als auch nach oben und unten betätigt werden können. Dabei spricht man von einem Kreuzknüppel. Sie sind meist selbst neutralisierend. Das bedeutet, dass Federn den Knüppel beim Loslassen wieder in die Mitte ziehen. Das ist die Neutralstellung.

Mit jedem dieser Steuerinstrumente kann (in der Regel) eine „Aufgabe“ am Modell erfüllt werden. Man spricht dabei von einem Steu-

Der Empfänger, das Gegenstück zum Sender. Hier werden die Funksignale des Senders ausgewertet und zu den einzelnen Steuerelementen geleitet. Diese werden an eine dieser Buchsen angeschlossen

erungskanal. Das kann also zum Beispiel der Kanal für die Lenkung, für den Antrieb oder für die Gangschaltung sein. Für diese drei Aufgaben bräuchte man also drei Kanäle.

Es gibt Sender mit unterschiedlich vielen Steuerungskanälen. Günstige analoge Einsteigeranlagen gibt es bereits mit zwei Kanälen. Hierbei belegt der Antrieb den ersten und die Lenkung den zweiten Kanal. Da wir jedoch Funktionsmodellbau betreiben wollen und demnach soviel wie möglich am Modell funktionieren sollte, scheiden derartige Anlagen aus. Die nächsthöhere Variante sind Vierkanal-Anlagen. Hier können also mit beiden Kreuzknüppeln jeweils zwei Funktionen gesteuert werden. Für den ersten Modelltruck reicht das gerade aus.

Technisch betrachtet werden im Sender die Positionen der einzelnen Schalter und Regler, also der Kanäle, kontinuierlich elektronisch erfasst und in Signale umgewandelt. Diese Signale werden dann hintereinander gehängt und seriell, also nacheinander, ständig per Funk übertragen.

...und empfangen

Im LKW sitzt nun das Gegenstück zum Sender, der Empfänger.

Er wertet die Funksignale aus und ermittelt, in welcher Position die Steuerknüppel am Sender jetzt gerade stehen. An den Empfänger sind die jeweiligen Geräte angeschlossen, die diese Signale auswerten und in die gewünschte Bewegung umsetzen: Die Steuerelemente. Durch die Steckbuchse am Empfänger, in die man ein Steuerelement steckt, bestimmt man den Kanal. Durch den Anschluss am Empfänger bestimmt man also, welcher Knüppel oder Schalter am Sender welche Funktion regelt.

Ein konkretes Beispiel: Wir möchten die Lenkung unseres Trucks betätigen. Das soll mit dem rechten Kreuzknüppel gemacht werden, indem er nach links und rechts gedrückt wird. Diese Bewegung wird elektronisch erfasst und vom Sender an den Empfänger geschickt. Hier wird das Signal empfangen und an den Anschluss Nummer zwei gegeben. Dort ist nun ein Servo angesteckt, ein winkelgenauer Motor, der sich, je nach Knüppelausschlag, in eine Position dreht und dort stehen bleibt. An den Servo ist dann das Gestänge der Lenkung montiert, das die Räder entsprechend bewegt.

Lenken und mehr: Servos

Servos werden immer dann eingesetzt, wenn der Knüppelausschlag am Sender eins zu eins in eine Bewegung am Modell umgesetzt werden soll. Das ist zum Beispiel bei der Lenkung der Fall: Wird der Knüppel in einem bestimmten Winkel nach links gekippt, sollen auch die Rä-

Servos von groß bis klein. Davor: Befestigungsmaterial und Ruderhörner

der entsprechend in diesem Winkel ausschlagen. Das nennt man Proportional-Funktion: Die Bewegung des Kreuzknüppels ist proportional zur Bewegung des Servos. Für die Lenkung wird üblicherweise die Links-Rechts-Achse des rechten Steuerknüppels verwendet.

Aus dem Servo selbst ragt meist nur ein kleiner Zapfen heraus, der sich bei Betätigung des Knüppels am Sender komplett oder stückweise nach links oder rechts bis zum Anschlag dreht. Auf diesen Servozapfen wird ein sogenanntes Ruderhorn aufgeschraubt, das sich wie ein Hebel bewegt. An diesen Hebel werden die entsprechenden Schubstangen montiert, die die Funktion betätigen.

Servos gibt es in vielen unterschiedlichen Ausführungen. Zum einen Mini-Servos, die oft nur wenige Zentimeter groß sind und sich

Hier sorgt ein Servo zum Beispiel für die Lenkung des Modell-Lkw

immer dann eignen, wenn wenig Platz vorhanden ist. Der Kompromiss ist das Drehmoment: Mini- oder Microservos sind meist sehr schwach und eignen sich so nur für Anwendungen, in denen geringe Kräfte nötig sind. Das kann zum Beispiel die Anhängerkupplung sein.

Das Angebot reicht dann über Standard- und größere Servos bis hin zu Mega-Servos, die zwar sehr groß sind und viel Strom benötigen, dafür aber auch etliche Kilo bewegen können. Solche Servos eignen sich vor allem für die Lenkung.

Die Stärke eines Servos wird in Newton pro Zentimeter (Ncm) angegeben. Der Wert bezieht sich immer auf einen Abstand von einem Zentimeter von der Drehachse des Servos aus. Wird also ein Gestänge einen Zentimeter vom Drehzapfen entfernt am Ruderhorn befestigt, wird hier genau die angegebene Kraft aufgebaut. Einen weiteren Zentimeter entfernt halbiert sich diese Kraft.

Kraft (Newton) und Drehmoment (Newtonzentimeter)

Newton ist die Einheit der Kraft. Mit der Kraft von 1 Newton ist man in der Lage, etwa 0,1 Kilogramm zu heben (exakt 0,10197 kg). Greift eine Kraft an einem drehbar gelagerten Gegenstand an (zum Beispiel einer Welle), wirkt auf diesen ein Drehmoment. Drehmomente werden im LKW-Modellbau meist in Ncm (Newtonzentimeter) angegeben. Bei einem Servo wird dies umgekehrt genutzt: Es baut ein Drehmoment (am Servozapfen) auf, das durch das Ruderhorn in eine Kraft umgewandelt wird. Ein 50-Ncm-Servo kann im Abstand von 1 cm (vom Servozapfen aus) mit einer Kraft von 50 Newton zum Beispiel das Lenkgestänge betätigen. Das entspräche einer Gewichtskraft von etwa 5 Kilogramm.

Ein Fahrregler wertet aus, wie schnell sich ein Elektromotor drehen soll, der über den Sender geregelt wird. An den Regler werden der Akku (rechter Stecker) und der Motor (linker Stecker) angeschlossen. Das dünne dreiadrige Kabel wird an den Empfänger angeschlossen – in die Buchse des Kanals, der den Regler steuern soll

Wie schnell darf's denn sein? Fahrregler

Statt eines Servos kann aber auch ein Fahrregler als Steuerelement an einen Kanal des Empfängers angeschlossen werden. Ein Fahrregler steuert den Fahrmotor des Modells und kontrolliert dessen Geschwindigkeit und Drehrichtung. Er wertet also das Signal des Knüppels aus und ermittelt so, wie schnell sich der Motor drehen soll. Der Fahrregler für den Fahrmotor wird in der Regel an die Auf- und Abwärts-Achse des linken Steuerknüppels geschlossen.

Im LKW-Modellbau sind ausschließlich elektronische Fahrregler relevant. Sie kontrollieren, je nach Knüppelausschlag, durch sehr schnelles Ein- und Ausschalten in einer bestimmten Frequenz, wie schnell sich der Fahrmotor drehen soll. Bei einer langsamen Geschwindigkeit gibt es einen kurzen Stromimpuls und eine relativ lange Pause. Steigt die Geschwindigkeit, wird also der Knüppel weiter nach oben gedrückt, wird der Impuls länger und die Pause kürzer. Aber keine Angst: Diese Impulse bemerkt man beim Fahren nicht. Sie haben eine Frequenz von oft einigen Kilohertz, der Strom wird also mehrere Tausend Mal pro Sekunde an- und ausgeschaltet. Der Truck fährt und beschleunigt absolut gleichmäßig.

Schalt mich

Schließlich können noch elektronische Schaltmodule an den Empfänger angeschlossen werden. Hier findet keine mechanische Bewegung statt, es können aber elektrische Stromkreise per Fernsteuerung im Modell geöffnet und geschlossen werden.

Stromkreis

In einem Stromkreis sind eine Spannungsquelle (hier ein Akku) und mindestens ein elektrisches Bauteil zu einem Kreislauf miteinander verbunden. Dadurch ist ein Ladungstransport (technisch gesehen) vom Plus- zum Minuspol des Akkus möglich, der Strom fließt also. Man spricht vom geschlossenen Stromkreis. Ist das elektrische Bauteil zum Beispiel eine Glühlampe, leuchtet sie. Wird der Stromkreis unterbrochen (zum Beispiel, in dem ein Schalter betätigt wird), fließen keine Elektronen mehr, die Glühlampe erlischt. In einem Stromkreis wird der Pluspol meist mit einem roten Kabel, der Minuspol mit einem schwarzen Kabel verbunden.

Bewegt man den Steuerknüppel über einen bestimmten Punkt an der Fernsteuerung hinaus, schaltet das Modul einen kleinen Schalter. An diesen können zum Beispiel die Scheinwerfer des Trucks angeschlossen werden. Oder eine Wasserpumpe für ein Feuerwehr-Modell. Oder eine kleine Musikanlage für einen Show-Truck. Oder vieles mehr. So können Beleuchtung und andere elektrische Funktionen am Modell realisiert werden. Hierbei spricht man von einer

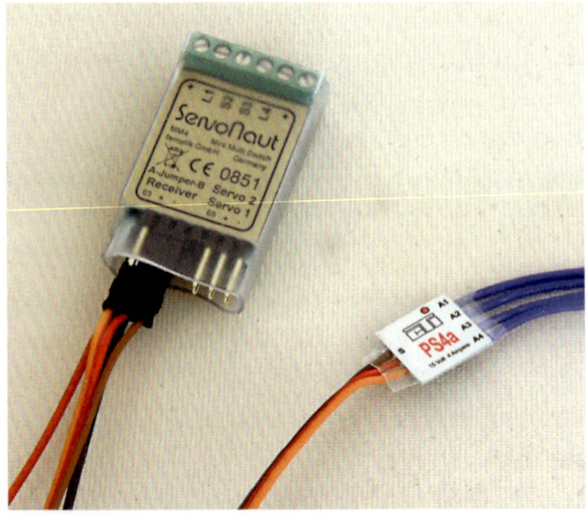

Zwei Konzepte: Der Servonaut MM4 vereint verschiedene Schaltfunktionen und ist per Jumper einstellbar. Der CTI PS4a ist wesentlich kompakter, dafür muss man beim Kauf schon die Programmierung aussuchen

Schalt-Funktion oder auch einem Schaltkanal, da es egal ist, wie weit der Knüppel betätigt wurde, im Gegensatz zum Proportionalkanal. Sobald man einen bestimmten Punkt überschritten hat, wird geschaltet. Daher eignen sich für solche Funktionen statt der Knüppel hervorragend kleine Kippschalter an der Fernsteuerung. Da sie in zwei Richtungen betätigt werden können, können auch zwei unterschiedliche Funktionen mit einem Kanal gesteuert werden: Kippschalter hoch schaltet Funktion A, Kippschalter runter schaltet Funktion B.

Dabei gibt es grundsätzlich zwei Möglichkeiten, wie ein Schaltmodul auf Befehle vom Sender reagieren kann. Entweder ist eine Funktion nur so lange aktiv, wie der Schalter in der entsprechenden Stellung steht. Schaltet man also den kleinen Hebel von oben (Funktion A ist an) zurück in die Mitte, geht Funktion A aus. Man kann also entweder Funktion A oder Funktion B schalten. Diese Variante nennt man Taster.

Oder das Schaltmodul hat eine Memory-Funktion (von engl. Memory = Gedächtnis). Das Schaltmodul „merkt“ sich dabei einen

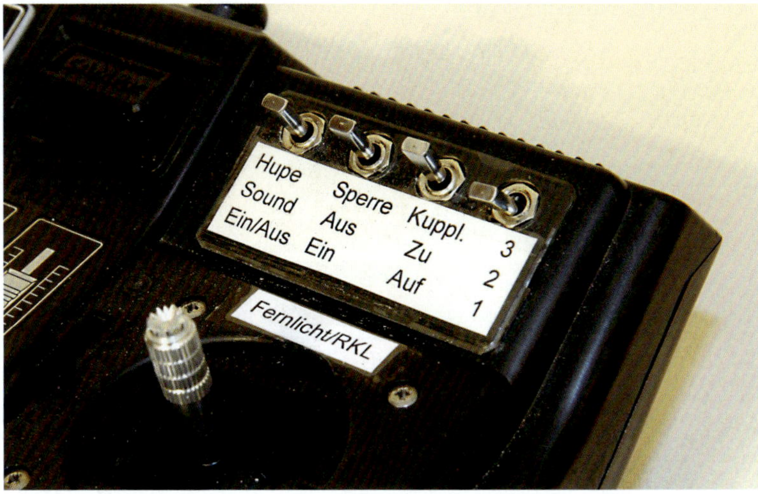

Vier Schalter für vier Kanäle. Sie steuern das Soundmodul, die Differenzialsperre und die Sattelkupplung sowie das Schaltgetriebe

Schaltzustand. Schaltet man hierbei den Schalter von oben (Funktion A ist an) zurück in die Mitte, bleibt die Funktion A an. Sie geht erst aus, wenn man den Schalter nochmal nach oben betätigt. So kann man nach Belieben Funktion A und Funktion B unabhängig voneinander an- und ausschalten. Diese Variante nennt man Memory-Schalter.

Das Ganze lässt sich bei einigen Schaltmodulen auch kombinieren, um noch mehr Dinge mit nur einem Kanal steuern zu können. Schalter kurz nach oben betätigt dann zum Beispiel Funktion A als Memory-Schalter, bleibt also beim Zurückschalten in die Mitte an. Den Schalter hingegen lange nach oben gedrückt aktiviert Funktion B als Tast-Funktion, solange man gedrückt hält. Das Ganze gibt's dann noch mal für Funktion C und D durch Betätigung nach unten.

Übrigens können auch Servos an den Kanal eines Kippschalters angeschlossen werden. Hier kommt das Verhalten auf den verwendeten Kippschalter am Sender an. Hat dieser zwei Positionen („ein" oder „aus"), dreht sich der Servo entweder zum linken oder rechten Anschlag. Das ist zum Beispiel für eine Anhängerkupplung nützlich. Schalter am Sender oben bedeutet „Servo links" und damit „Kupplung geöffnet", Schalter nach unten dreht den Servo nach rechts und damit die Kupplung zu. Hat der Schalter am Sender drei Positionen, kommt noch eine Mittelstellung für den Servo hinzu, er steuert also je nach Schalterstellung „links", „Mitte" oder „rechts" an. Somit ist diese Kombination aus Schalter und Servo perfekt für ein Dreigang-Schaltgetriebe.

Mehr zu diesem Thema und wie ein Sender um zusätzliche Schalter erweitert werden kann, gibt's im Kapitel „Erweiterbare Fernsteuerung: Wenn's mal etwas mehr sein darf".

Geht man noch einen Schritt weiter, werden solche Schaltmodule zusätzlich mit Fahrreglern kombiniert. So kann über nur einen Kreuzknüppel der gesamte Antrieb und die Beleuchtung gesteuert werden - mitsamt Blinkern, automatischem Bremslicht und Rückfahrscheinwerfern. So arten diese Schaltungen förmlich in Multifunktions-Modulen oder gar Bordcomputern aus. Mehr dazu aber weiter hinten im Buch, dann werden derartige Lichtmodule in das Modell eingebaut. Siehe Kapitel „Es werde richtig Licht: Schalt- und Lichtmodule in das Modell einbauen".

Mit einem derart komplexen Modul öffnet man zudem Tür und Tor für eine weitere spannende Funktion. Hier geht es um die Über-

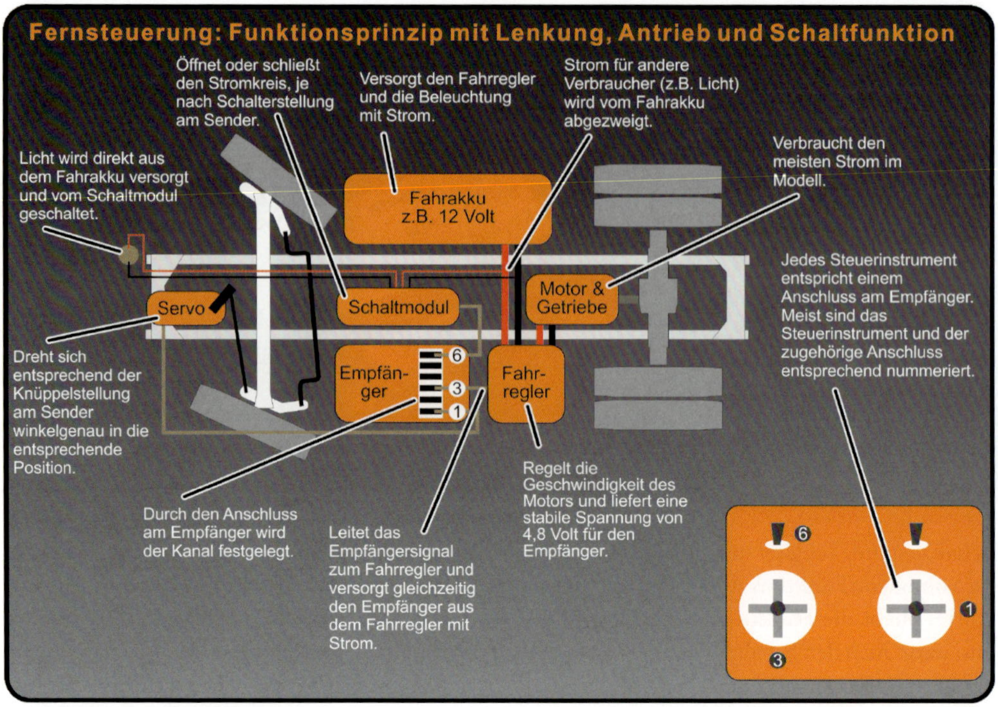

Das Prinzip einer Fernsteuerung

tragung von Schaltbefehlen. Nehmen wir mal an, sie haben eine Sattelzugmaschine und einen passenden Kippauflieger dafür gebaut. Nun verpassen sie der Zugmaschine mittels Multifunktionsmodul die Möglichkeit zu blinken, Bremslicht zu schalten und so weiter. All diese Lichtfunktionen gibt es aber auch am Kipper, auch dieser hat Blinker und Bremslicht. Und zudem soll die Ladefläche elektrisch gehoben und gesenkt werden. Im einfachsten Fall verlegen sie entsprechende Kabel von der Zugmaschine zum Auflieger. Spätestens beim Absatteln müssen sie aber nun die Leitung (am besten per Stecker) trennen. Luxuriöser und schicker wäre hier doch, diese Funktionen drahtlos umzusetzen. Dies funktioniert folgendermaßen: Im Zugfahrzeug ist zusätzlich zum Multifunktionsmodul ein Infrarot-Sender eingebaut. Dieser codiert alle Schaltzustände der Zugmaschine in ein unsichtbares Infrarot-Lichtsignal. Am Auflieger sitzt ein passender Infrarot-Empfänger.

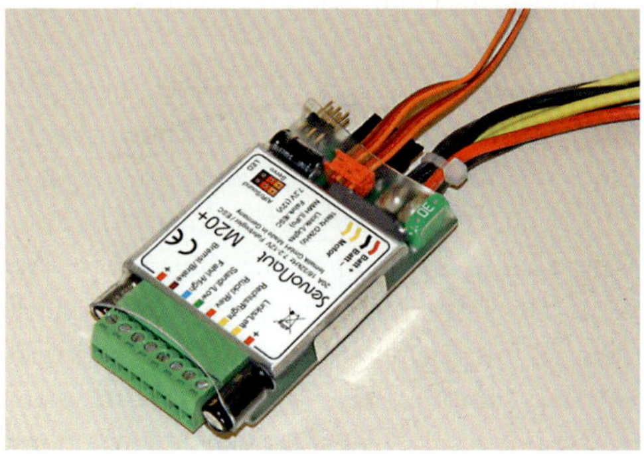

Multifunktionsmodul M20+. Dieser Baustein ist ein Fahrregler kombiniert mit einer Lichtanlage für die wichtigsten Beleuchtungsfunktionen

Infrarot

Infrarotes Licht ist rein physikalisch nichts anders als „normales" sichtbares Licht. Es hat jedoch eine Wellenlänge, die knapp über der Wahrnehmungsschwelle des Auges liegt und ist somit unsichtbar. Es wird in der Elektrotechnik gerne verwendet, um Signale über kurze Distanzen zu übertragen, da die technische Umsetzung einer Infrarotstrecke recht einfach ist. Fast alle Fernseh-Fernbedienungen arbeiten z.B. mit infraroten Schaltsignalen. Hier wird das gewünschte Signal (die gedrückte Taste) in einen Blinkrhythmus umgewandelt, der von einem Infrarotempfänger am Fernseher aufgefangen wird. Da Infrarot nicht sichtbar ist, stört dieses Blinken nicht weiter.

Im Modellbau wird Infrarot verwendet, um die Schaltzustände von Lichtfunktionen an einen Anhänger oder Auflieger zu übertragen, ohne ein Kabel nutzen zu müssen. Dies ist technisch einfacher und günstiger, als einen zweiten Empfänger im Auflieger unterzubringen. Für die Signalübertragung vom Sender zum Modell eignet sich infrarot hingegen nicht, da es zu störanfällig ist und eine zu geringe Reichweite hat.

Dieser fängt das Signal auf und decodiert es wieder. Hier sind die Lampen des Aufliegers angeschlossen, die entsprechend der empfangenen Signale synchron zur Zugmaschine geschaltet werden. Aber nicht nur die Truckbeleuchtung kann so kontrolliert werden. Auch Steuerungskanäle lassen sich auf diesem Wege übertragen. So kann ein Kanal des Empfängers mit dem Infrarot-Sender verbunden werden. Dann wird zusätzlich übermittelt, wie weit der Knüppel am Sender betätigt wurde. Im Auflieger kann dieses Signal dann für ein Servo oder einen Fahrregler genutzt werden, zum Beispiel um die Kippmulde zu heben.

Soviel zum allgemeinen Aufbau der Fernsteueranlage. Zugegeben: Das System wirkt auf den ersten Blick sicher etwas verwirrend und kompliziert. Beim ersten Probelauf mit der eigenen Anlage werden sich jedoch die meisten Fragen von selbst klären.

Dauerwelle: Analog oder digital funken?

Nun sollten wir uns noch etwas damit beschäftigen, wie die Funkbefehle vom Sender zum Empfänger gelangen. Denn auch hier gibt es unterschiedliche Technologien und immer wieder neue Entwicklungen.

Lange Zeit gab es ausschließlich analoge Funkanlagen. Im Truckmodellbau arbeiten diese hauptsächlich im 40-MHz-Bereich, teilweise auch mit 27 MHz. Andere Frequenzen, etwa 35 MHz, sind für Truckmodellbauer absolutes Tabu und ausschließlich dem Flugmodellbau vorbehalten. Bei analogen Funkübertragungen wird das Signal vom Sender durch Frequenzmodulation (kurz FM) übertragen, also durch eine geringe Veränderung der Sendefrequenz in Abhängigkeit von der Knüppelstellung. Der Empfänger rechnet diese Frequenzänderung wieder zurück in Bewegung. Genauso funktioniert übrigens die Funkübertragung eines normalen Radios, nur das hier keine Knüppelbewegungen, sondern die Schwingungen für den Lautsprecher übermittelt werden.

Neben dem angesprochenen Frequenzbereich (27 oder 40 MHZ) haben Fernsteuerung und Sender einen bestimmten Funkkanal. Dieser ist nicht zu verwechseln mit dem oben beschriebenen Steuerungskanal für die einzelnen Funktionen, sondern ist eine Art Frequenzkanal. Er wird durch ein kleines Bauteil, den Quarz, bestimmt. Sowohl im Sender als auch im Empfänger muss ein Quarz mit derselben Frequenz und demselben Funkkanal stecken. Durch ihn wissen die beiden Geräte, dass sie zusammengehören, auch wenn vielleicht noch Dutzende anderer Fernsteuerungen im Umkreis

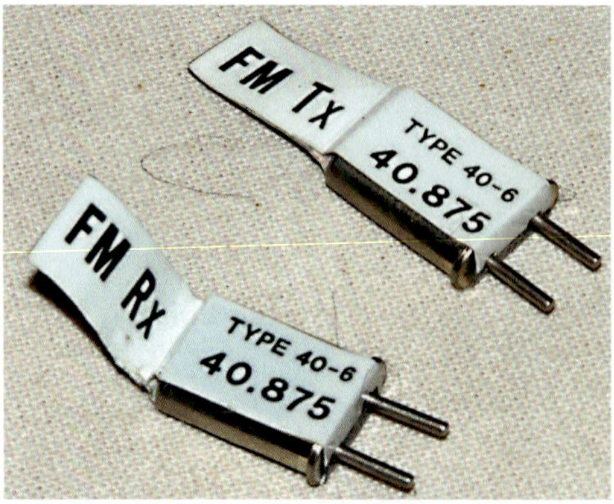

Ein solcher Quarz muss in den Empfänger und in den Sender gesteckt werden. Dann stimmt der Frequenzbereich überein, der Sender sendet sozusagen an die richtige Adresse

betrieben werden. Im Grunde ist dieser Funkkanal eine Art Adressaufkleber, damit sich Sender und Empfänger verständigen können. In jeder Fernsteuerungsanlage wird je ein Quarz für Sender und Empfänger benötigt, unabhängig von der Anzahl der Steuerungskanäle.

Das muss auch beachtet werden, wenn mehrere Modellbauer gemeinsam mit ihren Trucks unterwegs sind: Verwenden zwei Fernsteueranlagen denselben Funkkanal, stören sich die Sender gegenseitig und das Modell kann nicht mehr gesteuert werden! Um dennoch fahren zu können, kann man sich zusätzliche Quarzpaare für andere Funkkanäle zulegen, die dann einfach am Empfänger und am Sender umgesteckt werden. Bei großen Veranstaltungen war das Ganze (in der Zeit vor dem Digitalfunk, der im nächsten Abschnitt beschrieben wird) jedoch durchaus problematisch, weil es nur eine recht geringe Anzahl an Kanälen gibt und somit nicht selten der ein oder andere Fahrer nicht zum Zuge kam, weil sein Kanal belegt war.

In den letzten Jahren hat das Thema Funk in allen Bereichen des Lebens einen wahren Boom erlebt. Computer und Smartphones kommunizieren drahtlos per WLAN, der Hauseingang wird per Funkkamera überwacht, die Wetterstation empfängt die Temperatur von einem Messgerät auf der Terrasse und ein drahtloses Headset am Ohr ist per Bluetooth mit dem Handy in der Hosentasche verbunden. Diese Entwicklung ist auch am Modellbaubereich nicht vorbeigegangen und hat eine komplett neue Generation des Modellbaufunks eingeläutet: den Digitalfunk. Dieser arbeitet im 2,4-GHz-Bereich und funktioniert komplett anders als der Analogfunk. Dabei werden die Positionen der Steuerinstrumente am Sender in ein digitales Signal umgewandelt, also eine Sequenz von Einsen und Nullen, die im Empfänger wieder umgerechnet wird. An diese Sequenz wird abschließend eine Prüfzahl gehängt. Mit dieser kann der Empfänger nachrechnen, ob die zuvor empfangene Sequenz richtig ist oder unterwegs beschädigt wurde, zum Beispiel durch Störungen. Ist sie falsch, wird sie ignoriert. Diese Möglichkeit der Fehlerprüfung ist ein enormer Vorteil der digitalen Funktechnik: Störungen, die sich bei Analogsystemen durch Zucken in den Servos bemerkbar machen, gibt es praktisch nicht mehr.

Auch die Problematik der Funkkanäle hat sich merklich entspannt. Hier sind keine festgelegten Funkkanäle und Quarze mehr nötig. Die tatsächliche Frequenz, auf der sich Sender und

Bluetooth

Bluetooth ist der Name eines international festgelegten Standards für Funkverbindungen im digitalen 2,4-GHz-Bereich. Hauptsächlich kennt man Bluetooth von der Verbindung eines Handys oder Smartphones mit einem Headset oder für andere Kommunikationsverbindungen zwischen Kleingeräten. Im Modellbaubereich verwenden einige Hersteller den Bluetooth-Standard für die Funkverbindung zwischen Sender und Modell. Neben Bluetooth gibt es aber auch andere Standards für digitale Funkprotokolle.

Ein günstiger digitaler Einsteiger-Sender, das Reflex-System von Carson. Die Anlage hat sechs Kanäle und funkt mit 2,4 GHz Foto: Oliver Bothmann

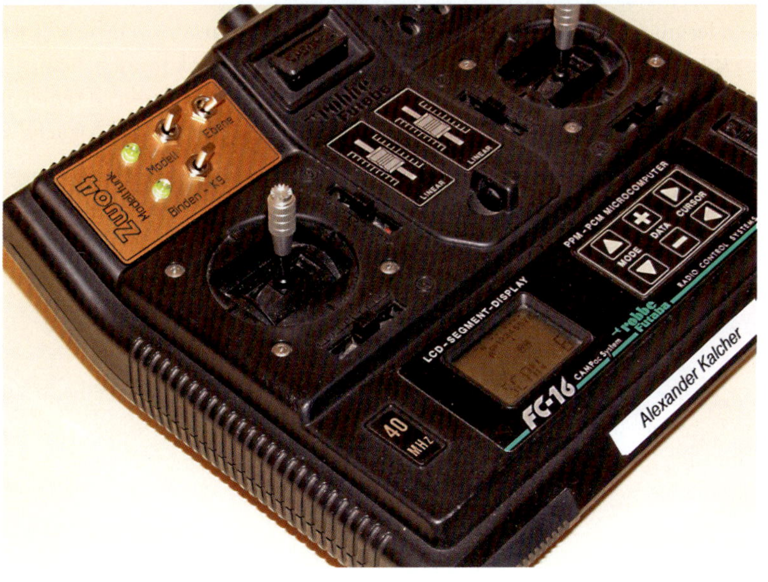

Umrüst-Satz: Diese analoge FC-16 von Robbe wurde auf digitalen Funkbetrieb umgerüstet. Oben links sitzt das neue Funk-Modul

Empfänger unterhalten, ist für den Modellbauer sogar nicht einmal mehr klar feststellbar, da sie mitunter automatisch verändert wird. Vereinfacht dargestellt funktioniert die Übertragung nun, indem der Sender bei jedem Funkpaket weiterhin eine digitale Kennung mitschickt. Sämtliche Funkpakete werden im Umkreis von allen eingeschalteten Empfängern empfangen.

Zunächst prüfen sie deren Kennung. Stimmt diese überein, wird das Funkpaket „angenommen“ und weiterverarbeitet, ansonsten ignoriert.

Im praktischen Modellbetrieb bedeutet das, das nun viel mehr Modelle zeitgleich auf dem Parcours unterwegs sein können. Eine Abstimmung der Modellbauer untereinander ist nicht mehr nötig. Und darüber hinaus gibt es auch die Möglichkeit, mit einem Sender durch einfache Umschaltung verschiedene Modelle zu steuern. Bei einem Analogsender ist dies nur durch aus- und einschalten der entsprechenden Modelle direkt am Fahrzeug, verschiedene Quarze im Sender oder zwei unabhängige Fernsteuerungen machbar.

Wer sich zu Beginn noch nicht festlegen möchte, kann auch auf Umrüst-Systeme setzen. Die Basis ist hier eine herkömmliche analoge Funkanlage. In dieser wird dann bei Bedarf der elektronische Teil, der für das Senden der Signale zuständig ist, deaktiviert und eine digitale Sendeeinheit eingebaut. Das klingt kompliziert, ist aber eine Sache von zwei Minuten und einem Stecker. Das Gehäuse, Steuerinstrumente und auch das Einstelldisplay (im Falle einer Computeranlage) bleiben erhalten und werden weiterhin genutzt. Solche Umbausätze gibt es sowohl direkt vom Hersteller des jeweiligen Senders als auch von Drittanbietern. Sogar Umrüst-Kits zum Selberlöten sind erhältlich. Das ist aber sicherlich eher was für erfahrenere Modellbauer.

So könnte man zunächst mit einer herkömmlichen Analoganlage beginnen und später auf Digitalbetrieb umrüsten. Es spricht auch nichts dagegen, eine gebrauchte Analoganlage zu kaufen und diese direkt oder später umzurüsten – durch den anhaltenden Digital-Boom sind ältere Analoganlagen mitunter günstig zu bekommen.

Taster und noch mehr Taster

Schwer abzuschätzen ist oft die Frage, wie viele Kanäle tatsächlich nötig sind und erst recht, ob diese tastend oder schaltend sein sollen. Am Anfang kommen einem sechs Kanäle unglaublich viel vor, schließlich reichen für den Baukastentruck ja schon zwei bis drei. So mag man meinen, mit einer einfachen Funkanlage auszukommen. Schnell bremst man sich jedoch im weiteren Verlauf seiner Modellbaukarriere aus, weil die Möglichkeiten zum Ausbau fehlen.

Dieser Sender, eine FC16 von Robbe (inzwischen unter dem Namen FC16 Boat n Truck vertrieben) kann einfach mit einer Schalterplatine erweitert werden – und bekommt so gleich acht neue Kanäle für Schaltfunktionen (an/aus) und Proportionalkanäle (Drehregler)

Der Sender der Smart SX Flexx ist vollständig mit Knüppeln und Tastern ausgerüstet. Am Empfänger RX4/9 können vier Servos angeschlossen werden und fast beliebig viele der Erweiterungsmodule Multiswitch Flexx. Deren Schaltverhalten wird per USB-Kabel am PC eingestellt

Hier sind erweiterbare Funkanlagen eine Möglichkeit. Sie haben in der Grundversion zum Beispiel vier Kanäle. Intern kann der Sender jedoch bis zu acht Kanäle handhaben und auch der Empfänger bietet acht Steckplätze für Servos. Mit entsprechenden Schaltern, Drehreglern und Tastern kann der Sender nun bedarfsweise um die Kanäle fünf bis acht wachsen. Reicht dies irgendwann wieder nicht, wird einer der acht Schalter wieder rausgeworfen und stattdessen ein ganzes Schaltermodul mit zum Beispiel acht weiteren Tasten eingebaut. An den zugehörigen Kanal am Empfänger kommt nun ebenfalls ein Baustein, der seinerseits das Signal aufteilt und acht dazu passende Steckplätze anbietet.

Immer beliebter werden aber auch senderseitig vollständige Komplettsysteme. Da es Funktionsmodellbauern immer nach mehr Kanälen dürstet, kommen auf unseren Hobbybereich zugeschnittene Systeme meist direkt mit einer großen Anzahl an Kanälen daher. Hier müssen dann keine Schalter mehr eingebaut werden, vielmehr ist der Sender bereits komplett ausgestattet.

Beispielhaft sei hier das System Smart SX 9 Flexx von Multiplex genannt. Dieses digitale Einsteigersystem bietet – bei einem günstigen Preis – eine verhältnismäßig hohe Anzahl an Kanälen. Das System wird im Set mit einem 5-Kanal-Empfänger geliefert, womit vier Proportionalkanäle und ein Schaltkanal (für ein Servo oder ein Schaltmodul) gesteuert werden können. Alternativ kann der Sender mit dem speziell dafür vorgesehenen Empfänger RX 4/9 kombiniert werden. Hier können zwar nur vier Proportionalkanäle genutzt werden, dafür an den fünften Steckplatz aber spezielle Erweiterungsmodule angesteckt werden, die Schaltfunktionen übernehmen. Diese sind per PC programmierbar. Eingestellt wird, wie sich diese Schaltkanäle verhalten sollen (z.B. ob die angeschlossenen LEDs dauerhaft leuchten, blinken oder blitzen sollen oder ob es Tast- oder Memory-Schalter sind) und auch, ob die Kanäle parallel zu einem der Servos an Kanal eins bis vier oder an einem der Schaltkanäle fünf bis neun schalten.

Was möchten sie denn so alles einstellen?

Einfache Standard-Anlagen im analogen Funkbereich bieten kaum Einstellmöglichkeiten, von einer Drehrichtungsumkehr der Servos einmal

Servoreverse

Funktion am Sender, mit der man die Drehrichtung eines Steuerelements umkehren kann. Wird der Knüppel nach links gedrückt, dreht z.B. das Servo dann nach rechts. Dies ist nötig, da Servos manchmal kopfüber eingebaut werden oder die Richtung aus anderen Gründen nur vertauscht Sinn macht.

abgesehen. Dies ist für einen Modelltruck kaum das Richtige und schränkt die Möglichkeiten stark ein. Lediglich in Zusammenhang mit dem Multifunktionsmodul MFC von Tamiya kann man den Einsatz einer einfachen Anlage ins Auge fassen, mehr dazu unter „Multifunktionsmodule einbauen".

Möglichst sollte es für unser Hobby eine sogenannte Computer-Anlage sein. Der Begriff ist allerdings irreführend und stammt noch aus Zeiten, in denen es nur Analogfunk gab und ein kleiner Chip bereits als „High Tech" gefeiert wurde. Heute steckt schließlich bereits in jedem Sender eine gehörige Portion Mikroelektronik. Dennoch ist der Begriff „Computersender" auch heute noch geläufig – gemeint ist hiermit ein Sender, der über ein kleines Display Einstellmöglichkeiten bietet. Damit ist es möglich, die einzelnen Kanäle der Fernsteuerung exakt anzupassen und zu justieren. Das Signal der Steuerinstrumente wird dabei vom besagten Microcontroller zunächst verändert, also an die getätigten Einstellungen angepasst, bevor es gefunkt wird. So kann auf dem Display des Senders zum Beispiel genau angegeben werden, wo die Mittelstellung des Servos ist. Das ist sehr nützlich, um das Modell zu justieren. Fährt der Truck immer eine leichte Kurve, obwohl der Knüppel in der Mitte steht, wird die Position am Sender digital korrigiert. Weiterhin kann der Servoweg begrenzt werden: Muss eine

Die FC-16 Boat n Truck ist ein typischer Vertreter eines Computer-Fernsteuerungssystems. Am Display unten können Servowege, Mittelstellungen und viele weitere Dinge angepasst und gespeichert werden. Gefunkt wird jedoch analog. Foto: robbe

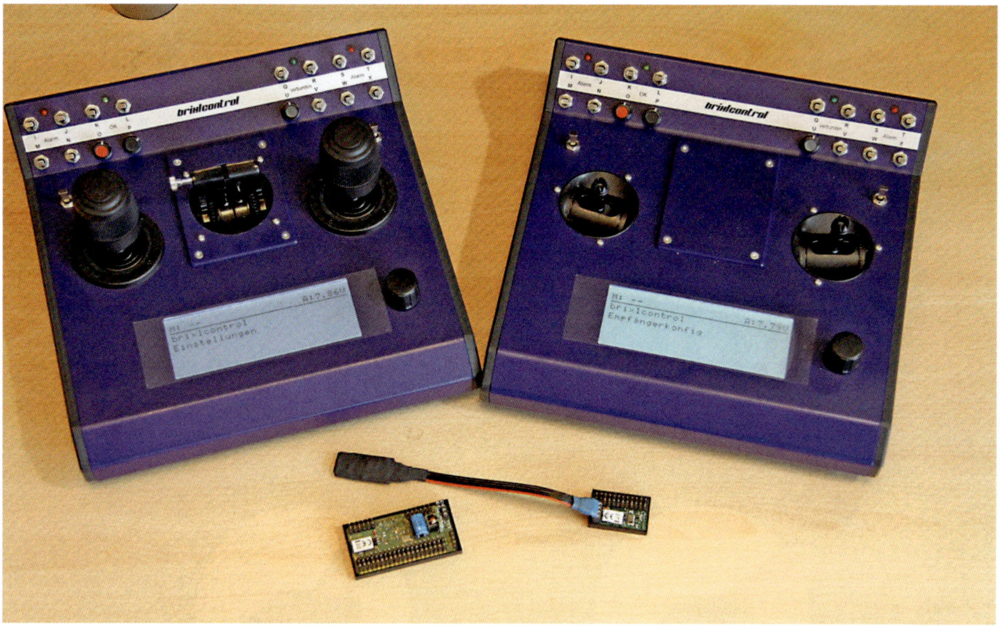

Brixl-Anlagen steuern selbst anspruchsvollste Modelle. Der Empfänger unten links hat bis zu 20 Kanäle. Die dicken Knüppel am linken Sender können normal nach oben/unten und links/rechts bewegt werden, zudem gedreht und gedrückt werden. Die mittleren Hebel am linken Sender sind perfekt geeignet, um zum Beispiel Kettenfahrwerke von Baggern oder Raupen zu steuern

bestimmte Mechanik an der Anhängerkupplung nur wenige Millimeter gezogen werden, der Servo dreht sich jedoch deutlich zu stark, wird der Weg so weit reduziert, dass die Kupplung keinen Schaden nimmt.

All diese Einstellungen können im Sender unter einer bestimmten Nummer gespeichert werden. Kommt also ein weiterer LKW hinzu, kann per Knopfdruck zwischen den einzelnen Modellspeichern gewechselt werden.

Moderne Fernsteuerungssysteme gehen deutlich weiter und verändern nicht einfach nur ein paar Servowege. Diese vollständig microcontrollergestützten Systeme können im Grunde sämtliche Einstellungen in einem bildschirmartigen Display verändern.

Ein Beispiel ist hier das Funksystem des Anbieters Brixlelektronik. Seine Sender und Empfänger sind speziell für den Funktionsmodellbau optimiert und selbst für aufwendigste Fahrzeuge perfekt vorbereitet. Die Empfänger sind in unterschiedlichen Varianten erhältlich und können bis zu 20 Kanäle steuern. Zusätzlich können, ohne ein separates Lichtmodul einbauen zu müssen, weiterhin direkt 10 Leuchtfunktionen gesteuert werden, deren Verhalten am Sender eingestellt wird.

Für jeden Schalter kann genau eingestellt werden, was er wann wie und in welcher Abhängigkeit macht. Jedoch haben diese Systeme entsprechend der unbeschränkten Möglichkeiten auch ihren Preis. Der Funktionsumfang hingegen ist jedoch bemerkenswert.

Bunt gemischt

Beachten Sie die Steckersysteme ihrer Servos, Schaltbausteine und Regler zum Anschluss an den Empfänger. Mittlerweile haben sich vor allem zwei Stecksysteme behaupten können: Die der Firmen Futaba und Graupner/JR.

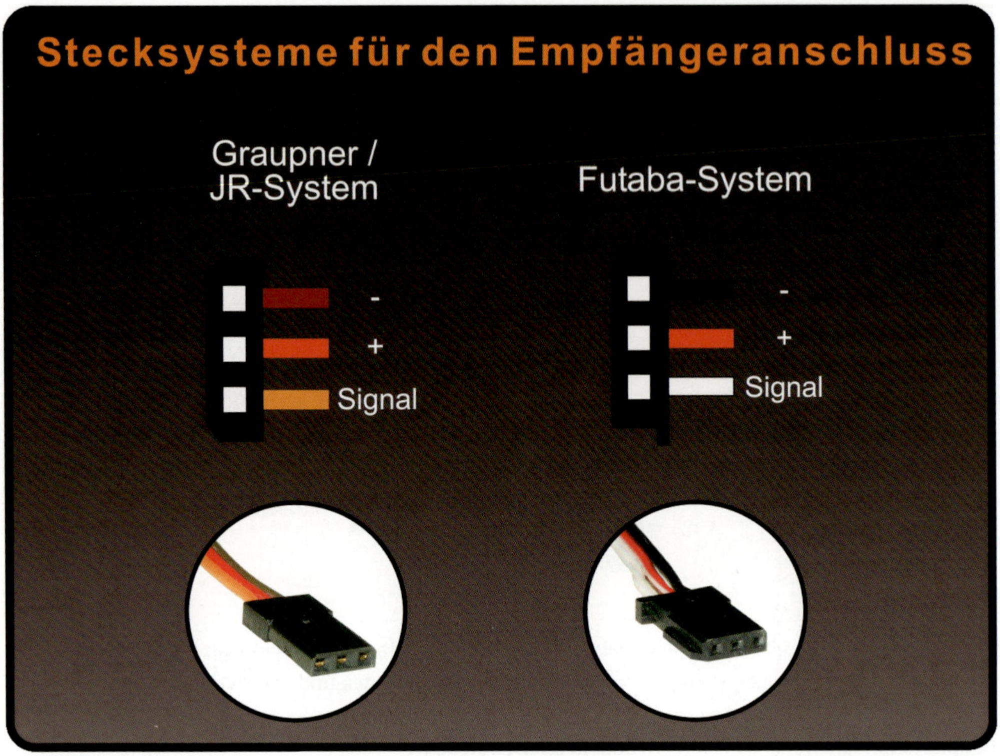

Diese beiden Stecksysteme sind die Wichtigsten im Lkw-Modellbau

Passen die Stecker nicht an die Buchsen des Empfängers, kann entweder ein Adapterstecker eingesetzt werden. Alternativ kann ein JR-Stecker auch direkt an einen Futaba-Empfänger angeschlossen werden, jedoch ohne Verpolungsschutz. Man muss also selbst drauf achten, dass der Stecker nicht verkehrt herum angeschlossen wird, da er in beiden Richtungen aufsteckbar ist. Auch ein Futaba-Stecker lässt sich an einen JR-Empfänger anschließen. Hier muss nur die Kunststoffnase mit einem scharfen Messer entfernt und mit etwas Schleifpapier die Schrägen nachgebildet werden.

Man kann auch den nicht passenden Stecker abkneifen und den richtigen anlöten.

Unter Strom

Damit sich am fertigen Modell-LKW überhaupt etwas regt, ist eine Stromversorgung durch einen Akku nötig. Akkus im Truckmodellbau haben eine Spannung zwischen 7,2 und 12 Volt. Die Spannung des Akkus muss zur Spannung des Fahrmotors passen. Ebenfalls müssen die angeschlossenen Schaltmodule, Lichtmodule und Co mit der Spannung harmonieren – in den meisten Fällen kommen diese Bausteine aber mit beiden Bereichen zurecht. Ein eigenes Süppchen kochen hingegen der Empfänger und die Servos. Sie haben einen eigenen Spannungsbereich, der bei 4,8 Volt liegt. Was nun? Wie bringt man jetzt die 4,8 Volt für Empfänger und Servos mit den 12 oder 7,2 Volt für den Motor unter einen Hut?

Um dies zu verstehen, werfen wir einen Blick darauf, wer in einem LKW-Modell wen und wie mit Strom versorgt.

Um den Stromlauf in einem Modell nachzuverfolgen, beginnen wir mit unserer Elektronen-

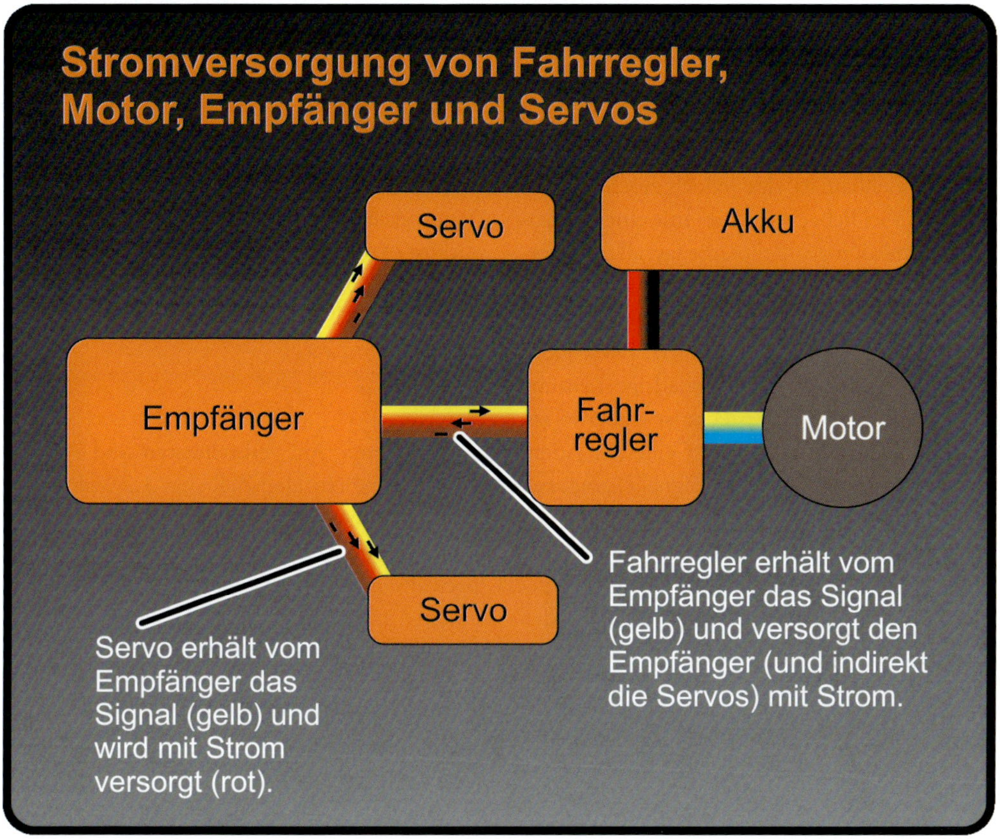

Die Pfeile zeigen, wer wen mit Strom und Signalen versorgt. Die braunen Adern sind Minus. Die gelben Adern sind für das Signal – es wird immer vom Empfänger an den Fahrregler oder die Servos geschickt. Die rote Plus-Leitung dient der Stromversorgung. Vom Fahrregler aus bekommt der Empfänger seinen Strom, dieser versorgt wiederum die Servos. Der Fahrregler hängt am Akku des Modells. Einen kleinen Teil der Energie zwackt er ab, macht stabile 4,8 Volt daraus und schickt sie zum Empfänger. Die meiste Energie braucht allerdings der Fahrmotor

Reise am besten am Akku: Der Akku (z.B. mit 7,2 Volt) ist mit zwei dicken Leitungen (Plus und Minus) mit dem Fahrregler des Modells verbunden. Die Spannung aus dem Akku wird dort, je nach Vorgabe vom Empfänger (also je nach Knüppelstellung am Sender), geregelt und über zwei weitere dicke Leitungen an den Motor weitergegeben. Bei einem geringen Knüppelausschlag ist die Spannung klein, also z.B. 1,4 Volt, je stärker der Knüppel gedrückt ist, je höher wird die Spannung bis hin zu den vollen 7,2 Volt bei vollem Ausschlag. Akku, Fahrregler und Motor stehen also in direkter Verbindung miteinander, da der Motor im Modell die Komponente ist, die am meisten Strom braucht.

Springen wir nun zu einem anderen Punkt und schauen uns die Servos an: Diese werden vom Empfänger mit Strom versorgt. Hierfür dient das dreiadrige Kabel, mit dem das Servo an den Empfänger angeschlossen wird: Eine dieser Adern ist der Minus-Pol, eine der Plus-Pol für die Stromversorgung und die dritte ist die Signalleitung, über die der Empfänger dem Servo mitteilt, wie es sich zu drehen hat.

Woher bekommt aber nun der Empfänger seine Spannung – die erwähnten konstanten 4,8 Volt, mit dem er sich selbst und die Servos versorgt? Theoretisch könnte der Empfänger dazu einen eigenen 4,8-Volt-Akku haben. Im Truckmodellbau ist das jedoch höchst selten der Fall. Viel lieber wird hier mit einer zusätzlichen Funktion gearbeitet, die fast alle Fahrregler mit sich bringen: Sie kümmern sich zusätzlich zur Regelung des Fahrmotors auch um die Stromversorgung des Empfängers. Diese läuft, wie beim Servo, über die dreiadrige Leitung, die am Empfänger eingesteckt ist – aber in anderer Richtung. Auch hier ist eine der Adern der Minus-Pol und eine die Signalleitung, mit der der Fahrregler gesagt bekommt, wie schnell der Motor drehen soll. Die dritte Leitung, die Plus-Leitung, schickt nun einen kleinen Teil der Spannung aus dem Akku vom Regler an den Empfänger. Diese Spannung wurde zuvor im Fahrregler an die übliche Empfänger-Spannung von 4,8 Volt angepasst.

Diese Zusatzfunktion, also das „Abzwacken" der Stromversorgung für den Empfänger und das Reduzieren dieser Spannung auf 4,8 Volt heißt BEC (engl. Battery Eliminator Circuit, übersetzt etwa „Stromversorgung ohne eigene Stromquelle").

Selbstentladung

Akkus entladen sich auch dann, wenn sie nicht verwendet werden. Je nach Akku verlieren sie innerhalb von Tagen, Wochen und Monaten die gespeicherte Energie. Bei NiMH-Akkus ist dieser Effekt recht stark, außer bei speziellen NiMH-Akkus mit niedriger Selbstentladung. Bei LiPo-Akkus tritt dieser Effekt nur sehr gering auf.

Strom aus der Rolle oder aus der Tüte

Nachdem nun, vom Akku ausgehend, das Zusammenspiel aller Komponenten klar ist, gilt es nun noch, einen genaueren Blick auf den Akku an sich zu werfen.

Dort wird beim Aufladen elektrische Energie in chemische Energie umgewandelt und auf diese Weise gespeichert. Hier reagieren also zwei Stoffe chemisch miteinander. Im allgemein häufigsten Akkutyp sind das Nickelhydroxid und Metallhydrid, abgekürzt ist dies dann ein NiMH-Akku. Häufig anzutreffen, zum Beispiel in Mobiltelefonen, sind auch Li-Ion-Akkus, hier ist Lithium einer der chemischen Bestandteile.

Im Modellbau sind vor allem zwei Akkutypen vertreten. Am verbreitetsten sind NiMH-Akkus. Eine einzelne Zelle hat 1,2 Volt Spannung und hat eine zylindrische Bauform. Sechs dieser Zellen werden zu einem 7,2-Volt-Akkupack zusammengeschlossen oder zehn Zellen zu einem 12-Volt-Akku.

NiMH-Akkus sind inzwischen vor allem in einer speziellen Version verbreitet, die eine besonders geringe Selbstentladung hat, die sogenannten LSD-NiMH-Akkus. „LSD" hat in diesem Fall jedoch nichts mit Partydrogen zu tun sondern steht für die Abkürzung „low self-discharge", also eben „niedrige Selbstentladung".

Immer mehr Verbreitung finden LiPo-Akkus, eine Unterart der Li-Ion-Akkus. Eine einzelne Zelle hat hier 3,7 Volt Spannung. Diese werden kombiniert zu 2-zelligen Akkus mit 7,4 Volt und 3-zelligen Akkus mit 11,1 Volt. Die addierten Spannungen sind sehr ähnlich zu den NiMH-Akkupack-Spannungen, daher werden 11,1-Volt-LiPos ohne Weiteres in einem 12-Volt-Modell und 7,4-Volt-Lipo-Packs in einem 7,2-Volt-Fahrzeug eingesetzt.

Aber nicht nur die Spannung ist anders, auch die Form. Statt zylindrischer Zellen sind LiPo-Zellen flach und rechteckig – und vor allem nicht mehr fest, sondern etwas verformbar. Dies hat dem Akku inzwischen den Spitznamen „Suppentüte" beschert.

Die Energiedichte, also die gespeicherte Energie pro Volumen, ist bei einem LiPo-Ak-

Rechts ein 12-Volt-Akku, bestehend aus zehn 1,2-Volt-Zellen. Links ein Lipo-Akku mit 11,1 Volt. Die drei Zellen sind gut zu erkennen

ku wesentlich besser als bei einem NiMH-Energiespeicher. Dadurch sind die Akkus kleiner und leichter und haben dennoch eine höhere Kapazität. Für den Truckmodellbau bedeutet das: Höhere Fahrzeiten bei geringerem Platzbedarf. Ein weiterer Vorteil bringt Strahlen in das Gesicht des Modellbauers: LiPos haben nahezu keine Selbstentladung. Ein einmal geladener Akku hält die Energie also lange Zeit und verliert sie nicht innerhalb weniger Monate, wie das bei NiMH-Zellen (trotz „LSD“) der Fall ist. Ebenfalls ist der Memoryeffekt kein Thema mehr: NiMH-Zellen haben es bekanntlich nicht gerne, nachgeladen zu werden. Aufladen, wenn der Akku nicht ganz leer war oder bis er nicht ganz voll ist, hat schnell zu massiven Leistungseinbußen geführt. Das ist bei der neuen Akku-Generation anders. LiPos können behandelt werden wie ein Regenfass: Nachfüllen und entleeren ganz nach Belieben.

Ein paar Kehrseiten der Medaille hat der LiPo-Akku allerdings auch. Zum einen ist er mechanisch sehr empfindlich. Die weiche Umverpackung darf auf keinen Fall mit Kanten, Ecken oder Spitzem in Berührung kommen. Die Schutzhülle beschädigt recht leicht, was den Akku unbrauchbar macht.

Das Kritischste am LiPo-Akku sind allerdings Über- und Unterspannung. Lipo-Akkus müssen mit einem speziellen Ladeverfahren (es nennt sich I-U-Verfahren) aufgeladen werden, das Ladegerät muss also speziell für den Umgang damit vorgesehen sein. Während bei einem NiMH-Akku lediglich der zweipolige Stecker an das Ladegerät angeschlossen wird, hat ein LiPo-Akku noch einen weiteren Anschluss: den sogenannten Balancer-Stecker. Über diesen kann das Ladegerät nicht nur den Akku insgesamt, sondern jede einzelne Zelle separat laden und die Spannung überwachen. So wird sichergestellt, dass jede Zelle genau richtig aufgeladen wird. Durch Fertigungstoleranzen könnte es sonst nämlich passieren, dass eine Zelle in einem Pack etwas schwächer ist als die andere und dadurch immer etwas stärker – und somit unweigerlich zu stark – geladen wird.

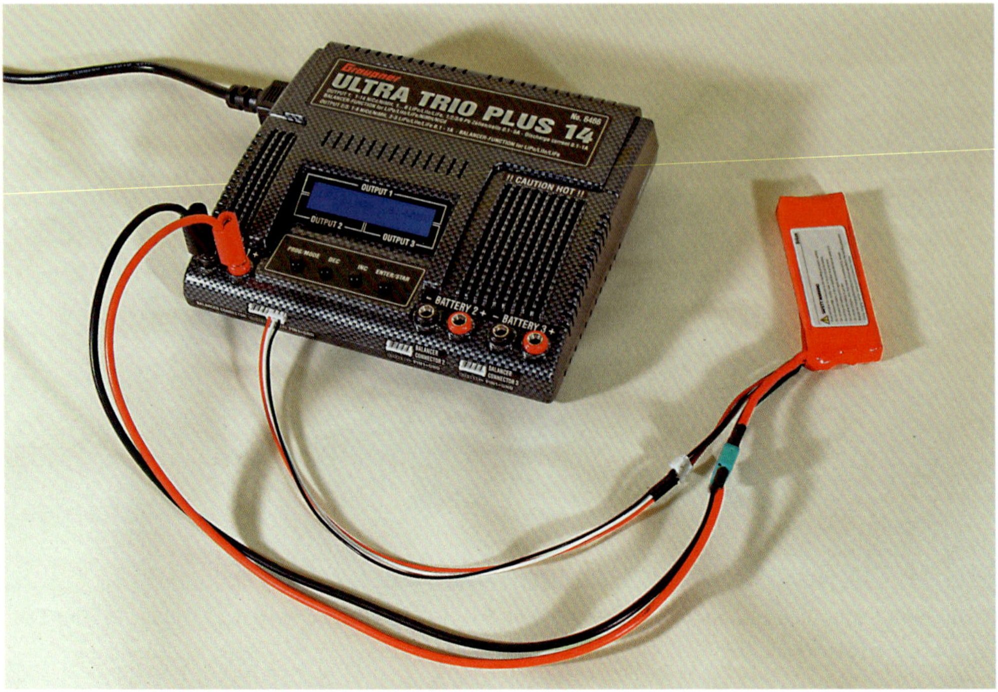

LiPo-Akku an einem Ladegerät. Über die dicken Leitungen fließt der Ladestrom, die dünne Balancer-Leitung sorgt für die Prüfung und den Ausgleich der Einzelzellen

Ähnlich verhält es sich mit dem Entladen des Akkus, also dem Betrieb im Modell. Bei NiMH-Akkus ist es durchaus üblich, den Truck zu fahren, bis man deutliche Zeichen für einen leeren Akku erkennt: Funkstörungen, langsamer werdender Motor etc. Bei einem LiPo-Akku ist es zu diesem Zeitpunkt schon zu spät: Er darf keinesfalls bis unter eine gewisse Grenze entladen oder gar tiefentladen werden. Dann ist der Akku unweigerlich kaputt, schon beim ersten Mal. NiMH-Akkus hingegen verzeihen etwas zu tiefe Entladungen schon eher. Damit das beim LiPo nicht passiert, müssen im LKW entsprechende Vorkehrungen getroffen werden, um die Entladegrenze zu erkennen und das Modell abzuschalten. Dies ist eine Aufgabe für den Fahrregler, der ja den Motor und damit den Hauptstromfresser speist. Ein Modell mit Lipo sollte möglichst einen Fahrregler mit Lipo-Modus haben. Er misst dann kontinuierlich die Akkuspannung. Sinkt sie unter eine bestimmte Grenze, wird sofort das komplette Modell abgeschaltet.

Beim Laden eines Lipos und auch bei der Lagerung sollten darüber hinaus ein paar Sicherheitsregeln beachtet werden. Ein solcher Akku kann sich bei falscher Handhabung aufblähen, warm werden, qualmen oder im schlimmsten Fall auch Feuer fangen. Aus diesem Grund warnen die Hersteller auch eindringlich vor falschem Umgang. Die vom Hersteller angegebenen Sicherheitsregeln sollten also beachtet werden. Unter anderem ist für die Lagerung und während des Aufladens ein spezieller Sicherheitsbeutel ratsam, besonders wichtig ist auch das Einhalten der Ladeströme, die auf dem Akku angegeben sind.

Zugegebenermaßen klingt dies sicherlich etwas Angst einflößend. Fakt ist, bei vernünftigem Umgang mit einem LiPo-Akku entspre-

Für den Anfang ist ein Küchenarbeitsplatz ausreichend. Ein Stück Wellpappe schützt das gute Möbelstück vor Kratzern

chend der Vorgaben der Hersteller ist diese Akku-Technologie sicher. Als gänzlich unerfahrener Modellbauer sollten sie dennoch in ihrem ersten Modell zu Beginn einen NiMH-Akku vorziehen, da dieser Fehlbehandlung deutlich besser verzeiht.

Die Werkstatt

Wo soll er denn nun entstehen, der erste Modell-Truck? Auf dem Küchentisch? Oder muss es direkt eine komplett eingerichtete Werkstatt sein? Und: Was brauche ich dafür? Welches Werkzeug muss ich kaufen? Berechtigte Fragen.

Küchentisch oder Keller?

Aber auch hier sind keine pauschalen Aussagen möglich. Schließlich hängt das nötige Equipment vom ersten Modell ab. Geht man vom Normalfall (dem Bausatz) aus, so genügt zunächst tatsächlich der Küchentisch. Wichtig ist in jedem Fall eine ausreichend große und hell beleuchtete Arbeitsfläche. Die Umgebung sollte einigermaßen aufgeräumt sein. Wenn mal eine nur zwei Millimeter große Schraube herunterfällt, geht sonst die Suche los. Und eigentlich soll gebaut und nicht nach Kleinteilen gefahndet werden. Auch eine Sitzgelegenheit vor dem Tisch ist eine gute Idee. Im Grunde spricht also tatsächlich nichts gegen den Küchentisch, vor allem nicht beim ersten Modell. Abgesehen von der Tatsache, dass nach jedem Bastelabend alles wieder weggepackt und verstaut werden muss. Für enthusiastischere Modellbauten mit Eigenbau-Anteil ist das natürlich keine Lösung. Hier machen vor allem Schleif- und Bohrstaub einen Strich durch die Rechnung.

Sinnvoller ist daher eine kleine Bastelecke irgendwo in einem Zimmer, in dem Schmutz nicht so sehr stört. Als Arbeitsfläche könnte zum Beispiel ein niedriges Regal dienen, das mit ei-

Ein kleines Regal mit ausziehbarer Arbeitsplatte bietet auch enthusiastischeren Modellbauern genug Platz. Im Regal selbst ist Stauraum für Bastelmaterial und Werkzeug

ner zusätzlichen, größeren Platte als Arbeitsfläche ausgestattet wurde.

Hier kann man bequem sitzen und nach dem Schrauben und Basteln alles so liegen lassen, wie es ist. An der Wand können Haken und Leisten für Werkzeug, eine Steckdosenleiste sowie Schubfächer und Kisten für Kleinteile angebracht werden.

Das Nonplusultra ist natürlich eine Systemwand, an der die benötigten Werkzeugleisten beliebig aufgehängt und kombiniert werden können. Mit einer solchen Ausstattung steht sogar dem Eigenbau-Modell fast nichts im Wege.

Aufwendiger ist es natürlich, wenn ein größerer Maschinenpark zum Einsatz kommt. Ständerbohrmaschine, Fräse oder gar Drehbank brauchen natürlich ihren Platz. Hier bleibt dann tatsächlich wohl nur die Garage oder ein Kellerraum, da durch Schmierstoffe und Späne erheblicher Schmutz entsteht und ein Teppichboden so nicht lange fleckenfrei bliebe.

Schraubendreher und Co.

Für den ersten Baukasten-LKW ist nur ein recht übersichtliches Equipment nötig. In jedem Fall ist ein Satz guter Schraubendreher wichtig. Die

Wer ein wenig Platz an der Wand hat, kann eine solche Systemwand montieren. So sind die wichtigsten Werkzeuge und Materialien immer griffbereit

Griffe sollten stabil sein und gut in der Hand liegen. Je nach Modell sind drei oder vier unterschiedliche Größen in Schlitz- und Kreuzschlitz-Variante sinnvoll.

Als Nächstes müssen scharfe Klingen her. Kleine Teppichmesser oder besser Bastlermesser mit unterschiedlichen Klingenformen sind gerade bei Kunststoffbausätzen nötig, um Grate zu entfernen.

Je nach Fingerdicke des Modellbauers sind mehr oder weniger viele Pinzetten als Greifwerkzeuge bei manch einer Montage extrem nützlich.

Unabdingbar ist weiterhin ein Set kleiner Zangen. Eine Spitzzange, Kombizange, Flachzange und ein Seitenschneider in Mini-Ausführung helfen bei unendlich vielen Aufgaben am Modell. Zum Anschließen von Kabeln ist zudem eine kleine Zange zum Abisolieren nützlich. Vor allem beim Seitenschneider auf eine möglichst gute Qualität der Klingen achten. Die Werkzeuge sollten eine Feder zum Öffnen haben.

Nicht fehlen sollten Dinge wie Wattestäbchen, Papiertaschentücher, Zahnstocher und Putzlappen. Hin und wieder müssen Schmier-

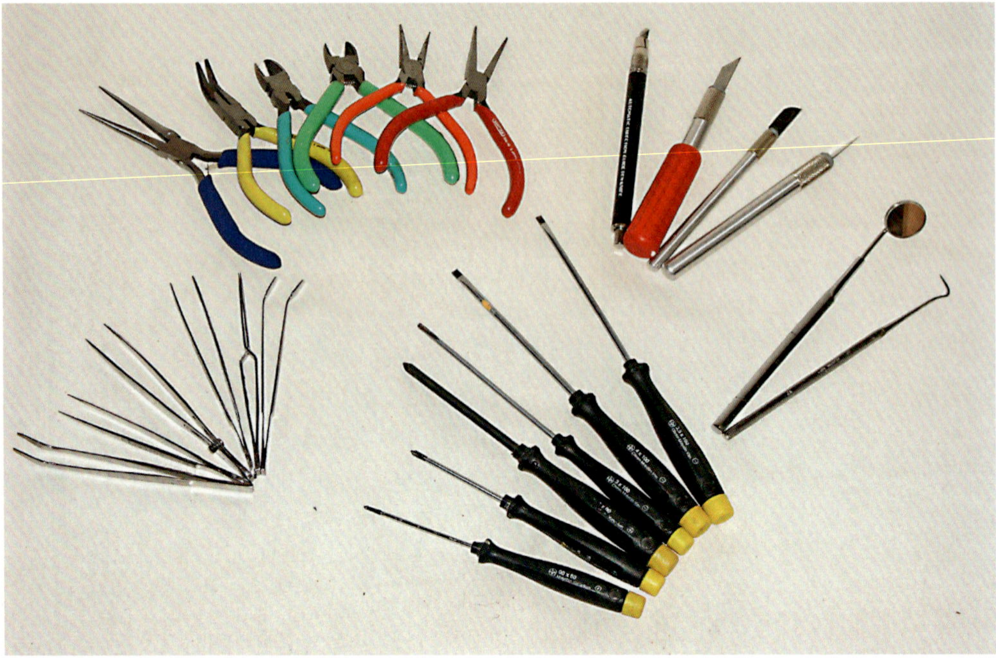

Solche Werkzeuge sind ungemein nützlich, sowohl bei der Montage des Baukastens als auch später, wenn es an den Umbau geht

Abisolieren

Zur elektrischen Isolierung ist um ein Kabel über die gesamte Länge ein Kunststoffmantel gezogen. Um das Kabel anschließen oder verlöten zu können, muss diese Isolierung am Ende einige Millimeter entfernt werden. Dazu gibt es spezielle Zangen, die auf den Durchmesser des Kabels eingestellt werden können und dann nur die Isolierung, nicht aber das Kabel selbst abkneifen. Immer darauf achten, nicht zu viel Isolierung zu entfernen, sonst entstehen leicht Kurzschlüsse.

stoffe eingebracht oder entfernt werden. Hier sind solche kleinen Einweg-Helfer sinnvoll, um nicht das Werkzeug einschmieren zu müssen.

Zum Lackieren sind auf jeden Fall mehrere gute Pinsel nötig, die nach Möglichkeit kein einziges Haar verlieren sollten. Natürlich steht auch einer Lackierung per Spraydose nichts im Weg. Zum Schleifen braucht man noch Nassschleifpapier in mehreren unterschiedlichen Körnungen bis zu einer Größe von 1.000. Die Zahl gibt die Anzahl der Körner pro Fläche an.

Nicht unbedingt von Anfang an, aber spätestens bei den ersten Umbauten am Modell ist ein Mini-Bohrer, etwa von Dremel oder Proxxon hilfreich. Dazu gehören natürlich möglichst viele Einsätze, wie Bohrer, Schleif-, Trenn-, Säge- und Polierscheiben.

Für elektrische Arbeiten ist ein Lötkolben oder besser eine Lötstation mit einstellbarer Temperatur sinnvoll. Dazu gehören Elektronik-Lötzinn mit Flussmittelkern und ein kleiner Schwamm.

Klebstoff und Co.

Mit Werkzeug allein ist es jedoch nicht getan. Während der Montage des Baukastens wird

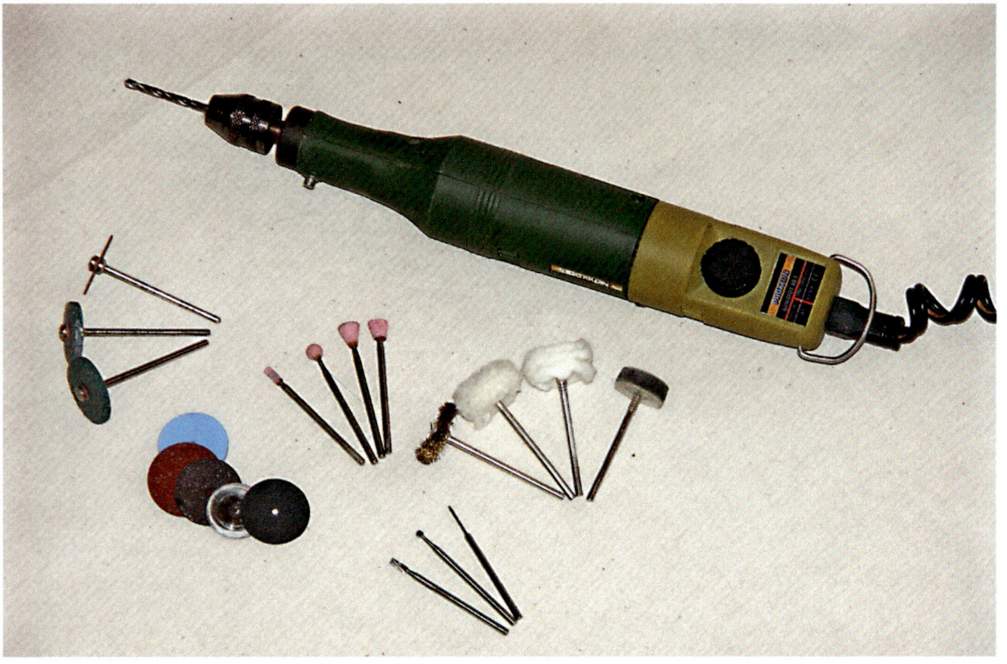

Je fortgeschrittener der Modellbau wird, desto unersetzlicher wird eine solche Minibohrmaschine

man an etlichen Stellen diverse Verbrauchsmaterialien benötigen, die in keinem Bastelkeller fehlen sollten.

Wichtig sind zunächst unterschiedliche Klebstoffe. In jedem Fall dabei sein sollte eine Tube Alleskleber. Schon etwas spezieller, aber genauso wichtig, ist ein Zweikomponentenkleber, zum Beispiel auf Epoxidharzbasis. Dieser Klebstoff wird vor dem Gebrauch aus zwei Tuben zusammengerührt und härtet extrem stark aus. Ein echter Kraftkleber. Als dritte Tube sollte ein Schraubensicherungslack nicht fehlen. Dieser wird auf das Gewinde aller metrischen Schrauben getropft, bevor sie eingeschraubt werden. Er härtet dann aus und verhindert, dass sich die Verschraubung durch Vibration lösen kann. Mit einem Schraubendreher und etwas Kraft kann die Verbindung jederzeit wieder gelöst werden.

Schraubenformen

Schrauben kann man unter anderem an ihrer Gewindeform unterscheiden.

Schneidschrauben haben ein recht steiles und scharfes Gewinde. Sie werden immer dann verwendet, wenn kein Gewinde im Material ist. Diese Schrauben schneiden sich ihr Gewinde selbst. Im Modellbau kommen sie häufig zum Einsatz, wenn Kunststoffteile verschraubt werden.

Metrische Schrauben haben ein eher flaches Gewinde und kommen zusammen mit einer Sechskantmutter oder in einem Loch mit Innengewinde zum Einsatz. Als Maßangabe dieser Schrauben wird der Durchmesser in Millimetern mit einem vorgestellten „M" verwendet (zum Beispiel M3).

Klebstoff, Klebeband und Schmiermittel sollten nicht fehlen

Und noch etwas Klebstoff auf Rollen macht Sinn: Transparenter Klebefilm, breiteres Klebeband und auch eine Rolle faserverstärktes Klebeband (das vielseitige Panzertape) gehören zur Grundausstattung.

Nützlich sind auch eine Rolle doppelseitiges Klebeband, ein paar selbstklebende Klettstreifen und spezielles Servotape. Das ist ebenfalls ein doppelseitiges Klebeband, als Träger dient hier jedoch eine etwas dickere flexible Schaumstoffschicht. Sie kann leicht zusammengedrückt werden und passt sich perfekt der Kontur der beiden Klebepartner an. Dadurch werden Unebenheiten ausgeglichen, die Klebeverbindung hält besser.

Jetzt fehlt nur noch etwas Fett. Und zwar streichbares, dickflüssiges Schmiermittel für Getriebe. Hier eignet sich zum Beispiel ein Universalfett von der Tankstelle oder auch Vaseline.

Mit einer solchen Ausstattung sind Sie sowohl für den ersten Angriff auf den Baukasten als auch darüber hinaus gewappnet. Bei komplizierteren Umbauten ist wahrscheinlich weiteres Werkzeug wie Gewindebohrer, Schneideisen, Klemmen, Spachtel oder eine Gehrungssäge nötig. Aber genau wie das Modell wächst auch die Werkstatt im Laufe der Zeit und muss nicht von Anfang an perfekt sein.

Grundlagen Lackier- und Farbarbeiten

Je nach Modellbausatz fallen bei den LKW unterschiedlich viele Arbeiten an, die mit Lacken und Farben zu tun haben. Da auch mit diesem Thema noch nicht jeder angehende LKW-Modellbauer zu tun hatte, hier einige Grundlagen. Mehr wird es aber wirklich nicht, denn auch diesem Thema kann man getrost ein eigenes Buch widmen – oder eine ganze Berufsausbildung.

Lackieren gehört zu den Arbeiten, bei denen sich ein Sprichwort bestätigt: Übung macht den Meister. Einen gleichmäßigen und glatten Farbauftrag zu erreichen braucht eine Menge Übung im Umgang mit Pinsel oder Spraydose. Da die möglicherweise unbefriedigenden ersten Versuche nicht den LKW verschandeln sollten, tut man gut daran, ein wenig zu üben. Versuchen Sie, irgendwelche Kisten, Dosen oder anderes zu lackieren, bis Sie den Pinselschwung beherrschen. Üben Sie wenn möglich mit der Farbe, die auch später für das Modell verwendet werden soll. Denn jede Farbe hat andere Eigenschaften.

Der Arbeitsplatz zum Lackieren muss gut belüftet und durchgängig etwa auf Zimmertemperatur beheizt sein. Ist es zu kalt, trocknet der Lack unter Umständen nicht gut durch. Auch sollte die Umgebung staubfrei sein, damit sich keine Partikel auf den feuchten Lack setzen und festkleben.

Ob Sie mit Pinsel oder Spraydose arbeiten, ist Ihnen überlassen. Spraydosen sind etwas teurer als Pinsel-Farben, erzielen jedoch eine bessere Qualität des Farbauftrags. Allerdings ist auch etwas mehr Übung erforderlich, bis eine Sprühdosenlackierung schön wird.

Bevor Sie mit dem eigentlichen Lackieren beginnen, zunächst das Teil etwas anschleifen. Hier eignet sich Schleifvlies mit einer Körnung von 800 sehr gut.

Dann das Teil gründlich reinigen. Zuerst mit etwas Spülmittelwasser den Schleifstaub abwaschen, danach mit Isopropylalkohol und einem flusenfreien Lappen Rückstände wie Fett vom Anfassen entfernen. Daher anschließend gründlich die Hände waschen, damit auch die Finger fettfrei sind – oder gleich zum Anfassen des Teils Einmalhandschuhe verwenden.

Als Farbe genügen im Modellbau für den Einstieg gewöhnliche Kunstharz- oder Acryllack-Farben. Teilweise haben die Bausatz-Hersteller (wie z.B. Tamiya) auch eigene Farben im Programm.

Nun kommt die erste Schicht. Meist ist zuerst eine Grundierung obligatorisch. Passende Grundierung für Kunststoffe und Metalle gibt es dabei in jedem Fachgeschäft. Beachten sie unbedingt, dass Grundierung und Lack zusammenpassen, am besten kommen sie vom selben Hersteller. Werden falsche Produkte miteinander benutzt, kann es sonst zu äußerst unansehnlichen Reaktionen der Farbe kommen, die das Modell ruinieren. Nach der Trockenzeit der Grundierung in mindestens zwei Schritten die gewünschte Farbe aufbringen. Einige Farben, etwa die bekannten Enamel-Lacke in den kleinen Metalldosen, benötigen übrigens keine Grundierung und werden direkt aufgetragen.

Ob mit Sprühdose oder Pinsel: Weniger ist mehr! Tragen Sie die Grundierung und später auch die Farbe dünn auf. Zwei bis drei Anstriche sind in jedem Fall nötig. Beim Pinseln immer erst dann neue Farbe nehmen, wenn der Pinsel wirklich trocken ist. Hier sind zudem hochwertige Pinsel ein Muss.

Bewährt ist das kreuzweise Arbeiten. Die Farbe also zuerst in horizontalen, dann noch mal in vertikalen Bahnen auftragen. Die Farbdose dabei nicht zu nah an das Teil halten. Sonst gibt es sogenannte Laufnasen.

Eine Alternative zum selbst Lackieren ist der Gang zum Autolackierer. Hier hat man die Möglichkeit, mit hochwertigen 2-Komponenten-Lacken eine perfekte Beschichtung zu bekommen. Nicht jeder Lackierer traut sich jedoch an filigrane Modellbauteile heran. Häufig sind diese unsicher, ob sich Kunststoff und Lack vertragen oder es fehlt an geeigneten Befestigungsmöglichkeiten für die kleinen Kunststoffteile. Daher ist eventuell ein wenig „Klinkenputzen“ oder Internetrecherche nötig.

Wie geht es weiter?

Was die Theorie betrifft, sind Sie jetzt fast fit. So haben wir geklärt, was wir unter LKW-Modellbau verstehen, was der Truck hinterher können könnte, was ein Bausatz und ein Eigenbau ist und wo es weitere Informationen gibt. Zudem wissen Sie, wie LKW im Original aussehen, wie die Fernsteuertechnik funktioniert und was der Maßstab eines Modells ist.

Das ist schon eine ganze Menge. Aber konkrete Entscheidungen für das erste Modell wurden noch nicht getroffen. Darum geht es im nächsten Kapitel.

Der erste Modell-Truck

In der Theorie sind Sie nach dem ersten Kapitel jetzt fit. Mit diesem soliden Basiswissen gilt es jetzt, ein paar grundlegende Entscheidungen für das erste Modell zu treffen. Danach gibt es einen kleinen Einkaufsberater, der vor gefürchteten Fehlinvestitionen schützen soll. Und dann geht es endlich in den Bastelkeller: Der erste Bausatz wird zusammengeschraubt und auf die Räder gestellt.

Gretchenfragen

Nicht ganz so philosophisch wie die Fragen von Grete aus Goethes Faust, aber durchaus mit ähnlicher Tragweite, sind die Entscheidungen, die Sie jetzt für den ersten Truck fällen sollten.

In wildem Aktionismus den ersten Bausatz kaufen und drauf los basteln kann schließlich jeder. Dann enden der erste LKW und wohlmöglich das gesamte Hobby aber schnell auf dem Flohmarkt.

Ein paar grundsätzliche Entscheidungen wurden bereits im Kapitel „Wie fange ich an und wer hilft mir dabei?“ angeschnitten, wie zum Beispiel der Maßstab. Auch dazu noch ein paar Details.

Die Frage, ob es ein Bausatz oder Eigenbau werden soll, wurde ebenfalls bereits angesprochen. Eine eindeutige Empfehlung ebenso. Der erste Truck sollte ein Bausatz werden. Er bietet die einfachste, sicherste und erfolgreichste Einstiegsmöglichkeit in das Hobby und ist später an vielen Stellen an ihre Wünsche anpassbar. Beginnen Sie wirklich nur dann mit einem Eigenbau, wenn Sie Ihren handwerklichen Fähigkeiten voll trauen!

Bei allen anderen „Gretchenfragen“ gibt es allerdings keine so eindeutigen Antworten.

Frage eins: Soll es ein Gliederzug oder ein Sattelzug werden?

Der Gliederzug bietet zu Anfang größeren „Spielspaß“. Er hat bereits einen kompletten Aufbau und kann sofort voll zum Einsatz kommen. Diesen Vorzug bietet eine Sattelzugmaschine nicht. Hier ist erst ein passender Auflieger nötig, um Transportaufgaben erledigen zu können. Nach dem Aufbau steht demnach erst mal nur eine nackte Zugmaschine vor einem, mit der weder Rangieren oder Einparken geübt und auch nichts transportiert werden kann. Ist der Zug aber erst mal komplett, wartet auch schon die nächste Herausforderung: Rückwärtsfahren mit einem Sattelauflieger ist schwieriger, als man denkt!

Der Vorteil der echten Sattelzugmaschinen kommt natürlich auch hier zum Tragen: Flexibilität. Schnell und einfach können hier die Auflieger gewechselt und getauscht werden. So kann beim Modellbautreffen mal eben der Auflieger abgesattelt und stattdessen der des Bekannten verwendet werden.

Auch die Hürde zum nächsten Modell ist bei einem Sattelzug nicht groß. Für einen neu-

Aus einer Tamiya-Zugmaschine und einem Damitz-Umbausatz entsteht ein solcher Abrollkipper. So ein Modell ist jedoch bereits fortgeschrittener Modellbau. Die Auswahl an Baukasten-Gliederzügen ist leider überschaubar

Mit dem Umbausatz „Sandmaster" von Servonaut wird aus einem Tamiya-Baukasten-LKW ein solcher Halfpipe-Kipper. Foto: Thomas Konrad

Überlegen sie, wo und mit wem sie gemeinsam mit ihrem Modell fahren möchten. Hat ein Modellbau-Kollege zum Beispiel einen Bagger, ist ein Kipper eine gute Ergänzung dazu

en Auflieger wird meist nicht viel Elektronik und vor allem keine komplett neue Fernsteueranlage benötigt.

Leider ist das Angebot an Gliederzug-Bausätzen äußerst gering. Wer einen bauen möchte, greift entweder auf den Mercedes-SK-Bausatz mit Container-Aufbau von Tamiya zurück. Oder auf einen Bausatz von ScaleArt, die zum Beispiel mit verschiedenen Kipper-Aufbauten erhältlich sind.

Ansonsten führt der Weg zu einem Gliederzug über einen Umbausatz. Hier ist die Basis eine Baukasten-Zugmaschine, die dann mit einem zweiten Bausatz von einem anderen Anbieter ergänzt wird. Beispiele hierfür sind der Kipper-Aufbau „Sandmaster“ von Servonaut oder der Abrollkipper-Aufbau von Damitz, mit denen aus Tamiya-Zugmaschinen entsprechende Solo-Fahrzeuge werden. Für verschiedene Bausatz-Hersteller hat auch Leimbach passende Umbausätze für Abroll- oder Absetzkipper im Angebot. Aber all diese Möglichkeiten sind bereits weit im Bereich des fortgeschrittenen Modell-Umbaus angesiedelt, ganz von der Frage abgesehen, wo sie einen passenden Anhänger herbekommen. Kommen wir also zurück zu unserem ersten Baukasten.

Egal ob Glieder- oder Sattelzug: Bedenken sie unbedingt den Spielwert ihres Modells! Egal ob auf dem Parkplatz oder einem Parcours: Es wird schnell langweilig, mit dem Truck lediglich die Straßen entlang zu fahren. Überlegen sie also, was sie mit ihrem Fahrzeug machen können und wollen. Bei einem Tankauflieger ist der Spielwert zum Beispiel äußerst gering. Hier fahren sie wirklich nur herum. Bei einem Planenauflieger haben sie schon mehr Möglichkeiten. Hier gibt es Modellladung, die mit einem Gabelstapler (hier reicht ja für den Anfang ein RC-Spielzeug) be- und entladen werden kann. Tieflader oder sogar Kipper bieten natürlich noch viel mehr Spaß.

Kurzum: Die Frage muss jeder Modellbauer selbst entscheiden. Sowohl Glieder- als auch Sattelzug haben Vor- und Nachteile, ebenso die verschiedenen Aufbauten.

Diese beiden Vertreter amerikanischer Trucks werden in diesem Buch erläutert

Frage zwei: Amerika oder Europa?

Hier entscheidet allein der Geschmack. Die einen Modellbauer schwören auf amerikanische Zugmaschinen. Fernweh kommt auf bei den langen, dreiachsigen Trucks mit viel Chrom, langer Motorhaube, hohen Pipes (lange Auspuffrohre) und einem bösen Stierkopf auf dem Kühler.

Vielleicht werden auch Erinnerungen an die eigene Tour auf einem amerikanischen Highway oder durch das australische Outback wach, bei der man mit einem der Trucker reden konnte, die ihren Roadtrain an einem Rastplatz mitten im Nirgendwo abgestellt hatten.

Der Markt bietet eine ausreichende Auswahl an amerikanischen Fahrzeugen: Die Firma Wedico bietet sowohl ein Hauberfahrzeug, den Peterbilt, aber auch einen US-Truck ohne Motorhaube, einen Frightliner, an. Tamiya hat einen riesigen Aeromax von Ford und einen Freightliner Cascadia Evolution im Sortiment. Zudem bietet der japanische Hersteller den Globeliner, den King-Hauler und den Knight-Hauler an, die kein konkretes Vorbild haben, sondern optisch selbst gestaltete Trucks nach US-Vorbild sind.

Oder aber Ihr Geschmack entscheidet sich für europäische LKW. Auch dieser Typ hat seine feste Fangemeinde. Hypermoderne Fahrerhäuser in kompaktem Design sind hier das Besondere. Zudem kann man die Objekte der Begierde jeden Tag auf der Straße sehen. Vielleicht dient aber auch der eigene LKW als Vorbild und reizt zum Nachbau. Tatsächlich sind eine Menge Fernfahrer begeisterte Modellbauer.

Auch hier ist das Sortiment gut. Wedico hat jeweils einen aktuellen und einen etwas älteren MAN und Mercedes im Programm, weiterhin verschiedene Scania- und DAF-Modelle.

Tamiya bietet mit dem Mercedes-SK aus den 90er Jahren, einem Volvo-Modell sowie den neueren Zugmaschinen von Scania, MAN und Mercedes ebenfalls eine große Bandbreite an europäischen Zugmaschinen an.

Natürlich ist diese Aufzählung nicht vollständig. Einen besseren Überblick auf dem stän-

Selbst top-aktuelle Vorbilder können im Bereich der europäischen Truckmodelle als Bausatz erworben werden. Foto: Tamiya

dig wachsenden Modelltruck-Markt bieten hier Fachzeitschriften.

Um in diesem Buch die Waage zu halten, werden sowohl die Bausätze zweier US-Zugmaschinen (Peterbilt von Wedico und Globeliner von Tamiya) und einem Euro-LKW (MAN TGX vom Tamiya) erklärt.

Frage drei: Wedico oder Tamiya? Oder lieber Scaleart?

An dieser Frage scheiden sich seit je her die Geister. Je nach Sturheit des Modellbauers stößt man hier manchmal sogar auf taube Ohren, wenn es um einen anderen als den persönlich favorisierten Hersteller geht.

Fakt ist: Die Modelle der drei Hersteller haben signifikante Unterschiede. Den buchstäblichen Anfang macht Wedico. Die Firma gilt als Erfinder des LKW-Modellbaus in Deutschland. Die Modelle sind hauptsächlich aus Edelstahl und Alu-Druckguss hergestellt. Dementsprechend solide und hochwertig ist die Bauweise des Trucks. Die Fahrerhäuser kommen pulverbeschichtet daher, brauchen also nicht mehr lackiert werden. Als Maßstab gibt der Wuppertaler Hersteller 1:16 an, die Modelle sind für eine Bordspannung von 12 Volt ausgelegt. Wedico bietet die Modelle dabei als sogenannte Komplettbausätze an. Die Baukästen enthalten, abgesehen von der Fernsteuerung, wirklich alles, was man für den ersten erfolgreichen Start in das Hobby benötigt. Sogar ein Lichtsystem für die vorbildgerechte Beleuchtung des Trucks, Antriebsmotor, Akku und Glühlampen sind enthalten. Auch einen eigenen Fahrregler bringt der Wedico-Komplettbausatz mit.

Darüber hinaus kann man zusätzliche Wedico-Komponenten kaufen und die schlichter gehaltenen Teile des Trucks durch hochwertigere ersetzen. So wird der Truck zum Individual-Modell.

Die Teile sind recht passgenau, es entstehen also kaum Fugen und es klemmt und hakt meist nicht. Da hauptsächlich Metall verwendet wird, ist das fertige Modell extrem stabil und langlebig. Die Qualität hat jedoch auch ihren Preis: Wedico-Modelle sind im Vergleich teurer als z.B. die Tamiya-Bausätze.

Der japanische Hersteller geht mit seinen Modellen einen ganz anderen Weg: Der Maßstab ist mit 1:14 angegeben, damit sind die

Trucks einige Zentimeter größer. Hier wird auf Metall und Kunststoff gesetzt, zudem ist selbst lackieren angesagt. Die Kunststoffteile sind dabei extrem passgenau gefertigt und in ihrer Stabilität nicht zu unterschätzen. Tamiya-Trucks sind deutlich günstiger als Wedico-Modelle.

Einige der Komponenten sind auch hier bereits im Bausatz enthalten, andere fehlen. So muss zum Beispiel ein Lichtsystem zusätzlich erworben werden, selbiges gilt für Akku und Fahrregler. Tamiya liefert direkt ein Dreigang-Schaltgetriebe mit.

Bei der Spannung geht der japanische Hersteller eigene Wege. Die Trucks fahren von Haus aus mit 7,2 Volt. Dadurch können die sechszelligen Racing-Packs aus Rennautos oder Ähnlichem weiterverwendet werden – eine Strategie, um Umsteigern aus der RC-Cars Szene ein Argument für die Bausätze zu bieten. Diese Bordspannung stellt jedoch kein Problem dar. Viele der auf dem Zubehörmarkt angebotenen Module kommen auch mit 7,2 Volt zurecht. Zudem bietet Tamiya eigene elektrische Systeme an, die zur Spannung passen.

Nicht übergangen werden sollte an dieser Stelle der deutsche Hersteller ScaleArt. Angegeben ist ein Maßstab von 1:14,5, dennoch sind die Fahrzeuge merklich kleiner als die von Tamiya und rangieren somit im optischen Größenvergleich in etwa auf dem Niveau von Wedico-LKW. Die Firma bietet eine große Auswahl aktueller LKWs. Die Modelle zeichnen sich durch eine extreme Originaltreue, Funktionalität und Perfektion aus. Bei einem ScaleArt-Modell hat man tatsächlich einen verkleinerten LKW vor sich stehen, der technisch und optisch den vorgenannten Modellen überlegen ist. Dass eine derartige Qualität ihren Preis hat, versteht sich von selbst. Somit ist ein ScaleArt-Modell nur in Ausnahmefällen ein Einsteiger-Truck. Sollten sie zu einer dieser Ausnahmen gehören, gelten viele der weiter hinten beschriebenen Umbaumöglichkeiten, vor allem im Bereich der Elektrik, natürlich trotzdem. Viele Ideen dieses Buches können auch dort entsprechend umgesetzt werden.

Abnehmen kann einem die Entscheidung für einen Hersteller niemand. Jeder Modellbauer wird gute Argumente für seine eigene Entscheidung liefern können – aber die müssen ja nicht unbedingt auf Sie zutreffen. Wägen Sie Für und Wider der einzelnen Hersteller ab. Entscheiden Sie, was Sie von Ihrem Modell erwarten. Verteufeln Sie dabei nicht von vorneherein die Bausätze, die nicht gleich das gesamte Zubehör mit sich bringen. Der Kauf der entsprechenden Komponenten stellt kein Problem dar, beachten Sie dazu auch das folgende Kapitel „Kaufhinweise". In jedem Fall ist der direkte Vergleich der drei Hersteller nicht einfach. Zu unterschiedlich sind Varianten, Lieferumfang und Qualität. Zudem mag man so manchen Nachteil als Vorteil auslegen und umgekehrt. So ärgert sich der eine Modellbauer darüber, dass ein Tamiya-Baukasten nicht alle Komponenten an Bord hat, wie das Wedico-Pendant – dies ist dann wiederum für einen anderen Modellbauer ein Pluspunkt, weil er die Freiheit hat, selbst im reichhaltigen Zubehörprogramm zu wählen. Vielleicht kommen auch daher die unüberwindbar scheinenden Differenzen der Modellbauer, die schon eingangs erwähnt wurden. Entscheiden Sie für sich!

Die Antworten für dieses Buch

Wenn Sie diese drei Fragen für sich beantwortet haben, sind Sie einen großen Schritt weiter, was Ihr erstes Modell betrifft. Stellvertretend für die diversen Bausätze, die am Markt erhältlich sind, werden in den nächsten Kapiteln drei unterschiedliche Fahrzeuge gekauft, gebaut und erweitert: ein Freightliner von Wedico, ein Globeliner von Tamiya und ein MAN TGX aus demselben Hause. Natürlich ist Ihre Wahl nicht an eines dieser drei Modelle gebunden. Zudem soll diese Wahl auch keine Aussage über die Qualität der Hersteller treffen oder einen Vorzug darstellen. Viele andere Produzenten sind noch auf

ScaleArt setzt auf modellbauerische Perfektion. Der Rahmen ist sehr detailliert und ausgesprochen filigran nachgebildet
Foto: Michael Bloß

ScaleArt-Modelle sind optische und technische Highlights, wie man hier beim Dreiseitenkipper erahnen kann
Foto: Michael Bloß

dem Markt vertreten und bieten teilweise ebenfalls sehr hochqualitative Modellbausätze an. Es geht bei dieser Wahl also nur um eine sinnvolle Auswahl des mittlerweile großen Angebots und soll den typischen Einstieg in das Hobby des Truckmodellbaus repräsentieren.

Kaufhinweise

Ganz gleich, ob Sie sich für eines der drei hier vorgestellten Modelle entschieden haben, einen anderen Bausatz oder gleich einen hier nicht aufgeführten Hersteller gewählt haben: Ihr Bausatz ist nicht komplett. So sind in den großen Kartons längst nicht alle Komponenten enthalten, die Sie für den Aufbau und Betrieb des LKW brauchen.

Jetzt geht es darum, die noch fehlenden Komponenten sinnvoll auszusuchen. Denn auch hier können falsche oder unbedachte Entscheidungen den Spaß am Modelltrucken schmälern. Die folgenden Seiten sind also eine Art Einkaufsberater für die noch fehlenden Teile.

Wo sie das fehlende Zubehör kaufen, entscheiden sie natürlich selbst. Modellbauhändler mit Ladengeschäften sind nicht selten eher Generalisten, bei denen der Truckmodellbau eine Randsparte ist. Aber auch hier findet man gute Beratung – und dann ist es nur fair, auch dort zu kaufen.

Spezielle Truckmodell-Händler finden sich hingegen überwiegend in Online-Shops. Das Sortiment und die Erfahrung der Händler sind dann vor allem auf unseren Modellbaubereich spezialisiert. Auch diese Online-Händler empfangen mitunter gerne Kunden persönlich, im Zweifel nachfragen. Nicht selten stellen diese Anbieter auch das ein oder andere Truckzubehör selbst her. Solche Kleinserien-Hersteller und Händler haben maßgeblich die LKW-Modellbauszene entwickelt, die wir in Europa anfinden. Hier ist es somit noch fairer, seine Modellbauartikel zu erwerben.

Fernsteuerung

Keiner der Bausätze enthält eine Fernsteueranlage. Die muss also in jedem Fall separat erworben werden.

Ein Blick in die einschlägigen Kataloge offenbart eine fast unbegrenzte Anzahl an Systemen. Doch nicht alle sind für den Funktions- oder LKW-Modellbau geeignet.

In jedem Fall sollte es eine Pult- oder Handsender-Anlage sein. Pistolengriff-Sender sind eigentlich nur für schnelle Autos sinnvoll, denn beim Truck müssen Sie mehr als zwei Kanäle gleichzeitig unter Kontrolle haben. Ebenfalls möglich sind Sender im Design eines Spielkonsolen-Controllers, auch hier können sie mehrere Steuerinstrumente zeitgleich betätigen.

Zudem scheiden alle Anlagen mit weniger als vier Kanälen aus. Beispielsweise sind bereits für die Grundfunktionen des Tamiya-Trucks drei Kanäle nötig. Auch bei den anderen LKW macht eine größere Anlage Sinn.

Lassen sie sich beim Kauf der Fernsteuerung nicht durch die Angabe von „Funktionen" irritieren. Einige Anbieter zählen zum Beispiel „Lenkung links" und „Lenkung rechts" als zwei Funktionen und verkaufen so eine 4-Kanal-Anlage lieber als „Anlage für 8 Funktionen". Hier geht's einfach nur darum, dass sich „8" nach mehr anhört als „4". Achten sie konkret darauf, wie viele Kanäle ihre Anlage haben wird.

Ebenfalls sehr sinnvoll ist eine Computer-Anlage mit Modellspeichern. Sie bietet die Möglichkeit, die Einstellungen eines Modells am Sender vorzunehmen und abzuspeichern. So kann der Sender für mehr als ein Modell verwendet werden und die spätere Feinjustierung der Mittelstellung und des Servowegs ist einfacher.

Die Frage nach Analog- oder Digitalfunk ist schwer pauschal zu beantworten. Im digitalen 2,4-GHz-Bereich gibt es sowohl einfache Einsteiger-Anlagen (zum Beispiel die Carson Reflex mit sechs Kanälen, leider jedoch keine Computer-Anlage) wie auch anspruchsvollere Einsteiger-Anlagen wie die Smart SX9 Flexx von Multiplex mit bis zu neun Prop- und Schaltkanälen sowie umfangreichen Konfigurationsmöglichkeiten per PC-Software. Allerdings ist auch diese keine „Computer-Anlage", da die Mittelstellung nur für einen Kanal, die Servowege jedoch gar nicht eingestellt werden können.

Analoge Anlagen werden immer weniger hergestellt. Allerdings ist es kein schlechter Gedanke, sich eine gebrauchte 40-MHz-Funke zuzulegen und hiermit seine ersten Erfahrungen zu sammeln. Etwas später kann diese dann auf digitale Technik umgerüstet werden.

Checkliste für den Fernsteuerungskauf:

- Pult- oder Hand-Sender, kein Pistolengriff-Sender
- Bei einer erweiterbaren Anlage genügen 4 Kanäle in der Basisversion. Bei nicht ausbaubaren Sendern sollten mindestens sechs bis neun Kanäle vorhanden sein.
- Gebrauchte 40-MHz-Anlage (Umrüstmög-

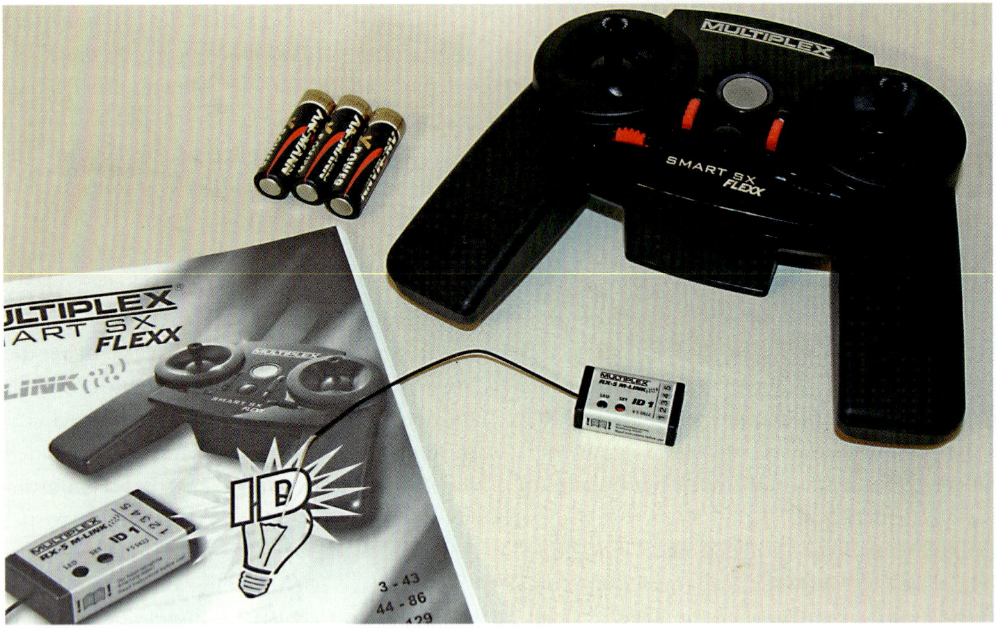

Einsteigerpaket: Multiplex Smart SX 9 Flexx. Es bietet in dieser Set-Variante (mit Empfänger RX-5) fünf Kanäle, mit dem Empfänger RX4/9 ist später eine Erweiterung auf vier Prop-Kanäle und neun Schaltkanäle möglich. Der Sender ist im Gamecontroller-Design gehalten

lichkeit auf Digitalfunk prüfen) oder direkt eine 2,4-GHz-Digitalfunk-Anlage
- Bei analoger Anlage: Zwei passende Quarze mit demselben Funkkanal

Servo

Je nach Modell sind ein oder zwei Servos für den Aufbau nötig. Kaufen Sie hier nicht einfach das Billigste, was Ihr Modellbauhändler auf dem Wühltisch liegen hat! Zwar sind Servos mittlerweile für wenige Euro zu haben, die Qualität lässt dann aber sehr zu wünschen übrig.

Einfache Servos haben meist nur primitive Kunststoffzahnräder, wenig Drehmoment und – was das Schlimmste ist – sie erzeugen manchmal Störungen im Fernsteuerungssystem, wenn Sie überlastet sind. Das führt dann zu einem wilden Hin- und Herzucken des Fahrzeugs – der Truck wird unsteuerbar.

Und eine Überlastung passiert bei der Lenkung schnell: Im Stand auf losem Untergrund ist eine enorme Kraft nötig, um die Räder einzuschlagen. Ein Drehmoment von 50 bis 70 Ncm ist hier mindestens angebracht. Achten Sie aber auch darauf, dass das Servo von den Abmessungen her in die entsprechenden Halterungen im Modell passt.

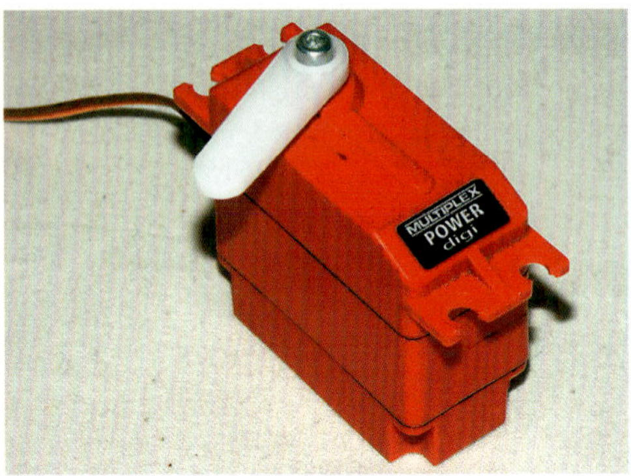

Ein solcher Power-Servo eignet sich zum Beispiel gut für die Lenkung des Modells

Kraft (Newton) und Drehmoment (Newtonzentimeter)

Newton ist die Einheit der Kraft. Mit der Kraft von 1 Newton ist man in der Lage, etwa 0,1 Kilogramm zu heben (exakt 0,10197 kg). Greift eine Kraft an einem drehbar gelagerten Gegenstand an (zum Beispiel einer Welle), wirkt auf diesen ein Drehmoment. Drehmomente werden im LKW-Modellbau meist in Ncm (Newtonzentimeter) angegeben. Bei einem Servo wird dies umgekehrt genutzt: Es baut ein Drehmoment (am Servozapfen) auf, das durch das Ruderhorn in eine Kraft umgewandelt wird. Ein 50-Ncm-Servo kann im Abstand von 1 cm (vom Servozapfen aus) mit einer Kraft von 50 Newton zum Beispiel das Lenkgestänge betätigen. Das entspräche einer Gewichtskraft von etwa 5 Kilogramm.

Achten Sie auch auf die technischen Daten, wenn in Ihrem Fernsteuerungs-Komplettpaket bereits ein Servo enthalten ist. Im schlimmsten Fall ist es eher ein Fall für die Bastelkiste, als für den Einsatz in einem Truck zu gebrauchen.

Checkliste für den Servokauf:

- Lenkservo mit mindestens 50 bis 70 Ncm
- Idealerweise Metallzahnräder und Kugellager, zumindest für das Lenkservo
- Schaltservo kann weniger Drehmoment haben
- Steckersystem des Servos sollte zum Empfänger passen, ansonsten wird noch ein Adapterstecker benötigt

Fahrregler

Die Wahl des richtigen Fahrreglers ist von entscheidender Bedeutung für die Fahreigenschaften des Modells.

Dabei gibt es Regler wie Sand am Meer: Standard-Versionen, Tuning- und Speed-Regler und auch vereinzelt noch mechanische Fahrregler. Für einen Modelltruck sind sie jedoch alle eher nicht zu gebrauchen. Angebracht ist ein spezieller Truck-Fahrregler.

Er muss mit dem zu erwartenden Strom und der Spannung fertig werden. Bei Wedico-Modellen muss er also für 12 Volt und bei Tamiya-LKW für 7,2 Volt ausgelegt sein. Viele Typen haben jedoch einen sehr variablen Spannungsbereich und kommen mit unterschiedlichen Bordspannungen zurecht oder sind entsprechend umschaltbar. Da im Truckmodellbau sehr starke Motoren zum Einsatz kommen, muss der Regler hoch belastbar sein: 20 Ampere über einige Minuten sollte er verkraften.

Ein wichtiges Kriterium für einen guten Fahrregler im Truckmodellbau ist die Feinfühligkeit. Wir möchten mit dem Fahrzeug exakt und genau dosiert rangieren. Und dazu muss man die Geschwindigkeit im langsamen Drehzahlbereich so sensibel wie möglich einstellen können. Dafür ausgelegt sind meist spezielle Truckregler. So hat zum Beispiel der Regler

Fahrregler

Ein Fahrregler wird, wie auch ein Servo, an den Empfänger angeschlossen und steuert den Elektromotor für den Antrieb. Je nach Knüppelausschlag am Sender lässt der Fahrregler den Motor langsam oder schneller, vorwärts oder rückwärts drehen.

Stromstärke (Ampere)

Ampere ist die Maßeinheit für den elektrischen Strom. Je größer die Stromstärke ist, je mehr Elektronen fließen in einer bestimmten Zeit durch den Leiter. Stromstärke und Spannung (gemessen in Volt) stehen dabei in einem bestimmten Verhältnis zueinander (Ohmsches Gesetz).

Oben Truckregler von robbe in klassischer Bauform. Links ein besonders kompakter Regler von CTI. Rechts der Servonaut M20+, der Fahrregler und Lichtanlage vereint

„Rookie Truck" von robbe eine nichtlineare Steuerkurve, was ihn im unteren Drehzahlbereich feinfühliger macht.

Andere Regler, wie zum Beispiel die Produkte von Servonaut gehen sogar noch weiter und kontrollieren auch die Beschleunigung des Modells und sorgen dafür, dass es einige Zeit dauert, bis der Truck auf Maximal-Geschwindigkeit ist. Das sieht im Fahrbetrieb realistischer aus, weil ein abrupter Wechsel der Geschwindigkeiten verhindert wird.

Weiterhin sollte der Regler, der in Ihrem Einkaufskorb landet ein kräftiges BEC haben, also viel Strom (Ampere) bei konstanten 4,8 Volt zum Empfänger schicken können. Das ist wichtig, um mehrere Servos ausreichend versorgen zu können. Es sollte mindestens für zwei bis drei normalstarke Servos ausgelegt sein.

Schön sind jetzt noch Zusatzfunktionen. Da wir ein Funktionsmodell bauen, sollen schließlich hinterher auch möglichst viele Dinge funktionieren. Da der Fahrregler ja ohnehin schon weiß, wie weit der Steuerknüppel bewegt wurde, liegt es für den Hersteller nah, gleich eine kleine Schaltung vorzusehen, die Bremslichter und Rückfahrscheinwerfer steuert. Etliche spezielle Truckregler können dies.

Mittlerweile sind Regler üblich, bei denen die eigentliche Drehzahlregelung des Fahrmotors mit Multifunktionsmodulen oder Lichtanlagen kombiniert ist. Wer vorhat, sein Modell zumindest auch mit Beleuchtung zu versehen, ist mit einem solchen Regler gut beraten. Wer Wert auf einen günstigen Einstieg legt, kommt zu Beginn auch mit einem normalen Truckregler zurecht und kann später eine Lichtanlage nachrüsten.

Checkliste für den Fahrreglerkauf:

- Am besten spezieller Truckregler mit feinfühligem Steuerverhalten
- Ausgelegt für 20 Ampere für mehrere Minuten
- Spannung auf den Motor und Akku ausgelegt (12 Volt bei Wedico, 7,2 Volt bei Tamiya)
- BEC für mindestens zwei Servos
- Evtl. Zusatzfunktionen wie Bremslicht- und Rückfahrscheinwerfer
- Steckersystem des Reglers sollte zum Empfänger passen, ansonsten Adapterstecker
- Steckersystem für den Motoranschluss sollte an den Motor passen. Ansonsten Adapterstecker. Hier ist auch Löten problemlos möglich und sollte nach Möglichkeit sogar vorgezogen werden.

Ein 7,2-Volt Racing-Pack. Die Bauform und der Steckertyp sind standardisiert und passen auf Anhieb an ein Tamiya-Modell. Das Etikett wurde nachträglich aufgeklebt. Hier kann man notieren, ob der Akku voll, leer oder benutzt ist. So behält man die Übersicht bei mehreren Akkus

Akku

Das Herz der Energieversorgung unseres LKW ist oft ebenfalls nicht im Modellbausatz enthalten. Auch hier gibt es einige Dinge, die zu beachten sind.

In jedem Fall ist ein spezieller Akkupack nötig. Der Einsatz von einzelnen Akkuzellen, die wie in eine Taschenlampe einzeln eingesetzt werden können, bietet sich nicht an und ist in den Bausätzen nicht vorgesehen.

Tamiyas Antriebsmotor ist auf 7,2 Volt ausgelegt. Diese Trucks fahren mit sogenannten Racing-Packs. Das sind standardisierte Akkupakete, die von unterschiedlichen Herstellern bezogen werden können. Der Wedico-Bausatz bringt seinen 12-Volt-Akku bereits mit.

Alternativ finden auch die moderneren LiPo-Akkus immer weitere Verbreitung. Ab Werk sind sie in keinem der hier gebauten Trucks vorgesehen, daher beschäftigen wir uns später im Kapitel des Umbaus nochmal mit diesem Thema. Für den ersten Bausatz und auch darüber hinaus ist der mitgelieferte NiCd-Akkupack (Wedico) oder das Racing-Pack (Tamiya) völlig ausreichend.

Akkutypen

In einem Akku wird elektrische Energie durch die Umwandlung von chemischen Stoffen gespeichert. Dazu gibt es verschiedene Stoff-Kombinationen, die unterschiedliche Vor- und Nachteile haben. Für den Einsatz als Akku in einem RC-Fahrzeug eignen sich NiMH (Nickel-Metallhydrid) und LiPo (Lithium-Polymer)-Typen.

Kapazität (Milliamperestunden)

Die Kapazität ist die Ladungsmenge, die einem Akku entnommen werden kann. Sie wird in Milliamperestunden (mAh) angegeben. Je größer dieser Wert ist, je mehr Energie ist im Akku gespeichert und je länger fährt der Truck bzw. „hält" der Akku.

Mit der Kapazität des Akkus steht und fällt die Fahrzeit des Trucks. Daher kann der Akku im Prinzip nicht groß genug sein, meist ist er das größte Bauteil, das im LKW untergebracht werden muss.

Ausschlaggebend für die Fahrdauer des Trucks ist die Kapazität des Akkus. Ein Akku im LKW-Modellbau sollte auf jeden Fall um die 3.000 mAh haben. Mehr schadet natürlich nicht, leider steigt mit der Kapazität eines Akkus aber auch dessen Preis.

Checkliste für den Akkukauf:

- Nickel-Metall-Hydrid (NiMH)-Akku
- Kapazität etwa 3.000 mAh
- Spannung entsprechend dem Motor des Trucks
- Akkupack je nach Bausatz-Hersteller kaufen
- Steckersystem des Akkus sollte zum Fahrregler passen

Memory-Effekt

Ein Memory-Effekt (memory engl. = Gedächtnis) entsteht, wenn ein nicht vollständig entladener Akku wieder aufgeladen („nachgeladen“) wird. Durch eine chemische Reaktion „merkt“ sich der Akku diesen Ladezustand. Beim nächsten Entladen kann der Akku wieder nur bis zu diesem Punkt und nicht mehr vollständig entladen werden. Ein Akku sollte daher vor dem Aufladen stets vollständig entladen sein. Dabei hilft eine Entlade-Funktion am Ladegerät oder ein spezieller Akku-Entlader.

Ladegerät

Wenn der Strom raus geht, muss er auch vorher reinkommen. Da spezielle Akkupacks verwendet werden, eignen sich haushaltsübliche Ladegeräte, für besagte Taschenlampenakkuzellen, nicht für diesen Einsatz. Und wie sollte es anders sein – auch hier bietet der Markt eine schier gigantische Auswahl. Im Baukasten-Set enthalten ist ein Ladegerät nicht. Und auch, wenn viele Modellbaukollegen mittlerweile wahre Umspannwerke als Ladegeräte verwenden, genügt für den Anfang – im Falle eines NiMH-Akkupacks – ein recht einfaches, elektronisches Steckerladegerät. Es muss für die Zellenzahl im Akkupack geeignet sein (sechs oder zehn Zellen), sollte den Ladestrom automatisch erkennen und selbstständig abschalten, wenn der Akku voll ist. Dann macht man als

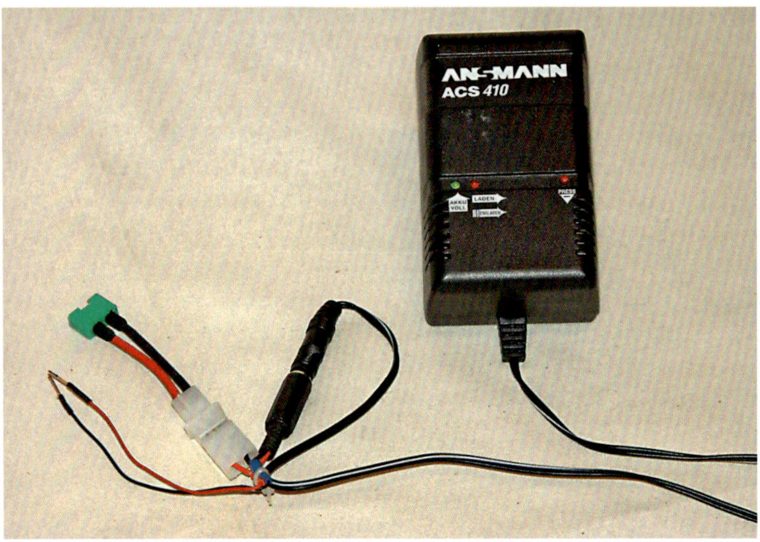

Ein Steckerladegerät mit Entladefunktion genügt zunächst vollkommen. Einen Anschluss für den eigenen Akku bekommt man meist im Handel oder lötet ihn selbst

Ein komfortables Ladegerät mit mehreren Ladeausgängen und diversen Programmen zur Ladung, Entladung, Lagerung und Pflege diverser Akkutypen. Für den Einstieg ist so ein aufwendiges Gerät nicht unbedingt nötig, außer wenn direkt von Anfang an LiPo-Akkus vorgesehen sind

Anfänger nichts falsch. Wenn das Gerät dann noch einen Verpolungsschutz hat, ist man auf der sicheren Seite.

Wichtig ist eine Entladungsfunktion. Damit kann der Akku vor der Aufladung komplett entladen werden, was wirksam den sogenannten Memory-Effekt verhindert. Alternativ sind spezielle Entlade-Geräte erhältlich.

In jedem Fall ist ein passendes Ladekabel unabdingbar. Damit sollten Fahrakku und Ladegerät verpolungs- und kurzschlusssicher miteinander zu verbinden sein. Tun Sie sich den Gefallen und basteln kein freiliegendes Ladekabel aus lose zusammengedrehten Kabeln und Krokodilklemmen – Kurzschlussgefahr!

Je nach Spannungsquelle des Senders – auch dieser hat oftmals ein spezielles Akkupack – sollte das Ladegerät möglichst auch den Senderakku laden können. Hierfür ist entweder ein weiteres Ladekabel nötig oder ein passender Stecker am Ladegerät.

Checkliste für den Ladegerätkauf:

- Elektronisches Steckerladegerät
- Automatische Ladestromerkennung und -abschaltung
- Entladefunktion

Sonstiges

Je nach Bausatz kommt noch ein wenig „Kleinkram“ dazu. In jedem Fall lohnt noch mal ein Blick in das Kapitel „Die Werkstatt“. Bei den Bausätzen von Tamiya ist in jedem Fall noch etwas Farbe angesagt. Hier ist der Griff zu Kunstharz- oder Acryllacken die beste Wahl. Obwohl die Wedico-Modelle bereits fertig lackiert (pulverbeschichtet) sind, kann auch hier noch ein wenig Farbe ins Spiel kommen. Wem also die Wedico-Farbe nicht gefällt oder zu langweilig ist, kann problemlos über die Pulverbeschichtung lackieren.

Es geht los!

Nun ist es endlich soweit. Es ist geklärt, was LKW-Modellbau ist, wie ein Modell im Allgemeinen funktioniert und welche Ausrüstung für den Bau des ersten Trucks nötig ist. Dann haben Sie sich für ein Modell, das Herkunftsland des Originals und den Hersteller des Bausatzes entschieden. Und schließlich sind Sie beim Modellbauhändler Ihres Vertrauens gewesen und haben sowohl den Bausatz als auch die dafür nötigen Komponenten gekauft. Sie sind jetzt also stolzer Besitzer eines Tamiya- oder Wedico-

Bausatzes (oder natürlich eines anderen Herstellers) samt Zubehör.

Also geht es nun endlich in die Bastelecke!

Im Folgenden widmen wir uns dem Zusammenbau der drei Modelle. Sie haben alle eine Montageanleitung, die Sie in jedem Fall vollständig lesen und beachten sollten. Das gilt auch für die Anleitungen aller Komponenten, die Sie zusätzlich erworben haben. Den einen oder anderen Tipp sollte man jedoch zusätzlich beherzigen. Da die drei Modelle jeweils ihre eigenen Besonderheiten haben (wir haben versucht, das Sortiment großflächig abzudecken), widmen wir uns jedem Truck einzeln. Dabei wird er so zusammengebaut, wie das laut Anleitung vorgesehen ist. Am Ende eines jeden Kapitels steht also ein Truck auf den Rädern, wie das vom jeweiligen Hersteller vorgesehen war.

Beim Aufbau der Modelle gehen wir davon aus, dass Sie jeweils nur das Kapitel über Ihr Modell lesen, schließlich wird Sie vermutlich nicht interessieren, wie ein Modell zusammengebaut wird, das sie nicht besitzen. Wenn Sie das Buch Seite für Seite lesen, werden Sie daher auf einige vermeintlich doppelte Erklärungen und Hinweise stoßen.

Tamiya Globeliner

Das erste Modell, dessen Zusammenbau hier ausführlich beschrieben werden soll, ist ein US-Fahrzeug als Sattelzugmaschine. Es hat keine Motorhaube, sondern ist (wie auch in Europa üblich) ein Frontlenker. Die sind auch auf der anderen Seite des Globus nicht unbekannt. Im Vergleich ist die US-Zugmaschine um einiges länger als ein europäischer Sattelschlepper. Also ein Truck für endlos scheinende Fahrten über amerikanische Landstraßen.

Original und Modell

Anders als die später beschriebenen Modelle hat der Globeliner kein echtes Vorbild. Die Karosserie ist also ein Design des Bausatz-Herstellers Tamiya. Das ist zugegebenermaßen ungewöhnlich und widerspricht bei genauerem Hinsehen der Definition über LKW-Modellbau im Kapitel „Was ist LKW-Modellbau?“, weil wir kein konkretes Vorbild haben, das nachgebaut wird. Aber wie schon im besagten Kapitel erwähnt, ist diese Definition in keinem Fall verbindlich. Denn „kein Vorbild haben“ heißt beim Globeliner nicht, dass er ein völlig realitätsfernes Modell ist, das auf den ersten Blick als „unecht“ entlarvt werden kann. Eher muss man beim Globeliner zweimal hinsehen, um ihn nicht mit einem Truck der amerikanischen Firma Freightliner zu verwechseln.

Der Globeliner hat drei Achsen. Die beiden Hinterachsen sind dabei als Pendelachse ausgeführt. Wie bei einem potenziellen Original sind also alle Hinterräder angetrieben.

Tamiyas Bausatz enthält zudem ein ferngesteuert schaltbares Dreigang-Getriebe. Wie schon im Kapitel „Kaufhinweise“ angesprochen,

Pendelachse

Eine Pendelachse wird bei LKW verwendet, die zwei angetriebene Hinterachsen haben. Die Achsen sind nicht einzeln am Rahmen befestigt, sondern durch eine Blattfeder miteinander verbunden, die dann mittig pendelnd am Rahmen aufgehängt wird. So können die Achsen unter dem Rahmen (in Fahrtrichtung) auf- und ab schaukeln. Das ist zum Beispiel bei der Fahrt auf eine leichte Erhöhung sinnvoll: Die Achse, die zuerst die Kante überfahren hat, wird durch die Pendelwirkung nach oben gedrückt, die andere Achse nach unten. Insgesamt bleibt der Fahrzeugrahmen also in der Waage, die Achsen machen den Höhenunterschied unter sich aus. Ohne Pendelachse, wenn also beide Hinterachsen einzeln am Rahmen befestigt sind, passiert es leicht, dass eine der beiden Achsen in der Luft hängt.

Der Globeliner ähnelt einem Freightliner – hat jedoch tatsächlich kein reales Vorbild

enthält der Bausatz einige, aber nicht alle Komponenten. Neben der Fernsteuerungsanlage mit Servos müssen ein Fahrregler und ein Akku separat gekauft werden.

Enorme Bedeutung haben aber nicht nur der Lieferumfang und die Technik des Modells. Auch die Anleitung ist wesentlicher Bestandteil – denn ohne dieses Heft steht man ziemlich ratlos vor einem Haufen Einzelteilen. Die Anleitung selbst und auch die Texte auf dem Karton sind viersprachig gehalten: Neben Englisch, Deutsch und Französisch stößt man auf japanische Texte. Leider ist die Anordnung nicht immer eindeutig und auf dem Karton fehlen einige Übersetzungen. Sobald man sich aber an die Machart gewöhnt hat, ist auch hier ein Erfolg beim Aufbau sicher. Detaillierte perspektivische Zeichnungen aller Baustufen helfen dabei. Sehr gut ist die Auflistung der Teile: Alle Kleinteile werden neben der entsprechenden Baustufe am Rand in Originalgröße dargestellt. Sie sind versehen mit einer Kennzeichnung, in welchem Beutel es zu finden ist. Im Anhang sind sämtliche Kunststoff-Spritzteile abgebildet, ebenfalls mit einem Vermerk, wo sie liegen.

Alle Teile sind einzeln eingetütet, auf dem Beutel ist noch mal der genaue Inhalt angegeben.

Zusammenbau

Da als Erstes die beiden Servos eingebaut werden, wird zunächst die gesamte Fernsteuerungsanlage frei verdrahtet.

Freie Verdrahtung

Bei einem freien Anschluss werden die einzelnen Komponenten der Fernsteuerungsanlage nicht in das Modell eingebaut, sondern lose nebeneinandergelegt und angeschlossen. So kann ein erster Funktionstest aller Komponenten erfolgen. Da noch nicht alle Komponenten im Modell befestigt sind, darf mit dem Modell noch nicht gefahren werden. Ist der Motor zu diesem Zeitpunkt schon fest mit dem Antriebsstrang verbunden, sollten Sie zum Testen des Fahrreglers den Rahmen so aufbocken, dass die Räder frei drehen können.

Neutralstellung

In der Neutralstellung wird der Steuerknüppel der Fernsteuerung nicht betätigt. Ein angeschlossener Servo sollte dabei ebenfalls mittig stehen. Wenn nicht, kann diese Stellung justiert werden.

Schließen Sie die beiden Servos und den Fahrregler an den Empfänger und laden Sie den Fahrakku auf. Zuerst den Sender einschalten und danach Fahrakku mit dem Fahrregler verbinden. Jetzt die beiden Servos in Neutralstellung bringen und die Fernsteuerung wieder ausschalten.

Jetzt, ohne die Servozapfen zu verdrehen, die Anlenk-Teile darauf montieren. Das Original-Ruderhorn des Servos wird nicht benötigt.

Einer der Servos wird hinterher die Lenkung, der andere das Schaltgetriebe steuern. Ein generelles Problem bei Servos ist die Überlastung. Sind zum Beispiel die Räder der Lenkung bereits voll eingeschlagen, hat aber der Servo das Ende des Drehwegs noch nicht erreicht, zieht es munter (und kräftig) weiter. Also ist ein Mechanismus nötig, um überschüssige Kraft am Ende des Gestänge-Weges abzufangen. Normalerweise wird das Servo dazu mit Gummimanschetten befestigt. Bei Tamiya wird das Servo jedoch fest eingebaut, auf den Zapfen kommt dafür ein spreizbarer Kunststoffring, der bei einer Überlastung auseinander gedrückt wird. Das Unterteil dieser Überlastungssicherung muss je nach Servo-Fabrikat gewählt werden.

Lenk- und Schaltservo. Links am Servozapfen ist die Überlastungssicherung gut zu erkennen: Dreht sich der Zapfen (untere Scheibe) weiter, als das Lenkgestänge (oberer Hebel) zulässt, spreizt sich der breite Kunststoffring (außen um obere und untere Scheibe)

Um die beiden Servos herum wird jetzt der Rahmen weitergebaut. Das Fahrgestell des Globeliners sieht dabei aus, wie bei einem echten LKW. Es besteht, wie beim Vorbild auch, aus zwei parallel laufenden Profilen, die quer mit Streben verbunden werden, den sogenannten Traversen. Da der Rahmen dadurch von oben betrachtet wie eine Leiter aussieht, spricht man bei dieser Bauart auch vom Leiterrahmen.

Bevor Sie das erste Teil an den Rahmen schrauben: prüfen Sie, ob auf den beiden Metallprofilen des Rahmens eine Schutzfolie geklebt wurde. Wenn ja, ist jetzt die letzte Chance, sie abzuziehen.

Dann kann es losgehen mit der Befestigung der Traversen. Direkt mit angeschraubt werden einige Halterungen wie die Streben für die Stoßdämpfer, Haltewinkel für die Federung und die Aufhängung der Pendelachse.

Traverse

Eine Traverse ist ein Träger, der zur Verbindung oder Stabilisierung eines Bauteils verwendet wird. Er wird quer oder längs an das eigentliche Bauteil befestigt und stabilisiert es, ähnlich wie ein Blatt Papier, dass zur Stabilisierung gefaltet wird. Traversen kommen zum Beispiel als Quertraversen im Fahrzeugrahmen oder unter Kipperbrücken vor.

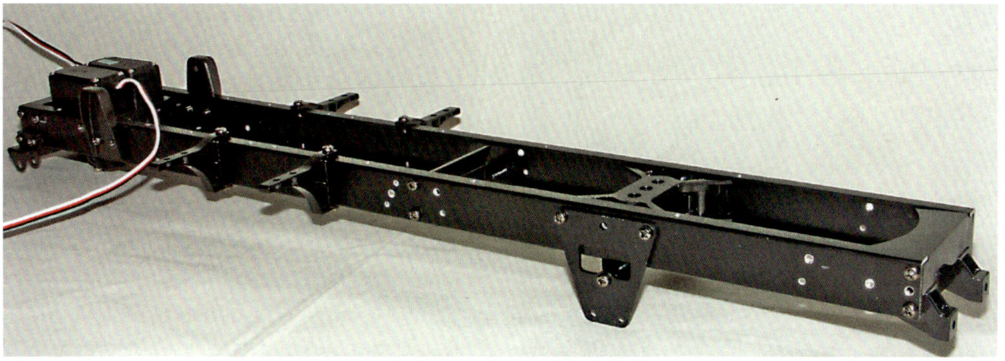

Wie beim Vorbild entsteht das Fahrgestell aus seitlichen Profilen und Traversen. Einige Halterungen werden gleich mit montiert. Schutzfolie vom Rahmen abziehen!

In der Mitte der Blattfeder sind die Kunststoff-Teile der Lagerung und die U-förmigen Schrauben erkennbar. Links und rechts die Lagerböcke für die Achsen

Jetzt werden die Federn der Pendelachse montiert: Mittig zunächst von oben und unten je ein Kunststoffteil auf die Blattfeder pressen. Zur Fixierung kommen dann je zwei U-förmige Schrauben um diese Kunststoff-Teile. An die Enden der Federn schließlich noch Lagerböcke schrauben, an die später die Achsen gesetzt werden. Die Pakete dann von links und rechts mit einer durchgehenden Schraube an den Rahmen montieren.

Jetzt geht es bereits das erste Mal ans Eingemachte: Die beiden Differenzialgetriebe müssen zusammengesetzt, gefettet und montiert werden. Dabei so vorgehen, wie laut Anleitung vorgesehen. Das Fett am besten mit einem Wattestäbchen an den entsprechenden Stellen auftragen. Die beiden Unterlegscheiben nicht vergessen, wenn die Zahnräder in das Gehäuse gesetzt werden. Schließlich zuschrauben und unbedingt mit flüssigem Sicherungslack fixieren.

Jetzt werden die Achsgehäuse vorbereitet, in die die Differenziale gesetzt werden. Die vordere Achse bekommt einen Durchtrieb, hat also vorne und hinten eine Kupplung für die Kardanwelle. Er dient dazu, die Drehbewegung von der ersten Achse auf den Eingang der zweiten Achse zu übertragen. Dazu die drei Gehäusehälften mit Loch mit je einem Lager und ei-

Alle drehbaren Teile gut fetten. Das reduziert Reibung und erhöht die Lebensdauer

nem Kegelzahnrad versehen. Als Lager werden im Bausatz Gleitlager verwendet. Wer an dieser Stelle professionell bauen will, dem kommt Tamiyas „Tuning“-Programm zugute. Als Zubehör-Satz können Kugellager gekauft und statt der Gleitlager eingebaut werden. Dies verringert die Reibung an den Lagerstellen deutlich.

Jetzt die insgesamt vier Achshälften schmieren und je zwei von links und rechts in die vorher zusammengebauten Differenziale stecken. Dann mit einer Zange die Sicherungsringe in die inneren Kerben der Achsen stecken, Gleit- oder Kugellager aufschieben und weitere Sicherungsringe außen aufstecken. Die Achsgehäuse haben passende Aufnahmen für die Lager. Die drehbaren Teile, allen voran das große Außenzahnrad des Differenzials, gut fetten.

Anschließend die andere Gehäusehälfte aufsetzen und verschrauben. Zudem die Kupplungen für die Kardanwellen an die Achse schrauben. Die kleinen Stiftschrauben unbedingt mit Sicherungsmittel fixieren und fest anziehen.

Danach die Achsen direkt an beiden Enden der Blattfederpakete befestigen. Die Achse mit dem Durchtrieb kommt dabei nach vorne, die andere nach hinten. Auch wenn es zunächst komisch wirkt, werden die Achsen nicht gleich-

In die zusammengebauten Differenziale werden von beiden Seiten Achshälften geschoben, Lager aufgesteckt und die gesamte Achse dann in das Achsgehäuse gesetzt

Lager

Alle Stellen, an denen eine Drehbewegung stattfindet und Drehmomente übertragen werden, müssen gelagert werden. Die Welle darf also nicht einfach in eine Bohrung gesteckt werden – die Reibung, die dabei auftreten würde, würde einen Großteil der Kraft in Wärme umwandeln. Zur Lagerung eigenen sich Gleit- und Kugellager. Sie werden in eine entsprechende Bohrung gesetzt und die Welle dann in dieses Lager geschoben. Gleitlager bestehen aus einer Bronze-Legierung, die sehr gute Gleit- und Reibungswerte aufweist. Dies reduziert die auftretende Reibung bereits zu einem großen Teil. Noch besser geeignet sind Kugellager. Diese Lager haben einen Innen- und einen Außenring, zwischen denen kleine Stahlkugeln liegen. Wird der Innenring gedreht, rollen diese Kugeln im Außenring entlang. Im Modellbau bieten Kugellager deutlich bessere Lagereigenschaften als Gleitlager.

Stiftschraube

Eine Stiftschraube ist eine metrische Schraube ohne Kopf. Hier ist der Schlitz direkt in der Oberseite des Gewindebolzens angebracht. Stiftschrauben werden immer dann genutzt, wenn in einem Rohr ein eingeschobenes Teil festgeklemmt werden soll. Zum Beispiel ein Ritzel auf einer Motorwelle oder eine Kupplung an einer Getriebewelle.

Kugelkopf und Kugelpfanne

Mit einem Kugelkopf und dem passenden Gegenstück, einer Kugelpfanne, können frei bewegliche, kraftübertragende Verbindungen zwischen einem Hebel (Ruderhorn) und einem Gestänge hergestellt werden. Der Kugelkopf ist eine Metallkugel, die fest an den Hebel oder das Steuerhorn geschraubt wird. Die Kugelpfanne ist eine Hohlkugel mit Öffnung. Sie wird auf den Kugelkopf gepresst. Das Gestänge wird in eine Bohrung seitlich an der Kugelpfanne geschraubt. Wie beim Gabelkopf ist das Gestänge auf diese Weise drehbar an den entsprechenden Hebel befestigt und kann Kräfte übertragen. Zusätzlich kann das Gestänge bis zu einem gewissen Grad nach oben und unten gekippt werden und eignet sich somit auch für schräge Anlenkungen.

seitig eingesetzt. Bei der vorderen Hinterachse liegt das Differenzialgetriebe in Fahrtrichtung links, bei der hinteren nach rechts. Die Kupplungen für die Kardanwelle liegen also nicht direkt gegenüber. Diesen Punkt unbedingt beachten. Sonst dreht sich eine der Achsen hinterher falsch herum!

Im nächsten Schritt direkt die kurze Kardanwelle zwischen die Achsen setzen. Damit ist die Pendelachse aber noch nicht fertig, es fehlen noch vier Stoßdämpfer. Wie beschrieben zusammenschrauben und dann mit Haltewinkeln am Rahmen und an der jeweiligen Achse befestigen.

Damit ist die Pendelachse fertig. Drückt man nun auf eine der beiden Achsen, sieht man, wie durch die Pendelbewegung die andere Achse in die entgegengesetzte Richtung gedrückt wird. Fährt man also später über ein Hindernis, wird eine Achse immer auf den Boden gedrückt – das Modell behält Bodenkontakt. Immens wichtig, nicht nur bei Fahren im Gelände.

Der hintere Teil der Pendelachse: Rechts der Stoßdämpfer, unten links die Achshalterung. Zudem sieht man die kurze Kardanwelle, die zur vorderen Hinterachse geht

Weiter geht es mit der Vorderachse. Sie ist vergleichsweise einfach zusammenzubauen. Zunächst auf drei Gewindestangen Kugelköpfe schrauben, sie werden später als Anlenkungen eingebaut. Die Zeichnungen in Originalgröße helfen bei der Längeneinstellung.

Die Anlenkstangen dann mit den schon montierten Servos verbinden. Jetzt den Achskörper mit den Blattfedern verschrauben und die gesamte Achse an den Rahmen bauen. Auch die Stoßdämpfer montieren.

Weiter geht es mit den Achsschenkeln, hier werden später die Räder befestigt. Zunächst die Achsstummel in die Achsschenkel schieben und beides mit einem Bolzen in der Aufnahme der Vorderachse befestigen. Dann die Spurstange aufpressen.

Jetzt wird es noch einmal knifflig: Das Dreigang-Schaltgetriebe wird zusammengesetzt. Wenn man die Anleitung genau beachtet, klappt der Zusammenbau problemlos. Wie das Getriebe aber wirklich funktioniert und wann welches Zahnrad wo gedreht wird, versteht man erst, wenn man das Teil fertig in der Hand hält.

Vom Prinzip her besteht das Getriebe aus zwei Wellen, auf denen drei Zahnradpaare mit unterschiedlichen Untersetzungen sitzen. Die obere Welle wird dabei vom Motor angetrieben, deren drei Zahnräder sind fest mit der Welle verbunden. Der Trick ist in der unteren Welle eingebaut: Hier sind die Zahnräder lose und einzeln drehbar auf die Welle gesetzt und drehen sich je nach Untersetzung auch unterschiedlich schnell, aber ohne Verbindung mit der Welle. Hier wird hinterher die Kardanwelle und damit die Achse angeschlossen. Da die drei Zahnräder aber lose auf der Welle gelagert sind, dreht sich die untere Welle nun erstmal nicht. Dafür muss sie erst kraftschlüssig mit einem der Zahnräder verbunden werden. Dafür sind einige Kupplungsscheiben zuständig, die mit einem Sechskant verschiebbar zwischen den Zahnrädern angeordnet sind. Sie haben seitliche Klauen, mit denen sie in die Stirnflächen der Zahnräder geschoben werden können. Durch den Sechskant entsteht so eine Verbindung zwischen Zahnrad und Welle. Wird die Kupplungsscheibe wieder zurückgeschoben und eine andere Scheibe in ein anderes Zahnrad gedrückt, entsteht eine andere Verbindung zur Welle, sie dreht sich dann durch die andere Untersetzung mit einer anderen Geschwindigkeit.

Zusammengebaut wird zuerst die obere Welle mit den feststehenden Zahnrädern. Be-

Oben: Obere Welle, alle Zahnräder sitzen fest. Das linke Zahnrad wird vom Motor angetrieben. Mitte: Untere Welle, die Zahnräder sind einzeln drehbar und ohne Verbindung zur Welle. Die Verbindung wird über die sechseckigen Wellenstücke hergestellt, auf denen die Kupplungsscheiben seitlich in die Zahnräder geschoben werden. Unten: Schaltstange

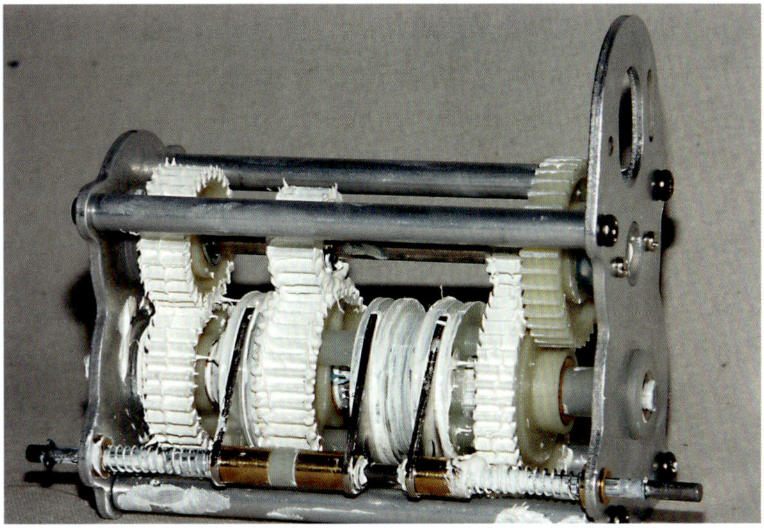

Auch, wenn es immer da landet, wo es nicht landen soll: Schmiermittel nicht vergessen!

achten Sie genau die Position der Sicherungsringe und die Reihenfolge, in der die Zahnräder aufgeschoben werden. Beim Suchen helfen die Zeichnungen in Originalgröße in der Anleitung.

Dann kommt die untere Welle an die Reihe. Hier werden abwechselnd Zahnräder und Kupplungsscheiben aufgeschoben. Letztere müssen axial, also in Richtung der Achse, verschiebbar sein. Damit die Gleitlager später nicht herausfallen, wenn die Scheiben verschoben werden, müssen sie stramm in der Aufnahme sitzen. Sollten sie locker sein, einen Tropfen Sicherungsmittel auf das Lager geben und dann in die Kupplungsscheibe pressen.

Jetzt fehlt nur noch die Schaltstange. Auf ihr sitzen drei U-förmige Bleche, die Schaltgabeln. Sie werden später in die Nut der Kupplungsscheiben gesteckt und verschieben sie axial, damit sie in die entsprechenden Zahnrad-Stirnflächen einrasten können. Vor allem hier alle verschiebbaren Teile schmieren. Fast geschafft.

Die Montage in das Gehäuse geht fast von selbst. Zuerst das Gehäuse montieren, Lager eindrücken und die beiden Wellen und die Schaltstange einsetzen. Schmiermittel nicht vergessen.

Nun das Ritzel an den Motor schrauben und ihn mit zwei Schrauben locker am Getriebe befestigen. Dann den Fahrakku aufladen und direkt an den Motor anschließen. Die Polarität der Leitungen ist in diesem Fall egal, sie ändern damit nur die Drehrichtung des Motors. Das Getriebe läuft das erste Mal! Den Motor im laufenden Zustand jetzt so lange im Langloch am Getriebe kippen, bis die Zahnräder absolut freigängig und ohne Druck laufen, aber dennoch ordentlich ineinandergreifen. Dann beide Schrauben festziehen. Natürlich darf jetzt auch das Getriebe getestet werden. Schieben Sie die Schaltstange hin und her, schalten Sie alle Gänge durch und lassen den Motor etwas laufen. Funktioniert alles, kommt das Getriebegehäuse um die Einheit und wird zwischen den Rahmen des LKW gesetzt. Kardanwelle gleich mit einsetzen!

Damit ist das Thema Antriebstrang erledigt. Jetzt fehlen noch einige Anbauteile am Rahmen sowie die Karosserie und die RC-Anlage. Zuerst zwei Schmutzfänger und die Sattelplatte zusammenbauen und an den Rahmen schrauben. Die vorderen Kotflügel ebenso. Sie werden von einer Schraube gehalten, durch zwei kleine Kunststoffbolzen können sie sich während der Fahrt

Löten

Löten ist eine Verbindungstechnik für Metalle und wird in der Elektronik eingesetzt, um die Anschlüsse von Bauteilen miteinander zu verbinden. Verwenden Sie Elektronik-Lötzinn mit Flussmittelkern und einen Elektronik-Lötkolben. Einfache Geräte gibt es schon für wenige Euro.

Halten Sie die Metallteile, die verbunden werden sollen, mit einer Zange aneinander. Nun den Lötkolben daran halten und beide Metallteile einige Sekunden aufheizen. Nun etwas Lötzinn an die Spitze des Lötkolbens halten. Es zerfließt sofort und läuft auf die zu verbindenden Metallteile. Lötkolben noch einen kurzen Moment stillhalten und dann wegnehmen. Die gelöteten Teile abkühlen lassen. Testen Sie danach durch mäßig festes Ziehen, ob die Lötstelle haltbar ist.

Richtig und gut löten erfordert einige Übung, probieren sie es zunächst mit einigen Kabeln aus.

Schaltkanal

Hier wird nicht das Signal eines Kreuzknüppels vom Sender übertragen, sondern der Schaltzustand eines Kippschalters. Der Empfänger wertet also aus, wie der Schalter am Sender gestellt wurde (z.B. „oben", „Mitte", „unten") und stellt ein angeschlossenes Servo entsprechend bzw. aktiviert oder deaktiviert ein Schaltmodul.

jedoch nicht verdrehen. Die beiden Tanks werden aus zwei Kunststoffhälften zusammengesetzt und verschraubt. Hier sehr vorsichtig entgraten, damit die dünne Chromschicht auf den Kunststoffteilen nicht beschädigt wird. Tank an die Halterungen am Rahmen schrauben, die schon im Vorfeld montiert wurden.

Jetzt kommen die ersten Teile an die Reihe, die lackiert werden müssen. Also eine gute Gelegenheit, den Bastelkeller mit Zeitungspapier auszulegen und gleich sämtliche Teile mit Farbe zu versehen. Schwarz werden die Sockel der LKW-Sitze, das Lenkrad und die Lenksäule. In einem dunklen Gelb sollen laut Anleitung das Armaturenbrett und die LKW-Sitze lackiert werden. Beim Fahrerhaus kommt es wieder auf Ihren Geschmack an. Denken Sie jedoch an den Dekorbogen! Wenn die beiliegenden Design-Streifen in Blau an das Fahrerhaus geklebt werden sollen, sollte der Farbton dazu passen.

Jetzt die Kleinteile auf die Grundplatte des Fahrerhauses schrauben und diese dann auf den Rahmen setzen. Darauf nun mit Klebeband Fahrregler und Empfänger befestigen. Falls Ihr Fahrregler einen Ein-Aus-Schalter hat, schrauben Sie ihn wie angegeben fest. Die Kabel der Servos jetzt durch die Mitte der Grundplatte ziehen und am Empfänger anschließen. Legen Sie den Schaltservo am besten auf einen Drei-Stufen Kippschalter, damit er über einen Schaltkanal gestellt werden kann. Sonst, beim Anschluss an einen Kreuzknüppel, müsste dieser während der gesamten Fahrt festgehalten werden, da die Knüppel ja durch Federn in die Mitte zurückgezogen werden.

Nun Fahrregler und Motor verbinden. Sollten die Stecker nicht passen, ist es durchaus üblich, sie abzukneifen und mit einer Lüsterklemme die Verbindung herzustellen. In diesem Fall erlischt jedoch die Garantie des Reglers. Noch besser ist es, die Leitungen miteinander zu verlöten. Legen Sie nun auch das Racing-Pack in das Fach und verbinden es mit dem Fahrregler. Hat dieser keinen separaten Ein-Aus-Schalter, ist das Modell sofort eingeschaltet! Schalten Sie das Modell aus, bzw. trennen Sie Akku und Regler, bevor es weitergeht.

Nun die Reifen montieren. In der Anleitung wird empfohlen, hier mit Sekundenkleber zu ar-

Motor und Fahrregler können auch mit Lüsterklemme verbunden werden. Empfänger, Akku und Fahrregler sind angeschlossen

beiten. Zwar sitzen die Reifen auch ohne Kleber fest auf der Felge, sind sie aber angeklebt, kann die Luft nicht entweichen und der Reifen drückt sich nicht so schnell ein („Plattfuß"). Klebstoff auf jeden Fall vorsichtig dosieren, auf dem Reifen gibt es sonst unansehnliche Spuren.

Dann den Stoßfänger bekleben und an den Rahmen schrauben. Auf die Hinterachsen die Radnaben stecken und die Räder mit der selbstsichernden Mutter andrehen. Vorne die Gleitlager eindrücken und Räder aufschrauben.

Zuletzt geht es an das Fahrerhaus. Lackiert ist es jetzt schon, also können direkt die Aufkleber und Dekore angebracht werden: Schneiden Sie alle Klebebilder dicht an der Kante aus und legen Sie probehalber an die vorgesehene Stelle. Dann die Abstände zwischen Dekor und Fahrerhauskanten ausmessen, korrigieren und die Stellen der Aufkleber vorsichtig an der Karosserie markieren, damit es gerade wird. Möglicherweise den Aufkleber jetzt noch etwas zurechtschneiden. Dann Rückseite abziehen und am besten mit Pinzetten an die Markierungen legen. Jetzt an einer Seite beginnen den Aufkleber fest anzudrücken und stückweise weitermachen, bis der gesamte Aufkleber sitzt.

Einige Stellen wie die Fensterrahmen und Türgriffe sollten noch schwarz angemalt werden. Hier empfiehlt sich ein schwarzer, wasserfester Filzstift. Mit Pinsel und Farbe wäre dies eher ein Glücksspiel.

Nun noch die Griffe zusammenschrauben, die Fenster einbauen und die Spiegel montieren. Mit dem Gewinde der Spiegelhalter gleichzeitig die Seitenfenster einschrauben. An den hinteren Fenstern ist etwas Klebstoff nötig. Vorsichtig dosieren, damit nichts auf die Scheibe läuft. Das würde sonst unansehnliche Spuren geben.

Weiter geht es mit den Dachlampen und Blinkern. Mit einem Teppichmesser die Chromschicht an der Stirnseite abkratzen, orangene Gläser aufkleben und die Lampen mit Schrauben am Fahrerhaus anbringen. Die High-Pipes, das Armaturenbrett und den Kühlergrill vorbereiten und schließlich am Fahrerhaus anbringen. Bei den High-Pipes die Richtung beachten, es gibt ein linkes und ein rechtes Rohr. Die Schraube an der Armaturenbretthalterung wird in den Kühlergrill durchgeschraubt, sie befestigt also beide Teile.

Jetzt noch Sitze und Empfängerantenne anbringen. Die letzte Hochzeit steht an: Ein we-

Klebstoff vorsichtig aufbringen. Seitenscheibe wird zusätzlich mit den Spiegelhaltern fixiert

nig bugsieren, bis das Fahrerhaus ganz auf der Grundplatte sitzt. Eventuell vorsichtig ein wenig biegen, bis es einrastet. Mit vier Schrauben sichern.

Als Letztes die hintere Luke montieren. Sie kann hinterher geöffnet werden, um den Fahrakku zu wechseln. Schrauben Sie Griff und Verriegelung an. Zum Schließen die Klappe zwi-

Der Highway wartet: So steht der Globeliner jetzt vor Ihnen

schen die High-Pipes schieben und mit etwas Druck einrasten lassen. Dann die Schieber nach außen schieben.

Das wars! Sie haben Ihren ersten RC-Truck auf die Räder gestellt und können jetzt den ersten US-Highway unsicher machen. Gönnen Sie sich und Ihrem LKW aber noch einen ersten Funktionscheck. Lesen Sie im Kapitel „Das erste Mal“ weiter.

Wedico Peterbilt

Das zweite Modell ist der Nachbau eines Peterbilt 359 von Wedico. Das Original ist ein waschechter Amerikaner: Lange Motorhaube, hohe, verchromte Auspuffrohre, riesiger Sleeper hinter dem Fahrerhaus und das Ganze als dreiachsige Sattelzugmaschine. Ein LKW mit echtem White Line Fever-Feeling.

Original und Modell

Der amerikanische Hersteller des Originals, die Firma Peterbilt, wurde in dieser Form 1938 von T.A. Peterman gegründet und stellte zunächst LKW für dessen eigenes Holzgeschäft her. Später ging man dazu über, die Fahrzeuge zu verkaufen und erfand die Marke Peterbilt, in Anlehnung an den Namen des Firmeninhabers: „Peter(man) bilt“ (bilt engl. von built = gebaut): Von Peterman gebaut. 1958 wurde die Firma durch den US-Fahrzeugbauer Paccar Inc. aufgekauft und in den großen Konzern eingegliedert. Zu Paccar gehört auch der niederländische LKW-Bauer DAF, dessen Frontlenker-Trucks auch auf deutschen Straßen zu sehen sind.

Das Modell 359 ist nicht mehr ganz aktuell, die neuen Fahrzeuge von Peterbilt sehen dem von Wedico nachempfundenen LKW jedoch nach wie vor sehr ähnlich. Mittlerweile sind jedoch aus aerodynamischen Gründen die Sleeper mit dem Fahrerhaus verbunden und haben einen mehr oder weniger riesigen Spoiler auf dem Dach, was beim 359 noch nicht der Fall war.

Das Wedico-Modell ist eines von mehreren Komplettbausätzen des Wuppertaler Herstellers. Neben dem Peterbilt sind verschiedene US- und Euro-Fahrzeuge im Programm. Der Peterbilt hat einen kräftigen 12-Volt-Elektromotor, ein nicht schaltbares Getriebe, eine angetriebene und eine mitlaufende Hinterachse. Beim echten Peterbilt sind natürlich beide hinteren Achsen in Form einer Pendelachse angetrieben.

Wichtig für ein gutes Gelingen des ersten Modells ist zudem die Anleitung. Denn was bringt ein toller Truck, der sich dank kryptischer Zeichnungen nur mühevoll zusammenbauen lässt? Die Wedico-Anleitung überzeugt hier. Sie besteht aus einer Text-Bild-Kombination. Ein kurzer Textabschnitt mit Teilenummern erklärt jeweils, in welcher Reihenfolge gebaut wird. Eine dreidimensionale Strichzeichnung zeigt, wie die Teile aussehen und wo sie montiert werden. Es macht Sinn, einen Messschieber oder ein Lineal zu verwenden, um die Schrauben nachzumessen. Denn nur mit etwas Übung

Pendelachse

Eine Pendelachse wird bei LKW verwendet, die zwei angetriebene Hinterachsen haben. Die Achsen sind nicht einzeln am Rahmen befestigt, sondern durch eine Blattfeder miteinander verbunden, die dann mittig pendelnd am Rahmen aufgehängt wird. So können die Achsen unter dem Rahmen (in Fahrtrichtung) auf- und ab schaukeln. Das ist zum Beispiel bei der Fahrt auf eine leichte Erhöhung sinnvoll: Die Achse, die zuerst die Kante überfahren hat, wird durch die Pendelwirkung nach oben gedrückt, die andere Achse nach unten. Insgesamt bleibt der Fahrzeugrahmen also in der Waage, die Achsen machen den Höhenunterschied unter sich aus. Ohne Pendelachse, wenn also beide Hinterachsen einzeln am Rahmen befestigt sind, passiert es leicht, dass eine der beiden Achsen in der Luft hängt.

In vielen Tütchen sind die Einzelteile im Baukasten verpackt

gelingt es, eine acht und eine zehn Millimeter lange Schraube voneinander zu unterscheiden. Da die Schraubenlänge jedoch nicht unwichtig ist, ist Nachmessen eine gute Idee.

Die Einzelteile sind in unterschiedlichen Tütchen untergebracht. Um nicht die Übersicht zu verlieren, ist es sinnvoll, den Inhalt der Tüte, sobald gefunden, in eine flache Schale zu kippen, damit man jedes Teil sofort sehen kann.

Zusammenbau

Der Bau beginnt mit den Einzelteilen des Aufbaus, also Motorhaube und Fahrerhaus. Zunächst ist die Haube mit Kotflügeln, Kühlergrill und Scheinwerfern dran. Schrauben Sie die Teile, wie in der Anleitung beschrieben zusammen. Auch wenn Sie die herumbaumelnden Kabel vielleicht stören mögen: Bauen Sie die kleinen Glühlampen für die Beleuchtungsfunktionen direkt mit ein! Danach die beiden Kabelenden einer Glühlampe mit einem Stück Klebeband zusammenkleben und beschriften. Das erspart später viel Suchen beim Anschließen.

Schrauben Sie die Schrauben nie sofort fest an. Immer zuerst locker andrehen, das Bauteil zurecht schieben, bis alle Kanten und Spalten übereinstimmen und dann festziehen. Bei vielen Schrauben werden zusätzlich Fächerscheiben eingesetzt. Diese auf keinen Fall vergessen!

Als Nächstes sind die Türen an der Reihe. Hier unbedingt die linke und rechte Seite beachten, die Bauteile sind jeweils gespiegelt. Tü-

Fächerscheiben

Fächerscheiben verhindern, dass sich eine Verschraubung durch Vibrationen lösen kann. Sie sehen aus wie normale Unterleg-Scheiben, haben jedoch außen kleine umgebogene Zacken. Durch das Festschrauben werden die Zacken heruntergedrückt und pressen dann wie eine Feder gegen die Schraube. Das erhöht die Reibung, die Mutter verkantet sich und kann nicht so leicht losgeschüttelt werden.

Schneidschrauben

Schneidschrauben schneiden das Gewinde, in dem sie später halten sollen, beim Eindrehen selbst. In einem Bohrloch für eine Schneidschraube ist also kein Gewinde vorhanden, es wird durch die entsprechend ausgelegte Schraube direkt geschnitten. Die Schraube schneidet etwas Material aus der Bohrung heraus und verankert sich dann direkt in diesem Gewinde.

Abisolieren

Beim Abisolieren wird der Kunststoffmantel um ein Kabel, die Isolierung, entfernt, damit das Kabel angeschlossen oder verlötet werden kann. Dazu gibt es spezielle Zangen, die auf den Durchmesser des Kabels eingestellt werden können und dann nur die Isolierung, nicht aber das Kabel selbst abkneifen. Immer darauf achten, nicht zu viel Isolierung zu entfernen, sonst entstehen leicht Kurzschlüsse.

ren direkt in die Seitenteile des Fahrerhauses einschrauben. Hier arbeiten Sie das erste Mal mit Metall-Schneidschrauben.

Fetten Sie die Schraube vor dem Eindrehen ganz leicht ein. Dann noch einmal die Länge der Schraube prüfen! Eine zu lange Schneidschraube passt nicht ganz in die Bohrung und würde das anzuschraubende Teil nicht vernünftig sichern. Herausdrehen ist dabei etwas heikel, auf diese Weise geschraubte Verbindungen lassen sich nur begrenzt heraus- und wieder hineindrehen. Also lieber noch mal kontrollieren. Im Verhältnis zur normalen, metrischen Schraube ist deutlich mehr Kraft beim Eindrehen nötig. Legen Sie das Bauteil am besten flach auf den Tisch und schrauben Sie kräftig von oben bis zum Anschlag.

Weiter geht es mit dem Dach: Hier die Hörner und die Dachlampen montieren. Da auch diese hinterher leuchten, müssen wieder Glühlampen eingesetzt werden. Das ist ziemlich fummelig und geht am besten mit Pinzette oder Spitzzange.

Alle Kabel jetzt schon sorgfältig verlegen. Dafür sind sie allerdings etwas zu lang. Mit einem Seitenschneider also kürzen und erneut abisolieren.

Die Lampen werden mit einer Schraubleiste in Reihe geschaltet. In einen Schraubanschluss kommt also jeweils das rechte Kabel der ersten und das linke Kabel der zweiten Lampe. Blättern Sie in der Anleitung bis zum Anschlussbild der Elektrik vor. In der Grafik können Sie die Verdrahtung der „Klemmleiste Dachlampen" erkennen.

Damit man die Kabel durch die Scheiben des Fahrerhauses nicht sieht, mit einem Stück Klebeband alle Kabel unter dem Dach sichern. Jetzt macht es Sinn, der Bauanleitung vorzugreifen: Verbinden Sie mit der ersten und letzten Klemme jeweils ein einzelnes, längeres Kabel (Litzenkabel von der Rolle). Hinterher hat man keine Chance mehr, diese Stelle gut zu erreichen.

Reihenschaltung

Elektrische Bauteile können grundsätzlich immer in Reihe, also aneinander, oder parallel miteinander verbunden werden. Bei der Reihenschaltung teilt sich dabei die Spannung (gemessen in Volt), bei der Parallelschaltung der Strom (gemessen in Ampere). Werden also drei Glühlampen mit einer Spannung von 3 Volt und einer Stromaufnahme von 200 mA in Reihe geschaltet, sind 9 Volt und 200 mA nötig, um die Lampen leuchten zu lassen. Werden dieselben Glühlampen parallel geschaltet, sind nur 3 Volt Eingangsspannung nötig, dafür aber 600 mA.

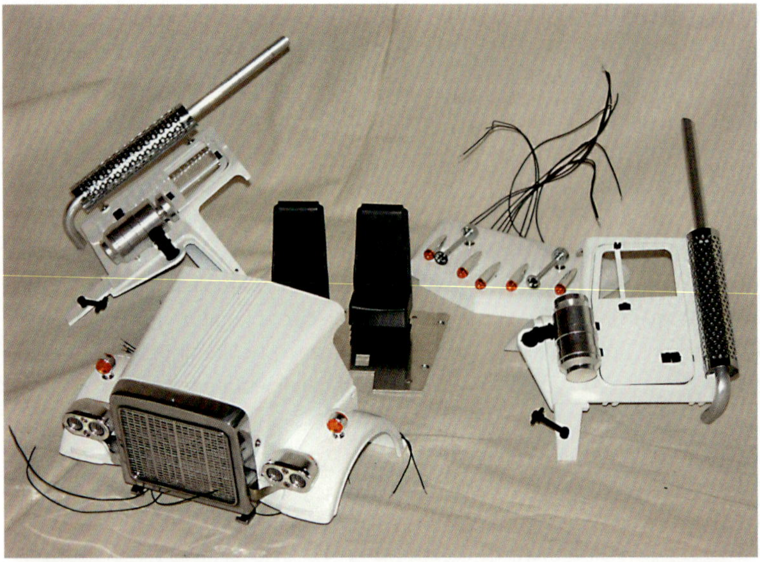

Die ersten Einzelteile sind fertig: Dach, Seitenteile mit Türen und Bodenplatte werden jetzt verschraubt. Die Motorhaube bleibt separat, sie wird später nach vorne kippbar am Rahmen angeschraubt

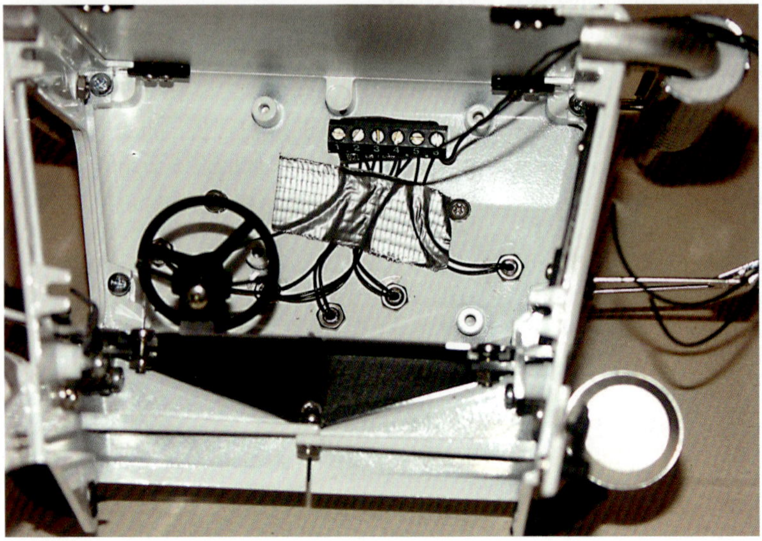

So sollten die Kabel bereits jetzt im Fahrerhaus verlegt werden, denn: noch kommt man gut dran! In die erste und letzte Klemme ein längeres Stück Kabel schrauben und aus dem Fahrerhaus hängen lassen

Jetzt die Sitze auf das Bodenblech schrauben. Dieser Schritt birgt eine Falle: Das Blech hat Sacklöcher, die für die spätere Montage wichtig sind. Diese Sackung muss nach unten zeigen.

Im nächsten Abschnitt wird das erste Mal geheiratet, also mehrere vormontierte Komponenten miteinander verschraubt. Bodenblech, Seitenteile und Dach aneinanderbauen sowie Armaturenbrett und Frontscheiben einsetzen. Danach noch die beiden (zusätzlich angebrachten) Zuleitungen der Dachlampen verlegen: Die Kabel mittig hinter den beiden Sitzen durch ein kleines Loch in der Bodenplatte nach unten herausführen.

Jetzt kann man auf jeden Fall bereits erkennen, wie das Fahrerhaus mal aussehen wird.

Sackloch

In einem Sackloch verschwindet nicht nur die Schraube, sondern auch der Schraubenkopf, somit bleibt die Oberfläche völlig eben. Das Loch wird dazu (von der Seite betrachtet) nicht senkrecht, sondern kegelförmig gebohrt, als Schraube kommt eine Senkkopf-Schraube zum Einsatz, deren Kopf entgegengesetzt kegelförmig geformt ist.

Hochzeit geglückt, sozusagen. Weiter geht es mit dem Rahmen.

Wie beschrieben, die Vorderachse samt Rädern montieren. Dabei das Profil der Reifen beachten. Die Vorderreifen sehen anders aus, als die auf den Hinterachsen.

In der Anleitung gibt es jetzt einen wichtigen Tipp: Die Platinen für den Einbau der elektrischen Anlage zurechtlegen. Jetzt also das lange Kabel mit den Platinen an beiden Enden von unten in den Rahmen legen und die folgenden Teile darüber montieren. Kabelbaum so drehen, dass die Platine mit dem V (für vorne) zur Vorderachse zeigt. Dann die Sattelplatte zusammensetzen und den langen Metallstift quer durch den Rahmen über das Kabel schieben.

Als Nächstes kommen Hinterachsen, Räder und die Trittbleche an den Rahmen. Die Montage sollte kein Problem sein.

Es folgt das Getriebe mit dem Elektromotor. In der Mechanik gilt „Alles, was sich dreht, erzeugt Reibung“. Und hier im Getriebe wird sich Einiges drehen. Um die hier entstehende Reibung zu reduzieren, ist ein wenig Schmiermittel angebracht. Bringen Sie es mit einem Wattestäbchen auf alle sich drehenden Teile auf. Dann das Getriebe zusammenschrauben.

Danach ist der Blinkerschalter an der Reihe. Dieses kleine Kästchen wird später zusammen mit der Lenkung vom Lenkservo betätigt und schaltet die Blinker bei Links- und Rechtsfahrt. Jedes Mal, wenn man am Sender also nach links lenkt, fährt das Fahrzeug nach links und auch der Blinkerschalter wird in diese Richtung betätigt. Leider ist dieses Verhalten nicht realitätsnah, denn so blinkt ihr LKW in jeder Kurve und nicht nur beim Abbiegen.

Jetzt geht es ans Eingemachte: Antrieb und Lenkservo werden eingebaut. Hier zeigt sich

Das Flachbandkabel schon jetzt verlegen – und zwar unter die Halterung der Sattelplatte

Mit einem Wattestäbchen alle drehbaren Teile einfetten

Hinter der Achse gut zu erkennen: Ruderhorn mit eingehängtem Gabelkopf. Je höher der Gabelkopf in das Horn gehängt wird, je weiter wird die Schubstange geschoben (=größerer Lenkausschlag). Aber desto geringer ist auch die Kraft

schnell, wie eng es in einem Modelltruck zugehen kann. Zunächst das Getriebe in den Rahmen schrauben. Dann das Servo an den Haltewinkel und diesen an den Rahmen schrauben. Dabei wird es, je nach Größe des Servos, gehörig eng. Zusätzlich zu den in der Anleitung gezeigten Schrauben noch je eine Gummimanschette in die Servobefestigung drücken. Diese kleinen Stopfen liegen jedem Servo bei. Sie schützen vor Überlastung: Soll sich das Servo weiter drehen, als zum Beispiel das Lenkgestänge erlaubt, würden ohne bewegliche Lagerung massive Kräfte wirken und es irgendwo früher oder später „knack“ machen. Kann sich das Servo etwas bewegen, können derartige Kräfte ein wenig abgefangen werden.

Viel Technik: Servo, Blinkerschalter (auf dem Servo) und Lenkgestänge (rechts) montiert und ausgerichtet. Links die Betätigung des Blinkerschalters. Auch bei vollem Lenkeinschlag und komplett eingefedert darf nichts hängen bleiben. Hier sind übrigens schon die Kabel verlegt, dieser Schritt folgt später

Beim Einbau des Servos darauf achten, dass die Räder voll eingeschlagen werden können! Nicht in der Anleitung vermerkt, aber jetzt ebenfalls sinnvoll, ist die Befestigung des Lenkgestänges am Servo. Dazu ein Ruderhorn an den Zapfen des Servos schrauben. Den Gabelkopf vom Lenkgestänge mit einem Schraubendreher aufbiegen und dessen Stift in eines der Löcher am Ruderhorn einhaken. Beachten Sie die Gesetze der Mechanik: Je näher der Gabelkopf in Richtung Servozapfen eingehängt wird, je größer ist die Kraft, mit der gelenkt werden kann. Aber je kleiner wird der Ausschlag!

Nun von Hand die Räder in beide Richtungen drehen. Die gesamte Lenkgeometrie darf nirgends hängen bleiben oder blockieren, das ist vor allem bei voll eingeschlagenen Rädern wichtig. Klemmt es irgendwo, kann entweder das Servo nach vorne oder hinten verschoben, der Gabelkopf höher oder tiefer in das Ruderhorn gehängt oder auch die Anlenkung etwas verbogen werden. Auch daran denken, dass durch die Federn die Achse nicht starr ist. Also zum Schluss noch einmal die Achse vollständig einfedern (an den Rahmen drücken) und die Lenkung erneut prüfen. Früher oder später sollte es auf jeden Fall klappen. Nur nicht den Mut verlieren!

Danach die Rückwand des Fahrerhauses montieren und erneut heiraten: Fahrerhaus und Motorhaube laut Anleitung an den Rahmen bauen. Da jetzt auch die Motorhaube montiert ist, ab sofort „aufpassen". Sie ist nach vorne kippbar und fällt daher auf, wenn man den LKW zur weiteren Montage umdreht. Haube also gut festhalten.

Weiter geht es mit dem Sleeper. Hier schläft im Original der Fahrer während seiner Tour, im Modell ist hier die gesamte Elektrik verstaut. Zunächst die Platine mit den vier Kippschaltern durch die entsprechenden Löcher der Hecktür stecken und festschrauben. Es folgt der Rest

Gabelkopf

Mit einem Gabelkopf können Gestänge aller Art am Steuerhorn eines Servos befestigt werden. Er besteht aus zwei Metalllaschen, die durch Federkraft zusammengedrückt werden. Dazwischen ist ein kleiner Bolzen, der durch die Löcher im Ruderhorn gesteckt wird.

Kabel vor dem Anschrauben des Sleepers durch das Oval ziehen: alle Kabel ohne Stecker von der Schaltplatine müssen nach unten, vom Fahrregler das dreiadrige Empfängerkabel und das dicke Lastkabel nach oben

des Sleepers: Aus den letzten Teilen des Baukastens wird der viereckige Kasten zusammengeschraubt. Etwas tückisch sind dabei die Federn, die die kleinen Seitentüren verschlossen halten. Sie lassen sich am besten mit einer Spitzzange in die entsprechenden Löcher biegen. Bevor es weitergeht, aber noch an die Kabel denken: Alle Kabel ohne Stecker am Ende von oben durch das ovale Loch im Boden des Sleepers fädeln. Das dicke, rot-schwarze und das dünne dreiadrige Kabel des Fahrreglers von unten durch das Oval ziehen.

Bevor es aber mit der Verkabelung richtig losgeht, kommen noch die fehlenden Anbauteile an die Kabine: Spiegel, Scheibenwischer, Sonnenblende und Antenne laut Anleitung montieren.

Elektrischer Anschluss

Das Modell an sich ist fertig und steht auf den eigenen Rädern. Damit aber nun ein fahrbares RC-Modell daraus wird, müssen sämtliche elektrischen Bauteile miteinander verbunden werden.

Die meisten Komponenten befinden sich im Sleeper. Hier sitzen die Schaltplatine, die die Stromversorgung übernimmt, der Akku und der Empfänger. Der Fahrregler ist in einen der beiden runden Tanks unter dem Sleeper eingebaut. Dessen Kabel hatten wir bereits zuvor in den Sleeper gelegt. Dann gibt es noch einige Kabel ohne Stecker. Die sind für die Beleuchtungsfunktionen und werden zur vorderen und hinteren Lampenplatine gelegt, die bereits zu Beginn unter den Rahmen gebaut wurden.

Beginnen Sie mit den Dachlampen. Hier wurden zuvor schon zwei zusätzliche Kabel aus dem Fahrerhaus heraus nach unten verlegt. Jetzt wird auch klar, warum das sinnvoll ist: Man hat jetzt keine Chance mehr, das zweiadrige Kabel an die Klemmleiste unter dem Dach zu schrauben. Also stattdessen mit zwei kleinen Lüsterklemmen die beiden Kabel aus dem Fahrerhaus mit dem rot-schwarzen Kabel verbinden und die Klemme irgendwo unterhalb des Fahrerhauses verstecken.

Dann die schwarzen Lampenkabel mit der vorderen und hinteren Lampenplatine verbinden. Welche Lampe wo angeschlossen wird, wird in der Anleitung deutlich. Hilfreich ist, wenn Sie die Kabelpaare vorher beschriftet haben.

Die Kabel entsprechend kürzen, bevor sie in die Klemmen geschraubt werden. Beim Kürzen

Hintere Lampenplatine: Schwarze Lampenkabel gekürzt und angeschlossen, teilweise mit den Kabeln der Lampenplatine zusammengedreht. Alle Kabel sind am Rahmen festgeklebt

der vorderen Lampenkabel aber daran denken, dass die Motorhaube noch aufgeklappt werden können muss.

An einige der Schraubklemmen müssen zusätzlich die abisolierten Kabel der Schaltplatine angeschlossen werden. Auch deren Verdrahtung wird in der Anleitung deutlich. Drehen Sie die blanken Kabelenden mit den Fingerspitzen zusammen, dann lassen sich die Litzen leichter in die Schraubklemmen stecken. Achten Sie genau auf die Belegung der Lampenplatinen: Die Schraubklemmen sind nicht von eins bis zwölf, sondern zweimal von eins bis sechs nummeriert. Also genau kontrollieren, ob das Kabel nicht versehentlich an die falsche Seite angeschlossen wurde.

Danach alle Kabel mit Klebeband unter dem Rahmen sichern. Sonst besteht das Risiko, irgendwann beim Fahren mit den Kabeln an einer Teppichkante oder einem Ast hängen zu bleiben und die gesamte Bordelektronik in einem Ruck zu entfernen.

Nun noch den Blinkerschalter an die Lampenplatine anschließen und den Motor mit der entsprechenden Kupplung an den Fahrregler stecken.

Jetzt fehlt nur noch der Anschluss der Fernsteuerungsanlage. Der Empfänger kommt mit in den Sleeper und wird an den Wedico-Fahrregler angeschlossen. Dazu benötigen Sie ein zusätzliches Empfängerkabel, passend zu Ihrer Fernsteuerungsanlage. Verbinden Sie es mit der Klemmleiste und dann mit dem Fahrregler.

Nun fehlt der Stromanschluss des Empfängers. Zwar hatten wir unter dem Punkt „Unter Strom" im Kapitel „Grundlagen Fernsteuertechnik" die Funktionsweise eines BEC erklärt, die eine getrennte Stromversorgung des Empfängers unnötig macht. Ausgerechnet der Wedico-Fahrregler ist jedoch nicht mit einem BEC ausgestattet. Also muss entweder ein zusätzlicher Akku eingebaut oder ein Kabel auf der Rückseite der Schaltplatine angelötet werden. Haben Sie noch keine Erfahrung im Löten, empfiehlt sich auf jeden Fall der separate Akku. Eine passende Akkubox liegt dem Fernsteuerungsset meistens bei.

Und damit... wären wir fertig! Im Kapitel „Das erste Mal" lesen Sie mehr zur abschließenden Kontrolle und zur ersten Probefahrt. Sie haben Ihr erstes LKW-Modell auf die Räder gestellt! Herzlichen Glückwunsch!

So steht er jetzt vor Ihnen: Ein strahlender US-Truck

Tamiya MAN TGX XLX

Und zu guter Letzt wenden wir uns nochmals dem Hersteller Tamiya zu. Trotz des japanischen Ursprungs dieses Bausatzes schaffen wir damit den Sprung zurück auf den europäischen Kontinent. Nach zwei US-Boliden steht nun nämlich mit dem MAN TGX mit seinem XLX-Fahrerhaus ein moderner europäischer LKW an. Das Vorbild dieses Fahrzeugs kann ohne große Mühe im Original besichtigt werden: Bei einer Fahrt über die Autobahn fährt man beinahe im Sekundentakt an TGX-LKW vorbei.

Original und Modell

MAN – wer kennt diesen deutschen Großkonzern nicht? Neben Industrieanlagen, Schiffsdieselmotoren und Druckereimaschinen ist die Nutzfahrzeugsparte ein weiterer Geschäftszweig. Dutzende Male umbenannt, fusioniert, ver- und gekauft geht der traditionsreiche Konzern auf die Fusion zweier Maschinenbauer zurück. Im Jahr 1898 schlossen sich die Maschinenbau-AG Nürnberg und die Maschinenfabrik Augsburg AG zusammen, die 1908 in Maschinenfabrik Augsburg-Nürnberg AG umbenannt wurde. Aus den Anfangsbuchstaben entstand dann die geläufige Abkürzung M.A.N.

Ein geschichtsträchtiges Datum ist natürlich auch der Bau des ersten funktionsfähigen Dieselmotors im Jahr 1897. Sein Erfinder, Rudolf Diesel, arbeitete zu dieser Zeit bei der Maschinenfabrik Augsburg AG.

MAN hat fast in der gesamten Nutzfahrzeugbranche Fuß gefasst: Seit jeher werden LKW in allen Gewichtsklassen gebaut. Angefangen bei leichten Transportern bis hin zu Sonderfahrzeugen für Schwertransporte. Spezialfahrzeuge für den Feuerwehr- oder Off-Road-Einsatz gehören ebenso dazu, wie Reise-, Überland- und Stadtbusse. Bis 1963 konnte man auch Landmaschinen, die „Ackerdiesel“, von MAN kaufen.

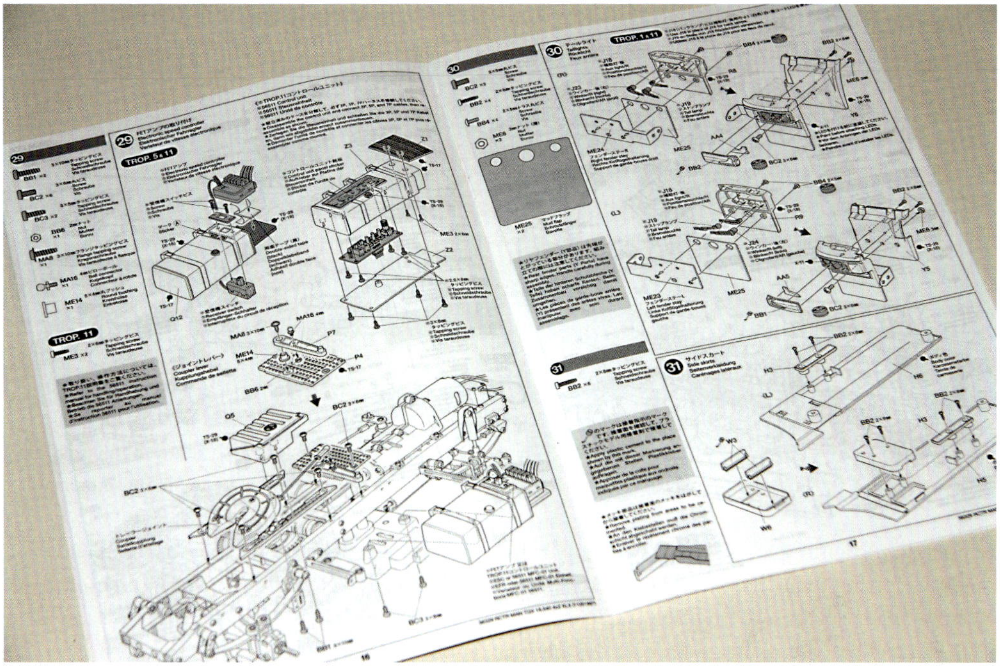

Viele Skizzen und viersprachiger Text kennzeichnen die Anleitung. Sie lässt keinen Schritt aus, jeder Einsteiger kommt mit diesem Heft ans Ziel. Genau lesen ist aber wichtig

Die aktuelle Baureihe TGX wird seit 2007 gebaut und ist bis heute aktuell, 2012 stand ein kleines Facelift im Bereich der Fahrzeugfront sowie die Anpassung an die aktuelle Abgasnorm Euro 6 an. Der TGX ist dabei die schwere Baureihe von MAN, diese LKW sind also für den nationalen und internationalen Fernverkehr konzipiert. Erhältlich sind hier drei verschiedene Fahrerhaus-Größen. Die Version XXL hat das charakteristische waagerechte Seitenfenster im oberen Dachbereich. Die XL-Version hat ein flaches Dach. Tamiyas Bausatz beinhaltet die Version XLX, die sich zwischen diesen beiden einordnet und sowohl im Fernverkehr anzutreffen ist als auch vor einem Tieflader oder einem Kipper noch optisch passend ist.

Anders als der zuvor zusammengebaute Globeliner hat der hier gebaute MAN nur zwei Achsen, die hintere ist angetrieben. Es ist aber auch ein dreiachsiger MAN von Tamiya zu bekommen. Ein technisches Highlight ist sicherlich das enthaltene Dreigang-Schaltgetriebe, bei dem ferngesteuert die Gänge gewechselt werden können.

Im Bausatz sind viele Komponenten enthalten, einschließlich einiger Werkzeuge. Dennoch ist ein weiterer Einkauf nötig. So müssen eine Fernsteuerung, zwei Servos, ein Fahrregler und ein Akku erworben werden. Näheres dazu ist im Kapitel „Kaufhinweise" gesagt worden. Zu ergänzen wäre noch, dass Tamiya etliche Ergänzungskomponenten anbietet – so auch eine komplette Lichtanlage samt Fahrregler und Soundmodul, MFC genannt. Neben etlichen anderen Multifunktionsmodulen schauen wir uns auch diesen Elektronik-Baustein im späteren Verlauf des Buches an. Die Tamiya-Anleitung enthält bereits etliche Verweise auf die MFC und beschreibt dessen optionalen Einbau. Aber auch mit jedem anderen Lichtmodul kann dem MAN Leben eingehaucht werden.

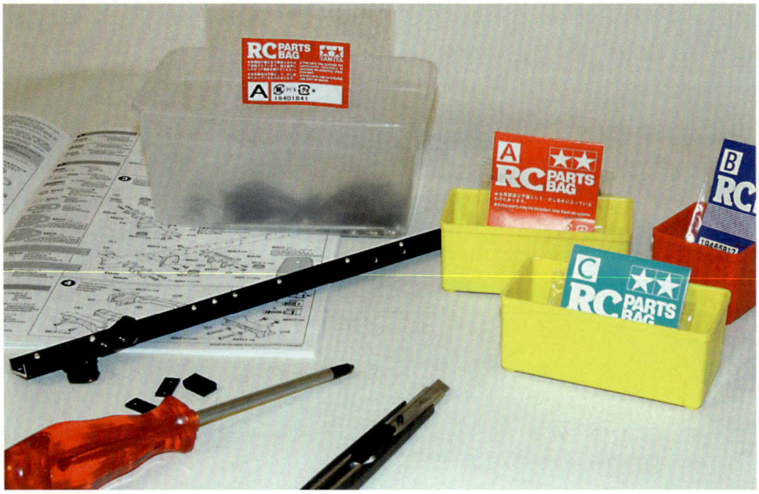

Die Tüten am besten einzeln in Dosen füllen. Das erleichtert das Finden von Schrauben und Kleinteilen ungemein

Bei der Anleitung kann Tamiya den japanischen Ursprung nicht leugnen. Die Texte sind viersprachig in Japanisch, Englisch, Französisch und Deutsch gehalten. Insgesamt ist das Heft gut gelungen und ermöglicht jedem einen fahrbereiten Truck auf die Räder zu stellen. Allerdings ist mitunter etwas Suchen angesagt. Am besten liest man zuerst die komplette Anleitung aufmerksam durch und markiert mit einem Textmarker alle deutschen Passagen. Die Arbeitsschritte sind mit vielen perspektivischen Zeichnungen dargestellt. Am linken Rand werden alle für den jeweiligen Schritt nötigen Einzelteile in Originalgröße dargestellt, was sehr hilfreich ist. Kunststoffteile sind mit Buchstaben und Zahlen markiert und lassen sich daher gut finden.

Schrauben und Metallteile sind in Arbeitsgruppen in Tüten vorsortiert. Also bloß nicht alle Beutel aufreißen und in einen großen Topf werfen (es sei denn, sie lieben Suchspiele) sondern abschnittsweise die zu verwendenden Packungen öffnen und den Inhalt in einzelne Schachteln geben.

Zusammenbau

Der Zusammenbau beginnt mit dem Rahmen. Daran werden sämtliche Anbauteile, die Achsen und das Getriebe montiert. Anschließend werden die ersten elektrischen Komponenten angebracht und schließlich das Fahrerhaus mit allen Spoilern und Verkleidungen befestigt.

Los geht es mit den Servos für Lenkung und Schaltung. An diese muss in Neutralstellung je ein Servohorn montiert werden. Um sie in die Neutralstellung zu bringen, schließen sie zunächst die komplette Fernsteueranlage in einer freien Verdrahtung an.

Neutralstellung

In der Neutralstellung wird der Steuerknüppel der Fernsteuerung nicht betätigt. Ein angeschlossener Servo sollte dabei ebenfalls mittig stehen. Wenn nicht, kann diese Stellung justiert werden.

Verbinden Sie die Servos und den Fahrregler mit dem Empfänger, laden sie den Fahrakku und verbinden diesen mit dem Regler. Nun die Trimmung am Sender in Neutralstellung bringen. In dieser Position soll ihr Truck hinterher geradeaus fahren bzw. der zweite Gang eingelegt sein.

Freie Verdrahtung

Bei einem freien Anschluss werden die einzelnen Komponenten der Fernsteuerungsanlage nicht in das Modell eingebaut, sondern lose nebeneinander gelegt und angeschlossen. So kann ein erster Funktionstest aller Komponenten erfolgen. Da noch nicht alle Komponenten im Modell befestigt sind, darf mit dem Modell noch nicht gefahren werden. Stellen Sie also leere Schachtel oder Ähnliches unter den Rahmen, damit die Räder frei drehen können, um den Fahrregler zu testen.

Jetzt kann alles wieder ausgeschaltet und getrennt werden. Auf die Zapfen der Servos kommen nun, ohne ihn zu verdrehen, je ein passendes Unterteil gefolgt von einem Ring. Das Unterteil sowie auch die Schraube sind abhängig vom Servohersteller, daher liegen unterschiedliche Anschlussteile bei. Der aufgesteckte Ring mit seinem Schlitz schützt den Servo vor Überlastung. Können die Räder zum Beispiel einmal nicht lenken, weil sie in losem Untergrund stecken, würde das Servo mit aller Kraft dagegen drücken, eventuell Schaden nehmen oder die Elektronik stören. Damit das nicht passiert, ist dieser Ring vorgesehen. Er spreizt sich dann durch den Druck des Servos und schützt so die Komponenten. Im nächsten Schritt werden sie an Halterungen gebaut.

Nun kommen die beiden Rahmenprofile an die Reihe. Zuerst die Schutzfolie abziehen. Die dann folgenden Bauteile dienen der Aufhängung der Vorderachse. Hinten kommen noch zwei Z-förmige Halterungen an den Rahmen, sie tragen später die Seitenverkleidung.

In den folgenden Abschnitten werden die Traversen zusammengebaut und zwischen die Rahmenseiten geschraubt. Weiterhin wird das Schaltservo montiert. Es sitzt quer im vorderen Bereich des Fahrgestells.

Es folgen einige Baugruppen für die Lenkung. Hier ist zunächst ein Umlenkhebel an der Reihe. Die Welle wird mit Bronzelagern in einem Kunststoffteil montiert. Zum ersten Mal kommt hier Schmierstoff zum Einsatz. Eine Tube hat Tamiya extra beigepackt, alle zu schmierenden Stellen sind markiert. Bauen Sie den Umlenkhebel danach im 90-Grad-Winkel zusammen. Jetzt folgen drei Stangen des Lenkgestänges. Dies sind Stahlwellen mit Gewinde am Ende, auf das Sie Kugelköpfe schrauben. Drehen Sie diese Kugelköpfe aber nicht bis zum Anschlag, sondern orientieren sie sich an den Zeichnungen in Original-Größe in der Anleitung.

Nun kommen das Lenkservo, der Umlenkhebel und die erste der drei Stangen an den Rahmen.

Lenk- und Schaltservo mit Ruderhorn und Halterung

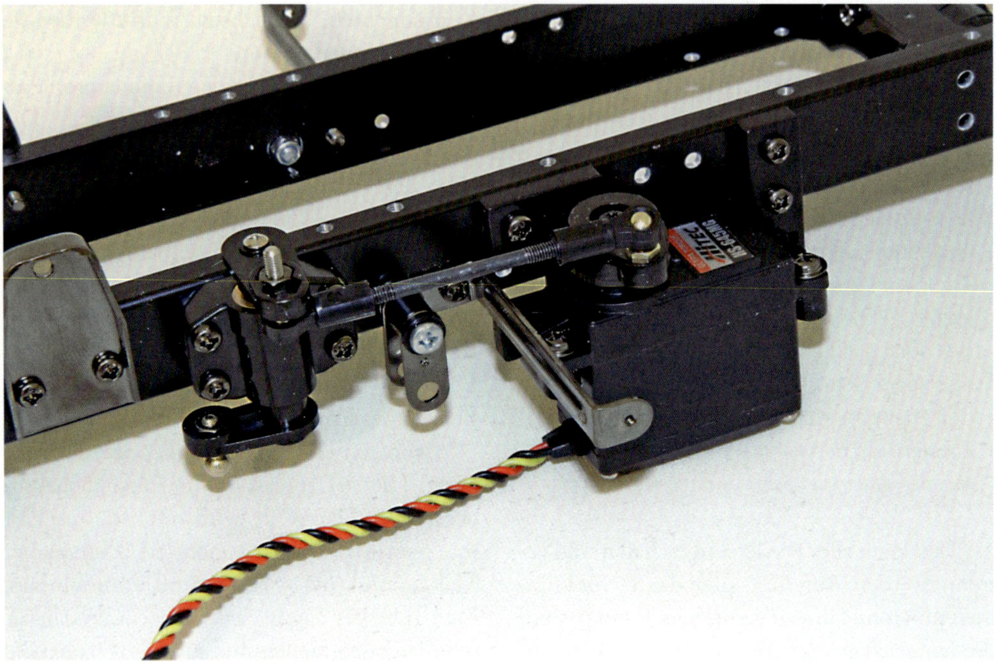

Dieses Servo betätigt später die Lenkung

Nun folgen die ersten Teile, die lackiert werden müssen. Also ist jetzt eine gute Möglichkeit, gleich sämtlichen Teilen ihren Anstrich zu verpassen. Etliche Komponenten sollen schwarz lackiert werden. Das wundert im ersten Moment, weil der Kunststoff-Spritzling bereits schwarz ist. Beim zweiten Blick fällt auf, dass Tamiya hier den Farbton „Seidenmatt schwarz" vorschlägt. Es geht also darum, dass die Teile den starken Glanz verlieren und so optisch nach Kunststoff-Anbauteilen aussehen, wie sie bei Fahrzeugkarosserien zum Einsatz kommen.

Die Teile links sind noch im Original-Zustand, die Teile rechts sind schon mit Schleifvlies abgeschliffen

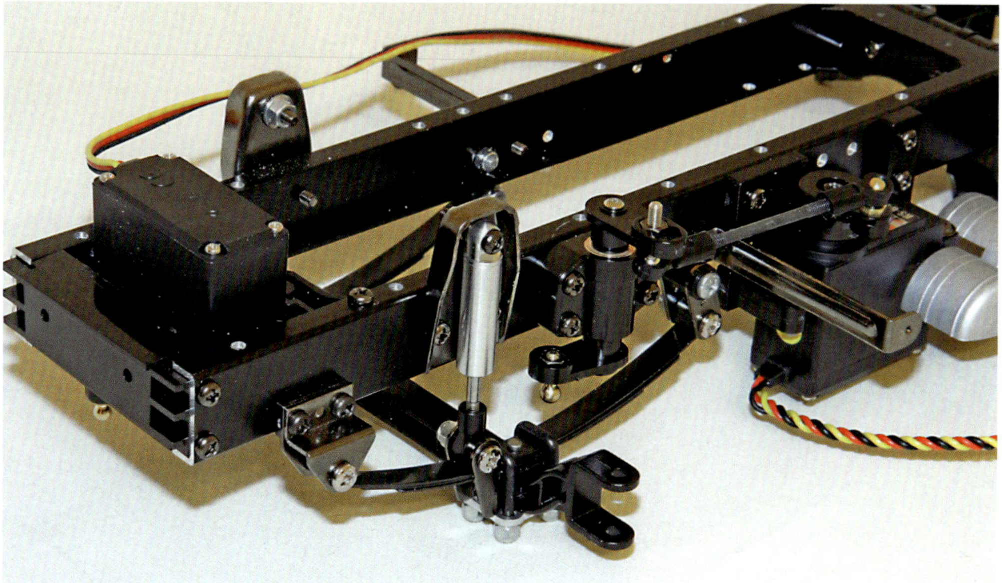

Vorderachse mit Federn und Stoßdämpfer

Da der Bastelkeller gerade ohnehin mit Zeitungspapier ausgelegt ist, macht es nun auch Sinn, die anderen Teile zu lackieren. Neben den gezeigten schwarzen Anbauten werden einige Baugruppen grau. Dies sind die Sitze, Sitzhalterungen und das Armaturenbrett. Letzteres sollte jedoch erst komplett zusammengeklebt werden, wozu man zu Schritt 49 springt. Weiterhin werden alle Karosserieteile in der gewünschten Fahrzeugfarbe lackiert. Und schließlich ist beim Trittbrett, dem Reserverad und dem Tank noch Metallic-Silber vorgesehen. Nach dem Trocknen bekommen etliche Anbauten noch ein paar farbige Verzierungen.

Im nun folgenden Schritt 8 wird das Reserverad an seine Halterung und dann an den Rahmen geschraubt. Man wundert sich etwas über die Aussparungen der Reserverad-Attrappe. Tatsächlich sind diese für das Lenkservo und das Batteriefach nötig und werden hinterher von anderen Teilen komplett verdeckt.

Nun kommt die Montage der Stoßdämpfer. Alle vier erhalten einen O-Ring, nur zwei bekommen allerdings eine Feder. Tatsächlich sind die hinteren Stoßdämpfer funktionslos und sorgen somit nur für die Optik der Hinterachse.

Es folgt die Vorderachse. Hier wird der Achskörper mit U-förmigen Gewindebügeln an die Blattfedern geschraubt und mit selbstsichernden Muttern befestigt. Dann steht noch die Halterung für die Stoßdämpfer an, bevor die gesamte Einheit am Rahmen befestigt wird.

Danach werden die Achsschenkel montiert und zusammen mit der Spurstange an der Vorderachse befestigt. Ein Schritt, über den wir später noch mal sprechen müssen – aber zunächst soll der Zusammenbau laut Anleitung erfolgen. Wer schon an dieser Stelle neugierig ist, wirft einen Blick in das Kapitel „Von links nach rechts – besser um die Kurve".

Jetzt geht es das erste Mal ans Eingemachte: Der Bau der Hinterachse steht an. Sie beinhaltet ein originalgetreues Differenzialgetriebe, welches als Erstes zusammengebaut wird. An den gekennzeichneten Stellen unbedingt Schmiermittel vorsehen und die Schrauben mit dem beiliegenden Schraubensicherungsmittel fixieren. Danach kommen die Steckachse von

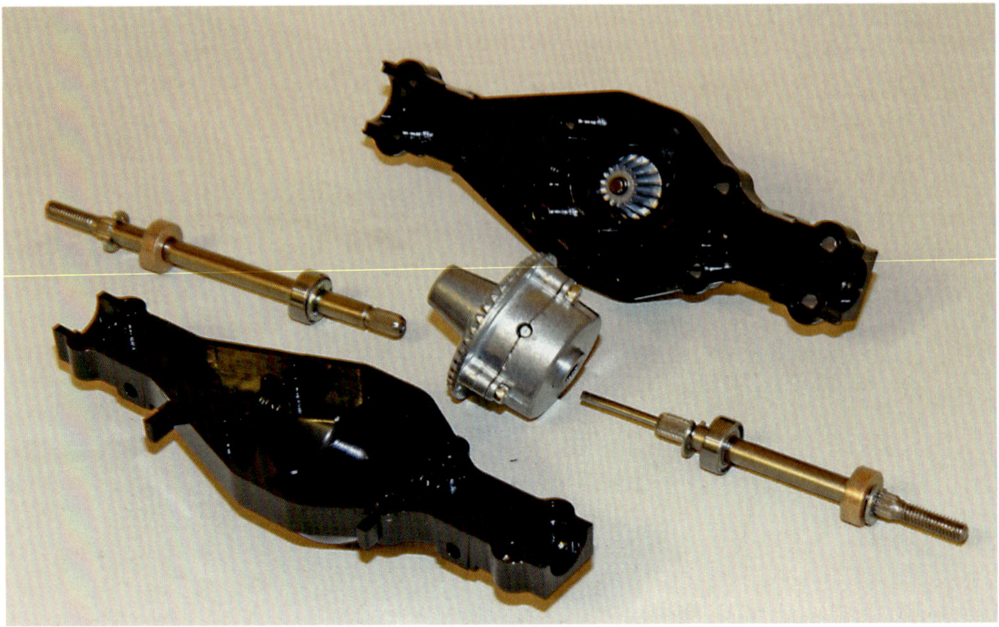

Differenzial, Achshälften und Achsgehäuse. Die Bronzelager können durch entsprechende Kugellager ersetzt werden

beiden Seiten in das Differenzial und die Bronzelager auf die Achse. An dieser Stelle sei bereits auf das Zubehörprogramm verwiesen: Sowohl direkt von Tamiya als auch von Zulieferfirmen sind Kugellagersätze erhältlich, die die enthaltenen Bronzelager der Achse ersetzen.

Danach kommen die Blattfedern der Hinterachse an den Rahmen und die Achse dann darunter. An dieser Stelle darauf achten, dass die abstehenden Stifte vom Rahmen weg, also später nach unten zeigen. Die dann folgenden Stoßdämpfer werden mit einem Schraubendre-

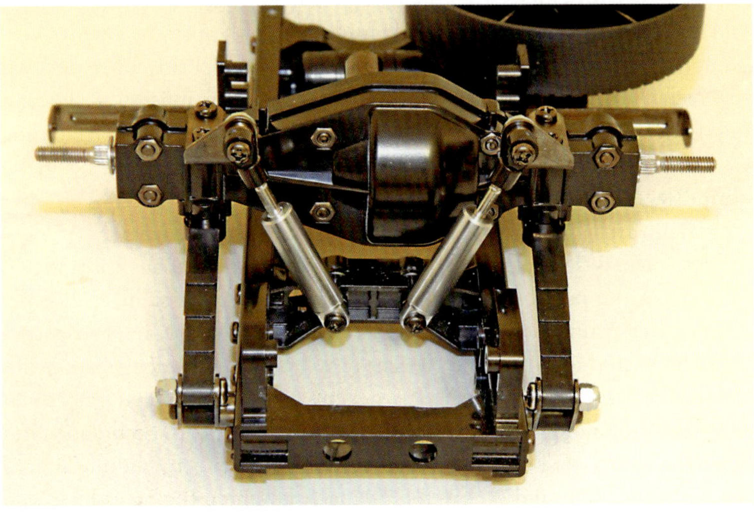

Montierte Hinterachse

Radial und axial

Bewegungen können radial und axial ausgeführt werden. Radiale Bewegungen gehen um die Achse herum, also etwa bei einem Zahnrad. Axiale Bewegungen hingegen verlaufen in Richtung der Achse, wie bei einer Schaltstange.

her durch die Löcher der hinteren Rahmentraverse hindurch festgeschraubt.

Es folgt das technische Highlight des Modells: Das Schaltgetriebe. Zuerst ist die Schaltstange an der Reihe. Mit ihr werden hinterher von außen die Zahnräder verschoben, um die Gänge wechseln zu können. Hier genau auf die Richtung der Stange und der Schaltgabeln achten. In Schritt 19 ist dann die obere Getriebewelle an der Reihe. Zuerst werden zwei Sicherungsringe aufgedrückt, dann folgen drei Zahnräder. Auf den Skizzen der Anleitung wird die Achse danach gedreht und weitere Sicherungsringe kommen auf die Welle. Die untere Getriebewelle geht noch einen Schritt weiter. Neben diversen Zahnrädern sitzen hier verschiebbare Kupplungsscheiben, die mit ihren Stiften später von der Schaltstange in die Stirnflächen der Zahnräder geschoben werden und so je nach gewähltem Gang wahlweise das eine oder das andere Zahnrad kraftschlüssig mit der Welle verbinden. Die hier eingesetzten Bronzelager sollten nicht durch Kugellager ersetzt werden: Da die Teile in Achsrichtung verschoben werden, wirken hier auch axiale Kräfte und für diese sind Kugellager nicht unbedingt ausgelegt.

Nun die beiden Wellen und die Schaltstange in die Getriebehalterung setzen und mit den vier Alu-Halterohren verschrauben. Fertig ist das Getriebe. Nun ist es an der Zeit, die Zahnräder zu drehen und die Schaltstange zu verschieben. Erst jetzt ist nachvollziehbar, wie das Getriebe funktioniert – und dass man dies gerade selbst gebaut hat, kann einen schon mit einem gewissen Stolz erfüllen.

Nun folgt die Montage des Motors. Dieser sollte nach dem Einbau direkt mit dem Akku verbunden werden, damit sich das gesamte Getriebe dreht. Nun den Motor mit dem Ritzel in dem Langloch hin- und herkippen, bis es sauber in das Getriebezahnrad greift.

Die nun folgende Montage und der Einbau in den Rahmen stellen kein großes Problem mehr dar.

Es folgt die Sattelplatte. Hier darauf achten, unbedingt das Teil X3 zu verwenden. Im Baukasten ist nämlich noch eine zweite, rundere Sattelplatte enthalten, die laut Anleitung nicht verwendet werden soll. Hintergrund ist, dass Tamiya natürlich so viele Bauteile wie möglich

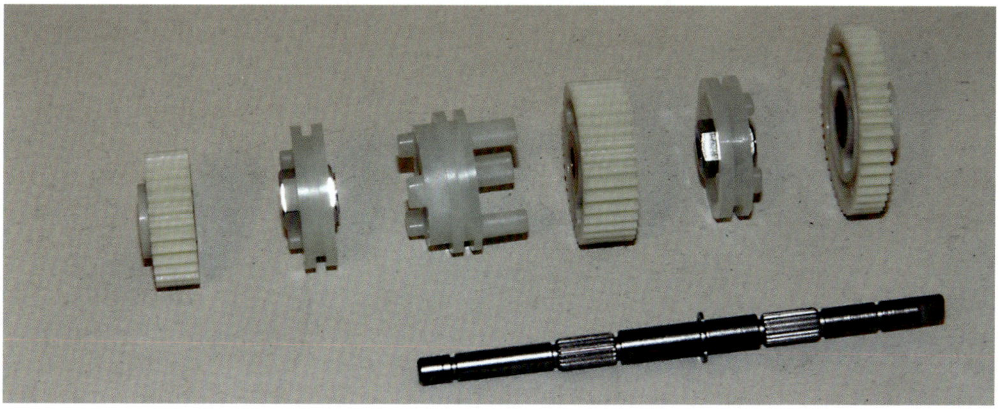

Zahnräder und Kupplungsscheiben für die untere Getriebewelle

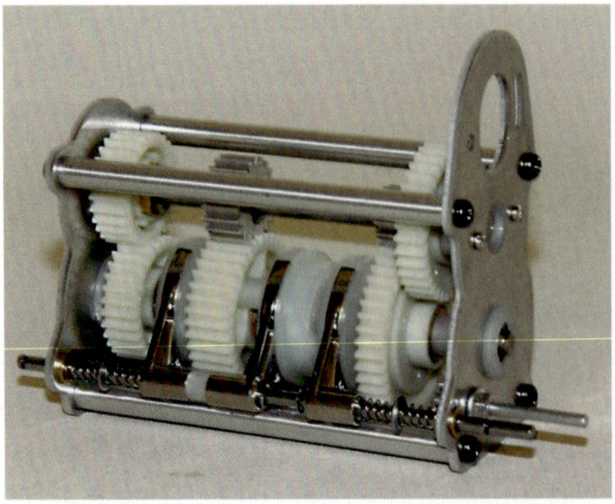

Das Getriebe ist nahezu baugleich mit dem Globeliner-Getriebe

auch in anderen Bausätzen verwendet. Der gesamte Spritzling mit der runden Sattelplatte ist also ein Überbleibsel aus einem anderen Bausatz, von dem hier nur einige wenige Teile genutzt werden.

Nun ist die Batteriebox an der Reihe, die später den 7,2-Volt-Fahrakku aufnimmt. Der Halter bekommt einen Verschlussriegel einschließlich Federstift und wird im folgenden Schritt direkt unter den Rahmen geschraubt.

Der Schritt 29 lässt nun zwei Möglichkeiten zu. Wird die Tamiya-eigene Licht- und Soundeinheit MFC genutzt, kommt ein etwas anderer Tank zum Einsatz: Er hat entsprechende Öffnungen für die Tasten und Einstellregler des Multifunktionsmoduls, dessen Steuergerät hier landet. Für den Einsatz eines herkömmlichen Fahrreglers ist hingegen ein kleiner Tank mit einem separaten Podest vorgesehen. Der Tank, die Batteriekasten-Attrappe und die Sattelplatte samt Trittblech kommen nun an den Rahmen und werden von oben oder unten mit dem querliegenden Akkuhalter verschraubt.

Weiter geht es mit den hinteren Kotflügeln und den Rücklichtern, die ein nicht unwesentliches Designmerkmal darstellen. Zuerst wird der Schmutzlappen aus Gummi von hinten an die Rückleuchten gesetzt, dann die Metallhalterung angeschraubt und schließlich der hintere Teil der Kotflügel befestigt. Die Abdeckungen der Rücklichter bedürfen etwas Fingerspitzengefühl: Am besten werden die roten Kappen mit vier winzigen Punkten flüssigem Kunststoffkleber an den Ecken verklebt. Bloß nicht zu viel auftragen verwenden, sonst wird der Lack angegriffen und löst sich auf oder die lichtdurchlässigen Gläser werden milchig. Sehr gut gelöst ist übrigens der transparente Einsatz, durch den später Blinker und Rückfahrschweinwerfer scheinen: Er ist konisch gestaltet und wird von hinten in die roten Abdeckungen einge-

Akkuhalter und Reserverad mit Drucklufttank und Batteriekasten-Attrappe überdecken sich teilweise und ergeben ein stimmiges Bild der Anbauteile

Die hinteren Kotflügelteile mit Schmutzlappen und Rücklichtern

setzt. Durch die schräg nach vorne laufenden Kanten kann er nicht herausfallen, es ist aber auch kein Klebstoff nötig, was an dieser Stelle die transparenten Teile beschädigen würde. Wer später Lampen einsetzen möchte, kann die Gläser trotzdem getrost ankleben: Die Leuchten werden von hinten eingesetzt, die Abdeckungen können aufgeklebt bleiben.

Nun kommen die ersten in Karosseriefarben lackierten Teile zum Zuge. Wer diesen Schritt bisher vor sich hergeschoben hat, kommt nun nicht mehr um den Griff zur Sprühdose herum.

Hier werden die Seitenverkleidungen vorbereitet, die später zwischen Vorder- und Hinterachse kommen. Daran werden zwei Halterungen montiert und Trittstufen angeschraubt, die im Original eigentlich Bestandteil des Kraftstofftanks sind.

Bevor nun in Schritt 32 die beiden Kotflügelteile montiert werden, empfiehlt die Anleitung, zuerst die Mittelteile zu befestigen. Diese Einheit ist übrigens auch im Original dreiteilig: Wird ein Auflieger aufgesattelt, können die Mittelstücke der Kotflügel entfernt werden, damit die Unterseite des Trailers nicht damit kollidiert. Die seitlichen Verkleidungen werden unten am Batteriefach eingehakt und an den Metallhaltern festgeschraubt.

Es folgt die Bodenplatte für das Fahrerhaus. Sie erhält zwei rückwärtige Abdeckungen für die Vorderräder und wird vorne über den Fahrzeugrahmen gesteckt und festgeschraubt. Direkt dahinter kommt ein Haltebock, der später die Kabine abstützt. Fast zu übersehen ist noch die Auspuff-Abdeckung an der Seitenverkleidung. Sie wird an die lackierte Platte angeklickt. Je nach Qualität des Farbauftrags kann unter Umständen etwas Lack absplittern, also das Teil möglichst behutsam befestigen.

Der nächste Schritt ist dem Einbau der Fernsteuerelektronik vorbehalten. Kleben sie den Empfänger mit doppelseitigem Klebeband auf die Grundplatte und schrauben diese fest. Schließen sie die Servos an: Das Lenkservo ist üblicherweise Kanal 1, der Fahrregler kommt an Kanal 3 und das Schaltservo wird möglichst an einen Kanal mit einem Drei-Stufen-Schalter gesteckt.

Für den Fahrregler ist ein Einbauplatz am Rahmen neben dem Tank vorgesehen. Wem dieser doch etwas prominente Einbauort nicht zusagt oder wenn der Regler von der Standard-Bauform abweicht, wie etwa bei CTI oder Servonaut der Fall, der kann dieses Bauteil auch getrost in das Fahrerhaus verbannen.

Schaltkanal

Hier wird nicht das Signal eines Kreuzknüppels vom Sender übertragen sondern der Schaltzustand eines Kippschalters. Der Empfänger wertet also aus, wie der Schalter am Sender gestellt wurde (z.B.„oben“,„Mitte“,„unten“) und stellt einen angeschlossenen Servo entsprechend bzw. aktiviert oder deaktiviert ein Schaltmodul.

Nun Fahrregler und Motor miteinander verbinden. Sollten die Stecker nicht passen oder gar nicht erst vorhanden sein, ist es durchaus üblich, sie abzukneifen und mit einer Lüsterklemme die Verbindung herzustellen. In diesem Fall erlischt jedoch die Garantie des Reglers. Noch besser ist es, die Leitungen miteinander zu verlöten. Legen Sie nun auch das Racing-Pack in das Fach und verbinden es mit dem Fahrregler. Hat dieser keinen separaten Ein-Aus-Schalter, ist das Modell sofort eingeschaltet! Schalten Sie es aus, bzw. trennen Sie Akku und Regler, bevor es weitergeht.

Wer sich für die MFC von Tamiya als Elektronik-Modul entschieden hat, bekommt in der Original-Anleitung nun weitere Hinweise, was den Einbau der Haupteinheit im Fahrerhaus betrifft. Schließlich wird noch die Justierung von Lenkung und Schaltung beschrieben. Diesem Schritt sollten sie jetzt – oder später, wenn das Modell fahrbereit ist – in jedem Fall ausreichend Aufmerksamkeit schenken.

Als Nächstes sind die Räder dran. Die Felgen der Hinterachse werden miteinander verschraubt und die Reifen aufgezogen. Die sechseckigen Mitnehmer kommen mit dem fein gerippten Innenkranz nach innen zeigend auf die Hinterachsen. Dann werden die Räder festgeschraubt. Vorne kommen zwei Lager (auch hier sind Kugellager als Zubehör erhältlich) in die Felge und schon steht das Modell erstmals auf den eigenen Rädern.

Nun ist der Rahmen fertig – weiter geht es mit der Montage des hochmodernen Euro-Fahrerhauses. Die Spiegel werden vorbereitet und kommen im nächsten Schritt an die Kabine. Ihre Schrauben arretierten gleichzeitig auch die Seitenscheiben. Ebenfalls in diesem Schritt werden die hinteren Seitenverkleidungen befestigt und anschließend der zweiteilige Luftfilter angebracht.

In den folgenden Abschnitten sind die Scheiben an der Reihe. Sowohl die Windschutzscheibe als auch die hinteren Seitenfenster bekommen dabei in einigen Bereichen etwas schwarze Farbe. Diese wird von innen angebracht! Bei den Seitenfenstern ist die Innenseite an dem kleinen Absatz zwischen Rand und Scheibenbereich zu erkennen. Auch die danach gezeigte Sonnenblende bekommt von innen

Löten

Löten ist eine Verbindungstechnik für Metalle und wird in der Elektronik eingesetzt, um die Anschlüsse von Bauteilen miteinander zu verbinden.

Verwenden Sie Elektronik-Lötzinn mit Flussmittelkern und einen Elektronik-Lötkolben. Einfache Geräte gibt es schon für wenige Euro.

Halten Sie die Metallteile, die verbunden werden sollen, mit einer Zange aneinander. Nun den Lötkolben daran halten und beide Metallteile einige Sekunden aufheizen. Nun etwas Lötzinn an die Spitze des Lötkolbens halten. Es zerfließt sofort und läuft auf die zu verbindenden Metallteile. Lötkolben noch einen kurzen Moment stillhalten und dann wegnehmen. Die gelöteten Teile abkühlen lassen. Testen Sie danach durch mäßig festes Ziehen, ob die Lötstelle haltbar ist.

Richtig und gut löten erfordert einige Übung, probieren sie es zunächst mit einigen Kabeln aus.

Auf eigenen Rädern. Die RC-Anlage ist hier komplett auf der Grundplatte verbaut und besteht aus einem Servonaut-Empfänger und einem CTI-Fahrtregler

schwarze Farbe verabreicht. Diese von außen oder gar nicht zu lackieren ist einer der häufigsten Fehler beim Zusammenbau eines Tamiya-Modells. Durch die Färbung von innen bleibt die Außenseite der Fenster absolut glatt und erweckt den Anschein einer modernen Hochglanz-Fläche. Derselbe Trick wird auch später beim Kühlergrill genutzt und trägt maßgeblich zur Optik des Fahrzeugs bei, welche durch den Hochglanz-Kühlergrill besticht.

Schließlich werden die Seitenscheiben mit dünnen Streifen Doppelklebeband montiert, anschließend die Dachluke und die Spoiler am Hochdach.

Nun werden Hochdach und Kabine miteinander verschraubt. Es folgen einige Metallteile vorne am Fahrerhaus, mit denen die ganze Einheit später gekippt werden kann. Schritt 49 zeigt die Montage, Lackierung und das Anbringen der absolut vorbildlichen Armaturenbretter. Diese müssen leider entfallen, wenn die MFC zum Einsatz kommt und sich im Fahrerhaus breitmacht.

Zur Lackierung des nun folgenden Kühlergrills wurde schon etwas gesagt: Farbe von innen drauf! Dieses schwarze Teil und eine verchromte Leiste werden nun in das Karosserieteil gelegt. Festgehalten wird alles von einer Strebe. Zum Glück kommt hier kein Klebstoff zum Ein-

Das Fahrerhaus mit Anbauteilen und schwarz lackierten Details

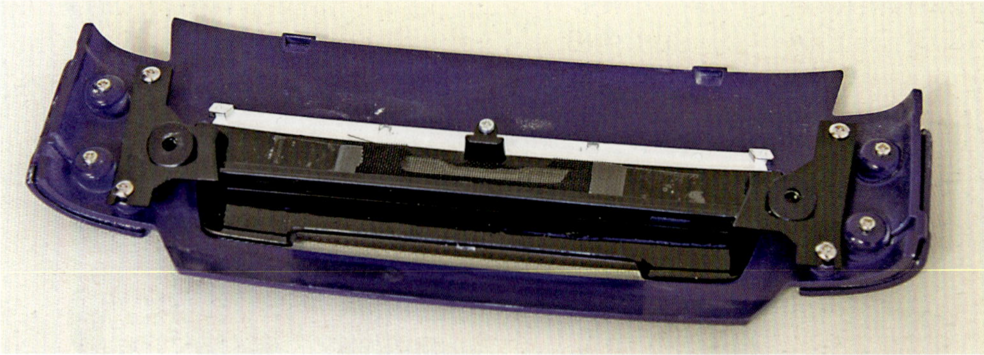

Die Strebe arretiert den Kühlergrill und ermöglicht später das Anschrauben der Baugruppe von innen

satz, zu groß wäre das Risiko, hier durch einen Tropfen an der falschen Stelle alles zu ruinieren.

Frontklappe, Sitze und Armaturenbrett werden nun mit nur zwei Schrauben am Fahrerhaus befestigt.

Filigran wird es nochmals mit den Seitenblinkern, die aus drei Teilen bestehend an den vorderen Kotflügeln angebracht werden. Diese kommen anschließend mit doppelseitigem Klebeband unten an das Fahrerhaus.

Es folgt der große Moment der Hochzeit von Kabine und Rahmen. Mit zwei Schrauben an der Front ist alles erledigt. Hinten liegt die Kabine am zuvor montierten Bock auf und wird dort mit einem Federstift gesichert.

Aus etlichen Chromteilen und transparenten Abdeckungen wird nun noch der Stoßfänger zusammengebaut. Hier unbedingt auf die korrekte Schraubenlänge achten, zu lange Exemplare würden sofort vorne durch den Kunststoff stoßen.

Nun noch die unteren Trittstufen anbringen und den Stoßfänger mit zwei Schrauben anbringen und schon steht der MAN TGX vor ihnen.

Fast vollendet ist das Modell, nachdem Fahrerhaus und Rahmen verheiratet wurden

Los geht es in Richtung Sauerlandlinie A 45, Fahrtrichtung Dortmund

Das erste Mal

Ihr erster Truck steht vor Ihnen auf seinen Rädern. Gleich wird es Zeit für die erste Testfahrt. Vor der ersten Inbetriebnahme sollten Sie jedoch ein paar wichtige Dinge beachten und einstellen.

Noch einmal prüfen

Kontrollieren Sie alle Anschlüsse noch einmal. Alles richtig angeschlossen? Jedes Kabel verwendet oder baumelt noch eins unbenutzt irgendwo herum? Stecken alle Stecker richtig herum (falls keine verpolungssichere Steckverbindung vorhanden ist)? Prüfen Sie auch, ob alle Kabelenden und Kontaktstifte nicht zu lang abisoliert wurden und einen Kurzschluss verursachen. Testen Sie zudem, ob nicht irgendwo eine Schraube hingefallen ist, wo sie nicht hinsollte (zum Beispiel in den Elektromotor) und ob alle beweglichen Teile einwandfrei bewegt werden können. Hängt von einem etwas zu langen Kabel eine Schlaufe herunter, diese unbedingt mit einem Kabelbinder oder Klebeband sichern.

Nun den Akku aufladen. Details dazu stehen in der Bedienungsanleitung des Ladegerätes. Je nach Ladegerät das beiliegende Ladekabel oder ein anderes passendes verwenden. Nie frei verdrahtete Leitungen mit Krokodilklemmen oder Ähnlichem verwenden. Hier entsteht schneller ein Kurzschluss, als man vermutet und das tut bei den mitunter hohen Ladeströmen weder dem Akku noch dem Ladegerät gut. Zum Laden muss der Akku vom Fahrregler getrennt und je nach Modell am besten herausgenommen werden.

Binden

Digitale Funkanlagen müssen vor dem ersten Betrieb aneinander gebunden werden. Dies geschieht meist durch das Drücken von Tastern beim Einschalten. Hierbei tauschen Sender und Empfänger ihre digitalen Kennungen aus und lernen so, von welchem Gegenstück sie zukünftig Funkbefehle akzeptieren sollen. Analoge Funkanlagen müssen nicht gebunden werden. Hier wird durch den Quarz bestimmt, welcher Empfänger auf welchen Sender hört.

Einschalten und Einstellen

Los geht es zur ersten Fahrt. Am besten eignet sich ein leerer Parkplatz oder Ähnliches ohne Autoverkehr. Vermeiden Sie Fußwege oder gar Straßen. Auch das Wohnzimmer ist so lange keine gute Idee, da Sie noch kein gutes Gefühl für das Fahrverhalten Ihres Modells haben.

Ein paar grundlegende Dinge sind beim normalen Betrieb einer Fernsteuerung zu beachten:

Bei einer analogen Funkanlage immer zuerst den Sender, dann das Modell einschalten, beim Abschalten zuerst das Modell ausschalten. Der LKW darf also zu keinem Zeitpunkt eingeschaltet sein, ohne dass der Sender an ist. Grund: Ohne das Signal vom Sender fängt der Empfänger Signale von allen möglichen, umliegenden Quellen auf und wertet diese aus. Das macht in der Regel nichts, kann aber auch zu unkontrollierten „Servozuckungen“ führen, die das Modell schnell vor die Wand setzen können. Da ein digitaler Empfänger bei jedem empfangenen Signalpaket prüft, ob es gültig ist und die richtige Kennung vom Sender trägt, kann dies hier nicht passieren.

Bei einer digitalen Anlage ist es jedoch meist nötig, bei der ersten Inbetriebnahme den Empfänger an den Sender zu binden. Hierzu ist jedoch kein Faden nötig, wie man zunächst glauben mag. Vielmehr ist damit gemeint, dass Sender und Empfänger ihre Codierungen austauschen. Dadurch lernen die beiden Komponenten, dass genau sie beide zukünftig miteinander kommunizieren und Funkbefehle tauschen.

Je nach Funktionsumfang der Fernsteuerung und Genauigkeit des Einbaus sind jetzt noch einige Einstellarbeiten am Modell nötig, bevor es richtig losgeht. In jedem Fall müssen die Drehrichtungen der Servos und des Motors sowie der Lenkeinschlag der Räder kontrolliert werden.

Zunächst das Modell hinten anheben und etwas unterstellen, damit sich die Räder frei drehen können. Jetzt Sender und dann Modell einschalten. Betätigen Sie die einzelnen Kreuzknüppel langsam und vorsichtig und prüfen Sie, ob die Fernsteuerung funktioniert und sich die Räder drehen.

Danach die Neutralstellung einstellen. In der Neutralstellung einer Funktion ist der zugehörige Steuerknüppel oder Schalter am Sender nicht betätigt, steht also in der Mitte. Gehört dieser Kanal zur Lenkung, sollten die Räder dann nicht eingeschlagen sein, ist es der Fahrkanal, muss das Modell stillstehen. Die Neutralstellung sollte zunächst immer im Modell, direkt am Servo korrigiert werden. Hierzu den Servohebel lösen und etwas versetzt wieder festschrauben oder die Kugel- oder Gabelköpfe weiter auf oder aus dem Gewinde des Gestänges drehen, um die Lage von Lenkung oder Schaltung anzupassen. Die Feineinstellung kann dann per Sender justiert werden, dazu gibt es kleine Hebel neben den Kreuzknüppeln. Bei Computer-Fernsteuerungen kann die Neutralstellung meist auch per Sender-Display eingestellt werden.

Als Nächstes testen Sie die Drehrichtung der Servos. Je nach Einbaumöglichkeit kann es vorkommen, dass sich dieser in die falsche Richtung dreht. Dann lenkt der LKW zum Beispiel nach rechts, wenn der Knüppel nach links gedrückt wird. Für diese Fälle ist die Servoreverse-Funktion vorgesehen. Sie wird am Sender bei Bedarf für den jeweiligen Kanal aktiviert und kehrt die Drehrichtung des Servos um. So lenkt der Truck wieder richtig.

Manchmal kommt es vor, dass auch die Drehrichtung des Antriebsmotors vertauscht ist. Verzichten Sie hier nach Möglichkeit auf die Servoreverse-Funktion und vertauschen Sie die beiden Kabel, die den Motor und den Fahrregler verbinden.

Wichtig ist auch der Test, ob sich das Servo zu weit dreht. Je nach Länge des Ruderhorns könnte sich das Servo noch weiterdrehen, auch wenn die Räder bereits voll eingeschlagen sind. Das übt eine ziemliche Kraft auf das Gestänge und das Servo aus, was beide auf Dauer beschädigen kann. Auch hier im ersten Schritt mechanisch einstellen, also die Hebel verkürzen oder den Gabel- bzw. Kugelkopf näher zum Servozapfen hin einhängen. Und erst im zweiten Schritt am Sender-Display den Servoweg begrenzen.

Wenn alles läuft, ist es Zeit für die erste echte Testfahrt. Machen Sie sich mit der Steuerung vertraut, testen Sie die Wendigkeit und die Fahreigenschaften Ihres Modells. Entwickeln Sie ein Gefühl, wie der LKW auf Ihre Steuerbefehle reagiert. Probieren Sie beim Tamiya-Modell in jedem Fall auch das Schaltgetriebe. Nehmen Sie etwas „Gas weg“, bevor Sie schalten. Ansonsten knallt es etwas im Getriebe. Vermeiden Sie es immer, abrupt von voller Vorwärtsfahrt in volle Rückwärtsfahrt zu wechseln. Auch bei einem Modell entstehen erstaunlich hohe Kräfte, die den gesamten Antriebsstrang belasten.

Probleme?

Funktioniert wider Erwarten etwas nicht, wie es soll? Gibt es kleinere oder größere Probleme mit dem Modell? Nicht verzweifeln. Zwar mag es nicht so scheinen, aber jeder Modellbauer hat schon Stunden mit der Fehlersuche zugebracht – auch nach jahrelanger Erfahrung im Modellbaubereich. Die Tabelle hilft möglicherweise bei der Suche und Lösung des Problems.

Ausschalten

Haben Sie fürs Erste genug oder ist ihr Akku leer, nehmen Sie das Modell wieder außer Betrieb. Beim analogen Funk: Zuerst das Modell ausschalten, dann den Sender. Bei länge-

Problem	Mögliche Ursache	Lösungshinweis
Beim Einschalten passiert nichts.	Akku leer oder nicht richtig aufgeladen.	Akku mit einem Spannungsmessgerät prüfen oder eine zur Spannung des Akkus passende Glühlampe an die Anschlüsse halten.
	Steckverbindung des Akkus, des Fahrreglers oder des Empfängers nicht in Ordnung.	Wackeln Sie an den Steckverbindungen, prüfen Sie die Kontakte auf Oxidation.
	Quarz vergessen.	Quarz muss fest im Empfänger und Sender stecken.
	Sender und Empfänger nicht gebunden.	Sender und Empfänger binden.
	Fahrregler nicht an Empfänger angeschlossen.	Empfänger wird durch das BEC vom Fahrregler mit Spannung versorgt. Ist Regler nicht an Empfänger angeschlossen, hat er keinen Strom.
Truck fährt in die falsche Richtung.	Motor falsch herum angeschlossen.	Die beiden Kabel vom Motor zum Fahrregler miteinander vertauschen. Möglichst kein Servoreverse beim Fahrregler.
Truck lenkt in die falsche Richtung.	Servoreverse.	Aktivieren oder deaktivieren Sie die Servoreverse-Funktion am Sender für diesen Kanal.
Servos zucken hin- und her, Modell reagiert nicht oder schlecht.	Anderer Modellbauer auf gleichem Funkkanal.	Verwenden Sie ein anderes Quarzpaar als der Kollege.
	Akku leer.	Ist der Akku leer, arbeitet unter Umständen das BEC nicht mehr richtig.
	Störungen durch Funkquelle (CB-Funker, andere Radiowellen).	Versuchen Sie es an einer anderen Stelle erneut.
	Komponente im Modell defekt.	Alle Komponenten vom Empfänger abziehen und nach und nach wieder anschließen.
	Antenne schlecht verlegt.	Antennenkabel nicht mit Stromkabeln kreuzen oder zusammendrehen. Antenne nicht kürzen oder z.B. mit dem Fahrzeugrahmen verbinden.
	Sender ausgeschaltet, Senderakku leer.	Ohne Signal vom Sender wertet der Empfänger Signale von umliegenden Quellen aus.

rem Stillstand (ab einigen Stunden) nicht nur ausschalten, sondern den Akku komplett vom Modell trennen, den Stecker also ganz abziehen. Grund: Viele Schalter (zum Beispiel im Fahrregler) schalten das Modell nicht komplett aus, geringe Ströme fließen also weiterhin. Das verbraucht Strom und führt zu einer Tiefentladung im Akku.

Prüfen Sie jetzt, ob alle beweglichen Teile noch funktionieren und vor allem, ob sich irgendwo Schrauben gelockert haben. Entstauben Sie das Modell bei Bedarf mit einem Pinsel. Die Reifen können mit einer harten Wurzelbürste gereinigt werden.

Tiefentladung

Bleibt ein Akku mit einem eingeschalteten Stromverbraucher verbunden, obwohl er schon leer ist, fließt weiterhin ein geringer Strom. Am Verbraucher bemerkt man dies nicht, weil die Spannung zu niedrig ist – er scheint ausgeschaltet. Dauert diese Entladung längere Zeit an, wird der Akku tiefentladen und geht kaputt. Kurzzeitig tiefentladene NiMH-Akkus können mit speziellen Ladegeräten „wiederbelebt" werden. LiPo-Akkus sind bereits nach der ersten Tiefentladung dauerhaft unbrauchbar.

Wie geht es weiter?

Eine berechtigte Frage! Ihr erstes LKW-Modell steht jetzt vor Ihnen. Sie haben es zusammengebaut, in Betrieb genommen und sind damit gefahren. Zudem sind Sie fit in der Theorie der gesamten Fernsteuerungs- und LKW-Technik. Aber: Ist das denn bereits alles? Nun, natürlich nicht. Zwar sind Sie jetzt bereits LKW-Modellbauer, zur vollen Entfaltung kommt das Hobby aber erst in den folgenden Kapiteln, wenn es an den Umbau Ihrer Baukasten-Modelle geht.

Vom Bausatz zum eigenen Modell

Der erste Bausatz-LKW steht jetzt fahrbereit vor Ihnen. Bereits ein ganzes Stück Arbeit ist geleistet – wenn man bei einem Hobby überhaupt von Arbeit sprechen kann. Mehrfach wurde schon angesprochen, dass es noch weitergeht: Nun bauen Sie Ihren Bausatz-Truck um, aus und weiter, bis er zu einem Modell geworden ist, das Ihren persönlichen Vorstellungen entspricht.

Die Umbaumöglichkeiten sind dabei vielfältig, wenn nicht endlos. Zum Beispiel am Antriebstrang. Wollen Sie eine zusätzliche Achse? Ein Schaltgetriebe? Allrad-Antrieb? Breitreifen? Differenzialsperren? Oder verändern Sie die Elektrik: Verpassen Sie Ihrem Truck doch eine fernsteuerbare Lichtanlage, Show-Beleuchtung oder ein Soundmodul. Vielleicht möchten Sie an der Optik arbeiten: Das Fahrerhaus von innen gestalten, Details an der Karosserie anbringen oder eine saubere Airbrush-Lackierung auftragen sind hier Beispiele für Umbauten.

Nicht alle Modifikationen erkennt man direkt von außen. Viele Dinge, die einen Umbau wert sind, stecken im Inneren des Modells und basieren auf der Modelltechnik. Höchstwahrscheinlich haben Sie an so mancher Stelle während des Bausatz-Montierens gedacht: „Das hätte ich aber anders gemacht". Jetzt ist es Zeit dafür! Vielleicht stört es Sie, dass es keinen richtigen Ein- und Aus-Schalter am Modell gibt. Es kann aber auch sein, dass es durch einen ungünstigen Einbau des Empfängers häufiger zu Störungen kommt. Auch solche Dinge können und sollten Sie optimieren.

Spätestens jetzt ist es hilfreich, sich an einem Original zu orientieren. Schauen sie sich auf einem Autobahnparkplatz, in Büchern oder im Internet um und stöbern sie nach Vorbildern, die sie für Umbauten inspirieren. Hierbei muss nicht unbedingt ein konkretes Vorbild gefunden werden, auch Kombinationen verschiedener Vorbilder sind denkbar. Gerade das World Wide Web ist eine wahre Fundgrube. Neben einer Bilder-Suche in einer der gängigen Suchmaschinen gibt es auch etliche LKW-Fotoseiten. Gerade für europäische LKW sind auch Gebraucht-Fahrzeug-Portale eine gute Anlaufstelle. Hier klicken sie sich durch die verschiedenen Angebote auf der Suche nach passenden Vorbildern. Das Praktische: Sie können hier nach bestimmten Marken, Achskonfigurationen oder Aufbauten filtern. Meist gibt es dann noch Fotos aus verschiedenen Perspektiven. Wenn das nicht reicht, wäre auch ein Anruf oder eine Mail an den Verkäufer des Original-Fahrzeugs denkbar. Bleiben sie aber fair und geben sie sich direkt als Modellbauer zu erkennen. Sich als Kaufinteressent auszugeben schadet unserer Szene und dann fällt diese Tür für wertvolle Fahrzeuginfos schneller zu, als man gucken kann.

Bei all den Möglichkeiten ist eines klar: Die folgenden Tipps, Bauanleitungen und Hinweise sind keine „Bitte-erledigen-Liste“, sondern vielmehr als Ideen und Anregungen zu verstehen. Sie sollen zeigen, was an Ihrem Modell alles möglich ist. Befolgen Sie die Erklärungen daher ab jetzt nicht mehr sklavisch Schritt für Schritt, sondern ergänzen Sie sie durch Ihre eigene Kreativität, Vorstellungen und Fähigkeiten. Die folgenden Kapitel lösen sich auch von den drei Bausätzen, die bisher zusammengebaut wurden. Viele der folgenden Modifikationen betreffen keinen speziellen Bausatz, sondern können, leicht abgewandelt, an jedem Modell vorgenommen werden. Daher ist ab jetzt nicht mehr nur von Globeliner, Peterbilt und TGX die Rede, sondern auch von anderen Modellen, die einen Umbau verdeutlichen. Denn schließlich gibt es etliche weitere Bausätze, die zusammengebaut und modifiziert werden können.

Ein Fahrzeug wird uns dabei aber dennoch in den nächsten Kapiteln immer wieder begegnen: Neben vielen anderen Umbaumöglichkeiten wird der bisher als Bausatz zusammengebaute MAN TGX nun Stück für Stück verändert. Er dient uns als Beispiel dafür, wie Truckmodellbau verstanden werden kann: Schrittweise von einem Bausatz zu einem individuellen Modell zu kommen. Der Plan ist dabei, dem TGX zunächst einen Allrad-Antrieb samt Motor-Anpassung zu verpassen, dann das Fahrerhaus zu verändern, indem das Dach und die Stoßstange ausgetauscht werden und schließlich eine komplette Beleuchtung aller Lichtfunktionen und einige Zusatzlampen einzubauen. Am Ende soll eine Baustellen-Sattelzugmaschine vor uns stehen, die mit ihrem Allrad-Antrieb auch schweres Gelände unsicher machen kann. Natürlich können sie die nachfolgend erläuterten Schritte alle an ihrem Modell nachempfinden. Genauso gut können sie diese Umbauten auch einzeln umsetzen oder an die eigenen Wünsche anpassen.

Bei der Reihenfolge der Umbauten ist es sinnvoll, sich an diesem Vorschlag zu orientieren: Zuerst sollten sie alles in Sachen Antriebsstrang, Lenkung usw. durchführen, da sie hier für die Umbauten bis an den Fahrzeugrahmen heran müssen und sich unter Umständen einiges Grundlegendes ändern kann, wodurch die nachfolgenden Schritte beeinflusst werden. Danach sollten sie bei der äußeren Optik weitermachen, also Karosserie, Anbauteile usw. bauen. Zuletzt ist die Elektrik dran, also das Verlegen von Leitungen und deren Anschluss. Natürlich ist es sinnvoll, von vorneherein einen Plan zu haben, welche Komponenten im Inneren an welche Stelle kommen sollen und ob diese später zugänglich sein muss (z.B. der Akku, um ihn zu wechseln) oder eher nicht. Skizzen und ein paar Notizen zum Aufbaukonzept für ihren Truck schaden hier keineswegs. Vor allem, wenn Baupausen anstehen.

Hier ist jetzt also Kreativität gefragt. Scheuen Sie sich dabei auch nicht vor dem Griff zum Werkzeug – es ist sicher das ein oder andere Mal nötig, etwas wegzufräsen, abzufeilen, aufzubohren oder anzupassen. Auch hier gilt wieder: Keine Angst vor Fehlschlägen. Sollte wirklich mal etwas daneben gehen, sind alle Teile des Bausatzes beim Hersteller als Ersatzteil zu bekommen.

Entsprechend den umfangreicheren Möglichkeiten sind auch umfangreichere Bearbeitungstechniken nötig. Spätestens jetzt ist Löten, Bohren, Fräsen, Feilen und Schmirgeln angesagt. Schrecken Sie auch nicht vor diesen Arbeitsschritten zurück – versuchen Sie es einfach mal. Wenn Sie im Umgang mit einigen Werkzeugen noch ungeübt sind, ist es sinnvoll, an einem Reststück eine Generalprobe durchzuführen, bevor es an das Modell zur Uraufführung geht.

Antriebstrang verändern

Auf den Beinen: Stabilität, Optik und Griff der Räder verbessern

Reifenwechsel

Beim Original-LKW sind die Reifen (wie beim PKW auch) mit Druckluft befüllt. So ein Reifenaufbau ist im Modellbau nur begrenzt möglich. Hier greift man in der Regel entweder auf Vollgummi-Reifen zurück (z.B. Wedico) oder verwendet Hohlkammer-Reifen (z.B. Tamiya), die nicht unter Druck stehen, sondern mit der Felge verklebt werden.

Bei Vollgummi-Reifen stößt man in der Regel nicht auf Probleme. Angeklebte Hohlkammerreifen halten jedoch nur bis zu einem gewissen Modellgewicht stand, früher oder später bekommen sie leichte „Plattfüße".

Hier hat man die Möglichkeit, die Standfestigkeit der Räder zu erhöhen, indem man sie mit entsprechendem Material ausfüttert. Möglich ist hier zum Beispiel, Einlagen aus Moosgummi in die Pneus zu legen. Entsprechende Moosgummistücke gibt es im Bastelladen oder Modellbau-Versandhandel. Schneiden Sie sie mit einem scharfen Messer zurecht, bis sie in den Reifen passen. Die genaue Abmessung ist dabei wichtig. Ist der Streifen zu groß, passt der Reifen nicht auf die Felge, ist er zu klein, füttert er nicht komplett aus. Anschließend den Reifen auf die Felge aufziehen und eventuell an den Kanten verkleben.

Den Moosgummistreifen zurechtschneiden und in den Hohlkammerreifen legen

Wem die Reifen aus dem Bausatz nicht gefallen, kann hier von verschiedensten Zubehör-Herstellern Ersatz beschaffen. Stellvertretend für viele Anbieter seien hier zum Beispiel die Produkte des niederländischen Anbieters Verkerk genannt. Sie sind einem original Michelin-Reifen bis ins Detail nachempfunden und haben eine andere Gummimischung als die originalen Tamiya-Pneus.

An dieser Stelle gibt es bereits erste Tuning-Möglichkeiten: Moderne LKW haben häufig Breitreifen auf der Vorderachse. Das sieht, wie beim PKW, mitunter ziemlich schick aus und kann unter Umständen auch zum wirtschaftlichen Vorteil genutzt werden. Verkerk hat sol-

Profil und Beschriftung sind dem Original-Michelin-Reifen genauestens nachempfunden

Auch dieser Breitreifen ist sehr detailliert dem Original nachempfunden. Die weiße Beschriftung ist vorsichtig mit einem Korrekturmarker in die Gummikonturen gemalt

Die Geländereifen tragen nicht nur zur Optik bei. Die groben Stollen verhelfen dem Modell zu deutlich besserer Traktion im Gelände

Etliche Drittanbieter liefern Felgen für den entsprechenden Maßstab. Bei diesen Felgen von MM-Modellbau können die Original-Reifen weiterverwendet werden

che Breitreifen auch für LKW-Modelle im Programm. Hier ist jedoch auch eine passende neue Felge nötig.

Auch für den Baustellen-TGX, der am Ende dieses Buches vor uns stehen soll, müssen wir bereits an dieser Stelle umbauen: Wie beim Original sind auch für ein geländegängiges Modell spezielle Geländereifen nötig. Mit dem Fulda Crossforce hat der Modellbau-Zulieferer Veroma hier die passenden Pneus im Angebot.

Felgenwechsel

Wenn Sie sich ohnehin schon mit den Rädern Ihres Trucks beschäftigen, denken Sie direkt darüber nach, die Felgen zu ersetzen. Fast allen Baukästen liegen Kunststofffelgen bei, die mit einer dünnen Chromschicht überzogen sind. Wie wäre es hier mit echten Alufelgen? Sie sind stabiler, meist originalgetreuer und sehen durch das vorbildgetreue Material besser aus.

Für alle Modelle sind mittlerweile Alu-Felgen von Drittanbietern zu erhalten. Dabei gibt es sowohl Ausführungen, auf die die Original-Reifen gezogen werden können als auch solche, die nur mit speziellen Reifen des Drittanbieters zusammenpassen. Aber auch im Bereich der verchromten Kunststofffelgen gibt es schöne Alternativen, die das Modell besser aussehen lassen.

Lieferanten für Reifen und Felgen in US- und Europa-Version finden Sie im Herstellerverzeichnis. Wir verwenden an dieser Stelle Felgen der Firma MM-Modellbau, die mit den Original-Tamiya Reifen zusammen verwendet werden können. Die Montage von Nachrüst-Felgen und -reifen unterscheidet sich meist nicht von Bausatzrädern. Lediglich die Räder auf die Felgen schieben und mit den entsprechenden Muttern an der Achse befestigen.

Mach' mal langsam: Geschwindigkeit des LKW verringern

Was haben Sie gedacht, als Sie die erste Runde mit Ihrem Tamiya-Modell gedreht haben? Kam Ihnen das Modell irgendwie zu schnell vor? Vermutlich. Fakt ist, dass die Tamiya-Trucks mit (rechnerischen) 20 km/h deutlich schneller fahren als andere Modelle. Das macht Rangieren, durch einen Parcours fahren und rückwärts einparken fast unmöglich. Als normale Geschwindigkeit im Truckmodellbau können 4 bis 7 km/h angenommen werden.

Daher ist es sinnvoll, Tamiya-Zugmaschinen ein wenig ins Getriebe zu greifen und die Endgeschwindigkeit zu verringern. Dazu kann entweder ein anderer Motor eingebaut oder das vorhandene Schaltgetriebe erweitert werden. Weiterhin sind ein paar noch radikalere Änderungen am Antriebsstang möglich. Auch in einem anderen Fall kommen Sie um einen Motor-Umbau nicht herum: Möchten Sie Ihre Bordspannung von 7,2 Volt auf 12 Volt umstellen oder umgekehrt (siehe „Energiewende: Stromversorgung im Modell ändern“) ist ebenfalls ein neuer Motor von Nöten.

Umrüst-Motor einbauen

Da man sich bei Tamiya des Problems bewusst ist, gibt es von der Tochterfirma Carson, aber auch von weiteren Anbietern wie z.B. LRP oder Servonaut, passende Umrüst-Motoren für Tamiya-Trucks. Erhältlich sind sie in beiden Spannungsvarianten, also für Modelle mit 12- und 7,2-Volt-Bordspannung. Sie haben eine Umdrehungszahl zwischen 5.000 und 6.500 U/min. Der Original-Motor des Tamiya-Trucks dreht mit 14.000 U/min, mit dem neuen Antrieb halbiert sich also die LKW-Geschwindigkeit. Damit ist man im dritten Gang immer noch recht zügig unterwegs, aber längst nicht mehr so schnell wie mit dem Original-Motor.

LRP Truck Puller 3	7,2 Volt	6.600 U/min
LRP Truck Puller 3	12 Volt	6.300 U/min
Servonaut TM72	7,2 Volt	5.200 U/min
Servonaut TM120	12 Volt	5.000 U/min
Carson Venom Truck	7,2 Volt	6.500 U/min
Carson Poison Truck	7,2 Volt	6.500 U/min

Geschwindigkeit und Drehzahl ausrechnen

Zuerst: Umfang des Rades ausrechnen

Umfang Rad = Durchmesser 3,1415 1000000

U_{rad} [km] = d_{rad} [mm] 3,1415 1000000

Beispiel: Umfang eines Rades mit 82 mm Durchmesser:

U_{rad} = 82 mm x 3,1415 / 1000000

U_{rad} = 0,0002576 km

Dann: Geschwindigkeit des Modells ausrechnen

Geschw. = Drehzahl Motor / Untersetzung x 60 x Umfang Rad

V_{Mod} [km/h] = N_M [U/min] / J x 60 x U_{Rad} [km]

Beispiel: Motor mit 3500 Umdrehungen pro Minute und Getriebe 10,61 zu 1:

V_{Mod} = 3500 U/min / 10,61 x 60 x 0,0002567 km

V_{Mod} = 5,08 km/h

Oder: Drehzahl des Motors ausrechnen

Drehzahl Motor = Geschwind. x Untersetzung / 60 / Umfang Rad

N_M [U/min] = V_{Mod} [km/h] x J / 60 / U_{Rad} [km]

Beispiel: Lkw-Modell mit 5 km/h Maximalgeschwindigkeit, Getriebe wie oben:

N_M = 5 km/h x 10,61 / 60 / 0,0002567 km

N_M = 3444 U/min

Rechnerisch kann so die Geschwindigkeit eines Modells bei gegebenem Motor oder die benötigte Motordrehzahl bei gewünschter Geschwindigkeit ausgerechnet werden

Umrüst-Motoren passen von den Abmessungen her eins zu eins an das Tamiya-Getriebe, ohne hieran etwas ändern zu müssen

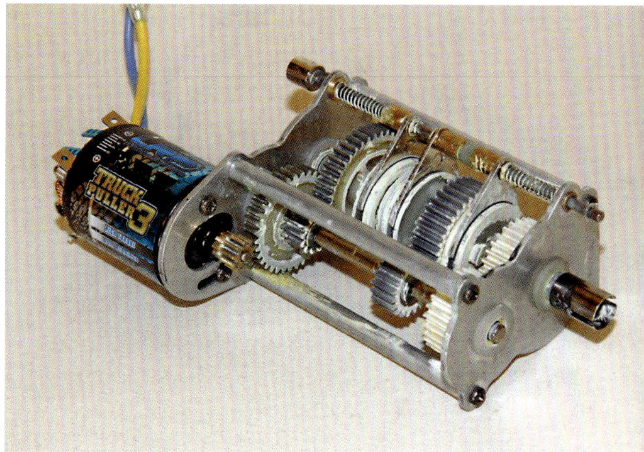

Das Ritzel auf die Motorwelle montieren und den Motor einbauen

Auf der Suche nach einem passenden Motor für ihren LKW kann es hilfreich sein, anhand der Motor-Drehzahl zu berechnen, wie schnell der Truck damit fahren wird. Dazu kann die Formelauflistung in der Grafik hilfreich sein.

Die Abmessungen der Umrüst-Motoren sind dabei so ausgelegt, dass sie ohne Weiteres an das Tamiya-Getriebe montiert werden können. Die Motorwelle hat denselben Durchmesser wie die des Original-Motors, auch Größe und Anschlusskabel sind vollständig kompatibel. Alles, was Sie tun müssen, ist also den Motor tauschen.

Prüfen sie zunächst, ob der neue Motor eine abgeflachte Abtriebswelle hat. Diese ist wichtig, um das Ritzel kraftschlüssig mit dem Motor verbinden zu können. Notfalls mit einer Feile nachhelfen. Schrauben Sie dann das Fahrerhaus ab, lösen Sie die vier Schrauben des Getriebes und nehmen es heraus. Dann das Gehäuse öffnen und den Motor ausbauen. Das Ritzel von der Motorwelle lösen, auf den neuen Motor aufschrauben und diesen in das Getriebe einbauen. Den Motor danach an den Fahrregler anschließen und alles einbauen. Der Antriebsmotor muss – falls dies nicht bereits ab Werk geschehen ist – unbedingt entstört werden. Siehe hierzu Kapitel „Fernsteuerungssystem: Optimaler Einbau verhindert Störungen“.

Auch für das Umbauprojekt, die Baustellen-Zugmaschine, ist ein neuer Motor vonnöten. Die Wahl fiel auf dem TM72 von Servonaut. Mit seinen 5.200 Umdrehungen bringt er das Modell im zweiten Gang maximal auf rechnerische 4,5 km/h, eine perfekte Höchstgeschwindigkeit, um im gesamten Drehzahlbereich fahren zu können. Warum hier der zweite Gang zur Berechnung herangezogen wurde, wird ein paar Seiten später deutlich …

Baustellen-TGX mit Servonaut TM 72-Motor

Untersetzung

Eine Unter- (oder im Gegenteil eine Übersetzung) ist das Verhältnis der Drehzahl in einem Getriebe. Bei einer Untersetzung von 4:1 muss die Eingangswelle (Antrieb) des Getriebes viermal gedreht werden, damit sich die Ausgangswelle (Abtrieb) einmal dreht. Unterschiedliche Untersetzungen erreicht man durch verschieden große Zahnräder, die im Getriebe kombiniert werden.

Ein Zwischengetriebe einbauen

Wie schon beschrieben ist man sich bei Tamiya der zu großen Geschwindigkeit bewusst und bietet über die Tochterfirma Carson Lösungen an. Eine Alternative zum Wechsel des Motors ist der Einbau eines Zwischengetriebes. Hier bleiben Motor, Bordspannung und Servos unverändert, stattdessen wird ein zusätzliches Getriebe zwischen Schaltgetriebe und Achse gebaut. Die von Carson angebotene Lösung ist dabei genau auf Tamiya-Trucks abgestimmt und hat eine Untersetzung von 4:1. Es reduziert also die Geschwindigkeit des Modells auf ein Viertel.

Mit etwas Kraft das Getriebe zusammensetzen und schmieren

Durch die zusätzliche Untersetzung steigt auch die Kraft, die das Modell auf die Straße bringt.

Das Getriebe kann in fast allen Tamiya-Trucks verwendet werden. Sie benötigen dabei zusätzlich zwei neue Kardanwellen, mit denen Getriebe und Schaltgetriebe sowie Getriebe und Achse verbunden werden. Die Kardansätze werden von Carson passend zu den unterschiedlichen Tamiya-Modellen angeboten. Mit einigen Modifikationen kann es darüber hinaus in anderen Modellen zum Einsatz kommen.

Das Zwischengetriebe besteht aus drei Zahnrädern, die in ein kleines Gehäuse gesetzt werden. Der Zusammenbau ist relativ problemlos, einige der Teile sitzen allerdings etwas stramm. Etwas Kraft anwenden, um die Achsen in die Zahnräder zu stecken. Auch hier Schmiermittel nicht vergessen!

Das Getriebe wird über zwei Kunststoffhalter direkt auf den Rahmen zwischen Achse und Schaltgetriebe geschraubt. Entscheidend ist die Position der Bohrlöcher. Nur einen Millimeter zu weit vorne oder hinten führt dazu, dass die Kardanwellen anschlagen und der gesamte Truck wackelt. Neben der beigefügten Maßskizze sollte auf jeden Fall durch Probieren die genaue Position ermittelt werden. Dazu die beiden Kardanwellen und das Getriebe lose ineinander stecken, den Truck auf den Rücken legen und das Getriebe auf den Rahmen drücken. Bei langsamer Fahrt jetzt die Wellen solange innerhalb des Spiels verschieben, bis sich der Motor und die Achse ruckfrei drehen. Unbedingt daran denken, dass sich beim Einfedern der Hinterachse die Lage der Kardanwelle leicht verschiebt. Dreht sich alles problemlos, am besten mit einem spitzen Nagel oder Ähnlichem durch die Bohrungen in den Kunststoffhaltern die Position auf dem Rahmen markieren.

Beim Bohren ist noch einmal Vorsicht geboten, damit nichts verläuft. Auf jeden Fall also Körnen und in zwei bis drei Schritten zum benötigten Lochdurchmesser von 3 Millimetern bohren, wenn die Einheit mit Sechskantmut-

Die Position der Bohrlöcher genau markieren. Federung berücksichtigen, die Kardanwelle verschiebt sich dadurch!

tern befestigt wird. Wollen Sie lieber ein Gewinde in den Rahmen schneiden, nur bis zum Kernloch-Durchmesser von 2,5 mm bohren.

Das Getriebe danach durch die Kunststoffhalter mit Schrauben und Muttern am Rahmen befestigen. Laut Anleitung sollen Gewinde in den Rahmen geschnitten werden, Muttern zum Anschrauben tun es hier jedoch genauso gut.

Dann den Motor laufen lassen und testen, ob das Getriebe wirklich richtig sitzt, vielleicht ist beim Bohren doch etwas verlaufen. Sollten noch Korrekturen nötig sein, besteht noch die Möglichkeit, die gebohrten Löcher weiter zu vergrößern (z.B. auf 3,5 oder 4 Millimeter). In diesen Löchern kann das Getriebe lose angeschraubt und verschoben werden, bis die Kardanwellen einwandfrei laufen. Dann Muttern festziehen und mit Sicherungslack sichern.

Welche Methode auch immer: Das Fahrverhalten Ihres Modells ändert sich dadurch deutlich. Sie werden merken, dass Rangieren durch die reduzierte Geschwindigkeit einfacher ist, schwere Auflieger oder Aufbauten einfacher gezogen werden und Sie so die Möglichkeiten des Schaltgetriebes im Tamiya-Truck erst richtig nutzen können.

Körnen

Beim Körnen wird mit einem harten Metallstift eine kleine Vertiefung in ein Metallteil geschlagen. In diese Vertiefung kann dann die Spitze des Bohrers gesetzt werden, wodurch das Bohrloch exakt um die gekörnerte Position herum gebohrt wird: Der Bohrer verläuft nicht.

Gewinde schneiden

Um ein Gewinde in ein Bohrloch zu schneiden, wird zunächst mit einem normalen Bohrer ein Kernloch gebohrt. Bei einem M3-Gewinde ist dies 2,5 mm groß. Dann ist ein spezieller Gewindebohrer nötig, der von Hand vorsichtig in das Loch gedreht wird. Dabei wird von innen Material aus dem Bohrloch geschnitten und so ein Gewinde geformt. In jedem Fall sind Schmiermittel und sehr exaktes Arbeiten nötig.

Motor und Getriebe sitzen im Rahmen und schauen etwas nach unten heraus. Hier ist ein GM32 U370 verbaut. Etliche andere Getriebeuntersetzungen und damit andere Geschwindigkeiten sind lieferbar

Anderes Getriebe einbauen

Der Zubehörmarkt bietet noch weitere Möglichkeiten, dem Problem Herr zu werden: Hier wird das Tamiya-Schaltgetriebe durch eine andere Einheit ersetzt.

Wird das Tamiya-Getriebe samt Motor gegen das Veroma-3-Gang-Getriebe getauscht, erhält man ein von der Geschwindigkeit her hervorragend angepasstes Modell – mit dem vollen Spielspaß von drei Schaltgängen. Foto: Veroma

Ein Ersatzgetriebe bietet Servonaut: Es handelt sich um den sogenannten Unterflurantrieb. Motor und Getriebe sitzen hier nicht zwischen den beiden Rahmenprofilen, sondern unterhalb, wodurch im oberen Bereich viel Platz geschaffen wird. Dies kann zum Beispiel nötig sein, um einen Kippaufbau aufzusetzen.

Der Unterflurantrieb GM32U370 ist so ausgelegt, dass Geschwindigkeit und Kraft gut zum Tamiya-Modell passen. Schade an dieser Lösung ist, dass diese Motor-Getriebe-Kombination nicht schaltbar ist und somit keine Gänge mehr gewechselt werden können. Dadurch verliert man ein schönes, technisches Highlight des Modells. Je nach geplantem Fahrzeug ist dies aber vielleicht auch sinnvoll oder wünschenswert.

Eine andere Möglichkeit ist ein Schaltgetriebe von Veroma. Es verfügt, wie das Tamiya-Getriebe, über drei schaltbare Gänge. Die Abmessungen sind deutlich kleiner und die Untersetzungen anders. In Kombination mit einem zu dem Getriebe passenden Motor ist eine wesentlich passendere Geschwindigkeit möglich, wobei der Spielfaktor, zwischen drei Gängen zu schalten vollständig erhalten bleibt. Im Gegensatz zum reinen Motortausch, wie zuvor beschrieben, passt hier auch die Höchstgeschwindigkeit im obersten Gang gut zum Modell.

Von links nach rechts – besser um die Kurve

Jetzt wandert der Blick in Richtung Vorderachse – genauer gesagt auf die Lenkung. Auch hier gibt es ein paar spannende Dinge zu erfahren – und natürlich zu verändern. Eine richtig aufgebaute und eingestellte Lenkung hat einen enormen Einfluss auf die Wendigkeit des LKW. Und es macht einen entscheidenden Unterschied beim Fahren und Rangieren, ob man zwei- oder dreimal vor- und zurücksetzen muss, um um eine Ecke zu kommen. Besonders wichtig ist dieses Thema für Tamiya-Trucker. An dieser Stelle gilt es nämlich, eine kleine Schwachstelle einiger Bausätze auszumerzen: In einigen Zugmaschinen des japanischen Herstellers ist die Vorderachse vom Bausatz her falsch herum eingebaut und führt so zu erheblichen Einbußen in Sachen Wendigkeit. Aber auch für alle anderen Modellbauer ist dieser Teil nicht unwichtig. Die Grundlagen der Fahrzeugtechnik gelten schließlich unabhängig vom Fabrikat.

Spurstange richtig einbauen

Wer nun das Ackermann-Prinzip auf seine Tamiya-Zugmaschine überträgt, wird feststellen, dass die Achsschenkel falsch herum eingebaut sind: Die gedachten Linien treffen sich nicht am Kurvenmittelpunkt.

Ackermann-Prinzip

LKW haben an der Vorderachse eine Lenkachse mit Achsschenkellenkung. Hier wird jedes Vorderrad um eine eigene senkrechte Achse gedreht, dieser Drehpunkt liegt außen links und rechts direkt an den Rädern. Bei einer Kurvenfahrt müssen beide Achsschenkel unterschiedlich stark eingelenkt werden, abhängig davon, ob das Rad außen oder innen in der Kurve rollt. Diese Aufgabe übernimmt die Spurstange, die in Form eines Trapezes mit den Achsschenkeln verbunden ist.

Bei einer Achsschenkellenkung müssen zwei geometrische Prinzipien eingehalten werden. Zum einen müssen sich bei Kurvenfahrt die (gedanklich) verlängerten Achsen der Räder in einem Punkt schneiden. Dieser Punkt ist der Kurvenmittelpunkt. Zum anderen müssen sich die Drehpunkte der Achsschenkel und die Drehpunkte der Spurstange V-förmig am Mittelpunkt der Hinterachse treffen.

Eine andere Art der Kurvenlenkung ist die Drehschemellenkung, früher an Pferdekutschen eingesetzt, heute bei LKW-Anhängern. Hier dreht sich die gesamte Achse um ihren Mittelpunkt.

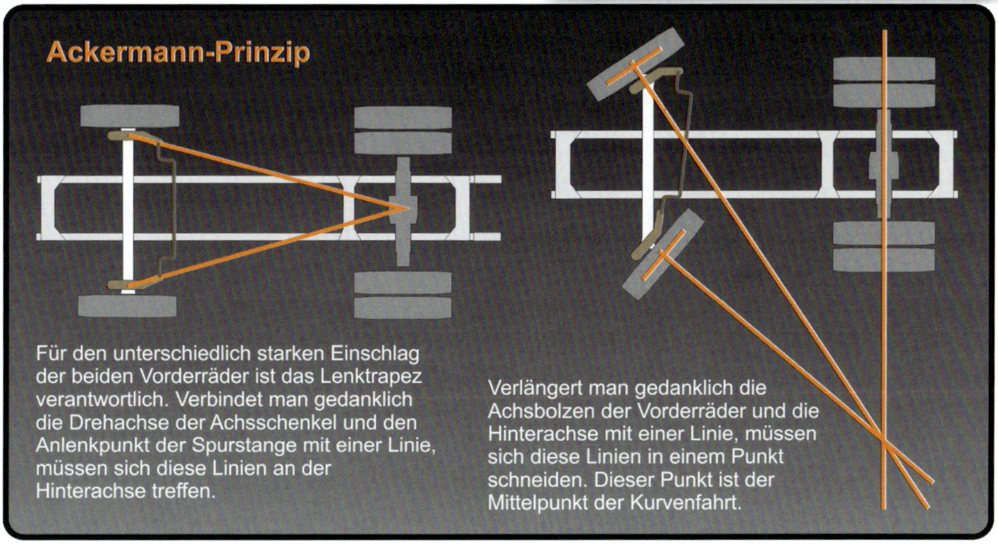

Für den unterschiedlich starken Einschlag der beiden Vorderräder ist das Lenktrapez verantwortlich. Verbindet man gedanklich die Drehachse der Achsschenkel und den Anlenkpunkt der Spurstange mit einer Linie, müssen sich diese Linien an der Hinterachse treffen.

Verlängert man gedanklich die Achsbolzen der Vorderräder und die Hinterachse mit einer Linie, müssen sich diese Linien in einem Punkt schneiden. Dieser Punkt ist der Mittelpunkt der Kurvenfahrt.

So gefällt das auch Rudolph Ackermann, dem Inhaber des Patents aus dem 19. Jahrhundert. Das Lenktrapez liegt hinter der Vorderachse. Durch die Spurstange wird die Schraube am Getriebe umgangen

Im Grunde genügt es, die Beiden zu vertauschen: Der linke kommt nach rechts, der rechte nach links. So sitzen die Hebel für die Spurstange hinter der Vorderachse und alles passt. Was noch nicht passt, ist die Spurstange. Baut man sie in dieser Position ein, stößt sie gegen eine der Schrauben am Getriebe und verhindert so die Lenkung. Hier ist daher eine gekröpfte Spurstange nötig. Man kann diese aus einer Gewindestange selber biegen. Oder man greift auf die vorgefertigte Spurstange von Veroma zurück. Durch die Ausbuchtung umgeht sie die Schraube am Getriebe.

Allerdings ist auch eine neue Servo-Anlenkung nötig. Durch den gedrehten Achsschenkel kann die Schubstange des Servos nicht mehr an der ursprünglichen Stelle eingehängt werden. Der neuen Spurstange von Veroma liegt eine Skizze bei, wie die Vorderachse umgebaut werden muss. Hier wird an der richtigen Stelle ein Loch gebohrt, in das dann der Kugelkopf geschraubt wird. Beim Abmessen sehr genau ar-

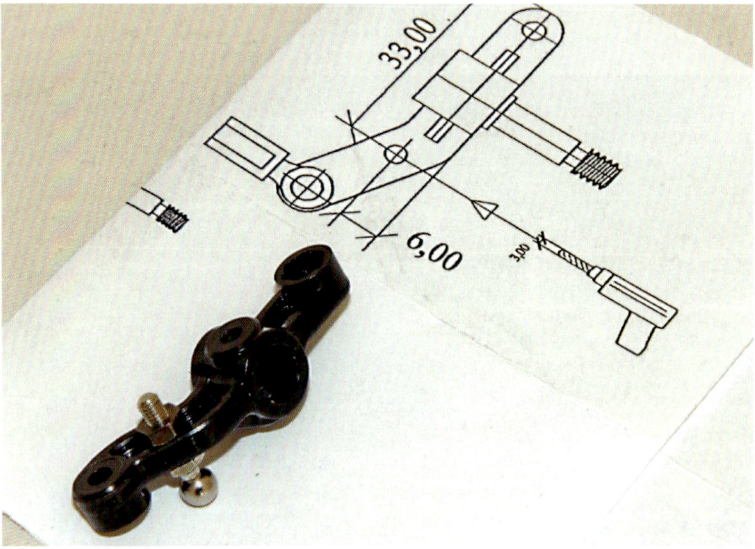

Die Veroma-Anleitung beschreibt genau, wie die Achsschenkel modifiziert werden

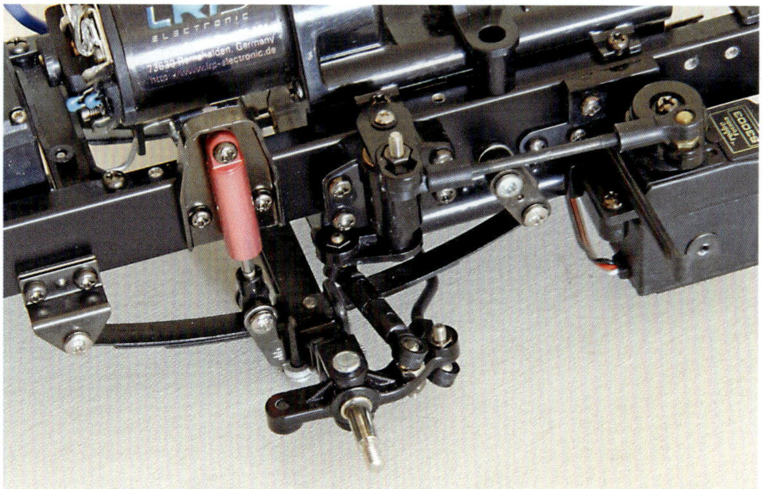

Lenkservo und Umlenkhebel bleiben am Rahmen, wie von Tamiya vorgesehen. Die kurze Schubstange verbindet dann die Umlenkung mit dem Achsschenkel

beiten. Hier ist zwingend ein Messschieber nötig. Damit zuerst die 33 Millimeter in der Länge abmessen und eine Linie anreißen. Dann die 6 Millimeter in der Breite und eine weitere Linie anreißen. Das Loch im Schnittpunkt der Linien zuerst mit einem Durchmesser von 1 Millimeter bohren, dann mit immer größeren Bohrern bis auf 3 Millimeter aufbohren.

Spiel verringern

Ein weiteres Augenmerk sollte dem Spiel der Lenkung gelten. Auch dies ist ein Grundprinzip, egal ob ein Wedico oder Tamiya-Truck um die Kurve fahren soll. Je größer das Spiel in den einzelnen Kugelköpfen ist, je mehr können die Räder ohne Einfluss durch das Servo hin- und herwandern. Das macht sich vor allem bei der Geradeausfahrt bemerkbar.

Wer das Spiel seiner Lenkung prüfen möchte, hält mit der einen Hand das Ruderhorn fest und bewegt mit der anderen das rechte Vorderrad. Die Bewegung, die die Lenkung dabei macht, macht sie auch während der Fahrt, ohne dass das Servo auch nur einen Millimeter dreht.

Der Einbau hochwertiger Gabel- oder Kugelköpfe ist ein wesentlicher Punkt, um das Spiel zu verringern. Auch alle beweglichen Teile sollten so genau wie möglich sitzen. Veroma hat zum Beispiel einen Satz Achsstummel und Kugelköpfe im Angebot, die statt der Originalteile eingebaut werden können. Schon bei der Montage merkt man, dass die neuen Ausführungen wesentlich strammer sitzen und somit weniger Spiel aufweisen.

Spiel

Werden zwei Bauteile miteinander verbunden, zum Beispiel ein Bolzen in eine Bohrung gesteckt, gibt das Spiel an, wie weit diese Bauteile auch im montierten Zustand noch gegeneinander bewegt werden können. Ein großes Spiel bedeutet auf der einen Seite eine einfache Montage und geringe Anforderungen an die Fertigung der beiden Bauteile, aber auch eine gewisse Ungenauigkeit der Verbindung, da sich die Bauteile innerhalb des Spiels unkontrolliert bewegen. Ein geringes bis gar kein Spiel bedeutet eine höhere Genauigkeit. Dabei ist aber auch die Montage etwas aufwendiger (bis hin zum Einpressen der Teile ineinander) und die Anforderungen an die Fertigung steigen, damit die Teile genau zueinanderpassen.

Die neuen Achsstummel sitzen wesentlich strammer, wodurch sich das Spiel an der Vorderachse reduziert

Kontermutter

Eine Mutter auf einer Schraube kann sich im Laufe der Zeit durch Vibration lösen. Dies kann unter anderem verhindert werden, indem zusätzlich eine zweite Mutter aufgeschraubt wird. Wird diese fest gegen die erste Mutter gedreht, verspannen sich beide gegenseitig und sichern sich. Eine weitere Möglichkeit zum Sichern ist Sicherungslack.

Wer noch einen Schritt weiter gehen möchte, hat die Möglichkeit eine komplett andere Vorderachse einzubauen. Der Hersteller Schulz-Tec bietet zum Beispiel Vorderachsen für Tamiya- und Wedico-Modelle an. Achskörper und -schenkel sind aus Aluminium gefräst. Statt der Befestigung mit Bolzen und Sicherungsringen sind die Achsschenkel doppelt sintergelagert und komplett spielfrei. Besonders praktisch ist die Spurstange: Sie hat ein Links-Rechts-Gewinde. Zum Verstellen der Spur muss so nicht mehr die Kugelpfanne gelöst, mindestens eine halbe Umdrehung gedreht und wieder eingedrückt werden. Es genügt, die Kontermutter zu lösen und im eingebauten Zustand die Spur weiter oder enger zu stellen. Jedoch kein Licht ohne Schatten: Durch die gerade Spurstange begegnen wir wieder dem Problem, dass die Schraube am Getriebe stört. Leider bleibt hier keine andere Wahl, als die Schraube zu entfernen. Das Getriebe hält trotzdem – schließlich gibt es noch vier weitere Schrauben.

Da die Achse von Ihren Abmessungen her identisch ist, ist ein Eins-zu-Eins-Austausch der

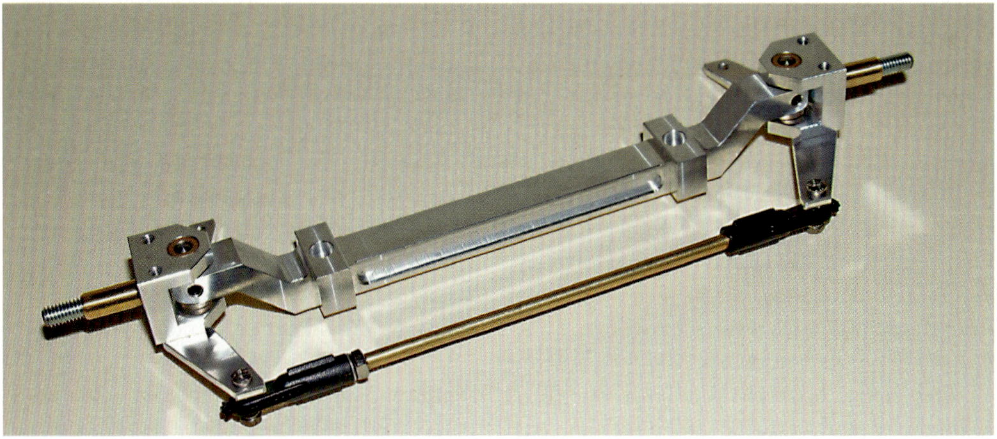

Die Schulztec-Achse ist komplett spielfrei und durch die Spurstange mit Links-rechts-Gewinde genau einstellbar

In Kombination mit einer genauen Anlenkung wird hier die perfekte Kurvenfahrt möglich

Baukasten-Vorderachse möglich. Dennoch ist dieser Umbau schon ein fortgeschritteneres Projekt, da die gesamte Servo-Anlenkung der Achse neu gebaut werden muss. Je nach Platzverhältnissen im Modell ist hier unter Umständen einige Umbauarbeit nötig.

Das Lenkservo sollte möglichst nahe an der Lenkachse bleiben und diese so direkt wie möglich, also ohne Umlenkhebel, ansteuern. Es kann zum Beispiel liegend montiert werden. Kleben sie das Servo auf eine Kunststoffplatte. Diese kommt von unten an den Rahmen. Zum Ankleben eines Servos einen belastbaren Epoxydharz-Kleber verwenden. Die Kunststoffplatte hingegen aber nur anschrauben, damit das Ganze bei Bedarf wieder demontiert werden kann. Ermitteln Sie die genaue Position, damit der volle Lenkausschlag (auch eingefedert) erhalten bleibt. Das Servo sollte dabei so weit nach vorne wandern, dass die Schubstange genau parallel zur Vorderachse verläuft. Somit ist eine lineare Lenkung möglich, der Servoweg wird eins zu eins auf den Winkel der Vorderräder übertragen.

Zur möglichst spielfreien Anlenkung können zum Beispiel Gabelköpfe genutzt werden. Anders als Kugelköpfe können sie nicht in alle Richtungen, sondern nur um eine Achse gedreht werden. Allerdings kann man hier die Bohrungen am Servohorn und am Achsschenkel sehr genau an den Bolzendurchmesser der Gabeln anpassen, indem man die Löcher in 0,1-mm-Schritten vergrößert. Das Tamiya-Servohorn sollte durch eins aus Aluminium ersetzt werden. Hierdurch fehlt der Überlastungsschutz des Lenkservos, der Servoweg gehört demnach sehr genau eingestellt, damit es nicht bei vollem Lenkeinschlag versucht, noch weiter zu drücken.

Weichen muss, falls vorhanden, das Schaltservo. Es kann zum Beispiel hinter das Getriebe wandern und es von dort betätigen. Lösen Sie den Kugelkopf von der Schaltstange und befestigen ihn am anderen Ende hinter dem Getriebe. Das Servo findet dann liegend oder stehend hinten zwischen dem Rahmen Platz. Auch hier eignet sich wieder die Plattenmontage: Servo auf eine Trägerplatte kleben und diese mit Schrauben am Rahmen befestigen.

Über Stock und Stein

Differenzialsperren

Sicher sind Sie nach den ersten Metern auf befestigtem Asphalt schon ein paar Meter über Rasen, Sand, Schotter oder anderen unwegsamen Untergrund gefahren und waren etwas enttäuscht über die schlechten Geländeeigenschaften des Trucks. Diese Tatsache wurde bereits im Kapitel „Auf den Beinen: Stabilität, Optik und Griff der Räder“ angesprochen. LKW-Modelle sind vom Bausatz aus in der Regel nicht für den Geländeeinsatz ausgelegt. Um problemlos über Stock und Stein zu fahren, ist eine gehörige Portion Technik nötig. Treibt man dies auf die Spitze, spricht man vom so genannten „Trial-Modellbau“. Dabei geht es darum, ein Modell zu bauen, damit über einen speziell vorbereiteten Gelände-Hindernis-Parcours zu fahren und so wenige Fehler wie möglich zu machen. Soweit möchten wir in diesem Kapitel nicht gehen. Viel mehr ist dies ein spezieller Modellbau-Bereich mit eigenen Produkten, einem Regelwerk für Wettbewerbe und einer eigenen Szene. Dennoch ist es möglich, einen Truck mit etwas Aufwand ein wenig offroad-fähig zu machen. Das ist zum Beispiel sinnvoll, wenn Sie einen Kipper-Auflieger oder einen Transporter für Baumaschinen bauen möchten – so ein Modell darf auf dem losen Untergrund einer Baustelle nicht versagen.

Warum Baukasten-LKW in der Regel nicht allzu geländefähig sind, hat mehrere Gründe. Am besten sollten sie alle beseitigt werden, um mit dem Modell den Garten befahren zu können. Zunächst sind hier die Reifen zu nennen. Dieser Punkt wurde bereits im Kapitel „Auf den Beinen: Stabilität, Optik und Griff der Räder “ erklärt: Das Profil auf den Reifen fällt sehr dünn aus. Greifen Sie also auf grobstollige Pneus aus

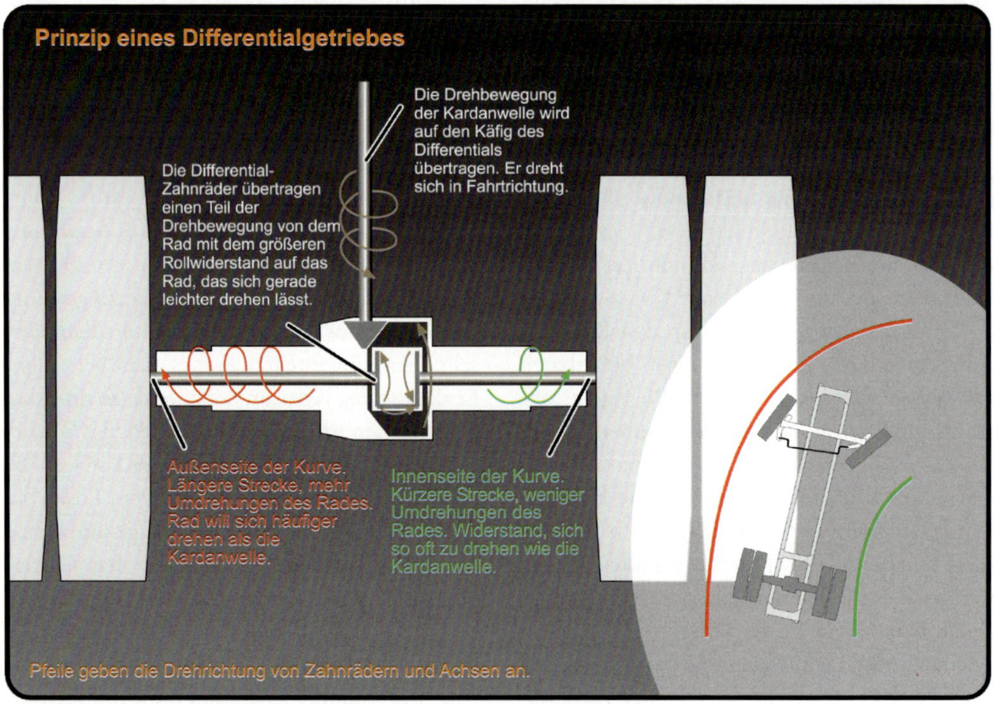

So funktioniert ein Differenzialgetriebe

dem Zubehörprogramm zurück, wie das für unser Baustellen-Fahrzeug im besagten Abschnitt beschrieben wurde.

Ebenfalls führen einige montierte Bauteile am Rahmen zu Problemen. Bei vielen Modellen ragen Anbauteile recht weit nach unten aus dem Rahmen. Fährt die Zugmaschine damit über einen Ast oder einen Hügel, kann es passieren, dass sie an genau diesen Bauteilen aufsetzt und so die Räder vom Untergrund hebt. Möglicherweise sind auch Kabel ungünstig verlegt und bilden Schlaufen, die hängen bleiben oder gar abreißen. Hier schafft nur ein Umbau Abhilfe: Verlagern Sie möglichst alle Komponenten der Fernsteuerung in das Fahrerhaus oder andere Stellen am Rahmen, an denen sie nicht die Bodenfreiheit des Modells einschränken. Möchten Sie trotzdem Dinge am Rahmen befestigen, arbeiten Sie nach dem Wedico-Prinzip: Verpacken Sie die Bauteile abreiß- und aufsetzsicher in die Anbauteile. Ein runder Treibstofftank enthält zum Beispiel den Fahrregler. Kabel sollten nur dann unterhalb des Rahmens entlang geführt werden, wenn unbedingt nötig. Verlegen Sie alle anderen Leitungen im Rahmen oder sichern Sie sie gut mit Kabelbindern.

Ein weiterer wichtiger Punkt ist die Achskonfiguration. Je mehr Räder vom Motor angetrieben werden, desto besser kommt das Fahrzeug abseits der Straße vorwärts. Ein Allrad-Fahrzeug gewinnt diesen Wettstreit, denn alle Räder sind angetrieben. Diese Achskonfiguration gibt man auch in der Form 4×4 oder 6×6 an. Die erste Zahl steht dabei immer für die Summe aller Räder, die zweite für die Anzahl der angetriebenen Räder, wobei eine Zwillingsbereifung als ein Rad zählt. Ein Fahrzeug mit angetriebener Pendelachse (6×4) hat auch schon bessere Chancen, im Gelände voranzukommen. Beide Hinterachsen sind angetrieben, lediglich die Vorderachse rollt mit. Bei einer normalen Sattelzugmaschine mit einer angetriebenen Hinterachse (4×2) sieht die Bilanz schlechter aus: Nur die Hinterachse treibt an. Hier fehlt es an Vortrieb. Noch bescheidener ist die Situation bei einem LKW mit nur einer angetriebenen, aber zwei antrieblosen Achsen (6×2). Für unsere Modelle bedeutet dies, dass man gut daran tut, nicht angetriebene Achsen gegen solche mit Verbindung zum Motor zu tauschen. Beim Wedico-Modell ist das eine sinnvolle Idee und auch recht einfach zu bewerkstelligen. Die nicht angetriebene Hinterachse ausbauen und gegen eine weitere Antriebsachse ersetzen. Eine kurze Kardanwelle verbindet die zweite Achse mit

Differenzialgetriebe

Fährt ein Fahrzeug eine Kurve, legt das Rad, das im Inneren der Kurve fährt, eine kürzere Strecke als das Äußere zurück: es dreht sich langsamer. Wäre nun die Antriebsachse des Fahrzeugs starr und durchgehend, bremsen sich die Räder gegenseitig, weil sie sich nicht unterschiedlich schnell drehen können. Die Folge ist eine deutlich schlechtere Wendigkeit des Fahrzeugs. Mit einem Differenzialgetriebe ist genau das möglich: Durch mehrere Zahnräder im Inneren der Achse kann ein Rad langsamer gedreht werden, als das andere, beide Räder zusammen werden aber weiterhin vorwärts gedreht. Die Drehbewegung wird dabei anteilsweise immer zu dem Rad geleitet, das keinen Widerstand bietet (weil es sich schneller drehen muss). Das kurveninnere Rad bietet einen Widerstand gegen die Drehbewegung, verursacht durch die Reibung auf der Straße. Es muss keine so große Strecke zurücklegen und dreht sich somit langsamer, als das Äußere. Das kurvenäußere Rad wird daher anteilig schneller gedreht als das Innere. Es hat eine längere Strecke zurückzulegen uns muss sich somit schneller drehen. Differenzialachsen sind im Straßenverkehr unabdingbar, jedes Auto und jeder LKW ist damit ausgerüstet.

Differenzialsperren

Auf losem Untergrund führt ein Differenzialgetriebe dazu, dass das Fahrzeug stecken bleiben kann. Steckt eines der Räder in losem Sand, das andere steht aber auf festem Untergrund, bewirkt das Getriebe auch hier, dass das leichter zu drehende Rad schneller gedreht wird, als das Andere. Hängt ein Rad völlig in der Luft, wird sogar nur dies gedreht, weil es gar keinen Widerstand bietet. Mit einer Differenzialsperre kann der Fahrer in diesem Fall die Wirkung der Differenzialzahnräder unterbinden und es blockieren. Er betätigt eine Taste, beide Räder werden dann miteinander verbunden, wie bei einer starren Achse, bei der beide Räder immer gleich schnell gedreht werden. So kann das Fahrzeug dann weiterfahren.

der Ersten. Einen Durchtrieb haben Wedico-Achsen standardmäßig. Alternativ können Sie auch direkt eine vorbildgerechte Pendelachse einbauen, um Höhenunterschiede des Untergrunds zwischen beiden Achsen auszugleichen. Solche Pendelachsen für Wedico-Modelle sind auf dem Zubehör-Markt erhältlich.

Ein weiterer Punkt, der unserer Zugmaschine im Garten zu schaffen macht, ist die Hinterachse selbst. Genauer gesagt das Differenzial der Hinterachse. Es ist auf festem Boden ein unverzichtbarer Bestandteil des Antriebsstrangs, im Gelände macht es jedoch Probleme: Hängt ein Rad durch eine Unebenheit in der Luft, während das andere auf dem Boden steht, verlagert das Differenzial die gesamte Drehbewegung auf das freie Rad. Es dreht durch. Lösung dieses Problems ist ein sperrbares Differenzial, um im Gelände die Kraft auf beide Seiten zu verteilen.

Sperrbare Differenzialachsen sind auch im Modellbaubereich keine Seltenheit mehr. Gesperrt wird ferngesteuert. Sobald es also ins Gelände geht bzw. das Rad das erste Mal durchdreht, wird am Sender ein Schaltkanal betätigt, der über einen Servo kleine Bolzen in die Zahnräder des Differenzials schiebt. Dadurch blockieren sie, das Differenzial bekommt eine starre Verbindung. Die Achse selbst dreht sich dabei natürlich noch, nur eben auf beiden Seiten gleich schnell. Sobald es wieder auf befestigte Straßen zurückgeht, die Sperre aber unbedingt wieder ausschalten! Die Kräfte, die durch den unterschiedlichen Kurvenradius auf die Achse wirken, sind auch bei einem Modell nicht zu unterschätzen.

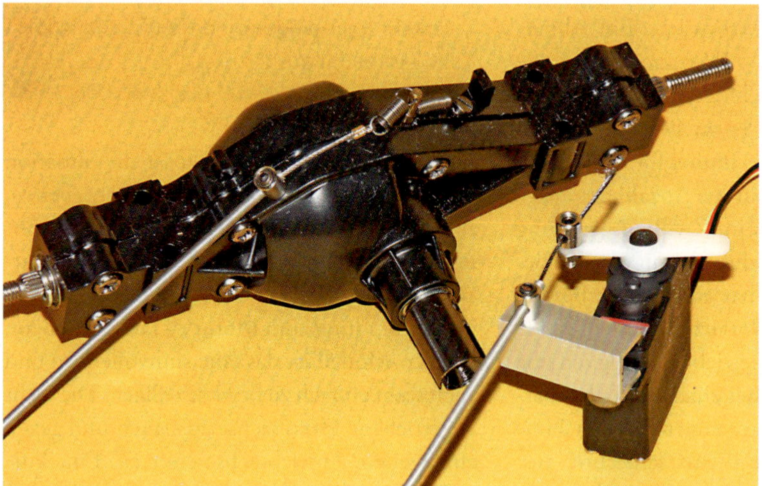

Von außen ist vom sperrbaren Differenzial nur der Seilzug zu erkennen, der die Sperre im Inneren betätigt. Ein Mini-Servo, gesteuert über einen Schaltkanal, zieht am Seil

So funktioniert die Differenzialsperre im Modell: Der Seilzug betätigt einen Hebel, der einen sich drehenden Ring (rechts neben dem Hebel) nach rechts schiebt. An diesem Ring sitzen kleine Bolzen mit Federn, die dann in die Zahnräder des Differenzials greifen

Sperrbare Achsen sind von unterschiedlichen Herstellern für alle Modelle zu haben. Die Funktionsweise unterscheidet sich teilweise, das Prinzip ist aber stets dasselbe. Ebenfalls möglich ist auch der Umbau einer Achse. Hier bauen Sie die Hinterachse Ihres Modells aus, schicken sie zum Modellbau-Hersteller und bekommen sie einige Zeit später als sperrbare Hinterachse zurück. Genau dies möchten wir hier für das Tamiya-Modell zeigen. Den Umbau der Hinterachse übernimmt hier „Der Getriebedoktor".

Ein- und Ausbau der Achse unterscheidet sich nicht von der gewöhnlichen Hinterachse, da Größe und Abmessungen unverändert bleiben. Montieren Sie sie, wie laut Bausatz-Anleitung vorgesehen. Der Hebel und der Seilzug müssen beim Einbau nach oben zeigen. Sonst haben Sie eine zusätzliche Schlaufe, in der Äste hängen bleiben können. Sichern Sie die Montageschrauben wieder mit Sicherungsmittel.

Nun das Servo irgendwo am Rahmen in der Nähe der Hinterachse befestigen und den flexiblen Seilzug verlegen, der die Sperre betätigt. Vermeiden Sie unbedingt scharfe Knicke im Seilzug, verlegen Sie es in einem ausreichend großen Radius!

Schließlich noch den Servo an den Empfänger anschließen. Sinnvoll ist hier ein Schaltkanal mit einem Zwei-Positionen-Schalter am Sender. Stellen Sie vor allem den Servoweg genau ein. Der Seilzug muss nur wenige Millimeter betätigt werden, der volle Servoausschlag würde die Federn und Bolzen an der Achse höchstwahrscheinlich verbiegen. Befestigen Sie das Seil entsprechend weit innen am Ruderhorn und nehmen sie die Feineinstellung am Sender-Display vor.

Das Servo sollte irgendwo in Achsnähe am Rahmen untergebracht werden. Damit es nicht allzu offensichtlich zu erkennen ist, könnte es zum Beispiel in eine Tank-Attrappe kommen.

Seilzug

Ein Seilzug ist eine Möglichkeit, Zugkräfte über eine gewisse Distanz zu übertragen. Dabei können auch Radien und Kanten überbrückt werden. Ein Seilzug besteht aus einem dünnen Seil, meist aus Stahl, das von einer Ummantelung umgeben ist und darin leicht verschoben werden kann. Die Ummantelung kann fest am Rahmen montiert werden. Wird nun am einen Ende des Seilzugs gezogen, betätigt das andere Ende zum Beispiel einen Hebel. Da es nicht geschoben, sondern nur gezogen werden kann, ist am anderen Ende eine Feder zum Zurückziehen nötig.

Der Einbau der Achse ist kein Problem. Seilzug nicht zu eng verlegen und Servo befestigen

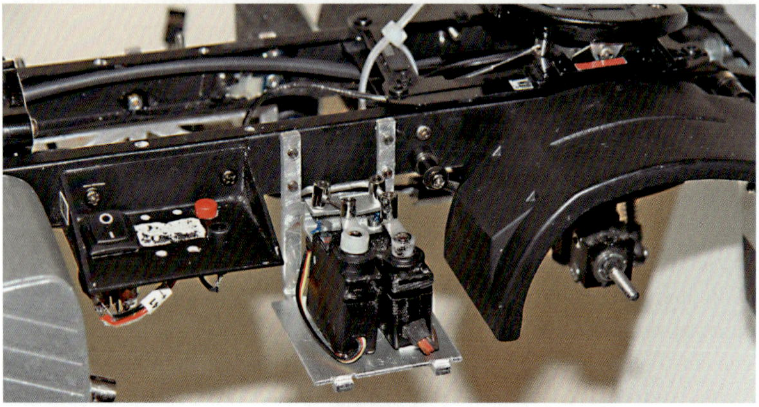

Ein Aluwinkel am Fahrzeugrahmen trägt die Grundplatte, auf der das Servo (hier sogar noch ein weiteres für die Sattelplatte) befestigt ist

Der Tank wird dann einfach nur von oben darübergestülpt. An der Rückseite ist ein Schlitz im Tank, der Servokabel und Seilzug hinein- und herausführt

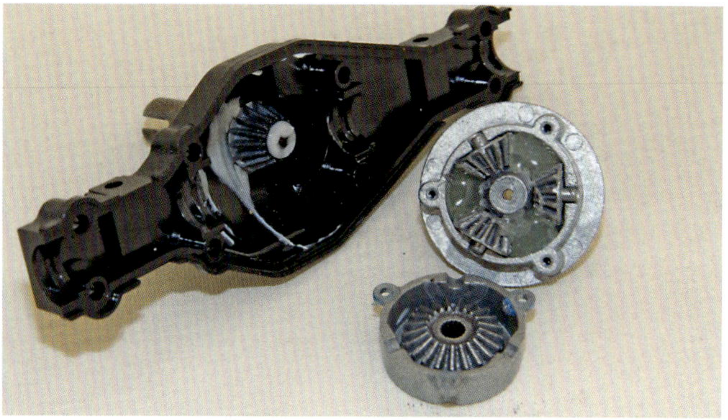

Dauerhafte Differenzialsperre. Ideal, um den Hobbygeldbeutel nur schrittweise zu beanspruchen. Der Heißkleber kann im Bedarfsfall rückstandsfrei wieder entfernt werden. Noch besser geht dies, wenn das Schmierfett an den Zahnrädern bleibt, wenn der Kleber zwischen die Ritzel gegeben wird

Entsprechende Tanks oder andere seitliche Staukästen bietet der Zubehörhandel. Führen die den Seilzug hinten, also zur Fahrzeugmitte aus der Kiste heraus.

Es gibt eine Alternative zur zuschaltbaren Sperre: Mit einfachen Mitteln können Differenziale dauerhaft gesperrt werden. Wenn zum Beispiel das Modell ständig in unwegsamem Gelände unterwegs sein soll und die etwas schwierigere Manövrierbarkeit auf der Straße keine Rolle spielt, kann zur dauerhaften Sperre gegriffen werden. Ebenso ist ein schrittweiser Umbau möglich: Wer die Hobbykasse schonen und lieber in kleinen Schritten belasten möchte, kann zunächst vorne und hinten dauerhaft sperren und später die Achsen wieder ausbauen und nachträglich die zuschaltbare Variante nachrüsten lassen.

Dauerhaft gesperrt wird, indem das Differenzialgetriebe, also die drei Kegelräder im Inneren, blockiert werden. Hierzu wird die Achse auseinandergenommen und zum Beispiel Heißkleber in das Differenzialgehäuse gegeben. Vorteil dieser Methode: Bei einem späteren Nachrüsten kann der Klebstoff rückstandslos wieder entfernt werden.

Schon beim ersten Fahrtest im Gelände wird sich zeigen, dass der Einbau der Achse ein echter Pluspunkt ist. Sobald ein Rad durchdreht, aktivieren Sie die Differenzialsperre. Spätestens nach einer Umdrehung rastet sie ein und das Getriebe überträgt die Kraft gleichmäßig auf beide Räder. Bei Fahrten in unebenem Gelände, auf Rasen oder im Sand kann durchaus dauerhaft mit gesperrten Achsen gefahren werden.

Allrad-Antrieb

Wenn sie nun Blut geleckt haben, genügt es vielleicht schon bald nicht mehr, nur das „etwas“ unebene Gelände zu erobern. Vielleicht ist es auch der Baumaschinen-Virus, der sie gepackt hat und sie möchten mit ihrem Kipper noch tiefer in die Offroad-Region vordringen. Quasi nicht nur „den Bagger sehen“, sondern auch „zum Bagger hinkommen“. Kein Problem! Die Lösung heißt Allrad-Antrieb.

Seien sie sich jedoch im Klaren, dass der damit verbundene Umbau einen großen Eingriff in den Antriebsstrang bedeutet und einen nicht zu verachtenden Arbeitsaufwand mit sich bringt. Zudem sollte sehr genau gearbeitet werden.

Als Erstes ist natürlich eine angetriebene Vorderachse nötig. Vom Prinzip her ist diese ähnlich aufgebaut wie eine Hinterachse: Sie hat mittig ein Differenzial und wird von einer Kardanwelle angetrieben. An den beiden Seiten, wo bei der Hinterachse direkt die Räder montiert werden, ist die Achse jedoch etwas gekürzt. Dort findet nun an jeder Seite ein Kardangelenk Platz. Weiterhin sind hier die Achsschenkel angebracht, die das Kardangelenk in den gewünschten Winkel für die Kurvenfahrt bewegen.

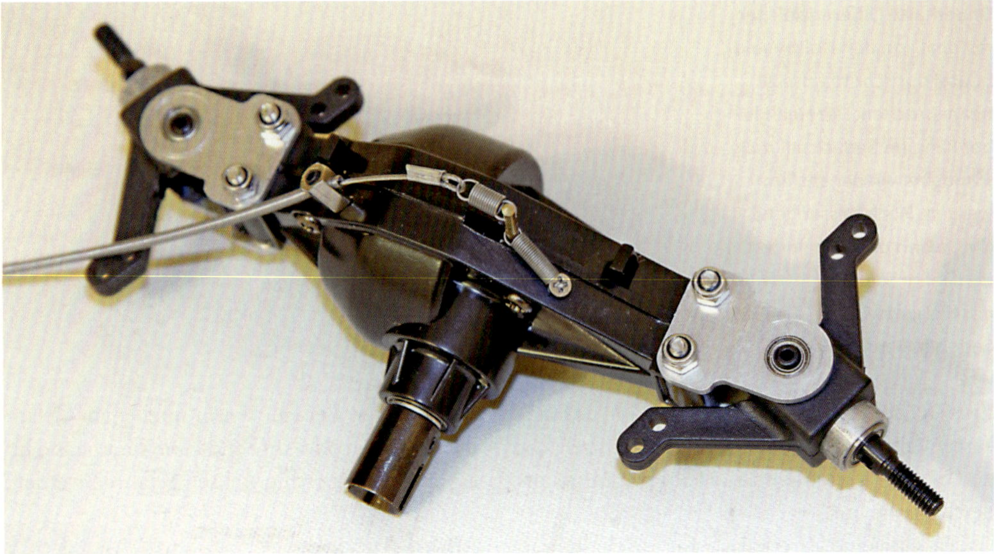

Eine angetriebene Vorderachse, hier eine vom „Getriebedoktor" mit Achsschenkeln und Kardangelenken erweiterte Hinterachse

Auch für die angetriebenen Vorderachsen hilft erneut zum Beispiel „Der Getriebedoktor" entweder mit dem Umbau einer vorhandenen Achse oder einer neuen umgebauten Achse. Auch hier ist eine zuschaltbare Differenzialsperre möglich und auch sinnvoll, denn das Problem der durchdrehenden Räder auf losem Untergrund besteht auch bei gelenkten Rädern.

Kardangelenk

Mit einem Kardangelenk werden zwei Wellen miteinander verbunden, die nicht genau in einer Flucht sind, also einen gewissen Winkel zueinander haben. Im Wesentlichen besteht ein Kardangelenk aus zwei gabelförmigen Teilen, die an den jeweiligen Wellenenden sitzen und einem Kreuzstück, das die beiden Gabeln miteinander verbindet. Im LKW kommen Kardangelenke und Wellen vor allem zur Verbindung von Achsen und Getrieben zum Einsatz, aber auch zur Verbindung von gelenkten Rädern mit der Vorderachse.

Zunächst muss der Baukasten-Truck mehr oder weniger komplett auseinandergenommen werden. Als gute Ausgangsbasis für den Umbau liegt am besten der nackte Rahmen mit seinen Traversen vor einem.

Als Erstes werden die vorderen beiden Bohrungen der Vorderachs-Halterung um 6 mm höher gelegt. Dies gelingt wunderbar, indem man mit Anschlagwinkel und Reißnadel die äußersten beiden Punkte der vorhandenen Bohrung nach oben verlängert. Dann markiert man den Mittelpunkt dieser beiden Linien und bekommt so die Mittellinie des Loches und damit die vertikale Bohrposition. Dann wird für die horizontale Bohrposition 6 mm über dem Mittelpunkt des unteren Loches eine Markierung angebracht. Da das Loch einen Durchmesser von 3 mm hat, kann man am einfachsten 4,5 mm von der oberen Kante der Bohrung aus anzeichnen. Diesen Punkt dann mit einem Körner markieren und in mehreren Schritten bis zum benötigten Durchmesser von 3 mm bohren.

Zur Befestigung der Vorderachse hat der

Vorderachse mit Blattfeder. Die vordere Halterung aus dem Tamiya-Baukasten wird, zusammen mit der Verbreiterungsplatte aus dem Montageset, an die nach oben verlagerten Bohrungen geschraubt

Die Position der hinteren Befestigung wird durch die Federschwinge mit einem Körner am Rahmen markiert, genau mittig über dem ursprünglichen Loch

Anbieter ein eigenes Montageset im Angebot, das neben einer Blattfeder auch die nötigen Abstandhalter enthält. Mit diesem kommt die Achse samt Federn an die soeben gebohrten Löcher.

An das hintere Auge der Blattfeder die Tamiya-Teile der Feder-Schwinge montieren. Nun kommt das Ausnivellieren der Achsposition. Dazu das Modell auf einer glatten Unterlage auf die Räder stellen (die Hinterachse sollte dazu zumindest provisorisch montiert und die Vorderräder aufgesteckt werden). Die Bohrung für die hintere Befestigung wandert nun ebenfalls nach oben. Zumeist dürften auch hier dieselben 6 mm nötig sein, um die auch vorne versetzt wurde. Dennoch lieber ausprobieren: Zunächst die Mittellinie der Bohrung nach oben verlängert anreißen, wie zuvor. Dann ein Stahllineal auf den Rahmen legen und einen Körner durch die Schwinge stecken. Wenn man nun die Feder nach oben oder unten drückt, verändert sich der Abstand zwischen Rad und Lineal. Auf diese Weise so lange die Position verändern, bis das Rad und die Oberkante des Rahmens wie-

Mit einem Ring aus dem Montageset wird die Breite der hinteren Befestigung angepasst

der eine Linie bilden. Dann mit dem Körner genau auf der zuvor angerissenen Mittellinie die Bohrung anzeichnen. Das Ganze nachmessen, an der anderen Rahmenseite dann denselben Abstand verwenden. Zumeist sollten sich die besagten 6 mm völlig automatisch ergeben.

In mehreren Schritten wird das Loch nun beiderseits am Rahmen gebohrt und die Federschwinge angeschraubt. Hier hilft ein Ring aus dem Getriebedoktor-Paket, die benötigte Breite zu erreichen.

Die ersten Schritte auf dem Weg zur Allrad-Zugmaschine sind damit schon geschafft. Bevor das Herzstück, das Allrad-Getriebe, eingebaut wird, sollte erst noch etwas für die nötige Bodenfreiheit getan werden. Im Kapitel über die Differenzialsperren wurde bereits angemerkt, dass störende Anbauteile entfernt und nach unten ragende Modelltechnik verlagert werden sollten. Das gilt bei einem Tamiya-Modell insbesondere für den quer unter dem Fahrzeug liegenden Akku.

Es ist aber noch mehr drin. Eines der Umbausets vom Getriebedoktor ist der sogenannte Höherlegungssatz. Hiermit wird der Abstand zwischen Rahmen und Achsen vergrößert und somit eine gewisse Bodenfreiheit am Modell nachempfunden. Allerdings wird durch das Set vor allem die Optik einer Höherlegung erreicht. Um wirklich auf ganzer Linie die Bo-

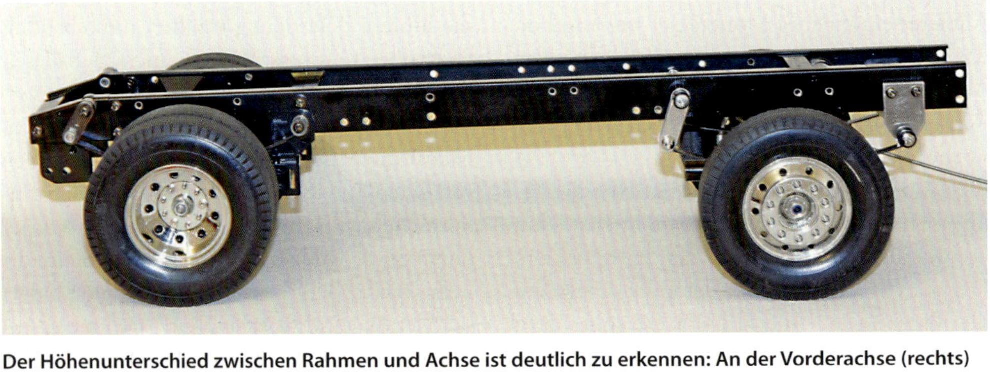

Der Höhenunterschied zwischen Rahmen und Achse ist deutlich zu erkennen: An der Vorderachse (rechts) wurden bereits die neuen Halterungen der Höherlegung (alufarben) montiert

Wer Allrad, aber keine Gangschaltung möchte, kann das VTG von Servonaut verwenden. Hier ist genug Platz, um noch eine angetriebene Vorderachse einzubauen und diese mit dem Abtrieb des Getriebes zu verbinden

denfreiheit zu erhöhen, müsste zum einen noch der Abstand zwischen den Differenzialen und dem Boden und zum anderen auch das Maß zwischen Getriebe und Boden größer werden. Diese Störkanten bleiben auch mit dem Höherlegungssatz erhalten. Dennoch gelangen die Rahmenanbauten, Kotflügel und die Stoßstange höher, die Aufsetzpunkte des Fahrzeugs im Gelände werden also zumindest reduziert. Die Montage des Höherlegungssatzes ist schnell gemacht. An der Vorderachse wird die Original-Halterung der Feder vorne gegen ein Aluteil ausgetauscht, am hinteren Federauge kommt eine längere Schwinge zum Zuge. Die bereits montierten Verbreiterungsplatten kommen weiterhin zum Einsatz.

An der Hinterachse wird hinten ebenfalls eine längere Schwinge montiert und am Aufnahmepunkt vorne eine verlängerte Halterung samt einer Unterlegplatte angebracht.

Um die Vorderachse anzutreiben, muss die Kraft vom Antrieb dorthin gelangen. Bisher ist ja lediglich die Hinterachse per Kardanwelle mit dem Getriebe verbunden. Im Original gibt es hier ein zusätzliches Verteilergetriebe. Es sitzt am Ausgang des Schaltgetriebes und hat je eine Abtriebswelle in Fahrtrichtung nach vorne und nach hinten, an jede kommt dann eine Kardanwelle zur jeweiligen Achse.

Auch für Modell-LKW sind Verteilergetriebe erhältlich. Eine Möglichkeit stammt von Servonaut. Das Verteilergetriebe VTG wird an einen der Motoren aus demselben Hause geflanscht und mit dem Haltewinkel in den Fahrzeugrahmen geschraubt.

Weiterhin hat Veroma neben dem schon beschriebenen 3-Gang-Getriebe auch eine Version mit zusätzlichem Verteilergetriebe im Programm. Durch die sehr kompakte Bauweise bleibt genug Platz im Bereich der angetriebenen Vorderachse. Dort kann die Vorderachse sogar mit einem zusätzlichen Servo zu- oder

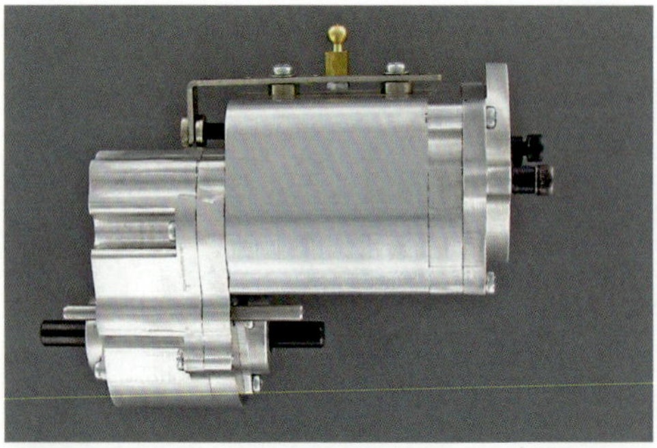

Veroma Dreigang-Schaltgetriebe (ohne Motor). Oben können die Gänge gewechselt werden, mit der Schaltstange unten wird die Vorderachse zu- oder abgeschaltet. Gut zu erkennen sind die Getriebeabgänge nach vorne und hinten. Foto: Veroma

abgeschaltet werden.

Auch der Getriebedoktor hat eine Antriebsmöglichkeit im Programm. Der Hersteller setzt hier abermals auf den Umbau von Tamiya-Komponenten. Nach Einsendung des Bausatz-Getriebes erhält man einige Tage später ein 2-Gang-Allrad-Getriebe zurück. Tatsächlich wird hier buchstäblich der dritte Gang der Antriebseinheit abgesägt. Da das Ganze nun wesentlich kürzer ist, kommen sich die angetriebene Vorderachse und das Getriebe nicht mehr in die Quere. Auch das schon diskutierte Geschwindigkeitsproblem des Trucks ist damit, in Kombination mit einem Umrüst-Motor, komplett vom Tisch. Unter der Überschrift „Mach' mal langsam: Geschwindigkeit des LKW verringern" war ja schon besprochen worden, dass das Modell auch mit Umrüst-Motor im dritten Gang immer noch einen ziemlichen Zahn drauf hat.

Die Abtriebswelle zur Vorderachse schaut bei diesem gekappten Getriebe nicht am Ende der Einheit in Fahrtrichtung nach vorne heraus, sondern direkt vorne am Getriebe unter dem Motor. Im Vergleich zu den Verteilergetrieben ist der Platz zwischen Getriebeausgang und Achseingang dadurch hier sehr knapp und reicht gerade eben.

Zum Einbau dieser Einheit ist – in Kombination mit dem Höherlegungssatz – ein Getriebemontagesatz nötig. Dieser wird vorne und hinten an die Einheit geschraubt und diese dann im Rahmen platziert. Nun gilt es, die Position des Getriebes in Längsrichtung zu ermitteln. Ein besonderes Augenmerk gilt hier der Vorderachse. Das Getriebe muss so verschoben werden, dass im Normalzustand (das Fahrzeug steht ohne Auflieger auf glatter Fläche) die Kardanwelle fast vollständig, bis auf 1 oder maximal 2 mm zusammengeschoben ist. Hintergrund ist, dass ein Großteil des Längenausgleichs der Kardanwelle nötig ist, um die komplette Entlastung der Vorderachse auszugleichen. Wenn das Modell angehoben wird, sinkt die Achse recht stark ab und dann soll der Kardan natürlich nicht auseinanderfallen. Beim Zusammenstecken der Kardangelenke unbedingt die Richtung beachten, um den Kardanfehler auszugleichen.

Sind dann die Räder montiert, die Schalt-

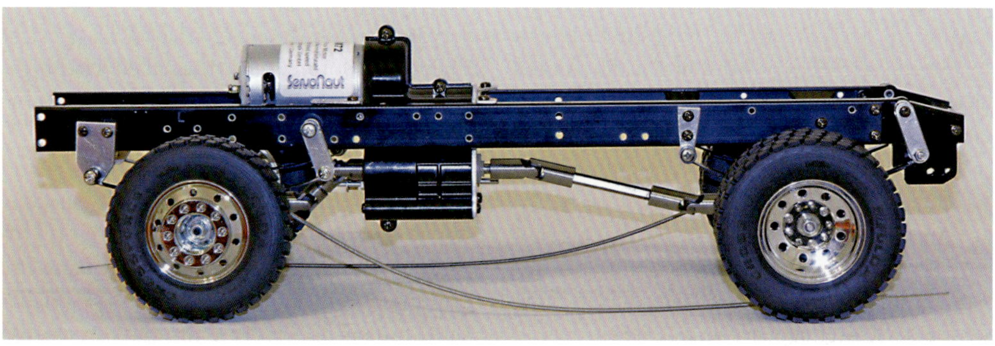

Das gekürzte Tamiya-Getriebe lässt genug Platz, um vorne eine Kardanwelle zur Vorderachse einzubauen

Kardanfehler

Kardangelenke haben grundsätzlich einen sogenannten Kardanfehler: Pro Rotation dreht sich die Verbindung in der ersten Hälfte der Drehung etwas schneller, in der zweiten Hälfte dafür etwas langsamer. Um dies auszugleichen, müssen die Kardanwellen so zusammengesteckt werden, dass die Zungen an den Gelenkstücken in einer Linie stehen. Sie dürfen nicht um 90 Grad versetzt stehen, sonst addieren sich die Geschwindigkeitsunterschiede und die Achse dreht nicht gleichmäßig.

stange und das Lenkservo der Vorderachse angebracht und falls nötig auch das Schaltservo eingebaut, kann es an die erste Probefahrt gehen! Schon die ersten Meter überraschen jeden Modelltrucker, der bislang nur mit Hinterachs-Antrieb gefahren ist. Ohne Probleme setzt das Gespann seine Fahrt auch abseits von asphaltiertem Untergrund fort. Die gesamte Antriebs-Kombination bringt die Kraft des Motors auf die Strecke. Das Profil der Crossforce-Reifen sorgt dafür, dass nichts durchdreht, Vorder- und Hinterachse machen uneingeschränkt ihre Runden. Auch die Kurvenfahrt auf diesem Untergrund ist kein Problem. Ein entsprechend starkes Lenkservo vorausgesetzt, fährt das Modell unbeirrt in die vorgegebene Richtung.

Die erste Unebenheit nähert sich: Auch hier kein Problem. Kein Aufsetzen des Getriebes oder der Achsgehäuse. Die Vergrößerung der Bodenfreiheit zeigt ihre Wirkung. Wird der Boden noch etwas lockerer, ist es Zeit für die Differenzialsperren. In schwierigen Fahrsituationen erhöht sich so der Vortrieb enorm. Durch die Möglichkeit, die Sperren bei Bedarf zuschalten zu können, steigt natürlich auch der fahrerische Reiz des Allrad-Gespanns.

Lehnt man sich nun zurück, wird man feststellen: Das Modell ist schon ein enormes Stück vom Baukasten-Truck entfernt. Im konkreten Fall des MAN TGX für die Baustelle gab es neue Reifen, einen neuen Motor, die Lenkung wurde optimiert, Differenzialsperren kamen hinzu und nun ist sogar ein geländegängiges Allrad-Fahrzeug entstanden.

Wie auch immer ihre Vision des Modell-LKW aussah und egal, ob sie von der hier vorgestellten TGX-Baustellen-Zugmaschine inspiriert wurden oder ihren eigenen Plan hatten: Sie sind ihr ein großes Stück näher gekommen. Im nächsten Kapitel setzen wir diesen Weg fort und widmen uns der Optik des Fahrzeugs.

Abseits der Straße, hier auf dem Roadworker-Parcours in Urmitz, steht die erste Probefahrt des Allrad-Gespanns an

Fahrerhaus verschönern

Auf geht es zum nächsten Kapitel auf dem Weg zum individuellen Truck. Jetzt geht es darum, das Erscheinungsbild, also das Aussehen Ihres Modells zu verbessern, anzupassen oder umzubauen. Die bisherigen Änderungen betrafen nur das Innere des Trucks. Und beim ersten Hinsehen sieht der LKW vielleicht noch beinahe genauso aus, wie ein gerade erst zusammengeschraubter Baukasten-Truck.

Dabei gibt es auch in Sachen Optik fast unendlich viele Möglichkeiten. Wie wäre es zum Beispiel, das Fahrerhaus von innen nachzubauen und einzurichten? Schließlich kann man durch die Scheiben hineingucken, also kann auch hier originalgetreu gebaut werden.

Aber auch außen gibt es Dutzende Details, die an Rahmen und Fahrerhaus gebaut werden können. Das beginnt bei grundlegenden Veränderungen der Karosserie und endet bei winzigen Details wie einem beleuchteten Michelin-Männchen. Während grundlegende Kabinenänderungen für das stimmige Gesamtbild wichtig sind, sind es die Details, die das Modell zu einem Hingucker machen können. Das ist gerade für US-Modelle ein wichtiger Punkt. Hier steht und fällt die Qualität der Optik geradezu mit verchromten Anbauteilen. Und schließlich ist die Lackierung ein wichtiges Thema. Sogar ein nach Anleitung zusammengebauter Baukasten-LKW wird unter Modellbau-Profis zum Hin-

Durch die Scheiben kann man in das Modell gucken. Also kann auch hier ein wenig Arbeit in Originaltreue gesteckt werden

gucker, wenn eine tolle Airbrush-Lackierung Fahrerhaus und Aufbau ziert. Aber auch ohne künstlerische Fähigkeiten können Sie mit Klebe- und Effektfolien ein tolles Design erreichen.

Bei den nun folgenden Arbeitsschritten ist ordentliches Arbeiten wichtig. Auch bei den bisherigen Umbauten darf dieser Punkt natürlich nicht außer Acht gelassen werden, aber im Gegensatz zu Veränderungen am Antrieb kommt es beim Bau an der Karosserie auf Schönheit an. So ist es zum Beispiel egal, wenn eine ausgesägte Halterungsplatte für ein Lenkservo um ein oder zwei Millimeter schief geworden ist. Ein um zwei Millimeter verlaufenes Bohrloch für einen Zusatzspiegel am Fahrerhaus fällt jedoch sofort auf. Genau wie ein winziges Staubkorn unter einer Klebefolie. Halten Sie also für die kommenden Arbeitsschritte Staubpinsel und -sauger stets griffbereit.

Fahrerhaus verändern: Weniger ist mehr? Oder darf's lieber ein bisschen mehr sein?

Im Original wählen Fuhrparkbesitzer oder LKW-Fahrer die Größe und Ausstattung des Fahrerhauses entsprechend des Verwendungszwecks. Die LKW-Hersteller bieten inzwischen eine große Palette verschiedener Linien. Hier gibt es Nah- und Fernverkehrs-Fahrzeuge, Kabinen die kurz oder eher lang gebaut sind und mitunter bis zu vier verschiedene Fahrerhaushöhen pro Modellreihe. Gewählt wird je nach Einsatzzweck: Internationale Fernfahrer, die regelrecht in ihren LKW leben, haben Anspruch an Komfort, etwa aufrecht Stehen und erholsam Schlafen. Bei Tagestouren, bei denen nicht übernachtet wird, ist kein Schlafplatz nötig, aber eine angemessene Stehhöhe trotzdem sinnvoll. Im Nah- und Verteilerverkehr kommt es eher auf kompakte Fahrzeugabmessungen an.

Ein neues Dach – oder noch mehr?

Die Bausatzhersteller bieten oft nur eine Fahrerhausvariante als Modell an. Hier fällen die Konstrukteure die Entscheidung meist zugunsten der mittleren Größe, damit die Fahrerhäuser sowohl vor langen Planenaufliegern als auch bei einem Kipper passend aussehen.

Abermals springt der Zubehörmarkt in die Bresche. Denn die neueren Fahrzeuge, zumindest im Tamiya-Bereich, haben keine durchgängige Kabine, sondern ein von innen angeschraubtes Dach. So bietet sich die einfache Möglichkeit, zum Beispiel das Oberteil des Scania Highline gegen die deutlich höhere Ausführung der Topline-Reihe auszutauschen. Ein solches hat beispielsweise die niederländische Modellbauschmiede Verkerk im Programm.

Auch für den MAN TGX sind im Zubehör-Bereich verschiedene Varianten erhältlich. Während das Dach in der Baukasten-Version XLX die mittelhohe Ausführung darstellt, bietet Modellbau Seitz das flache Dach der XL-Version an.

Auf diese Weise können sie zumindest die Höhe des Fahrzeugs an den Verwendungszweck ihres Modells anpassen. Schwieriger wird es, wenn die Länge oder Breite verändert werden soll. Wer zum Beispiel ein kurzes Fahrerhaus für einen Kipper haben möchte, muss zur Säge greifen. Hier gibt es die Möglichkeit, die Rückwand der Kabine exakt gerade abzusägen, dann ein Stück vom Fahrerhaus zu kappen und die Rückwand wieder anzukleben. Es muss wohl nicht erwähnt werden, dass dies eine herausfordernde modellbauerische Leistung ist. Vor allem, sämtliche Kanten und Sicken wieder übergangslos und originalgetreu nachzubilden, ist keine einfache Sache.

Aber schon mit dem Umbau des Daches ist eine schöne Modellanpassung möglich. Und vor allem trägt diese zur Abwechslung auf einem Parcours bei, auf dem überwiegend Baukasten-Fahrerhäuser unterwegs sind.

Suchen sie zuerst wieder ein paar Bilder von Originalen und schauen sie, mit welcher Fahrerhausversion ihr Vorbild anzutreffen ist.

Selbiges gilt auch für den Spoiler. Überlegen sie, ob dieser für ihr Modell tatsächlich nötig

Als Baustellenfahrzeug braucht der TGX keine Spoiler und Aero-Verkleidungen

ist! Im Original sind sie nur sinnvoll, wenn der Fahrtwind sinnvoll umgelenkt werden kann, um die Aerodynamik des Trucks zu verbessern. Das ist vor allem bei Planen-, Koffer- und Kühlaufliegern der Fall, dort leitet der Spoiler die entgegenkommende Luft über das Dach des Aufliegers. Dies ist sinnvoll bei LKW, die weite Strecken fahren und viel auf Autobahnen unterwegs sind. Im Stadtverkehr oder gar auf Baustellen sind Aerodynamik-Überlegungen nahezu gegenstandslos. Die unteren Seitenverkleidungen stören sogar in puncto Geländegängigkeit. Überlegen sie also, ob Spoiler für ihr Modell Sinn machen. Wenn sie einen Kipper oder gar einen Tieflader ziehen, gibt es keinen hohen Auflieger, über den der Fahrtwind gelenkt werden könnte. Diese Fahrzeuge haben demnach häufig keinen Spoiler. Lassen sie ihn weg, wirkt das gesamte Modell direkt stimmiger. Aber dies ist natürlich wieder eine Geschmacksfrage.

Flachdach montieren, ankleben und spachteln

Kommen wir als Beispiel konkret zum TGX. Als Allrad-Kipper wird er sich vor allem auf Baustellen wohlfühlen. Zusammen mit dem höher gelegten Fahrzeugrahmen machen hier weder Spoiler noch die seitlichen Windabweiser oder die Seitenverkleidung Sinn. Demnach entfallen sie und landen in der Bastelkiste.

Das XLX-Dach aus dem Baukasten soll dem niedrigen XL-Dach weichen, um noch besser zur Baustellenoptik zu passen. Um das aus Resin gegossene Dach von Seitz zu montieren, muss ein ganzes Stück aus dem Tamiya-Fahrerhaus weggesägt werden. Hier kann man mit einer Mini-Bohrmaschine mit Trennblatt arbeiten, aber auch mit dem losen Blatt einer Bügelsäge. Sehen sie sich genau an, welche Kanten am neuen Flachdach schon vorhanden sind und demnach an der Tamiya-Kabine wegkommen.

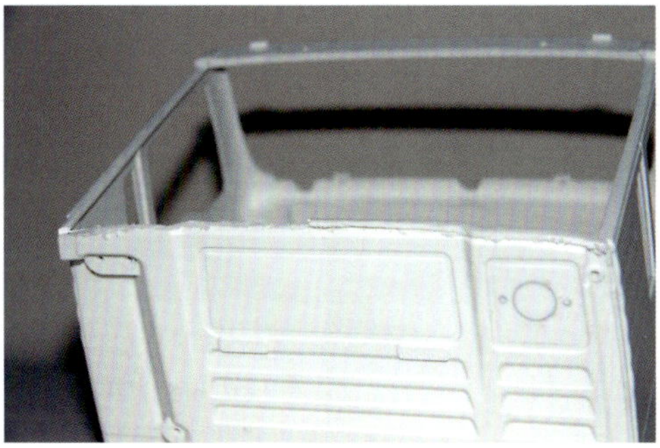

Grobe Vorarbeit leistet eine Säge, hier zu sehen an der Rückwand rechts. Mit Feile oder Schleifgerät geht es dann langsam an die Kontur heran, wie im linken Bereich der Rückwand. Die Seitenwände links und rechts sind bereits mit einer feinen Feile fertig bearbeitet

Resin

Die meisten Kunststoffe für Modellbauteile (Thermoplaste) werden unter Hitze und hohem Druck verflüssigt und in eine entsprechende Form gespritzt. Hierzu sind aufwendige Werkzeuge und Maschinen nötig, was Kleinserien nahezu unbezahlbar machen würde.

Ein möglicher Werkstoff bei einer geringen Stückzahl ist Resin, ein Gießharz auf Basis von Polyurethan. Es wird aus zwei Komponenten vermischt und kann bei Zimmertemperatur verarbeitet werden. Als Form für Resin-Guss eignen sich Silikonabdrücke des gewünschten Bauteils, die an einer Stelle offen sind, um das flüssige Material einzufüllen. Sowohl das Gießen von Resin als auch das Herstellen der Silikonformen ist ohne Maschinen möglich und somit für Kleinserien rentabel.

Sägen sie zuerst grob etwas oberhalb der entsprechenden Kante. Weiter geht es dann mit einer Feile, mit der sie Stück für Stück bis an die gewünschte Linie heranfeilen können. Der größte Fehler an dieser Stelle ist Ungeduld. Wer es kaum erwarten kann und zu großzügig sägt, wird es hinterher sicher bereuen.

Legen sie das Dach immer wieder auf die Kabine. So sehen sie genau, wie die Kanten des neuen Daches verlaufen und wo der Übergang zwischen dem Dach und der Kabine ist.

Während das originale Tamiya-Dach mit vier Schrauben befestigt ist, wird das Dach von Modellbau Seitz am besten verklebt. Dies geschieht in zwei Schritten, um eine vernünftige Stabilität zu erreichen.

Zunächst wird das Dach mit Sekundenkleber oder Kunststoffkleber rundherum angeklebt. Kleine Klammern halten es in Position, bis der Klebstoff ausgehärtet ist. Hier eignen sich zum Beispiel Ruderer L530 oder Pattex Plastix. Vor dem Verkleben alle Teile mit Isop-

Anprobe. Hier erkennt man genau, wo noch etwas gefeilt werden muss

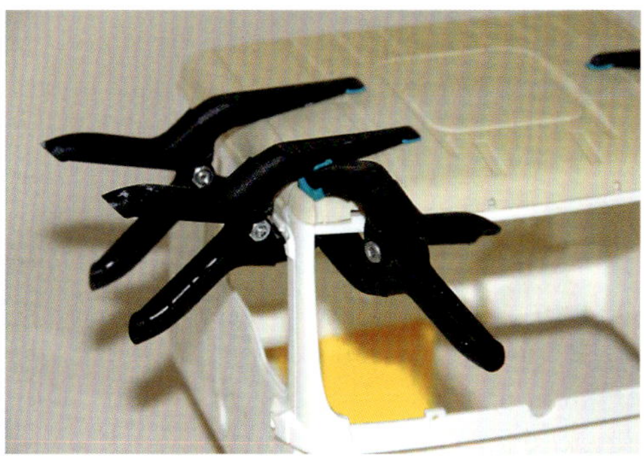

Im ersten Schritt wird das Dach mit Kunststoff- oder Sekundenkleber verklebt und fixiert

Im zweiten Schritt werden die entstandenen Spalten mit einem dickflüssigen und hochstabilen Klebstoff dauerhaft verklebt

ropanol reinigen und die Hände gründlich waschen, um Fett und Staub von der Klebestelle fernzuhalten.

Anschließend ist eine zweite Sorte Klebstoff angebracht, um die beiden Teile dauerhaft und großflächig miteinander zu verbinden. Der erste Klebstoff ist sehr dünnflüssig und kann dadurch die zwangsläufig entstandenen Spalten zwischen den Kunststoffteilen kaum überbrücken. Daher werden nun mit einer dickflüssigeren Variante alle Ritzen und Hohlräume ausgefüllt und das Dach somit vollflächig mit dem Fahrerhaus verbunden. Hier ist Stabilit Express empfehlenswert. Beachten sie unbedingt die Packungshinweise zur Verarbeitung und die Sicherheitsvorgaben.

Verarbeiten sie die Seiten, die Front und das Heck separat und legen das Fahrerhaus immer auf die entsprechende Seite, damit der Klebstoff vor dem Aushärten nicht aus der Spalte heraus läuft. Er wird innerhalb weniger Minuten fest. Das Ganze sollte dann aber 24 Stunden gut durchtrocknen.

Wenn sie sich von der Festigkeit der Verbindung überzeugt haben, geht es nun daran, die sichtbaren Spalten von außen zu schließen. Hier hilft Modellbau-Spachtelmasse, etwa Plasto von Revell. Schneiden sie zunächst aus einer Polystyrol-Platte einige etwa 15 Zentimeter lange und 2-3 Zentimeter breite Streifen und schleifen sie sie vorne etwas an. Diese Streifen dienen ihnen als Einweg-Spachtel. Geben sie etwas Spachtelmasse aus der Tube auf eine Aluplatte, verteilen diese etwas und nehmen dann mit dem Spachtel etwas davon auf. Ziehen sie ihn in einer gleichmäßigen Bewegung in einer Richtung über den zu schließenden Spalt. Auf keinen Fall sollten sie wild hin- und herstreichen, stochern oder Ähnliches, das macht die Oberfläche nur unnötig grob. Wiederholen sie diese Bewegung ein- oder zwei weitere Male mit diesem Spachtel und legen ihn dann weg. Spätestens jetzt werden sie merken, dass die Spachtelmasse den Kunststoff anlöst. Würden sie denselben Spachtel weiterverwenden, würde die Oberfläche durch die weich gewordenen Stücke automatisch unsauber. Nehmen sie daher ein neues Werkzeug und ziehen sie die Oberfläche noch einmal glatt. Aber wirklich nur einmal! Denn auch hier merken sie schnell eine Veränderung der Struktur der Spachtelmasse. Sie beginnt bereits, leicht fest zu werden. Würden sie jetzt noch mehrfach darüberstreichen, würde die Oberfläche beschädigt.

Aber keine Sorge! Das Ganze klingt schwieriger als es ist. Selbst wenn der erste Durchgang

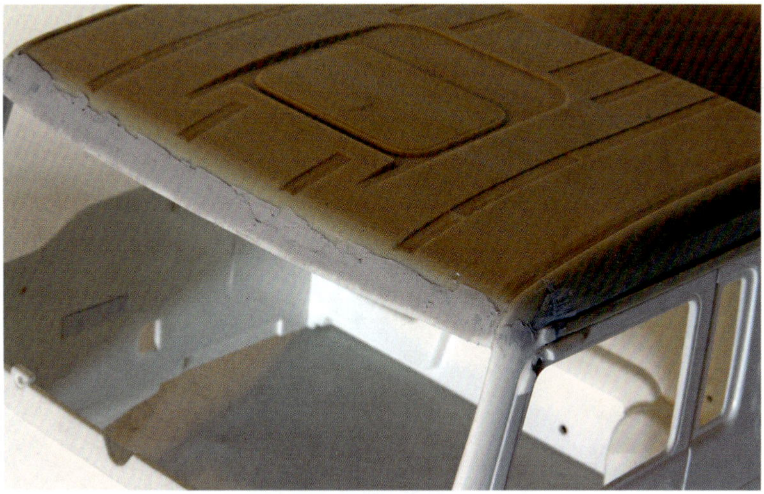

Spachteln und schleifen ... Für ein ordentliches Ergebnis kann, darf und sollte man sich mehrere Tage Zeit nehmen! Hier der Zwischenstand nach dem zweiten oder dritten Spachteln

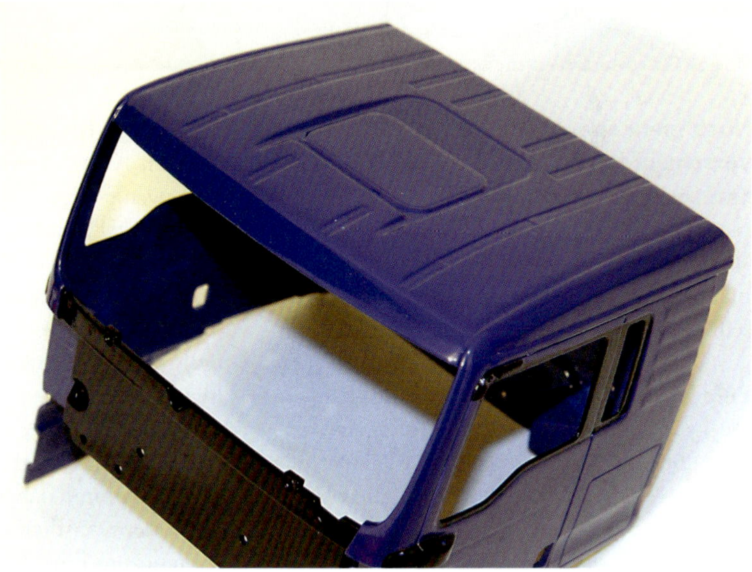

Nach der Lackierung ist im Idealfall kein Übergang mehr zu erkennen

nicht so gut geworden ist: Es sind so oder so noch weitere Spachteldurchgänge nötig und wie immer werden sie merken, dass Übung den Meister macht.

Das Ganze sollte nun über Nacht komplett aushärten, bevor der erste Schleifdurchgang ansteht. Dies geht am besten mit Schleifpapier, das ebenfalls in 2-3 Zentimeter breite Streifen geschnitten wird. Im ersten Durchgang können sie eine Körnung von 180 bis 240 verwenden.

Nach dem Schleifdurchgang merken sie, dass doch noch die eine oder andere Stelle unsauber ist und das noch Lücken und Dellen zu erkennen sind. Los geht es mit der zweiten Runde! Wieder wird gespachtelt, getrocknet und geschliffen. Die Menge an Spachtelmasse, die sie auftragen, sollte dabei immer kleiner werden und das Schleifpapier immer feiner. Beim letzten Spachteln können sie ruhig mit 400er Körnung den Feinschliff machen.

Das Loch für den Aufliegerstecker und die beiden Schraubenlöcher an der Beifahrertür sind zu. Wer es ganz genau haben will, kann noch mit Polystyrolstreifen die beiden Ausnehmungen verschließen, an denen ursprünglich der Spoiler verschraubt wurde

Noch mehr spachteln: Unnötige Löcher verschwinden lassen

Sind sie gerade auf den Geschmack gekommen was spachteln und schleifen betrifft? Wer Wert auf Details legt, hat nun die Möglichkeit, nicht benötigte Löcher am Fahrerhaus zu verschließen.

Allen voran sind hier die beiden seitlichen Bohrungen zu nennen, mit denen am Baukasten-LKW von innen die Kippstange festgeschraubt wird. Statt des massiven Bügels erfüllt auch ein dünnes Seil den Zweck, die beiden Löcher in der Beifahrertür sind ein optisches Manko. Auch die große Öffnung an der Rückwand für den Aufliegerstecker ist sehr auffällig und sollte für ein ansprechendes Modell verschwinden.

Kleben sie zunächst von innen ein dünnes Stück Polystyrol hinter die Löcher, damit die Spachtelmasse nicht herausfallen kann. Geben sie nun von außen wieder in mehreren Schritten Material in die Fugen und Löcher, ziehen es glatt, lassen es trocknen und schleifen es anschließend glatt. Auch hier sind mindestens zwei oder drei Durchgänge nötig.

Stoßstange für raue Stöße

Im rauen Alltag einer Baustellen-Zugmaschine ist wenig Platz für schicke, aber instabile „Schnörkel" am Fahrzeug. Insbesondere die Stoßstange muss in dieser Umgebung ihrem Namen des Öfteren gerecht werden. Die tief nach unten gezogene, moderne Stoßstange des TGX mit ihren Chromeinlagen hingegen ist auch im Original weitestgehend aus Kunststoff und würde vermutlich kaum einen einzelnen Arbeitstag auf einer Baustelle unbeschadet überstehen. Im Original kommt daher am TGX bis Baujahr 2013 eine wesentlich puristischere Stoßstange aus Stahl zum Einsatz, die optisch noch an das Vorgängermodell TGA erinnert. Sie reicht nicht so tief nach unten, lässt dem Fahrzeug mehr Bodenfreiheit und ist deutlich robuster.

Auch im Modell kann diese Fahrzeugoption nachvollzogen werden. Modellbau Seitz hat die besagte Baustellen-Stoßstange (auch Schwerlast-Stoßstange genannt) im Angebot. Sie trägt einen großen Teil zur Optik des Offroad-Fahrzeugs bei. Schweren Herzens (weil die moderne TGX-Version ja eigentlich wirklich schick ist) wandert dieses Bausatz-Teil in die Restekiste

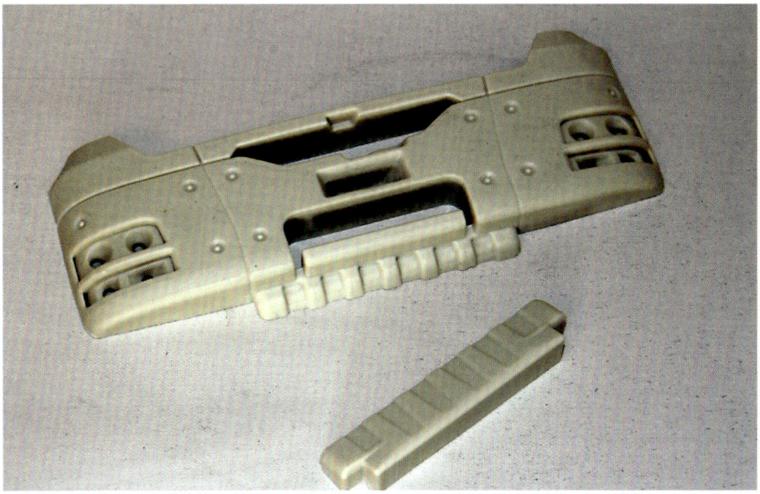

Die Seitz-Stoßstange besteht aus zwei Teilen

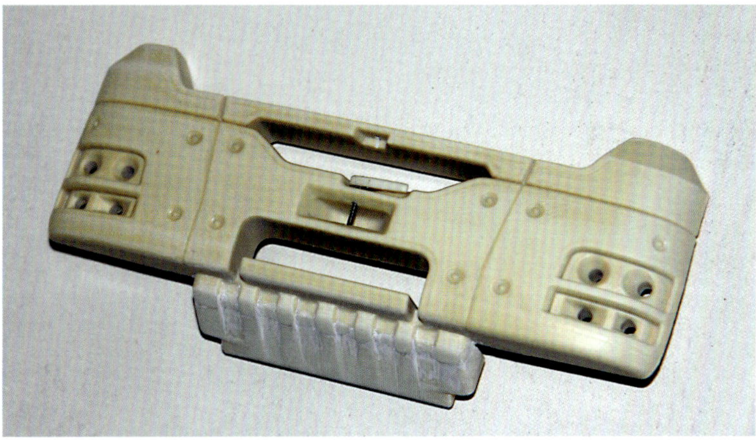

Fertig zusammengeklebt und verspachtelt wartet der Stoßfänger auf seine Farbe

und wird durch den massiven Resin-Bumper ersetzt.

Ein wenig Arbeit ist auch hier noch nötig. Zunächst muss der zweiteilige Resin-Artikel verklebt werden. Hier eignet sich Ruderer L530. Wie schon zuvor ist nun spachteln und schleifen angesagt, um den Übergang vom Stoßfänger zum angeklebten Unterfahrschutz glatt zu gestalten. Durch das Streifenmuster nicht ganz einfach, aber sie haben ja inzwischen Übung.

Weiterhin sollten nun die Löcher für die LEDs in den Scheinwerfern gebohrt werden. Am besten passen hier 3-mm-LEDs hinein, die beiden Hauptscheinwerfer können bei Bedarf stattdessen auch auf 5 mm aufgebohrt werden.

Wie die Stoßstange am Fahrzeug befestigt wird, ist jedem selber überlassen. Seitz hat hier weder eine entsprechende Anleitung vorgesehen noch passende Öffnungen eingegossen, also hat man freie Hand bei der Montage. Ich entschied mich für eine innen aufgeklebte Trägerplatte. Hierfür wurde zuerst eine Papp-Schablone zurechtgeschnitten und diese dann auf eine 1,5-mm-Stahlplatte übertragen. Mittig in den beiden Öffnungen sah ich entsprechende Laschen vor, durch die die Stoßstange später von außen gesichert werden soll. Die Stahlplatte wurde zunächst grob mit einer Stichsäge, dann

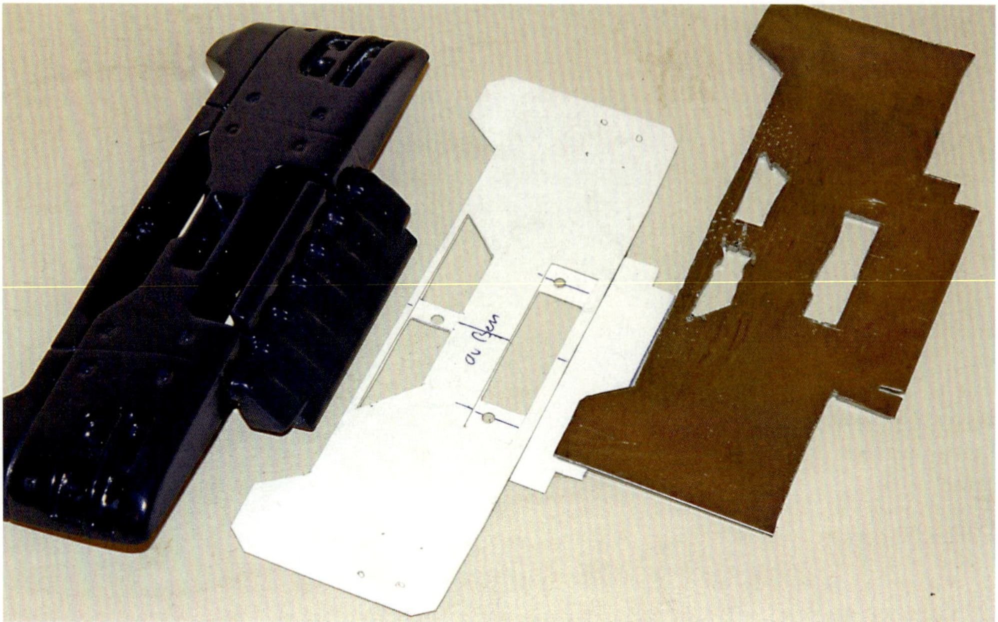

Von einer zurechtgebastelten Pappschablone werden die Konturen mit einer Reißnadel auf die Stahlplatte übertragen

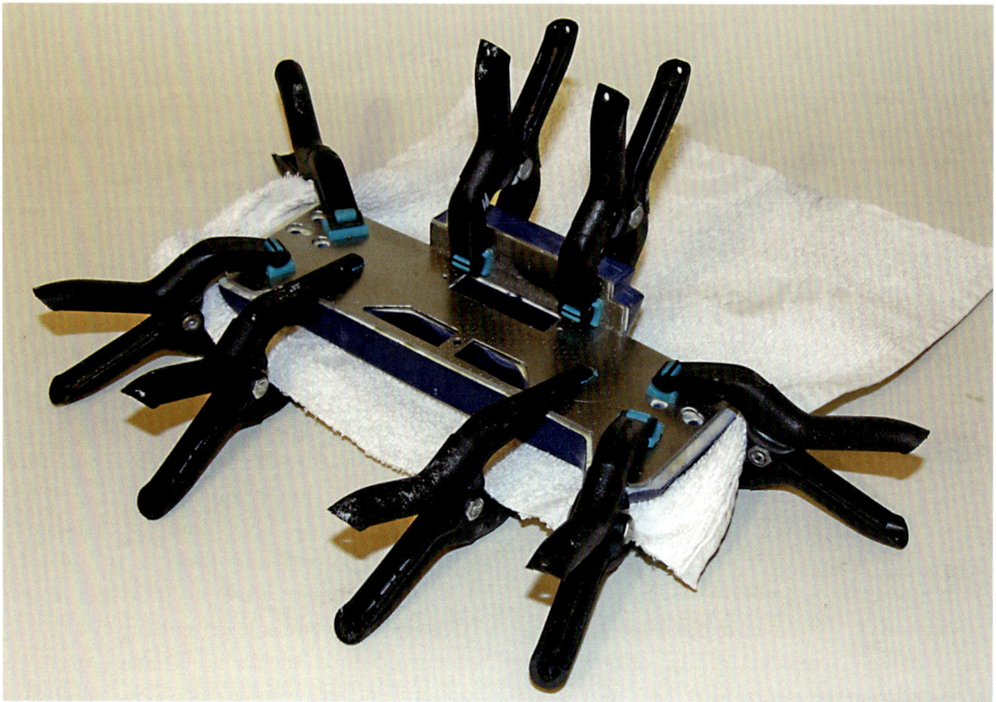

Das Stahlteil wird von innen mit Stabilit Express angeklebt

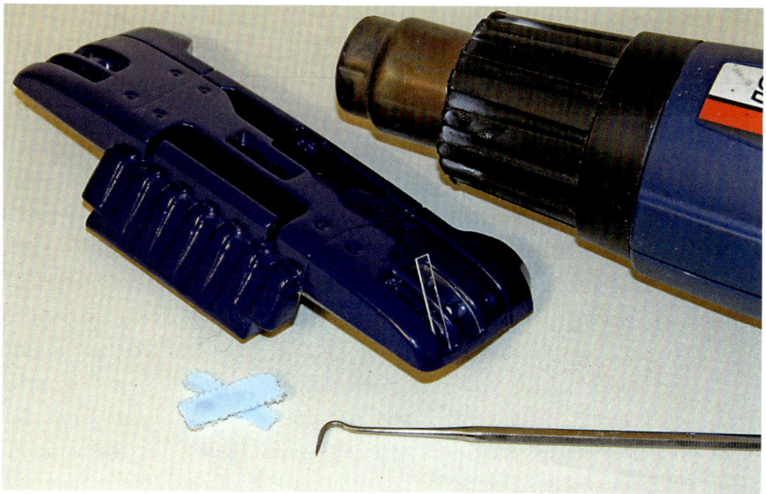

Die Abdeckgläser werden in die Scheinwerfergehäuse gesteckt und vorsichtig erwärmt. Dann mit einem Werkzeug herunterdrücken und noch etwas weiter wärmen, bis die transparenten Teile die Form angenommen haben

Oben mittig mit einer M3-Schraube und unten links und rechts mit je einer M2 Schraube wird die Metallplatte der Stoßstange an das Fahrgestell geschraubt

etwas genauer mit einer Bügelsäge und schließlich mit der Feile an die Kontur des Resin-Teils angepasst. Eine gute Gelegenheit, sich gleich mit einer neuen Disziplin zu befassen und zumindest grundlegende Erfahrungen in der Metallbearbeitung zu sammeln. Der Modellbau-Buchhandel bietet hier übrigens passende Bücher und DVDs an, um den Umgang mit Säge, Feile und Bohrer am Metallstück zu lernen.

Abschließend wird die untere Lasche mit einem Stück Holz und einem Hammer rechtwinklig umgebogen. Dann folgen im Bereich der Scheinwerfer entsprechende Bohrungen für die LEDs. Verklebt wird die Stahlplatte mit Stabilit Express. Ausreichend Klammern sorgen dafür, dass kein zu großer Spalt zwischen Metall und Resin entsteht, während das Ganze über Nacht aushärtet.

Im nächsten Schritt ist etwas Fingerfertigkeit angesagt: Mit einem winzigen Pinsel bekommen die Scheinwerferbereiche silberne Farbe. Anschließend werden die Gläser zurechtgebogen. Seitz liefert von der Form her passende dünne Plexiglas-Teile mit. Diese werden an der äußeren Kante in die Stoßstange gesteckt und dann ganz vorsichtig mit einem Heißluftgebläse erwärmt. Am besten eines mit regelbarer Temperatur verwenden und nicht mehr als 90 Grad einstellen. Mit einem geeigneten Werkzeug wird dann das Plexiglas einfach heruntergedrückt und noch in paar Sekunden weiter aufgeheizt. Die transparenten Abdeckungen verformen sich entsprechend der angedrückten Kontur und legen sich so um die Innenteile der Scheinwerfer. Nach dem Abkühlen bleiben sie in dieser Form.

Nachdem die LEDs von hinten befestigt sind (siehe Kapitel „Scheinwerfer und Co: Lampen einbauen“) werden die Abdeckgläser angeklebt. Hier eignet sich Leim oder lösemittelfreier Alleskleber. Vorsicht: Sekundenkleber oder alles andere lösemittelhaltige würde die transparenten Gläser milchig werden lassen!

Zwar ist der Aufbau mit der innen verklebten Metallplatte recht aufwendig. Spätestens bei der Montage macht er sich aber bezahlt. Jetzt kann die Stoßstange nämlich einfach von vorne an den Rahmen gesetzt werden und mit drei Schrauben an der Fahrerhaus-Metallplatte des Tamiya-Bausatzes angeschraubt werden. Damit die Stoßstange weit genug nach vorne steht, sind eventuell ein paar Distanzbuchsen nötig.

Geblendet! Dieser Scania hat einen Dachlampenbügel (Veroma), Scheinwerfer in der Sonnenblende (Verkerk) und im Kühlergrill (Verkerk). Freilich… die deutsche Zulassung des Originals würde hier nicht mit rechten Dingen zugehen

Es werde Licht: Lampenbügel und allerhand anderes Leuchtendes

Im späteren Verlauf soll ja durch eine Lichtanlage möglichst viel an Scheinwerfern und Beleuchtungen am Modell ferngesteuert realisiert werden. Jetzt ist ein guter Moment, die entsprechenden Lampen einzubauen.

Fernlicht und Arbeitsscheinwerfer sind häufig in Form von Lampenbügeln umgesetzt. Diese Metallstangen werden am Dach oder am Kühlergrill des Fahrzeugs befestigt und tragen dann wiederum mehr oder weniger viele Scheinwerfer. Während in Deutschland die Anzahl der Fernlichter reglementiert ist (offiziell sind nur zwei Fernlicht-Scheinwerfer zugelassen!), ist man da in den skandinavischen Ländern, in denen Trucker deutlich mehr mit der Dunkelheit zu kämpfen haben, freier. Gerade die Marke Scania bietet daher eine Menge Möglichkeiten, Lampen zu montieren.

Aber auch mitteleuropäische LKW können durch einen Lampenbügel samt Scheinwerfern aufgewertet werden. Der Halter an sich ist – zusammen mit den Lampengehäusen – zum Beispiel von Veroma erhältlich. Die Form des Bügels ist spezifisch an die unterschiedlichsten Fahrerhäuser angepasst. Bei der hier verwendeten Ausführung werden die Leuchten mit winzigen Schrauben am Bügel befestigt. Bloß nicht zu fest schrauben – das Sprichwort „Nach fest kommt lose“ schlägt hier sehr schnell zu.

Diese Gehäuse können nun mit Leuchtmitteln bestückt werden. Hier hat Veroma passende runde Platinen im Programm, die eine winzige SMD-Leuchtdiode tragen. Sie wird einfach eingesetzt und das Kabel nach hinten herausgeführt. Aber hier ist noch mehr drin: Das Highlight sind sicher die sogenannten Angel Eyes – ein dünner, außen laufender Standlicht-Ring,

SMD

SMD steht für „Surface mounted Device" (engl. = oberflächenmontiertes Bauteil). Dies ist ein elektronisches Bauteil, das nicht mit einem Anschlussdraht durch ein Loch in einer Platine gesteckt und dann angelötet wird, sondern das am Bauteil selber kleine Lötflächen hat, die auf einer Seite der Platine angelötet werden.
Bedeutsam ist vor allem, dass SMD-Bauteile wesentlich kleiner sind als herkömmliche Komponenten, wodurch im Modellbaubereich im Grunde alles mit LEDs versehen werden kann. Durch ihre winzigen Abmessungen ist das Löten von SMD-Bauteilen sehr schwierig.

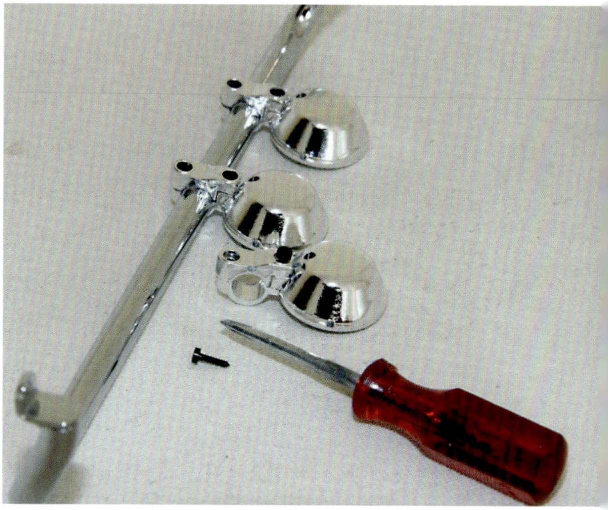

Mit winzigen Schrauben werden die zweiteiligen Lampengehäuse an den Bügel geschraubt

während in der Mitte der eigentliche Fernlicht-Scheinwerfer sitzt – hochmodern und schick, so was wollen wir haben.

Einen derartigen Lichteffekt im Modell umzusetzen ist eine filigrane Angelegenheit. Auch hier gibt es eine dünne Platine, die jedoch nicht nur vorne, sondern auch auf der Rückseite winzige LEDs trägt. Während die vorderen LEDs direkt als Fernlicht scheinen, strahlen die hinteren Leuchtmittel von innen gegen die Rückwand des Lampengehäuses, von wo der Schein von einem doppelt verchromten Reflektor außen entlanggeführt wird.

Die Platinen werden vorsichtig in den Reflektor gedrückt, dann die drei Leitungen durch das hintere Loch im Lampengehäuse gefädelt und die Einheit komplett eingesetzt.

Der Lampenbügel wird am Fahrerhaus festgeschraubt, indem zwei Löcher in das Dach gebohrt werden. Für die Zuleitungen gibt es am

Angel Eyes hat zum Beispiel Veroma im Programm. Die Platinen müssen noch schwarz lackiert werden, um ein Durchscheinen zu vermeiden. In der Mitte das Lampengehäuse und der Reflektor

Zusammen mit dem normalen Abblendlicht leuchten nur die blauen Ringe. Beim Fernlicht strahlen die vier Dachscheinwerfer komplett weiß. Superschick!

besten direkt hinter jedem Scheinwerfer eine kleine Öffnung, durch die die Kabel auf direktem Weg in die Kabine geführt werden. Hier sollten die Leitungen nun beschriftet werden, bis später der Anschluss folgt. Die etwas längere Leitung ist Plus, die beiden anderen sind je für die Leuchtringe und das Fernlicht in der Mitte. Zur Strombegrenzung hat Veroma noch spezielle Dioden beigepackt, die bei einem 12-Volt-Truck unbedingt angeschlossen werden müssen.

Scheinwerfer, Angel Eyes und Lampenbügel sind das eine. Aber was ist mit Warnbeleuchtung? Für Baustellenfahrzeuge wie unseren Allrad-TGX fast schon verpflichtend sind doch gelbe Rundumleuchten auf dem Fahrerhausdach. An Straßenbaustellen – oder wann auch immer andere Verkehrsteilnehmer gewarnt werden müssen – schaltet der Fahrer diese ein und taucht sein Umfeld in ein flackerndes gelbes Leuchtinferno.

So faszinierend wie im Original sind Rundumkennleuchten auch im Modellbau. Daher gibt es etliche Hersteller, die passende Produkte im Programm haben. Auch Elektroniken sind erhältlich, um den Lichteffekt darzustellen. Bis vor einigen Jahren waren im Original die sogenannten Drehspiegelleuchten Stand der Technik. Hier gab es eine helle Lampe und einen Reflektor, der von einem kleinen Motor um das Leuchtmittel herumgedreht wurde, was den bekannten Leuchtturmeffekt ergab. Obwohl es einige Versuche gibt, dies im Modell nachzubauen, hat sich bei dieser Ausführung eher durchgesetzt, das orangene Gehäuse (oder natürlich blau im Falle von Einsatzfahrzeugen) mit mehreren kleinen Lampen zu bestücken, die von einer Lauflicht-Elektrik nacheinander eingeschaltet werden, was den Effekt ganz gut nachahmt. In der echten Welt haben hier aber längst die Blitzlichttechnik und inzwischen LEDs Einzug gehalten. Wahlweise werden eine Blitzröhre oder entsprechende LED-Module in einem passenden Rhythmus gezündet. Das ist natürlich im Modell entsprechend einfacher nachzubilden. Schauen sie sich die Rundumleuchte ihrer Wahl auf jeden Fall vor dem Kauf an. Denn der Lichteffekt steht und fällt mit der Leuchtkraft. Das Ganze macht am Modell nur etwas her, wenn die Kennleuchte wirklich hell ist. Und so ansprechend moderne Blitzlampen auch sein mögen, beachten sie das Alter ihres Originals. Wer zum Beispiel einen alten Mercedes SK, etwa von Wedico oder Tamiya nachbaut, wird nicht umherkommen, einen Rundumlicht-Effekt zu verwenden.

In den TGX wandern zwei orangene Rundumlichter vom Hersteller Pistenking. Der eigentlich in der Nachbarsparte des Pistenraupen-Modellbaus beheimatete Hersteller hat ein ganzes Arsenal an blauen, gelben und orangenen Lampen im Programm, dazu in verschiedenen Formen und Maßstäben. Das Bemerkenswer-

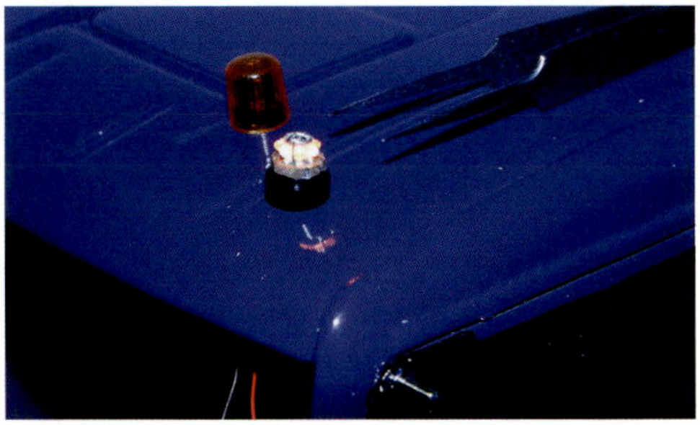

Die Rundumleuchte wird unter Spannung gesetzt und die Haube abgenommen. Mit einer Pinzette werden zwei in der Anleitung beschriebene Kontaktstellen berührt und somit elektrisch verbunden, woraufhin der jeweils nächste von zehn Blitz- und drei Dreheffekten aktiviert wird

te ist, dass diese die Steuerelektrik für mehrere Lichteffekte und je nach Größe sieben oder zehn winzig kleine SMD-LEDs gleich mitbringen, und zwar integriert in die nur wenige Millimeter große Lampeneinheit. An der Steuerelektrik kann eingestellt werden, ob eine von drei Drehgeschwindigkeiten genutzt werden soll, also die LEDs nacheinander im Kreis aufleuchten, oder ob vielmehr eines der zehn verschiedenen Blitzmuster zum Zuge kommen soll. Eingestellt wird, indem zwei Kontakte an der Platine innerhalb der Rundumleuchte mit einem metallischen Gegenstand, am besten einer Pinzette, kurz berührt werden. Eine unglaubliche Fummelarbeit, bei der man noch dazu in die recht hellen LEDs gucken muss – aber das Ganze muss nur einmalig durchgeführt werden.

Da sämtliche Elektronik in der Lampe selber untergebracht ist, fällt die Verdrahtung entsprechend simpel aus: Zwei Drähte kommen unten aus der Leuchte, die später an ein Schaltmodul angeschlossen werden. Dies und die Antwort auf die Frage, wie die Leitungen am besten im Fahrerhaus verlegt werden, lüften wir im Kapitel „Es werde richtig Licht: Schalt- und Lichtmodule in das Modell einbauen".

Der Einbau der Lampe an sich ist schnell gemacht. Zwei Löcher ins Fahrerhaus bohren, Lampe durchstecken und von der Rückseite mit der beiliegenden Mutter sichern oder mit einem Tropfen Klebstoff befestigen. Ich habe übrigens im Internet ein paar Fahrzeugzeichnungen von MAN bekommen können, aus denen die originalgetreue Position der Lampen auf dem Dach hervorgeht. Was mich gestört hat, war die Tatsache, dass in diesem Bereich das Fahrerhausdach bereits recht schräg ist und die Kennleuchte dadurch wie zwei Hörner nach vorne zeigten. Also musste ein Ausgleichssockel her. Statt der verschiedenen Lösungen aus dem Handel ent-

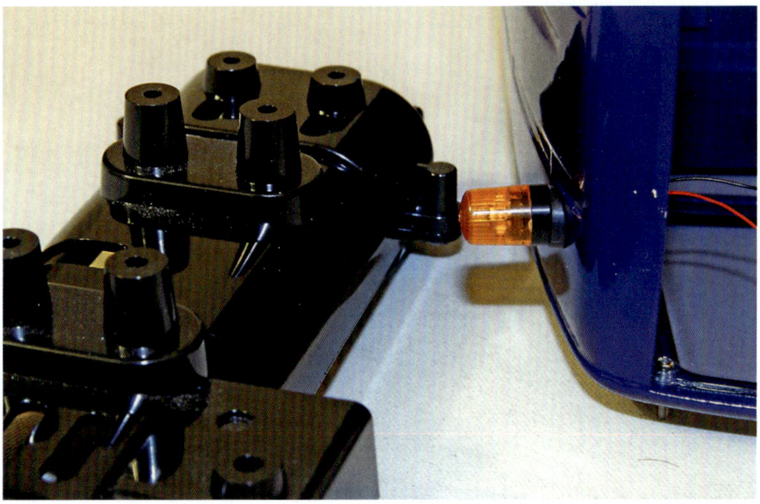

Ein Tamiya Batteriekasten spendet pro Rundumleuchte einen seiner Schraubendome. Dieser ergibt etwas bearbeitet einen hervorragenden Sockel

schied ich mich, diese selber zu bauen. Materialspender war der ausrangierte Batteriekasten des Tamiya-Fahrzeugs. Die vier Schraub-Dome haben mittig genau den richtigen Durchmesser für den Sockel. An der entsprechenden Stelle durchgesägt und das Ganze am Schleifgerät schräg geschliffen ergab einen perfekten Unterbau der Rundumlampe, die dadurch fast senkrecht steht.

Innenausbau: Modelltruckers Arbeitsplatz

Nachdem nun das Äußere passt, wenden wir uns der Inneneinrichtung der Kabine zu. Um eine Vorstellung von einem Truck zu bekommen, ist es sehr hilfreich, einmal einen zu besichtigen. Vielleicht gibt es ja auf einer Nutzfahrzeug-Messe, einem Autobahn-Rastplatz oder bei einer Spedition die Chance dazu.

Zunächst muss jedoch die Platzfrage geklärt werden. Schließlich ist eine Menge Technik am Modell unterzubringen und nicht selten landet diese im Fahrerhaus.

Häufig teilen sich Elektrik und Einrichtung den Platz in der Kabine. Das kann zum Beispiel durch eine Trennwand passieren. Im vorderen Teil, bis kurz hinter die Seitenfenster, wird das Fahrerhaus eingerichtet. Direkt danach kommt dann die Trennwand die Empfänger, Module und Kabel verbirgt. Um die Kabine weiterhin kippen oder abnehmen zu können, sollten entweder die Kabel lang genug bleiben oder ein passender Stecker eingelötet werden.

Die Trennwand muss dabei nicht zwangsläufig in der Kabine montiert werden, sie kann auch am Rahmen fixiert sein. Hier wird das Fahrerhaus dann hinterher darüber gestülpt.

Da Komfort in LKWs immer wichtiger wird, haben aber auch immer mehr europäische Fahrzeuge ein großzügiges Raumangebot und somit häufig mehr oder weniger hohe Hochdächer, wie z.B. auch der TGX XLX. Auch hier kann einiges an Elektrik untergebracht werden und der sichtbare Bereich der Kabine frei bleiben.

Schließlich ist es noch möglich, sämtliche Komponenten auf bzw. unter der Grundplatte des Fahrerhauses unterzubringen. Hier kommt dann das Fahrerhaus einschließlich Innenausbau drüber und verbirgt so die Technik.

Im Vorteil sind hier die US-Trucker. Hier kann die Kabine vollständig ausgebaut werden, die gesamte Elektrik wandert einfach in den Sleeper.

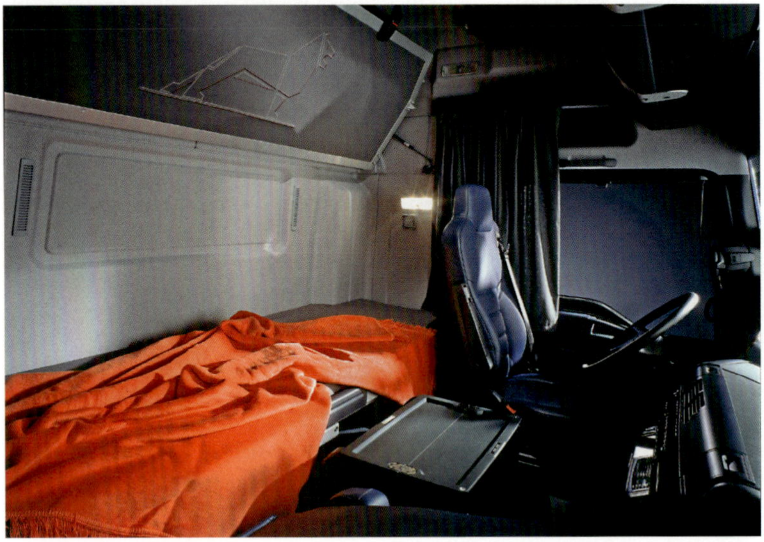

So wohnlich ist ein moderner LKW von innen. Auch ein Modell-LKW kann im Innenraum eingerichtet werden. Foto: MAN

Hinter dem grauen Vorhang ist die gesamte Elektrik untergebracht. Die Kabel sind so lang, dass die Kabine noch nach vorne gekippt werden kann, ohne die Stecker trennen zu müssen. Von außen sieht man nichts davon, vielmehr fällt der Blick sofort auf die vielen Details

Auch bei diesem Mercedes ist die gesamte Elektrik sowie das Interieur fest im Fahrerhaus verbaut. Beim Kippen wird hier jedoch eine Steckverbindung getrennt

Bei diesem MAN sind Elektrik und Fahrerhausausbau auf einer Grundplatte am Rahmen angebracht. Hier der Blick auf die Rückseite mit Fahrregler, Empfänger und Elektrik. Die Kabine wird später senkrecht darüber gesteckt

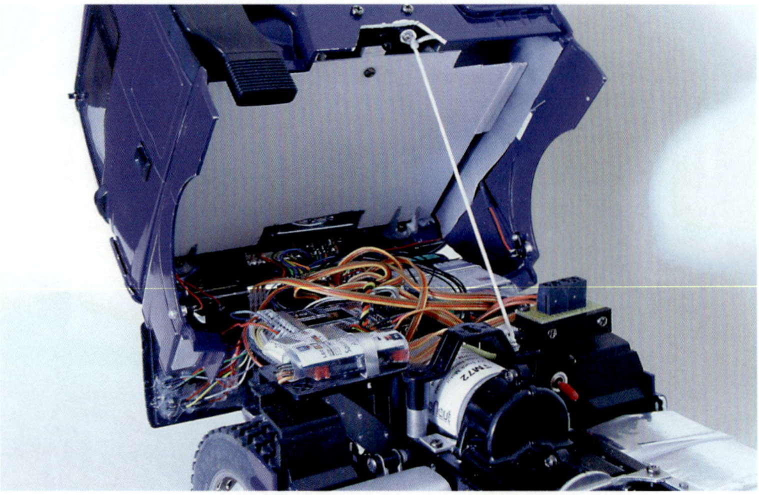

Wie im Original: Die Kabine mit Interieur wird hochgeklappt und legt die Fahrzeugtechnik frei

Innenausbau im Fahrerhaus

Widmen wir uns einer der Ausbau-Varianten etwas ausführlicher: Bei diesem Tamiy-Mercedes soll die gesamte Elektrik und der Innenausbau in der Kabine landen und diese kippbar über eine Steckverbindung bei Bedarf gelöst werden können.

Die Trennwand besteht aus einer dünnen Kunststoff-Platte, deren Konturen dem Innenraum entsprechend ausgesägt werden. Hilfreich ist dabei ein Stück Karton. Passen Sie es an die Konturen des Fahrerhauses an und übertragen die Größe dann auf die Kunststoffplatte. Danach aussägen und auf die Trennwand mit doppelseitigem Klebeband dünnen Stoff oder Leder aufkleben. Dies ist auch das Material für die weitere Innenverkleidung und Auspolsterung. Der Bezug kann auch in Falten gelegt und dann auf die Unterteilung geklebt werden. So entsteht eine Art Vorhang, den der Modell-

Bei diesem Mercedes vom Tamiya wurde der gesamte Innenausbau in das Fahrerhaus gesetzt. Es wird danach einfach auf dem Rahmen gesteckt und vorne verschraubt

Trennwand aus einer Kunststoffplatte mit Stoffbezug in Falten

trucker zuzieht, wenn er im hinteren Teil der Kabine übernachtet. Mit Metallwinkeln wird die Trennwand dann im Fahrerhaus befestigt.

Auch der Boden des Fahrerhauses wird aus Kunststoffplatten gebaut. Nehmen Sie auch hier mit Karton Maß. Schneiden Sie solange zurecht, bis das Material ohne starkes Biegen gerade von unten eingesetzt werden kann. Je nach Modell könnten hier die Kotflügel im Weg sein. Denken Sie auch an den Motor, der zwischen dem Fahrzeugrahmen recht weit nach oben herausragt. Falls nötig, bauen Sie mittig im Fahrerhausboden einen Motortunnel ein. Passt alles, die Abmessungen vom Karton auf Kunststoff übertragen, aussägen und zusammenkleben. Jetzt auch den Boden mit Stoff beziehen oder lackieren. Schließlich Sitze und Lenkrad aufkleben.

Bevor der Innenraum ausgekleidet wird, müssen alle Kabel verlegt sein, die zum Kabinendach führen. Die werden nämlich durch den Bezug verdeckt. Also jetzt Dachlampen, Beleuchtung in der Sonnenblende über der Frontscheibe, gelbe Warnblitzer oder die Konturen-Beleuchtung eines Show-Trucks einbauen und verkabeln. Mehr dazu im Kapitel „Scheinwerfer und Co: Lampen einbauen". Denken Sie auch über eine Innenraumbeleuchtung nach. Da Sie

Auch die Bodenplatte besteht aus Kunststoff mit Stoffüberzug. In der Mitte ist Platz für den Motor

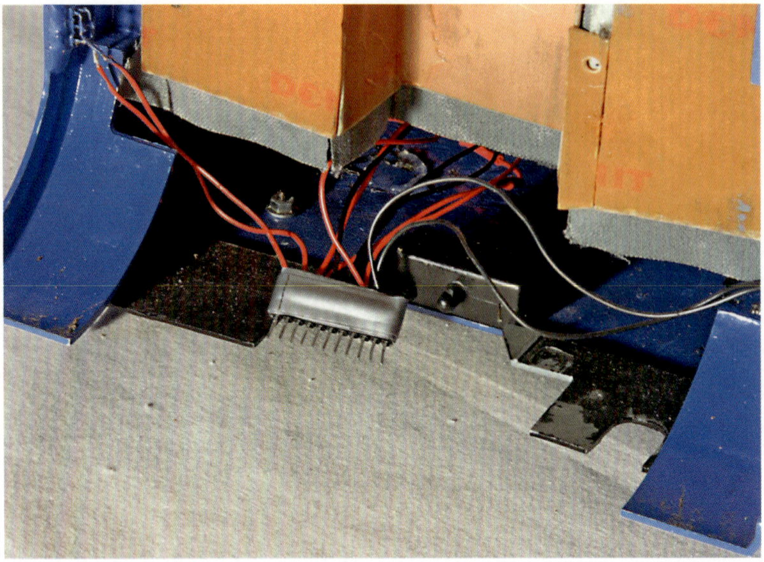

Mit so einem Stecker werden die Verbraucher im Fahrerhaus mit den Anschlüssen am Rahmen verbunden

hier gerade viel Arbeit investieren, wäre es doch schön, wenn später ferngesteuert oder mit einem Schalter am Modell zwei kleine Glühlampen oder LEDs das Fahrerhaus beleuchten könnten. Um die Elektrik in der Kabine später anschließen zu können, bietet sich ein Stecker an. Da das Fahrerhaus abgenommen werden kann, können so alle Kabel einfach abgezogen werden.

Damit unter dem Dach nicht die Sicken und Ausbuchtungen der Karosserie sichtbar werden, zunächst dünnen Karton aufkleben. Nun die Kabine von innen komplett mit Stoff auskleiden. Geklebt wird am besten wieder mit doppelseitigem Klebeband. So gibt es keine Flecken von flüssigem Klebstoff. Darauf achten, dass der Stoff nicht ausfranst und auch die schmalen Stege zwischen den Fenstern verklei-

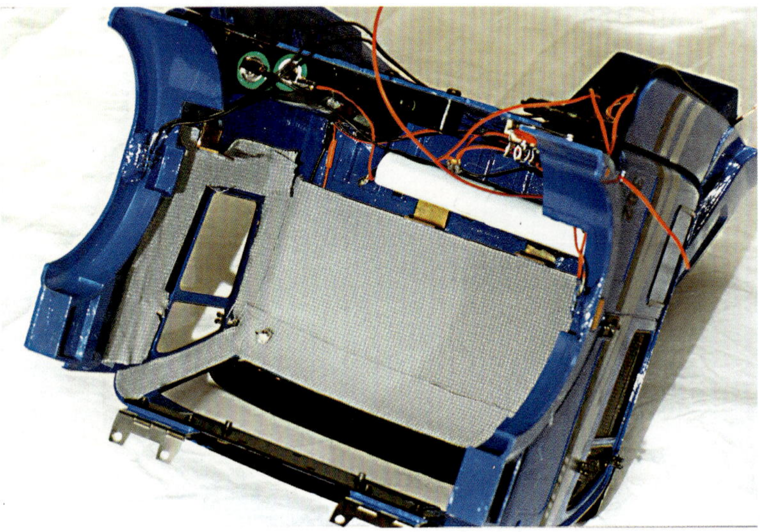

Mit Stoff und doppelseitigem Klebeband ist der Innenraum komplett ausgekleidet. An den Metallwinkeln wird später die Trennwand befestigt, dahinter ist reichlich Platz für Elektrik

den. Natürlich ist dabei nicht alles aus einem Stück. Auch im Original sind Kanten zum Beispiel an den Türen zu erkennen. „Stückeln" ist im begrenzten Umfang also möglich. Den Stoff dabei ruhig etwas überstehen lassen. Durch die Überlappung können Lücken und Fugen überdeckt werden.

Damit ist die Innenverkleidung fertig. Je nach Detailtreue, die Ihr LKW von innen haben soll, können jetzt noch Gepäcknetze, Haltegriffe und andere Feinheiten angebracht werden.

Wenn vorher exakt gearbeitet wurde, sollte sich das Fahrerhaus jetzt ohne Klemmen und Drücken auf den Rahmen setzen und anschrauben lassen.

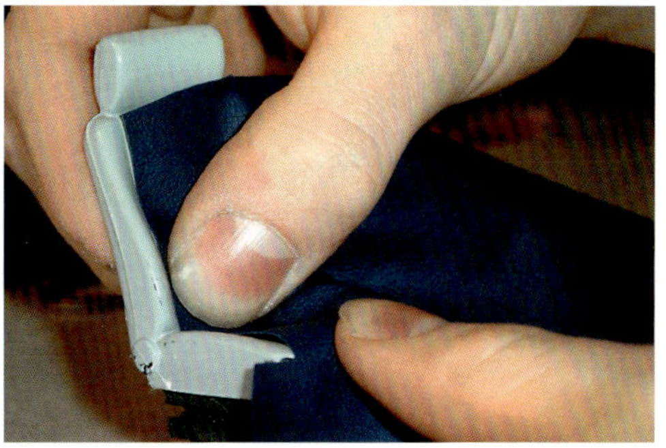

Zunächst das Leder fest auf den Sitz drücken und dann entlang der abgedrückten Konturen grob mit einer Nagelschere ausschneiden

Details für das Fahrerhaus

Egal, ob Ihr Innenausbau im Fahrerhaus oder doch auf dem Rahmen gelandet ist: Erst viele kleine Details im Inneren machen die Kabine zu einem optischen Leckerbissen.

Los geht es mit den Sitzen. Um sie mit Leder zu beziehen, ist ein wenig Arbeit nötig. Hierfür wird echtes, sehr dünn geschnittenes Leder verwendet. Erhältlich in gut sortierten Bastelgeschäften oder zum Beispiel beim Materialversender Modulor (www.modulor.de). Als Kleber wasserlöslichen Holzleim verwenden, der mit einem Pinsel verstrichen wird.

Dann den Kunststoff-Sitz mit Leim bestreichen. War er vorher lackiert, muss die Farbe nicht extra abgeschliffen werden

Zuletzt folgt der Feinschliff. Sollte irgendwo etwas Leim hervorgequollen sein, lässt er sich mit Wasser und einem Wattestäbchen entfernen. Nun kann der Modell-Trucker Platz nehmen. Fahrerfiguren sind auf dem Modellbau-Zubehörmarkt erhältlich. Die Figur entweder mit einem Kabelbinder am Sitz befestigen oder mit einer Schraube durch den Torso am Sitz anschrauben.

Die Sitze sollen wie im Original auf Faltenbälge montiert werden. Damit können bei einem echten Sitz die Höhe und der Winkel verändert werden und er wirkt als Stoßdämpfer für den Fahrer. Am einfachsten wird der Balg aus Moosgummi oder Holz hergestellt. Zunächst

Jetzt dass Leder auf den Sitz drücken, verschieben und knicken, bis es passt. Wichtig ist jetzt, die Konturen der Rückenlehne und Sitzfläche nachzuziehen. Auch hier eignet sich wieder die Nagelschere oder ein anderer nicht allzu spitzer Gegenstand

Da der Leim schnell trocknet, kann schon bald weitergearbeitet werden. Mit einem kleinen Teppichmesser oder einem Skalpell das überstehende Leder den Konturen entlang abschneiden

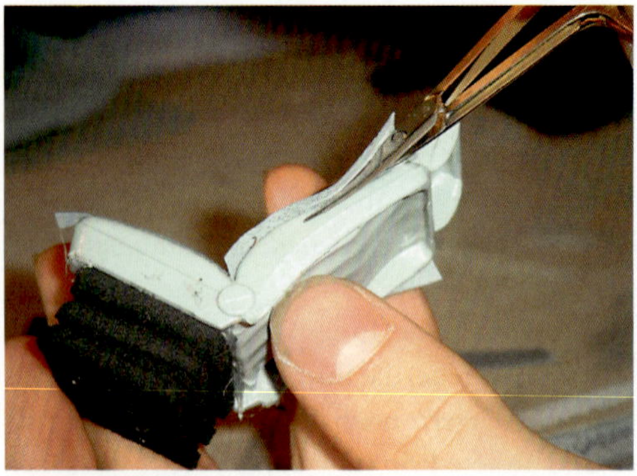

Den überstehenden Bezug mit der Nagelschere entlang der Sitzkontur abschneiden

Weiter geht es mit den Seitenflächen des Sitzes. Hier wird ein anderer Farbton verwendet. Aber auch bei nur einer Lederfarbe nicht den gesamten Sitz aus einem Stück herstellen. Genauso vorgehen, wie zuvor bei der Sitzfläche. Besonders darauf achten, dass die Stoßkanten der Lederteile genau aneinander liegen. Kleine Lücken durch Dehnen des aufgeklebten Leders schließen

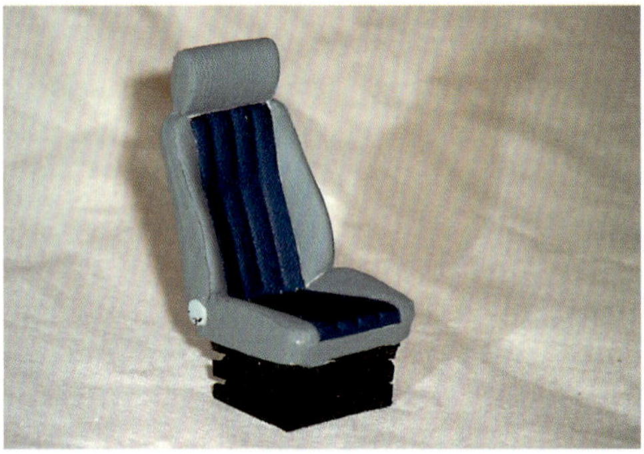

Außenkanten und Kopfstütze nach demselben Prinzip beziehen

einen Quader zurechtschneiden oder -sägen, der unter den Sitz passt. Dann von allen Seiten kleine Schlitze einbringen und die Sitze auf die Bodenplatte des Fahrerhauses kleben.

Aber auch die Zubehör-Hersteller haben sich dem Innenausbau verschrieben. Modellbau Seitz liefert zum Beispiel Resin-Teile, die sehr originalgetreu dem entsprechenden Vorbild nachempfunden sind. Hier sind Actros- oder

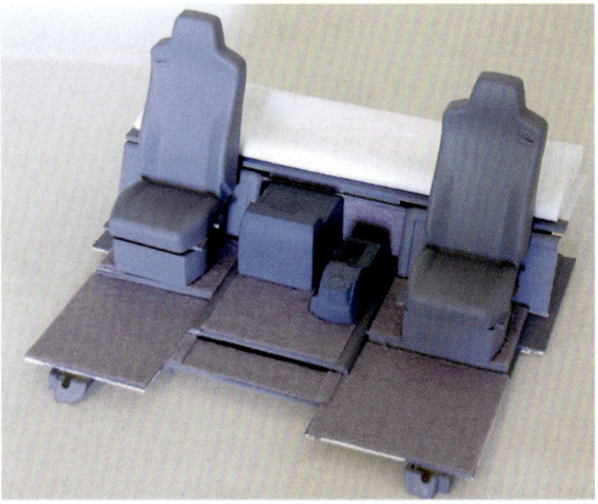

Kühlbox und Mittelkonsole stammen von Seitz-Modellbau. Die Sitze sind aus dem Tamiya-Baukasten. Alles andere ist aus Polystyrol hergestellt

Eine Straßenkarte und eine Zeitschrift auf dem Armaturenbrett bekam dieser Scania

MAN Tür-Innenverkleidungen und Mittelkonsolen zu bekommen, ebenso wie eine Kühlbox zwischen den Sitzen, die zum Lieferumfang eines echten MAN TGX gehört. Anhand ein paar passender Bilder vom Innenraum kann so das Vorbild auch hier originalgetreu nachempfunden werden.

Bei den weiteren Details sind der Fantasie kaum Grenzen gesetzt. Wie wäre es zum Beispiel mit kleinen Limonaden-Flaschen für den Fahrer? Entsprechende Modellbau-Flaschen gibt es im Zubehör-Handel. Sie müssen nur noch mit einem winzigen Etikett und einem Farbtupfen als Schraubverschluss versehen werden. Das Etikett am besten mit einem PC einscannen und stark verkleinert ausdrucken.

Zeitschriften oder Straßenkarten lassen sich ebenfalls mit dem PC herstellen und ausdrucken. Das Pausenbrot des Truckers ist ein in Alufolie eingewickeltes Stück Kunststoff.

Hier wurden dem Modelltrucker ein paar Flaschen Cola, ein Kissen und die passende Nachtlektüre spendiert

Neben den zahlreichen Selbstbau-Möglichkeiten, die mitunter fast an den Bau einer Puppenstube erinnern, bietet der Zubehörbereich zahllose Artikel. Vom Straßenatlas über die Lieblingszeitschrift bis hin zur Wimpelkette, Brötchen, Flaschenöffner und Duftbaum gibt es fast alles. Eine gute Adresse für diverses Zubehör ist zum Beispiel der Internet-Shop von Fechtner-Modellbau. Winzig kleine Messing-Ätz-Teile, (nicht nur) für das Kabineninnere hat Fineline-Modellbau im Programm. Auch der Spielzeug-Bereich hilft weiter: Firma Bruder (deren detaillierte Sandkasten-Spielzeuge übrigens auch gern gewählte Basis für RC-Truckmodelle sind) hat eine eigene Produktreihe für derartigen „Kleinkram". Hier gibt es Fahrerfiguren, dazu passende Helme, Handwerkzeug und Schubkarren, aber auch Besen, Axt und Schaufel zur Detaillierung von Baustellenfahrzeugen oder Feuerwehrmodellen.

Ein anderer Anlaufpunkt ist die Firma Playmobil. Während die bekannten Figuren sich eher nicht als Fahrer eines RC-Modells eignen, ist das Zubehörprogramm sehr detailliert. Angefangen von Taschenlampen und Funkgeräte bis hin zu Koffern, Handys und Laptops eignet sich hier einiges für die Fahrerhausausstattung. Playmobil hat einen gut organisierten Ersatzteileservice, der sogar auf E-Mails mit vagen Umschreibungen von Einzelteilen mit einer prompten Lieferung reagiert.

Anbauteile: Zierteile und Nützliches

Nicht nur innen, auch außen am Fahrerhaus können etliche Details angebracht werden, um ein bisschen mehr aus dem Modell zu machen. Auch hier wieder nur eine exemplarische Auflistung der Möglichkeiten. Denn genau wie beim Ausbau des Fahrerhauses von innen ist hier Kreativität gefragt – allein der Geschmack entscheidet.

Als Erstes seien die zahlreichen Aufkleber genannt, die an einem Truck kleben können. Das könnten zum Beispiel Gefahrgut-Tafeln sein oder allerhand Beschriftungen, die laut Straßenverkehrsordnung gefordert sind. Oder natürlich Marken-Labels, wie das Logo des Aufbau- oder Zugmaschinenherstellers. Gelb-Rote Reflektor-Schilder oder Adressaufkleber der Spedition sind ebenso möglich, wie Nummernschilder.

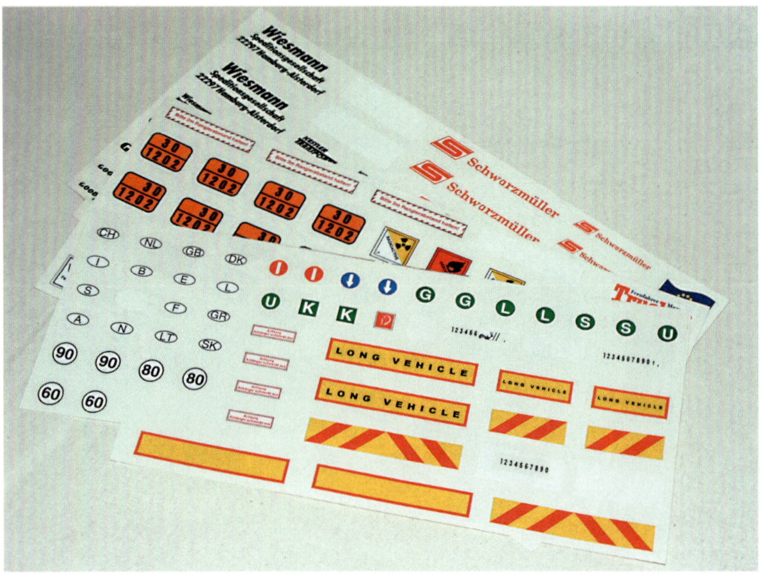

Aufkleber, Warntafeln, Firmenlogos und Schilder sorgen auf einfache Weise für Details am Modell

Stierhörner, Rammbügel, Dachlampen, Chromleisten. Die Optik eines US-Trucks steht und fällt mit Anbauteilen an der Karosserie. Foto: Müller

Solche Aufkleber können entweder fertig gekauft oder am heimischen PC selbst hergestellt werden. Die Firma Fechtner oder zahlreiche, in Internet-Auktionshäusern vertretene Kleinhändler fertig zudem individuelle Modell-LKW-Aufkleber in allen Arten und Varianten.

Amerikanische Trucks werden natürlich gerne mit allerhand Verchromtem und Imposantem versehen. Ein Blick in die Kataloge der Modellbau-Hersteller offenbart hier eine Vielzahl von Zierteilen. Erst Michelin-Männchen (sogar in beleuchteter Version), silberne Stierköpfe, verchromte Fanfaren und Zierketten machen einen echten US-Truck aus.

Dasselbe gilt für Rammbügel, die vor den Kühlergrill geschraubt werden. In Australien und den USA sind sie auch als Kuhfänger bekannt. Der Name ist hier Funktion. Vor allem die sehr langen Roadtrains haben durch die hohe Zuladung einen ausgesprochen langen Bremsweg. Ausweichen oder Bremsen für eine Rinderherde auf der Straße ist da nicht möglich – also bedarf es geeigneter Metallbügel, die stabil genug sind, die Tiere wohl oder übel „mitzunehmen". Auch auf unseren Straßen sind Rammbügel nicht selten, dienen hier jedoch eher als Zierde. Durch die schweren Verletzungen, die solche Bügel bei Unfällen mit Personen

Mit kleinen Kunststoff-Clips wird dieser Feuerlöscher an der Rückwand oder am Rahmen -angebracht. Hinweisschild nicht vergessen

Am Wedico-Modell wird es vorgemacht: Sind die Spiegel klappbar, ist Feindkontakt kein Problem mehr

hervorrufen, sind die Metallstreben in Verruf geraten und gesetzlich reglementiert. Für Modelltrucks sind sie nach wie vor in unterschiedlichen Varianten und Maßstäben erhältlich.

Aber auch Nützliches sollte irgendwo am Fahrerhaus oder Rahmen an- oder untergebracht werden. Bei bestimmten Ladungsarten vorgeschrieben, aber auch ansonsten sinnvoll, ist ein Feuerlöscher. Bringen Sie ihn mit zwei Halterungen zum Beispiel an der Fahrerhaus-Rückwand an. Ein passendes Schild gehört in jedem Fall dazu.

Weiterhin könnten noch Unterlegkeile und eine Abschleppstange angebracht werden. Wenn der LKW nun noch mit einer passenden Kupplung und einem Zugmaul ausgestattet wird, können Sie das nächste Mal bei der Fahrt mit einem Kollegen seinen LKW abschleppen, wenn der Akku zur Neige gegangen ist. Einen Reifen werden Sie zwar am Modell eher nicht wechseln müssen, bei ausreichend Platz am Rahmen sieht ein Reserverad aber trotzdem gut aus.

Besondere Aufmerksamkeit sollte den Außenspiegeln zuteilwerden. Sie werden zwar mehr oder weniger schön im Bausatz mitgeliefert, haben jedoch etwa beim Tamiya-Modell einen entscheidenden Nachteil: Sie sind fest mit dem Fahrerhaus verschraubt. Da die Spiegel aber der breiteste Teil des Modells sind, besteht so bei Feindkontakt die Gefahr, die Spiegel samt Halterung aus der Karosserie zu brechen. Dann wird es ärgerlich und teuer. Besser ist es daher, die Spiegel klappbar zu bauen. Wedico macht es an den Modellen vor.

Schrauben Sie die vorhandenen Spiegel aus dem Fahrerhaus und setzen Sie entsprechende Kunststoff-Ösen in die Bohrlöcher. Die hier eingebauten Ösen sind von Wedico, andere Halterungen oder kleine Ringschrauben sind jedoch genauso gut. Nun muss die Halterung des Spiegels entsprechend angepasst werden. Am Einfachsten biegen Sie die Gewindestange der Spiegel um. Arbeiten Sie mit zwei Zangen und knicken Sie das Gewinde vorsichtig in einem engen Radius. Alternativ kann natürlich auch aus einem Draht eine neue Halterung gebogen werden. Die neuen Spiegelhalterungen dann in die Ösen am Fahrerhaus setzen, fertig.

Ein klappbarer Außenspiegel kann mit Kunststofförsen und Draht leicht selbst hergestellt werden

Wer hier nicht selber bauen möchte, kann auch zu Fertigteilen greifen. Verkerk etwa bietet für die Tamiya-Trucks der Marke Scania klappbare Außenspiegel in einem sehr originalgetreuen Design an. Sie werden einfach statt der vorhandenen Spiegel montiert und schon überlebt das Modell auch einen leichten Feindkontakt.

Originalgetreu und funktionell bei Feindkontakt sind die Spiegel von Verkerk

Auch im Bereich des Rahmens können Anbauteile Sinn machen. Bedenken sie dabei wie schon beschrieben die Bodenfreiheit des Modells und wie weit ein Anbauteil nach unten herausragt. Wenn Akkus und eventuell andere Komponenten an den Rahmen gebaut wurden, wird eine Abdeckung nötig, um die Sicht auf die Modelltechnik zu verbergen. Modell-Zierbleche gibt es dazu in etlichen Varianten, zum Beispiel bei Modulor oder Conrad.

Die Platten zurechtsägen und dann auf den Rahmen schrauben oder kleben. Beim Aussägen besonders exakt arbeiten. Zum einen den Schnitt vorher genau anzeichnen, damit die Abdeckung nicht schief wird. Zum anderen vorsichtig sägen. Die Platten sind sehr weich und verbiegen bei zu kräftigem Sägen schnell. Je nach Werkzeug könnte zudem die Prägung zerkratzt werden. Die Platte also von der Rückseite von Hand sägen und ein Tuch oder besser noch dünnes Sperrholz unterlegen.

Eine Alternative zur Abdeckung sind Tanks oder Kisten, die im Inneren Komponenten aufnehmen können. Dies ist vor allem dann angesagt, wenn aus optischen Gründen die Seiten-

Riffel- und Zierbleche einfach zurechtschneiden und mit Halterungen am Rahmen anbringen

Polystyrol

Ein im Modellbau häufig verwendeter Kunststoff ist Polystyrol (PS). Zum einen kann er mit Kunststoffkleber sehr gut miteinander verbunden werden. Zum anderen eignet er sich sehr gut für Eigenbauteile. PS ist im Modellbauhandel in Form von unterschiedlich dicken Platten, Profilen und Stäben erhältlich. Geschnitten werden PS-Platten am besten, indem mit einem scharfen Messer und einem Lineal eine Seite angeritzt wird und der zu trennende Teil dann um eine Kante (z.B. Tischkante) geknickt wird.

verkleidungen des Modells verschwunden sind. Zum Beispiel Servonaut und Verkerk haben hier entsprechende Möglichkeiten im Programm.

Natürlich ist auch hier der Selbstbau möglich. Aus unterschiedlichen Polystyrol-Platten können Anbauteile selbst gebaut werden. Auch der Selbstbau eines Tanks aus diesen Materialien ist möglich.

Eigenbau-Tank aus einem Alu-U-Profil im Rohbau. Das gekantete und geschliffene Alu-Blech ist mit Epoxydharz mit den eingepassten Seitenwänden verklebt

Dekorierung: Farbe und Verzierung verschönern

Dies ist der Teil, in dem sich Künstler austoben können. Die Rede ist von Verzierungen und Dekoren an der Lackierung des Trucks. Das Modell ist ja bereits in einer bestimmten Farbe lackiert. Darüber hinaus können jetzt aber noch farbliche Akzente gesetzt werden.

Hier gibt es zum einen die Möglichkeit, mit Farbe und Pinsel zu arbeiten. Eine entsprechende Schablone vorausgesetzt, können mit ein wenig Geschick schöne zusätzliche Effekte aufgemalt werden. Zugegeben: Einfach ist das nicht und es ist etwas Übung erforderlich, um die Schablone nicht enttäuscht wieder vom Lack nehmen zu müssen.

Zum anderen können sie mit Airbrush arbeiten. Wer mit einem solchen Gerät umgehen kann oder jemanden kennt, der das kann, hat die Chance aus einem Modell ein wahres Gemälde zu machen. Hier ist dann nicht mehr nur die Rede von einfachen Verzierungen, sondern von der Gestaltung des gesamten Fahrerhauses und Aufbaus mit einem Motiv.

Es dürfte klar sein, dass ein so aufwendig lackiertes Modell im Modellbauer-Alltag eher ungeeignet für den Straßeneinsatz wird. Zu groß ist das Risiko, einen Kratzer in den Lack zu fahren oder gefahren zu bekommen.

Verzierungen und Designs sind trotzdem auch ein Thema für „Arbeitsmodelle". Hier ist Klebefolie das Mittel der Wahl. Tamiya macht das bei seinen Modellen bereits im Baukasten vor. Der Aufkleberbogen der Modelle enthält bunte Streifen, die auf das lackierte Fahrerhaus geklebt werden. Sauber gearbeitet und ausgeschnitten steht eine Klebefolie einer (einfachen) Airbrush-Verzierung in fast nichts nach.

Aber auch hier kann ein schönes Design selbst gemacht werden: Mit einem Schneidplotter können per Computer fast beliebige Muster aus selbstklebender Folie geschnitten und dann auf das Modell geklebt werden. Durch die einfarbige Folie ist natürlich nur ein einfarbiges

Ein Modell mit Airbrush-Lackierung ist in jedem Fall ein imposanter Blickfänger. Foto: Eckel

Muster möglich, für Dekorstreifen ist das jedoch optimal. Auch hier ist die Firma Fechtner wieder eine gute Adresse. Eine ganze Reihe vorgefertigter Designs sind ebenso lieferbar, wie Klebefolien auf Kundenwunsch.

Das Aufkleben einer Klebefolie muss sehr sorgfältig geschehen. Geliefert wird sie mit einer transparenten Trägerfolie, die auf der eigentlichen Klebefolie haftet. Durch sie bleiben auch nicht zusammenhängende Elemente eines Motivs an ihrer Position. Sie klebt nur ganz leicht am Untergrund und wird hinterher abgezogen. Das Dekor zunächst probehalber an die vorgesehene Stelle legen. Die Abstände zu den Kanten ausmessen, damit es gerade wird und vorsichtig an der Karosserie markieren. Dann noch mal nachmessen – wenn die Folie nämlich einmal klebt, ist keine Korrektur mehr möglich. Nun den Untergrund sorgfältig reinigen. Es darf weder Staub noch Fett (von den Fingern) auf dem Untergrund sein. Bei lackierten Flächen ist zusätzlich polieren sinnvoll. Dann die hintere weiße Schutzfolie des Dekors abziehen. Den Bogen vorsichtig und exakt an die Markierungen setzen und an einer Seite beginnen, die Folie Stück für Stück festzudrücken. Luftblasen unter der Folie sofort herausdrücken. Anschließend noch einmal die gesamte Fläche fest andrücken.

Tamiya liefert passende Klebefolien bereits im Baukasten mit

Dann vorsichtig die Trägerfolie abziehen und die Ecken nochmals anpressen.

Gerade bei großflächigen Aufklebern empfiehlt sich das Nassklebeverfahren. Hier wird nach dem Reinigen und Polieren der Untergrund gründlich mit Wasser benetzt, in das vorher ein paar Tropfen Spülmittel gegeben wurden. Dadurch verringert sich die Oberflächenspannung des Wassers. Auf den Flüssigkeitsfilm wird die Klebefolie samt Trägerfolie gelegt. Sie haftet nicht sofort, sondern schwimmt auf dem Wasser. So kann bei großen Aufklebern die Position und Ausrichtung korrigiert oder vorsichtig auch alles wieder abgezogen werden. Anschlie-

Ein orangener Streifen und ein Logo genügen, um eine individuelle Fahrzeugbeschriftung zu bekommen. Hier ist weniger oft mehr. Beim Design eigener Schriftzüge daran denken, dass das Motiv auf der linken und rechten Seite am Fahrzeug gespiegelt ist, der Text aber natürlich nicht spiegelverkehrt gestaltet wird

ßend mit einem Kunststoffspachtel über die Trägerfolie streifen. So wird das Wasser unter der Klebefolie weggedrückt. Vor dem Abziehen der Trägerfolie sollte man nun mindestens einen Tag warten, damit die Feuchtigkeit vollständig abtrocknen kann.

Und wieder ist es Zeit, das Werk in Ruhe zu betrachten. Nicht mehr viel ist übrig vom Standard-Baukasten-LKW. Vielleicht gab es ein neues Dach, ein paar zusätzliche Anbauteile oder das Fahrerhaus wurde um ein paar Aerodynamik-Bauteile verschlankt. Ganz bestimmt ist ein Lampenbügel, Scheinwerferpaket oder eine Rundumleuchte dazugekommen. Und vielleicht auch eine mehr oder weniger eingerichtete Fahrerhauskabine. Von etlichen Aufklebern, Beschriftungen oder gar einem Airbrush ganz zu schweigen. Weiter geht es mit den „Innereien“ des Fahrzeugs, der Elektrik.

Elektrische Funktionen einbauen

Was geht?

Oft genug wurde vom Thema Elektrik gesprochen. 12 Volt, 7,2 Volt, Lichtmodule, Lampen und viele weitere Begriffe sind bereits gefallen. Unter der Haube Ihres Modells steckt bereits in der Baukastenversion eine Menge Elektrotechnik. Etliche Funktionen werden erst durch sie ermöglicht. Und jetzt, nachdem der Antriebsstrang stimmt und die Karosserie angepasst wurde, ist es auch an der Zeit, all die Technik im Inneren ans Laufen zu bringen. Die im vorigen Kapitel beschriebenen Details am Fahrerhaus können sie natürlich nach dem Einbau der Elektronik noch anpassen und ergänzen. Dennoch hat sich das grundsätzliche Vorgehen in der Reihenfolge dieser Kapitel bewährt: Zuerst den Antrieb samt Servos montieren, dann die Karosserie einschließlich Innenteilung der Kabine umsetzen und zuletzt der Einbau der Schaltungen vornehmen. Natürlich sollte man vorher schon eine grobe Idee haben, was wo montiert werden soll.

Spätestens nach diesem Kapitel werden Sie merken, welche Möglichkeiten wirklich in Ihrem Modell stecken und welch fantastische Dinge in einen ferngesteuerten LKW eingebaut werden können.

„Elektrik kann ich nicht" ist dabei eine weitverbreitete Sorge. Mittlerweile ist sie jedoch völlig unberechtigt. Eine Menge fertig aufgebauter Bausteine und Module sind auf dem Markt erhältlich. Sie müssen in der Regel lediglich eingebaut und angeschlossen werden. Viele davon sind lötfrei und selbst vorgefertigte LED-Kabelbäume sind zu bekommen. Viele Hersteller haben erkannt, dass auch gute Anleitungen wichtig sind, und beschreiben ihre Module für Einsteiger verständlich. Wer natürlich etwas von Grund auf vollständig selbst entwickeln und bauen will oder die Schaltvarianten der Bausteine ergänzen möchte, braucht immer noch eine gehörige Portion Elektronik-Wissen.

Grundregeln in Sachen Elektrotechnik reichen jedoch bereits, um ein komplett beleuchtetes Modell mit Soundeffekten zu bauen, Schalt- und Lichtmodulen sei Dank. Alles, was Sie dazu wissen müssen, wird in diesem Kapitel vermittelt.

Doch was kann konkret in Sachen Elektrik an einem Modell gemacht werden? Ein wenig Arbeit in Ihre RC-Anlage zu stecken lohnt sich in jedem Fall. Zwar gibt jeder Bausatz-Hersteller Empfehlungen, was den Einbau von Empfänger, Fahrregler und Co. betrifft, diese sind jedoch nicht immer optimal. Wo und wie zum Beispiel ein Empfänger einen festen Platz finden sollte, wird hier erläutert. Auch die Änderung der Bordspannung wurde bereits mehrfach erwähnt. Welche Vor- und Nachteile es hat und was beachtet werden muss, steht ebenfalls hier.

Wenn überhaupt, wurden im Bausatz nur spärliche Beleuchtungsfunktionen eingebaut.

Alle am Original vorhandenen Lampen können auch am Modell beleuchtet werden

Unser Ziel ist es, möglichst jede einzelne Lampe des Originals auch im Modell vorzusehen und dann auch noch per Fernsteuerung zu bedienen. Grundsätzlich gibt es verschiedene Wege, dies zu erreichen. Schaltmodule sind einer. Hier ist man flexibel bei der Umsetzung der Beleuchtungsfunktionen und kann nach Belieben verschiedene Module kombinieren und natürlich auch nach und nach ergänzen. Jedes Modul schaltet mit einem Steuerungskanal je nach Ausführung eine bis vier Lampen. Nachteil ist dabei der etwas höhere Platzbedarf mehrerer Platinen und der größere Verdrahtungsaufwand. Funktionen wie die Blinkersteuerung, Bremslicht und Rückfahrscheinwerfer übernehmen normale Schaltmodule ebenfalls nicht. Hier sind dann wieder spezielle Platinen nötig. Vollständig aufeinander abgestimmt sind komplette Lichtmodule. Je nach Funktionsumfang steuern sie die gesamte Beleuchtung des Trucks, samt Bremslicht, Warnblinkern und Rückfahrlichtern, Stand-, Fahr- und Fernlicht. Hier ist man im Funktionsumfang jedoch an das Lichtmodul gebunden. Wollen Sie beispielsweise zusätzlich gelbe Warnblitzer für Ihr Modell, das Lichtmodul bietet diese Funktion jedoch nicht, bleibt wieder nur der Griff zu einem weiteren Schaltmodul. Noch einen Schritt weiter gehen Multifunktionsmodule. Hier ist zusammen mit der Lichtanlage noch der Fahrregler auf derselben Platine untergebracht. Das bietet natürlich ungeahnte Möglichkeiten der Steuerung. Allerdings hat ein solches Modul auch seinen Preis.

Ob sie alles auf einen Schlag durch ein Multifunktionsmodul erledigen oder nach und nach mit verschiedenen Komponenten die bestehende Anlage ergänzen möchten, entscheiden sie selbst. Welchen Weg auch immer Sie wählen: In den folgenden Abschnitten wird der Einbau von Lampen und der Anschluss von Schalt-, Licht- und Multifunktionsmodulen erklärt. Ebenfalls verbreitet sind Schaltungen für die Geräuscherzeugung. Sie ahmen den Ton des LKW-Diesel-Motors nach. Was es hier zu beachten gibt, kommt ebenfalls zur Sprache.

Noch viele andere Funktionen können in Sachen Elektrik an einem LKW-Modell verwirklicht werden. So viele, dass sie hier nicht alle

Ein solcher Musiktruck hat häufig eine komplette Beschallungsanlage mit MP3-Player und Verstärker an Bord. Foto: Köllges

aufgeführt werden können. Mit dem Wissen über Schaltmodule und deren Möglichkeiten sind Sie jedoch nach diesem Kapitel in der Lage, eigene Pläne zu schmieden. Show-Trucks haben zum Beispiel häufig komplette Musikanlagen an Bord, sie könnten im Auflieger Platz finden. Das ist nicht selten ein MP3-Spieler mit einem ausreichenden Verstärker und Lautsprechern. Geschaltet werden sie über einen Schaltmodul, das eine entsprechend große Last schalten kann. Es gibt sogar eigene Soundmodule für so eine Aufgabe. Sie können entsprechend programmiert werden und beinhalten einen Audioplayer mit fernsteuerbaren Funktionen wie „Abspielen", „Pause" und „Lied vor/zurück".

Eher Fleißarbeit hingegen ist der Bau eines Show-Trucks nach Coca-Cola-Vorbild. In so beleuchtete LKW sind nicht selten mehrere Tausend Leuchtdioden eingebaut, um die Konturen in hellem Licht erstrahlen zu lassen.

Auch die Modernisierung ist hier ein Thema. Ist ihr Modell beispielsweise bereits im Baukasten mit Glühlampen ausgerüstet, könnten sie überlegen, diese nun gegen moderne Leuchtdioden auszutauschen. Oder sie möchten den Fahrregler, den ihr Truck von Hause aus mitgebracht hat, lieber durch eine moderne Version samt Zusatzfunktionen ersetzen. Jetzt wäre der richtige Moment dazu. Eine Menge Arbeit – aber auch eine Menge Möglichkeiten liegen vor Ihnen.

Was auch immer sie an der Verkabelung ändern werden: Dokumentieren sie es! Dieser Punkt wird leider von den meisten Modellbau-

2.000 Leuchtdioden sind in diesem Show-Truck verbaut. Foto: Roth

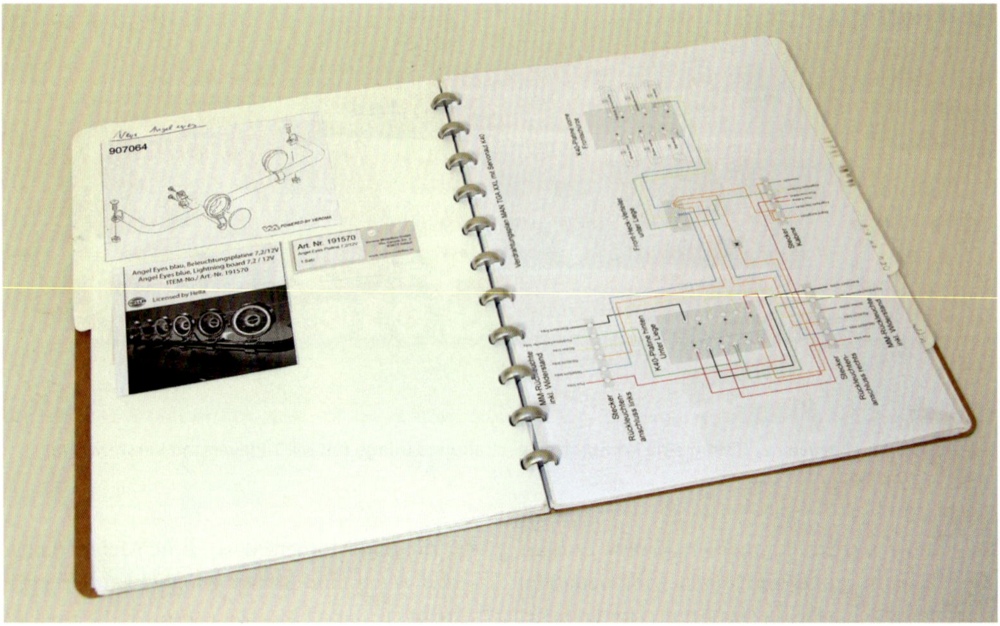

Verdrahtungspläne, Beipackzettel und Anleitungen eines Modells gehören zusammen in eine Mappe. Spätestens beim ersten Service-Fall ist diese Hilfe unschätzbar

ern auf das Sträflichste vernachlässigt. Dazu gehört zum einen eine saubere Beschriftung der Kabel. Empfängerleitungen und Stromanschlüsse sollten einen kleinen Aufkleber bekommen, damit man später nachverfolgen kann, was hier fließt und wo es hingehen soll. Außerdem sollten sie einen Schaltplan von ihrem Modell anfertigen. Vermerken sie, welche Lampe mit welchem Widerstand an welche Klemme gekommen ist, welches Modul an welchem Kanal steckt und so weiter. Und zu guter Letzt halten sie alle Einstellungen fest: Viele der aufwendigeren Module lassen sich per Steckbrücke oder Display konfigurieren. Notieren sie, welche Steckbrücke in welcher Position am Modul gesteckt ist und warum diese Einstellung für dieses Modell nötig ist.

All diese Unterlagen packen sie zusammen mit den Anleitungen, die zu ihrem Modell gehören, in eine Mappe. Spätestens beim ersten Zerlegen des Modells werden sie diesen Tipp zu schätzen wissen.

Fernsteuerungssystem: Optimaler Einbau verhindert Störungen

Besondere Aufmerksamkeit sollte dem Fernsteuerungssystem zukommen. Es ist ein mitunter recht anfälliger Bestandteil der Bordelektronik. Nicht selten führen falsch verlegte Kabel oder ungünstige Einbauorte zu Empfangsstörungen oder -aussetzern. Bei einer analogen Anlage sind derartige Fehler mitunter fatal: Die Störungen im RC-System machen sich in erster Linie durch Servozucken und ungewollte Fahrbewegungen bemerkbar. Und die können im schlimmsten Fall das Modell unkontrolliert beschleunigen lassen, was ihren Truck ungebremst von irgendetwas herunter oder gegen irgendetwas fahren lassen kann.

Aber auch bei digitalen Funksystemen gilt es, die im Folgenden genannten Fehlerquellen möglichst weitestgehend zu beseitigen. Auch wenn Störungen hier auf dem Weg vom Sender zum Empfänger weitestgehend ausgefiltert werden, kann es passieren, dass die Reichweite deutlich sinkt oder sich Sender und Empfänger ausloggen und das Modell dadurch stehen bleibt, wenn störende elektrische Felder ihre Wirkung entfalten. Innerhalb des Modells gelten daher dieselben Grundlagen.

Auch wenn Sie fast alle folgenden Tipps ignoriert haben und die Anlage eingebaut ist, wie eigentlich nicht empfohlen, kann alles prima funktionieren. Es scheint fast, als sei manchmal ein wenig Glück nötig.

Empfänger einbauen

Der Einbauort des Empfängers (egal ob digital oder analog) ist eine der entscheidendsten Fragen. Er sollte so weit wie möglich von allen anderen Komponenten entfernt eingebaut werden. Dies gilt insbesondere für die Bestandteile, die einen hohen Strombedarf haben, also mit dicken Kabeln angeschlossen werden. Wählen Sie einen Einbauort möglichst weit entfernt von Akku, Fahrregler und in jedem Fall vom Elektromotor. Speziell hier ist das magnetische Feld sehr stark und kann unter anderem die Reichweite negativ beeinflussen.

Elektrisches Feld

Um eine Leitung, die von Strom durchflossen wird, entstehen elektrische und magnetische Felder. Je mehr Strom durch die Leitung fließt, je stärker werden diese. Da auch die Funkübertragung vom Sender zum Empfänger auf solchen Feldern, genauer gesagt auf elektromagnetischen Wellen basiert, können die elektrischen und magnetischen Felder um die Leitungen herum den Empfang beeinträchtigen.

Ideal ist ein möglichst hoher Einbauort. Unter dem Dach des Fahrerhauses ist eine gute Möglichkeit. Motor, Fahrregler und Akku befinden sich meist am Rahmen oder in dessen Nähe. Kleben Sie also einfach den Empfänger von innen in das Fahrerhaus und verlegen Sie die Servokabel dorthin. Haben Sie, wie zuvor im Kapitel „Fahrerhaus verändern: Weniger ist mehr? Oder darf es ein bisschen mehr sein?“ beschrieben, eine Trennwand im Fahrerhaus

Unter dem Dach im Sleeper eines US-Trucks ist ein guter Platz für den Empfänger

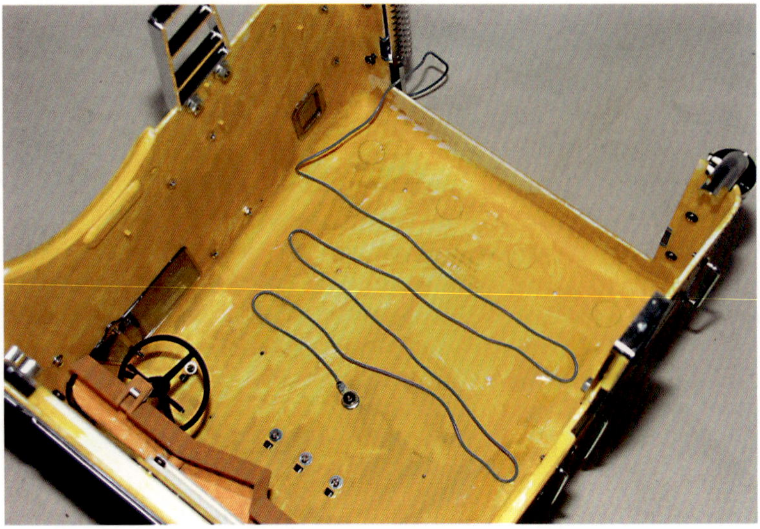

Die Antenne unter dem Dach in Schleifen verlegt verbessert die Empfangsqualität deutlich. Der lange Antennendraht auf dem Dach des Globeliners kann sogar entfallen

eingebaut, kommt der Empfänger hinter diese Trennwand.

Von Vorteil sind hier natürlich amerikanische Zugmaschinen. Im riesigen Sleeper zum Beispiel des Peterbilt ist ausreichend Platz für einen ordnungsgemäßen Einbau unter dem Dach. An diesem Einbauort ist auch das Verlegen der Antenne recht einfach. Ein weiter Punkt, der beachtet werden sollte und häufig falsch gemacht wird. Bei einem analogen Empfänger führen Sie das Antennenkabel so direkt wie möglich vom Empfänger und vom Modell weg. Es sollte nie mit anderen Leitungen zusammen verlegt oder gar mit ihnen zusammen als Kabelbaum im Rahmen entlang geführt werden. In einem Kunststofffahrerhaus verlegen sie die Antenne einfach in Schleifen von innen unter dem Dach. So deckt sie eine große Fläche ab und hat gute Empfangsmöglichkeiten. In diesem Fall kann meist auch der starre Antennendraht entfallen, der im Baukasten enthalten ist. Bei einem Metallfahrerhaus haben sie diese Variante leider nicht bzw. weniger effektiv. Hier sollte die Antenne möglichst außerhalb des Fahrerhauses liegen.

Ein weiterer wichtiger Punkt: Antenne nie kürzen! Das beeinflusst die Reichweite und Zuverlässigkeit Ihres Modells enorm. Sollten Sie nicht die Möglichkeit haben, das Antennenkabel in Schleifenbahnen über oder unter dem Dach zu verlegen, drehen Sie es zu einem Bündel zusammen, befestigen es und verlöten das Ende mit dem Anschluss des festen Antennendrahtes.

Bei einem digitalen Empfänger ist die Sache etwas einfacher, da die Antenne deutlich kürzer ist. Hier gilt: Der Antennendraht sollte möglichst senkrecht stehen. Bei einem Kunststoff-Fahrerhaus kann dies wiederum im Inneren passieren, bei einem Metallfahrerhaus sollte die Antenne aus der Kabine herauszeigen.

Auch der Baustellen-MAN braucht einen Empfänger. In diesem Fall ist ein Digital-Empfänger mit 9 Kanälen, der Servonaut Zwo4 R9, vorgesehen. Da in diesem Modell alle Komponenten flach unter der Bodenplatte des Fahrerhauses eingebaut werden, ist die Montage „so weit oben wie möglich" etwas schwierig. Stattdessen wandert er ganz nach vorne, an die Fahrzeugfront. Befestigt wird er mit einem schmalen Alustreifen. Im Gegensatz zum sonst verbreiteten Klebeband zur Elektrik-Montage ist diese Halterung schnell wieder lösbar.

Der Servonaut-Empfänger des Baustellen-TGX kommt ganz nach vorne direkt hinter den Kühlergrill des Fahrerhauses

Leitungen verlegen

Nicht nur die Antenne, auch die anderen Kabel sollten mit Bedacht verlegt werden. Und: Sie sollten verlegt werden. Leider viel zu häufig sieht man von außen toll gestaltete Trucks und hinter der Fassade warten zusammengesteckte und lose hinter die Trennwand gestopfte Module, Fahrregler und Schalter mit einem großen Knäuel an ungekürzten Leitungen. Hier sind Kurzschlüsse, Ausfälle, Störungen und andere Probleme vorprogrammiert.

Beim Verlegen von dreiadrigen Servoleitungen und Zuleitungen für Lampen gelten andere Grundsätze als beim Antennenkabel. Halten Sie diese grundsätzlich so kurz wie möglich. Je weniger Kabel, je weniger Einfluss durch elektrische Felder. Statt ein Kabel also aufzuwickeln, kürzen Sie es lieber um ein paar Zentimeter und löten den Stecker neu an. Verlegen Sie die Kabel geradlinig und direkt. Schlaufen und unnötige Kreuzungen vermeiden. Zudem sollten Drähte mit hoher Last (Akku- und Motorkabel) nicht parallel zu anderen Leitungen, speziell Servokabeln, verlegt werden. Führen Sie also zum Beispiel den Anschluss des Akkus durch die eine Rahmenhälfte, alle anderen Kabel durch die Andere.

Wenn es machbar ist, vermeiden Sie Steckverbindungen! Sie sind grundsätzlich eine Störungsquelle. Durch die starken Vibrationen im Modell während der Fahrt kommt es schnell zu winzigen Wackelkontakten, die für Störungen sorgen. Zudem oxidieren die Steckkontakte schnell.

Beim Anschluss von Komponenten an einen Empfänger oder bei der Verbindung von Bausteinen untereinander bleiben die Steckverbindungen natürlich erhalten. Ebenso, wenn sie Baugruppen (z.B. das Fahrerhaus samt aller eingebauten elektrischen Verbraucher) komplett und schnell demontieren wollen, kommt ein Stecker zum Einsatz. Vermeiden sollten sie allerdings Adapterstecker, Verlängerungsstecker und

Oxidierte Leitungen

Durch kleine elektrische Funken (vor allem in Steckern und Buchsen) oxidieren (reagieren mit Sauerstoff) die Metallkontakte und bilden eine Schicht, die Strom schlecht leitet. Dadurch erhöht sich der Widerstand an diesen Steckkontakten, Spannung geht verloren.

Hochstrom-Stecker von Multiplex. Durch viele Kontaktstifte im Stecker wird der Widerstand kleiner: Weniger Spannung geht an diesem Stecker verloren

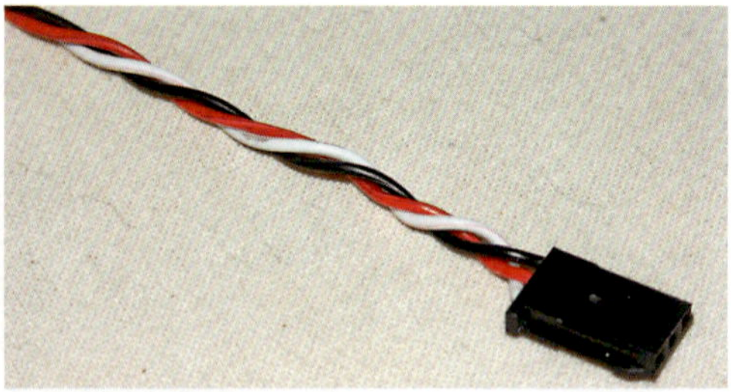

Mit solchen Verlängerungskabeln sind auch längere Servokabel kein Problem. Verwenden Sie wenn möglich nur gedrillte Kabel

Ähnliches. Greifen Sie, wenn Sie sich dies zutrauen, hier lieber zu Seitenschneider und Lötkolben: Trennen Sie den Stecker ab und löten die Kabel direkt aneinander. Dort, wo Steckverbindungen nötig sind, zum Beispiel zum Anschluss des Akkus, greifen Sie auf gute Qualität zurück. Eine Möglichkeit sind die Hochstrom-Steckverbinder der Firma Multiplex.

Vor allem, wenn Servokabel etwas verlängert werden müssen, machen gedrillte Leitun-

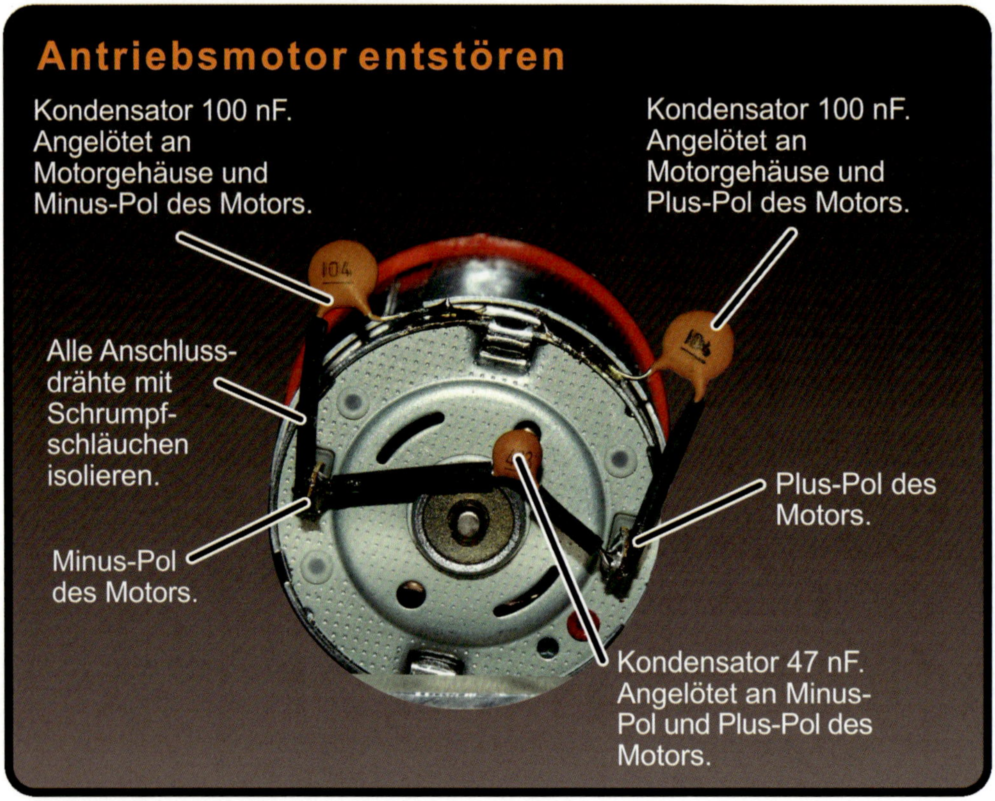

Mit drei Kondensatoren wird der Elektromotor richtig entstört

gen Sinn. Hier sind die drei Adern nicht parallel angeordnet, sondern ineinander verdreht. Das klingt jetzt wie ein Widerspruch zum vorher angemerkten, ordentlichen Verlegen der Kabel – stimmt aber dennoch. Durch die veränderte Anordnung der Adern wird die Leitung weniger anfällig für elektromagnetische Einflüsse.

Zum Thema Servos wurde bereits beim Zusammenbau der Baukastenmodelle etwas gesagt. Je nach Modell und Qualität können Störungen von einem Servo ausgehen, das übermäßig beansprucht wird. Treten die Probleme auf, wenn Sie lenken und wohlmöglich noch auf losem Untergrund stehen, könnte das Lenkservo die Ursache sein. Ein stärkeres Servo kann Abhilfe schaffen. Sehr ähnlich äußert sich auch ein überlastetes BEC. Braucht ein Servo oder die gleichzeitige Bedienung mehrerer Servos mehr Strom, als das BEC liefern kann, werden die angeschlossenen Komponenten unterversorgt, was zum Zucken oder ausloggen führen kann.

Enorme Bedeutung hat schließlich noch die Entstörung des Motors. Dazu werden drei Kondensatoren in einer bestimmten Reihenfolge zwischen die Anschlüsse des Motors gelötet. Diese Schaltung reduziert die verursachten Störungen bereits erheblich. Löten Sie die Kondensatoren wie auf der Skizze angegeben an die Anschlüsse des Motors und dessen Gehäuse. Die Drähte sollten dabei unbedingt mit einem Klebeband oder Schrumpfschlauch isoliert werden.

Kondensator

Ein Kondensator ist ein elektrisches Bausteil, in dem Ströme für kurze Zeit gespeichert werden können. Kondensatoren bestehen dabei aus unterschiedlichen Materialien. Zur Entstörung eines Elektromotors werden Keramik-Kondensatoren verwendet, bei denen die Polarität egal ist.

Erweiterbare Fernsteuerung: Wenn's mal etwas mehr sein darf

Früher oder später ist es soweit: Sie haben noch eine tolle Idee für eine zusätzliche Funktion – aber keinen freien Steuerungskanal mehr. Aus genau diesem Grund war eine der Empfehlungen eine erweiterbare Fernsteuerung. Damit haben Sie jetzt die Chance, mit relativ wenig Aufwand zusätzliche Kanäle zu erhalten.

Die Fernsteuerungsanlage wird in zwei Stufen erweitert. Im ersten Schritt ist der Ausbau sehr einfach. Das genaue Verfahren unterscheidet sich von Hersteller zu Hersteller. In jedem Fall lohnt sich ein Blick in die Anleitung. Intern arbeitet der Sender bereits voll ausgebaut mit acht Kanälen, von denen die Kanäle fünf bis acht jedoch noch nicht benutzt werden. An diese müssen lediglich kleine Schalter oder Regler angeschlossen werden, das war es bereits. Da auch der Empfänger auf die voll ausgebaute Kanalzahl ausgelegt ist, sind im Modell keine Modifikationen nötig.

Die Hersteller bieten eigenes Zubehör für die jeweiligen Sender an. Die Zusatzschalter sind dabei nichts anderes als normale Kipptaster oder -schalter mit einem entsprechenden Anschlusskabel.

Zum Einbau wird einfach der Ring am Schalter abgeschraubt, das Gewinde von in-

Kanäle 1 bis 4 gehen per Kabel zu den Kreuzknüppeln. Die Kanäle 5 bis 8 werden in der Grundversion nicht verwendet und können mit Schaltern verbunden werden

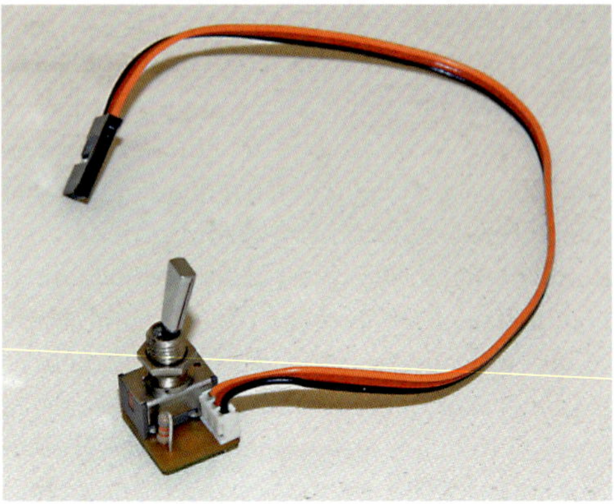

Mit einem solchen Schalter wird ein zusätzlicher Schaltkanal in den Sender gebaut

nen durch die entsprechende Einbauöffnung gesteckt und dann von vorne der Ring wieder angebracht.

Die dreiadrige Anschlussleitung kommt an einen der freien Kanal-Anschlüsse des Senders. Durch die Wahl des Steckplatzes im Sender bestimmt man, an welchem Anschluss am Empfänger dort der jeweilige Servo oder Fahrregler angeschlossen werden muss.

Obwohl es sich tatsächlich nur um einen Schalter, manchmal einen Widerstand und ein Stückchen Kabel handelt, sind diese Erweiterungsschalter recht kostspielig. Es spricht nichts

Widerstand

Ein Widerstand ist ein elektrisches Bauteil, das den Strom begrenzt, der durch ihn hindurchfließt. Die Größe eines Widerstands gibt an, wie viel Strom von ihm gehemmt wird und wird mit der Maßeinheit Ohm gemessen.

dagegen, den eigenen Lötkolben zu bemühen. Passende Schalter bietet der Elektronik-Handel. Geeignet sind 3-Positionen-Schalter, 2-Positionen-Schalter und 3-Positionen-Taster.

Je nach Sender-Hersteller und Modell kommt noch ein Widerstand in die mittlere Leitung. Ob und mit welchem Wert ist jedoch sehr unterschiedlich. Hier hilft entweder die Internet-Recherche oder die Frage bei einem Modellbaukollegen.

Wer nicht selber löten kann oder will, kann auch auf die Angebote des Zubehör-Programms anderer Hersteller zurückgreifen.

Beispielsweise hat der Hersteller Servonaut (zumindest für die Sender von robbe/Futaba) für einen vergleichbar geringen Preis 2- und 3-Positionen Taster bzw. Schalter im Angebot. Diese bringen die benötigten Widerstände be-

Die dreiadrige Leitung vom Schalter kommt im Sender an eine der freien Steckplätze. Hierdurch wird der Kanal festgelegt, hier belegt der Kippschalter Kanal 5

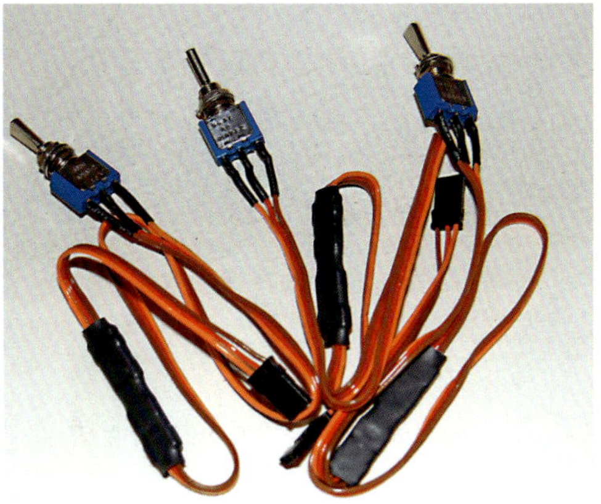

Einbaufertige Schalter und Taster hat Servonaut für robbe-Sender im Programm

reits in schwarzen Schrumpfschlauch eingepackt mit.

Ein angeschlossenes Servo oder ein Schaltbaustein folgt bildlich den Bewegungen des Schalthebels am Sender. Ein Überblick, wie welches Bauteil auf welchen Schalter reagiert, ist in der Tabelle dargestellt.

Es ist dabei egal, ob Servo, Schaltmodul oder Fahrregler an einen Kanal angeschlossen werden: Jedes Steuerelement kann mit jedem Schalter betätigt werden. Natürlich ist, abhängig von der Funktion, nicht jede Kombination sinnvoll.

Taster und Schalter eignen sich hingegen nicht für proportionale Funktionen, wenn man also den Winkel (beim Servo) oder die Geschwindigkeit (beim Fahrregler) genau dosieren will. Hier sind ja eigentlich die Kreuzknüppel das Mittel der Wahl. Hier kann feinfühlig jede beliebige Position angesteuert werden.

Poti

Ein Poti ist ein einstellbarer Widerstand. Er hat einen fast kreisförmigen Ring aus einem Widerstandsmaterial, ähnlich wie bei einem herkömmlichen Widerstand. Mittig in diesem Kreis ist ein drehbarer Gleitkontakt montiert, der von außen verstellt werden kann. Er berührt den Widerstandsring. Je nach eingestellter Position des Kontakts auf dem Ring ist der elektrische Widerstand größer oder kleiner, was in elektrischen Schaltungen verwendet wird, um dort etwas einstellen zu können. An einem Sender werden mit einem Poti zum Beispiel die Positionen der Kreuzknüppel erfasst. Je nach Knüppelposition wird ein Poti mehr oder weniger weit gedreht, was den per Funk übertragenen Wert verändert.

Wer jedoch schon alle Kreuzknüppel belegt hat und eine weitere (fünfte) Prop-Funktion benötigt, kann statt eines Schalters einen Drehregler in eine der Erweiterungsöffnungen bauen. Hierfür sind im Elektronik-Handel passende Potenziometer erhältlich. Geeignet ist hier z.B. ein 5-Kilo-Ohm Poti mit Gewinde

	3-Positionen-Schalter	3-Positionen-Taster	2-Positionen-Schalter
Servo	Servo dreht je nach Schalterstellung ganz nach links / in die Mitte / ganz nach rechts. Einsatz z.B. für 3-Gang-Schaltgetriebe.	Ruhestellung in der Mitte. Beim Tasten in eine Richtung dreht sich das Servo bis zum Anschlag in die jeweilige Richtung. Beim Loslassen kehrt es in die Mittelstellung zurück.	Servo dreht je nach Schalterstellung ganz nach links / ganz nach rechts. Einsatz z.B. an Sattelkupplung
Fahrregler	Mittelstellung: Motor steht. Beim Schalten in eine Richtung dreht der Motor mit „Vollgas" vorwärts. Beim Schalten in die andere Richtung dreht er „Vollgas" rückwärts. Einsatz z.B. am Kipper	Mittelstellung: Motor steht. Beim Tasten in eine Richtung dreht der Motor mit „Vollgas" vorwärts. Lässt man den Taster los, steht der Motor wieder. Beim Tasten in die andere Richtung dreht er „Vollgas" rückwärts.	Je nach Schalterstellung dreht der Motor mit „Vollgas" vorwärts oder rückwärts.

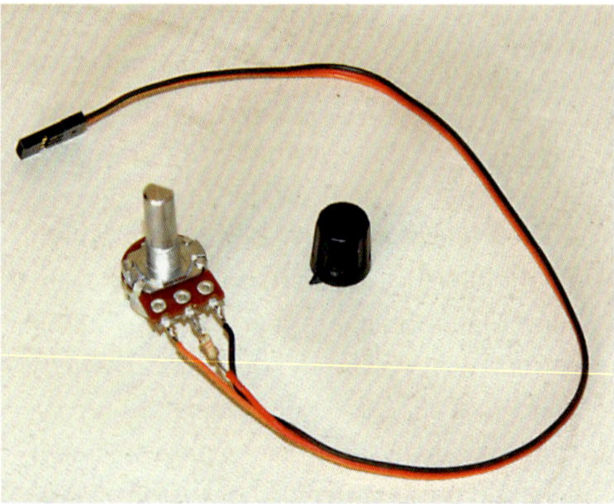

Ein Drehregler, bestehend aus einem Poti mit zusätzlichem Widerstand an der mittleren Leitung und einer passenden Kappe, ist die perfekte Ergänzung des Senders, wenn ein zusätzlicher Proportionalkanal nötig ist

und Schraubring sowie einer daran befestigten Achse. Damit der gesamte Drehweg vom linken zum rechten Anschlag genutzt werden kann, gehört ein Widerstand mit 82 Kilo-Ohm an den mittleren Anschluss des Potis, bevor hier das Kabel für den Sender angelötet wird.

Sind auf diese Weise die Möglichkeiten des Senderausbaus erschöpft, bleibt noch die zweite Variante der Kanalerweiterung: Hier wird statt eines einzelnen Schalters gleich eine ganze Schalterplatine in den Sender eingebaut, die mit einem der Steckplätze verbunden wird. Dazu muss einer der einzelnen Schalter wieder ausgebaut werden. Durch eine Elektronik auf der Platine werden die Positionen der Schalter so codiert, dass acht Schalterstellungen über nur einen Steuerungskanal übertragen werden können. Dann ist jedoch auch am Empfänger eine Erweiterung nötig. Irgendwie müssen die codierten Signale ja wieder decodiert werden. Dazu ist ein Baustein nötig, der an den entsprechenden Kanal am Empfänger angeschlossen wird. An diesen Baustein werden dann die Servos, Glühlampen oder Leuchtdioden angeschlossen. Die Ausbaumodule sind dabei von Hersteller zu Hersteller unterschiedlich und nur

Erweiterung um acht Schaltfunktionen: Bei Graupner-Anlagen muss ein solches Nautic-Modul in den Sender... Foto: Graupner

...und ein Nautic-Schaltbaustein an den Empfänger angeschlossen werden. Foto: Graupner

Beim System Smart SX Flexx von Multiplex ist der Sender bereits als Komplettsystem mit Knüppeln und Schaltern ausgerüstet. Im Modell wird der Empfänger um dieses Multiswitch Flexx-Modul erweitert. Programmiert wird es am PC

mit der jeweiligen Anlage kompatibel. Je nach Anbieter werden diese Module Multinaut, Multiprop oder ähnlich genannt. Meist sind Einstellungen am Sender nötig, die Anleitung bietet hier ausführliche Informationen.

Übrigens sollten Fernsteuerungserweiterungen und Multifunktionsmodule nicht verwechselt werden: für Letztere ist kein Umbau am Sender notwendig. Man steuert die unterschiedlichen Funktionen eines Multifunktionsmoduls über ein oder mehrere normale Proportional- oder Schalt-Kanäle des Senders. Erweiterungen der Fernsteuerung bestehen jedoch immer aus einem Modul für den Sender und einem dazu passenden Gegenstück am Empfänger.

Energiewende: Stromversorgung im Modell ändern

Von Haus aus fahren die Trucks von Wedico mit 12 Volt, Tamiyas Zugmaschinen mit 7,2 Volt. Beide Hersteller setzen auf Nickel-Akkus, also NiCd- oder NiMH-Zellen. Das hatten wir bereits zu Beginn geklärt und ist nichts Neues mehr für sie. Manchmal kann es aber auch nötig sein, eine Energiewende im Modell herbeizuführen.

Höchst spannend: Umbau von 7,2 auf 12 Volt

Vielleicht möchten sie ja von 7,2 auf 12 Volt umrüsten. Das kann verschiedene Gründe haben. Vielleicht haben sie sich beim Motorumbau (Kapitel „Mach' mal langsam: Geschwindigkeit des LKW verringern") bewusst für einen 12-Volt-Motor entschieden. Oder sie haben den quer liegenden Racingpack entfernt und wollen nun eine andere Akkubauart einbauen.

Was muss nun zusammenpassen? Der Akku gibt die Spannung vor, mit der das Modell betrieben wird. Beim Motor sollte die Nennspannung mit der Akkuspannung übereinstimmen.

Der Motor darf keine geringere Nennspannung haben als der Akku. Eine höhere ist technisch möglich, aber nicht unbedingt sinnvoll.

Nennspannung (Elektromotor)

Da sich der Motor durch unterschiedliche Spannungen unterschiedlich schnell dreht, ist auf dem Typenschild des Motors meist ein sehr großer Spannungsbereich angegeben. Viele Motoren beginnen bereits bei etwa 1,5 Volt mit den ersten langsamen Umdrehungen. Wichtig ist hier die maximale bzw. die Nennspannung. Schließlich bekommt er bei Vollgas die gesamte Spannung aus dem Fahrakku – und die muss er verkraften können. Passt der Motor nicht, ist leider ein Umbau nötig. Im Kapitel „Mach' mal langsam: Geschwindigkeit des LKW verringern" finden Sie Tipps und Hinweise dazu.

Idealerweise passen beide also zusammen. Fahrregler, Schaltmodule oder Multifunktionsmodule werden sie in den meisten Fällen nicht zu einer bestimmen Spannung zwingen. Fast alle modernen elektrischen Komponenten kommen sowohl mit 7,2 als auch mit 12 Volt zurecht. Nur einige wenige Platinen haben eine fest vorgegebene Eingangsspannung. Prüfen sie diesen Punkt dennoch, bevor sie einen Umbau beschließen. Zueinander passen müssen auch die verwendeten Leuchtmittel, egal ob LED oder Glühlampe. Bei selbst verdrahteten Leuchtdioden können die Vorwiderstände geändert werden, bei fertigen Beleuchtungsplatinen jedoch nicht. Empfänger und Servos sind von diesem Umbau nicht betroffen. Sie werden vom BEC im Fahrregler mit Strom versorgt und mit 4,8 Volt betrieben – egal, wie viel Volt der Akku im Modell liefert.

Aus rund wird eckig: auf Lipo-Akkus umrüsten

Vielleicht gibt es aber auch keinen Anlass, die Spannung im Modell zu ändern. Vielleicht möchten Sie lieber mit den moderneren Lipo-

Akkus fahren, weil diese eine höhere Kapazität haben und leichter sind.

Die Spannung ist dann kein Problem für sie. Hat das Modell 7,2-Volt-Bordspannung, können sie problemlos stattdessen einen zweizelligen 7,4-Volt-LiPo-Akku verwenden. Fuhren sie bisher mit 12 Volt, ist ihr Lipo-Akku ein dreizelliges 11,1-Volt-Exemplar. Die geringen Unterschiede der Spannung fallen nicht ins Gewicht.

Stattdessen gibt es beim Lipo-Umbau ein paar andere Punkte zu beachten. In jedem Fall muss der Akku aus dem Modell genommen werden können. Dies macht natürlich auch bei einem Nickel-Akku Sinn, denn wer will schon das ganze Fahrzeug zur Ladestation tragen und dort eine Pause einlegen, bis der „Tank“ wieder voll ist. Dennoch sind fest eingebaute Nickel-Akkus grundsätzlich möglich – bei LiPos ist

Akkuzellen

Akkus bestehen grundsätzlich aus einzelnen Zellen. Eine Zelle eines NiMH-Akkus hat dabei immer 1,2 Volt, eine LiPo-Zelle hat 3,7 Volt. Werden mehrere Zellen in Reihe geschaltet (Ausgang des einen Akkus an den Eingang des nächsten) addiert sich deren Spannung. Auf diese Weise kommen die bekannten Spannungsgrößen bei Akkus zustande: Bei NiMH-Akkus sind dies 4,8 Volt (vier Zellen zusammen), 6 Volt (fünf Zellen), 7,2 Volt (sechs Zellen) und 12 Volt (zehn Zellen).
Bei LiPo-Akkus sind vor allem zweizellige Akkus (7,4 Volt) und dreizellige Akkus (11,1 Volt) geläufig.

Die Li-Batt von Multiplex ist ein moderner Lipo-Akku in der Form eines herkömmlichen Racing-Packs. So ist ein schneller Umbau auf Lipo möglich, ohne sich um einen Einbauort Gedanken machen zu müssen. Vorausgesetzt, sie haben das querliegende Akkufach beibehalten

Fliegende Verdrahtung eines Lipo-Savers zur Veranschaulichung. Der Akku kommt an den roten Stecker und versorgt den Fahrregler. Der Lipo-Saver überwacht die Spannung und blitzt unterhalb der Tiefentladungsschwelle auf

hiervon auf jeden Fall abzuraten. Die im Kapitel „Strom aus der Rolle oder aus der Tüte“ schon angesprochenen Sicherheitsvorkehrungen beim Laden sind nur bei einem herausnehmbaren Akku möglich.

Die Baugrößen der LiPo-Akkus sind merklich anders als die von klassischen Stromspeichern. Prüfen Sie also genau, welche Bauform sie rein vom Platz her in ihrem Fahrzeug unterbringen können. Durch das bessere Kapazitätsverhältnis wird der Akku bei ähnlichem Volumen einiges mehr an Fahrzeit bringen können, ausgedrückt durch eine größere Milliamperestunden (mAh)-Zahl.

Ergänzend zu den LiPo-Packs aus zwei oder drei Zellen gibt es auch Lipo-Akkus in der Bauform der klassischen Racing-Packs. Hier ist um die empfindlichen viereckigen „Tüten“ ein solides Kunststoffgehäuse gepackt, wodurch der Akku eins zu eins gegen ein 7,2-Volt-Pack ausgetauscht werden kann– und somit im Tamiya-Truck zum Beispiel in das baukastenseitige Akkufach passt, wenn sie dieses an ihrem Modell beibehalten haben.

Achten Sie auf einen ausreichenden Tiefentladeschutz im Modell. Die einfachste Möglichkeit ist ein Lipo-Saver. Er wird parallel zur restlichen Elektrik angeschlossen und überwacht permanent die Akkuspannung, manchmal sogar alle Akkuzellen separat. Nähert sich die Spannung der gefährlichen niedrigen Schwelle, ertönt ein lautes Piepen oder eine helle LED blitzt auf. Für sie als Fahrer das Zeichen, den Parkplatz aufzusuchen und den Akku zu wechseln.

Nicht unwahrscheinlich ist es jedoch, das Signal zu übersehen oder zu überhören. Sicherer ist daher eine entsprechende Funktion im Fahrregler. Viele moderne Regler bringen eine Spannungsmessung direkt mit, beispielsweise der M20+ von Servonaut. Hier wird mit

Per Jumper (unterhalb der beiden Empfänger-Leitungen) wird am Servonaut M20+ zwischen LiPo und NiCd gewählt (Brücke abgezogen = LiPo) sowie die Zellenanzahl eingestellt (Brücke abgezogen = 11,1 V). Gesteckt ist nur die linke Brücke für die Art des Motors

einem Jumper eingestellt, dass der Fahrregler von einem Lipo-Akku „befeuert" wird und mit einer zweiten Steckbrücke die Bordspannung bestimmt, die es zu überwachen gilt. Sinkt die Fahrspannung unter den kritischen Wert, stoppt der Regler das Modell automatisch und verweigert die Weiterfahrt, bis ein neuer Akku angeschlossen ist.

Zu erwähnen seien hier noch Telemetrie-Systeme, die eine wichtige Hilfe sein können. Hochwertige 2,4-GHz-Funkanlagen senden nicht nur in Richtung Modell, sondern hier kann der Sender auch Daten vom Modell empfangen und anzeigen. Verfügt die Anlage über dieses Feature, misst entweder ein entsprechendes Telemetriemodul im LKW oder der Empfänger selber die Spannung und meldet sie dem Sender, an dem eine LED leuchtet oder ein Warnton ausgegeben wird.

Akku löten

Soll die Bauform des NiMH-Akkus geändert oder ein eigener Akku komplett aus Einzelzellen zusammengebaut werden, kommt ein Lötkolben zum Einsatz. LiPo-Zellen sollten sie nicht selber löten.

Einen Akku selbst aufzubauen erfordert ein wenig Erfahrung und Geduld. Der große Vorteil hierbei ist, dass die Zellen genau so zusammengelötet werden können, wie es die Platzverhältnisse im Modell nötig machen. In jedem Fall nur dieselben Zellen verwenden: Alle sollten die gleiche Kapazität haben und vom selben Hersteller stammen. Ebenfalls sollten sie gleichzeitig gekauft und nicht unterschiedlich geladen worden sein. Einfach gesagt: Verlöten sie nur absolut identische Akkus miteinander.

Kaufen Sie keine Zellen mit bereits angebrachten Lötfahnen. Das macht das Anlöten der Zellen aneinander zwar einfacher, die Lötfahnen sind jedoch nur mit winzigen Punkten an die Zellen geschweißt. Der geringe Querschnitt dieser Schweißpunkte führt zu einem großen Widerstand und somit zu einem Spannungsabfall. Kaufen Sie stattdessen Kupferstreifen, mit denen die Akkus aneinander gelötet werden. Zudem ist ein Lötkolben mit 80 bis 100 Watt und breiter Spitze nötig, um die recht großen Flächen der Akku-Kontakte löten zu können.

Zunächst die Kontakte der Akkus mit Schleifpapier anrauen. Ebenso die zurechtgeschnittenen oder passend gekauften Kupfer-

Zelle und Kupferstreifen aufrauen, mit Lötkolben erwärmen und Lötzinn dazugeben

streifen. Dann sowohl die Akkukontakte als auch die Kupferstreifen dünn verzinnen, also erhitzen und Lötzinn dazugeben.

Die Akkus in der richtigen Reifenfolge aufstellen und mit Klebeband fixieren. Es wird immer jeweils ein Pluspol und ein Minuspol miteinander verbunden. Nun mit den Kupferstreifen die Akkus miteinander verlöten. Dabei auf eine kurze Lötdauer achten, die Akkus dürfen nicht zu heiß werden. Dennoch ausreichend lange löten, damit keine kalte Lötstelle entsteht.

Kalte Lötstelle

Für eine richtige Lötstelle müssen nicht nur das Lötzinn, sondern auch die beiden miteinander zu verbindenden Metallteile erhitzt werden. Sonst gibt es keine dauerhafte Verbindung der Metalle. Das hat zur Folge, dass die elektrische Leitfähigkeit beeinträchtigt wird und sich die Lötstelle bei Vibrationen wieder lösen kann.

Zuletzt ein Anschlusskabel mit passendem Stecker an die erste und letzte Zelle löten. Auch hier unbedingt auf die richtige Polung achten. Es ist, wie gesagt, ein wenig Übung nötig. Messen Sie anschließend am ersten und letzten Pol die Spannung des fertigen Paketes nach. Stimmt der gemessene Wert nicht mit der Erwartung überein, ist vielleicht eine der Akkuzellen falsch herum eingelötet. Vielleicht ist auch eine Lötstelle nicht gut geworden oder eine der Zellen ist durch zu große Hitze beschädigt.

Zum Schluss den Akku in einen großen Schrumpfschlauch stecken und mit einem Heißluftgerät einschweißen. Dann einen Zettel auf den Akku kleben und die Gesamtspannung, die Kapazität, den Hersteller der Zellen und technische Daten der Akkuzelle notieren sowie das aktuelle Datum und bei mehreren Akkupacks eine fortlaufende Nummer.

Sechs Zellen mit Kupferstreifen verbunden ergeben einen 7,2-Volt-Akku. In dieser Bauform ergeben sich völlig andere Unterbringungsmöglichkeiten am Modell als bei den fertig zu kaufenden Akkupacks

Zum Schutz gegen Kurzschluss wird der Akku in einen Schrumpfschlauch gepackt

Wo soll er denn hin?

Je nach Modell gibt es unterschiedliche Einbauorte für den Akku. Die US-Trucks sind hier durch ihr Platzangebot im Vorteil. Tamiya (im Fahrerhaus) und Wedico (im Sleeper) machen es vor. Bei den Euro-Zugmaschinen ist das schon schwieriger. Tamiya hat hier das Racing-Pack quer unter den Rahmen gepackt, die damit verbundenen Probleme hatten wir im Kapitel „Über Stock und Stein Teil 1: Differenzialsperren" geklärt.

Doch wohin mit einem anders geformten Akku? Ein beliebter Ort ist der Tank. Dort, wo beim echten Truck bis zu 1.500 Liter Diesel gelagert werden, kann bei den meisten Modellen problemlos ein großer Akku eingebaut werden. Da der Tank zwischen den Achsen am Rahmen angebracht ist, liegt er tief im Modell und verlagert den Schwerpunkt nach unten, was für ein besseres Fahrverhalten sorgt. Nachteil: Der Akku hängt an einer Seite. Je nach Federung könnte das Modell also ein wenig Schlagseite bekommen.

Dieser selbstgebaute Tank aus Alu nimmt einen Lipo-Akku auf und bietet sogar noch Platz für ein Servo. Der Akku kommt in den Tank, wird angeschlossen und dann als gesamte Einheit von oben auf die Halterung gesetzt

Bei einem derartigen Tank ist entweder Selbstbau angesagt oder ein Kauf bei einem der diversen Kleinhersteller. Gerade bei aufwendig geformten Designteilen – der Tank ist ja nicht einfach viereckig, sondern mitunter etwas bauchig – bietet der 3D-Druck interessante Alternativen.

So hat der niederländische Hersteller TH-Truckmodelbouw sehr originalgetreue Tanks für viele gängige Modell-LKW im Programm. Sie werden mit drei Schrauben am Rahmen befestigt, unterhalb der Halterung ist an der Innenseite über die gesamte Tanklänge eine Öffnung, durch die der Akku eingeschoben werden kann. Trotz der Begeisterung über die ungeahnten Möglichkeiten des 3D-Drucks darf man nicht vergessen, dass auch hier einiges an Nacharbeit nötig ist. Die Oberfläche ist sehr rau und muss vollständig mit Füller behandelt, geschliffen und lackiert werden, bevor der Tank an den Rahmen kommen kann.

Eine andere Möglichkeit ist das Fahrerhaus. Hier könnte der Akku quer eingebaut werden. Je nach Aufbau, zum Beispiel bei einem Containeraufbau, bietet sich auch die Variante an, den Akku dort zu platzieren. Selbst in einem Auflieger kann ein (großer) Akku untergebracht werden. Dann ist natürlich keine Solo-Fahrt mehr möglich. In jedem Fall sollte der Einbauort so gewählt sein, dass der Akku schnell und ohne Werkzeug herausgenommen werden kann. Fest eingebaute Akkus bedeuten nämlich eine Zwangspause im Fahrbetrieb, bei der das Modell dann zur Steckdose getragen werden muss.

3D-Druck

Mit einem 3D-Drucker können dreidimensionale Werkstücke aus einem digitalen Computermodell hergestellt werden. Hierzu bringt ein vom Computer gesteuerter Druckkopf ein entsprechendes Material, zum Beispiel einen geschmolzenen dünnen Kunststofffaden, in vielen Schichten übereinander in der gewünschten Kontur auf. Mit diesem Verfahren können nahezu beliebige Objekte, auch mit komplexen Geometrien, erzeugt werden.

TH-Truckmodelbouw aus den Niederlanden bietet originalgetreue Tanks mit Platz für den Akku. Dieser Tank ist für den MAN TGX. Neben den Tankbändern erkennt man sogar die Einfüllstutzen für Diesel und AdBlue und den Schwimmer, der im Original den Füllstand misst

Bei einer entsprechenden Verkleidung des Fahrzeugrahmens kann der Akku einfach hinter der Seitenverkleidung und unter einem Riffelblech verschwinden

Ein und Aus: Zentraler Schalter und Hauptstromverteilung

Da Sie ohnehin gerade mit dem Herzen der Modellstromversorgung beschäftigt sind, ist jetzt eine gute Möglichkeit, einen zentralen Ein-Aus-Schalter einzubauen. Hat Ihr Fahrregler keinen Ein-Aus-Schalter, mussten Sie bisher nach jeder Fahrt den Akku vom Fahrregler abklemmen. Das geht natürlich komfortabler. Aber selbst wenn der Regler einen eigenen Schalter besitzt, ist eine zentrale Variante eine sinnvolle Sache. Schaltet man den Fahrregler über seinen Schalter aus, wird in der Regel nur das BEC abgeschaltet, damit der Empfänger nicht mehr mit Strom versorgt wird. Dadurch ist das Modell zwar scheinbar stromlos, innerhalb des Moduls fließen jedoch weiterhin geringe Ströme, die den Akku bei längerem Stillstand entladen oder sogar tiefentladen können.

Ideal: ein zweipoliger Wippenschalter. Die Kontakte sind zum Schutz vor Kurzschluss mit Kunststoff voneinander getrennt

Wenn darüber hinaus in Zukunft weitere Module eingebaut werden sollen, führt an einem separaten Schalter ohnehin kein Weg vorbei. Der Strom für diese Module wird zwischen Fahrregler und Akku abgegriffen. Und diesen Stromkreis unterbricht der Schalter im Fahrregler gar nicht. Also sollten sie zwischen Akku und Regler eine Art Hauptverteilerkasten einplanen, der die gesamte Stromversorgung im Modell zentralisiert.

Der Ein-Aus-Schalter sollte zweipolig sein, damit Plus- und Minus-Pol vom Akku unterbrochen werden können. Das ist die sicherste Art, einen Stromkreis zu trennen. Kaufen Sie einen Schalter, dessen Kontakte ausreichend groß sind. Denn hierdurch fließt später die gesamte Energie für das Modell.

Ob es ein Schalter mit Wippe oder mit Schalthebel wird, bleibt ganz den Verhältnissen am Modell überlassen. Wählen Sie einen Einbauort in der Nähe des Akkus, damit die dicken Kabel so kurz wie möglich bleiben kön-

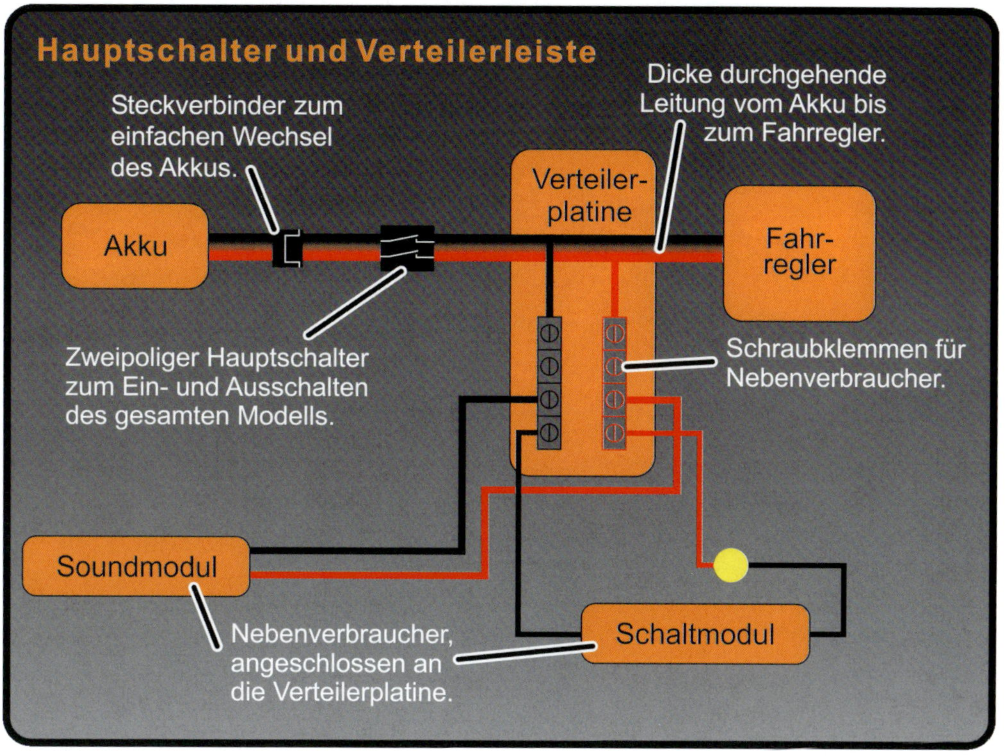

Der Akku ist mit einem entsprechenden Stecker schnell zu trennen. Der zweipolige Schalter schaltet das Modell komplett an und aus. Auf der Verteilerplatine werden die dicken Leitungen zum Fahrregler „angezapft" und führen zu Klemmleisten, an die Nebenverbraucher wie Sound- und Schaltmodule angeschlossen werden können

nen. Bringen Sie ihn an einer gut zugänglichen Stelle an. Natürlich stört dies eventuell den optischen Eindruck des Modells. Schließlich gehört er da beim Original nicht hin. Eine Abdeckung schafft Abhilfe. Löten Sie dann die beiden Zuleitungen vom Akku mit einer Steckverbindung (MPX-Stecker) an die Kontakte des Schalters. An die beiden anderen Schalter-Kontakte kommt die Zuleitung zum Fahrregler. Dazu einfach den Stecker des Fahrreglers abkneifen. Weitere Tipps in Sachen Steckverbindungen gibt es im Kapitel „Fernsteuerungssystem: Optimaler Einbau verhindert Störungen".

Werden noch andere Stromverbraucher (etwa ein Schaltmodul) angeschlossen, sollte danach eine Art Verteilerleiste angebracht wer-

Diese Verteilerleiste entstand aus den Bauteilen einer Tamiya-Servohalterung. Links der zweipolige Schalter, der rechts zu zwei Kupferstreifen führt. An die diese ist noch eine Klemmleiste (rechts, etwas verdeckt) angelötet

Der Schalter ist von außen gut erreichbar. An die Kupferstreifen ist nun der Fahrregler als kräftigster Verbraucher angeschlossen. Die Klemmleisten versorgen später Nebenverbraucher wie Schalt- und Soundmodule

den. Dies kann eine entsprechende Klemmenleiste mit zwei oder drei Anschlüssen sein, jeweils für Plus und für Minus.

(Ver-)sicherung

Die elektrische Absicherung wird in vielen Modellen vernachlässigt. Wer professionell arbeiten möchte, sollte aber in jedem Fall überlegen, die einzelnen Stromkreise, also zum Beispiel die Zuleitungen der einzelnen Module, mit einer Sicherung zu versehen.

An welcher Stelle diese vorgesehen werden sollte, macht die vorhergehende Infografik deutlich. Löten Sie in die Zuleitung der Verbraucher zunächst einen Sicherungshalter ein. Er sollte gut zugänglich sein, bei Bedarf muss hier die Sicherung gewechselt werden.

Als Nächstes muss das Bauteil dimensioniert werden. Da der Draht in ihr schmelzen („rausfliegen“) soll, wenn mehr als der vom Verbraucher benötigte Strom fließt, muss jetzt ermittelt werden, wie viel Strom normalerweise fließt. Dazu ist ein Amperemeter nötig.

Schließen Sie das Amperemeter an die beiden Klemmen des Sicherungshalters und stellen es entsprechend der Anleitung ein. Schalten Sie dann das Modell an und aktivieren Sie den Verbraucher, der an den entsprechenden Stromkreis angeschlossen ist. Jetzt muss vielleicht noch der Messbereich am Messgerät verändert werden, dann können Sie den fließenden Strom ablesen.

Diesen Strom muss die Sicherung in jedem Fall verkraften können. Sobald mehr fließt, soll sie durchbrennen. Da die Sicherungen nur in gewissen Abstufungen lieferbar sind, verwenden Sie die nächst größere Baureihe und stecken Sie sie in den Halter.

Im Falle eines Problems mit der Elektronik an Bord des Modells brennt ab jetzt die Sicherung – und nicht das teure Bauteil bzw. die

Sicherung

Eine Sicherung ist ein elektrisches Bauteil, das Verbraucher vor Überlastung oder einem Kurzschluss schützt. Sie besteht aus einem kleinen Glasröhrchen, in dem sich ein dünner Metalldraht befindet, und wird in eine der beiden Anschlussleitungen des Verbrauchers eingebaut. Der Strom fließt durch den Metalldraht der Sicherung und schließt den Stromkreis. Kommt es nun zu einer Überlastung des Verbrauchers oder einem Kurzschluss, fließt plötzlich deutlich mehr Strom zum Verbraucher und durch die Sicherung. Der Metalldraht in der Sicherung ist jedoch nur für einen bestimmten Strom ausgelegt, und zwar so viel, wie der Verbraucher normalerweise benötigt. Fließt nun mehr Strom, als zulässig, schmilzt der Draht in der Sicherung. Wie bei einem Schalter wird der Stromkreis jetzt unterbrochen und der Verbraucher dadurch nicht beschädigt.

Amperemeter

Mit einem Amperemeter kann der Strom gemessen werden, der durch eine Leitung fließt. Ist diese Leitung die Zuleitung eines Bauteils wird so klar, wie viel Strom zu diesem Bauteil fließt. Ein Amperemeter muss mit der zu messenden Leitung in Reihe, also dazwischen, geschaltet werden.

Zuleitung dahin - durch. Sollte es einmal dazu kommen, setzen Sie zunächst, bei ausgeschaltetem Modell, eine neue Sicherung ein. Manchmal führen nämlich unabsichtliche Spannungsspitzen dazu, dass die Sicherung schmilzt, obwohl alles in Ordnung ist. Brennt auch die zweite Sicherung durch, scheint tatsächlich etwas defekt zu sein. Prüfen Sie alle Verbindungen, Kabel und Stecker sorgfältig. Überbrücken Sie die defekte Sicherung nie mit einem Stück Metall oder Ähnlichem. Dadurch würde die Absicherung wirkungslos und das zu schützende

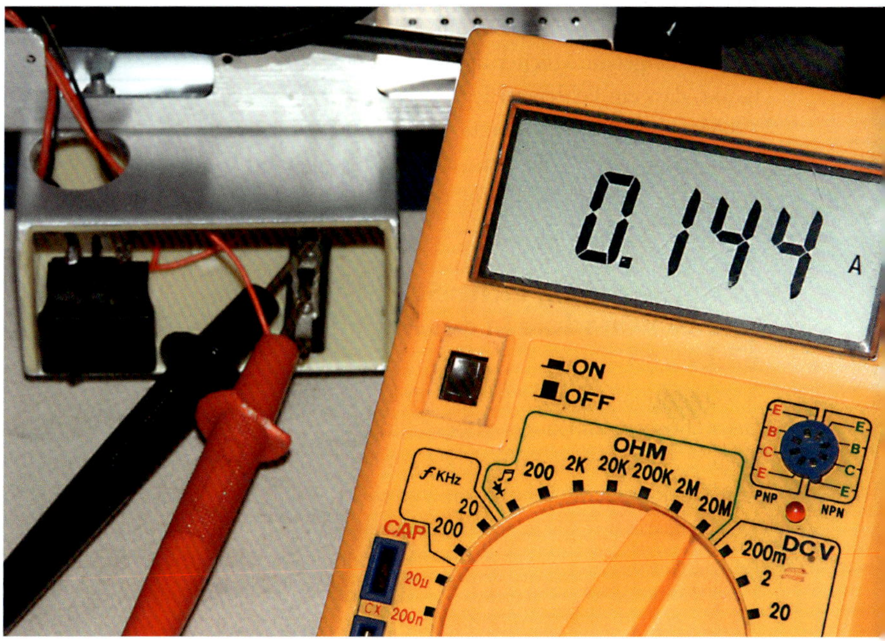

Die beiden Messspitzen des Amperemeters an die Kontakte des Sicherungshalters halten und Strom ablesen

Dieser Fahrregler hat eine aufgelötete 30-Ampere-Sicherung

Bauteil könnte kaputt gehen. Ein paar Ersatzsicherungen dabei zu haben ist also in jedem Fall eine gute Idee.

Ein hundertprozentiger Schutz gegen Beschädigung ist eine solche Maßnahme aber leider nicht. Kommt es zu einem internen Kurzschluss im Modul oder zum Beispiel am geschalteten Ausgang, muss es nicht unbedingt sein, dass der Strom, den das gesamte Modul „zieht", ansteigt. Es kann demnach passieren, dass die eingebaute Sicherung überhaupt nicht merkt, dass ein Fehler vorliegt.

Manche Module haben übrigens bereits Sicherungen an Bord. Dies ist in der Anleitung vermerkt oder auf der Platine der Komponente zu erkennen.

Es werde richtig Licht: Schalt- und Lichtmodule in das Modell einbauen

Jetzt ist es an der Zeit, sich mit dem Einbau von Beleuchtungsfunktionen zu beschäftigen. Machen Sie sich Gedanken, welche Lampen an Ihrem Truck tatsächlich funktionieren sollen und welche davon ferngesteuert schaltbar sein könnten. Möglich ist im Grunde alles. Die konkreten Funktionen werden durch das Lichtmodul bestimmt, für das sie sich entscheiden. Umsetzen können sie unter anderem Standlicht, Abblendlicht, Fernlicht, Blinker, Warnblinker, Schlusslichter, Bremslampen und Rückfahrscheinwerfer. Hinzu kommen noch Nebelschlussleuchten und -scheinwerfer – wobei sich hier die Frage stellt, wann es auf einem Modellbauparcours nebelig wird und diese eingeschaltet werden sollten … Je nach Modell sind auch gelbe Rundumkennleuchten oder auch die schon erwähnte Showbeleuchtung möglich. Auch Innenraumbeleuchtung oder Arbeitsscheinwerfer sind denkbar. Einige Funktionen wie das Bremslicht erfordern spezielle Schaltungen, um automatisch zu funktionieren, also tatsächlich beim Bremsen selbsttätig anzugehen. Ebenso das Rückfahrlicht, welches beim Rückwärtsfahren angehen sollte. Solche Steuerungen übernimmt das Lichtmodul hierbei und aktiviert die Lampen zur richtigen Situation.

Im Folgenden werden einige Module erwähnt oder vorgestellt, angefangen bei einfachen Schaltbausteinen bis hin zu sehr komplexen Elektroniken. Diese Auflistung ist dabei natürlich nur exemplarisch und ein Ausschnitt aus der großen Bandbreite an Zubehör.

Natürlich sollte der finanzielle Aspekt nicht außen vor gelassen werden. Von einigen Euro für einen 2-Kanal-Schalter bis zu mehreren hundert Euro für programmierbare Komplettanlagen ist alles möglich. Während aufwendige Multifunktionsmodule durchaus ihre Vorteile haben, verlangen sie auch eine höhere Investition aus der Modellbaukasse. Wer diese behutsam plündern möchte, ist mit dem stückweisen Aufbau in Form von einzelnen Platinen vielleicht besser beraten.

Lichtschalter am Modell einbauen

Die einfachste Variante ist, über kleine Schalter am Modell die Lampen einzeln anzuschließen. Die Lichtanlage von Wedico funktioniert so. Dazu werden die einzelnen Glühlampen oder LEDs an einen Stromkreis angeschlossen, der von einem Schalter am Modell unterbrochen

Die einfachste Möglichkeit, Licht am Modell zu schalten: Kippschalter unterbrechen den Stromkreis zu den Lampen, wie hier beim Wedico-Modell

werden kann. Hier ist natürlich nichts ferngesteuert schaltbar. Je nach Modell ist das aber durchaus ausreichend.

Schaltmodule einbauen

Die nächste Variante sind die schon erwähnten Schaltmodule. Hiermit können gezielt einzelne Beleuchtungsfunktionen realisiert werden, je nach Modul zwei oder vier pro Steuerungskanal. Die richtige Wahl, wenn Sie wenige Lichtfunktionen fernsteuern möchten oder preiswert einsteigen wollen. Auch, wenn sie bereits ein Multifunktionsmodul eingebaut haben und ergänzend dazu weitere Funktionen fernsteuern möchten, ist der Griff zum Schaltmodul der Richtige. Stellvertretend für Dutzende Vertreter dieser Art schauen wir uns zunächst das MM4 von Servonaut an.

Es belegt einen Kanal am Sender. Hier ist ein Schaltkanal mit drei Positionen sinnvoll,

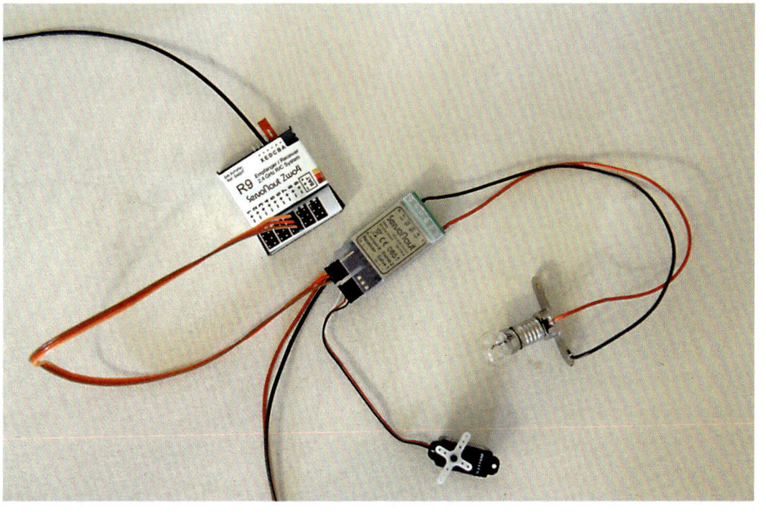

Das Schaltmodul MM4 wird mit einer normalen Servoleitung an den Empfänger angeschlossen, hier an Kanal 6. An die grüne Klemmleiste kommen die Verbraucher, hier symbolisch eine Glühlampe. Das MM4 kann auch Servos für Sonderfunktionen schalten. Die rote und schwarze Leitung unten führt zum Stromverteiler im Modell

Steckbrücke

In der Elektronik werden Steckbrücken häufig verwendet, um Einstellungen an einer Schaltung zu ändern. Dazu wird ein kleiner Metallkontakt auf zwei Stifte gesteckt.

„Steckbrücke gesteckt" bedeutet zum Beispiel „Funktion aktiv", „Steckbrücke abgezogen" bedeutet „Funktion ausgeschaltet".

aber auch ein Proportionalkanal ist möglich. Geschaltet werden können vier Funktionen. Funktion „L1" ("L" für long, engl. = lang) ist als Memory-Schalter ausgelegt. Wird am Sender in die entsprechende Richtung lange betätigt, schaltet die Funktion ein, beim nächsten Betätigen aus. „S2" („S" für short, engl. = kurz) ist auch als Memory-Schalter vorgesehen. Hier schaltet die Funktion, wenn man am Sender kurz in dieselbe Richtung betätigt. Auch hier geht's beim nächsten betätigen wieder aus. „S3" wird am Sender in die andere Richtung geschaltet. Dieser ist normalerweise auch als Memory-Taster vorgesehen. Hier kann man das Modul aber an seine Bedürfnisse anpassen: will man lieber eine Tast-Funktion verwirklichen, muss nur eine Steckbrücke gesetzt werden.

Dann bleibt der Ausgang S3 so lange geschaltet, wie der Schalter betätigt wird. „L4" ist wiederum ein Memory-Taster bei langer Betätigung.

Zusätzlich kann das MM4 auch noch zwei Servos steuern. Servo 1 wird gleichzeitig mit L1 gestartet. So lange der Knüppel gehalten wird, dreht sich das Servo in die eine Richtung. Beim erneuten Betätigen dreht es sich in die andere Richtung zurück. Also perfekt, um zum Beispiel eine Tür damit zu steuern: Hält man den Taster oder Knüppel am Sender, geht die Tür auf. Lässt man los und betätigt wieder in dieselbe Richtung, geht die Tür zu. Zusätzlich oder stattdessen kann auch Servo 2 angeschlossen werden, das zusammen mit S2 gestartet und bei erneutem Betätigen gestoppt wird. Es arbeitet dabei zum Beispiel als Wischerantrieb, dreht sich also immer hin- und her, solange es aktiv ist. Super, wer einen Scheibenwischer umsetzen möchte.

Die Erläuterung zeigt: Die Anschlussmöglichkeiten sind vielfältig und man sollte sich genau überlegen, welche Funktion man tastend und welche als Memory-Funktion schalten will.

Der Anschluss des MM4 ist nicht schwierig. Zum einen wird das Modul mit dem dreiadrigen Kabel an den gewünschten Empfängerplatz gesteckt. Hierdurch bestimmen sie, mit welchem Steuerinstrument am Sender sie spä-

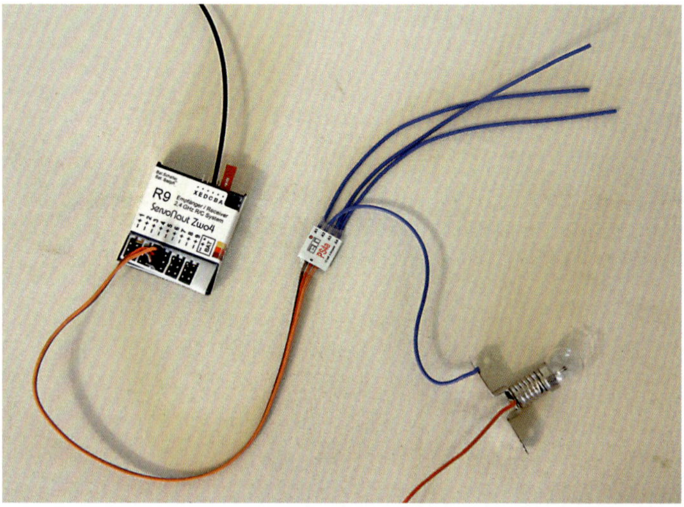

Das Modul von CTI kommt mit einer Servoleitung an den Empfänger, hier an Kanal 5. Die Verbraucher (hier eine symbolische Glühlampe) werden direkt mit dem Minus-Pol an die Leitungsstücke gelötet. Der Minus-Pol geht weiter über den Empfänger, dann zum Fahrregler (hier nicht auf dem Bild) und von dort zum Akku. Der Plus-Pol des Verbrauchers kommt an den Hauptverteiler im Modell

ter schalten. Die beiden Zuleitungen Plus und Minus werden an den Hauptverteiler angeschlossen (siehe Kapitel „Ein- und Aus: Zentraler Schalter und Hauptstromverteilung). Die Stromkreise für die gewünschten Verbraucher kommen dann an die Schraubklemmen an der anderen Seite des Moduls. Der Stromkreis aller Verbraucher beginnt an den Plus-Klemmen, dann folgt das entsprechende Bauteil, also z.B. die Leuchtdiode, und endet dann an der Klemme für die jeweilige Schaltfunktion.

Ein anderer Stellvertreter für Schaltmodule kommt aus dem Hause CTI. Hier gibt es ein paar Unterschiede zum Servonaut-Modul.

Tast- und Memory- Schaltmöglichkeiten können bei den CTI-Modulen nicht angepasst werden. Vielmehr gibt es hier eine große Auswahl verschiedener Schaltmodule, die speziell funktionsbezogen gekauft werden. Sie entscheiden also beim Kauf ob sie Memory-Schalter, Taster oder Kombimodule haben wollen. Auch Servo-Funktionen sind dort nicht mit integriert, derartige Funktionen sind wiederum einzelne Module. Dafür sind die CTI-Komponenten wesentlich kleiner und können in jeder noch so winzigen Ecke des Modells Platz finden. Auch sind sie um einiges günstiger, wodurch es unterm Strich egal ist, ob sie ein Modul mit vielen Funktionen oder viele Module mit je einer Funktion kaufen. Zu beachten ist noch, dass die CTI-Module grundsätzlich angelötet werden müssen, also keine Schraubleiste haben.

Als ein Beispiel von vielen schließen wir einmal das PS4a an. Hier handelt es sich um ein 4-faches Memory-Schaltmodul. Taster oder Knüppel kurz in eine Richtung schaltet Funktion 1 ein. Beim nächsten kurzen Betätigen schaltet Ausgang 1 wieder aus. Beim langen Betätigen wird Ausgang 2 eingeschaltet und beim nächsten Mal wieder aus. In der entgegengesetzten Richtung funktioniert dasselbe für die Ausgänge 3 und 4.

Bemerkenswert ist übrigens die Schaltleistung: Während das Servonaut-Modul 700 mA pro Ausgang schalten kann, verträgt das PS4a an jedem Anschluss 4 Ampere. Das ist genug für eine ganze Menge LEDs oder Glühlampen.

Der Anschluss funktioniert etwas anders als beim zuvor beschriebenen Baustein. Am Schaltmodul steht nämlich nur der Minus-Pol zur Verfügung. Auch hier werden die gewünschten Verbraucher mit dem jeweils entsprechenden Kabel von A1 bis A4 verbunden. Den Plus-Pol bekommen die LEDs direkt von der Schraubklemme am Hauptverteiler. Der Minus-Pol wird über die Empfängerleitung zur Verfügung gestellt und muss daher nicht zusätzlich verdrahtet werden.

Lichtmodule einbauen

Einen Schritt weiter gehen Lichtmodule. Sie realisieren je nach Ausführung schaltbare und automatische Beleuchtungsfunktionen. Greifen sie hier zu, wenn sie bereits einen Fahrregler haben und die eine oder andere Beleuchtungsfunktion nachrüsten möchten.

Auch Lichtmodule haben in der Regel zwei Anschluss-Seiten: Am Eingang werden die Versorgungsspannung und die Kabel vom Empfänger angeschlossen, am Ausgang befinden sich Schraubklemmen, an denen Glühlampen oder LEDs befestigt werden können.

Die Versorgungsspannung wird wieder am Hauptverteiler des Modells abgegriffen, wie unter „Ein- und Aus: Zentraler Schalter und Hauptstromverteilung“ beschrieben.

Werfen wir zunächst einen Blick auf die Module PS2BR und PS4BW von CTI. Genau wie schon zuvor bei deren Schaltmodulen hat CTI für jede Funktion ein eigenes Bauteil im Programm, verschiedene Lichtfunktionen müssen also durch mehrere Baugruppen zusammengestellt werden. Das PS2BR schaltet das Bremslicht und Rückfahrlicht. Hierfür muss es wissen, wie stark und in welche Richtung der Knüppel für den Fahrregler gedrückt wird und kommt daher mit einem Y-Kabel zwischen Empfänger und Fahrregler. Das Signal des Gas-Knüppels wird also auf CTI-Modul

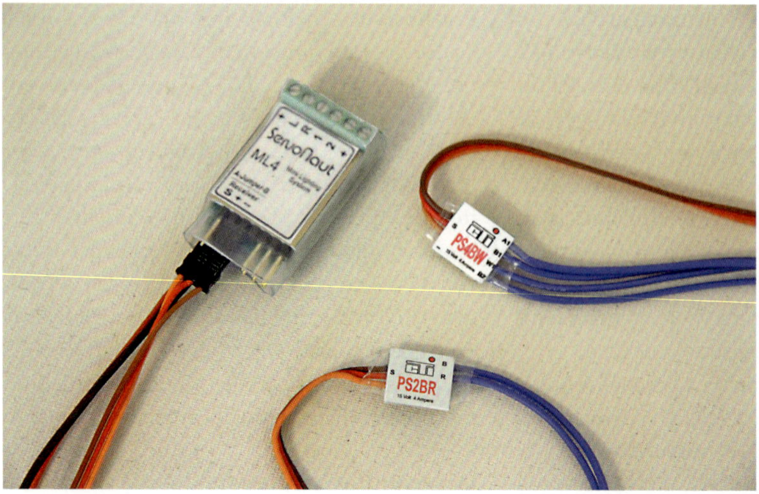

Eine kleine Auswahl an Lichtmodulen. Das Servonaut ML4 kann Blinker, Warnblinker, Stand- und Fahrlicht schalten. Das CTI PS-2BR regelt Bremslicht und Rückfahrlicht, das CTI PS4BW kontrolliert Blinker und Warnblinker. Beim genauen Schaltverhalten gibt es kleine aber feine Unterschiede

und Fahrregler aufgeteilt. An den Anschluss „B“ wird nun der Minus-Pol des Bremslichts angelötet. Der Plus-Pol des Bremslichts wird direkt an den Modell-Hauptverteiler geführt. Der Rückfahrscheinwerfer wird genauso verdrahtet. Wird beim Fahren nun der Gas-Knüppel nach hinten gedrückt, fährt zum einen das Modell durch den Fahrregler gesteuert rückwärts, zum anderen leuchtet durch die CTI-Platine auch der Rückfahrscheinwerfer auf. Das Bremslicht leuchtet immer, wenn der Knüppel in der Mitte steht. Ähnlich angeschlossen wird das PS4BW. Mit diesem werden die Blinker des Fahrzeugs geschaltet. Hierfür ist ein Schaltkanal nötig, beim Betätigen in eine Richtung wird der Blinker aktiviert. Beim erneuten Betätigen geht der Blinker wieder aus, für die andere Richtungsanzeige ist die andere Schalterstellung vorgesehen. Durch langes Betätigen kann der Warnblinker ein- und ausgeschaltet werden.

Mit nur einem einzigen Kanal schaltet das Modul Truckcontrol nahezu alle Lichtfunktionen

Ein weiteres Beispiel von vielen ist das Modul Truckcontrol vom gleichnamigen Hersteller. Hier werden in einem Baustein direkt nahezu alle Schaltfunktionen kombiniert, die man sich an einem Truck vorstellen kann. Truckcontrol kontrolliert Bremslicht, Rückfahrscheinwerfer, Schlusslicht, Abblend- und Fernlicht, beide Blinker, Warnblinkfunktion und Nebelleuchten. Zusätzlich kann mit der Lichthupen-Funktion das Fernlicht zweimal kurz aufgeblendet und über einen zusätzlichen Schaltkanal eine frei wählbare Funktion gesteuert werden. Geschaltet werden sämtliche Lichtfunktionen über einen einzigen Kanal. Dies kann zum Beispiel ein Schaltkanal mit einem Drei-Positionen-Schalter sein. Abhängig davon, wie lange dieser Schalter betätigt wird, werden unterschiedliche Funktionen gesteuert. So schaltet drei Sekunden in Richtung A das Abblendlicht ein. Sechs Sekunden in Richtung B aktiviert den Warnblinker usw. Derartige Schaltszenarien muss man natürlich im späteren Fahrbetrieb üben, um sie sicher zu beherrschen. Schließlich wirkt es nicht gerade souverän, die Lichthupe für den entgegenkommenden Modelltrucker erst beim dritten Versuch richtig betätigt zu haben …

Auch Servonaut hat eine eigene Lichtanlage im Programm, das ML4. Hiermit können beide Blinker, Warnblinker, Standlicht und Fahrlicht bedient werden. Auch hier ist nur ein Kanal nötig, Servonaut empfiehlt einen Kreuzknüppel. Kurzes Tasten nach links oder rechts aktiviert den Blinker. Aus geht dieser entweder bei erneutem Betätigen oder nach 5 Sekunden – per Steckbrücke am Modul kann man wählen, was einem lieber ist. Hier kann ich aus eigener Erfahrung übrigens zur Zeitsteuerung raten. Die Chance, ansonsten ständig mit eingeschaltetem Blinker über den Parcours zu fahren ist riesig.

Langes Tasten nach links betätigt den Warnblinker. Beim langen Tasten nach rechts wird zuerst nach einigen Sekunden das Standlicht eingeschaltet, hält man den Knüppel weiterhin gedrückt, wird auf Fahrlicht umgeschaltet.

Multifunktionsmodule einbauen

Immer mehr Modellbauer greifen zu Multifunktionsmodulen. Diese Schaltungen gehen noch ein Stück weiter und bringen mehr oder weniger alles mit, was für die Steuerung eines Modells nötig ist. Hier sind ein vollwertiger Fahrregler, eine Lichtanlage und eventuell noch Schaltfunktionen zu einer kompakten Einheit miteinander verschmolzen. Das macht durchaus Sinn: Der Anschluss im Modell wird deutlich einfacher, da nicht verschiedene Module kombiniert werden müssen, es gibt weniger Kabel und der Platzbedarf ist mitunter auch geringer. Weiterhin sind alle Funktionen aufeinander abgestimmt, was das Ganze in der Bedienung einfacher werden lässt.

Schauen wir uns auch hier ein paar Vertreter dieser Gattung an. Nochmals sei betont: Kein Anspruch auf Vollständigkeit! Es gibt inzwischen eine große Anzahl an Modulen, teilweise von großen und namhaften Herstellern, teilweise aber auch in Kleinstserien vertriebene Lösungen, die mitunter durch verblüffende Features aufwarten. Recherchieren sie daher ergänzend zu den hier vorgestellten Produkten im Internet oder auf Modellbaumessen.

Ein weitverbreitetes Multifunktionsmodul dürfte das M20+ von Servonaut sein. Hier ist nicht nur eine voll funktionsfähige Lichtanlage mit Scheinwerfern, Blinkern, Brems-, Rückfahr- und Positionslichtern vorgesehen, sondern gleich in dasselbe Modul ein hochwertiger Truck-Fahrregler integriert. Als Besonderheit hat dieser Regler eine Tempomat-Funktion. Der LKW wird also nicht langsamer, wenn der Knüppel losgelassen wird, sondern bremst erst, wenn über den Nullpunkt hinaus der Knüppel nach hinten betätigt wird. In der Neutralstellung hält das Modell also immer konstant die Geschwindigkeit, was zu einem sehr harmonischen Fahren führt. Zusätzlich werden die Beschleunigung und das Abbremsen dosiert: Unrealistische Wechsel aus voller Fahrt in Rückwärtsfahrt sind also nicht möglich, auch wenn

Der Baustellen-MAN bekommt einen M20+ spendiert. Ist ein Platz für die Multifunktionseinheit gefunden, kann sie mit doppelseitigem Klebeband befestigt werden. Alternativ – bei Bedarf leicht zu lösen – kann der Baustein mit einem gebogenen Alustreifen angeschraubt werden

der Knüppel schlagartig verändert. Neben dem Fahr-Kanal wird für sämtliche Lichtfunktionen nur ein einzelner weiterer Kanal benötigt. Dies sollte idealerweise die Links-Rechts-Achse des linken Kreuzknüppels sein. Auch hier gibt es Zeitschaltungen: Wird der Knüppel kurz nach rechts betätigt, geht der Blinker an. Wird er länger gehalten, schalten Stand-, Fahr- und Abblendlicht durch. Wer dies aufmerksam mit dem letzten Abschnitt vergleicht, wird feststellen, dass die Lichtfunktionen beim M20+ identisch zum ML4 umgesetzt sind.

Wie viele andere Module kann der M20+ durch einen Infrarot-Sender ergänzt werden. Dieser zusätzliche Baustein mit dem Namen AIR4 wird an den M20+ angeschlossen und schickt die Schaltzustände aller Beleuchtungsfunktionen per Infrarot an ein entsprechendes Gegenmodul im Anhänger oder Auflieger. Dies schaltet dort dann aus einem separaten Akku die entsprechenden Lichtfunktionen synchron zur Zugmaschine. Zusätzlich können an das AIR4 im Zugfahrzeug auch zwei normale zusätzliche Kanäle vom Empfänger angeschlossen werden, die ebenfalls per Infrarot zum Auflieger übertragen werden. Hier können Sie Zusatzfunktionen steuern, zum Beispiel per dort angeschlossenem Fahrregler eine Kippmulde oder per Servo eine Lenkachse.

Im Bereich der Multifunktionseinheiten mischt auch der Modellhersteller Tamiya mit. Sein Baustein MFC wurde bereits beim Bau der Tamiya-Modelle erwähnt und punktet natürlich dadurch, dass er perfekt auf die hauseigenen Trucks abgestimmt ist – bis hin zu passenden Bohrungen zur Befestigung im LKW. Die MFC vereint nahezu alle Lichtfunktionen, die in einem Modelltruck realisiert werden können. Sowohl Scheinwerfer, als auch Fernlicht und Nebellampen sowie Blinker, Warnblinker,

Die MFC von Tamiya vereint Fahrregler, Lichtanlage und Soundmodul. Die Steuereinheit dafür kommt in den Seitentank, die Hauptplatine ins Fahrerhaus

Rückfahrlicht und Bremslicht können gesteuert werden. Als einziges Multifunktionsmodul hat das MFC auch ein Soundmodul mit an Bord. Es liefert Töne für alle denkbaren (und undenkbaren) Situationen. Neben Motorengeräuschen mit Luftablassen sind eine Hupe und diverse andere Töne vorgesehen, etwa ein Klickton für den Blinker oder das Anziehen der Handbremse. Auch der Fahrregler ist direkt in die MFC integriert. Und als weiteres Extra bringt die Einheit einen Unwuchtmotor mit. Er wird in das Fahrerhaus geschraubt und sorgt für eine realistische Vibration des Fahrzeugs, die an die Geschwindigkeit angepasst wird. Als Einbauort für die recht große Einheit kommt das Führerhaus in Frage. Neben der Platine in der Kabine ist zusätzlich noch eine Steuereinheit im Tank nötig. Inzwischen mag die Frage aufgekommen sein, wie so viel Licht und Ton mit einem Sender gesteuert werden soll. Erstaunlicherweise können sogar alle Funktionen des Trucks mit einer einfachen Vierkanal-Funksteuerung kontrolliert werden. In der Grundstellung werden diese zum Fahren, Lenken und Schalten sowie die Hupe genutzt. Der Blinker kann nicht manuell kontrolliert werden, sondern aktiviert sich zusammen mit der Lenkung in die jeweilige Richtung, allerdings nur bei langsamer Fahrt. Um mit der MFC nun die weiteren Funktionen, zum Beispiel Licht oder Warnblinker zu schalten, greift Tamiya tief in die Trickkiste. Die Lösung heißt hier Trimmhebel: So wird die Mittelstellung des Knüppels für die Hupe ganz nach vorne gestellt und dann der Propkanal betätigt, um die Lichtfunktionen zu schalten. Trimmung und Knüppel nach hinten steuert den Warnblinker. Auf ähnliche Weise lassen sich die Sattelstützen oder andere Funktionen kontrollieren. Tatsächlich ist dieses System etwas kompliziert und bedarf einiger Übung. Schlussendlich ist die MFC aber eine Möglichkeit, mit einem einfachen Sender einem Modell umfangreiche Funktionen hinzuzufügen.

Tamiya hat für die Übertragung der Lichtfunktionen zum Auflieger einen Stecker vorgesehen, der beim An- und Abkuppeln direkt am Modell gesteckt oder gezogen werden muss. Aber auch für die MFC gibt es die Möglichkeit, die Steuerbefehle drahtlos per Infrarot an einen Auflieger zu übertragen: Der Kleinserienherstel-

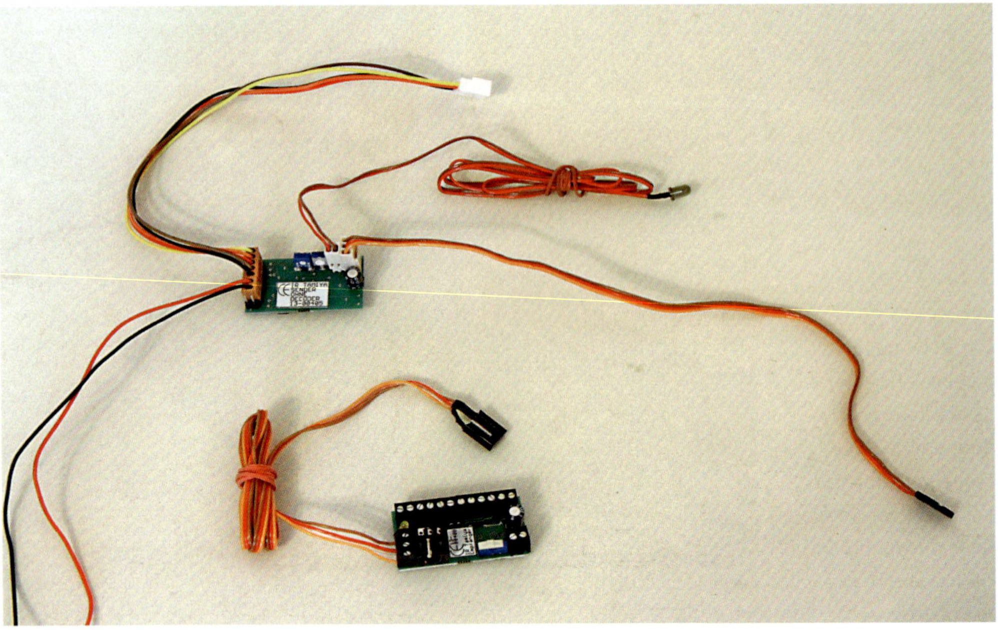

Infrarot-Erweiterung aus dem Hause MM Modellbau zur MFC. Unten die Empfängerplatine mit IR-Empfänger. An die Schraubklemmen werden die einzelnen Lichtfunktionen angeschlossen. Oben der Infrarot-Sender. Der weiße Stecker (oben) wird mit der MFC verbunden, ebenso die losen Leitungen unten links. Die dreipolige Leitung kommt an den Empfänger und dient der Stromversorgung des Moduls. Die rot-braune Leitung führt zur Infrarot-Diode, die die codierten Schaltsignale überträgt

ler MM Modellbau hat eine eigene Infrarot-Erweiterung für die MFC entwickelt. Diese Platine wird daran angeschlossen und überträgt alle Lichtfunktionen drahtlos zum Auflieger. Dort sitzt ein passender IR-Empfänger, der die Beleuchtung schaltet.

MM Modellbau bietet weiterhin noch eine luxuriösere Erweiterung der MFC an, die unter dem Namen TXE vertrieben wird. Hier werden vom Empfänger im LKW zwei zusätzliche Proportional-Kanäle verwendet, mit denen noch mehr Licht geschaltet werden kann. So können noch eine Nebelschlussleuchte, die Eckenbeleuchtung eines Aufbaus und drei weitere Schaltfunktionen gesteuert werden. Das passende TXE-Empfängermodul für den Auflieger schaltet all diese Funktionen synchron auch dort und übernimmt zudem die Kontrolle einer Kipperspindel oder Sattelstütze.

Zuletzt erwähnt werden soll noch das Modul K40, ebenfalls aus dem Hause Servonaut, wegen seiner recht einmaligen Funktion. Auch dies vereint einen Fahrregler mit einer vollständigen Lichtanlage und bietet den Anschluss eines Infrarotsenders. Besonders schön sind die vielen Einstellmöglichkeiten, die über ein Display im Fahrzeug als Klartextanzeige dargestellt werden. Als Highlight bietet die Umsetzung eines halbautomatischen Getriebes: Geschaltet wird mit einem Kreuzknüppel, wie bei einer „Tiptronic“. Er wird zuerst nach links bewegt und dann nach oben getippt zum Hochschalten oder nach unten zum Zurückschalten. Das K40 nimmt daraufhin automatisch Gas am Antriebsmotor weg, schaltet das Getriebe in den gewählten Gang und verringert gleichzeitig die Drehzahl des Motors entsprechend dem neu eingelegten Gang. Das Ergebnis ist wahrhaft be-

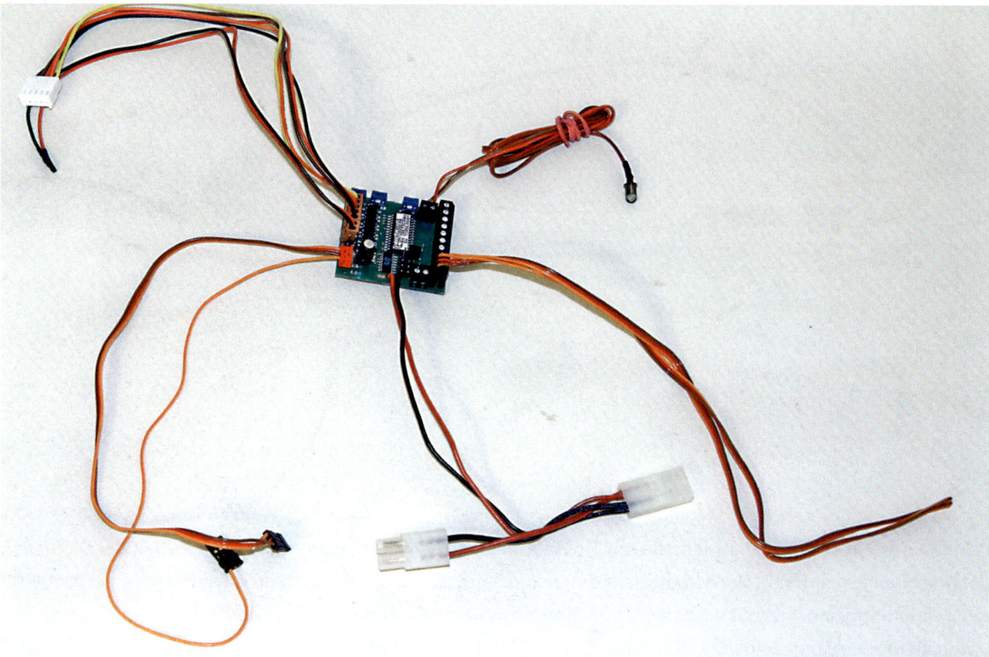

Diese Platine von MM Modellbau erweitert das MFC um viele weitere Funktionen. Die beiden Servoleitungen links unten kommen an den Empfänger, die beiden Kanäle werden proportional per Infrarot (Sendediode oben rechts) übertragen. Die Leitungen oben links kommen an die MFC und greifen dort viele Lichtfunktionen ab. An die Leitungen rechts unten können Lichtfunktionen angeschlossen werden, die vom TXE in der Zugmaschine als Tast- oder Memory-Schalter gesteuert werden. Die Stromversorgung unten mittig wird einfach zwischen MFC und Akku gesteckt. Dadurch ist nicht einmal ein Stromverteiler im Modell vonnöten

Die Empfängerplatine zum TXR sitzt hier unter einem Kippauflieger. Dort steuert sie das komplette Rücklicht, die Kipperspindel und die Aufliegerstützen

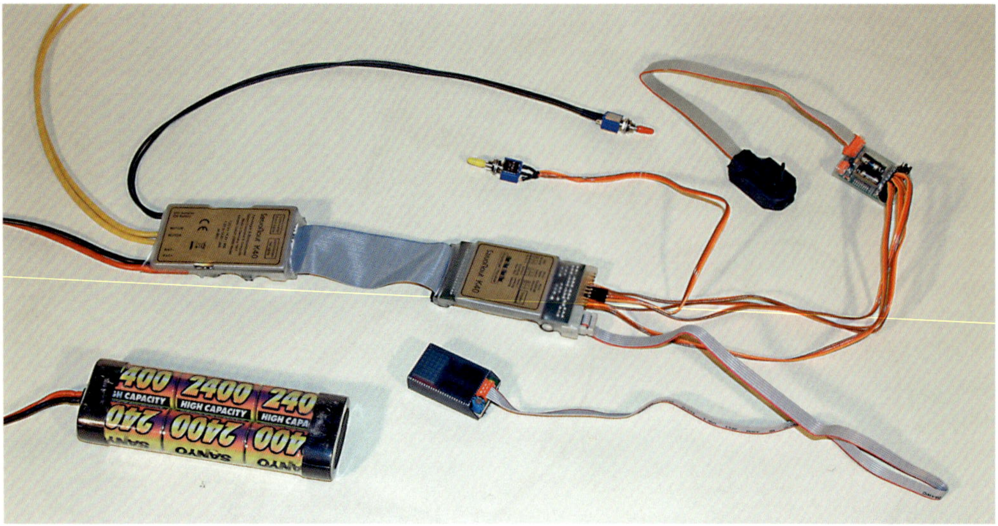

Das K40 besteht aus zwei Platinen, die mit einem breiten Kabel verbunden sind. Links werden der Akku und der Motor angeschlossen, der Schalter auf der linken Seite ist der Ein-Aus-Schalter. Rechts geht ein Taster mit gelber Kappe ab, hiermit wird das Modul programmiert. Alle Einstellungen werden auf dem Display unten im Klartext angezeigt. Das K40 benötigt vier Kanäle, die rechts angeschlossen werden. Alle Lampen werden über Verteilerplatinen verdrahtet, die ebenfalls rechts angesteckt werden

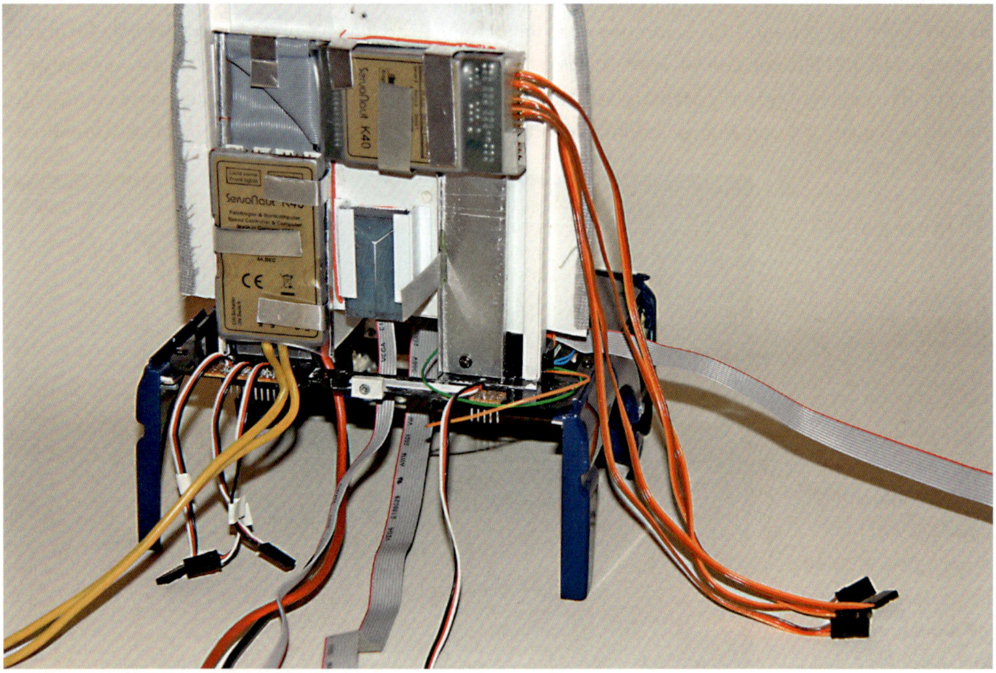

Das K40 über Eck eingebaut und mit Alustreifen gesichert. Mittig sitzt das Display hinter der Trennwand und ist so von vorne durch die Scheibe zu erkennen

eindruckend: Das Fahrverhalten beim Schalten ist absolut vorbildgerecht und ruckfrei.

Fährt man mit Vollgas im ersten Gang und schaltet hoch, gibt es nicht mehr den sonst üblichen Ruck im Getriebe, bei dem das Modell plötzlich davonschießt, was aufgrund der noch gleichen Drehzahl des Motors, aber geringeren Untersetzung normalerweise passiert. Vielmehr geht die Drehzahl am Motor deutlich hörbar zurück, der neue Gang wird schonend eingelegt und das Modell fährt mit konstanter Geschwindigkeit weiter. Wie im Original eben auch. Dafür kann man jetzt wieder bis zur maximalen Drehzahl des Motors beschleunigen und dann wieder einen Gang hochschalten. So werden Fahrsituationen wie eine Motorbremse bergab, Anfahren im niedrigsten Gang und hochschalten bis zur vollen Fahrt und ähnliche Dinge aus der Welt der echten Fahrzeuge am Modell möglich.

Scheinwerfer und Co: Lampen einbauen

Egal, wie die Lampen in Ihrem Modell geschaltet werden sollen: Über einen Schalter an der Kabine oder ein Schalt-, Licht- oder Multifunktionsmodul: Eines haben sie alle gemeinsam: Ohne Leuchtmittel geht nichts. Befassen wir uns also als Nächstes mit deren Einbau.

Dabei gibt es grundsätzlich zwei verschiedene Möglichkeiten: Kleine Glühlampen oder Leuchtdioden. Zu Glühlampen ist nicht viel zu sagen. Sie sind im Versandhandel auch in kleinsten Abmessungen erhältlich und können, wenn sie zur Bordspannung passen, direkt an die Stromquelle bzw. das Schaltmodul angeschlossen werden. Mit wasserfesten Filzstiften oder speziellen Tauchlacken können die Lampen in allen möglichen Farben leuchten.

Allerdings führt die Glühlampe inzwischen nur noch ein Schattendasein im LKW-Modellbau. Aus denselben Gründen, aus denen sie für die Wohnzimmerlampe europaweit abgeschafft wurden, sind sie auch im Modellbaubereich mehr und mehr verdrängt worden: Sie verbrauchen viel Energie, erzeugen mehr Wärme als Licht und gehen kaputt. Hinzu kommt, dass sie anfällig für Vibrationen sind. Die Nase vorne haben hier ganz klar Leuchtdioden.

Je nach Typ liegt die Stromaufnahme bei etwa 20 mA, eine vergleichbare Glühlampe braucht glatt das 10-fache. Leuchtdioden sind zudem nicht empfindlich gegen Vibrationen. Während eine Glühlampe schon mal kaputt gehen kann, wenn sie im LKW durchgeschüttelt wird, hat eine LED eine fast unbegrenzte Lebensdauer. Sie werden nicht warm und sind somit deutlich effizienter. LEDs sind in allen relevanten Farben und in verschiedenen Helligkeiten lieferbar. Weiße Leuchtdioden haben einen bläulichen Farbton und erinnern stark an die auch in Trucks modernen Xenon-Scheinwerfer. Dafür eignen sie sich also ebenfalls. Möchten sie lieber einen warmweißen Farbton, zum Beispiel für herkömmliche Scheinwerfer oder eine Innenraumbeleuchtung, können sie entsprechende Warmlicht-LEDs nutzen.

Zwei elektrotechnische Punkte sind jedoch bei LEDs unbedingt zu beachten: Sie müssen richtig herum angeschlossen werden und sie dürfen nie direkt an den Fahrakku, sondern benötigen einen Vorwiderstand.

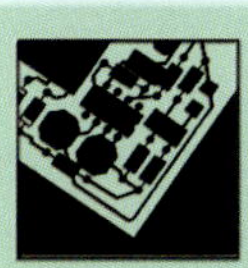

Leuchtdioden (LED)

Leuchtdioden sind elektrische Bauteile (Halbleiter-Kristalle), die beim Anschluss an eine Stromquelle Licht erzeugen. Sie funktionieren nach einem anderen Prinzip als eine Glühlampe. In einer Lampe wird ein dünner Draht durch Elektronenfluss zum Glühen gebracht. Leuchtdioden hingegen leuchten, weil die Elektronen, die nur in einer Richtung durch die Leuchtdiode fließen können, Energie in Form von Licht abgeben. Die Farbe des Lichtes wird durch den Kristall bestimmt, aus dem die LED besteht.

Lampen einbauen

Egal, ob LED oder Glühlampe: Der Einbau des Leuchtmittels an sich gestaltet sich mehr oder weniger gleich. Lampengehäuse, Gläser und Reflektoren für Scheinwerfer, Rücklichter und Co. sind in den meisten Fällen schon am Modell vorhanden. In der Regel sind sie auch für die Aufnahme von Lampen oder LEDs schon vorbereitet. Beachten Sie bei Leuchtdioden, dass diese das meiste Licht nach vorne abgeben. Legen Sie sie also nicht seitlich in das Gehäuse, auch wenn es sich anbieten sollte.

Während Glühlampen unterschiedlichste Abmessungen haben, sind LEDs genormt. Sie haben entweder 3 oder 5 mm Durchmesser. Diese beiden Baugrößen können sie abhängig vom Verwendungszweck nutzen: 5-mm-LEDs sind hervorragende Scheinwerfer, während 3-mm-LEDs Blinker oder Schlusslichter abgeben. Orientieren sie sich hier am besten an der Größe der Fassung, die an ihrem Modell vorgesehen ist.

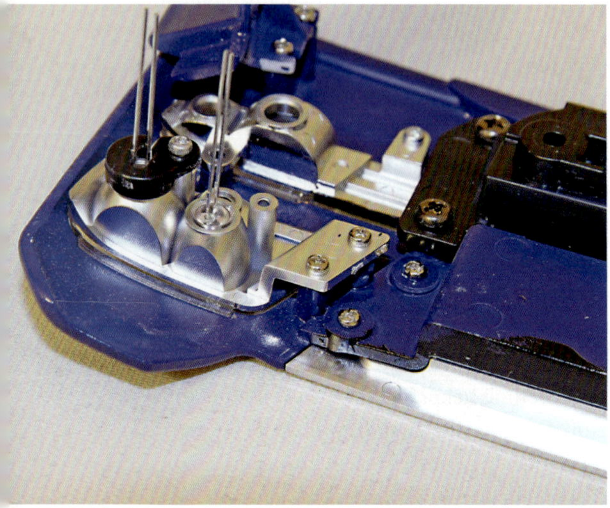

Scheinwerfer Aufnahme Tamiya
Gerade neuere Bausätze sind vor allem für LEDs vorbereitet. Hier ist rechts eine 5-mm-LED eingesetzt, links ist diese mit einer passenden Halterung aus dem Tamiya-Bausatz festgeschraubt

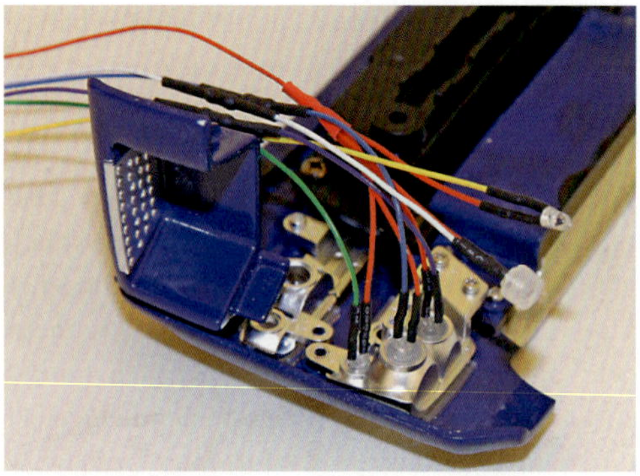

Servonaut Kabelbaum. Um universell für verschiedene Modelle zu sein, sind hier nur 3-mm-LEDs vorhanden. Sollen diese in einer 5-mm-Fassung Platz finden, wird ein kurzes Stückchen des beiliegenden Silikonschlauches abgeschnitten und darüber gesteckt: An der LED mit weißem Kabel ist dies vorbereitet, am blauen und violetten Kabel eingebaut. Die LED mit grünem Kabel passt direkt in die 3-mm-Fassung

Wieder einmal können sie sich über die Hilfe aus dem Zubehörhandel freuen. Hier gibt es vorgefertigte LED-Kabelbäume für Fahrzeugfront und Heck, die passende Leuchtdioden für Scheinwerfer, Blinker, Fernlicht und Co beinhalten. Besonders gut für alle, die vor Elektrik zurückschrecken: Hier sind auch die benötigten Vorwiderstände direkt mit eingelötet. Achten Sie beim Kauf lediglich darauf, einen Kabelbaum für 7,2 Volt oder für 12 Volt zu erstehen, und dass dieser ausreichend LEDs für alle Fassungen hat und die Sache ist erledigt.

Egal ob Kabelbaum oder eigener LED-Anschluss: Der Einbau ist simpel. Schieben Sie das Leuchtmittel in die entsprechende Aufnahme. Fixieren sie es entweder mit einem Tropfen Klebstoff auf der Rückseite bzw. innen am Fahrzeug oder schrauben sie die entsprechende Halterung wieder an. Falls nötig, die Lampengläser evtl. wieder aufsetzen.

Je nach Modell gibt es sogar eine noch einfachere Variante: Einige Hersteller bieten passende, vollständige Beleuchtungsplatinen an.

Nicht immer sind so aufwendige Halterungen vorhanden wie an der Tamiya-Stoßstange. Bei der Baustoßstange des Allrad-TGX hatten wir zuvor Löcher in das Resin gebohrt und die Stahlplatte auf der Rückseite entsprechend vorbereitet. Hier werden die LEDs des Servonaut-Kabelbaums von hinten eingesteckt und mit Heißkleber gesichert

Hier sind alle benötigten LEDs in den richtigen Abständen auf eine Leiterplatte gelötet und verkabelt. Solche Platinen hat unter anderem Veroma im Programm. Sie wird einfach in das Lampengehäuse gesetzt und angeschraubt. Im Falle der Platine für das Hecklicht ist zusätzlich noch ein Streifen Isolierband von Nöten, damit es nicht zu einem Kurzschluss durch die Metallhalterung des Kotflügels kommt.

Die fahrzeugspezifische Platine ist komplett mit LEDs und passenden Vorwiderständen bestückt und wird einfach in das Gehäuse der Rücklichter gedrückt. Ein Stück Isolierband (rechts) verhindert einen Kurzschluss

Litze

Spezielle Bauart eines Kabels. Hier besteht der Stromleiter nicht aus einem durchgehenden Kupferkabel, sondern aus vielen dünnen Drähten, die zusammen in eine Isolierung verpackt sind. Dadurch ist Litze deutlich flexibler und kann besser verlegt werden.

Anschlüsse der LED kurz abkneifen und anlöten, die blanken Stellen dann mit einem Schrumpfschlauch isolieren

Leitungen anlöten

Haben sie sich nicht für einen vorkonfektionierten Kabelbaum entschieden und stattdessen eigene LEDs eingebaut, müssen diese jetzt mit den Kabeln verbunden werden. Kneifen Sie zunächst die Anschlussbeine der LEDs (oder Glühlampen) bis auf einige Millimeter ab. Jetzt ein ausreichend langes Stück Litzenkabel abrollen und einige Millimeter abisolieren.

Dann zuerst die Anschlüsse der LED und das abisolierte Kabel verzinnen und schließlich zusammenlöten. Dabei so zügig arbeiten, sonst schmilzt die Isolierung des Kabels hinter dem abisolierten Stück.

Schließlich einen Schrumpfschlauch über das Kabel schieben und mit einem Heißluftgebläse zusammenschrumpfen, um Kurzschlüsse zu vermeiden.

Leiterquerschnitt

Der Querschnitt eines Kabels, also die Oberfläche einer glatt abgeschnittenen Leitung, gemessen im mm^2, ist ausschlaggebend, wie viel Strom durch die Leitung fließen kann. Ist ein Kabel zu dünn, funktioniert es wie eine Sicherung und schmilzt ab einer gewissen Stromstärke. Für einfache Beleuchtungen (z.B. LEDs) reichen bereits Kabel ab 0,05 mm^2 Querschnitt.

Leitungen verlegen

Ziel ist es nun, die Leitungen so unauffällig wie möglich von den Leuchten zur restlichen Elektronik zu verlegen. Schließlich würde es den Gesamteindruck ziemlich stören, wenn jetzt dicke, bunte Leitungsbündel zu den Lampengehäusen führen würden.

Im Bereich der vorderen Stoßstange verschwinden die Kabel fast von selbst hinter der Karosserie.

Bei den hinteren Lampen verlegen sie die Stromleiter unauffällig auf der Innenseite des Rahmens oder an der Karosserie entlang bis zum Lichtmodul. Sind die Lage und Leitungsführung ermittelt, kommt abermals ein Schrumpfschlauch zum Einsatz: Ein ausreichend dickes Stück wird passend abgeschnitten und dann alle Leitungen hineingeschoben. Am schönsten sieht es aus, wenn die Leitungen nicht um Traversen herum, sondern hindurchführen. Bohren sie dazu vorsichtig entsprechende Löcher in die Hecktraverse und schieben sie den Schrumpfschlauch hindurch. Auch die Quertraversen können sie mit einer entsprechenden Leitungsöffnung versehen. Erst wenn der gesamte Schlauch richtig liegt, erwärmen sie ihn mit einem Heißluftgebläse. Dann können sie auch noch an den nötigen Stellen leichte Radien in den Schrumpfschlauch biegen, er bleibt nach dem Erkalten in dieser Position.

Von den Rücklichtern werden die Leitungen in einem Stück Schrumpfschlauch unauffällig durch ein Loch in der Hecktraverse auf die Innenseite des Rahmens geführt (links im Bild). Im Rahmen werden sie dann in einem weiteren langen Stück Schrumpfschlauch bis zum Lichtmodul verlegt. Traversen bekommen einfach ein passendes Loch als Kabeldurchlass

Wem das zu viel Aufwand ist, der kann mit Kabelbindern, Isolierband oder Klebeband zur Tat schreiten. Wichtig ist in jedem Fall, dass während der Fahrt keine Kabel in langen Schlaufen herunterhängen.

Auch im Inneren des Fahrerhauses müssen etliche Leitungen verlegt werden, sei es von Dachlampenbügeln, Rundumkennleuchten, Positionslichtern in der Sonnenblende oder Arbeitsscheinwerfern an der Rückseite des Fahrerhauses. Wer den Innenausbau der Kabine nicht so eng sieht, ist hier mit einem Schrumpfschlauch oder einem Stück Klebeband schon gut beraten. Haben Sie ihrem Fernfahrer allerdings ein Armaturenbrett, Sitze, Armlehnen oder vielleicht sogar eine komplette Innenverkleidung gegönnt, sollten auch hier die Leitungen entsprechend unauffällig verlegt werden. Dies nehmen sie sich am besten vor, bevor die Innenverkleidung angebracht wird, siehe hierzu Kapitel „Innenausbau: Modelltruckers Arbeitsplatz". Diese sollte dabei möglichst nur mit ein paar kleinen Stücken doppelseitigem Klebeband angebracht werden, damit sie bei Bedarf wieder entfernt werden kann, wenn man später an die Verkabelung heran muss.

Wo und wie die Leitungen zusammengeführt werden, machen sie am besten abhängig von der Position der Schaltmodule. Sind die alle hinter einer Trennwand im hinteren Bereich der Kabine verstaut, macht es Sinn, sie dort zu bündeln. Beim Baustellen-TGX hat die Elektrik ihren Platz auf einer Grundplatte am Fahrzeugrahmen gefunden. Da die Kabine, wie beim Original, nach vorne wegklappbar bleiben soll, wurden hier sämtliche Kabel aus dem Führerhaus vorne hinter dem Kühlergrill gebündelt. Von dort gehen sie über eine Steckleiste zu den

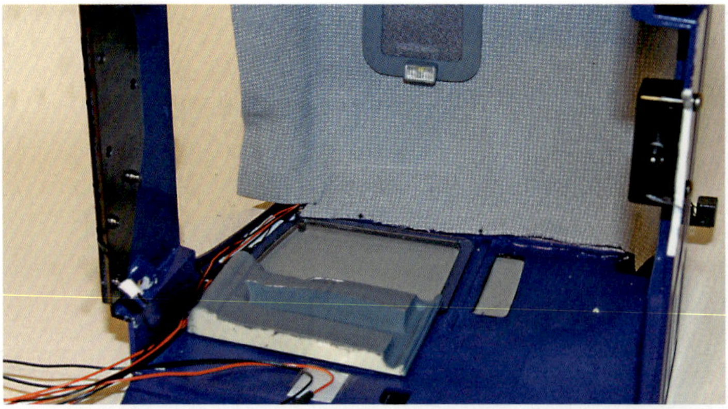

Hier werden die Leitungen für Innenbeleuchtung, Rundumkennleuchte, Arbeitsscheinwerfer und Co an der A-Säule zwischen Seitenfenster und Windschutzscheibe heruntergeführt. Hinter dem Kühlergrill geht es dann zu einem Stecker. Der Stoff wird mit kleinen Stücken Klebeband gesichert

entsprechenden Schaltmodulen. Dort kann der Kabelbaum komplett abgezogen werden, damit das Fahrerhaus ohne großen Aufwand abgenommen werden kann.

Lampen anschließen und Widerstand anlöten

Kommen Glühlampen zum Einsatz, die Kabel nun direkt an das Lichtmodul anschließen. Dabei gibt es für den einen Pol der Glühlampen

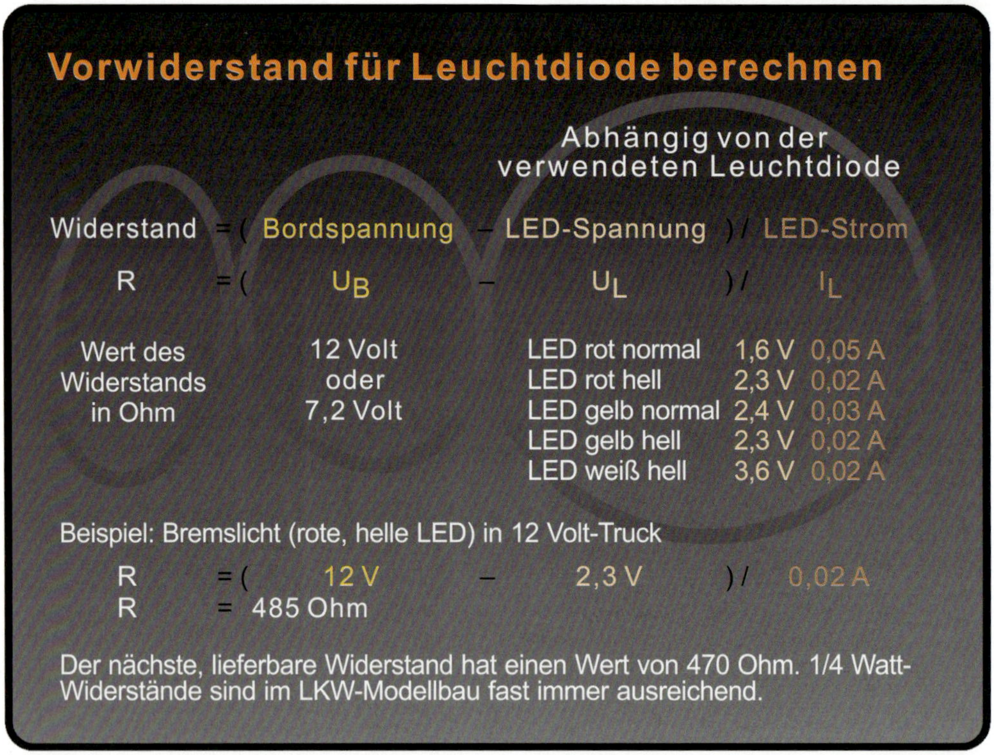

So berechnen Sie den Wert eines Vorwiderstands für Leuchtdioden. Hier gehen wir davon aus, dass jede LED ihren eigenen Widerstand bekommt und direkt an das Lichtmodul angeschlossen, also nicht in Reihe mit anderen LEDs verbunden wird

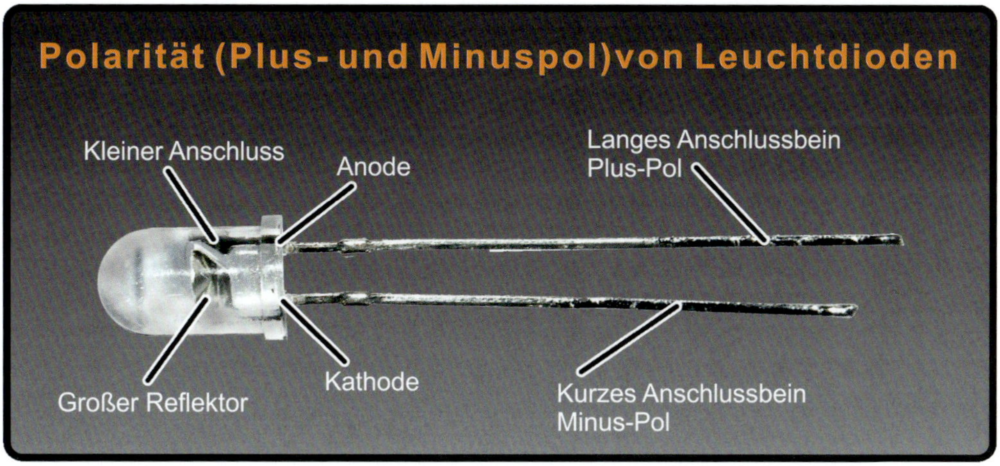

Wird eine LED falsch herum angeschlossen, leuchtet sie zwar nicht, geht aber auch nicht kaputt

immer eine gemeinsame Klemme am Modul und für den anderen Pol für jede Schaltfunktion eine separate Klemme, die entsprechend geschaltet wird. Welches der beiden Kabel von einer Lampe an welche Klemme (Plus oder Minus) geschraubt wird, ist dabei egal.

Bei Leuchtdioden ist ein wenig mehr Arbeit nötig. Wie schon erwähnt, dürfen LEDs nie direkt an die Bordspannung angeschlossen werden, hier wäre sonst ein kleines Feuerwerk zu besichtigen. Stattdessen ist ein Widerstand als Strombegrenzer von Nöten. Bei vorgefertigten Kabelbäumen oder kompletten Platinen ist dieser bereits vorhanden. Das Berechnen und Anlöten des nötigen Widerstands ist kein Problem. Hier kommt das Ohmsche Gesetz zum Tragen: Widerstand ist gleich Spannung durch Strom.

Widerstände in allen Größen gibt es im Elektronikversand. Löten Sie den einen Anschluss des Widerstands an das Kabel, schieben einen Schrumpfschlauch darüber und schließen den anderen Anschluss an die Schraubklemme an. Anders als bei Glühlampen ist bei Leuchtdioden die Polarität (Plus und Minus) nicht egal. Fast immer ist der gemeinsame Pol von allen LEDs am Lichtmodul der Plus-Pol, die geschaltete Ader hingegen der Minus-Pol.

Wenn Sie nicht mehr sicher sind, welcher Anschluss wo angelötet wurde, testen Sie es einfach aus. Im Elektronikhandel gibt es kleine LED-Testgeräte für diesen Zweck. Wird eine LED falsch herum angeschlossen, leuchtet sie nicht, geht aber trotzdem nicht kaputt. Ein Fehler kommt also nicht teuer zu stehen.

Auf diese Weise werden alle Lampen an die entsprechenden Schalt-Ausgänge angeschlossen. Das Prinzip ist dabei grundsätzlich dasselbe, egal ob es sich um selbst verlötete LEDs handelt, einen vorgefertigten Kabelbaum oder eine einsetzbare Platine. Auch die Rundumkennleuchten von Pistenking werden auf diese Weise an ein passendes Schaltmodul angeschlossen. Diese sind für einen weiten Spannungsbereich ausgelegt und benötigen keinen zusätzlichen Vorwiderstand.

Sind alle LEDs oder Glühlampen richtig angeschlossen, geht es an den ersten Funktionstest. Sender und Modell einschalten und dann das Schalt- oder Lichtmodul testen. Wenn eine Lampe wider Erwarten nicht leuchtet, ist die Polarität vielleicht nicht richtig, eines der Kabel nicht korrekt angeschlossen oder wieder abgerissen. Dies kann vor allem bei den dünnen Kabeln schnell passieren.

Natürlich würde so niemand sein Modell verkabeln, aber zur Veranschaulichung eignet es sich ganz gut: Von beiden Seiten der Frontscheinwerfer gehen die farbigen Leitungen zum Multifunktionsmodul M20 an die jeweilige Klemme, etwa für Standlicht oder Fahrlicht. Die rote Leitung ist der gemeinsame Plus-Pol der LEDs, die Anschlüsse sind direkt an den Scheinwerfern zusammengefasst. Die vielen schwarzen Leitungen am M20 gehen zur Heckplatine. Die weiße und violette Leitung der Frontplatine hingegen führen zu einer Klemmleiste eines separaten Schaltmoduls. Hier werden Lichtfunktionen aktiviert, für die am M20 keine Klemmen mehr zur Verfügung stehen

Man höre (und staune): Soundmodul einbauen

In Sachen Beleuchtung wurde bereits eine ganze Menge Arbeit in das Modell gesteckt. Dabei sollte es an dem Truck aber nicht nur etwas zu sehen, sondern auch zu hören geben. Da der LKW so realistisch wie möglich nachgebaut werden soll, ist es nun an der Zeit, etwas für die akustische Originalität zu tun. Da ein Elektromotor zum Einsatz kommt, fehlt ein natürlicher Dieselsound gänzlich. Doch auch der kann mithilfe eines Moduls nachempfunden werden: Einem Sound-Modul. Es simuliert den Ton eines Diesel-Motors und gibt ihn über einen Lautsprecher aus. Der Baustein wird mit dem Fahrregler gekoppelt und weiß daher auch, wie weit der Steuerknüppel gerade gedrückt wird. Dadurch kann die Tonhöhe und -frequenz an die Drehzahl angepasst werden: Man hört, dass der Motor schneller wird. Je nach Soundmodul gibt es zusätzliche Geräusche, die über einen Schalkanal aktiviert werden können. Dies könnte zum Beispiel die Hupe oder der Anlasser des Motors sein. Auch Effekte wie das Zuknallen der Fahrertür oder einen Piepton beim Rückwärtsfahren sind möglich. Für Einsatzfahrzeuge bietet sich an, hierüber auch das Martinshorn erklingen zu lassen. Soundmodule sind unter anderem von den Firmen Gewu oder Servonaut erhältlich. Das Multifunktionsmodul MFC von Tamiya hat auch ein Soundmodul mit an Bord. Und ein Spezialist ist sicher das USM-RC2 von Beier-Elektronik.

Soundmodul SMT von Servonaut. Der ovale Lautsprecher muss extra gekauft werden, wird aber von Servonaut empfohlen

Egal, welcher Baustein im Modell zum Einsatz kommt: Die Qualität steht und fällt mit dem verwendeten Lautsprecher. Selbst ein Spitzen-Modul knarrt nur wie eine Gartenpforte, wenn ein zu schwacher oder zu kleiner Lautsprecher ohne Resonanzkörper angeschlossen wird. Folgen Sie beim Lautsprecherkauf nach Möglichkeit immer der Empfehlung des Herstellers. Wenn es Wahlmöglichkeiten gibt, den größten Lautsprecher verwenden, der ins Modell passt. Das ist natürlich eine Gratwanderung. Denn ein vernünftiger Lautsprecher mit passender Holzkiste darum ist nicht gerade klein und Platz ist nach all den Umbauten Mangelware im Modell.

Auf den Resonanzkörper sollten Sie aber auch bei geringem Platzangebot nicht verzichten. Er besteht aus Holzplatten, die um die Rückseite des Lautsprechers gebaut werden, wie bei der Lautsprecherbox einer Stereo-Anlage. Er dient zur Verstärkung des Tons: die Schallwellen des Lautsprechers versetzen die Holzteile in Schwingung, was den Ton verstärkt und zurückwirft. Schneiden Sie am besten dünnes Sperr- oder Balsaholz zurecht und kleben die Platten mit Alleskleber aneinander. Dann füllen sie den Resonanzkörper noch etwas mit Watte. Der Lautsprecher sollte möglichst genau in die Kiste passen. Das Ganze wird so weit oben wie möglich im Modell eingebaut.

Einbau und Anschluss sind dabei recht einfach zu bewerkstelligen und werden hier anhand des Soundmoduls SMT von Servonaut demonstriert. Das SMT simuliert neben dem Motorengeräusch das Starten und Abstellen des Motors und ein Horn. Die beiden Töne werden über einen zusätzlichen Schaltkanal von der Fernsteuerung aus gesteuert. Je nach Geschwindigkeit und Richtung erzeugt es automatisch einen Piepton beim Rückwärtsfahren und reguliert

Rohbau eines Resonanzkörpers aus Sperrholz

Steckbrücke

In der Elektronik werden Steckbrücken häufig verwendet, um Einstellungen an einer Schaltung zu ändern. Dazu wird ein kleiner Metallkontakt auf zwei Stifte gesteckt.
„Steckbrücke gesteckt" bedeutet zum Beispiel „Funktion aktiv", „Steckbrücke abgezogen" bedeutet „Funktion ausgeschaltet".

die Tonhöhe des Motors. Zusätzlich ertönt im Stillstand ab und zu ein Luftablassen. Beim echten Truck passiert das immer dann, wenn der Druck im Luftkessel (für die Luftfederung) zu groß wird. Mit kleinen Steckbrücken kann zudem zwischen zwei Horn-Varianten und einem US- und Europa-Motorsound gewählt werden. Bei der erweiterten Version SMX wählen sie sogar zwischen drei verschiedenen originalgetreuen Sounds von europäischen LKW.

Zunächst das Soundmodul an die Versorgungsspannung am Hauptverteiler anschließen. Den Lautsprecher ebenfalls anschließen, die Polarität der Kabel ist hier egal. Dann den Schaltkanal mit dem Empfänger verbinden. Hier ist senderseitig ein Kippschalter mit drei Positionen sinnvoll, der automatisch in die Mitte zurückspringt. Mit diesem Schaltkanal steuern Sie Anlasser und Horn.

Zur Auswertung der Geschwindigkeit und Richtung wird der Fahrregler durchgeschleift. Das Soundmodul also an den Empfänger anschließen und den Fahrregler an das Soundmodul: Beide Komponenten teilen sich das

Das SMT-Soundmodul frei verdrahtet an den Peterbilt angeschlossen. Strom kommt von der Wedico-Verteilerplatine, das Kabel wird einfach an den oberen Anschluss des Ein-Aus-Schalters (rechter Schalter) angeschlossen. Im Zweifel gucken, wo die dicken Leitungen vom Fahrakku hinführen

Der TGX erhält ein USM-RC2-Soundmodul. Über die Servokanäle (oben links am Baustein) werden Sounds und Schaltausgänge angesteuert. Die zu schaltenden LEDs kommen oben rechts an die Stiftleiste, in diesem Fall werden die Pins per grauem Flachbandkabel an die Schraubleiste geführt

Signal des Steuerungskanals. Wenn ein Lichtmodul verwendet wird, wird das Signal bereits durchgeschleift, nämlich für die Steuerung von Bremslicht und Rückfahrscheinwerfer. Das ist kein Problem, in diesem Fall werden einfach alle drei Komponenten miteinander verbunden.

Für den ersten Funktionstest den separaten Lautstärkeregler ganz leise stellen. Dazu den Drehregler ganz nach links drehen. Dann das Modell anheben, damit die Räder frei drehen können und den LKW einschalten. Jetzt den Anlasser mit dem Schaltkanal betätigen. Natürlich ist dies nur der Anlasser im Sinne des Soundmoduls. Der LKW fährt schließlich mit einem Elektromotor und kann auch ohne den Motorsound wie gewohnt gefahren werden. Jetzt den Lautstärkeregler etwas aufdrehen, der Motorsound sollte dann im Stillstand langsam laufend zu hören sein. Testen Sie, wie Ihr LKW mit der richtigen Geräuschkulisse klingt. Den Regler je nach verwendetem Lautsprecher nicht ganz aufdrehen. Er könnte beschädigt werden und Ihre Ohren zudem. Mit etwa 8 Watt bringt das SMT schließlich schon eine beachtliche Leistung in Sachen Lautstärke.

Der Anschluss anderer Soundmodule ist ähnlich. Unterschiedlich ist vielleicht die Art und Weise, mit der die Geschwindigkeit des LKW ermittelt wird. Bei einigen Bausteinen wird zum Beispiel nicht der Fahrregler durchgeschleift, sondern laufend die Spannung gemessen, die am Antriebsmotor anliegt. Dazu wird das Modul mit zwei Kabeln mit dem Motor verbunden, die als Messleitungen dienen.

Auch der Baustellen-TGX soll ein Soundmodul erhalten. Die Wahl fiel hier auf das USM-RC2 von Beier-Elektronik. Tatsächlich ist dieser Baustein jedoch weitaus mehr als ein Soundmodul. Es enthält bis zu zwölf zusätzliche Schaltausgänge und eine komplette Lichtanlage. Das Besondere ist, dass das Gerät vollständig per PC programmiert wird. Was Computer-Einsteiger sicherlich vor ein Hindernis stellt, entpuppt sich für Enthusiasten jedoch zum Multitalent. Wer mit der Einstellsoftware umgehen kann, konfiguriert fast beliebig, welcher Sound und welcher Schaltausgang über welchen Funkkanal gesteuert werden soll. Am PC wird auch das Soundmodul „bespielt“. Statt vorgefertigter Motorgeräusche kann man von der beiliegenden CD aus zig verschiedenen Dateien wählen oder auch eigene Töne aufnehmen. Selbiges gilt für Zusatz-Geräusche. Weiterhin können zwei Servo-Ausgänge geschaltet werden. Auch Liebhaber von Show-Trucks sollten dem USM-RC2 einen Blick schenken: Es kann als fernsteuerbarer Musikplayer genutzt werden. Die Audiodateien werden auf die Mini-Speicherkarte kopiert und diese dann in das Modul gesteckt. Mit einem Schaltkanal kann dann der Player bedient werden.

Es muss sicher nicht erwähnt werden, dass die Konfiguration eines solchen Mammut-Moduls sehr aufwendig ist – von der Aufnahme und digitalen Bearbeitung eigener Motorgeräusche am PC mal ganz zu schweigen. Die Möglichkeiten sind aber gewaltig und die Einsatzvielfalt riesig.

Sattelkupplung: Ferngesteuert Auf- und absatteln

Aber nicht nur Licht und Sound können in Sachen Elektrik in das Modell eingebaut werden. Eine weitere nützliche elektrische Funktion ist das ferngesteuerte Auf- und Absatteln. Bei den Sattelzugmaschinen ist vom Bausatz aus Handbetrieb vorgesehen. Soll der Auflieger gewechselt oder abgesattelt werden, muss die Sattelplatte manuell entriegelt, die Abstützung des Aufliegers ausgefahren und die Zugmaschine nach vorne geschoben werden. Das geht natürlich eleganter und sollte am besten ferngesteuert zu bewerkstelligen sein. Vor allem, wenn Zugmaschine und Auflieger per Infrarot ihre Schaltbefehle austauschen (siehe „Schalt mich"), ist bereits die halbe Miete gezahlt, da schon das Trennen der Kabelverbindung entfällt.

Also bauen wir die manuelle Sattelplatte zu einer ferngesteuert entriegelbaren Version um. Um komplett aus der Ferne absatteln zu können, ist darüber hinaus noch ein wenig mehr Arbeit nötig. Zum einen ist eine automatische Sattelstütze am Auflieger nötig, die ausfährt, sobald abgesattelt wird. Ansonsten würde der Auflieger nach dem Absatteln nach vorne fallen. Solche Stützen sind im Zubehörhandel erhältlich. Zudem braucht der Auflieger eine eigene Stromversorgung und darf nicht mit einem Kabel mit der Zugmaschine verbunden sein. Das ist ein Problem, denn irgendwie müssen ja die Lampenausgänge sämtlicher Rücklichter in den Auflieger übertragen werden. Die eleganteste Variante ist eine Infrarot-Übertragung.

Hierzu ist ein Lichtmodul mit Infrarot-Anschluss nötig. Es schaltet dann nicht nur die Lichtausgänge des Lichtmoduls, sondern überträgt deren Schaltzustand zusätzlich codiert über ein Infrarot-Signal zum Auflieger. Hier sitzt dann das passende Gegenstück, ein Infrarot-Empfänger. Er wertet die Signale aus und schaltet im Auflieger wiederum die Lampen der Rücklichter. Das Funksignal im Sender wird also im Modell verarbeitet und zusätzlich in Infrarot-Signale umgewandelt, die zum Trailer geschickt und dort erneut umgewandelt werden. Klingt umständlich, ist aber einfach und sicher in der Übertragung.

Schwerpunkt soll hier jedoch der Umbau der Sattelplatte sein. Von Tamiya gibt es entsprechende Erweiterungen fertig zu kaufen. Der Selbstbau ist jedoch auch kein Problem. Irgendwie muss erreicht werden, dass die Sattelplatte

Infrarot-Übertragung

Infrarotstrahlung ist Licht mit einer besonders großen Wellenlänge, das vom Auge nicht wahrgenommen wird. Es kann, genau wie „normales" Licht, von einer Leuchtdiode (bzw. Infrarotdiode) abgegeben werden und wird häufig zur Übertragung von Signalen über kurze Entfernungen verwendet (Fernseh-Fernbedienung). Im Modellbau kommt Infrarot zum Einsatz, um die Schaltzustände der Beleuchtung der Zugmaschine zum Anhänger oder Auflieger zu übertragen. Die Schaltzustände werden dazu codiert und nacheinander durch schnelle Blinkimpulse der Infrarot-LED übertragen. Im Auflieger werden diese Impulse aufgefangen und von einem speziellen Auflieger-Lichtmodul mit eigener Stromversorgung in Schaltzustände der Leuchtdioden umgewandelt.

Mit einem Miniservo, einem Ruderhorn und einem Gestänge mit Kugelkopf kann diese Sattelplatte ferngesteuert entriegelt werden

ferngesteuert geöffnet und geschlossen werden kann. Das lässt sich am einfachsten mit einem Servo bewerkstelligen. An dieser Stelle ist ein Mini-Servo sinnvoll. Schließlich ist der Platz begrenzt und die Kraft zum Betätigen der Sattelplatte gering.

Montieren Sie Servo und Schaltstange, wie auf dem Foto zu erkennen. Je nach Platzangebot am Rahmen den Servo stehend unter die Metallplatte kleben oder liegend befestigen. Nun ein Steuerhorn und daran eine Schubstange montieren und diese mit einem Kugelkopf an den Hebel der Sattelplatte bauen.

Den Servo mit einem Schaltkanal mit einem Zwei-Positionen-Schalter verbinden. Durch den Kippschalter kann er so von einem Anschlag zum anderen drehen. Am Sender schließlich noch die Neutralstellung des Kanals und eventuell die Servowegbegrenzung einstellen. Fertig ist die ferngesteuerte Sattelplatte!

Elektrik? Kein Problem (mehr)!

Herzlichen Glückwunsch. Was als „normaler“ Baukasten-LKW angefangen hat, ist mittlerweile bereits ein ziemlich umgebauter LKW. Nicht nur der Antrieb ist jetzt nach Ihren Vorstellungen umgebaut: Entweder ist das Fahrzeug schön langsam rangierbar oder zusätzlich auch geländegängig. Auch die gesamte Elektrik an Bord des Modell-LKW ist jetzt so aufgebaut, wie Sie es geplant haben. Jetzt leuchten Scheinwerfer, Rückleuchten und Blinker so wie beim Vorbild. Vielleicht gibt es sogar noch weitere Funktionen, die das Licht- oder Multifunktionsmodul mitbringt. Aber auch die Details sind nicht außen vor geblieben. Die sind natürlich nicht immer etwas zum Vorzeigen. Schließlich merkt ein Zuschauer bei Ihrer Modell-Vorführung als Gastfahrer auf der Messe nicht, dass viel Arbeit in den optimalen Einbau des Empfängers gesteckt wurde. Kommen Sie aber mit anderen Modelltruckern ins Gespräch müssen Sie auch einen Blick „unter die Haube“ nicht scheuen. Und sie laufen nicht Gefahr, dass der Truck plötzlich durch Fernsteuerungsprobleme zuckend stehen bleibt.

Und noch etwas wurde sicher bewiesen: Elektrik ist (zumindest im LKW-Modellbau) nichts, vor dem man zurückschrecken muss. Ob Schaltmodul, LED-Anschluss, Fernsteuerungserweiterung oder Vorwiderstand: Keine unlösbare Aufgaben.

Schlusswort

Auch jetzt am Ende dieses Buches darf die Frage „War das schon Alles?“ getrost erneut gestellt werden. Und die Antwort muss wieder „Nein“ lauten. Spätestens beim ersten Besuch einer Modellbaumesse werden Sie merken, dass dieses Hobby noch viel weiter gehen kann und hier tatsächlich nur die ersten Schritte angesprochen wurden. So wurde nicht ein einziger Spindelantrieb mit Endschaltersteuerung für eine neue Funktion gebaut, keine Modellhydraulik montiert, kein Auflieger oder Aufbau gebaut, oder oder oder ...

Eine ganze Menge haben Sie zwar schon gelernt, ebenso viel liegt aber mindestens noch vor Ihnen. Sicherlich genug, um einen zweiten Band zu füllen ...

Anhang

Hersteller

Eine exemplarische Auflistung von Herstellern im Modellbaubereich. Diese Liste und die Aufzählung der Produkte sind nicht vollständig. Sie soll keine Gewichtung der Hersteller oder Aussage über deren Qualität wiedergeben.

Name	Ort	Webseite	Angebot (Ausschnitt)
AFV-Modellbau	Halle	www.afv-model.com	Achsen, Felgen, Getriebe, sperrbare Achsen, Lenkachsen
Andys Ladegut	Solingen	www.andys-ladegut.de	Ladegut, Paletten
BAM-Modellbau	Köln	www.bam-modellbau.de	Fahrerhäuser
Beier-Electronic	Schorndorf	beier-electronic.de	Soundmodule, Elektronik-Module
Carson	Fürth	www.carson-modelsport.de	Zusatzausrüstung für Tamiya-Modelle, Auflieger im Tamiya-Maßstab, Baumaschinen.
Conrad-Elektronik	Hirschau	www.conrad.de	Elektromotoren, Schaltmodule, einzelne elektrische Bauteile (LEDs, Glühlampen, Widerstände, ...), ...
CTI-Modellbau	Waiblingen	cti-modellbau.de	Fahrregler, Schaltmodule, Lichtmodule, Elektronik-Module, mechanische Hubzylinder, Baumaschinen
Damitz	Runkel	www.damitz-modelltechnik.de	Baumaschinen, Hydraulik, Aufbauten für LKW-Modelle
Der Getriebedoktor	Bad Bramstedt	www.der-getriebedoktor.de	Sperrbare Achsen, Lenkachsen, Getriebeumbauten, Einzelteile, Zubehör
Fechtner	Widdern	www.fechtner-modellbau.de	Individuelle Aufkleber, Beschriftungen, Dekore, Klebefolien, Fahrerhausausstattung
Gewu	Velden/Vils	www.gewu.de	Soundmodule, Schaltmodule, Lichtmodule
Graupner/SJ	Kirchheim/Teck	www.graupner.de	Fernsteuerungen, Erweiterungen und Fernsteuerungszubehör
Knupfer	Schorndorf	www.knupfer.info	Modellbauschrauben, Metallkleinteile

Name	Ort	Webseite	Angebot (Ausschnitt)
LRP	Remshalden	www.lrp-electronic.de	Motoren (nicht nur) für Tamiya-Modelle, Fahrregler
MM Modellbau	Plettenberg	www.mm-modellbau.de	Felgen, Reifen, Lichtmodule, Lampen und Leuchten in allen Maßstäben, Erweiterungsmodule für Tamiya MFC-Modul
Modulor	Berlin	www.modulor.de	Material wie Kunststoff- und Metallplatten, Rohre, Profile, Moosgummi,...
Multiplex	Niefern-Öschelbronn	www.multiplex-rc.de	Fernsteuerungsanlagen, Hochstromverbinder, Fernsteuerungszubehör
MVD	Dreieich	www.modellbauschrauben.de	Modellbauschrauben, Metallkleinteile
Pistenking	Wolfschlugen	www.pistenking.com	Pistenraupen-Modelle, Rundumkennleuchten
Premacon	Fuchsstadt	premacon.com	Baumschinen, LKW-Modelle, Anhänger und Auflieger, Antriebstechnik, Einzelteile
Reichelt	Sande	www.reichelt.de	Einzelne Bauteile (LEDs, Widerstände, ...)
Robbe	Grebenhain	www.robbe.de	Bausätze, Fahrregler, Fernsteuerungen, Lichtmodule, Soundmodule
ScaleArt	Waldsee	www.scaleart.de	Scale-Modelle, Einzelteile für Scale-Modelle, Elektronik-Module, Fernsteuerungen, Achsen für Tamiya-Modelle, Modellhydraulik
Seitz Modellbau	Biblis	www.seitz-modellbau.de	Fahrerhaus-Umbauteile, Innenausstattung, Felgen, Anbauteile
Servonaut	Wedel	www.servonaut.de	Fahrregler, Lichtmodule, Multifunktionsmodule, Soundmodule, Schaltmodule, Fernsteuerungen, Motoren, Getriebe, Kabelbäume, Baumaschinen
Tamiya	Fürth	www.tamiya.de	Bausätze, Lichtmodule, Multifunktionsmodule, automatische Sattelstütze
Truckcontrol	Goldbach	www.truckcontrol.de	Lichtmodul
Truckmodell	Baden-Baden	www.truckmodell.de	LKW-Modellbau Fachzeitschrift, Messekalender
Verkerk	Ter Aar, Niederlande	www.verkerk-modelbouw.nl	Anbauteile, Innenausstattung, Lampen und Leuchten, Fahrerfiguren, Reifen, Felgen,
Veroma	Sailauf	veroma-modellbau.eu	Baumaschinen, Auflieger im Tamiya-Maßstab, Lampenbügel, Leuchten, Zubehör, Achsen, Felgen, Getriebe, Elektronik, Reifen
Wedico	Wuppertal	www.wedico.de	Bausätze, Lichtmodule, Fahrregler, Soundmodule

Glossar

In diesem Glossar werden viele Begriffe zu den Themenbereichen Nutzfahrzeuge und LKW-Modellbau erklärt, die im Buch verwendet werden. Es stellt also eine Art LKW-(Modellbau-)Lexikon dar. Zusammen mit den Infokästen, die jeweils Begriffe aus den Bereichen Mechanik, Elektronik und Fernsteuerungstechnik erklären, haben Sie ein umfangreiches Nachschlagewerk. Die Begriffe der Infokästen sind ebenfalls in dieses Glossar aufgenommen und verweisen mit einer kurzen Erklärung auf die jeweiligen Seiten.

3D-Druck: Fertigungsmaschine, mit der ein dreidimensionaler Gegenstand direkt aus digitalen Computerdaten hergestellt werden kann. Der Drucker besteht aus einem in drei Achsen beweglichen Druckkopf, der zum Beispiel einen dünnen Kunststofffaden aufschmilzt. Durch die computergesteuerte Bewegung des Druckkopfes kann dieser Kunststoff mit einigen Einschränkungen in fast beliebigen Formen aufeinander aufgetürmt werden, wodurch ein stabiler Gegenstand entstehen kann.

4×4: Angabe einer Achskonfiguration. Die erste Zahl steht dabei für die Anzahl der angetriebenen Räder, die zweite für die Gesamtzahl der Räder. Ein 4×4-Fahrzeug hat also zwei Achsen (=4 Räder), die beide angetrieben werden.

Abisolieren: Entfernen der Kunststoffummantelung eines Kabels. Infokasten Seite: 50

Abtrieb: Gegenstück zum Antrieb. Der Teil einer mechanischen Einheit, über den das Drehmoment aus der Einheit herausgeleitet wird. Bei einem Getriebe also die Welle, die mit der Kardanwelle und der Achse verbunden ist.

Achse (genauer Fahrzeugachse): Die Achse ist ein Teil des Antriebstrangs, an ihr werden die Räder befestigt. Je nach Funktion gibt es unterschiedlichste Achsen. Antriebsachsen werden mit dem Motor bzw. Getriebe verbunden und übertragen die Antriebskraft. Dazu sind sie immer mit einem Differenzial ausgerüstet und können auch lenkbar sein. Nicht alle Achsen übertragen Antriebskraft, die lenkbare Vorderachse ist zum Beispiel in der Regel nicht angetrieben. Sie überträgt lediglich die Gewichtskraft des LKW auf die Straße.

Ader (auch Kabel, Leitung): In der Elektrik ist eine Ader ein einzelner stromführender Leiter. Mehrere Adern können auch zu einem Kabelbündel oder –baum zusammengefasst werden. Häufig wird „Kabel" auch gleichbedeutend mit „Kabelbaum" verwendet.

Airbrush: (engl. air = Luft, brush = Pinsel) Professionelle Lackiertechnik. Dabei wird Farbe mit Luftdruck durch eine dünne Düse gedrückt und so auf das Modell aufgetragen. Mit Airbrush können sehr professionelle und hochwertige Lackierungen und Dekorierungen gefertigt werden.

Akku: Speicher für elektrische Energie durch einen chemischen Prozess. Im LKW-Modell die Energiequelle für den Antrieb und alle anderen Funktionen, sozusagen der Diesel-Tank des Modells. Es werden ausschließlich Akkupakete verwendet, also speziell zusammengelötete Akkuzellen, die zum Aufladen nicht einzeln in ein Ladegerät gesetzt werden können.

Akkutyp: Chemische Zusammensetzung des Akkus zur Speicherung des Stroms. Im Modellbau sind NiMH-Akkus und LiPo-Akkus verbreitet. Infokasten Seite: 65

Akkuzelle: Bestandteil eines Akkupaketes. Eine NiCd bzw. NiMH-Akkuzelle hat 1,2 Volt, eine LiPo-Akkuzelle hat 3,7 Volt. Sie können mit weiteren Zellen in Reihe zu einem Paket zusammengeschaltet werden. Infokasten Seite: 174

Allrad: Siehe 4×4

Ampere: Physikalische Einheit der Stromstärke. Infokasten Seite: 63

Amperemeter: Messgerät, um den Strom zu bestimmen, der durch eine Leitung fließt. Infokasten Seite: 183

Analoger Funk: Traditionelle Funkübertragung zwischen Sender und Modell. Hier wird das Signal (also die Knüppelstellungen) übertragen, indem die Sendefrequenz geringfügig verändert wird. Das Gegenstück ist der digitale Funk.

Anlenkung: Siehe Schubstange

Antenne: Kabel oder Metallstab zum Senden oder Empfangen von Funksignalen (elektromagnetischen Wellen). Analoge Sender einer Fernsteuerung haben meist eine ausziehbare Stabantenne, digitale Sender oft nur einen kurzen Antennenstummel oder eine im Gehäuse integrierte Antenne. Der Empfänger hast meist ein flexibles Kabel als Antenne.

Antrieb: Wird häufig synonym für den Antriebstrang verwendet. Technisch gesehen ist der Antrieb der Teil einer mechanischen Einheit, über die das Drehmoment in die Einheit hineingeleitet wird. Bei einem Getriebe ist der Antrieb also die Welle, die vom Motor gedreht wird. Gegenstück dazu ist der Abtrieb.

Antriebsmotor: Siehe Motor

Antriebstrang: Alle im LKW miteinander verbundenen Bauteile, die für die Krafterzeugung und Übertragung vorgesehen sind. Der Antriebstrang beginnt mit dem Motor. Von hier wird die Kraft auf das Getriebe übertragen. Daran befestigt ist die Kardanwelle und daran wiederum die Antriebsachse, die aus Differenzialgetriebe und Rädern besteht.

Aufbau: Der Ladungsträger auf einem LKW. Er wird bei Gliederzügen hinter dem Fahrerhaus, bei Sattelzügen auf dem Auflieger montiert. Es gibt unterschiedlichste Aufbauten für alle Ladungsarten. Angefangen von Kästen für Stückgüter über Tanks für Flüssigkeiten bis hin zu Silos für Streugut und flache Aufbauten für lange oder große Einzelteile.

Auflieger (auch Sattelauflieger): LKW-Aufbau auf einem Rahmen mit (meistens) drei Achsen am Ende und ohne eigenen Antrieb. Um diesen Aufbau bewegen zu können, ist eine Sattelzugmaschine nötig, auf dessen Heck der Auflieger drehbar aufgesattelt (gelegt) wird.

Axial: Eine axiale Bewegung ist eine Bewegung in Richtung der Achse, also zum Beispiel ein Zahnrad, das auf einer Achse verschoben wird. Gegenstück ist radial. Infokasten Seite: 95

Balancer-Stecker: LiPo-Akkus haben neben dem eigentlichen Stecker für den Anschluss an das Modell bzw. das Ladegerät noch einen zusätzlichen kleinen Stecker, der Balancer-Stecker genannt wird. Hierüber kann das Ladegerät nicht nur den Akku als ganzes mit seinen mehreren Akkuzellen laden, sondern gezielt jede Akkuzelle einzeln. Das ist bei LiPo-Akkus wichtig, damit die Einzelzellen nicht unterschiedlich stark geladen sein können, wodurch eine Über- oder Unterspannung entstehen kann.

Balsaholz: Sehr leichtes Holz, das im LKW-Modellbau zum Beispiel für Aufbauten oder Fahrerhaus-Einrichtungen verwendet werden kann.

Baukasten: Siehe Bausatz.

Bausatz (auch Baukasten): Von einem Hersteller fertig zusammengestelltes Paket aus einzelnen Bauteilen, die zusammengebaut das ferngesteuerte Modell eines LKW ergeben. Gegenstück zum Bausatz ist der Eigenbau.

BEC: Steht für Battery Eleminator Circuit (engl.) und ist eine Schaltung, die eine zusätzliche Stromversorgung des Empfängers ersetzt. Die Schaltung ist in den Fahrregler integriert und stabilisiert die vom Antriebsakku abgegriffene Spannung auf konstante 4,8 Volt, die dann zum Empfänger geleitet werden und für Empfänger und Servos nötig sind. Ohne diese Schaltung müsste der Empfänger einen zusätzlichen Akku bekommen.

Beleuchtungsanlage: Siehe Lichtmodul.

Binden: Digitale Funkanlagen müssen vor dem ersten Betrieb aneinander gebunden werden. Hierbei tauschen Sender und Empfänger ihre digitalen Kennungen aus und lernen, von welchem Gegenstück sie zukünftig Funkbefehle akzeptieren sollen. Siehe Digitaler Funk.

Bluetooth: Festgelegtes Funkprotokoll im digitalen Funkbereich. Wird von einigen Modellbauherstellern verwendet. Siehe Digitalfunk. Infokasten Seite: 101

Bodenfreiheit: Der Abstand zwischen dem Boden und dem am weitesten unten liegenden Bauteil am LKW (außer den Rädern, die ja direkten Bodenkontakt haben). Je niedriger die Bodenfreiheit ist, je geringer ist die Geländegängigkeit.

Bodenhaftung (auch Traktion, Grip, Griff): Vor allem Antriebsreifen müssen (auch im Modellbau) einen guten Kontakt zum Untergrund haben, auf dem sie abrollen. Bei Geländefahrten ist dabei ein gutes Profil wichtig, mit dem der Reifen in den losen Untergrund greift.

Bordspannung (auch Fahrspannung): Die Spannung, die im Modell-LKW vom Akku für den Motor und die angeschlossenen Elektronik-Module geliefert wird.

Bürste: Bauteil eines Elektromotors. Die Bürste ist ein Kontakt, der Strom auf den sich drehenden Kollektor des Rotors überträgt.

Bürstenloser Motor: Besonders verschleißarmer, leistungsstarker Elektromotor, in dem kein Strom auf den Rotor (drehender Teil des Motors) übertragen werden muss.

Chip: Siehe Mikroprozessor.

Computer-Fernsteuerung: Weiterentwicklung einer Fernsteuerungs-Anlage. Hier werden die Signale des Steuerinstruments nicht direkt per Funk zum Modell übertragen, sondern zunächst durch einen Mikrochip bearbeitet und verändert, was umfangreiche Möglichkeiten eröffnet.

Der Begriff „Computer“ bezieht sich hier lediglich auf Verarbeitung der Signale durch einen Chip. Dies sagt nichts darüber aus, ob die Anlage digital oder analog funkt.

Differenzialgetriebe: Bauteil einer Antriebsachse, das die unterschiedliche Strecke der inneren und äußeren Räder bei Kurvenfahrten ausgleicht. Infokasten Seite: 121

Differenzialsperre: Beabsichtigtes Blockieren des Differenzialgetriebes zur gleichmäßigen Kraftübertragung auf beide Antriebsräder auf rutschigem oder losem Untergrund. Infokasten Seite: 122

Digitalfunk: Moderne Funkübertragung, die deutlich unempfindlicher ist als der analoge Funk. Hier werden Knüppel- und Schalterstellungen in eine binäre Sequenz (also Einsen und Nullen) umgerechnet und dann per Funk übertragen. An diese Zahlenkette wird eine Prüfsumme angehängt, mit der der Empfänger feststellen kann, ob die Daten richtig übertragen wurden. Beim digitalen Funk sind keine Quarze und Funkkanäle mehr nötig, es können sehr viele Modelle gleichzeitig auf dem Parcours fahren. Gegenstück ist der Analoge Funk.

Drehen: Fertigungsverfahren zum Herstellen von Körpern mit rundem Querschnitt. Infokasten Seite: 24

Drehmoment: Physikalische Größe. Wirkt ein Drehmoment auf einen drehbar gelagerten Körper (beispielsweise auf eine Kardanwelle), so führt dies zu einer Drehung dieses Körpers um sich selbst. Ein Drehmoment, welches auf ein Rad wirkt, wird in eine Kraft umgewandelt, die für den Vortrieb des LKW sorgt. Ein Drehmoment wird in Newtonzentimetern gemessen. Infokasten Seite: 31

Drehrichtungsumkehr: Siehe Servoreverse.

Durchschleifen (auch Durchschleusen): Brauchen zwei Steuerelemente oder Module dasselbe Signal vom Empfänger, wird das Signal zuerst zu einem der Steuerelemente geleitet und dort verarbeitet, zusätzlich aber auch (unverändert) über einen Steckkontakt zum nächsten Modul geleitet. Dabei spricht man vom Durchschleifen. Das ist zum Beispiel häufig beim Fahrkanal notwendig: Lichtmodul (für Bremslicht und Rückfahrscheinwerfer), Soundmodul (für geschwindigkeitsabhängigen Dieselsound) und Fahrregler brauchen allesamt das Signal, wie weit der Kreuzknüppel am Sender betätigt wurde.

Durchschleusen: Siehe Durchschleifen.

Durchtrieb: Bei zwei angetriebenen Hinter- oder Vorderachsen muss die Drehbewegung und damit die Antriebskraft auf beide Achsen übertragen werden. Die Achse, die näher zur Mitte des Fahrzeugs liegt, wird dabei direkt vom Getriebe mit einer Kardanwelle angetrieben, wie bei einer einzelnen angetriebenen Achse auch. Um die zweite Achse anzutreiben, ist in die erste Achse ein weiteres Zahnrad eingebaut. Dadurch wird die Drehbewegung der Kardanwelle nach hinten aus der Achse geleitet und über eine weitere kurze Welle an die zweite Achse übertragen. Dieses zusätzliche Zahnrad ist der Durchtrieb.

Eigenbau (auch Selbstbau): Fortgeschrittene Sparte des LKW-Modellbaus. Hier kauft der Modellbauer lediglich einzelne Komponenten des Modells und baut diese nach einem imaginären oder realen Vorbild selbst zusammen. Mitunter werden die Komponenten auch komplett selbst gefertigt, ein Fahrerhaus also in Sandwich-Bauweise zusammengeklebt oder ein Getriebe berechnet und gebaut. Für einen Eigenbau sind ein recht großer Werkzeugpark und entsprechende Fertigkeiten notwendig. Gegenstück ist der Baukasten.

Elektrische Funktion: Siehe Schaltkanal.

Elektrisches Feld: Um einen stromdurchflossenen Leiter entstehen elektrische und magnetische Felder, deren Stärke vom Strom abhängig ist. Die Felder können zu Störungen im Empfänger führen. Infokasten Seite: 165

Elektronen: Negativ geladene Teilchen aus einem Atom. Bewegen sich Elektronen durch ein Kabel, erzeugen Sie einen Elektronenfluss und damit Elektrizität. Die Menge der Elektronen, die in einer bestimmten Zeit durch ein Kabel fließen, wird als Stromstärke bezeichnet. Die Ladungsdifferenz (wie viele Elektronen sind auf der einen Seite vorhanden und fehlen auf der anderen Seite) wird als Spannung gemessen.

Empfänger: Ein Teil der Fernsteuerung. Der Empfänger wird in das Modell eingebaut und empfängt die Funksignale des Senders. Am Empfänger befindet sich eine Leiste mit Anschlüssen, an die die Steuerelemente angeschlossen werden. Mit dem Anschluss am Empfänger wählt man, über welchen Kanal der Fernsteuerung das Steuerelement geregelt wird. Das Funksignal des Senders wird an die angeschlossenen Steuerelemente übertragen, die für die Umsetzung der Bewegung sorgen.

Entgraten: Beim Bearbeiten von Materialien (z.B. beim Sägen, Bohren, Schneiden) bleiben häufig Reste am bearbeiteten Teil hängen, die nicht komplett abgetrennt werden konnten. Dabei spricht man von Graten. Um eine glatte Kante zu erhalten, müssen diese Grate entfernt werden. Je nach Material eignet sich hierzu ein Messer oder Schleifpapier. Damit an der Kante entlangfahren, die Grate lösen sich ab. Bohrlöcher können entgratet werden, indem mit einem etwas größeren Bohrer ein ganz kleines Stück in die Bohrung gebohrt wird.

Entstören: Der Antriebsmotor sollte mit drei Kondensatoren entstört werden, da er sonst Störungen erzeugen kann, die sich auf die Zuverlässigkeit und Reichweite der Fernsteuerung auswirken.

Epoxydharz: Ein Zweikomponenten-Gießharz, welches je nach Ausführung zur Herstellung eigener Kunststoffteile oder zum Kleben verwendet werden kann. Dazu werden die beiden flüssigen Bestandteile (Harz und Härter) vermischt, verarbeitet und dann (eventuell mit Wärme) ausgehärtet. Der zunächst flüssige Werkstoff eignet sich zum einen gut als hochfester Klebstoff, in anderer Zusammensetzung auch als Kunststoff zum Ausgießen von Formen.

Erweiterbare Fernsteuerung: Ein erweiterbarer Sender hat in der Grundversion meist vier Kanäle, kann durch zusätzliche Schalter und Senderbausteine aber erweitert werden.

Fächerscheibe: Unterlegscheibe mit hochgebogenen Zacken, die wie eine Feder wirkt und so das unbeabsichtigte Lösen der Mutter oder Schraube verhindert. Infokasten Seite: 80

Fahrerhaus (auch Führerhaus, Kabine, Karosserie): Im Fahrerhaus nimmt der Fahrer des LKW Platz und steuert den Truck. Moderne Fahrerhäuser sind sehr komfortabel eingerichtet, um dem Trucker angenehmes Arbeiten über etliche Stunden zu ermöglichen. Häufig befinden sich im hinteren Teil Schlafgelegenheiten. Grundsätzlich unterscheidet man zwei Fahrerhaus-Bauformen: Frontlenker und Hauber. Siehe Frontlenker, Hauber.

Fahrgestell (auch Rahmen, Fahrzeugrahmen, Leiterrahmen): Das Grundgerüst eines LKW oder Aufliegers. Meist besteht es aus zwei parallel laufenden, miteinander durch Traversen verbundenen Metallprofilen. Der Rahmen dient als Tragwerk des gesamten LKW. Achsen, Motor, Fahrerhaus und Aufbauten sind daran befestigt.

Fahrmotor: Siehe Motor

Fahrregler: Ist ein Steuerelement, das an den Empfänger angeschlossen wird und zur Drehzahlregulierung eines Motors (sowohl vorwärts wie rückwärts) dient. Eine Anwendung ist zum Beispiel der Fahrantrieb des Modells. Infokasten Seite: 63

Fahrspannung: Siehe Bordspannung.

Fahrzeugachse: Siehe Achse

Fahrzeugrahmen: Siehe Fahrgestell.

Faltenbalg: Umgangssprachlicher Ausdruck für das Unterteil des Fahrersitzes. Diese Einheit ist für die Schwingungsdämpfung, Höhen- und Neigungsverstellung und andere Komfort-Funktionen des Sitzes zuständig.

Federung: Um Unebenheiten der Straße auszugleichen, sind die LKW-Achsen nicht direkt an den Fahrzeugrahmen montiert. Dazwischen befindet sich immer eine Federung, die den Abstand zwischen Achse und Rahmen je nach Straße variiert. So sackt bei einem Schlagloch nicht der ganze LKW nach unten, es wird lediglich die Achse von der Feder nach unten gedrückt, der Rahmen bleibt in etwa auf gleicher Höhe. Früher bestand die Federung meist aus übereinander gelegten, rechteckigen Federplatten, so genannten Blattfedern. Moderne Federanlagen bestehen aus Luftbälgen, die von einem Kompressor aufgepumpt werden (Luftfederung).

Fernsteuerung (auch Fernsteuerungsanlage, RC-Anlage, Fernsteuerungssystem): Oberbegriff für den Sender, mit dem der Modellbauer sein Modell aus der Ferne steuert und den Empfänger, der in das LKW-Modell eingebaut wird. Die Anzahl der Kanäle der Fernsteuerung ist ausschlaggebend dafür, wie viele Funktionen am Modell ferngesteuert werden können. Fernsteuerungen können analog oder digital ihre Signale funken.

Fernsteuerungsanlage: Siehe Fernsteuerung.

Fernsteuerungssystem: Siehe Fernsteuerung.

Ferrit: Keramischer Werkstoff, der elektromagnetische Störungen beseitigen kann. Ein Kabel wird dazu mehrfach durch einen Ferritring geführt.

Freie Verdrahtung: Die einzelnen Fernsteuerungskomponenten werden nicht fest in das Modell eingebaut, sondern zu Testzwecken lose auf dem Tisch liegend miteinander verbunden. Infokasten Seite: 69

Frequenzkanal: Siehe Funkkanal.

Frequenzmodulation: Siehe analoger Funk.

Frontlenker (auch europäisches Fahrerhaus): In Europa verbreitete Variante des LKW-Fahrerhauses. Ein Frontlenker hat keine Motorhaube, vielmehr ist das gesamte Fahrerhaus über dem Motor und direkt über der Vorderachse aufgebaut. Dieser Aufbau ist sehr Platz sparend und rührt daher, dass in Europa die Länge des gesamten Sattelzuges gesetzlich geregelt ist. Da möglichst viel Platz für den Aufbau und damit für Ladung zur Verfügung stehen soll, ist das Fahrerhaus so kompakt wie möglich. Frontlenker sind aber durchaus auch in Amerika üblich. Das Gegenstück ist ein Hauber-Fahrerhaus. Siehe Hauber.

Führerhaus: Siehe Fahrerhaus.

Funkkanal (auch Frequenzkanal): Unabhängig von der Anzahl der Steuerungskanäle hat eine analoge Fernsteuerung einen Funkkanal. Er wird durch ein elektronisches Bauteil, den Quarz, bestimmt und gibt die Funkfrequenz an, mit der die Anlage arbeitet. In Sender und Empfänger muss je ein Quarz derselben Frequenz gesteckt werden. Es dient quasi als Adresse der Anlage.

Gabelkopf: Metallteil zur Befestigung eines Gestänges an einem Ruderhorn. Er besteht aus zwei Metalllaschen mit einem kleinen Bolzen, der in das Ruderhorn eingehängt wird. Durch die Federkraft der Metalllaschen wird der Bolzen festgehalten, der Gabelkopf ist beweglich am Ruderhorn befestigt. Am Gabelkopf befindet sich dann meist eine Gewindestange, die die zu betätigende Funktion ausführt. Infokasten Seite: 85

Geräuschmodul: Siehe Soundmodul

Getriebe: Zahnradanordnung zur Änderung des Umdrehungs- und Kraftverhältnisses zum Beispiel an einem Motor. Häufig kann dieses Verhältnis durch Verschieben von Zahnrädern verändert werden, dann spricht man von einem Schaltgetriebe oder einer Gangschaltung. Infokasten Seite: 24

Gewinde schneiden: Bearbeitungsverfahren, um ein Gewinde in ein Bohrloch oder auf eine Stange zu bringen. Dazu ist ein spezieller Gewindebohrer nötig. Infokasten Seite: 113

Gleitlager: Siehe Lager.

Gliederzug: LKW-Bauform, bei der der Fahrantrieb und die Ladefläche in einem Fahrzeug kombiniert sind. Bei Bedarf kann ein Anhänger angehängt werden. Die ist die klassische Form des LKW. Das Gegenstück dazu ist ein Sattelzug.

Griff: Siehe Bodenhaftung.

Grip: Siehe Bodenhaftung.

Grundierung: Erste Schicht beim Lackieren. Hierfür wird ein spezieller Lack verwendet, der gut auf dem Untergrund hält und eine optimale Oberfläche für die Deckfarbe bietet.

Hauber: In Amerika und Australien häufig zu findende Bauform des Fahrerhauses. Hier hat der LKW, wie ein Auto auch, eine normale Motorhaube vor der Fahrgastzelle. Anders als in Europa gibt es in diesen Staaten keine Beschränkung, was die gesamte Zuglänge betrifft. Somit dürfen die Fahrerhäuser großzügig ausfallen. Typisch für Hauber-Fahrerhäuser ist ein (manchmal sogar separater) Sleeper hinter der Kabine. Das Gegenstück dazu ist ein Frontlenker. Siehe Frontlenker.

High-Pipe (auch Pipe): (engl. High = hoch, pipe = Rohr) ist ein langes, verchromtes Auspuffrohr, das vom LKW-Motor hinter dem Fahrerhaus nach oben ragt, oft bis über das Fahrerhaus. Eines der typischen Bauteile eines US-Trucks, häufig aber auch an europäischen Schwerlastzugmaschinen zu finden.

Hochzeit: Im Fahrzeugbau die Verbindung von zuvor getrennt montierten Einheiten, zum Beispiel Karosserie und Fahrgestell.

Höherlegung: Siehe Bodenfreiheit.

Hydraulik: Mechanische Kraftübertragung durch Flüssigkeitsdruck, der durch eine Pumpe erzeugt wird. Infokasten Seite: 17

IC: Siehe Mikroprozessor.

Infrarot: Licht mit einer Wellenlänge knapp oberhalb des sichtbaren Bereiches. Wird im Modellbau zur drahtlosen Übertragung zwischen Zugmaschine und Auflieger verwendet. Infokasten Seite: 35

Jumper: Siehe Steckbrücke.

Kabel: Siehe Ader.

Kabelbaum: Siehe Ader.

Kabine: Siehe Fahrerhaus.

Kalte Lötstelle: Wurden beim Löten die zu verbindenden Metallteile und das Lötzinn nicht richtig erwärmt, entsteht eine kalte Lötstelle, die sich schnell wieder lösen kann. Infokasten Seite: 177

Kanal (auch Steuerungskanal): Jede Funktion, die man am Modell steuern möchte, benötigt einen Kanal. Das ist zum Beispiel die Lenkung oder der Antrieb, beide Funktionen belegen je einen Kanal der Fernsteuerung. Weitere Funktionen und damit Kanäle sind etwa die Anhängerkupplung, die Gangschaltung, aber auch die Beleuchtung.

Kapazität: Menge der Elektronen in einem Akku, gemessen in mAh (Milli-Amperestunden). Je größer der Wert ist, umso länger kann man mit dem Modell fahren. Bei einem Kondensator wird die Kapazität anders definiert: Hier ist sie ein Maß für die gespeicherte Ladungsmenge. Infokasten Seite: 65

Kardanfehler: Drehzahlunterschied in einem Kardangelenk zwischen der ersten Hälfte der Umdrehung (da ist der Abtrieb etwas schneller als der Antrieb) und der zweiten Hälfte (Abtrieb ist langsamer als der Antrieb).

Kardanwelle: Teil des Antriebstrangs. Verbindungswelle zwischen dem Ausgang des Getriebes und der Antriebsachse. Infokasten Seite: 20

Karosserie: Siehe Fahrerhaus.

Klebefolie: Dünne farbige oder bedruckte Folie, die einseitig selbstklebend ist und zurechtgeschnitten für Dekorierungen am LKW-Fahrerhaus verwendet werden kann.

Kollektor: Bauteil eines Elektromotors. Die Kollektoren sind am drehenden Teil des Motors, dem Rotor, angebracht und mit den Wicklungen verbunden. Die Bürsten des Motors drücken gegen die sich drehenden Kollektoren und übertragen so den Strom vom stehenden Teil des Motors auf den Drehenden.

Kondensator: elektrisches Bauteil zum Speichern von Strömen für eine kurze Zeit. Infokasten Seite: 169

Kontermutter: Zweite Mutter auf einer Schraube, die gegen die eigentliche Mutter geschraubt wird. Beide Muttern verspannen sich gegeneinander und sichern sich so gegen Lösen.

Körnen: Vorbereitung eines Bohrlochs. Mit einem spitzen Metallstift wird eine Vertiefung in die Mitte des späteren Bohrlochs geschlagen, damit der Bohrer nicht „verläuft". Infokasten Seite: 113

Kotflügel: Teil der Karosserie, der über den Rädern angebracht ist. An der Vorderachse sind die Kotflügel meist in das Fahrerhaus integriert, an der Hinterachse sind sie separat an den Rahmen montiert. Heute dienen die Kotflügel zur Abdeckung des Rades. Ihr Name stammt noch aus der Zeit der Pferdekutschen. Wie der Name vermuten lässt, schützten die Kotflügel die Insassen der Kutsche vor hochspritzendem Pferdekot, der auf der Straße lag.

Kraft: Physikalische Größe. Mit einer Kraft von 1 Newton kann man ein Gewicht von etwa 100 Gramm heben. Infokasten Seite: 31

Kugelkopf: Verbindungselement zur Befestigung eines Gestänges an einem Hebel. Auf eine Metallkugel, die fest am Hebel angeschraubt ist, wird eine Kunststoff-Hohlkugel gedrückt, die am Gestänge befestigt ist. Diese Verbindung ist nicht nur frei drehbar, sondern kann auch gekippt werden. Ein Gabelkopf hingegen kann nur gedreht werden, lässt sich aber nicht kippen. Infokasten Seite: 73

Kugellager: Siehe Lager.

Kuhfänger: Siehe Rammschutz.

Lager (genauer Kugellager oder Gleitlager): Mechanisches Bauteil, in das Wellen und Achsen geschoben werden, um auftretende Reibungskräfte abzufangen. Alle Stellen, an denen Drehbewegungen stattfinden, müssen gelagert werden. Infokasten Seite: 72

Lastkabel: Kabel, die an einen elektrischen Verbraucher angeschlossen sind und ihn mit der nötigen Spannung versorgen. Je nach Stromstärke, die der Verbraucher benötigt, sind die Lastkabel mehr oder weniger dick. Gegenstück sind Signalkabel.

Laufnase: Fehler beim Lackieren. Wenn zu viel Farbe auf einmal aufgetragen wird, läuft sie als Tropfen auf der lackierten Fläche entlang und trocknet dabei langsam. Die Laufspur und der getrocknete Tropfen bleiben sichtbar und machen die Oberfläche unansehnlich.

LED: Siehe Leuchtdiode.

Leiterplatte: Siehe Platine.

Leiterquerschnitt: Oberfläche eines glatt durchtrennten Kabels. Ausschlaggebend für den maximalen Strom, der durch das Kabel fließen kann. Der Leitungsquerschnitt wird in mm^2 (Quadratmillimetern) gemessen. Infokasten Seite: 198

Leiterrahmen: Siehe Fahrgestell.

Leitung: Siehe Ader.

Leuchtdiode (auch LED): Steht für Light Emitting Diode (engl. lichtemittierende Diode).Die LED ist ein elektronisches Bauelement, das beim Anschluss an eine Stromquelle leuchtet. LEDs werden häufig anstelle von Glühlampen verwendet, da sie eine Reihe von Vorteilen bieten. Infokasten Seite: 25

Lichtmodul (auch Lichtset, Beleuchtungsanlage): Elektronischer Baustein im LKW-Modell, mit dem die Beleuchtung vorbildgetreu gesteuert werden kann. Die Beleuchtungsanlage wird an eine oder mehrere Kanäle der Fernsteuerung angeschlossen. An die Ausgänge der Anlage werden Glühlampen oder LEDs angeschlossen und dann vom Sender aus geschaltet.

Lichtset: Siehe Lichtmodul.

LiPo: Abkürzung für Lithium-Polymer. Chemische Zusammensetzung einer Akkuzelle. Siehe Akkuzelle

Lipo-Saver: Kleines Gerät, das die Spannung eines Lipo-Akkus überwacht. Ist der Akku beinahe leer, piept und/oder blinkt der Lipo-Saver, um den Modellbauer zu warnen. Tiefentladung beschädigt einen Lipo-Akku nachhaltig, daher ist ein effektiver Schutz vor Unterspannung nötig.

Litze: Bauform eines Kabels. Die Litze besteht aus vielen dünnen Drähten in einer gemeinsamen Isolierung. Die einzelnen Drähte funktionieren wie ein dickes Kabel, die Litze ist jedoch viel flexibler. Infokasten Seite: 198

LKW-Modellbau (auch Truckmodellbau, RC-Modellbau): Verkleinerte Nachbildung eines LKW als ferngesteuertes Modell in einem festgelegten Maßstab. Ziel ist es, das Vorbild möglichst originalgetreu nachzubilden und so viele technische Funktionen des Originals wie möglich nachzubauen. In diesem Buch bezieht sich der LKW-Modellbau immer auf den Bau eines ferngesteuerten, also per Funk von außen steuerbares, Modell.

Löten: Verbindungstechnik für Metalle, häufig verwendet als stromleitende Befestigung von elektronischen Bauteilen. Infokasten Seite: 76

Lötfahne: Eine dünne Metallplatte, meist an einer Akkuzelle. Dient zum einfachen Anlöten an weitere Akkuzellen.

Lötzinn: Spezieller metallischer Werkstoff, der zum Löten verwendet wird und die beiden zu verlötenden Metallteile verbindet.

LSD-Akku: (für Low Self Discharge, engl = niedrige Selbstentladung). Besondere Form eines NiMH-Akkus, der sich nur sehr gering selbstentlädt. Siehe Selbstentladung.

Lüsterklemme: Spezielle Form einer Schraubklemme für den elektrischen Anschluss. Damit können zwei Leitungen stromführend miteinander verbunden werden.

Maßstab: Faktor, der die Verkleinerung des Modells zum Original angibt. Ein Truck in 1:16 ist also nur ein sechszehntel so groß, wie das Vorbild. Verbreitete Maßstäbe im LKW-Modellbau sind 1:16 und 1:14, etliche Trucks sind zudem in 1:8 zu finden. Vereinzelt gibt es LKW in den Zwischenmaßstäben 1:12, 1:10 und 1:87 (Mikromodellbau). Siehe Mikromodellbau.

Memory-Effekt: (engl. Memory = Gedächtnis) Problematischer Effekt eines Akkus. Wird er nach einer Teilentladung aufgeladen, gibt er beim nächsten Entladen wieder nur dieselbe Teilmenge ab. Infokasten Seite: 66

Memory-Schalter: Schaltmöglichkeit bei einem Schalt- oder Licht-Modul. Die Funktion am Modell wird eingeschaltet, wenn der Schalthebel am Sender betätigt wird. Wird der Schalthebel wieder in die Mitte gestellt, bleibt die Funktion an. Sie geht erst wieder aus, wenn der Hebel nochmals betätigt wird. Siehe Taster.

Metrische Schraube: Umgangssprachlicher Ausdruck für eine spezielle Schraubenform. Metrische Schrauben haben ein sehr flaches Gewinde und werden in Schraubenmuttern oder Gewinde gedreht. Gegenstück sind Schneidschrauben.

Mikromodellbau: Sparte des LKW-Modellbaus, in der im sehr kleinen Maßstab von 1:87 gebaut wird. Dieser Maßstab, auch als H0 bekannt, ist vor allem unter Modelleisenbahnern verbreitet.

Mikroprozessor (auch IC, Chip): ist ein elektronisches Bauteil, auf dem oft hunderte winzigster Bauteile zu einer Schaltung zusammengefasst sind. Mikroprozessoren können dann wiederum auf Platinen in weiteren Schaltungen verwendet werden. Kommen im Modellbau in praktisch allen Schalt-, Licht- und Multifunktionsmodulen, aber auch in Sender und Empfänger vor.

Milliamperestunden: Physikalische Einheit der Kapazität eines Akkus.
Mittelstellung: Siehe Neutralstellung.

Modellbau-Messe: Wie in allen anderen Bereichen auch gibt es weltweit große Messen und Ausstellungen zu allen Bereichen des Modellbaus. Eine aktuelle Liste mit Orten und Terminen finden sie auf der Website www.truck-modell.de.

Moosgummi: Schaumstoffartiger Werkstoff. Kann im Truckmodellbau zum Beispiel zum Ausfüttern der Räder oder zur Herstellung eines Faltenbalgs verwendet werden.

Motor (auch Antriebsmotor, Fahrmotor): Der Elektromotor, der im Modell für die Fahrbewegung, also den Antrieb, sorgt. Er ist der Beginn des Antriebsstrangs. Verbrennungsmotoren spielen im LKW-Modellbau eine untergeordnete Rolle. Wie beim Original befindet sich der Motor meist unterhalb des Fahrerhauses und ist direkt mit dem Getriebe verbunden.
Ein Motor besteht aus einem Stator (äußerer, stehender Teil) und einem Rotor (innerer, drehender Teil). In beiden wird ein Magnetfeld erzeugt, was durch die gegenseitige Abstoßung und Anziehung gleicher und ungleicher Magnetfelder zu einer teilkreisförmigen Umdrehung des Motors führt. Durch die still stehende Stromübertragung am Stator (Bürste) und die drehende Kontaktfläche am Rotor (Kollektor genannt) wird das Magnetfeld nach dieser Teil-Umdrehung umgekehrt, was zu einer weiteren Abstoßung und Anziehung führt. Auf diese Weise dreht sich der Motor.

Motortunnel: Eine Erhöhung im Boden des Fahrerhauses eines LKW. Unter dem Motortunnel sitzt der Antriebsmotor des LKW, der meist so hoch ist, dass im Fahrerhaus diese Erhöhung in der Mitte nötig ist.

Motorwelle: Der Teil eines Elektromotors, an der die Drehbewegung abgegriffen werden kann. An die Motorwelle werden also zum Beispiel Zahnräder oder Ritzel befestigt.

Multifunktions-Modul: Ist ein Steuerelement, das an den Empfänger angeschlossen wird und diverse Funktionen vereinigt. Häufig werden zum Beispiel Fahrregler und Schaltmodul in einem solchen Multifunktionsmodul miteinander kombiniert. Hier können dann mit nur wenigen Steuerungskanälen der gesamte Antrieb und etliche Lichtfunktionen geregelt werden.

Nassklebeverfahren: Methode, um großflächige Aufkleber aufzubringen. Hier wird die Oberfläche mit Spülmittelwasser befeuchtet und der Aufkleber (samt Trägerfolie) dann aufgebracht.

Nennspannung: Spannung, für die ein Bauteil ausgelegt ist, bei der es also dauerhaft betrieben werden kann. Sie ist meist auf dem Bauteil aufgedruckt. Eine Glühlampe oder ein Elektromotor haben bei Nennspannung ihre ideale Helligkeit bzw. Drehzahl. Unterhalb der Nennspannung ist die Lampe dunkler bzw. der Motor langsamer. Wird die Nennspannung überschritten, sinkt die Lebensdauer des Bauteils.

Neutralstellung (auch Mittelstellung, Nullstellung): In dieser Position wird der Steuerknüppel der Fernsteuerung nicht betätigt, bzw. steht der Kippschalter mittig. Ein angeschlossener Servo sollte dann ebenfalls mittig stehen. Wenn nicht, kann diese Stellung justiert werden. Infokasten Seite 70

Newton: Physikalische Einheit der Kraft. Siehe Kraft. Infokasten Seite: 31

Newtonzentimeter: Physikalische Einheit des Drehmoments. Seihe Drehmoment.

NiCd: Abkürzung für Nickel-Cadmium. Chemische Zusammensetzung einer Akkuzelle. Siehe Akkuzelle.

Nichtlineare Steuerkurve: Der Weg des Steuerknüppels entspricht nicht genau dem Drehwinkel des Servos sondern folgt einer Kurve. Anfangs macht der Servo einen geringen Ausschlag bei weitem Knüppelweg, später umgekehrt.

NiMH: Abkürzung für Nickel-Metall-Hydrid. Chemische Zusammensetzung einer Akkuzelle. Siehe Akkuzelle.

Nullstellung: Siehe Neutralstellung.

Offroad: (engl. =abseits der Straße). Bezeichnung für Fahrzeuge, die nicht (nur) auf der Straße, sondern auch im Gelände fahren können.

Ohm: Physikalische Einheit des Widerstands.

Ohmsches Gesetz: Grundgesetz der Elektrotechnik. Das Ohmsche Gesetz besagt, dass zwischen Spannung, Strom und elektrischem Widerstand in einem Kabel ein Zusammenhang besteht. Die Spannung ist dabei Widerstand mal Stromstärke. Das ohmsche Gesetz ist wichtig beim Berechnen eines Widerstands. Infokasten Seite: 63

Oxidierte Leitungen: Durch Funken reagieren Metallkontakte mit dem Sauerstoff in der Luft und bilden eine stromhemmende Schicht an der Oberfläche. Dadurch geht Spannung verloren. Infokasten Seite: 167

Parallelschaltung: Parallel geschaltete elektronische Bauteile werden alle mit demselben Eingang verbunden und teilen sich den Eingangsstrom. Das Gegenstück ist die Reihenschaltung.

Pendelachse: Zwei Hinterachsen werden mit Blattfedern hintereinander montiert und dieses Paket dann als Ganzes (in Fahrtrichtung) kippbar am Rahmen befestigt. Sorgt für bessere Bodenhaftung des LKW. Infokasten Seite: 68

Pipe: Siehe High-Pipe

Platine (auch Leiterplatte): Grundplatte einer elektrischen Schaltung aus Epoxydharz. Die Bauteile der Schaltung werden dabei auf die Platine gelötet, auf der die elektrischen Verbindungen und Anschlüsse in Form von dünnen Kupferschichten aufgetragen wurden. Einfache Schaltungen (zum Beispiel Schaltmodule) müssen häufig selbst zusammengelötet werden, Komplexere, zum Beispiel mit Mikroprozessoren in Lichtmodulen, werden meist fertig zusammengebaut geliefert.

Pneumatik: Kraftübertragung durch Luftdruck, ähnlich wie bei der Hydraulik.

Polarität: Die Polarität ist die Richtung, in der Strom durch ein Bauteil fließt und beeinflusst demnach, wie rum es an die Stromquelle angeschlossen wird. Bei einigen Bauteilen ist dies egal, bei anderen nicht. Wenn die Polarität beachtet werden muss, sind die Anschlüsse entsprechend gekennzeichnet. Ein rotes Kabel, eine Plus-Markierung oder ein längerer Anschlussdraht deuten auf den Plus-Pol hin. In jedem Fall die Anleitung beachten. Einige Bauteile werden zerstört, wenn sie falsch herum angeschlossen werden.

Polystyrol: (kurz PS) Kunststoff-Art. PS ist sehr leicht zu verarbeiten und wird daher gerne im Modellbau verwendet. Es kann leicht geschnitten und mit einem Heißluftföhn gebogen werden. Verklebt wird PS mit normalem Kunststoff-Kleber. Durch diese Eigenschaften ist er vor allem beim Selbstbau von Fahrerhäusern und Aufbauten beliebt. Hierbei wird zum Beispiel die Sandwich-Bauweise verwendet. Infokasten Seite: 158

Poti: Einstellbarer Widerstand in einer elektrischen Schaltung. Infokasten Seite: 171

Proportional-Funktion (auch Proportional-Kanal): Eine besondere Form eines Kanals. Bei einer Proportional-Funktion spielt der Winkel eine Rolle, in dem das entsprechende Steuerinstrument betätigt wird. Dieser

Winkel wird exakt per Funk übertragen und dort zum Beispiel vom Servo umgesetzt. Proportional-Funktionen sind unter anderem für die Lenkung und den Antrieb interessant. Für Proportional-Funktionen sind am Sender Steuerknüppel, Drehregler oder Schieber nötig. Im Modell können diese Funktionen von Servos oder Fahrreglern umgesetzt werden. Das Gegenstück dazu sind Schalt-Funktionen.

Proportional-Kanal: Siehe Proportional-Funktion.

Quadratmillimeter: Physikalische Einheit einer Flächengröße. Unter anderem wird der Leitungsquerschnitt in Quadratmillimetern gemessen.

Quarz: Elektronisches Bauteil, mit dem der Funkkanal einer analogen Fernsteuerungsanlage bestimmt wird. Der Quarz besteht aus einem speziell geschliffenen Quarzkristall, der durch elektrischen Strom mit einer bestimmten Frequenz schwingt. Dies ist die Frequenz des Funkkanals. Quarze sind empfindlich gegen starke Erschütterung.

Racing-Pack: (engl. Racing = Autorennen, Pack = Paket) Spezielle Bauform eines Akkupaketes. In einem Racing-Pack sind zweimal drei Akkuzellen zu zwei Säulen aneinandergelötet und mit einem Anschlusskabel versehen. Diese sechs Zellen ergeben 7,2 Volt, die Standard-Spannung von RC-Rennautos. Tamiya-Trucks sind auch auf eine Spannung von 7,2 Volt ausgelegt.

Radial: Eine radiale Bewegung ist eine Bewegung um die Achse herum, also zum Beispiel ein Zahnrad, dass sich auf einer Achse dreht. Gegenstück dazu ist axial. Infokasten Seite: 95

Rahmen: Siehe Fahrgestell.

Rammschutz (auch Rammbügel, Kuhfänger): Schutzbügel vor dem Kühlergrill eines LKW. In Europa meist nur Zierde, bei einem Road-Train Schutzeinrichtung, um Tiere auf der Straße aufzufangen, weil der LKW durch den langen Bremsweg nicht immer rechtzeitig anhalten kann. Siehe Road-Train.

RC-Anlage: Siehe Fernsteuerung.

RC-Modellbau: Bau von ferngesteuerten Modellen aller Art. RC steht dabei für „radio controlled" (engl. radio = Funk, controlled = kontrolliert, gesteuert) Infokasten Seite: 21

Reihenschaltung: In Reihe geschaltete elektrische Bauteile werden nacheinander miteinander verbunden und teilen sich die Eingangsspannung. Das Gegenstück ist die Parallelschaltung. Siehe Parallelschaltung. Infokasten Seite: 81

Resin: Gießharz, mit dem Kunststoffteile in kleinen Stückzahlen hergestellt werden können. Infokasten Seite: 135

Resonanzkörper: Holzkasten um einen Lautsprecher, um dessen Vibrationen zu verstärken. Dies erhöht die Lautstärke und verbessert die Qualität des Tons, der aus dem Lautsprecher kommt.

Ritzel: Bezeichnung für das antreibende, kleinere Zahnrad in einem Getriebe. Wird häufig nur für das kleine Zahnrad verwendet, dass direkt an die Motorwelle geschraubt ist.

Roadtrain: Spezielle LKW-Form, die vor allem in Australien und den USA zu finden ist. Dabei werden mehrere Auflieger und Anhänger aneinander gehängt und von einer kräftigen Zugmaschine gezogen, vom Prinzip her wie bei der Eisenbahn. Daher auch der Name (engl. Road = Straße und Train = Zug, Eisenbahn).

Rotor: Drehender Teil eines Elektromotors, an den auch die Motorwelle befestigt ist. Er ist teilweise mit Draht umwickelt, durch den Strom fließt, der ein Magnetfeld erzeugt. In Wechselwirkung mit einem weiteren Magnetfeld am Stator (stehender Teil) dreht sich dieser und damit auch die Motorwelle. Hier befinden sich ebenfalls die Kollektoren, über die der Strom auf den Rotor übertragen wird.

Ruderhorn (auch Steuerhorn, Servohorn, Servohebel): Mechanischer Hebel, der an den Servozapfen geschraubt wird. An diesen Hebel wird dann in eines der vorgebohrten Löcher das Gestänge gehängt, das die gewünschte Funktion betätigt. Ruderhörner gehören fast immer zum Lieferumfang des Servos. Infokasten Seite: 73

Rundumkennleuchte: Auch „Blaulicht" oder „Gelblicht" genannt. Gelbe oder blau Lampe, die andere Verkehrsteilnehmer warnt oder (zusammen mit Martinshorn) auffordert, Platz zu machen. Rundumkennleuchten waren früher meist einzelne Lampen mit einem drehenden Reflektor, heute sind dies ultrahelle LED-Blitzlampen.

Sackloch: Spezielles kegelförmiges Bohrloch, in dem der Kopf der Schraube vollständig verschwindet. Infokasten Seite: 83

Sandwich: Bauweise, mit der aus Kunststoff-Platten (zum Beispiel Polystyrol) relativ einfach Fahrerhäuser und Aufbauen selbst hergestellt werden können. Mehrere dünne Kunststoff-Platten werden zurechtgeschnitten, Aussparungen, Sicken und Löcher ausgeschnitten und dann in mehreren Lagen übereinander geklebt, ähnlich wie bei einem Sandwich.

Sattelauflieger: Siehe Auflieger.

Sattelplatte: Verbindung zwischen Zugmaschine und Auflieger. Die Sattelplatte ist dazu auf dem hinteren Teil der Zugmaschine über der oder den Hinterachsen montiert und hat eine Öffnung zum Fahrzeugende. Zum Aufsatteln fährt die Zugmaschine rückwärts unter den Auflieger, damit der Königszapfen (Verbindungsbolzen unter dem Auflieger) durch die Öffnung in die Sattelplatte gelangt. Die Sattelplatte wird dann verriegelt.

Sattelschlepper: Siehe Sattelzug.

Sattelzug (auch Zugmaschine, Sattelschlepper, Sattelzugmaschine): LKW-Bauform, bei der das angetriebene Fahrzeug (Zugmaschine) selbst keine Ladungen transportieren kann sondern lediglich aus Fahrerhaus und Antrieb besteht. Die Ladefläche wird in Form eines Aufliegers schwenkbar auf das Heck der Zugmaschine gelegt. Vorteil des Sattelzugs ist die hohe Flexibilität, da Auflieger für unterschiedlichste Ladungen von einer Zugmaschine gezogen werden können. Das Gegenstück dazu ist ein Gliederzug.

Sattelzugmaschine: Siehe Sattelzug

Scale-Modellbau: (engl. Scale = Maßstab) Modellbausparte, bei der das Original so exakt wie möglich nachempfunden wird. Teilweise wird jede einzelne Schraube verkleinert nachgebildet. Scale-Modellbau ist extrem aufwendig und kann in der Regel nur mit Werkzeugmaschinen betrieben werden.

Schalt-Funktion: Siehe Schaltkanal.

Schaltkanal (auch elektrische Funktion, Schalt-Funktion): Eine besondere Form eines Kanals. Hier wird der Schaltzustand eines Steuerelementes per Funk übertragen und im Modell zum Beispiel zum Ein- und Ausschalten des Lichtes verwendet. Dieser Kanal überträgt also nicht, wie weit ein Steuerelement betätigt wurde, sondern nur ob, also der Schaltzustand ‚an' oder ‚aus', bzw. ‚oben', ‚mitte' und ‚unten'. Schalt-Funktionen werden am Sender durch Kipp- oder Tastschalter umgesetzt. Am Empfänger ist ein Schaltmodul nötig. Das Gegenstück dazu sind Proportional-Funktionen. Infokasten Seite: 98

Schaltmodul: Steuerelement, mit dem elektrische Funktionen geschaltet werden können. Es wertet das Signal des Senders aus und schaltet entsprechend der Schalterstellung am Sender den angeschlossenen Verbraucher ein und aus und dient im Grunde als elektronischer Schalter. Meistens können zwei Funktionen mit einem Schaltmodul geschaltet werden: Knüppel oder Kippschalter hoch schaltet Funktion eins, runter Funktion zwei. In Neutralstellung sind beide Funktionen aus.

Schaltung: Kombination von unterschiedlichen elektronischen Bauteilen, um einen bestimmten Zweck zu erfüllen. Die Bauteile werden dazu meist auf eine Platine gelötet.

Schneidplotter: Gerät am Computer, um Linienmuster aus einer Folie auszuschneiden. Dazu wird ein Messer computergesteuert über eine Klebefolie geführt.

Schneidschraube: Schraube, die in ein Bohrloch ohne Gewinde gedreht wird und sich dieses dabei selbst schneidet. Infokasten Seite: 81

Schraubenform: Im Modellbau wird vor allem zwischen metrischen Schrauben und Schneidschrauben unterschieden. Infokasten Seite: 51

Schrumpfschlauch: Kunststoffschlauch, der sich bei Wärme stark zusammenzieht und diese Form dann beibehält. Schrumpfschläuche werden vor allem in der Elektrik eingesetzt, um Lötstellen, Kontakte oder ganze Schaltungen zu isolieren

Schubstange (auch Anlenkung): Metallstange zum Übertragen von Kräften, zum Beispiel von einem Servo zur Lenkung. Zur Verbindung kommen häufig Kugel- oder Gabelköpfe zum Einsatz.

Seilzug: Ein Seilzug ermöglicht die Übertragung von Zugkräften, auch um Radien und Ecken. Dazu wird ein dünnes Seil durch einen elastischen Schlauch geführt. Infokasten Seite: 123

Selbstbau: Siehe Eigenbau

Selbstentladung: Bezeichnet den Effekt, dass sich vor allem NiMH-Akkus auch bei Nicht-Benutzung entladen, also Energie verlieren. Siehe LSD-Akku. Infokasten Seite: 44

Sender: Ein Teil der Fernsteuerung. Der Sender hat meist die Form eines kleinen Pultes zum Umhängen. Hier sind mindestens zwei Steuerinstrumente (kleine Knüppel oder Schalter) angebracht, die der Modellbauer betätigt. Diese Bewegungen werden per Funk zum Modell geschickt. Viele Sender lassen sich durch zusätzliche elektronische Bausteine um eine Vielzahl von Kanälen erweitern.

Servo: Ist ein Steuerelement, das an den Empfänger angeschlossen wird und zur winkelgenauen Steuerung eines Gestänges entsprechend dem Knüppelausschlag am Sender dient. Eine Anwendung ist die Lenkung des Modells.

Servohebel: Siehe Ruderhorn.

Servohorn: Siehe Ruderhorn.

Servoreverse (auch Servoumkehr, Drehrichtungsumkehr): (engl. reverse = umgekehrt) Eine Funktion des Senders, mit der die Drehrichtung des Servos umgekehrt werden kann. Infokasten Seite: 40

Servoumkehr: Siehe Servoreverse

Servowegbegrenzung: Eine Funktion, mit der die Drehbewegung des Servos zu beiden Seiten eingeschränkt werden kann.

Servozapfen: Ist der Ausgang des Servos. Je nach Knüppelstellung am Sender dreht sich der Zapfen entsprechend weit nach links oder rechts. An den Servozapfen wird das Ruderhorn geschraubt. Es ist mit kleinen Zacken versehen, in die das Ruderhorn einrastet.

Show-Truck: (engl. Show = Schau, Aufführung) LKW, der nicht nur für Transport- sondern für Prestige- und Werbezwecke eingesetzt wird. Show-Trucks sind dazu meist aufwendig lackiert, bunt beleuchtet und tragen das Logo des Werbenden. Meist bieten diese Trucks spezielle Attraktionen für Besucher. Diese LKW fahren dann für eine Promotion-Tour unterschiedliche Standorte an. Auch im Modellbau sind Show-Trucks recht verbreitet, hier werden häufig Musikanlagen im Auflieger untergebracht.

Sicherung: Elektrisches Bauteil, das durchbrennt, sobald ein zu hoher Strom hindurchfließt. Dadurch können nachgeschaltete Bauteile geschützt werden. Infokasten Seite: 183

Sicherungsmittel: Sehr ähnlich wie Klebstoff. Wird in eine Schraubenmutter getropft, bevor die Schraube eingedreht wird, damit die Verschraubung nicht versehentlich durch Vibration gelöst wird.

Sicke: Eingedrückte Vertiefung in einem Blech zur Versteifung und Stabilisierung der Fläche. Bei LKW kommen Sicken vor allem am Fahrerhaus, aber auch am Aufbau vor. Häufig sind sie sehr charakteristisch für das Fabrikat. Beim Selbstbau eines Fahrerhauses oder Aufbaus können Sicken durch die Sandwich-Bauweise nachempfunden werden.

Signalkabel: Kabel, die keine Versorgungsspannung, sondern Signale übertragen. Dies ist zum Beispiel die gelbe, weiße oder orangene Ader eines Servokabels. Hier wird durch unterschiedlich lange Stromimpulse übertragen, wie weit der Steuerknüppel am Sender gedrückt wurde. Gegenstück sind Lastkabel.

Sleeper: (engl. sleep = schlafen) Teil des Fahrerhauses eines amerikanischen Haubers, in dem der Fahrer in seinen Ruhepausen schläft. Der Sleeper ist dabei oft getrennt vom eigentlichen Fahrerhaus und von außen zugänglich. Auch europäische Frontlenker haben Sleeper. Durch das kleinere Fahrerhaus sind die Sleeper jedoch weniger geräumig und direkt in das Fahrerhaus integriert.

SMD: „Surface mounted Device" (engl. = oberflächenmontiertes Bauteil). Elektronisches Bauteil, dass nur auf einer Seite einer Platine aufgelötet wird und sich vor allem durch seine geringen Abmessungen auszeichnet. SMD-Bauteile sind oft nur einige wenige Millimeter groß.

Soundgenerator: Siehe Soundmodul

Soundmodul (auch Geräuschmodul, Soundgenerator, Diesel-Generator): (engl. Sound = Geräusch) Elektronischer Baustein, der über einen Lautsprecher den Ton eines Dieselmotors nachahmt. Dieser ist meist abhängig von der Geschwindigkeit des Modells.

Spannung: Physikalische Größe. Die Spannung wird gemessen als Ladungsdifferenz (wie viele Elektronen sind auf der einen Seite vorhanden und fehlen auf der anderen Seite). Wird ein Bauteil an eine Stromquelle angeschlossen, die eine zu hohe Spannung hat, brennt das Bauteil durch. Die Spannung wird in Volt gemessen.

Sperrholz: Sperrholz besteht aus mehreren dünnen, übereinander geklebten Holzplatten. Sperrholz ist daher auch in dünnen Stärken sehr stabil und kann zum Bau von Aufbauten oder der Inneneinrichtung im Fahrerhaus verwendet werden.

Spiel: Gibt an, wie beweglich zwei miteinander montierte Bauteile sind. Infokasten Seite: 117

Spurstange: Bauteil einer Lenkachse. Die Spurstange verbindet die beiden Achsschenkel miteinander, an denen die Räder befestigt sind. Sie sorgt also dafür, dass die Räder beim Lenken den richtigen Einschlag haben. Durch die unterschiedlichen Kreisbahnen bei der Kurvenfahrt muss das innere Rad einen etwas größeren Einschlag haben, als das Äußere.

Stator: Still stehender Teil eines Elektromotors. Der Stator besteht aus mehreren Wicklungen eines stromdurchflossenen Leiters, wodurch ein Magnetfeld erzeugt wird, das den Rotor in eine Drehbewegung versetzt.

Steckbrücke: (auch Jumper, Steckkontakt) Metallkontakt, der wie ein Schalter funktioniert und in einer Schaltung zum Aktivieren oder Umstellen einer Funktion benutzt wird. Infokasten Seite: 186

Steckkontakt: Siehe Steckbrücke.

Steuerelement: Oberbegriff für alle Bauteile, die im LKW-Modell an den Empfänger angeschlossen werden und dann ferngesteuert Funktionen ausführen. Steuerelemente sind zum Beispiel Servos (für mechanische Funktionen), Fahrregler (zur Steuerung der Drehzahl eines Motors), Schaltmodule (für elektrische Funktionen), Lichtmodule (spezialisierte Schaltmodule) und Multifunktionsmodule für Kombinationen aus allem.

Steuerhorn: Siehe Ruderhorn.

Steuerinstrument: Bauteile des Senders und Oberbegriff für alle Steuerknüppel, Schalter, Drehregler oder Schieber, mit denen die einzelnen Funktionen am Modell gesteuert werden können. Jedes Steuerinstrument kann dabei (in der Regel) eine Funktion steuern. Die wichtigsten Steuerinstrumente sind die beiden Kreuzknüppel. Das sind zwei Steuerknüppel, die sich jeweils seitlich und nach oben und unten bewegen lassen, also jeder zwei Funktionen steuern kann. Diese Kreuzknüppel werden auf jeden Fall für die Lenkung und den Antrieb verwendet, die anderen beiden Funktionen nach Belieben.

Steuerungskanal: Siehe Kanal.

Stiftschraube: Metrische Schraube ohne Kopf für Klemmverbindungen. Infokasten Seite: 73

Stromkreis: Besteht aus einer Spannungsquelle (Akku) und mindestens einem Verbraucher, die mit Kabeln verbunden sind. Der Strom fließt in diesem Stromkreis (elektrisch gesehen) vom Pluspol durch den Verbraucher, verrichtet dort Arbeit (eine Glühlampe als Verbraucher leuchtet zum Beispiel) und dann über den Minuspol zurück zum Akku. Durch einen Schalter kann ein Stromkreis unterbrochen werden. Infokasten Seite: 32

Stromstärke: Physikalische Größe. Die Menge der Elektronen, die in einer bestimmten Zeit durch ein Kabel fließen, wird als Stromstärke bezeichnet. Sie wird gemessen in Ampere. Infokasten Seite: 63

Taster: Schaltmöglichkeit bei einem Schalt- oder Licht-Modul. Die Funktion am Modell ist so lange aktiv, wie der entsprechende Schalthebel am Sender betätigt wird. Siehe Memory-Schalter.

Telemetrie: Fernmessung. Digitale Funksysteme funken nicht nur vom Sender zum Modell, sondern auch in Gegenrichtung. So kann am Sender zum Beispiel der Ladezustand des Akkus im Modell angezeigt werden.

Tiefentladung: Wird ein leerer Akku weiter entladen, entsteht eine Tiefentladung, die den Akku zerstören kann. Infokasten Seite: 103

Trägerfolie: Leicht klebende transparente Folie auf geschnittenen Klebefolien. Die Trägerfolie erleichtert das Positionieren einer Klebefolie und hält Einzelteile (z.B. Buchstaben eines Schriftzugs) in Position.

Traktion: Siehe Bodenhaftung.

Traverse: Träger zur Stabilisierung eines Bauteils. Infokasten Seite: 70

Trial: (engl. =Strapaze, Belastung). Ein Motorsport, bei dem spezielle Trial-LKW in möglichst kurzer Zeit durch einen komplizierten Geländeparcours mit großen Steigungen, engen Durchfahrten und Hindernissen fahren müssen. Dementsprechend gibt es Modell-Truck-Trial, bei dem solche Wettbewerbe mit Modelltrucks gefahren werden.

Übersetzung: Siehe Untersetzung.

Unterflurantrieb: Modellantrieb, der nicht zwischen den beiden Rahmenhälften montiert ist sondern darunter. Dadurch wird im oberen Bereich Platz gespart, der zum Beispiel für einen Kipper nötig sein kann.

Untersetzung: Verhältnis der Umdrehungen von Zahnrädern in einem Getriebe. Bei einer Untersetzung von 4:1 wird der Antrieb (Eingang) des Getriebes viermal gedreht, wobei sich der Abtrieb (Ausgang) einmal dreht. Das Gegenstück dazu ist die Übersetzung. Infokasten Seite: 112

Unwucht: Ungleichmäßige Masseverteilung in einem rotierenden Körper, zum Beispiel in einem Autoreifen.

Verzinnen: Arbeitsschritt beim Löten. Dabei werden die zu verlötenden Metallteile erwärmt und mit einer dünnen Schicht Lötzinn überzogen.

Volt: Physikalische Einheit der Spannung.

Welle: Drehbare Stange zur Übertragung eines Drehmoments. Infokasten Seite: 20

Widerstand: Elektrisches Bauteil das den Strom begrenzt, der durch ihn hindurchfließt. Die physikalische Größe heißt ebenfalls Widerstand und wird in Ohm gemessen. Infokasten Seite: 170

Zugmaschine: Siehe Sattelzug.

Kontakt

In keinem Buch können alle Fragen beantwortet werden. Und auch hier konnte ich Wohl oder Übel nicht jedes Detail klären, dass Ihnen am Ende noch unklar war. Neben den schon angesprochenen Kontaktmöglichkeiten (Messen, Internet-Foren, Modellbau-Clubs) stehe auch ich gerne persönlich für weitergehende Fragen oder Tipps zur Verfügung. Aber auch für positive und negative Kritik, Anregungen, Lob oder Ideen in Bezug auf dieses Buch bin ich offen. Schreiben Sie mir also, was Ihnen gefallen oder nicht gefallen, was Sie verstanden oder nicht verstanden und was Sie erwartet oder nicht erwartet haben – damit das nächste Einsteigerbuch für LKW-Modellbauer Ihnen gerecht(er) werden kann. Die Kontaktaufnahme ist über den Verlag möglich.

Dank

Zuletzt möchte ich noch ein paar persönliche Dankesworte loswerden. Zum einen gehen diese an alle Hersteller und Händler in unserer Szene, die mich bei diesem Projekt – mitunter völlig unkompliziert und vertrauensvoll – unterstützt haben. Weiterhin danke ich Matthias Metzner und Stefan Brockmeyer für ihre wertvolle Hilfe bei der Überarbeitung dieser Neuauflage. Noch ein weiterer Dank geht an Stefan Brockmeyer sowie darüber hinaus an Jörg und Judith Richard und Werner und Frank Runkel vom Roadworker Parcours in Urmitz. Ohne sie würde ich vermutlich immer noch „nur bauen" und nicht immer wieder aufs Neue baggern, fahren, fachsimpeln und Blödsinn anstellen.

L'EXIL AUVERGNAT
de
MARGUERITE DE VALOIS

(La reine Margot)

Du même auteur

Essai sur le droit et l'administration des cours d'eau en France.
Presses universitaires du Septentrion
Université de Lille 3 - 1998.

ISBN : 2 909797 42 2

A Isabelle et Florence

Ma fille est malheureuse d'être venue en un tel siècle.

Catherine de Médicis

Michel MOISAN

L'EXIL AUVERGNAT
de
MARGUERITE DE VALOIS

(La reine Margot)

CARLAT - USSON
1585-1605

CRÉER

INTRODUCTION

Troisième fille du roi de France Henri II et de la reine Catherine de Médicis, sœur des rois de France, François II, Charles IX et Henri III, épouse de Henri roi de Navarre puis roi de France sous le nom d'Henri IV, Marguerite de Valois, qu'Alexandre Dumas fit entrer dans la légende en la surnommant « Margot », passa vingt ans de sa vie en Auvergne (1585-1605).

Ce séjour auvergnat lui fut imposé indirectement par sa propre famille dans des conditions que l'on verra plus loin et qui constituent une situation unique dans l'histoire de France. Elle avait alors 32 ans.

Plus qu'aucun autre personnage historique, la reine de Navarre et de France, a souffert des pamphlets. Nulle femme n'a été plus diffamée. A tel point que sa mémoire semble en avoir été altérée à jamais. L'attrait du scandale, le goût des histoires scabreuses, ont dessiné dans la conscience collective une autre reine que la vraie.

Le sobriquet « Margot » apparaît pour la première fois au temps de la reine en 1574, dans un libelle intitulé : « Le Réveille matin des Français et de leurs voisins », qui était dirigé contre sa famille. Le terme est utilisé par Charles IX, « car ainsi appelait-il sa sœur ». Puis beaucoup plus tard, alors que Marguerite a déjà quitté l'Auvergne, un redoutable pamphlet, encore plus violent, attribué à Agrippa d'Aubigné et intitulé « Le divorce satyrique » va, hélas, intéresser les historiens. Insistant surtout sur la « lubricité » de la reine, afin de la déconsidérer auprès de la nouvelle dynastie qui se met en place et de justifier, a posteriori, son divorce et le remariage du roi, ce libelle sera repris sans arrêt jusqu'à nos jours, pour partie il est vrai, dans les biographies les plus sérieuses.

Il a fallu attendre la monumentale biographie du comte de Saint-Poncy, parue en 1887, pour que les livres de comptes de Marguerite, découverts et exploités par l'auteur, contredisent sur bien des points les élucubrations du pamphlet protestant. Cependant, le « Divorce » continuera d'être abondamment utilisé faute de sources historiques sûres. Ainsi, même J.H. Mariéjol, le grand spécialiste du XVIe siècle, n'hésitera pas, en 1928, à se référer parfois à quelques faits scabreux, relatés par l'auteur supposé inconnu, mais sans aucun doute huguenot déçu, du « Divorce satyrique ». Le texte, en effet, repose sur une trame historique assez juste, ce qui le rend si habile et si dangereux.

Or, l'épopée auvergnate n'est pas épargnée par le pamphlet. Reléguée en Auvergne, la reine est oubliée des chroniqueurs et des historiens. Pas de Pierre de l'Estoile à Usson pour raconter les événements de la petite cour, citer les bons mots de Marguerite, décrire les visiteurs, rapporter les potins, évoquer les amours…

Les mémoires qu'elle rédige à Usson s'arrêtent curieusement à l'année 1582, c'est-à-dire trois ans avant l'arrivée en Auvergne.

Pendant les guerres de religion, les factions rivales qui s'opposent régulièrement dans la limagne d'Issoire ne favorisent guère les rencontres. Et Marguerite est d'abord prisonnière. On ne s'intéresse donc guère à elle. Les longues années passées en Basse Auvergne après le court séjour d'un an à Carlat sont occultées par la vie de Cour qui reprend à Paris. Le nouveau roi a bien du mal à s'installer sur le trône, divorce, se remarie, fonde une nouvelle dynastie pendant que sa première femme se fait oublier à Usson.

Et les ambassadeurs étrangers comme Cavriana ou R. Lucinge, si prompts à rapporter à leurs souverains le moindre bruit de la Cour de France, ne recueillent que de rares échos lointains et déformés de l'Auvergne.

C'est pourtant pendant cette longue période de vingt années (1585-1605) que nous essayerons de vivre au rythme de la dernière représentante de la dynastie des Valois. En effet, le destin l'a poussée un jour d'automne 1585 d'Agen à Carlat, en Haute-Auvergne, d'où un an plus tard, elle partira pour Usson à quelques kilomètres d'Issoire, en Basse Auvergne, où elle restera près de dix-neuf ans. Elle est d'abord en proie au désespoir après sa capture à Ybois, tout près d'Issoire, le 21 octobre 1586, par les troupes du marquis de Canillac à la solde du roi Henri III, son propre frère.

Mais après quelques mois dans l'austère forteresse d'Usson, elle va très vite reprendre l'initiative, aidée par la Ligue, et recréera une véritable cour, devenant « la reine d'Usson ».

Il faut ici rendre hommage à une inlassable chercheuse : madame Eliane Viennot, qui a publié, fin 1998, la très attendue correspondance de Marguerite de Valois écrite entre 1569 et 1614.[1] Sur les 469 lettres « rescapées » du temps et des événements, 129, dont plusieurs inédites et de grande importance, ont été

1 - Eliane Viennot : Marguerite de Valois. Correspondance.1569-1614. H. Champion. 1998. Ouvrage qui s'ajoute à la thèse du même auteur parue en 1993 : Marguerite de Valois. Histoire d'une femme. Histoire d'un Mythe. Grande Bibliothèque Payot.

rédigées et reçues en Auvergne. Cette correspondance apporte un éclairage nouveau sur certains épisodes du séjour auvergnat de la reine de Navarre et de France. Les lettres déjà connues et les témoignages des visiteurs complètent le tableau encore très imparfait de la vie de Marguerite de Valois pendant son exil auvergnat qui, rappelons-le, témoigne d'une des époques les plus troublées de l'histoire de France.

NB - Pour le confort du lecteur, l'orthographe des citations concernant Marguerite de Valois et ses contemporains a été modernisée.

Première partie

Avant l'exil

Chapitre Ier

Marguerite de Valois : de la naissance à la trentième année

Origines

Lorsque le lundi 30 septembre 1585, la reine de Navarre arrive à Carlat, forteresse située à trois lieues à l'est d'Aurillac, dans ce que l'on appelle la Haute-Auvergne, c'est un peu, en quelque sorte, une manière de retour aux sources puisque sa grand-mère maternelle – la mère de Catherine de Médicis – s'appelait Madeleine de la Tour d'Auvergne, comtesse de Boulogne. C'était une Française de la plus haute noblesse. La mère de Madeleine, elle-même, était une princesse du sang : Jeanne de Bourbon-Vendôme, veuve en première noce d'un prince du sang également, Jean II duc de Bourbon. Son père, Jean III de la Tour, mort en 1501, était, de son côté, de la maison de Boulogne descendant des anciens ducs d'Aquitaine, Comtes d'Auvergne. Il possédait les comtés de Clermont et d'Auvergne et les baronnies de La Tour et de La Chaise avec leurs appartenances et dépendances, les comtés du Lauragais et de Castres et quelques seigneuries en Limousin et dans le Berry.

Pendant les longues soirées d'hiver dans la forteresse glaciale d'Usson, Marguerite pensait-elle parfois à cette jeune grand-mère qu'elle n'avait pas connu – et pour cause – car morte à dix-huit ans, cette Madeleine au nom auvergnat qui avait agonisé pendant de longs jours avant de rendre l'âme deux semaines après la naissance de son unique enfant : Catherine de Médicis, le 28 avril 1519 ?

François Ier, qui avait « arrangé » le mariage de Madeleine avec le neveu du pape Léon X, Laurent de Médicis, petit fils de Laurent le Magnifique, désirait conforter la paix qu'il venait d'imposer au Pape après la victoire de Marignan et la conquête du Milanais. Le roi de France était très fier de cette jeune et belle Française lors de son entrée à Florence le 7 septembre 1518. Mais le mari ne s'était jamais vraiment remis d'un coup d'arquebuse à la tête reçu lors de la conquête d'Urbino (dans les Marches) et il mourut quelques jours après sa jeune femme, le 4 mai. Catherine de Médicis se trouvait donc orpheline pratiquement dès sa naissance. Elle fut élevée par la famille de son père avant de faire à quatorze ans le chemin inverse de sa mère : venir en France pour épouser en 1533 Henri duc d'Orléans, second fils de François Ier et de Claude de France et futur Henri II, du même âge que sa jeune femme, né comme elle en 1519.

Henri II avait été dès l'âge de sept ans livré en otage aux Espagnols. Libéré à dix ans, il fut confié pour son éducation à Diane de Poitiers dont il fit ensuite sa maîtresse malgré une différence d'âge de dix-neuf ans. En 1536, le décès de son frère aîné en fait le Dauphin de France et à la mort de son père, le 31 mars 1547, il devient roi.

Catherine de Médicis et Henri II auront dix enfants alors que les premières années du mariage laissaient craindre une stérilité du couple.

Marguerite, née le 14 mai 1553 à St-Germain en Laye, est leur septième enfant. Elle a pour marraine Marguerite de France, la sœur d'Henri II, une princesse lettrée comme c'est la tradition chez les Valois. Son parrain est le prince de Ferrare, Alphonse d'Este, protecteur du Tasse. Le goût des lettres s'annonce déjà sur les fonts baptismaux comme le souligne J. H. Mariéjol, dans son remarquable ouvrage [2].

Marguerite de Valois est sans conteste l'une des figures les plus attachantes de la dynastie des Valois. Objet de toutes les malveillances des écrivains calvinistes, elle vécut dans un monde « de sang et de fureur ».

Un monde de « sang et de fureur »

Elle a en effet la malchance de vivre durant les guerres de religion. Elle n'a pas neuf ans, quand, après le massacre de Vassy, [3] se déclenche le premier conflit (mars 1562 - mars 1563), celui qui voit l'assassinat près d'Orléans, de François de Guise (1563). Elle en a quatorze lors de la deuxième guerre (1567), quinze quand arrive la troisième, vingt à la quatrième lors de la paix de la Rochelle

2 - J.H. Mariéjol. La vie de Marguerite de Valois - Reine de Navarre et de France - Hachette 1928 p. 1.

3 - Ou mieux Wassy (dans la Haute Marne, à 60 kilomètres de Chaumont). Le 1er mars 1562 les partisans du duc de Guise massacrèrent les protestants. Cette date marque le début des guerres de religion.

(1573). Elle en a 22 pendant la cinquième lorsque Alençon, son frère adoré, s'enfuit de la Cour (1575). En 1577, c'est la sixième avec la paix de Bergerac, mais c'est, heureusement pour elle, le voyage à Spa qui va lui permettre de jouer un rôle politique, l'année de ses 24 ans. Marguerite à 27 ans à la septième lors de la paix du Fleix [4] (1580). Enfin, c'est pendant la huitième, qu'elle fuit Agen où elle a largement contribué au désordre ambiant pour se réfugier en Haute-Auvergne, à Carlat. [5] C'est dire si sa vie n'a pas été un long fleuve tranquille… Et elle n'a que trente-deux ans, et trente à vivre encore, dont vingt en Auvergne.

C'est évidemment à partir de cette période que nous la suivrons davantage. Auparavant, il convient de préciser le cadre de son entourage familial et politique, aussi désordonné que possible.

Dans cette seconde moitié du XVIe siècle, la violence est quotidienne, les passions excessives, les mœurs rudes et grossières, les sens exacerbés, dans un contexte permanent de guerre civile. La Cour de France montre l'exemple d'un tel dérèglement. Mais cette période de la Renaissance finissante présente également un souci - au moins apparent - de raffinement, d'élégance, de politesse et de beau langage. C'est dans ce cadre exceptionnel de « l'ardent seizième siècle » [6] que va grandir la jeune et belle Marguerite.

Elle a rédigé ses Mémoires, [7] publiés pour la première fois en 1628, treize ans après sa mort et plusieurs fois réédités. Ils s'arrêtent malheureusement à l'année 1582. Or, la reine de Navarre n'arrive en Auvergne qu'en 1585… Elle s'y montre d'une grande discrétion sur son enfance. A peine a-t-on une évocation de ses premiers souvenirs lorsqu'elle a six ans, installée sur les genoux de son père « pour me faire causer » dit-elle. Henri II lui demandait, avant le tournoi des Tournelles où il sera mortellement blessé, qu'elle choisisse celui qu'elle préférerait comme serviteur « de Monsieur le prince de Joinville qui a depuis été ce grand et infortuné duc de Guise (il a neuf ans à l'époque) ou du marquis de Beaupreau, fils du prince de la Roche-sur-Yon » [8]. Marguerite répondit « qu'elle voulait le marquis ». Henri II s'étonna : « Pourquoi ? Il n'est pas si

4 - Le Fleix se situe sur la Dordogne dans le Département du même nom.

5 - Il y aura une neuvième guerre lorsqu'elle sera à Usson quand Henri de Navarre vainc la Ligue à Arques et à Ivry en 1590 avant d'abjurer le protestantisme en 1593 et d'être sacré roi à Chartres en 1594. C'est l'édit de Nantes qui clôt en 1598 les troubles religieux et qui établit le seul régime de tolérance religieuse existant alors en Europe.

6 - J.H. Mariéjol, op. cit. introduction p. 1.

7 - La dernière édition, celle d'Yves Cazaux date de 1986 (Mercure de France). C'est celle que nous avons utilisée.

8 - C'était Henri de Bourbon, fils de Charles de Bourbon, prince de la Roche/Yon. Il était âgé de 12 ans et devait mourir d'accident l'année suivante en 1560. Sa mère sera une amie fidèle de Marguerite. Elle sera du voyage aux eaux de Spa (Mémoires p. 38).

beau » (car le prince de Joinville était blond et blanc, et le marquis de Beaupreau avait le teint et les cheveux bruns). Marguerite répondit que c'était « parce qu'il était plus sage, et que l'autre ne peut durer en patience qu'il ne fasse tous les jours mal à quelqu'un, et veut toujours être le maître. Augure certain de ce que nous avons vu depuis ». En réalité, ce souvenir n'est pas innocent comme nous le fait remarquer J. H Mariéjol. Il distille un message bien précis. Elle voulait faire croire « dès le premier éveil de sa raison » qu'elle devinait, dans le futur Henri de Guise, le chef des factions de la Ligue « afin de démentir l'opinion commune, qui en faisait son amour de jeunesse. Comment pourrait-on croire, ajoute très subtilement l'historien, que la fillette qui se plaignait de l'esprit méchant et dominateur de son compagnon de jeux ait, devenue jeune fille, éprouvé pour lui le sentiment le plus tendre... ».

Ces Mémoires apparaissent donc, comme c'est d'ailleurs souvent le cas, comme le justificatif d'une action ou d'une vie et non comme la narration fidèle d'événements marquants. Il y a cependant chez Marguerite des accents sincères qu'il convient de relever et qui font l'intérêt de son témoignage. Souvenons-nous également, qu'au moment où elle écrit ses souvenirs, elle est recluse à Usson et qu'elle attend un sort meilleur, par exemple un retour à la Cour, mais surtout qu'elle négocie - laborieusement - son divorce. Il n'est donc pas question de déplaire à Henri IV.

Une mère, des frères et un mari... hélas !

Mais ce sont essentiellement les rapports avec sa mère et ses frères et plus tard avec son mari Henri de Navarre qui, à partir de 1559, à la mort de son père, vont déterminer son avenir.

Le cadre politique et social est, d'autre part, largement occupé par les réactions de la royauté à la nouvelle religion qui apparaît au sein de la noblesse. De là, une situation tendue, oppressante pour Marguerite et sa famille : les volte-face, les soubresauts, les pièges, les guet-apens, les crimes vont se succéder. Elle sera souvent au centre de la tourmente, parfois complètement innocente comme à la St-Barthélemy, parfois plus impliquée, comme par exemple quand elle prend fait et cause pour la Ligue avant de fuir en Auvergne.

Une figure se distingue à la Cour : celle de la reine Catherine de Médicis, sa mère, qui prend en mains, par le truchement de ses fils, le destin du royaume. La mère et la fille ne s'entendront pas. L'une et l'autre ont le goût du pouvoir. La mère l'exercera par procuration pendant près de trente ans. La fille n'aura que les « miettes du pouvoir » durant quelques années.

Or, comme l'écrit savamment Madame Garrisson, « en ces années de fer et de sang que sont les guerres civiles, le pouvoir central monarchique est fragilisé à l'extrême, menacé par un réveil des appétits féodaux, des autonomismes provinciaux et locaux marqués par des prétextes religieux » [9]

Personnage complexe que celui de Catherine de Médicis. Elle mêle l'ambition, la cruauté, le manque de scrupule. Elle couve ses fils, les jeunes rois qui se succèdent au trône et place ses filles. L'une, Élisabeth, épouse le roi d'Espagne Philippe II, l'autre, Claude, se marie au duc de Lorraine. C'est d'ailleurs au cours des festivités organisées pour le mariage d'Élisabeth et de la sœur du roi, Marguerite, (avec Emmanuel-Philibert, duc de Savoie) que le 30 juin 1559, le roi de France reçoit le coup de lance brisée à l'œil qui lui est fatal malgré le dévouement d'Ambroise Paré. Marguerite écrit dans ses Mémoires que ce « misérable coup [...] priva la France de repos et notre maison de bonheur ». [10]

Effacée pendant le règne de son mari, trop influencé par Diane de Poitiers qui le pousse à lutter contre le protestantisme, Catherine de Médicis n'entre vraiment en scène qu'à la mort de François II et à l'arrivée au pouvoir de son deuxième fils Charles IX, en 1560. [11]

Elle se fait de nombreux ennemis chez les protestants qui lui reprochent son esprit calculateur et opportuniste et chez les catholiques qui ne lui pardonnent pas sa recherche de l'équilibre, sa politique de conciliation sous l'influence du chancelier Michel de l'Hôpital. Mais elle possède aussi de nombreux amis, en particulier dans la colonie italienne qui l'entoure, comme les Strozzi ou les Gondi, et surtout chez les politiques, c'est-à-dire ceux qui ne font pas partie des factions rivales. On peut citer parmi eux Birague, Bellièvre, Cheverny.

Marguerite va pâtir de la double passion de sa mère : le pouvoir et l'amour maternel. La première va contrarier ses projets et ses ambitions, la seconde ne bénéficiera en fait qu'à ses frères qui, pour trois d'entre eux, régneront.

Une princesse de France

Grâce à son livre de comptes que l'on peut consulter aux Archives Nationales, l'une des plus précieuses sources de renseignements sur sa vie quo-

---

9 - GARRISSON (J) Marguerite de Valois - Fayard 1994 p. 9.

10 - Mémoires p. 37.

11 - Sous le très court règne de François II (1559-1560) la réalité du pouvoir appartient aux oncles de l'épouse du roi - Marie Stuart - le cardinal de Lorraine et le duc François de Guise.

tidienne, nous savons que, dès sa sixième année, Marguerite est dotée d'une maison princière d'environ 120 personnes. Toute cette maison est payée par « quartier » (trimestre) mais certains membres sont rémunérés (en principe) annuellement. [12]

Cet entourage est dominé par la gouvernante de la princesse : Charlotte de Vienne, dame de Curton. Celle-ci perçoit la somme considérable de 600 livres par an. Elle suivra Marguerite jusqu'à Nérac, au milieu des années 1580. Si la plupart des femmes qui veillent sur elle ne l'accompagneront pas en Auvergne, vingt-cinq ans plus tard, certaines feront exception par fidélité à la future reine de Navarre et de France. Citons Guillette de Corbie, sa « nourrice » probablement encore présente à Usson, du moins au début. En revanche, le fait est certain pour Jacqueline Burgense qui sera de l'exil auvergnat, comme l'une des suivantes, Jéhanne Chausson.

L'enfant va donc devoir vivre très jeune en « majesté » et apprendre les manières de la Cour à laquelle elle appartient et dont la réputation lancée par François Ier, son grand-père, et Henri II, son père, n'est plus à faire en ce qui concerne l'élégance, le luxe, la présence de lettrés et d'artistes. La petite fille va très bien s'adapter à ce style de vie car, plus tard, elle adorera former à son tour sa cour à Nérac, à Usson et à Paris. Très tôt, les occasions heureuses ou dramatiques vont se présenter de voir la majesté royale en action.

Après le mariage de sa sœur aînée Élisabeth, le 22 juin 1589, et la mort de son père les jours suivants, elle assiste en septembre de la même année au sacre en grand apparat de son tout jeune frère François II, intronisé à Reims par le cardinal de Lorraine.

Quinze mois plus tard, François II, encore presque un enfant, meurt. La petite fille est présente aux obsèques. Elle assiste ensuite, le 5 mai 1561, au sacre de son autre frère, Charles IX, qui n'a que quatorze ans et qui, hier encore, jouait avec elle. Quatre mois plus tard, la jeune princesse est aux côtés de sa mère et de ses frères à l'ouverture du colloque de Poissy, vaine tentative de réconciliation entre catholiques et protestants.

Baignée très jeune dans tous les rites les plus variés de la monarchie, la jeune fille en gardera une haute conscience de son état de princesse royale appelée au plus haut destin. Comme l'écrit Madame Garrisson « le caractère exceptionnel de ces célébrations a imprégné en elle l'image indélébile qu'un roi mort ou vivant appartient à une sphère autre que celle du commun des mortels ». [13]

Depuis la mort de son père, la jeune princesse a déjà beaucoup voyagé. De

---

12 - A.N. série KK 233

13 - J. Garrisson : op. cit. p. 23

novembre 1559 à janvier 1560, elle est à Blois et, dès le mois suivant, à Amboise où la famille royale se réfugie pendant la conspiration. En mars et avril, Marguerite est à Chenonceaux ; en mai, à Monceaux, près de Meaux, demeure favorite de Catherine et qui sera plus tard celle de Gabrielle d'Estrées. En juillet et août, on est à Fontainebleau, cher à François Ier. Début septembre, la Cour se dirige vers St-Germain-en-Laye avant d'aller en novembre à Orléans pour l'ouverture des états généraux.

C'est là un exemple des nombreuses déambulations qui attendent la princesse tout au long de sa vie. Elles la conduiront dans sa litière ou sur sa haquenée selon les besoins du moment, suivant les volontés de Catherine de Médicis et au gré des guerres de religion qui commencent en 1562. Il faut évidemment imaginer cette longue cohorte de chevaux, de mulets, de coffres, de malles, de lits formant avec les membres de sa cour le « train » de Marguerite. Celle-ci semble de robuste constitution. En effet, contrairement à ses frères qui mourront jeunes (François II à 16 ans, Charles IX à 24 ans, François d'Alençon à 30 ans, tous plus ou moins tuberculeux), notre princesse vivra jusqu'à 62 ans en étant seulement deux ou trois fois sérieusement malade. Pourtant, le temps n'est pas vraiment à l'indolence et au repos.

Après l'échec du colloque de Poissy (mars 1562), Catherine de Médicis envoie ses deux plus jeunes enfants, Marguerite et François (qui a deux ans de moins qu'elle), à Amboise pour des raisons de sécurité. Ils vont y rester deux ans pendant que s'étripent protestants conduits par les Bourbon et catholiques, par les Guise. Entre les deux, Charles IX essaie, poussé par sa mère, de louvoyer.

Après la paix d'Amboise signée en 1563, le climat s'apaise et la reine mère décide de montrer le nouveau roi à son peuple. En mars 1564, une caravane de plusieurs milliers de personnes s'ébranle pour un long périple qui va durer un peu plus de deux ans. On sillonne une grande partie de la France, en commençant par l'Est et en poursuivant par le sud et l'Aquitaine.

A St-Jean-de-Luz, le 12 juin 1565, dans l'allégresse, le roi et la reine-mère rencontrent les représentants espagnols conduits par le duc d'Albe. Marguerite revoit sa sœur aînée Élisabeth. Les fêtes sont somptueuses, mais diplomatiquement, cette rencontre est un échec. Philippe II a fait savoir à Catherine qu'il est mécontent de la politique royale vis-à-vis des protestants. Le 2 juillet, la Cour reprend la route en empruntant le chemin des écoliers : la côte ouest, la Loire, puis le centre du pays avant d'arriver le 1er mai 1566 à Paris.

Marguerite a treize ans. Ce grand voyage a été l'occasion pour la jeune princesse de découvrir sa mère en même temps que son pays. Elle la voit diriger les affaires de la France. Elle l'admire et la redoute en même temps.

Intelligente, Marguerite observe et comprend le dessein de sa mère : protéger le roi, c'est-à-dire le trône occupé par un fils très jeune, Charles IX.

Deux ans plus tard, elle découvre l'ambition politique de son frère, le duc d'Anjou, le futur Henri III, qui essaie d'enrôler sa sœur dans son parti, de peur qu'elle ne prenne celui de l'autre frère, le roi, dont il est jaloux. Dans ses Mémoires, Marguerite raconte, donnant la parole au duc d'Anjou : « je crains… que le roi mon frère devenant grand, étant courageux comme il est, ne s'amuse toujours à la chasse, mais devenant ambitieux, veuille changer celle des bêtes à celle des hommes, m'ôtant la charge de lieutenant du roi qu'il m'a donnée pour aller lui même aux armées ». [14] Puis celui-ci ajoute : « je trouve qu'il m'est nécessaire d'avoir quelques personnes très fidèles qui tiennent mon parti auprès de la reine ma mère, je n'en connais point de si propre comme vous, que je tiens comme un second moi-même ». [15]

Marguerite très touchée donne son accord. Elle sera bientôt déçue. La raison ? Un favori d'Henri d'Anjou : Louis de Béranger, seigneur du Guast dont le roi, dit-elle, « était tellement possédé qu'il ne voyait que par ses yeux et ne parlait que par sa bouche ». [16] D'Anjou la tient donc à distance sur les conseils de du Guast, considérant que l'attrait qu'elle exerce sur Henri de Guise constitue un danger pour la dynastie des Valois. L'hypocrisie de son frère la rend malade. Elle a quinze ans.

La première guerre de religion s'est terminée le 19 mars 1563 avec l'édit d'Amboise qui maintenait la liberté de conscience des protestants (accordée le 17 janvier 1562 par l'édit de Janvier). La deuxième guerre commence en septembre 1567, quand les huguenots essaient de s'emparer de Charles IX. Ils prennent Orléans et assiègent Paris. Mais le 23 mars 1568, la paix de Longjumeau met fin aux hostilités, pour peu de temps, car dès le début de 1569, la guerre reprend. Les protestants sont défaits à Jarnac (13 mars) et Montcontour (3 octobre). Après la mort de Louis de Condé, Coligny est chef de l'armée huguenote. Il remporte la victoire d'Arnay-le-Duc sur les catholiques en juin 1570 et le 8 août la paix de St-Germain permet aux protestants de pratiquer leur culte dans deux villes par province. Ils obtiennent en outre quatre places de sûreté. C'est la fin de la troisième guerre de religion.

Puis on parle de projets de mariage de Marguerite dans l'année de ses dix-sept ans, en 1570. La princesse se rend compte qu'elle ne peut choisir sa vie, livrée aux mains de sa mère et de son frère, le roi, qui doivent assurer le presti-

---

14 - Mémoires - p. 44.

15 - Idem.

16 - Mémoires p. 47.

ge des Valois. A l'occasion de ce qui fut peut-être sa première idylle – avec Henri de Guise qui a trois ans de plus qu'elle – elle découvre les limites étroites de sa liberté. Or sa forte personnalité se forgera progressivement contre ce poids familial et les épreuves qui ne manqueront pas. Malgré elle, la princesse est mariée avec Henri de Navarre afin de sceller la réconciliation entre catholiques et protestants, le 18 août 1572, six jours avant le massacre de la St-Barthélémy, au cours duquel l'amiral de Coligny est assassiné.

Marguerite a dix-neuf ans. Elle est née la même année que son mari (1553) mais six mois avant lui. Nul n'est mieux placé que Brantôme pour évoquer sa beauté reconnue de tous. « Car soit qu'elle veuille montrer sa douceur ou sa gravité, son visage est capable d'embraser tout un monde, tant ses traits sont beaux, ses linéaments tant bien tirés, et ses yeux si transparents et agréables qu'il ne s'y peut rien trouver à dire : et, qui plus est, ce beau visage est fondé sur un corps de la plus belle, superbe et riche taille qui se puisse voir, accompagné d'un port et d'une si grande majesté qu'on la prendra toujours pour une Déesse du Ciel, plus que pour une princesse de la terre ». [17]

Pour être plus précis, il faut ajouter que la jeune femme était naturellement brune comme son père et sa mère mais qu'elle se teignait en blond pour obéir à la mode lancée par Diane de Poitiers dont les cheveux portaient naturellement cette couleur. Les cils étaient longs, la bouche fine, le cou élégant. Dumas aurait probablement signalé « sa taille riche et souple, et, perdu dans une mule de satin, un pied d'enfant ». Telle apparaissait la « perle des Valois » à l'âge de vingt ans.

Dans la tourmente

Placée par sa mère et son frère en dehors du cercle de décision, elle subit la St-Barthélémy, et, semble-t-il, sauve la vie de son mari en suppliant le roi de l'épargner. [18] Puis la guerre reprend – la quatrième – cependant que naît le parti des Malcontents ou Tiers-parti qui considère que l'État n'a pas à intervenir dans les oppositions religieuses. A la même période, le puissant clan des Montmorency, jaloux de l'influence des Guise depuis la St-Barthélémy, essaie d'entraîner une opposition à la royauté en utilisant Marguerite et le frère du roi, l'ambitieux François d'Alençon né en 1555, « élément de trouble permanent » [19] pour le roi et sa mère.

---

17 - BRANTÔME. Recueil des Dames, poésies et tombeaux - Pléiade p. 120.

18 - D'après BRANTÔME (op. cit. p. 142) mais cet épisode n'est pas évoqué dans les Mémoires.

19 - J. GARRISSON. op. cit. p. 100.

Au début de 1574, il est d'un complot avec Montmorency qui consiste à empêcher le retour en France du duc d'Anjou - roi en Pologne - alors que Charles IX se meurt. Le complot échoue. Deux maréchaux de France se retrouvent à la Bastille et deux des protagonistes de rang inférieur, Coconat et celui qui passe pour l'amant de Marguerite, Joseph Boniface, seigneur de la Molle, l'un des principaux conseillers du duc d'Alençon, sont exécutés. En fait, le mari de Marguerite est du complot également. Il est emprisonné avec Alençon. Ils sont libérés à la mort de Charles IX et au retour d'Henri III. [20]

Comme l'avait fait son frère aîné quelques années auparavant, Alençon va rechercher la compagnie et l'appui de Marguerite. Il va les trouver, car, comme lui, elle se sent exclue du pouvoir. Nous sommes en 1574. Elle a vingt et un ans. Ses rapports avec Henri III, le nouveau roi, sont exécrables, contrairement à ceux qu'elle entretient avec François d'Alençon, dont elle favorise l'évasion de la Cour et pour lequel elle effectue un voyage diplomatique aux eaux de Spa en juillet 1577.

Ce sont, entre 1575 et 1577, les cinquième et sixième guerres de religion. Marguerite a en 1575, commencé une liaison avec Bussy d'Amboise, ayant de la « hardiesse » à revendre selon Brantôme, âgé de vingt-cinq ans, beau parleur et taquinant la muse. Il a d'abord servi Henri III avant de se retourner vers d'Alençon. C'est peut-être l'homme qui a le plus compté pour Marguerite. Vingt-cinq ans plus tard, elle en parlera encore avec émotion dans ses Mémoires.

Reconduite par sa mère en 1578, elle rejoint ensuite son mari. Après un séjour à Pau, émaillé par un incident avec l'un des secrétaires d'Henri de Navarre, le Pin, qui fait emprisonner quelques catholiques ayant servi une messe demandée par la reine, elle s'en va à Nérac jouir des plaisirs de la cour des Albret en juillet 1579. Marguerite « organise alors autour d'elle une vie littéraire brillante calquée sur le modèle de celle qu'elle avait connue à Paris ». [21] C'est notamment l'époque où elle rencontre Montaigne, venu presque en voisin.

Le retour à la Cour de France

Après la septième guerre, dite des « amoureux » (1580), elle est rappelée à la Cour de Paris afin, peut-être, de s'y faire accompagner d'Henri de Navarre. Elle souhaite d'ailleurs quitter Nérac où elle n'est pas heureuse à cause, surtout, des frasques de son mari entouré de plusieurs maîtresses dont l'une au moins souhai-

---

20 - C'est le thème central du roman historique d'A. Dumas.

21 - E. VIENNOT. Marguerite de Valois - Histoire d'une femme. Histoire d'un mythe. Payot 1993 p. 121.

terait sa disparition physique (Françoise de Montmorency-Fosseux, dite Fosseuse).

Dans les dernières pages des Mémoires, Marguerite évoque Henri III « qui était particulièrement curieux de savoir les débordements de notre cour, ayant été averti de tout ceci et conservant encore le désir de vengeance qu'il avait conçu contre moi pour l'occasion que j'ai dite de l'honneur que mon frère avait acquis de la paix qu'il avait faite, pense que c'était un beau moyen pour me rendre aussi misérable qu'il désirait, me tirant hors d'auprès du roi mon mari ». Et plus loin, elle ajoute : « il me fit écrire par la reine ma mère qu'elle désirait me voir, que c'était assez d'avoir été cinq ou six ans éloignée d'elle ; qu'il était temps que je fisse un voyage à la Cour, que cela servirait aux affaires du roi mon mari et de moi, qu'elle connaissait que le roi était désireux de me voir, et qui si je n'avais des commodités pour faire ce voyage, le roi m'en ferait bailler ». Mais Marguerite savait à quoi s'en tenir. « Toutes ces belles apparences de bienveillance ne me faisaient point tromper aux fruits que l'on doit espérer de la Cour, en ayant eu par le passé trop d'expérience. Mais je me résolus de tirer profit de ces offres, et y faire un voyage seulement de quelques mois pour y accommoder mes affaires et celles du roi, mon mari ; estimant qu'il servirait aussi comme divertissement pour l'amour de Fosseuse que j'emmenais avec moi, et que le roi mon mari ne la voyant plus s'embarquerait possible avec quelqu'autre qui ne me serait si ennemie ». [22]

Catherine de Médicis est venue au-devant du couple Navarre jusqu'en Saintonge, mais repart seulement avec sa fille en avril 1582 puisque le Béarnais a refusé de suivre les reines à Paris. En réalité, elles passent le mois de mai à Fontainebleau. Marguerite écrit à son mari, essayant de l'attirer à la Cour pour plaire à son frère. En ce qui la concerne, elle n'a plus guère d'illusion, d'autant plus que Fosseuse fait effectivement partie de celles qui l'ont accompagnée. Quant à Henri III, il est toujours imprévisible et étrange, alternant les périodes de plaisirs et les crises de mysticisme, s'enfermant des semaines entières dans des cloîtres ou des couvents.

Un drame va bientôt éclater entre le frère et la sœur, à l'été 1583. Il sera à l'origine profonde du futur exil de Marguerite.

---

22 - Mémoires p. 169-170.

Chapitre 2

Les origines de l'exil

Trois événements majeurs vont être à l'origine de l'exil futur de la reine de Navarre.

C'est d'abord son expulsion de la Cour de France le 7 août 1583 pour des raisons complexes mais qui sont en rapport avec sa conduite et en particulier sa liaison avec le seigneur de Champvallon.

C'est ensuite, presque deux ans plus tard, sa décision propre de quitter la cour de Nérac où elle essaie de renouer avec la vie conjugale. Mais son mari l'ignore.

C'est enfin, l'obligation pour elle de quitter Agen qu'elle a investie à la suite de la décision précédente et où son action n'est guère appréciée des habitants qui la contraignent à fuir la ville.

Les Mémoires de Marguerite s'achèvent en 1582, au moment où elle quitte Nérac pour rejoindre la Cour de France où elle va mener une vie dispendieuse « Mais en 1582 et 1583 que lui reste-t-il pour affirmer son existence face à son mari, à sa mère, à son frère le roi, sinon l'excès ? » [23] La reine est amoureuse de Jacques de Harlay, sire de Champvallon depuis 1580, époque où elle le retrouve dans le Sud-Ouest à l'occasion des négociations de la paix de Fleix. Il est le grand écuyer de son frère François d'Alençon dont il est aussi l'ami et le confident. Il a aidé Marguerite en février 1578 à organiser l'évasion de son frère préféré. Un grand amour est né entre eux. Champvallon est très beau, brave, cultivé et même poète. Tout pour plaire à Marguerite. Il a à peu près le même âge qu'elle.

---

23 - GARRISSON (J). op. cit. p. 195.

C'est un amour qui n'est pas simplement platonique. A Cadillac, au début de l'année 1581, au château des Foix-Candale, sur les bords de la Garonne, les amants ne se cachent plus. Mais bientôt, Champvallon va suivre Alençon dans ses tentatives concernant les Pays-Bas. La séparation va conduire Marguerite à écrire de belles lettres à son « beau cœur ».

« Je vis sans divertissement, en la continuelle contemplation de mon souverain bien, en attendant l'heure de ma béatitude ». Dans une autre lettre, elle écrit « je ne vis plus qu'en vous, et d'autre que de vous mon âme n'est régie ». [24] Cela n'empêche pas son amant d'être infidèle. Marguerite apprend sa trahison en avril 1582. Le bel écuyer part se marier à Sedan à Catherine de la Marck, la sœur du duc de Bouillon. Après un attentat dont il sort indemne, il retrouve Paris et Marguerite après une séparation d'une année. De novembre 1582 à août 1583, les amants vivent leur passion dans l'hôtel de la reine, rue Ste-Catherine. Marguerite aime sur le modèle néoplatonicien et elle initie son amoureux à cette philosophie. Elle lui explique que l'amour est désir de beauté : « nos beautés ont engendré nos amours ». Cette thèse enseigne qu'il y a deux sortes d'âmes : l'une reste attachée au corps, l'autre part se loger dans l'âme de l'être élu. Mais Marguerite la transforme à son goût et au lieu de chanter la beauté de la femme, elle célèbre celle de son beau Champvallon. Il s'agit, selon elle, d'un élan mutuel. Comme l'écrit madame Viennot, « là ou la tradition renaissante fait de la femme un objet de culte, Marguerite idéalise à l'extrême son amant ». Elle n'hésite pas d'ailleurs à critiquer Platon pour lequel l'Amant est rempli d'une « divine » fureur, ce qui avait été traduit par Ficin et ses adeptes par la supériorité de l'Amant sur la Dame. Elle refuse, quant à elle, cette dichotomie, car l'un et l'autre se confondent. Champvallon répond, au début au moins, sur le même ton. Mais elle n'ignore pas qu'il est infidèle. Elle s'en désespère : « il n'y a donc plus de justice au ciel ni de fidélité en la terre ! O dieux ! Qu'est-ce qu'il faut que mon âme connaisse et que ma langue avoue ? » Tantôt elle se résigne, tantôt elle se laisse aller à quelques considérations sur sa situation matrimoniale : « Ayant reçu du mariage tout le mal que j'ai jamais eu, et le tenant pour le seul fléau de ma vie » puis plus loin : « Ah ! Non que l'on ne dise jamais que les mariages se fassent au ciel : les Dieux ne connurent une si grande injustice ». [25]

Mais sur terre, Marguerite jouit totalement de la vie en cette première moitié de l'année 1583. Elle a trente ans le 14 mai. Elle est amoureuse et… peut-être enceinte. C'est, du moins, un bruit qui court. La reine a pris du poids. Le

---

24 - Mémoires et Lettres. CAZAUX. p. 207 et 209.

25 - E. VIENNOT. op. cit. p. 146.

tailleur rajoute des lés aux robes. Elle comble de cadeaux ses dames d'honneur et également son médecin. Des soupçons viennent à l'esprit du roi et de sa mère.

L'expulsion de la Cour de France : 7 août 1583

On sait que le roi Henri III n'avait pas d'héritier direct. Avec la reine Louise, il se rendait souvent à des pèlerinages ou à des sanctuaires vénérés par la Vierge pour qu'enfin leur souhait soit exaucé. Ainsi N. D. de Chartres, N. D. de Cléry, N. D. du Puy reçoivent leur visite. En vain. Mais, en même temps, Henri III se livrait à des excentricités avec ses mignons, à des redoublements de plaisirs et de fêtes qui offraient une image déplorable de la royauté. Par exemple, le roi s'habilla en femme pour le carnaval en 1583 « chamarré de bijoux et se découvrant la gorge ». Les démonstrations de pénitence succédaient aux réjouissances et vice versa. Cet étalage de conduites désordonnées suscitait la réprobation, provoquant des satires et des pamphlets dans la population parisienne. Ainsi l'auteur de « l'Île des Hermaphrodites » qui avait aperçu le roi dans le sac de toile des pénitents dans une paroisse, fit sur lui ce couplet :

Ainsi avoir pillé la France
et tout un peuple dépouillé,
Est-ce pas belle pénitence,
De ce couvrir d'un sac mouillé ?

Marguerite ne se gêne d'ailleurs guère pour critiquer son frère en petit comité. La haine entre le frère et la sœur est à son comble et plus encore, si cela est possible, entre elle et les mignons Anne de Joyeuse et Epernon. Les espions du roi exagèrent bien entendu les propos qu'ils entendent dans l'hôtel de la reine de Navarre. On lui fait dire tout et n'importe quoi : par exemple qu'elle aurait conseillé à la reine Louise de Lorraine-Vaudémont, mariée depuis le 15 février 1575, d'obtenir un héritier par l'adultère, ce que rapporte le peu sûr Dupleix. On dit aussi que Henri III aurait proposé à Joyeuse de lui abandonner ses privilèges de mari, tellement le mignon était monté au faîte de la faveur d'Henri III. Autrement dit, c'est le délire dans une Cour complètement déséquilibrée avec un roi qui donne le ton du désordre ambiant.

Puis survient un incident dont les suites vont se révéler très graves pour Marguerite.

Le duc de Joyeuse, dont l'ambition ne connaît plus de bornes, rêve de remplacer le duc de Guise comme chef de la Ligue et voudrait être gouverneur du Languedoc. C'était évidemment entrer en conflit avec Henri de Guise, d'une part, et le maréchal Damville, véritable roi de cette grande province, d'autre part. Henri III l'envoie à Rome afin de le faire agréer par Grégoire XIII comme chef du parti catholique et pour faire excommunier Damville pour hérésie, ce qui conduirait à sa dépossession. Joyeuse étant déjà à Rome, en juillet 1583, un courrier ultra-confidentiel qui lui était destiné, écrit de la main même du roi, fut intercepté par quatre cavaliers masqués. Le roi prit très mal la chose. Et, comme par hasard, ses soupçons se portèrent sur sa sœur, suivant les rapports - peu objectifs - qui lui furent remis. On ne voit pas très bien la logique du raisonnement royal, influencé par son entourage qui haïssait la reine. Busbecq, l'ambassadeur de l'empereur Rodolphe II, indique dans une de ses lettres, que le roi avait reconnu que des faux rapports sur cette affaire l'avaient égaré. Cependant, l'irritation entre les deux enfants de Catherine de Médicis était telle que le moindre écart de langage pouvait conduire au drame. Epernon attisait la discorde et n'arrêtait pas de dénoncer Marguerite dans sa façon de vivre et de parler. Henri III, qui disait dans une lettre à Villeroy, le 29 mai 1579, « Ce que j'aime, c'est avec extrémité » [26] aurait pu en dire autant de la haine. Cet être « shakespearien » fit tomber sa colère contre celle qu'il pouvait atteindre le plus facilement, faute d'avoir le courage de châtier les vrais responsables de l'affront subi lors de l'interception du courrier adressé à Rome.

La haine du roi envers sa sœur était ancienne et tenace. Elle était attisée par de multiples facteurs en cette année 1583. S'il n'y avait eu que l'affaire des plis confidentiels interceptés par la force, mais on redoutait aussi à la Cour la parole acide de Marguerite envers l'entourage royal. On se faisait beaucoup de soucis sur les connivences entre Alençon et sa sœur toujours prompte à prendre sa défense surtout par rapport à Henri III.

Le roi avait été très affecté par l'attitude des dames d'honneur de Marguerite, Duras et Béthune, qui s'entremettaient en permanence au bénéfice d'Alençon et de la reine de Navarre. Henri III ne pouvait le supporter, pas plus que Catherine de Médicis qui craignait comme son fils les initiatives très hasardeuses d'Alençon dans les Flandres.

La reine-mère ne doute pas que sa fille soit capable d'exciter son turbulent frère à poursuivre l'aventure des Pays-Bas, contrairement aux accords conclus entre Catherine et Alençon à Chaulnes (à 20 km à l'est d'Amiens). Elle condamne l'esprit de désobéissance de sa fille. Elle lui en veut d'inciter Alençon à exposer le royaume à une guerre civile ou étrangère. Enfin le roi et sa mère lui reprochent de ne pas avoir su convaincre Henri de Navarre de revenir à la Cour.

Cela faisait beaucoup. Comme Catherine regrette d'avoir ramené Marguerite

26 - Voir P. Chevallier. Henri III. Fayard. p. 705.

de la Gascogne de son mari ! Elle lui demande de renvoyer Duras et Béthune dont la mauvaise vie compromet la réputation déjà bien entamée de la reine de Navarre.

Celle-ci répond de façon impertinente comme elle sait le faire, mais suivant une logique inattaquable, « que la reine-mère gardait bien madame de Sauves, » [27] et sur ces paroles, déclare à sa mère qu'elle souhaite repartir en Navarre, demandant l'argent du voyage. Mais le roi réitère son ordre de chasser Duras et Béthune de l'entourage de Marguerite. Il l'annonce à Navarre, les décrivant « comme vermine très pernicieuse et non supportable auprès de princesse d'un tel lieu ». Henri III pensait qu'elles auraient pu aider la reine à avorter si l'on en croit Lestoile.

Voici en effet le dernier élément - et non le moindre - du mécontentement royal : la liaison avec Champvallon et sa conséquence : soit une naissance, soit un avortement. Pour le « Divorce satyrique » dont on sait ce qu'il faut en penser, et selon « l'histoire d'Henry le Grand » de Scipion Dupleix, un enfant serait né de cette liaison. Ce serait un garçon, élevé sous le nom de Louis le Vaux, fils d'un parfumeur parisien qui deviendra capucin, se faisant appeler le « père Ange ». Champvallon aurait gardé un œil sur lui. Difficile à croire. Pourtant un détail est troublant. Le « Divorce » raconte que le jeune écolier est « élevé et nourri aux études en l'âge de dix-huit ou dix-neuf ans par un nommé Moyse concierge de l'hôtel de Navarre ». Or c'est précisément Moyse Crosnier qui sera l'homme de confiance et l'archiviste des papiers de Marguerite à Paris lors de son retour après Usson à partir de 1605. Un avortement selon madame Viennot paraît plus plausible. L'énigme n'est pas résolue.

Une telle accumulation de reproches conduit Henri III, le 7 août 1583, à chasser Marguerite de la Cour de France.

Elle ne se le fait pas dire deux fois. Dès le 8 au matin, elle se dirige vers Vendôme, fief de son mari, très malheureuse, mais rebelle. En quittant Paris, elle répète à plusieurs reprises qu'il n'y eut jamais au monde deux princesses aussi malheureuses qu'elle et Marie Stuart. On cherche en vain Champvallon qui s'est éclipsé. Béthune et Duras qui voulaient rejoindre leur maîtresse, partie avant elles, sont arrêtées et questionnées, voire brutalisées, et emmenées à Ferrières en Gatinais. Le roi lui-même vient les interroger afin de leur arracher des aveux « au sujet de la naissance supposée d'un fils » que la reine aurait eu de Champvallon.

Aucun aveu ne peut être enregistré sur cette affaire malgré les pressions, ce qui peut signifier l'innocence de Marguerite. Celle-ci ne reverra plus son frère

---

27 - Maîtresse d'Henri de Navarre avant et après son mariage. Pour la petite histoire, elle passa la nuit avec le duc Henri de Guise la veille de son assassinat à Blois, fin décembre 1588.

qui mourra quand elle sera à Usson. Ainsi se termine le premier épisode d'un long chemin vers l'exil.

Le pénible retour en Gascogne

Henri III et Catherine de Médicis souhaitent que Navarre recueille sa femme. Celui-ci n'est guère enthousiaste mais, en revanche, il entend profiter de la situation résultant de cet acte spectaculaire et dont toute l'Europe parle. Ou sa femme est coupable et il ne peut l'accueillir ; ou elle ne l'est pas, et il demandera des compensations de l'affront subi ; par exemple des places-fortes pour les protestants… C'est cette option qui se réalise. En attendant, il s'empare de la ville de Mont-de-Marsan. En contrepartie, Matignon, lieutenant-général du roi en Gascogne et en Guyenne, place en état de guerre des villes comme Agen, Condom, Bazas. Puis les deux rois se réconcilient. Pendant ce temps, Marguerite, malheureuse et angoissée, chemine vers le Sud-Ouest. Les étapes sont à la merci des négociations échangées entre son frère et son mari, parfois rapides, parfois très longues. Elle reste six jours à Chartres, quatre à Plessis-les-Tours. Elle envoie des lettres dans toutes les directions. En Poitou, on s'arrête quelques jours à Dissais, au Nord de Poitiers, ville où elle reste les 13 et 14 septembre.

Elle se trouve à Jarnac le 24 quand son mari lui ordonne de s'y arrêter. Elle va y rester 25 jours, les négociateurs l'utilisant comme un pion sur un échiquier. Puis, Henri III lui donne l'ordre de s'avancer jusqu'à Coutras près de Bordeaux, mais en pays protestant. Elle y reste du 22 octobre au 26 novembre 1583. On trouve dans le recueil des lettres publiées par Y. Cazaux et dans celui d'E. Viennot, l'une d'entre elles, qui date de cette époque, écrite à sa mère, et qui traduit son désespoir : « Madame, si au malheur où je me vois réduite il ne me restait la souvenance de l'honneur que j'ai d'être votre fille et l'espérance de votre bonté, j'aurais déjà, de ma propre main devancé la cruauté de ma fortune, mais me souvenant, madame, de l'honneur que vous m'avez toujours fait, je me jette à vos pieds et vous supplie très humblement avoir pitié de ma trop longue misère, et prenant la protection de votre créature, faire en sorte que le roi se veille contenter de mes maux et me tenir à l'avenir pour sa très humble servante, telle que j'eusse toujours désiré… Madame ayant l'âme si troublée que je ne sais ce que j'écris ». [28]

Pour une femme de son rang, la reine de Navarre est dans une situation humiliante. Son désarroi se traduit également dans une lettre au maréchal de

---

28 - Y. Cazaux. op. cit. p. 237. E. Viennot. Op. Cit p. 256. (lettre n° 177).

Matignon écrite depuis le château de Foix-Candale à Cadillac où la poursuivent les souvenirs de Champvallon... « Je n'ai voulu faillir vous en avertir, et ne me voulant conduire que par votre conseil et avis, je vous supplie me mander si trouverez bon que j'aille à Agen où il me semble que je serais mieux que d'être toujours en des maisons d'autrui, où ayant beaucoup de train, je ne puis que les incommoder. Je serais plus près de Nérac pour y être plus promptement si l'on prend une bonne résolution ». [29]

Marguerite était partie de Coutras le 26 novembre pour Cadillac en passant par Libourne et Créon. Puis elle quitta le château de Cadillac le 3 décembre pour Agen où elle arriva le 7 décembre dans la nuit. Elle resta quatre mois en attendant que les négociations reprennent et que l'on statue sur son sort, écrivant à Bellièvre, « ne sachant si vous me mettez en paradis ou en enfer, mais quoi qu'il en soit, il est très malaisé que ce soit pis que ce que depuis six mois l'on m'a fait éprouver ».

C'est seulement le 13 avril 1584 que les époux se rencontrent à Port-Ste-Marie. Le soir même, ils sont à Nérac pour une pause momentanée dans une suite d'épreuves pénibles. Celles-ci endurcissent malgré tout Marguerite qui avoue ses accès de désespoir mais résiste cependant. Ainsi, elle reprend à la cour des Albret, Duras et Béthune, bêtes noires du frère, du mari et de la mère.

Mais très vite, à Nérac, Marguerite s'ennuie. Elle doit d'abord subir la visite du duc d'Epernon, « l'archi-mignon », envoyé par le roi pour proposer au roi de Navarre son retour au sein de l'église catholique, moyennant des compensations.

Marguerite n'avait pas oublié que c'était en grande partie à cause d'Epernon qu'elle avait été chassée de la Cour. Nouvelle humiliation qu'elle accepte pour satisfaire son mari. Puis un autre coup dur : la mort de son frère préféré, François d'Alençon, le 8 juin 1584, de la même maladie que Charles IX. « La mort de Monsieur eut plus d'importance que sa vie », comme le dit si bien St-Poncy. Elle posait la grave question de la succession au trône et laissait entrevoir bien des problèmes et des troubles d'où Marguerite ne sortirait pas indemne. Tout espoir de postérité pour les Valois semblait compromis. La couronne allait être dévolue à Henri de Bourbon (ou de Navarre) le mari de Marguerite. Or celui-ci était huguenot et la loi fondamentale de la monarchie française était l'union séculaire du trône et de l'autel. Autre souci, d'autant plus qu'Henri allait être rapidement excommunié par Sixte-Quint.

Mais surtout, l'affront majeur sera pour Marguerite, celui que lui inflige son mari dans sa dignité d'épouse : il n'a d'yeux que pour la belle Corisande d'Andouins et néglige complètement celle qui vient de faire un long voyage pour le retrouver.

Henri de Navarre ne semble pas comprendre qu'il est de son intérêt d'avoir un enfant légitime, lui qui brigue la couronne de France. Sa femme n'attend que cela. Mais rien de vient, sinon des menaces.

Les derniers mois de 1584 et le début de 1585 sont bien tristes pour Marguerite qui ne se sent plus en sécurité à Nérac. Elle décide donc de « quitter le navire » du Béarnais. Il faut qu'elle soit « à bout » pour se comporter ainsi car il n'est pas dans son tempérament d'abandonner son mari. C'est la première fois et c'est la seule. On a vu qu'à la St-Barthélémy, elle avait tout fait pour le sauver. Plus tard, lors du complot des « Malcontents », elle avait rédigé le discours pour sa défense. Lors de la guerre des amoureux en 1580, elle était de son côté et le restera jusqu'à cet instant. Son livre de comptes nous donne la date exacte : mardi 19 mars 1585.

C'est la fin du deuxième épisode d'une série de trois qui vont la conduire inéluctablement à l'exil.

Comme l'écrit si bien madame Viennot, « ce n'est plus une reine écartée, c'est une reine qui s'écarte. » C'est évidemment un geste très courageux. Mais c'est au XVIe siècle, de la part d'une princesse royale, un geste inouï. Car, en plus, elle va rejoindre le camp des ennemis de son mari. Marguerite comprend fort bien que sa place n'est plus auprès de lui, à la fois pour des raisons sentimentales, politiques et religieuses. Rester auprès de lui, c'était s'exposer à tous les périls et même celui de la mort. C'est donc aussi un geste de survie.

Elle était désormais loin de son frère, le roi, qui l'avait chassée de façon ignominieuse. De sa mère ? Celle-ci était systématiquement du côté du roi et complice de ses persécutions. D'Alençon venait de mourir. Ses sœurs avaient déjà quitté ce monde. Elle restait complètement seule. C'est alors qu'elle adhéra à la Ligue qui voyait dans la dernière des Valois un nom pouvant servir de drapeau. Elle-même, ne se voit pas d'un mauvais œil jouer un rôle politique, ne serait-ce que pour montrer à sa mère de quoi elle est capable et pour s'opposer à son frère et à son mari. Marguerite est une femme libre, indépendante par nécessité et en fin de compte, et c'est ce qui fait son charme, une rebelle.

A Péronne, la Ligue vient de publier son manifeste. Les adhésions affluent, y compris celles d'anciens « Malcontents » qui désirent suivre les Guise.

Navarre est de plus en plus isolé et Henri III le lâche, au moins pour le moment, en prenant la tête de… la Ligue !

Pendant ce temps Marguerite arrive à Agen. Pour son mari, elle invoque une préparation spirituelle pour Pâques. Pour Matignon et Bellièvre, elle avance un manque de sécurité à Nérac. Mais en réalité, elle a bien préparé son affaire depuis l'été 1584 en entretenant des rapports très suivis avec les Ligueurs. De juin à septembre 1584, elle expédie quarante-deux lettres dans diverses directions afin peut-être de sonder son entourage plus ou moins proche sur une éventuelle adhésion à la Ligue.

A Agen, cette ville catholique qui fait partie de son apanage et où elle avait été bien accueillie lors de son séjour de quatre mois, entre décembre 1583 et avril 1584, Marguerite va probablement surestimer son prestige. Les habitants, qui n'aiment guère son mari, le huguenot hérétique, la font bénéficier d'un a priori favorable. En fait, elle vient s'emparer de la ville et la transformer en véritable place forte.

La fuite d'Agen

Le lieutenant-général du roi en Guyenne, le maréchal de Matignon, ne voit, au début, dans les activités de la reine, que des mesures de prévention destinées à repousser une attaque des protestants conduits par son mari. Il surveille Navarre mais pas sa femme. C'est pourquoi il lui accorde le droit d'avoir deux compagnies de soldats dont l'une est commandée par le capitaine d'Aubiac qu'un destin singulier attend aux côtés de Marguerite.

Mais la reine ne s'en tient pas là et ce sont, en réalité, vingt compagnies, c'est-à-dire, deux mille hommes qui vont investir la ville et les alentours. Le 15 mai 1585, elle jette le masque et explique aux notables (dont l'évêque) que Matignon conspire contre elle et leur demande de lui jurer fidélité. Elle obtient ensuite les clés de la ville violant ainsi les sacro-saintes libertés municipales.

C'est donc une rebelle qui se déclare à la fois contre son mari, le roi de Navarre, et son frère, le roi de France. Mais les soldats commettent toutes les exactions possibles dans Agen avant d'être placés sous le commandement du bailli d'Auvergne, François de Lignerac et de Duras, le mari de sa femme d'honneur si détestée.

Catherine de Médicis est catastrophée par la conduite de sa fille. La reine-mère écrit à Bellièvre, son conseiller. « Je vois que Dieu m'a laissé cette créature pour la punition de mes péchés aux afflictions que tous les jours elle me donne. C'est mon fléau en ce monde. Je vous assure que j'en suis si affligée que je ne sais quel remède y trouver qui n'augmente davantage mon ennui. Je vous prie penser ce que j'y pourrai faire, et quand je vous reverrai que m'en puissiez consoler. » [30]

Marguerite, craignant probablement d'être attaquée, fait construire une cita-

---

29 - Cooper : Lettres inédites. cité par Garrisson op. cit. p. 222.

30 - B.n. F. Français 15908 t.4. cité par J. Garrisson. op. cit. p. 235.

delle sur les hauteurs de la ville. Mais il faut pour cela démolir les plus belles demeures bourgeoises d'Agen. Était-ce son intention personnelle ou bien est-elle poussée par Guise qui compte sur Agen pour conserver la maîtrise de la vallée de la Garonne ? Quoi qu'il en soit, les réactions ne se font pas attendre. Les Agenais sont exaspérés et se soulèvent. En outre, un mal n'allant pas sans l'autre, la peste se déclare dans la ville aux alentours du 15 août. Les plus riches quittent la ville, les pauvres meurent par centaines et les autres se rebellent, s'emparant d'une des portes principales de la cité. Pour les Agenais, il faut éliminer la cause de la vengeance divine : Marguerite. Ils écrivent donc à Matignon pour l'informer de la situation et demander de l'aide. Celui-ci répond qu'il est de leur côté mais qu'il n'est pas question de toucher à la reine de Navarre. Cela dit, ce sont probablement les espions du lieutenant du roi qui font exploser les poudres accumulées dans le noviciat, provoquant la mort de plusieurs moines et la panique. Nous sommes le 25 septembre 1585. Pour Marguerite, il n'y a plus qu'une chose à faire : quitter Agen au plus vite. Déjà, le chef de la Ligue en Haute Auvergne, Lignerac, bailli des montagnes, l'a rejointe avec un escadron de gentilshommes. Il a eu le temps de préparer un éventuel départ.

François Robert de Lignerac, gentilhomme de la chambre du roi, fut gouverneur d'Aurillac pendant les guerres de religion, bailli et lieutenant général au commandement de la Haute Auvergne. Il est auprès de la reine pour exécuter les ordres de Guise, car Marguerite, qui adhéra dès le début à la Ligue, « s'y était lancée pour venger ses injures ». Elle ne jouait pas le premier rôle et « n'était qu'un instrument aux mains des chefs du parti ». [31]

Il y a quelques semaines encore, elle écrivait au duc de Lorraine, son beau-frère, pour lui demander asile. Devant l'urgence de la situation, il faut trouver un refuge beaucoup plus proche. Elle pense alors à l'Auvergne dont plusieurs places fortes font partie de son apanage. C'est probablement Lignerac qui lui donne le conseil d'aller à Carlat, d'autant plus que Marzé, son propre frère, en est le gouverneur.

C'est le troisième et le dernier épisode à l'origine de l'exil qui, maintenant, commence vraiment.

« Sa fuite, écrit E. Viennot, plutôt que sa capitulation montre qu'en cet instant où elle se sauve à cheval des ruines d'Agen, elle est animée de cet indomptable optimisme qu'elle a hérité de sa mère et qui va lui permettre d'effectuer l'incroyable traversée du désert qu'elle va maintenant connaître ». [32]

Direction, l'Auvergne. Elle a trente-deux ans.

---

31 - MARIÉJOL. op. cit. p. 234-235.

32 - VIENNOT (E). op. cit. p. 166.

Deuxième partie

L'exil en Haute-Auvergne

Carlat

Les étapes de l'exil auvergnat

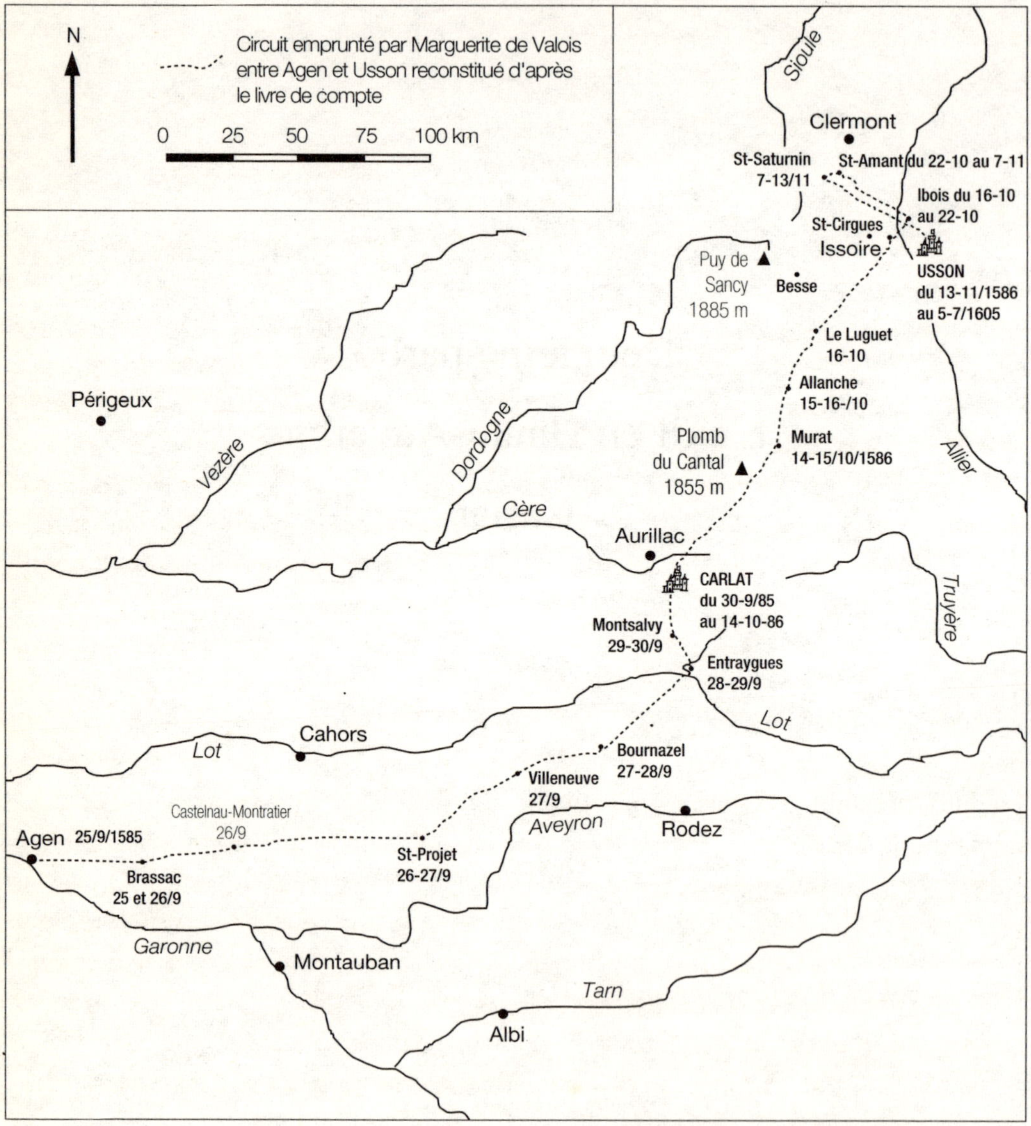

Parcours de Marguerite de Valois du 25 septembre 1585 au 5 juillet 1605

Chapitre Ier

D'Agen à Carlat

Les conditions du départ

Marguerite n'ignore pas que Carlat et Murat, en haute Auvergne, font partie de son apanage. Elle serait donc chez elle dans l'imposante forteresse de Carlat par exemple ou dans celle de Murat. Par ailleurs, la Ligue a dû lui apporter son appui. Le capitaine-gouverneur Marzé était son vassal. Quelques mois auparavant, selon Jehan de Vernyes, qui le considérait comme un « homme de grand jugement et valeur », il s'était saisi du château de Carlat « en pleine paix » et s'attirant « toute la noblesse au parti de la Ligue » [33]. Le chemin paraissait donc tout tracé, même si on ignore si Marzé avait « mis la main » sur Carlat, de concert avec Marguerite. En tout cas, l'opportunité semblait intéressante et, évidemment, elle était à saisir de suite… Mais il est vrai qu'on peut imaginer une entente préalable, comme le suggère Saint Poncy, entre Marzé, son frère Lignerac et Marguerite. En effet, Marzé a eu le temps de rassembler cent gentilshommes et quatre cents autres cavaliers pour venir l'accueillir à la frontière de l'Auvergne, comme on le verra plus loin. Or, une telle opération exige une préparation, des démarches, une concertation donc probablement une combinaison préalable. [34] Cela signifie aussi que la reine de Navarre disposait d'un certain crédit et de partisans dans la région qui devait l'accueillir.

Marguerite de Valois ne part donc pas complètement dans l'inconnu…

---

33 - Jehan de Vernyes - Mémoires 1589-1593. Clermont-Ferrand 1838. p. 68.

34 - Saint-Poncy - Histoire de Marguerite de Valois - Reine de France et de Navarre. Paris 1887 2t. t. 2 p. 224.

Cela dit, J.H. Mariéjol a bien raison d'écrire qu'« une vie d'aventure commence, étrange, passionnelle, douloureuse où la religion n'est qu'à moitié intéressée. Ce n'est pas l'ardeur de la foi, si grande qu'elle fût, mais les mépris du roi de Navarre, les menées de Corisande et le souvenir des persécutions d'Henri III qui l'entraînèrent dans un parti, seul capable, pensait-elle, de la venger de sa rivale, de son mari et de son frère ». [35]

Il est bien difficile d'imaginer dans quel état d'esprit se trouve la reine de Navarre à cet instant. Tous les ponts sont rompus avec sa famille. Avec son mari, les choses sont dites depuis le départ de Nérac. Qui plus est, Henri de Navarre et Condé viennent d'être excommuniés par le pape Sixte-Quint. Les protestants sont pourchassés comme jamais. Avec son frère, le roi de France, Henri III, la haine n'a jamais été aussi forte et le sera encore davantage bientôt. C'est « la perte de deux couronnes, celle qu'elle portait et celle qu'elle pouvait attendre comme femme de l'héritier présomptif à la mort du roi régnant ».

On a beaucoup écrit sur le « désordre picaresque » qui présida au départ de la reine de Navarre.

La tradition appuyée sur les pamphlets huguenots du XVIIe siècle, tels que le « Divorce satyrique », veut que le départ d'Agen se soit déroulé dans la plus grande pagaille, sans que la reine de Navarre ait pu même se munir des choses les plus nécessaires à un voyage. Elle serait partie sans son habit de cheval, avec ses vêtements ordinaires, en simple bourgeoise. On a prétendu, selon les mêmes sources, que sa haquenée n'avait pu être harnachée et qu'elle se mit en croupe sur le cheval de Lignerac.

St-Poncy précise d'ailleurs à ce propos, qu'il n'était pas si étrange que cela de voir des femmes au XVIe assises derrière des écuyers. Il y avait même pour cet usage des coursiers vigoureusement membrés qu'on appelait « chevaux de croupe » [36].

Mais quoi qu'il en soit, on peut quand même s'interroger sur un tel spectacle qui évidemment aurait pu susciter le ravissement de ses ennemis : une reine s'enfuyant derrière un écuyer, poursuivie, dans le plus affligeant désordre, par un lieutenant de son frère le roi, laissant la plus grande partie de son équipage à Agen, faute de temps et de moyens de transport. Le « divorce satyrique » résume ce spectacle en ces termes : « les habitants (ceux d'Agen) alarmés et présageant d'une vie si insolente, un insolent succès, lui donnèrent occasion de partir avec tant de hâte qu'à peine se put-il trouver un cheval de croupe pour la

---

35 - Mariéjol - op. cit. p. 238.

36 - St-Poncy : op. cit. t.2 p. 216-217.

moitié de ses filles, dont plusieurs la suivirent à la file, qui sans masque, qui sans devantier et telle sans tous les deux et ce, avec un débris si pitoyable qu'elles ressemblaient mieux à des garces de lansquenets à la route d'un camp qu'à des filles de bonne maison accompagnées de quelque noblesse mal harnachée, qui moitié sans bottes et moitié à pied, la conduisaient sous la garde de Lignerac aux montagnes d'Auvergne dans la ville de Carlat, d'où le frère de Lignerac était châtelain, place forte, mais ressentant plus la tanière des larrons que la demeure d'une princesse, fille, sœur et femme de roi ». [37]

Malheureusement, ce genre de sources sera repris pendant des siècles. Ainsi la reine aurait parcouru 40 lieues en croupe en deux jours, placée sur un coussinet.

A l'origine de ces fausses informations serait la relation faite par du Pin, qui l'a persécutée à Pau, dans une lettre écrite à M. de Ségur, le 2 octobre 1585, laquelle a informé également son mari Henri de Navarre dont il aurait été « le surveillant mal intentionné ».

Le livre de comptes éclaire l'événement en relativisant la supposée précipitation puisqu'une grande partie de son équipage va rester encore de nombreux jours à Agen. Mais il est clair cependant qu'elle est poursuivie elle-même et selon Charles Merki, le capitaine Redon « bien au-delà des portes, poussait les ennemis l'épée dans les reins ».

L'itinéraire

Marguerite, qui était arrivée à Agen en venant de Nérac, le mardi 19 mars 1585, en repart donc le mercredi 25 septembre dans l'après-midi, puisque selon son livre de comptes, elle déjeune à Agen mais couche le soir même à Brassac, château situé dans le Tarn et Garonne dans l'actuel arrondissement de Castelsarrasin, à environ 30 kilomètres d'Agen où une partie de son train est d'ailleurs restée. La petite troupe qui l'accompagne est conduite par le seigneur de Lignerac, bailli d'Auvergne qui a organisé le départ, par le seigneur d'Aubiac – qu'un sort cruel attend – et par le vicomte de Duras dont la mère fait

---

37 -. Le « divorce satyrique » est un pamphlet huguenot qui commence à circuler au début du XVII° siècle (vers 1607). Il figure dans les oeuvres complètes d'A. d'Aubigné à qui on l'attribue (volume 2. p. 653-684). L'auteur inconnu est censé être le roi Henri IV lui-même qui justifie son divorce en prenant prétexte de la lubricité de sa femme dont il évoque la longue liste de ses amants supposés. C'est un document qui tient plus du roman malgré une trame historique assez juste. Il est à l'origine de la légende des débordements de la « reine Margot » bien avant A. Dumas. Le pamphlet sera édité en 1660. L'extrait ci-dessus est à la page 665 de l'édition Réaume et Caussade. 1877 (tome 2 sur 6).

partie de la suite de Marguerite.[38]

Ce même jour ont été dépensés 58 écus, 8 sols et 2 deniers.

Marguerite gagne donc, pas très rassurée, la vallée de la Garonne puis celle de la Séoune. On évite évidemment la garnison huguenote en faction à Puymirol située à proximité. La reine a dû se sentir plus à l'aise en arrivant au château fort de Brassac, à l'entrée du Quercy. A cette époque le propriétaire en est Jean de Galard de Béarn, baron de Brassac.

Une partie de son train l'a suivie, notamment ses filles qui ont pu trouver des cavaliers au moment du départ. Comme nous le signale Ph. Lauzun, les bons Agenais vont se montrer peu vindicatifs et laisseront en paix le reste du train de la reine de Navarre, appliquant en cela l'ordre reçu du maréchal de Matignon quand il était encore à Tonneins, cinq jours avant la fuite de Marguerite.

Les Agenais étaient en effet invités à « porter tous honneurs et respect qui étaient dus à la reine de Navarre, à ses dames, à ses filles, sans attenter à aucune personne de ceux qui sont à sa suite ».

Le deuxième jour de la chevauchée de Marguerite comporte deux étapes. Nous sommes le jeudi 26 septembre. Elle déjeune à Castelnau-Montratier après être passée probablement à Lauzerte (aujourd'hui dans le Lot, arrondissement de Cahors). C'est le château fortifié de la puissante famille de Roquefeuil qui l'attend. Elle a donc fait près de 50 kilomètres depuis Brassac où elle a passé la nuit. L'après-midi, on repart : direction St-Projet (dans l'actuel Tarn et Garonne), arrondissement de Montauban [39]. Cette seconde étape de la journée est longue de 40 kilomètres. Le total fait donc 90 kilomètres pour le deuxième jour de l'escapade. Le rythme est soutenu, et pour cause, et on a dépensé beaucoup moins : 4 écus et 16 sols.

Le troisième jour, vendredi 27 septembre, on déjeune à Villeneuve (actuellement dans l'Aveyron, arrondissement de Villefranche de Rouergue) et on soupe et couche à Bournazel, toujours dans l'Aveyron mais dans l'arrondissement de Rodez, (près de Rignac). On a dépensé comme la veille : 4 écus 16 sols. La longueur totale du trajet de la journée est de 65 kilomètres environ.

Marguerite, le lendemain samedi 28 septembre reste une partie de la journée

---

38 - Ph. Lauzun - Itinéraire de Marguerite de Valois en Gascogne 1578-1586. Paris. Picard. 1902. p. 334.
L'auteur dans son ouvrage estime les distances à vol d'oiseau. Nous avons choisi d'utiliser la carte Michelin au 1/200.000 et donc de nous approcher davantage de la réalité en posant le postulat que la route actuelle a pu souvent reprendre des pistes ou des itinéraires anciens.

39 - Il existe un St-Projet dans le Lot.

à Bournazel, puisqu'elle y déjeune. L'après-midi, elle effectue 50 kilomètres environ qui la conduisent à Entraygues au confluent du Lot et de la Truyère (Aveyron) où elle passe la nuit. La dépense journalière a été la même que les deux jours précédents.

Le parcours a été un peu plus court, la fatigue se fait-elle sentir ? Ou bien est-on déjà hors de portée d'éventuels poursuivants ? Tout cela est plausible. On peut ajouter peut-être une autre raison. Entre Bournazel et Entraygues se trouve Conques, à mi-chemin. Marguerite, la dévote, a pu s'arrêter à l'abbaye et y admirer la belle église Ste-Foy du XIe siècle de pur style roman, sans oublier de river les yeux sur la « Majesté de Ste-Foy », statue - reliquaire, pièce principale du trésor de Conques.

A Entraygues, on trouve un beau château fort du XIIIe siècle et un superbe pont gothique de la fin du XIIIe qui enjambe la Truyère. Comme l'écrit Ph. Lauzun, Marguerite « ne s'arrêtait que dans de véritables forteresses dont les maîtres étaient à sa dévotion et où seulement elle pouvait se croire en sécurité ».

Le dimanche 29 septembre, Marguerite part pour Montsalvy (dans l'actuel Cantal, arrondissement d'Aurillac), aujourd'hui à treize kilomètres d'Entraygues. Elle assiste à l'office dans la belle église du XIe siècle et se repose toute la journée. Elle va y dormir et déjeuner le lendemain, lundi 30 septembre. Ce n'est que l'après-midi qu'elle part pour Carlat où elle va dîner dans la soirée et coucher dans le château qui lui appartient. Ce même jour, ses dépenses ont considérablement augmenté : 963 écus, 48 sols et 9 deniers. La raison en est simple. A la frontière de l'Auvergne, c'est-à-dire entre Entraygues et Montsalvy, le frère de Lignerac, Albert-Gilbert, seigneur de Marzé, l'attend pour l'escorter avec cinq cents cavaliers dont cent gentilshommes jusqu'à Carlat dont Marzé commande le château. Il a donc fallu dédommager toute cette troupe. Marguerite n'a d'ailleurs plus d'argent. Les dépenses du mois s'élèvent à 2502 écus et on n'a pu en payer que 2118. Le trésorier de la reine se lamente… La dernière étape est d'une quarantaine de kilomètres dans une région tourmentée. La chevauchée de la reine de Navarre ne s'effectua donc pas en deux jours mais en six ce qui n'est tout de même pas la même chose. Et ce n'était pas une fuite éperdue, une course effrénée, en croupe derrière son cavalier. On sait qu'elle était accompagnée d'une partie de son train, c'est-à-dire de son équipage princier. Son escorte militaire, quant à elle, n'était pas négligeable, on l'a vu. Lignerac, qui la commandait, devait parer à toute éventualité, se sachant poursuivi par les troupes du maréchal de Matignon. Le voyage de Marguerite n'a donc été ni une débandade infernale ni une promenade de santé. La reine a dû surmonter des inquiétudes, des angoisses, des fatigues et des périls physiques dans cette région montagneuse où chaque col et chaque vallée recèlent des surprises possibles. Des arquebusiers attaquèrent ses gardes qui ripostèrent. Quelques-uns furent tués.

D'après nos calculs, elle a donc parcouru environ 280 à 300 kilomètres à cheval, en six jours, ce qui n'est pas rien.

La reine de Navarre prend donc le parti de rester quelque temps dans ce château témoin d'une histoire déjà longue.

Chapitre 2

Le château de Carlat

L'importance stratégique de Carlat

Marguerite arrive avec sa troupe dans le Carladais, pays de la Haute-Auvergne, aux caractéristiques purement politiques et qui ne correspond pas à une région naturelle du Cantal. En fait, il comprend la plus grande partie de l'actuel arrondissement d'Aurillac, la haute vallée de la Santoire et une enclave importante dans l'arrondissement de Mauriac qu'on appelait le mandement d'Escorailles.

Pour qui vient visiter le site de Carlat en arrivant aujourd'hui d'Aurillac, d'abord par la D 920 en passant par Arpajon-sur-Cère, directement au sud-est du chef-lieu du Cantal, puis en empruntant la D 990 sur une douzaine de kilomètres, la vue, deux kilomètres environ avant le bourg de Carlat, est impressionnante. Ce n'est pas tant la hauteur de la plate-forme basaltique qui soutenait la forteresse que ses proportions et sa situation dans le site environnant aux collines douces, qui en imposent. Le château, avec ses tours que l'on imagine, bénéficiait là d'un positionnement idéal pour défendre cette partie de la haute Auvergne. Ce n'est donc pas par hasard qu'on y a déjà construit une forteresse, à l'époque romaine. Les Arvernes, alliés des Wisigoths, repoussèrent, paraît-il, Clovis à cet endroit après la bataille de Vouillé en 507 (près de Poitiers) qui vit la défaite d'Alaric II roi des Wisigoths et l'établissement des Francs en Aquitaine.

L'importance stratégique de Carlat fut probablement prépondérante dans la lutte des peuples qui habitaient « entre la Dordogne, la Garonne et le Rhône », contre Thierry le successeur de Clovis.

Elle ne fut pas moindre au temps des envahisseurs barbares au VIIIe siècle et pendant la conquête de la Gaule par les Carolingiens.

L'existence de Carlat est attestée pour la première fois sous le règne de Louis le Débonnaire, fils de Charlemagne, qui, avant de succéder à l'empereur, avait été roi d'Aquitaine où un fils d'un premier lit prit sa suite sous le nom de Pépin Ier. Celui-ci mourut en 838 et normalement l'un de ses fils aurait dû lui succéder. Mais l'empereur fit un autre choix en nommant en Aquitaine Charles, fils d'un second lit, futur empereur sous le nom de Charles le Chauve. Les seigneurs aquitains se révoltèrent et choisirent Pépin II, fils du roi défunt. A cette nouvelle, Louis le Débonnaire s'achemina en Auvergne à la tête d'une armée dont la puissance effraya l'opposition seigneuriale qui fléchit rapidement. Villes et châteaux se soumirent, sauf Carlat qui osa résister. L'intervention de Gérard, comte d'Auvergne, permit de trouver une solution. Louis alla se réfugier à Poitiers.

Jean de France, duc de Berry

Le nom de Carlat va désormais être associé aux vicomtes d'Auvergne. Ceux-ci furent vaincus en 1370 par les Anglais qui s'emparèrent du château. Mais les ducs de Berry et de Bourbon réunis le reprirent en 1372. L'année suivante, un chef de bande, Mérigot-Marchés « s'en saisit par ruse » mais le rendit pour de l'argent en 1377. En effet, pendant l'été 1375, plusieurs gentilshommes auvergnats avaient tenté, en vain, de prendre d'assaut la forteresse. Alors les trois États des Montagnes d'Auvergne avaient voté en octobre un fouage d'un demi-franc par feu pour racheter la ville et quelques autres forteresses de la région. Le 20 février 1376, le duc de Berry demande à Pons de Suat, receveur, de payer au gouverneur et au bailli des Montagnes d'Auvergne les sommes qui lui avaient été assignées pour leurs frais pour cette opération. [40] Les Anglo-Gascons l'occupent de nouveau en 1379, en sont délogés peu après, le reprennent en 1387. Ils l'évacuent en 1389 après une négociation avec le Comte d'Armagnac, qui au nom des États de la province, dut payer une très forte somme.

En 1392, la vicomté de Carlat appartient à Jean de France, duc de Berry et d'Auvergne, grand amateur de châteaux. Il faut s'arrêter un instant sur ce fils de Jean II le bon et frère du roi Charles V, son aîné de deux ans. Ce prince, né en 1340, à Vincennes, fut un très grand bâtisseur, le plus grand du XIVe siècle. Il fit construire ou rénover dix-sept châteaux ou hôtels dont ceux de Carlat, d'Usson, de Nonette, mais aussi le château de Melun-sur-Yèvre, dans le Cher actuel, devenu « une des plus belles résidences du monde » [41]. Il a fait réédifier

---

40 - F. Lehoux. La vie de Jean de France, duc de Berri. Picard 1966 4 t. t.1 p. 379 (note 8).

en partie le Palais de Riom avec sa sainte chapelle et ses belles verrières. Mécène fastueux, il s'est constitué une bibliothèque de grande valeur, notamment par la splendeur de ses manuscrits.[42] A sa charge, il faut noter les exactions dont il s'est rendu responsable sur ses propres terres, provoquant des révoltes comme celles des Tuchins dans les années 1382-1384 en Auvergne et dans le Languedoc. Possédant en apanage le comté de Poitiers, celui du Berry et d'Auvergne, il est presque l'égal du roi. Celui-ci le nomme en outre son lieutenant en Languedoc. Il est associé au gouvernement à l'avènement de Charles VI en 1380. Il va d'abord essayer de réconcilier les ducs d'Orléans et de Bourgogne. Puis il adhère en 1410 au parti Armagnac [43], entraînant une réaction victorieuse contre les Cabochiens. Charles VI l'écarte du pouvoir en 1415, un an avant sa mort. Le duc de Berry conserve dix-huit ans la vicomté, c'est-à-dire jusque 1410, date à laquelle celle-ci revient par donation à sa fille Bonne, veuve et remariée à Bernard VII d'Armagnac.

Bien que les témoignages manquent, on peut supposer que la plupart des bâtiments que découvre Marguerite le 30 septembre 1585, en arrivant au château de Carlat, ont été, soit construits, soit aménagés, par le duc.

Jacques d'Armagnac

Un second personnage a marqué le souvenir de Carlat. Il s'agit de Jacques d'Armagnac.

Bernard d'Armagnac, devenu connétable, mourut en 1418. L'un de ses fils, Bernard, hérita du comté et devint le comte de Pardiac, puis de la Marche, vicomte de Carlat. A sa mort en 1455, son fils Jacques lui succéda. Il devint comte de Nemours, après son mariage avec une cousine de son ami d'enfance, le roi Louis XI. [44] Selon G. Saige et Dienne, « le long séjour de Jacques d'Armagnac à Carlat marque, dans l'histoire du château, le point culminant de sa splendeur » [45]. Mais le duc de Nemours va participer à des complots contre le roi et sera condamné à avoir la tête tranchée et ses biens confisqués. Il sera décapité le 4 avril 1477.

La vicomté de Carlat est attribuée à Jean Blosset, seigneur de St-Pierre,

41 - Lavisse. Histoire de France. t.4 p. 424. 1901.

42 - Il faut voir au musée Condé de Chantilly les « très riches heures du duc de Berry ».

43 - Il avait épousé en 1360 à l'âge de 20 ans, Jeanne d'Armagnac, fille du comte Jean 1er qui était morte en 1387. Le duc se remarie en 1388. (Voir chapitre sur le château d'Usson).

44 - Il s'agit de Louise d'Anjou.

45 - G. Saige et de Dienne : Documents historiques relatifs à la vicomté de Carlat. Monaco. t. 2. p. 277.

grand sénéchal de Normandie, par Louis XI. Mais après la mort du roi, nantis des droits des Armagnacs, Pierre II de Beaujeu, duc de Bourbon et Anne de France (fille de Louis XI et qui sera régente durant la minorité de son frère Charles VIII) se firent céder en mars 1490 par Jean Blosset, la possession de la vicomté.

Comme vicomtesse de Carlat, Anne de France s'opposa à ce que le Carladais soit confondu avec l'Auvergne. Elle fit en sorte que la vicomté relevât directement du Parlement de Paris.

Puis en 1506, sur les poursuites du procureur du roi près la Chambre des Comptes, la vicomté de Carlat fut saisie car considérée comme bien inaliénable de la couronne. Mais Anne gagna le procès qui s'ensuivit.

En 1521, un an avant sa mort, Anne de France avait donné à son gendre Charles de Bourbon, veuf de sa fille Suzanne, les vicomtés de Carlat et de Murat, entre autres, pour sauvegarder les droits des Bourbons. Mais aussitôt après le décès de Suzanne, sur les conseils du chancelier Duprat (un Auvergnat natif d'Issoire), Louise de Savoie, mère de François Ier, avait revendiqué la vicomté compte tenu de son lien de parenté avec Suzanne dont elle était la cousine germaine.

Le Parlement fit mettre les biens de la maison de Bourbon sous séquestre par un arrêt du mois d'août 1522. Puis, en 1527, le connétable Charles de Bourbon, coupable de lèse-majesté, vit ses biens confisqués dont Carlat. Louise de Savoie ajouta donc à ses titres ceux de duchesse d'Auvergne… comtesse de Carlat et Murat. Mais le 5 août de la même année, un contrat stipula, en accord avec le roi François Ier, que le duché d'Auvergne devait revenir au roi comme bien d'apanage. Il était également entendu qu'après la mort de Louise, le troisième fils du roi, Charles de Valois recevrait entre autres les vicomtés de Carlat et de Murat. En fait, à la mort de la mère du roi, les biens qu'elle détenait furent remis à la couronne (septembre 1531). La vicomté de Carlat va désormais constituer le douaire des épouses des rois successifs.

C'est d'abord Catherine de Médicis qui en hérite puis Elizabeth d'Autriche la femme de Charles IX et enfin Marguerite reçoit la vicomté en 1582 pour compenser la dot du mariage qui n'a jamais été versée. La reine de Navarre est donc chez elle dans une forteresse selon son cœur, qui lui appartient en propre, si ce n'est que le roi en nomme le gouverneur.

Description de la forteresse

Le château fort est construit sur une impressionnante plate-forme rocheuse située à quarante mètres au-dessus de pentes raides qui, ensuite, s'adoucissent jusqu'au cours d'eau qui contourne la colline.

Du côté sud, s'étale le petit village de Carlat qui domine lui aussi un petit vallon d'une belle profondeur. Du bourg, un chemin très étroit donne accès à la plate-forme. Tout avait été mis en œuvre pour que cette forteresse soit imprenable depuis des siècles.

Il est extrêmement difficile aujourd'hui, comme d'ailleurs au début du siècle - date de l'ouvrage de MM. Saige et de Dienne [46] - de situer l'emplacement de chaque partie du château fort démoli en 1604, tant les vestiges sont rares. A partir de quelques témoignages de contemporains de la destruction et surtout grâce aux « articles de la ruine », cahier des charges élaboré pour l'entreprise de démolition, on peut tenter une reconstitution un peu hasardeuse des constructions.

Nous sommes, semble-t-il, assurés en ce qui concerne l'emplacement des tours de l'extrémité orientale, du vieux fort ou de château qui y était adjacent, du fort extérieur appelé Murgat et de l'enceinte de la Fausse Braie. Nous citerons les auteurs de « La vicomté de Carlat » : « Le chemin en lacets, très rapide, qui accédait à la forteresse sur son revers méridional aboutissait d'abord à un fort dont quelques bases de tours subsistent encore. C'était la Murgat… » Un témoin oculaire de la destruction du château indique qu'il s'agit « d'une place d'armes flanquée de plusieurs tours aux pieds du rocher pour en fortifier l'entrée ». On voit sur le plan que ce fort occupait une plate-forme avancée, à peu près au centre de la façade sud du rocher en surplomb au-dessus du village. Ce fort était relié à une longue muraille de « deux toises d'épaisseur sur deux cent de développement » qui entourait la base de la plate-forme. Le Murgat commandait la première ligne de fortification appelée Fausse Braie, construite soit par le duc Jean de Berry, soit par le connétable d'Armagnac.

La Fausse Braie ménageait, entre son rempart et la base de la paroi verticale, un long chemin couvert « où aboutissait la dernière montée en arrière de Murgat ». On gravissait une pente raide et après avoir tourné à droite, on parvenait à la porte d'entrée de la place. Celle-ci était défendue à gauche par une grosse tour dont il subsiste quelques restes. Elle était rattachée à un mur très épais « d'une matière très dure, avec tours et galions suivant tout le circuit de

46 - Pour ce chapitre nous renvoyons à l'excellent ouvrage de ses deux auteurs : Gustave Saige et le comte de Dienne.

la roche ». Il y avait sans doute quelques bâtiments autour de la porte servant de corps-de-garde. Au delà, on se trouvait sur la plate-forme.

Mais l'édifice le plus « somptueux », côté nord, près des remparts, au milieu du plateau, dans le sens de la longueur, était le palais Bridoré [47], la demeure des vicomtes de Carlat. C'est dans ce palais que moururent Bonne de Berry en 1435 et Louise d'Anjou en 1476 (cf. Saige et de Dienne). Ce bâtiment possédait une galerie et était recouvert de lames de plomb.

Sur ce côté nord, se trouvait également la tour St-Jean qui devait dépendre de la commanderie de St-Jean de Jérusalem (ancienne commanderie du Temple). Il devait y avoir une autre tour, appelée tour Margot, dont on ignore l'emplacement.

A l'ouest, se tenait le couvent des Clarisses fondé par Isabelle de Rodez. Près du couvent, s'élevait l'église Notre Dame du Puy. Elle précéda celle d'Anne de France, située dans le bourg. Cette première église devait se trouver à l'ouest du palais Bridoré. Au moment de la démolition du château par Henri IV, on fit passer des tranchées destinées à tarir deux puits. L'un était dans l'église et l'autre à proximité. Une tranchée conduisait leurs eaux au nord du plateau dans la direction du palais Bridoré. Une autre devait faire couler l'eau d'un lac vers le bourg.

D'après le manuscrit de Sistrières [48], il y avait, en effet, au sommet du rocher « une fontaine naturelle d'eau fort bonne et un petit lac qui n'a jamais tari ». On ignore si la fontaine alimentait le lac qui se trouvait en face des écuries.

A l'est, la plate-forme rocheuse faisait face au rocher voisin dit de « Jugelles » (voir le plan). On en connaît mieux la topographie grâce au cahier des charges du démolisseur. On y trouvait deux tours : la tour de Gaittat (appelée parfois Caillot ou Gaillart) et la tour Noire qui commandaient l'extrémité de la Fausse Braie.

Entre le poste de la place et l'extrémité orientale du rocher se trouvait le grand fort ou vieux château. C'était une prison du temps de Marguerite et de ses contemporains. Mais il avait dû être le premier château avant la construction du palais de Bridoré.

Sur la face nord-est du rocher se trouvait un trou dans le roc où avait été amé-

---

47 - Le nom de Bridoré vient peut-être d'un agent du duc de Guienne, (un frère de Louis XI), qui s'appelait Jean de Meindre, seigneur de Bridoré, en Touraine et qui demeura trois ans à Carlat l'hôte de Jacques d'Armagnac. « Aurait-on, s'interrogent les auteurs de la "Vicomté de Carlat", à la suite de quelques réparations faites en ce temps, assigné à cette demeure un nom qui rappelât son séjour ? ».

48 - Jean de Sistrières, lieutenant-général au siège de Vic sur Cère, a écrit une étude intitulée « histoire du pays du Carladez consistant aux vicomtés de Carlat et de Murat… » Le manuscrit se trouve aux archives départementales du Cantal. L'extrait ci-dessus est aux pages 52 et 53.

nagée une issue secrète qui aboutissait à la base du piton en direction du rocher de Jugelles. C'était la fausse porte. On y trouvait les écuries.

C'est Jean de Berry qui aménagea la plate-forme. Ayant le goût du luxe, il dut mettre beaucoup de soin dans son aménagement. Sa fille aimait y séjourner. Elle y mourut comme on l'a écrit. Sa belle fille Eléonore de Bourbon s'y rendait également avec son mari Bernard de Pardiac. « Mais c'est le duc Jacques de Nemours qui fut le premier à en faire sa demeure propre exclusive ». Le duc avait la passion des livres et des beaux manuscrits. Il possédait deux librairies, dont l'une était à Carlat. C'est le long séjour de Jacques d'Armagnac, duc de Nemours qui va marquer l'apogée de Carlat au XVe siècle (vers les années 1460-1470). Marguerite, cent vingt ans plus tard, ne dut pas trouver le palais du Bridoré dans le même état, car la région n'avait pas été épargnée par les guerres de religion.

Un souci pour le roi de France

Dès avant 1567, des bandes protestantes, venant du Languedoc, se sont emparées de Carlat, de Murat et ont saccagé Vic. En 1569, c'est le tour d'Aurillac où les ossements de St-Géraud sont jetés aux flammes. Mais en 1583, deux ans avant la venue de la reine de Navarre, un complot faillit livrer à nouveau Carlat aux protestants; voici en deux mots l'histoire : A l'époque, le commandant de la place s'appelait le sieur de Servières, dit le capitaine de Cabanes. Alors qu'il était absent, son neveu Antoine de Résigade, dit le chevalier de Cabanes, « s'était laissé circonvenir par des émissaires protestants et avait consenti à leur livrer la place moyennant une certaine somme d'argent. Prévenus du fait, quelques habitants de Carlat se cotisèrent, désintéressèrent Résigade en lui donnant la somme convenue, et le commandement de la place fut pris par le sieur de Marzé, frère de Lignerac, zélé catholique ». [49]

Henri III vit là l'occasion de faire raser le château, d'une part, parce qu'il pouvait tomber comme on l'a vu dans les mains des huguenots et d'autre part, parce que son entretien coûtait trop cher à la monarchie. Randan, lieutenant général de l'Auvergne, reçut avec Marzé des instructions en ce sens. Mais, il n'y eut pas de suite, faute de crédits.

Sachant que la place était acquise aux catholiques, Marguerite venait donc en toute sécurité à Carlat. Combien de temps allait-elle y rester ? Elle l'ignorait. Elle était totalement libre de son destin, et prête à faire face aux épreuves qui l'attendaient.

---

49 - Saige : op. cit t.2 p. 323

Chapitre 3

Le séjour à Carlat

Il existe peu de témoignages sur la vie de la reine de Navarre à Carlat. Nous possédons quelques lettres dont deux seulement écrites par Marguerite à Carlat et heureusement - toujours lui - le livre de comptes de la série KK aux Archives Nationales que Léo de St-Poncy en 1887 a commenté le premier, suivi par Philippe Lauzun une vingtaine d'années plus tard.

Pour les uns, portés à louer trop facilement les actions de Marguerite (Brantôme, Darnalt, le père Hilarion de Coste) tout s'est passé merveilleusement. D'autres, prompts à la critique, comme d'Aubigné, Bayle, Dulaure, Imberdis, Lalanne ou le comte de la Ferrière soutiennent au contraire que son séjour fut désastreux.

Ses biographes modernes, plus informés, semblent établir un juste milieu (le comte de St-Poncy, Charles Merki, le grand historien J. H Mariéjol – quoique parfois trop misogyne – et Mesdames Garrisson et Viennot notamment).[50]

Les premiers mois furent calmes mais difficiles à cause du manque de moyens financiers. En revanche, la fin du séjour fut des plus mouvementées, un peu comme à Agen. La durée totale de la présence de la reine fut d'un an et quatorze jours.

L'installation de la reine et celle de son train

Le château est gouverné par Gilbert de Robert de Lignerac, sieur de Marzé. Celui-ci est le frère de François de Lignerac, le ligueur, venu rejoindre la reine de Navarre à Agen avec un corps de cavalerie et qui l'a aidée à quitter la ville dans les moins mauvaises conditions possibles.

On a vu que Marguerite était « chez elle » à Carlat, à cette nuance près, qui

50 - Voir bibliographie à la fin du livre.

a son importance : le roi, son frère, y a nommé un gouverneur. Celui-ci, en principe, obéit à son souverain mais il est le vassal de Marguerite. Complications à venir… D'autant plus que Lignerac, Marzé et Aubiac vont devoir cohabiter sur un territoire malgré tout exigu et dans des conditions politiques et économiques difficiles.

Par ailleurs, on imagine que l'état intérieur de la forteresse devait laisser à désirer. Elle avait été l'enjeu des factions rivales pendant les guerres de religion. La soldatesque qui l'a fréquentée n'avait guère le loisir ou l'envie de faire le ménage avant de partir, ou de restaurer la décoration… Le château a dû souffrir de certaines fréquentations !

Carlat avait été enlevé par Marzé à un chef de bandes huguenotes, appelé Lapeyre - Teule, qui venait de s'en emparer (avec d'ailleurs une autre propriété de Marguerite : Mur-de-Barrès). Le président Vernyes dans son mémoire à Henri IV, écrit en 1589, affirme que Lignerac, Marzé et leur frère Robert de Cambon « attirèrent au parti de la Ligue et de la princesse toute l'aristocratie de la contrée ». Cette opération fut en réalité facilitée par l'absence à l'époque de trois opposants importants : le vicomte de Lavedan occupé avec des troupes en Guyenne, le marquis de Curton retenu auprès d'Henri III et le seigneur de Charlus, gouverneur du Limousin. L'arrivée de la reine de Navarre à Carlat était donc loin d'être le fruit du hasard.

La reine ne paraît donc pas prisonnière, comme semble le croire aussi Ph. Lauzun. [51] En revanche elle est assurément fatiguée après un tel voyage. Elle doit donc récupérer ses forces et peut-être un peu son esprit car, même si elle en a à revendre, son optimisme a été mis à rude épreuve. Elle n'ignore pas en effet que les subsides vont manquer. Elle n'a pas pu « joindre les deux bouts » en septembre. Et en octobre, le livre de comptes indique 1856 écus en dépenses et seulement 1790 en paiements, ce qui n'est pas encore catastrophique comme on le verra plus tard. Alors elle cherche une aide financière.

Ou peut-elle en trouver une si ce n'est auprès des Guise ou de Philippe II ? Elle envoie donc le vicomte de Duras en Espagne, écrit au duc de Guise et demande à Marzé d'aller à Agen récupérer ce qu'elle y a laissé. Le 17 octobre, le duc de Guise écrit à Don Bernardino Mendoza, ministre du roi d'Espagne Philippe II, la lettre suivante qu'a retrouvée Ph. Lauzun :

« Vous avez su maintenant comment par faute d'argent, la reine de Navarre a été contrainte de quitter Agen et de laisser la Guyenne à la merci de ceux de la religion, lesquels courant et pillant à leur volonté se sont resserrés et empêchés de personne bien qu'en apparence il y ait force suffisante pour ce faire,

51 - Lauzun : op. cit. p. 342.

ce qui me donne beaucoup de défiances, à l'effet desquelles, j'espère toutefois remédier par le bon secours du roi votre maître, en attendant lequel s'il plaisait à sa majesté d'aider ladite Dame de la somme dont je lui ai fait la très humble prière par ma dernière dépêche, elle pourrait se remettre sus et exécuter quelque belle entreprise qu'elle a sur la même ville dont elle a été sortie et sur plusieurs autres de grande importance ; mais il faudrait qu'elle fût formée du côté de Lyon et s'il était possible que ce fût par lettre de change au-dit Lyon ».[52]

Marzé devait récupérer les bijoux, la garde-robe et en même temps subir les réclamations des agennais qui exigeaient des réparations après les troubles précédant le départ de la reine. Voici quelques exemples :

Un certain Jean Vialles réclame 256 écus pour le louage, la nourriture et l'entretien de 26 chevaux de bât, pendant dix jours, pour avoir porté les coffres et les meubles de ladite reine, de ceux de Madame de Duras et de ceux des filles, demoiselles, femmes de chambre et officier de sa Majesté.

Deux mariniers demandent le paiement du transport d'Agen à Port-Ste-Marie, des coffres et bardes de Madame de Noailles et autres filles et demoiselles etc.

Puis un sieur Victor transporta le lit de parade de la reine et des coffres tirés par onze chevaux de bât. Il reçut pour le trajet Moissac-Carlat, aller et retour, la somme de 24 écus.

Quant à Guillaume Fleury, le cocher de Marguerite, il fut remboursé de ses frais pour avoir conduit le carrosse à bon port.

Dernier exemple, Pierre Veret fut payé 3 écus 20 sols pour avoir apporté d'Agen à Carlat plusieurs bouteilles d'eau de senteur.[53]

En réalité, l'arrivée du train complet de la reine mettra plusieurs semaines à parvenir à Carlat. Le surplus dudit train, indique le livre de comptes, est encore à Agen le 2 octobre et du 3 octobre au jeudi 31, tout ce train restant est encore à Port-Ste-Marie. Il n'arrivera à Carlat que… le 3 décembre après avoir quitté Port-Ste-Marie le 12 novembre et être passé à Agen (le 12 et 13), à Lafoxe en Lot et Garonne, dans le canton de Puymirol (13 au 17), à Valence d'Agen (17), à Moissac (du 18 au 21), à Lauzerte (21 au 23), dans le Tarn et Garonne dans l'arrondissement de Castelsarrasin, à Cahors où l'on dîne et couche le 23 novembre et où l'on reste le 24. Puis, c'est ensuite Beauregard (25 et 26) dans l'arrondissement de Cahors, Villefranche de Rouergue (du 26 au 29), Rignac (les 29 et 30), Villecomtal (Aveyron, arrondissement de Rodez), Entraygues et Montsalvy (du 1er au 3 décembre) et enfin Carlat.

52 - A.N. Coll. Simancas K 1563 - B.56 cité par Lauzun - p. 342.
53 - A.N. KK174-175.

Antoine Charpentier, son trésorier général et François Rousselet, son contrôleur général, furent chargés du rapatriement de tout ce train. Pendant la période où ils furent à Agen, Choisnin, en qualité d'intendant, les remplaça tous les deux.

Ce 3 décembre, Marguerite rentre en possession de tout ce qu'elle attendait à l'exception de quelques objets et en particulier des perles de grande valeur auxquelles, bien entendu, elle tenait beaucoup. Elle s'adressa donc aux consuls et attendit en vain une réponse. Elle envoya une seconde lettre, les accusant de l'avoir volée et les sommant de rendre ses bijoux sans quoi elle se promettait de revenir à Agen avec une armée pour reprendre ses biens. Mlle de Noailles, restée à Agen, était chargée pendant ce temps de ce dossier délicat.

Lauzun signale [54] que par une curieuse coïncidence Henri de Navarre accorde au même moment une gratification de 700 écus à trois capitaines (Marsollan, Coustous et St-Avit) pour avoir soustrait à des soldats deux colliers de pierreries appartenant à la reine de Navarre.[55] Il s'agissait probablement des mêmes perles. La reine pouvait toujours attendre. Et pourtant elle en aurait bien eu besoin durant ce mois de décembre 1585. Le livre de comptes indique en effet 2004 écus 1 sol en dépenses et seulement, hélas, 494 écus en paiements. Les temps s'annoncent durs pour la reine de Navarre…

En 1586, l'état de la maison de Marguerite est le même que pour 1585 mais personne de sa suite ne sera payé. [56]

Le manque d'argent entraîne des conflits

Ce sont les problèmes d'argent qui vont dominer la vie de la reine de Navarre à Carlat, comme d'ailleurs plus tard à Usson. Mais n'était-ce pas le problème endémique des monarchies de l'ancien régime en général ? Toujours est-il que Marguerite doit emprunter des écus et cela pose parfois des problèmes.

Le premier incident concerne Choisnin.

Choisnin, au retour de sa mission auprès des Guise, attendait une récompense. Il fut déçu. Marguerite le chargea simplement de l'intérim de la trésorerie. Quand le trésorier général, resté à Agen, rentra six semaines plus tard, Choisnin dut céder la place. Probablement insuffisamment payé par la reine, aux capacités financières, on l'a dit, limitées, il exigea de Marguerite 6 000 écus d'indemnités.

---

54 - Ph. Lauzun - op. cit. p. 346.

55 - A. départ - Pyrénées atlantiques B. 2782.

56 - A.N. KK 175.

Ce n'était pas vraiment le seul prix de sa déception, comme elle l'écrivit bien plus tard dans une lettre au conseiller Seguier.[57]

En réalité, il s'agissait d'un arriéré et la reine ne l'ignorait pas puisqu'elle lui proposa de signer une reconnaissance de dettes des 6 000 écus qu'il demandait. Mais Choisnin, sans confiance, réclama immédiatement son dû. La reine refusa.

Un peu plus tard, il voulut être reçu par Marguerite. L'huissier s'interposa et Choisnin le souffleta. Il ne put paraître devant la reine avant huit jours. Il riposta, non sans effronterie, par un pasquin « le plus sale et le plus vilain qui se soit jamais vu », dit-elle, dans lequel il l'offensait et la calomniait. Il fut donc chassé. Le lendemain, alors qu'il sortait du château en se plaignant « avec paroles indignes », quelques serviteurs de la reine le frappèrent. La riposte de Choisnin fut la suivante : il alla porter à Henri III les lettres de la reine au duc de Guise et les propres instructions de Marguerite qu'il détenait. Ce fut le premier incident d'importance survenu à Carlat depuis son arrivée.

Marguerite devait également de l'argent à Lignerac qui lui en avait prêté depuis le séjour à Agen. Lignerac, écrit Ch. Merki, qui « devait se conduire avec elle comme un ruffian » si l'on en croit une lettre d'Henri de Noailles à sa mère écrite le 25 octobre 1586 (soit un an après les faits), avait « traité fort cruellement » la reine et l'avait obligée « de payer jusqu'au dernier denier de tout ce qu'il lui a mis en avant qu'elle lui devait et contrainte de laisser des gages ».[58]

Les réactions de la Cour au départ d'Agen

Le départ d'Agen de la reine de Navarre fit plaisir au roi et à Catherine de Médicis. Agen revenait dans le giron du roi. Henri III et sa mère furent moins satisfaits de son séjour à Carlat et de la tournure qu'y prenaient les événements. On la trouva trop indépendante. Catherine lui proposa donc d'aller au château d'Ibois près d'Issoire, en Basse Auvergne, qui appartenait à la reine-mère. Marguerite flaira le piège et refusa en ces termes :

« Madame, le sieur de Suraine m'a dit la charge qu'il vous a plu lui donner, qui était celle même qui vous avait plu baller à la Roche. Je remercie très humblement votre majesté du château qui lui plaît m'offrir. Je n'en ai, Dieu merci, point de besoin, étant en une très bonne place qui est à moi, assistée de beaucoup de gens d'honneur et y vivant très honorée et en toute sûreté et quant à ce qui vous a plu, Madame, lui commander me dire que ce n'était à moi à faire la guerre, ça bien été, Madame, à moi à me garder; aussi n'ai-je entrepris autre

57 - Ch. Merki - « La reine Margot » et la fin des Valois. Paris. 1905. p. 343.
58 - Ch. Merki - idem.

chose mais à cela, Madame et pour ne retomber en la puissance de ceux qui m'ont voulu être le bien, la vie et l'honneur. Je vous supplie très humblement croire, Madame, que je n'y épargnerai rien et que vous demanderai, Madame, toute ma vie, sans vous rendre jamais ma présence ennuyeuse, comme je l'ai particulièrement déclaré au sieur de Sureil ».[59]

La reine de Navarre ne se laisse pas impressionner par sa mère et par son frère. Elle ne fera la guerre à personne mais elle se défendra, comme le souligne E. Viennot.[60] Dire que Catherine apprécie, serait beaucoup dire… et en effet dans une lettre à Bellièvre, elle dénonce les « déportements » de sa fille, [61] qui, évidemment, est consciente de son excès d'optimisme dans la lettre à sa mère. En fait, sa cour se réduit à quelques dizaines de personnes. Et elle sent bien qu'elle est dépendante des militaires qui l'entourent et lui avancent – dans les conditions que l'on sait – de l'argent. Quant aux gens d'honneur qui l'assistent, ils sont à n'en pas douter, curieux de rencontrer une telle célébrité au tempérament rebelle hors du commun. Comme le dit si bien Madame Viennot, « pour la noblesse volontiers ligueuse du pays, cette opposante à la couronne représente…. une alliée hautement respectable et un soutien moral des plus importants ».[62] Viennent donc lui rendre visite tout ce que la plus ancienne noblesse d'Auvergne compte de représentants. Parfois, ces nobles la reçoivent. Citons les de Beauclair, d'Oradour, de Messillac, de Roquemaurel, de Montal, de Scoraille (famille d'origine de la future duchesse de Fontanges) de Matha, de Dienne, de Noailles, de Brezons, de Morlhon d'Arpajon, de la Salle, de Rochefort d'Ally, etc.

L'entourage de Marguerite à Carlat

Durant ce premier trimestre de 1586, Marguerite aménagea le château. Elle donna son nom, nous l'avons vu, à l'une des quatre grosses tours de la forteresse.

Elle n'oublie pas également de susciter l'organisation de réseaux favorables à la Ligue.

Marguerite est devenue la souveraine du Carladais. Lignerac est le principal officier de la vicomté en même temps qu'il exerce ses fonctions de surintendant

59 - Bibliothèque impériale de St-Pétersbourg. Lettre publiée pour la première fois par Ph. Lauzun dans le fascicule 11° des Archives Historiques de la Gascogne. Auch 1886. E. Viennot. Corresp. P. 321. Lettre n° 236.

60 - E. Viennot : Histoire… p. 168.

61 - Catherine de Médicis - Lettres - Vol 8 p. 376.

62 - Viennot : op. cit. p. 168-169.

de la maison de la reine. Gilbert de Marzé est le commandant militaire du château et Jean de Rieu est lieutenant général civil et criminel du Carladais. Ce dernier siège à Vic-sur-Cère. Mais dès 1588, il sera remplacé par Jean de Sistrières également garde scel.

Il ne faut pas oublier les deux commandeurs des chevaliers de St-Jean de Jérusalem qui se sont succédé à Carlat pendant le séjour de Marguerite. En 1585, ce fut un de ses alliés, Thomas de la Tour d'Auvergne et en 1586, Louis de Villars, parent du duc de Mayenne, qui devint aussi son maître d'hôtel ordinaire.

La présence sur la plate-forme basaltique de Carlat de l'Ordre de l'Hôpital de St-Jean de Jérusalem, dit de Malte, semblerait un gage de sérieux et de vie d'austérité pour Marguerite qui passe ses jours et ses nuits à quelques mètres de ces preux chevaliers.

Fondé vers la fin du XVe siècle par Gérard de Provence pour soigner les pèlerins venus en Terre Sainte, l'Ordre évolua sous la pression des événements ne se bornant pas à soigner les malades mais assurant aussi la sécurité des pèlerins.

Chevaliers de naissance – ils devaient prouver leurs titres de noblesse lors de leur réception – les Hospitaliers étaient des religieux munis de lances et d'épées.[63] Installés dans des commanderies comme celle de Carlat, ils rassemblaient dans toute la chrétienté, à l'ombre de leur étendard rouge à croix blanche une cohorte internationale d'hommes venus de France, d'Allemagne, d'Espagne, d'Angleterre, d'Italie. Dans tous ces pays, les dons avaient afflué, notamment immobiliers. C'est au sein de ces commanderies qu'ils géraient leurs biens souvent considérables. Ils veillaient à l'entretien des bâtiments mais aussi aux rentrées régulières des droits seigneuriaux ou de la vente des produits du sol. Ils devaient aussi assurer la distribution des aumônes, les soins aux malades et contrôler l'exercice du culte dans les chapelles établies sur leurs terres. La reine de Navarre ne pouvait espérer meilleur voisinage pour le salut de son âme… D'autant plus que le règlement de l'hospitalité aurait été établi au XVe siècle par un grand maître auvergnat : Jean de Lastic. De la lecture des statuts, on peut extraire ceci : « avoir toujours en soi les huit béatitudes qui sont le contentement spirituel, vivre sans malice, pleurer ses péchés, s'humilier aux injures, aimer la justice, être miséricordieux, être sincère et net de cœur, endurer persécution ». Un programme dont a dû s'inspirer, au moins pour partie, celle qui allait devenir une reine de France au destin si particulier et parfois si cruel.

---

63 - M. Laloy. Les six siècles d'austérité des chevaliers de St-Jean de Jérusalem. B.H.S.A. 1961 2° tri. n° 591 p. 49.

Beaucoup de seigneurs du pays rentrèrent dans sa maison.

Citons parmi ses écuyers, Jean de Cabanes de Comblat, d'Aubiac, Maximilien de la Mar de Matha et parmi ses gentilshommes d'honneurs, Bayard de Caissac, Louis de Beauclair, Jean de Lastic.

La reine organisait avec tout son entourage la résistance contre les huguenots. Elle se préoccupait de trouver des subsides et de lever des troupes. Et elle n'avait donc jamais assez d'argent ! Romes, cousin d'Aubiac, recrutait des soldats en Guyenne et dans le Quercy. Pour tout dire, la reine, entourée comme elle l'était, se sentait en sécurité à Carlat, mis à part les aléas possibles relatifs à sa santé pourtant robuste ou à l'humeur de ses compagnons.

Marguerite gravement malade

Le second trimestre de 1586 va être moins favorable à la reine de Navarre qui tombe malade en avril. Les médecins de son entourage sont impuissants à la guérir. Ce sont Etienne Boissonnade, Raphaël de la Mazure, François Choisnin qui forment le service de la santé de la reine. Il faut ajouter le chirurgien Nicolas Ferrand et l'apothicaire Charles Mérar. Le premier médecin Honoré le Chantre, sire de St-Pont, ne rejoindra Marguerite qu'à Usson. Il faut donc solliciter une aide extérieure. Le livre de comptes nous apprend que le sieur Delaunay, « praticien fort en renom » précise Lauzun, a touché 132 écus, arrivant de Moulins « pour être venu à Carlat pour visiter ladite dame en sa maladie, où il demeura 40 jours, à raison de trois écus par jour », [64] et 12 écus pour l'aller et retour.

Auparavant étaient venus se pencher sur son cas : Boyer, médecin d'Aurillac, Beriat, médecin à Murat et Callot, exerçant à Villefranche de Rouergue. Elle guérit et en mai était debout. Mais cela n'empêcha pas la nouvelle de sa « mort » de se répandre à la Cour.

Brantôme qui rapporte le fait en profite pour reprendre le ton lyrique qu'il affectionne tant quand il parle de Marguerite qu'il adore. Ecoutons-le réfuter la mauvaise nouvelle : «… il a fait trop beau et clair au ciel, que si elle fût morte nous eussions vu éclipse de soleil, pour la grande sympathie que ces deux soleils sont ensemble et n'eussions rien vu qu'obscurité et nuages ».

A la Cour, ce lyrisme n'est guère de mise. On aurait probablement préféré une issue fatale car c'était un grand pas vers la paix. Le roi de Navarre pouvait alors convoler en justes noces, selon le vœu de Catherine avec la propre petite fille de la reine-mère, la princesse de Lorraine…

Quand à l'ambassadeur de Toscane, il croit, lui, que Marguerite va passer sa

---

64 - A.N. KK 175 et Lauzun op. cit. p. 349.

convalescence dans le château de sa mère à Chenonceaux « Dove si cominciera a formare gli articoli per la pace » [65] (où l'on commença à établir les articles de la paix).

Mais le 1er mai 1586, la reine écrit de Carlat à Jean de Vernyes, président de la cour des Aides de Montferrand pour lui recommander un aubergiste d'Aurillac (un « pourteur hoste » dans le langage du XVIe siècle). Celui-ci s'est montré "très affectionné à son service" depuis qu'elle est en Auvergne. Convoqué à un procès devant le magistrat, l'aubergiste compte sur l'intervention de la reine qui souhaite dans sa lettre à Vernyes que celui-ci lui « fera bonne et brève justice, de laquelle je me souviendrai, dit-elle, comme faite pour mon fait propre ».[66]

Cette lettre, nous dit madame Viennot, dans laquelle l'écriture de la reine est limitée à la formule de politesse et à la signature, « est très laborieuse ». Ce qui atteste, s'il en était besoin, de la maladie de Marguerite. Mais la reine va se remettre progressivement.

En fait, quelques jours après, le 4 juin, Marguerite est à Vic-sur-Cère, à l'époque siège du bailliage du Carladais, où elle assiste à une belle réception offerte par les habitants avec spectacles, danses, représentations théâtrales et « joyeuse collation ».

Les ennuis s'accumulent

Si au deuxième trimestre on a dépensé 6502 écus et payé seulement 5 932, ce qui n'est pas encore catastrophique, le troisième trimestre, lui, est parfaitement désolant. Qu'on en juge : 6 305 écus en dépenses effectuées et seulement 1 233 en paiements. C'est véritablement le début de la misère. On croit que Duras est revenu les mains vides d'Espagne et c'est à ce moment que se situe l'incident qu'on a relaté entre la reine et Choisnin, congédié avec pertes et fracas. On a dit aussi comment Lignerac, le bailli d'Auvergne qui l'accompagne depuis Agen, s'est comporté avec la reine de Navarre. Sachant qu'il ne pourrait jamais être remboursé, il prit les bijoux de la reine qui lui restaient. Lauzun nous dit qu'une scène éclata entre eux, et Marguerite parvint à sauver quelques bagues qu'elle envoya immédiatement à une banque florentine de Lyon. Les sieurs Marrelli et Ricardi, banquiers italiens la « volèrent effrontément » raconte Lauzun. La pauvre Marguerite écrivit pour se plaindre au grand duc de Florence « de la volerie et très grande perfidie que quelques banquiers de Lyon, ses sujets, se sont avisés de lui faire et le supplie de lui venir en aide ».

---

65 - Desjardin. Négociations diplomatiques avec la Toscane. t. IV p. 638.

66 - Viennot. Corresp. p. 322. n° 237.

En matière de déboires, la reine fut servie en cet été 1586.

D'abord, ce fut la mort subite du capitaine Marzé, le gouverneur du château, son plus ferme soutien. Evidemment, les ennemis traditionnels de Marguerite et notamment l'auteur du « Divorce satyrique », l'accusent de l'avoir empoisonné, pour se rendre la maîtresse de la place. Pour d'autres, Lignerac a tué son frère par jalousie.

Quelques jours plus tard, c'est dans la propre chambre de la reine, dans le palais Bridoré, que se déroule un meurtre dont l'auteur est Lignerac. Celui-ci, trouve, tôt le matin, près du lit de Marguerite – qui était couchée – le fils de son apothicaire qu'il tue dans un accès de jalousie au moyen d'un poignard. La reine est éclaboussée du sang du jeune homme.

Aubiac

Il s'appelle, en réalité, Jean de Lard de Galard. Originaire du sud-ouest, il n'est pas auvergnat.

Il est le second fils d'Antoine de Lard de Galard, écuyer, seigneur de Birac, d'Aubiac et de Beaulens et de Renée de Brouzolles. Son frère aîné s'était marié à Marie de Noailles. Il avait trois sœurs. L'une d'elles, Madeleine était demoiselle d'honneur de Marguerite depuis 1583.

Il ne serait donc pas comme l'indiquerait à tort St-Poncy le fils de Begot de Roquemaurel, seigneur d'Aubiat et de Françoise de Veilhan et petit fils de Cécile de Stuart ; ce qui le faisait parent du duc d'Albany, un oncle de Catherine de Médicis. Dans un cas comme dans l'autre, il est d'une famille noble.

A Agen, Aubiac eut immédiatement le coup de foudre pour la reine de Navarre. Il se serait écrié : « ah, l'admirable créature, si je pouvais lui plaire, je ne regretterais pas la vie, dussè-je la perdre le lendemain ! » On ne sait s'ils devinrent amants dès Agen ou seulement à Carlat.

D'abord écuyer de son écurie, il appartient à la maison de la reine depuis 1584. L'année suivante, il est chargé de recruter les soldats qu'elle engage puis il commande une compagnie.

Il est aussi une sorte de protecteur de la reine vis-à-vis de Lignerac qui le jalouse.

St-Poncy estime qu'entre eux s'était seulement déclarée une « violente rivalité d'influence, non point d'amour ». L'historien – qui est vraiment l'anti d'Aubigné [67] pour tout ce qui touche à Marguerite – ajoute « que le bailli des Montagnes (Lignerac) n'avait nullement l'humeur tournée à la galanterie, mais

67 - Auteur du « Divorce satyrique ».

toute à l'ambition, aux préoccupations guerrières et politiques ». Comme si l'une excluait les autres… On peut être un peu sceptique. L'expérience prouve que tout cela va très bien ensemble.

D'Aubigné, toujours exécrable dans ses appréciations sur l'entourage de Marguerite, décrit Aubiac « chétif écuyer rousseau plus tavelé qu'une truite, dont le nez était teint en écarlate, ne s'étant jamais promis au miroir d'être un jour trouvé dans le lit avec une fille de France ». Ce n'est pas l'avis de l'ambassadeur de Toscane qui, au contraire, le trouve « noble, jeune, beau, mais audacieux et indiscret ». Qui croire ? D'autant plus qu'il n'est pas sûr que l'un et l'autre ne l'aient vu…

Autre question concernant Aubiac et Marguerite : l'ignoble pamphlet qu'est le « Divorce satyrique » raconte (si l'on peut dire…) « qu'elle s'en prit au triste (!) Aubiac comme au mieux peigné de ses domestiques, qu'elle enleva de l'écurie à la chambre et s'en fit tellement piquer que son ventre à telle rencontre en devint enflé et rond comme un ballon, vomissant à son terme un petit garçon ». Le nouveau né « très mal emmailloté » aurait été transporté au village d'Escoubiac pas loin de Carlat « si fraîchement né que pour le froid enduré le long du chemin il en demeura pour toujours privé de l'ouïe et de la parole, et pour ses imperfections abandonné de l'aumône et du soin de sa propre mère, qui ayant oublié les plaisirs de la conception à long terme permit qu'il ait gardé les oisons en Gascogne où mademoiselle d'Aubiac, son aïeule l'a, tant qu'elle a vécu, préservé de mourir de faim et depuis elle, Gelifax de Firmaçon [68] son beau-fils, qui montre encore aujourd'hui par grande rareté ce gage de la couronne à ceux qui le vont voir à Nérac où il l'entretient moyennant deux cents écus de pension que Goute Raquette (sic) lui va depuis quelque temps chercher à Usson et à Paris ».

Il s'agit là de la seule évocation relative à cette naissance. Elle n'a jamais été confirmée depuis par une autre source et paraît des plus fantaisistes quand on sait que cinq mois auparavant, Marguerite avait effectué dans des conditions très pénibles, deux cent cinquante kilomètres à cheval. Le châtiment qui attend Aubiac ne peut, à notre sens, expliquer l'hypothèse de la naissance cachée mais simplement l'offense faite à la Cour d'avoir été l'amant de Marguerite.

On sait de manière plus certaine qu'à Carlat, Aubiac reçoit chaque mois la somme de 12 écus en qualité d'écuyer de la reine.

---

68 - Aubigné. op. cit. t. 2. p. 668. Dans d'autres éditions, il s'agit de Agesilan de Fusmaca, l'un et l'autre étant une pure invention… même s'il existe bien une famille de Firmaçon.

Les déboires de Marguerite. Son départ de Carlat

Après la mort de Marzé, l'hostilité entre Lignerac et Aubiac s'affirme d'autant plus que Marguerite encourage Aubiac, son amant, à prendre la direction du château. Une lutte à mort s'engage entre les deux ennemis. L'un, Aubiac, veut servir avec passion sa reine déchue « sans doute encore fort belle, quoiqu'empâtée, toujours pourvue d'un charme et d'un éclat incomparables ». L'autre, Lignerac, n'entend pas être exclu de la succession de Marzé. Il lui revient, à défaut du roi ou du gouverneur d'Auvergne, de commander le château et non à Marguerite simple usufruitière des biens, comme l'écrit Mariéjol.

Il a avancé de l'argent à la reine. Il l'a aidée à fuir Agen et en remerciement de son dévouement, voilà qu'elle l'écarte du commandement du château au profit d'Aubiac, son subordonné à lui Lignerac…. Inacceptable.

Lignerac, qui connaît l'attachement de Marguerite pour ce rival, va tout faire pour s'en débarrasser, et en particulier il le menace de lui faire « sauter le rocher », c'est-à-dire de le faire précipiter au pied de la forteresse.

Marguerite comprend de plus en plus que le rapport de forces entre elle et Lignerac ne tourne pas en sa faveur. Tout se conjugue pour la pousser à quitter le château.

D'abord elle craint pour la vie d'Aubiac ; en second lieu, le roi, son frère, continue de la harceler et souhaite son départ de Carlat comme il a voulu celui d'Agen.

Le duc de Joyeuse, à la tête des forces royales, se rapproche de Carlat et se dirige vers le Languedoc où se trouvent les troupes de Montmorency, allié du roi de Navarre. Marguerite ne souhaite pas l'affrontement avec l'armée d'Henri III. A l'évidence, elle ne peut se résigner à une telle éventualité.

En fait, le roi travaillait avec ses sbires à susciter la zizanie dans l'entourage de la reine. Joyeuse était le responsable désigné du travail de sape organisé pour créer le trouble à Carlat. Lignerac était un authentique ligueur, lieutenant du comte de Randan, gouverneur de l'Auvergne pour la Ligue [69] et aurait dû en rester là. C'est son hostilité pour Aubiac qui va le pousser à prendre la place. Celuici réagit en demandant à un de ses cousins, le capitaine Romes, de lever des troupes en Gascogne pour résister. Mais il n'en eut pas le temps.

Dans une très longue lettre à Philippe II d'Espagne, écrite un an à peu près après les faits, Marguerite a raconté ses déboires à Carlat et les raisons de son départ pour la basse Auvergne. Elle ne dit mot des relations entre son amant et Lignerac mais donne des précisions intéressantes sur Duras et surtout sur les persécutions qu'elle subit de la Cour de France. Celles-ci, selon elle, vont la

69 - Il ne se soumit à Henri IV, avec Mayenne qu'en 1596.

conduire à quitter Carlat. Or nous savons que ce n'est pas la seule raison. Mais nous ne partageons pas l'avis de Mariéjol selon lequel l'unique motif du départ de Marguerite serait d'ordre passionnel et qui écrit : « c'est le désir de suivre d'Aubiac qui l'a décidée à cet exode par monts et par vaux ».[70]

D'abord, Marguerite se plaint de Duras dont on a longtemps cru qu'il était revenu bredouille de sa requête auprès de Philippe II. La vérité, d'après la reine, qu'on a toutes les raisons de croire, est que son « homme de confiance » l'a trahie en s'abstenant de revenir à Agen d'où il était parti. Il a gardé l'argent obtenu du roi d'Espagne. Et Marguerite nous apprend que « l'avarice et le désespoir de cette première faute lui mit cette trahison dans le cœur de se saisir de Carlat où j'étais alors ».[71] Mais la reine est informée à temps du projet de Duras qui lui même n'ignore pas qu'il est découvert et se retire « m'emportant, écrit-elle, les chiffres et les adresses (les instructions) » rapportées de son voyage pour qu'elle puisse écrire à Philippe II. Tout cela la mit « en extrême peine ». Le roi fut vite informé du contenu de ces instructions, ce qui fait dire à Marguerite à juste titre que les persécutions redoublèrent.

Puis la reine évoque Lignerac « homme avaricieux et fou ». Elle constate que malheureusement, le duc de Guise le croyait fidèle à la Ligue. Marguerite avoue alors qu'elle n'osa pas contredire le duc bien qu'elle connût les défauts de Lignerac. Et elle ajoute : « celui-ci exécuta sa trahison pour dix mille écus que le roi lui fit promettre et toucher en partie et se saisit de la place et de moi. En cet extrême danger, Dieu qui ne m'a jamais abandonnée me donna l'esprit et la parole pour le savoir si bien persuader (lui remontrant le préjudice que la perte de ma vie apportait à monsieur de Guise, le roi mon frère ne voulant me faire mourir que pour remarier le prince de Béarn [72], pour le fortifier d'alliances en Allemagne et le rendant fort, lui être par ce moyen la couronne de France assurée sans que monsieur de Guise ne ressente le mauvais service qu'il recevait de lui en cela), qu'avec ces raisons et quelques présents (sic) il me laissa aller. Car, de demeurer après cela dans cette place avec ce fou, il n'y avait aucune sûreté ». Et Marguerite explique ensuite la direction qu'elle dut prendre. Elle ne pouvait se retirer en Gascogne car les troupes de Joyeuse se trouvaient à Rodez. Seul, un passage vers l'Auvergne était possible.

Mais la reine de Navarre ne part pas à l'aveuglette. Elle négocie, du moins elle le croit, son départ. Elle pense bien sûr à Usson qui lui appartient. Mais elle

---

70 - Mariéjol. Op. Cit. p. 250.

71 - Elle écrit cette lettre d'Usson à la fin de l'année 1587. Voir Viennot : Corresp. P. 328 et suiv. Lettre n° 242.

72 - Henri de Navarre.

préfère, dans un premier temps se diriger vers Ibois à quelques kilomètres d'Usson. Ces deux châteaux forts se situent à l'est d'Issoire, en Basse Auvergne. Ibois appartient à sa mère, Catherine de Médicis, ce qui peut présenter un gage de sécurité en cette période de troubles. D'ailleurs la recommandation lui en avait été faite l'année précédente par Catherine elle-même, comme on l'a vu. Alors elle prépare son départ avec des nobles de la région. Elle place sa confiance dans un gentilhomme catholique, écrit St-Poncy, « admirablement placé pour servir, car il appartenait par sa naissance à la Haute Auvergne et par sa résidence à la Basse. C'était Amblard d'Escorailles, seigneur de Chateauneuf et de Murat la Rabe ».[73] Il reçut de la reine des instructions destinées à lui permettre une arrivée sans encombre à Ibois.

73 - St-Poncy - op. cit. t.2 p. 249.

Troisième partie

L'exil en Basse-Auvergne

Usson

Les étapes de l'exil auvergnat

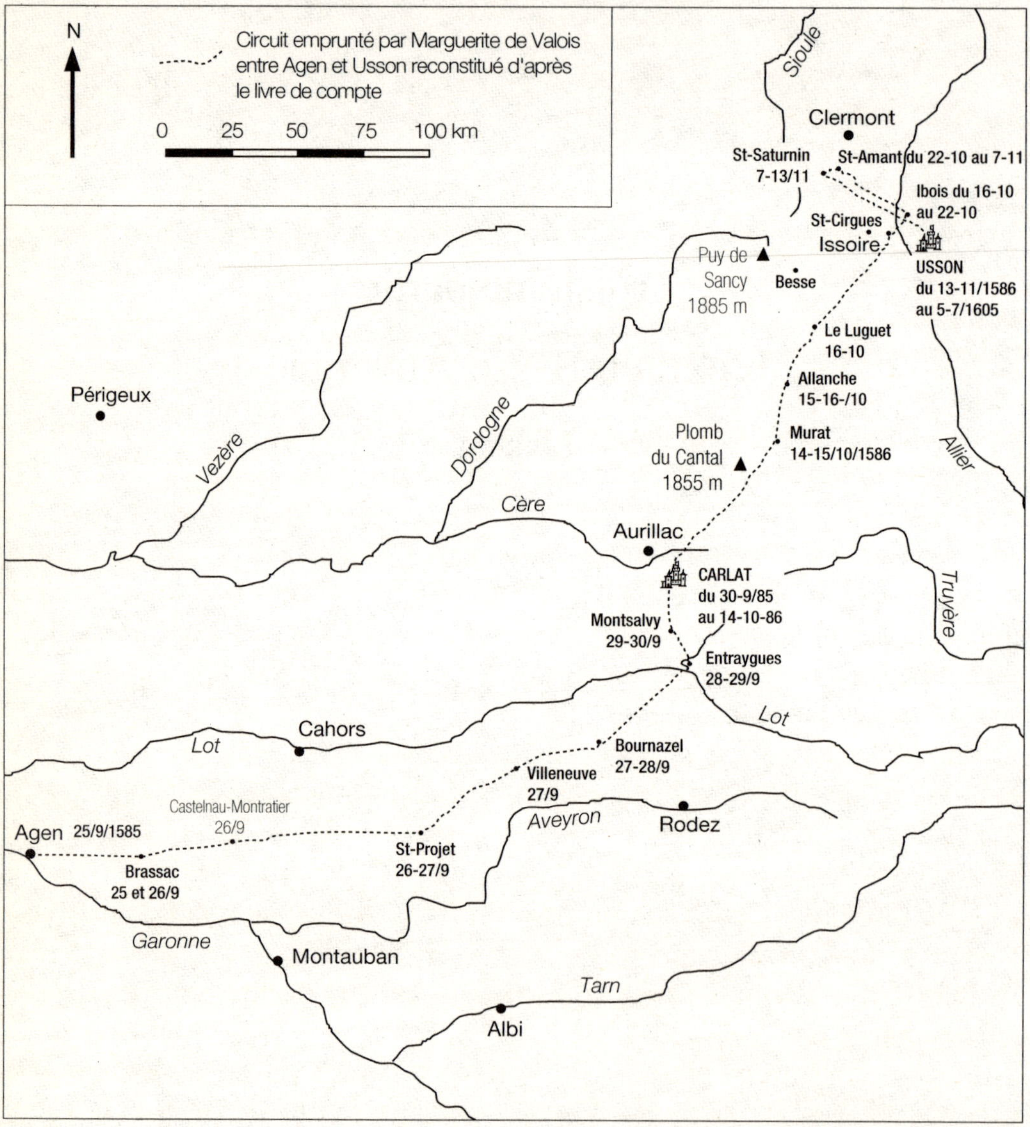

Parcours de Marguerite de Valois du 25 septembre 1585 au 5 juillet 1605

Chapitre 1er

De Carlat à Usson ou la reine trahie

Le trajet de Carlat à Ibois (3 jours)

Le mardi 14 octobre 1586, la reine de Navarre déjeune à Carlat et « soupe et couche à Murat » nous précise son livre de comptes. On sait combien, avant la découverte de ces documents comptables, les imaginations des chroniqueurs et de quelques biographes ont pu s'abandonner sur les conditions du départ rocambolesque et sur l'itinéraire du voyage de Marguerite.

En fait, elle se dirige tout droit avec Aubiac et son équipage qui comprend aussi le propre frère de Lignerac, Pantaléon de Robert du Cambon et la nièce d'Aubiac, Isabelle, vers le massif du Plomb du Cantal. Aujourd'hui la route est aisée, suivant partiellement la Vallée de la Cère jusqu'au Lioran et dévale sur Murat en suivant l'Alagnon. Mais, du temps de Marguerite, on évite les fonds de vallées trop incertains, à cause des crues soudaines. On suivait donc les chemins tracés à mi-hauteur ou parfois les crêtes, ce qui était possible sur des montagnes ne dépassant guère 1500 m. C'est cependant une odyssée qui n'est pas sans risque.

Murat, distante d'une cinquantaine de kilomètres de Carlat vers le nord-est, et dont elle est également la vicomtesse, possède à l'époque un château sur un rocher basaltique qui domine le village. C'est le rocher de Bonnevie, au pied duquel coule l'Alagnon.

C'est désormais Charles de Brezons qui fait à Marguerite les honneurs de sa forteresse, longtemps propriété des comtes d'Auvergne, et qui sera rasée par Richelieu. Un destin qui n'échappera pas à bien d'autres châteaux forts d'Auvergne et d'ailleurs…

La reine de Navarre a-t-elle eu le temps d'aller à l'église Notre Dame des Oliviers qui date de la fin de l'époque gothique ? A-t-elle vu dans la niche gauche du retable du maître-autel, la vierge noire en bois d'olivier ? Cette vierge aurait été donnée par St-Louis et aurait été préservée miraculeusement lors d'un incendie qui détruisit l'église primitive au XIVe siècle.

Enfin, Marguerite, avant de repartir le lendemain, a certainement admiré du rocher de Bonnevie, à la fois le panorama sur Murat mais aussi la vallée de l'Alagnon et de l'autre côté de la rivière, le petit village de Bredons (peut être appelé Brezons à l'époque, d'où le nom du propriétaire du château qui abrite la reine de Navarre). Ici aussi, le village est bâti sur une colline volcanique. Une église fortifiée du XIIe siècle ajoute à son charme.

On a dépensé pour cette première journée 47 écus, 13 sols et 5 deniers. Cela signifie que le groupe qui la suit est assez nombreux.

Le mercredi 15 octobre, Marguerite, après avoir déjeuné à Murat, va dîner et coucher à Allanche. Elle quitte ainsi la vallée de l'Alagnon pour prendre celle de l'Allanche, du même nom que la ville, situé au nord du Murat, à environ 23 kilomètres. On ignore dans quelles conditions Marguerite fut hébergée à cet endroit. Ce n'est, en effet, qu'à la fin du XVIIe siècle, nous apprend Ph. Lauzun, qu'un château fut bâti ici par le comte François de Dienne, lieutenant général des armées du roi, en faveur duquel Louis XIV aurait séparé du duché de Mercœur, les seigneuries d'Allanche et Maillargues.

Cette seconde journée va coûter davantage : 76 écus, 36 sols, 8 deniers.

Le jeudi 16 octobre, « ladite dame reine de Navarre dîne (c'est-à-dire déjeune) au Luguet » au sud du Puy-de-Dôme (aujourd'hui de la commune d'Anzat-le-Luguet – canton d'Ardes – arrondissement d'Issoire). Elle est donc partie d'Allanche dans la matinée et a emprunté des routes du Cézalier particulièrement sinueuses sur environ une vingtaine de kilomètres. Le château qui l'accueille appartient alors à Louis de la Rochefoucault, comte de Randan, un ligueur affirmé, qui est aussi le gouverneur d'Auvergne.

L'après-midi, elle se hâte vers Ibois où elle pense se réfugier avec son amant Aubiac.

Elle a en effet accepté, cette fois-ci, l'offre qu'elle avait refusée à sa mère six mois auparavant. Elle s'y rend en toute confiance, persuadée qu'elle y sera en sûreté. Elle avait écrit au capitaine de la Jonchères qui y résidait pour l'informer de son arrivée et qu'il tienne les portes ouvertes.

Ibois est, comme tous les lieux qu'elle va hanter en Auvergne, un château juché en haut d'un piton basaltique à quelques kilomètres à peine, au nord-est d'Issoire, sur la commune d'Orbeil. Il sera rasé comme bien d'autres par Richelieu au siècle suivant.

C'est au cours de cette dernière étape, entre Le Luguet et Ibois, que la reine se serait arrêtée quelques instants à Besse. Une maison au style gothique – qui existe encore au centre du village – témoigne de son passage. On l'appelle évidemment la maison de la reine Margot… Depuis Alexandre Dumas, le surnom a fait fureur dans la région… [74]

Une logique purement géographique conduirait, évidemment, à réfuter un tel trajet pour aller à Ibois (qui n'est séparée d'Issoire que par l'Allier). Mais que sait-on exactement des conditions de route, de la présence menaçante de Canillac qui, semble-t-il, talonnait la reine ?

Nous sommes le 16 octobre. Il est neuf heures du soir. La nuit est tombée. Un guide est nécessaire à l'équipage pour rejoindre le passage du Pertus. C'est l'endroit, entre Issoire et Orbeil, où l'on doit traverser l'Allier pour gagner Ibois à un kilomètre à peine. L'arrivée est toute proche. On attend Châteauneuf selon l'accord établi préalablement. Personne n'est au rendez-vous. Pas même un bateau.

Alors, on traverse l'Allier à gué, la nuit, avec tous les risques que cela comporte. Aussitôt arrivés sur la berge du côté d'Orbeil, la reine et son escorte doivent encore escalader la pente très raide et boisée qui conduit au château d'Ibois. Le capitaine Louis de la Jonchères, conformément aux ordres reçus, avait fait manœuvrer la herse pour permettre à Marguerite et à ses suivants d'accéder au château.

La trahison

Une mauvaise surprise, encore une, attendait la reine. Rien n'était prévu, là aussi, pour l'accueillir avec un minimum de dignité. Pas de ravitaillement [75], pas de soldats, pas de meubles. Rien n'avait été fait pour qu'elle y puisse manger et dormir. C'était tout simplement une trahison. Châteauneuf était ainsi à la solde de Canillac, c'est-à-dire de Joyeuse, donc du roi.

Marguerite est par conséquent loin d'apprécier le poème que l'on récite à cette époque à propos de ce château, propriété de sa mère, et qu'un manuscrit de 1552 présente avec une seule enceinte et un donjon carré.

Je suis Ybois, très forte place
Ou il y croît du bon froment
Car la terre y est bonne et grasse
J'ai de bons vins et largement
Pois et fèves pareillement

74 - Plusieurs enseignes « A la reine Margot » existent dans des communes de la région dont rien n'atteste que la reine de Navarre ait pu les traverser. Mais dans l'incertitude…

75 - Des noix, un peu de lard et quelques fèves déposés par des paysans du voisinage.

Et tant de fruits et nourriture
Que de l'argent semblablement
Force prés et bonnes pâtures.

La reine a raconté elle-même dans la lettre envoyée à Philippe II déjà citée (Viennot n° 242) les conditions de son arrestation : « je fus suivie en si grande diligence des troupes de l'armée de monsieur de Joyeuse que, la nuit de quoi j'y étais arrivée le jour, sans avoir eu loisir d'y mettre vivres ni poudres, ni de l'accommoder (le château), je fus assiégée. Et après avoir tenu deux jours sans manger et sans espoir de secours, pour être messieurs de Guise, l'un en Champagne, l'autre en Gascogne, n'ayant aucun moyen pour la faute de poudre de nous défendre, les soldats me contraignirent de me rendre et n'espérant qu'une honteuse et cruelle mort. » Marguerite était donc prisonnière. Immédiatement devaient lui venir à l'esprit les modalités d'une opération qui s'éclairaient aisément. Tout le monde avait conspiré contre elle. Et d'abord sa mère qui, pour complaire à la fois à son fils et à son gendre, s'était prêtée à cette machination. Sans vivres, sans appui, la fuite était impossible pour Marguerite. C'est l'un des rares moments de son existence où elle envisage sérieusement de mourir.

Ce mouvement de désespoir est attesté par une lettre qu'elle écrivit au maître d'hôtel de sa mère, Monsieur de Sarlan, seigneur de Buron, Authezat, Saint-Sandoux et Saint-Yvoine. Ces seigneuries se trouvaient à proximité d'Issoire, à quelques kilomètres au nord de l'actuel chef-lieu d'arrondissement et lui avaient été données par Catherine de Médicis. Cette lettre non datée est du 18, 19 ou 20 octobre 1586. Elle est la plus navrante, comme l'écrit Lauzun, de toutes celles que Marguerite ait jamais écrites.

« Monsieur de Sarlan, puisque la cruauté de mes malheurs et de ceux à qui je ne rendis jamais que service est si grande, que, non contents des indignités que depuis tant d'années il me faut pâtir, ils veulent poursuivre ma vie jusqu'à la fin, je désire au moins, avant ma mort, avoir ce contentement que la reine ma mère sache que j'ai eu assez de courage pour ne tomber vive entre les mains de mes ennemis, vous protestant que je n'en manquerai jamais… Assurez l'en et les premières nouvelles qu'elle aura de moi sera ma mort. Sous son assurance et commandement, je m'étais sauvée chez elle et au lieu de bon traitement que je m'y promettais, je n'y ai trouvé que honteuse ruine. Patience ! elle m'a mise au monde, elle m'en veut ôter. Si sais-je bien que je suis entre les mains de Dieu, rien ne m'adviendra contre sa volonté. J'ai ma confiance en lui et recevrai tout de sa main. Votre plus fidèle et meilleure amie. Marguerite. » [77]

---

76 - Il fut également Sénéchal de Clermont. Sa fille épousa Jacques d'Oradour gentilhomme servant de Marguerite.

Si Marguerite craint pour son sort, elle doit en toute logique redouter encore davantage celui de son amant Aubiac. Les instructions de Canillac sont sans appel en ce qui le concerne, tandis que des égards doivent être réservés à la reine de Navarre.

L'arrestation de Marguerite et d'Aubiac. Leur séparation

Après un semblant de résistance de quelques jours, Marguerite capitule. Peut-être même a-t-on ouvert les portes du château sans son avis. Aubiac avait essayé de se cacher. Rasé et travesti – on dit que la reine elle-même lui avait coupé la barbe et les cheveux – le gentilhomme avait probablement trouvé un endroit propice au sein d'une demeure féodale qui ne manquait pas de cheminées ou de sombres recoins. Mais renseigné par ses espions, Canillac exige la remise d'un capitaine qui devait, selon lui, être caché dans la paroi d'une vaste cheminée. La reine répondant qu'il n'y avait personne, le gouverneur menace de démolir le château. Histoire ou légende? Voici encore une version qui semble bien inspirée du « Divorce satyrique »! Peut-être, plus simplement Aubiac a-t-il essayé de se sauver et fut-il reconnu?

Quoi qu'il en soit, Aubiac fut arrêté et emprisonné au château de St-Cirgues, à quelques kilomètres à l'ouest d'Issoire, sur le bord de la Couze Pavin.

Marguerite pleura, se lamenta et s'adressa à Canillac en ces termes : « Marquis, tu penses avoir fait un grand coup de m'avoir prise. C'est une chose de peu de conséquence pour moi et encore moins pour toi. Joyeuse, plus habile que toi, a bien su connaître le peu d'honneur et de mérite qu'il y avait à gagner à cette commission, voilà pourquoi il t'en a chargé ».

Le marquis répondit : « Je l'ai fait par un ordre exprès du roi auquel je ne pouvais désobéir ». La reine répliqua : « Le frère et la sœur s'accommoderont; et toi, tu demeureras là ». [78]

Canillac demanda à son futur gendre, le comte Louis de Montmorin – de la branche aînée de St-Hérem – d'aller à Tours prévenir Catherine de Médicis de cette double capture et d'y recevoir les ordres royaux. Sarlan avait déjà prévenu la reine-mère de l'arrivée de Marguerite à Ibois. Elle ne put cacher sa joie. Dans une lettre à Villeroy, elle avoue son impatience d'avoir des détails « sur un bonheur qui dépassait son attente » et elle ajoute « au lieu où elle est, est celui où je le désire si nous pouvons en être les maîtres ». Elle demande à son fils de sévir. « Je supplie le roi de n'y perdre une seule heure à donner à cela

77 - Lauzun : op. cit. p. 357 ou B.N. Fonds Dupuy - vol. 217 fol. 193. Viennot. Corresp. p. 323.
78 - Bouillet (J. B). Annales de la Ville d'Issoire. Clermont-Ferrand 1848. p. 177.

l'ordre nécessaire, autrement elle nous fera encore quelque autre honte… Tenez-y les mains, qu'il use (Henri III) de diligence » [79].

J.H. Mariéjol n'est pas tendre pour Marguerite quand il écrit : « D'une mère, ces sentiments seraient odieux, s'ils ne s'expliquaient en partie par la révolte et l'inconduite de Marguerite depuis près de deux ans. Catherine n'aurait pas écrit de ce style, contraire à sa modération habituelle (?) et qui jure avec sa tendresse (??) si sa fille ne n'était pas rendue coupable de fautes qui faisaient scandale. Indulgente aux écarts des hommes, elle était sévère pour les faiblesses féminines qui la touchaient de si près » [80]. Le lecteur de l'an 2000 doit évidemment apprécier le contexte à l'aune de la sensibilité de l'époque… Et Mariéjol, pour bien se faire comprendre, précise en évoquant l'état d'esprit de la « veuve noire » : « Elle a dû s'indigner que la femme du roi de Navarre, sœur du roi de France, fût assez folle de son corps pour s'exposer à l'infamie d'une liaison publique avec un petit gentilhomme ». On a envie de dire : on a vu pire depuis, sur tous les continents…

Le 26 octobre, Montmorin arrive chez la reine-mère qui l'expédie chez le roi en priant Villeroy de lui payer les dépenses du voyage. Mais Canillac n'avait pas attendu les ordres royaux pour séparer le couple d'amoureux. Pendant que d'Aubiac est à St-Cirgues, Marguerite est conduite sous bonne escorte au château de St-Amant-Tallende, le mardi 21 octobre d'après son livre de comptes qui précise : « Du mercredi 22 au vendredi 31, ladite dame à St-Amand ». Les dépenses du mois d'octobre 1586 sont d'ailleurs de 1796 écus, 58 sols et 7 deniers. Mais on a seulement payé pour 441 écus, 2 sols et 11 deniers.

Arrêtons-nous quelques instants en ce mois d'octobre 1586 à St-Cirgues, où se trouve Aubiac et à St-Amant-Tallende, où Marguerite ronge son frein du 22 octobre au 7 novembre 1586.

St-Cirgues (425 m d'altitude) est à une dizaine de kilomètres à l'ouest d'Issoire. Aujourd'hui c'est un village de 270 habitants sur la D 26 que l'on emprunte après avoir quitté la D 996 qui, d'Issoire, conduit à Champeix. Arrosé par la Couze Pavin qui descend de la région de Besse et va se jeter dans l'Allier au niveau d'Issoire, St-Cirgues était une seigneurie du Dauphiné d'Auvergne. En 1371, Anne Dauphine la transmet à Louis de Bourbon en se mariant avec ce prince du sang. Vers 1460, la seigneurie est vendue à un bourgeois d'Issoire, Austremoine Bohier qui va devenir le secrétaire des finances de Charles VII en 1490. C'est lui qui, sur l'emplacement d'une vieille bâtisse féodale, fait construire le château qui existait il y a encore peu de temps avant qu'un incen-

---

79 - Catherine de Médicis. Lettres. La Ferrière-Baguenault. 11v. vol.9. p. 108.

80 - Mariéjol : op. cit. p. 252.

die ne le détruise. Le fils d'Austremoine, Thomas, continuera d'ailleurs l'œuvre de son père en lui conservant son caractère d'origine. Ce n'était pas une forteresse mais un beau château féodal muni de quatre tours, de murs crénelés et de fossés « qui n'auraient pas résisté à un siège en règle » [81]

Ses occupants successifs, les Montmorency, les Canillac, le Maréchal d'Allègre, entre autres, ne semblent pas l'avoir modifié.

Canillac met donc Aubiac sous bonne garde, chez lui, dans cette demeure qui plus tard perdit son apparence féodale. En effet la comtesse de Rupelmonde, qui l'habita, fit coiffer le donjon et les tours de dômes et pratiquer des ouvertures sous les créneaux.

Marguerite est à vol d'oiseau, à peine à dix kilomètres au nord de St-Cirgues.

St-Amand-Tallende, à une altitude de 450 m, se situe entre Clermont-Ferrand et Issoire. Le village, qui se trouve sur une coulée de lave entre les deux ruisseaux, la Veyre au nord-est et la Monne au sud, est une vieille seigneurie qui très tôt (au XIIe siècle) appartient à la puissante famille de la Tour d'Auvergne. En 1518, après la mort de Jean de la Tour, deux filles se partagèrent ses biens. Anne, épouse de Jean Stuart, duc d'Albany et gouverneur d'Auvergne et Madeleine, épouse de Laurent de Médicis (le petit fils de Laurent le Magnifique) et mère de Catherine de Médicis. Anne n'ayant pas eu d'enfant, Madeleine reçut la part de sa sœur et la transmit à sa fille quand celle-ci devint reine de France. Marguerite, à son tour, l'obtint de sa mère mais celle-ci la déshérita en faveur de Charles de Valois, fils naturel de Charles IX et de Marie Touchet. En 1606, un arrêt en Parlement rendit ses biens à la reine qui, en 1609, les légua au futur Louis XIII.

Le livre de comptes nous apprend que le lundi 7 novembre 1586 Marguerite a dîné, soupé et couché à St-Saturnin, village contigu à St-Amant-Tallende. Elle va y rester jusqu'au jeudi 13 novembre dans la matinée, car c'est à ce moment qu'elle est conduite à Usson. Pendant une petite semaine donc, en attendant les ordres du roi, Canillac la fait surveiller dans une demeure semble-t-il plus confortable que celle de St-Amant.

Canillac a dû recevoir ses ordres le 8 novembre car Mariéjol nous informe que le marquis-gouverneur a répondu à Villeroy ce même jour afin de remercier Henri III pour les félicitations qui lui ont été adressées. Le monarque demande à Canillac de conduire et d'enfermer la reine de Navarre à Usson.

Marguerite doit donc quitter St-Saturnin, chef-lieu de la baronnie de la Chcyre [82]. La baronnie comprenait St-Amant, Montpeyroux, Montredon, Chanonat, Prades et St-Julien d'Aydat. St-Saturnin suit le destin de St-Amant dans la mesure où elle est aussi possession de la Tour d'Auvergne.

---

81 - Histoire des communes du Puy-de-Dôme. (arrondissement d'Issoire) p. 160.

Cette grande famille, qui donnera plus tard un Turenne, avait sa résidence primitivement à la Tour d'Auvergne à l'extrémité sud de la chaîne du Sancy. Mais dès le XIIIe siècle elle vient habiter à St-Saturnin où l'on fait de grands travaux. Le manoir possède à ce moment une architecture gracieuse qui traduit davantage l'intention d'en faire une résidence agréable qu'une place forte. C'est ici en particulier qu'est morte, en 1534, Anne de Boulogne, duchesse d'Albany, qui s'y plaisait beaucoup. Contrairement à ce qu'en dit St-Poncy, qui pour une fois se trompe, Catherine de Médicis est venue à St-Saturnin. Elle y fut en mars 1566 avec son fils Charles IX lors de leur grand voyage à travers le royaume. Selon M. Manry, [84] ils venaient de Vic-le-Comte et allaient à Clermont.

Le court séjour de la reine de Navarre à St-Saturnin (6 jours) a laissé de vagues souvenirs, où la légende et l'histoire sont intimement mêlées. La chronique locale rattache en effet au séjour de Marguerite la plantation de l'imposante allée de tilleuls, longue de deux kilomètres, qui relie St-Amant à St-Saturnin. Cette fois nous sommes d'accord avec St-Poncy pour considérer que ces arbres n'ont pu être plantés pendant un si court laps de temps. En revanche on peut estimer que l'idée de la plantation est sienne et que la réalisation fut postérieure à son passage.

Le château a échappé aux destructions des places fortes d'Auvergne opérées sur l'ordre de Richelieu mais aussi, on l'oublie trop souvent, à la demande expresse des assemblées des villes comme on le verra plus loin.

C'est à St-Saturnin que la reine de Navarre passa les jours les plus sombres de sa vie ; dans l'incertitude du lendemain, séparée d'Aubiac dont elle ignore le sort, séquestrée et évidemment humiliée par la défaite et la trahison.

Début novembre, Villeroy avait reçu du roi Henri III la lettre suivante : « Mandez à Canillac qu'il ne bouge que nous n'y ayons pourvu bien et comme il faut. Cependant écrivez-lui qu'il la mène au château d'Usson. Que cette heure l'on arrête ses terres et ses pensions, tant pour rembourser le marquis que pour sa garde. Quant à ses femmes et hommes, que le marquis les chasse incontinent, et qu'il lui donne quelque honnête demoiselle et femme de chambre, en attendant que la reine, ma bonne mère, lui en ordonne de telles qu'elle avisera ; mais que surtout il prenne bien garde à elle. Je ne la veux appeler dans les lettres patentes que sœur et non chère et bien aimée. La reine, ma mère, m'enjoint de faire pendre Aubiac, et que ce soit en la présence de cette misérable en la cour du château

82 - Qui signifie « coulée de lave »

83 - Histoire des communes… op. cit. p. 386.

84 - Lettres IX p. 309.

d'Usson. Faites que ce soit dextrement fait. Mandez que l'on m'envoie toutes ses bagues et par un bel inventaire et qu'on me le apporte au plus tôt ».

On verra plus loin que dès le lendemain, Henri III, à propos d'Aubiac, ne suivra plus Catherine de Médicis et demandera qu'on juge le gentilhomme. En définitive, celui-ci ne bénéficiera pas d'un vrai jugement et sera le jouet de la double vindicte royale.

Le jeudi 13 novembre 1586, la reine de Navarre quitte sous bonne garde St-Saturnin pour Usson.

A toutes fins utiles, plus d'un an auparavant, Villeroy avait demandé, le 15 mai 1585, de faire voter par les "bonnes villes" d'Auvergne, les sommes nécessaires à l'entretien de 50 hommes d'armes à Usson. Il dressait l'état des provisions nécessaires. A l'assemblée du 24 mai est présentée une requête ayant le même objet par le seigneur d'Anglares et Boisrigaud, gouverneur d'Usson. [85] La veille, le 14 mai 1585, Randan, gouverneur de la province, avait écrit aux États provinciaux pour demander 5000 F (sic) pour les fortifications d'Issoire. Sa demande était renouvelée le 31 mai pour convoquer les "bonnes villes". [86]

Des dispositions avaient donc été prises de longue date. Était-ce pour accueillir la sœur du roi ? En tout état de cause, un long exil commençait pour Marguerite en Basse Auvergne.

85 - Arch. Municip. Clermont-Ferrand. A.A.41.

86 - Arch. Municip. Clermont-Ferrand. A.A.42.

Chapitre 2

Le château d'Usson et ses environs

Situation d'Usson

Le voyageur qui emprunte l'autoroute A 75 (Clermont-Ferrand - Montpellier) ne peut manquer d'admirer au niveau du contournement d'Issoire, à 37 kilomètres au sud de Clermont-Ferrand, une succession de collines qui ponctuent à cet endroit la plaine issoirienne. Parmi celles-ci, Usson se distingue des autres par son cône parfait et sa couronne de maisons à flanc de coteau qui brille au soleil, à l'est d'Issoire.

C'est en haut de cette colline, culminant à 639 m [87], que Marguerite de Valois a vécu dans une forteresse près de 19 années en prisonnière d'abord, puis en réfugiée ensuite, organisant sa petite cour.

Il faut quitter l'autoroute, si l'on veut se rendre à Usson, en prenant la sortie n° 13, passer par Parentignat à deux kilomètres (D 996) sur la route de Sauxillanges et traverser Varennes-sur-Usson. L'on parvient à Usson par la D 709, six kilomètres après Parentignat. En haut du village (200 habitants), classé parmi les plus beaux de France, la vue est superbe notamment l'hiver, quand le ciel dégagé offre à l'admiration du visiteur la chaîne des puys au lointain, couverte de neige. De la forteresse, il ne reste que l'église, Richelieu ayant fait abattre tous les châteaux forts de la région dans les années 1633 et 1634 à la demande des habitants des villes voisines.

L'intérêt stratégique d'Usson

On pense qu'au sommet de ce monticule volcanique, il y eut un temple païen, probablement en l'honneur de Mercure, comme celui qui devait surmonter Clermont jusqu'au IIIe siècle après Jésus-Christ.

Certains ont même cru que ce temple dit « Vasso Galate », décoré de la sta-

87 - Voir, presque au sommet des orgues basaltiques.

tue du Dieu romain, dû au ciseau de Zénodore, avait été construit à Usson. Il semble que ce soit un autre temple du même type appelé Bassa Gallia qui aurait été construit par deux rois Arvernes : Lucrius et Bituitus, à Varennes, (aujourd'hui Varennes-sur-Usson) entre Issoire et Usson. Ce monument magnifique, selon Julien Blauf, auteur des Annales d'Issoire [88], était « artistement ouvragé, avec d'immenses arceaux et une couverture de plomb ». Ce temple aurait été détruit au moment de l'arrivée du christianisme ou de l'invasion des Goths. Enfin, le même auteur pense qu'au sommet de la colline d'Usson, à la même époque, existait une statue de Mercure en direction de laquelle les paysans se prosternaient.

Les matériaux du temple ont-ils été utilisés pour construire la forteresse qu'évoque Grégoire de Tours sous le nom de Utrense Castrum ?

A la mort de Clovis, en 511, ses quatre fils se partagent le royaume : Thierry, son premier fils, qu'il avait eu, avant son mariage avec Clotilde, avec une concubine païenne, s'attribue en qualité de fils aîné, conscient de ses responsabilités, la partie la plus menacée du royaume, c'est-à-dire les terres de l'est. Mais il ajoute à l'autre extrémité, l'Albigeois, le Rouergue et l'Auvergne qu'il avait d'ailleurs conquis en 507, 508, après avoir aidé son père à remporter la bataille de Vouillé en 507, sur Alaric II.

Mais le sénateur de Clermont, Arcade, se révolta contre Thierry pour reconnaître Childebert, roi de Neustrie. Thierry vient donc envahir l'Auvergne pour mater cette rébellion, saccage Clermont et Thiers et s'empare de deux châteaux réputés imprenables : Meroliacum et Utrense Castrum, c'est-à-dire Murol et Usson.

Usson est attestée d'une manière formelle au Xe siècle. C'est alors un bourg « de quatre maisons, appelé Uceo ou Ucio, dépendant du comté de Brioude ». C'est une viguerie (Vicaria Ucionensis) qui va être détachée du comté vers 1200 à la suite d'une donation du suzerain, c'est-à-dire l'évêque du Puy, au comte d'Auvergne.

Avant 1200, Usson s'écrit Uceo ou Ucio. En 1165 on écrit Uteo. A la fin du XIIIe siècle, le mot se latinise en Ussonium qui va donner Usson, quand elle devient une ville.

On va l'appeler un moment Usson-les-Nonette non pas parce qu'elle possède un couvent de nonnes, mais parce qu'elle est proche de Nonette, « les » signifiant « près de ».

Les comtes d'Auvergne comprirent tout de suite l'intérêt stratégique d'Usson. Ils s'empressèrent d'y construire un château fort. A peine achevé, le comte Robert III, pour le rachat de ses péchés, concéda vers 1140 au monastè-

88 - Editées par Bouillet (J.B.). Annales de la Ville d'Issoire. Clermont-Ferrand. 1848.

re de Sauxillanges, la dîme de tous ses fiefs. Puis c'est Guillaume VIII, suzerain d'Usson, qui fait hommage de sa châtellenie au pape Alexandre III. Même chose pour un de ses successeurs, Guy II, qui avait aussi certainement beaucoup de choses à se faire pardonner et qui dédiait « à Dieu, aux Saints apôtres et à l'église Romaine » son domaine d'Usson. Il payait chaque année au St-Siège, comme marque d'inféodation, la redevance d'une once d'or. Quelques années après, sa félonie conduisit Philippe Auguste à le dépouiller d'une partie de ses fiefs et à occuper Usson. Puis Guy II récupéra le château. D'après Baluze, Usson était « le principal lieu, place et seigneurie du comté d'Auvergne ». On passera sur tous les feudataires qui se sont appelés seigneurs d'Usson. [89]

On retiendra simplement les faits les plus marquants jusqu'à la venue de Marguerite de Valois.

Il semble d'ailleurs que c'est avec une Isabelle d'Usson que s'éteint, à la fin du XIVe siècle, la lignée des seigneurs d'Usson. Sous Charles V, le château tombe aux mains des Anglais. En 1371, du Guesclin vient en faire le siège. Il n'enlève la place que par le manque de vivres des ennemis.

Jean de France, duc de Berry

Le duc de Berry, dont on a souligné le goût pour les châteaux à propos de Carlat, s'est intéressé, semble-t-il, encore davantage à la Basse-Auvergne, un peu plus proche de sa résidence ducale de Bourges. Madame Lehoux signale sa présence en juin et juillet 1369 à Clermont, Issoire, Usson et Nonette, et durant l'été 1370 à nouveau dans ces deux derniers châteaux entre le 18 et le 28 juillet. [90]

C'est d'abord un peu au sud d'Usson qu'aime se rendre le duc de Berry, à Nonette, dont la colline est surmontée comme à Usson, d'une forteresse construite par les comtes d'Auvergne. Il y installe sa famille dès l'hiver 1373-1374. Des aménagements y sont effectués de 1384 à 1388 alors que des travaux au palais de Riom grèvent déjà très largement le budget de ce prince qui mourra très endetté. A Nonette, Jean de France se consacre à l'une de ses passions favorites : la chasse aux sangliers dans la forêt. [91] Mais, de Nonette, la vue sur Usson est magnifique, surtout au soleil couchant. Le duc est sans doute séduit par la position imprenable – ou presque – de la forteresse d'Usson car le 6 novembre 1387, à Riom, il achète au comte de Boulogne et d'Auvergne, le

---

89 - Voir St-Poncy : op. cit. t.2 p. 297 et suiv.

90 - F. Lehoux : Jean de France, duc de Berri, sa vie, son action politique. 4 t. t. 1. p. 230.

91 - R. Lacour. Le gouvernement de l'apanage de Jean, duc de Berri. 1934. p. 142.

château et la châtellenie pour 50 000 F. En contrepartie, il lui cède la châtellenie de Lunel et le château de Galardes, dans la sénéchaussée de Beaucaire. Puis il fait commencer immédiatement des travaux à Usson car il voudrait y accueillir la propre fille du comte, Jeanne de Boulogne qui n'a que 12 ans et dont il voudrait faire sa seconde épouse. Le duc lui, en a 48…

Il confie les travaux à Guy de Dammartin. Des fragments de comptes de Jean Bouton, payeur des œuvres du château d'Usson, indiquent qu'à la date du 18 janvier 1389, le duc a « ordonné certaines réparations être faites en notre chastel d'Usson » et il demande de prendre les fonds destinés au château de Nonette pour payer, sur certification de Dammartin, tous les travaux effectués au château d'Usson.

En décembre 1388, on y travaille activement d'après madame Lehoux, « surtout dans les appartements ducaux : Les charpentiers réparaient les planchers, les blanchisseurs passaient un lait de chaux sur les murs, tandis que les menuisiers posaient portes et fenêtres et garnissaient celles-ci de toile cirée en guise de vitraux ». [92]

Les ouvriers se hâtent, à la lueur des chandelles. Le temps presse car on attend le couple princier d'un moment à l'autre en cette fin d'année 1388. Tous les corps de métiers sont sur le chantier le 21 décembre « nonobstant la fête de St-Thomas, apôtre, pour la venue de Monseigneur ». En fait, le duc ne viendra à Usson que dans la seconde quinzaine de mars 1389. Et il se marie à Riom à Pâques de la même année. Ce mariage suscite, évidemment des commentaires.

Le nouveau roi Charles VI ne put s'empêcher un jour de dire à son oncle : « Bel oncle que ferez-vous d'une fillette ? Elle n'a que douze ans et vous en avez cinquante – si la fille est jeune, répondit le barbon, je l'épargnerai trois ou quatre ans – voire, reprit le roi, fort lucide à cet instant, mais plus tard, elle ne vous épargnera guère ». Cette union fut stérile. Mais le duc Jean qui mourut en 1416 avait eu deux filles d'un premier lit. L'une, Bonne de Berry, que nous avons rencontrée à propos de Carlat, épousa le connétable Bernard VII, comte d'Armagnac qui fit entrer la vicomté de Carlat dans cette maison. L'autre, Marie de Berry, apporta le duché d'Auvergne à Jean 1er duc de Bourbon, son mari. De son côté la jeune veuve, Jeanne de Boulogne, à défaut d'enfant, disposa de son comté d'Auvergne en faveur de sa parente, Marie de Boulogne, femme de Bertrand de la Tour. Le contrat de mariage, signé le 27 mai 1400 entre Marie de Berry et Jean de Bourbon, stipulait que le roi consentait au transfert du duché d'Auvergne après le décès du titulaire à la maison des Bourbon. Mais le roi Charles VI, se réserva Usson qui n'était pas dans l'apanage.

---

92 - Manuscrits fr. 26023 n° 1348 et 1349 cités par Madame Lehoux. op. cit. t 2. p. 236.

Usson est incorporée au domaine de la Couronne

A la mort du duc de Berry, en 1416, Usson fut donc incorporée définitivement dans le domaine de la couronne. Charles VI y établit une prévôté royale et pendant quelque temps un bailliage.

Louis XI fit du château fort une prison d'État et l'agrandit. Il estimait que ses prisonniers étaient là plus en sûreté qu'à Loches, Vincennes ou Lusignan. Ce qui ne fut pas toujours vrai, en voici la preuve :

Le grand bouteiller de France [93], Sénéchal de Guyenne, Antoine de Châteauneuf, seigneur du Lau, primitivement détenu à Sully-sur-Loire, fut transféré à Usson en 1468. Il devait être enfermé dans une cage de fer. Mais le capitaine chargé de la surveillance du prisonnier, ne put se résoudre à un pareil traitement. Et Châteauneuf prit la fuite… Louis XI furieux « pour une tête, en trancha trois » : celle du gouverneur, Charles de Melun, de Ramonet le fils de la femme du capitaine et celle du procureur du roi en la prévôté d'Usson.

Bien que par contrat de mariage en date du 21 avril 1466 (avec Louis de Bourbon, amiral de France), Usson revint à sa fille naturelle, Jeanne de Sassenages, Louis XI garda sous son autorité la citadelle. Puis à la mort du fils de l'amiral, Usson fit retour au domaine royal.

Cependant, François Ier engagea sous faculté de rachat, en mai 1530, le revenu de la terre d'Usson et dépendances en faveur de François d'Escars de Carency, chambellan et de sa femme Isabelle, née de Bourbon, à condition d'entretenir la capitainerie. Mais le roi se réservait expressément le château et la forteresse.

Sous ce même roi, Usson a pour capitaine châtelain, Jehan de Fontanet et pour lieutenant de la capitainerie, Louis d'Ailly. Compromis dans la trahison du connétable de Bourbon, le capitaine sera condamné à mort, puis gracié par un acte de rémission en 1525. Il avait 75 ans. Son adjoint, Louis d'Ailly, lui succéda. Puis le roi racheta l'usufruit au sire d'Escars de Carency.

Arrivons enfin à la reine de Navarre.

L'apanage de Marguerite. Description du château

Quand Marguerite épousa Henri de Navarre, sa dot fut assignée en argent et non en terres. Elle reçut en particulier 300 000 écus d'or assurés par son frère, le roi Charles IX. Son apanage ne fut constitué qu'en 1578 et 1582, et il y eut

93 - Responsable des vignobles, de la cave du roi et de la surveillance du commerce des boissons.

transformation de sa dot. C'est donc en vertu de lettres patentes du 8 juillet 1582 que le fief d'Usson revient à Marguerite en même temps que le duché de Valois, d'Etampes, le comté de Senlis et autres terres.

A l'automne 1586, quand elle arrive en basse Auvergne, la reine de Navarre trouve à Usson une châtellenie importante dotée d'une prévôté, une petite ville et un château fort réputé le plus sûr des quatre clés de la Limagne, comme les appellent les Annales d'Issoire, et qui sont : Usson le fort, Nonette le beau, Ybois le bien situé et Vodable le riche. Il n'y avait, selon St-Poncy, que Carlat dans la haute Auvergne et Mozun dans la basse, (en réalité, le château de Tournoël, à l'ouest de Riom) qui lui étaient comparables. Ces quatre citadelles sont très proches d'Issoire et quelques kilomètres seulement les séparent les unes des autres. Trois sont situées sur la rive droite de l'Allier. Si l'on emprunte l'autoroute du sud vers le nord, on distingue d'abord Nonette au sud-est d'Issoire, ensuite Usson un peu plus éloignée de l'autoroute, au niveau du contournement d'Issoire et Ybois un peu au nord-est d'Issoire. Seule Vodable est sur la rive gauche de l'Allier au-delà d'Issoire, à l'ouest.

Il ne reste malheureusement presque rien de ces quatre châteaux forts victimes de la vindicte de Richelieu et de la crainte des députés des villes.

Usson, que Marguerite va découvrir, est en fait le troisième château bâti sur la colline basaltique. Le premier a été aboli par Thierry au VIe siècle, le deuxième fut construit par les comtes d'Auvergne et le troisième édifié par Jean, duc de Berry et d'Auvergne à la fin du XIVe siècle et complété par Louis XI notamment.

Un mémoire d'Anne de Beaufort, veuve de Godefroy de Boulogne, daté de 1483, présente Usson comme « une des plus fortes et seigneurieuses (sic) places et seigneuries du comté d'Auvergne ». Quant aux témoignages sur la structure de la forteresse, ils sont rares et peu précis. Nous disposons de plusieurs représentations qui semblent toutes plus ou moins inspirées du dessin figurant dans l'armorial de Guillaume Revel daté de 1450, de la description médiocre des Annales d'Issoire, bien postérieure, et peu fiable, et de quelques indications de Scaliger, ex-visiteur du château, mais très laconique dans son admiration, comme d'ailleurs Brantôme.

Vu de la plaine d'Issoire, au sommet de la colline conique de 639 m, on imagine aisément cette citadelle imprenable ; « modèle de l'architecture du moyen-âge » vaste et dotée d'une triple enceinte. Le système défensif conduisait, en fait, à effectuer trois sièges successifs si l'on voulait prendre le château, ce qui semble-t-il, ne s'est jamais réalisé depuis sa construction. Joseph Scaliger, le savant et humaniste, qui avait connu Marguerite à Nérac, fait partie des trop rares témoins qui, parmi les nombreux visiteurs de la reine à Usson, ont donné quelques précisions sur le château lui-même.

Il affirmait, en parlant d'Usson, que c'était un roc « autour duquel sont trois villes l'une sur l'autre en forme de bonnet de pape » [94]. Le château constituait le sommet de la tiare.

Le dessin de G. Revel, à la Réserve de la Bibliothèque Nationale, montre tout en haut du cône de basalte, le traditionnel donjon féodal. Ce donjon est surmonté d'une tourelle également de section carrée. C'est sur celle-ci que se serait trouvé le guetteur prêt à donner l'alarme en cas d'attaque. A noter qu'un système de signaux, visible des autres châteaux forts voisins, mettait en relation l'ensemble des forteresses de la plaine d'Issoire.

Comme à Carlat, il existait une source, indispensable à la tenue d'un siège et retrouvée en excellent état dans le quartier de la Nugère. En temps ordinaire, on se servait, plus bas, de la fontaine du village qui existe encore et qui porte le nom de la reine. Au XIXe siècle, il y avait une auberge tout à côté dont l'enseigne était « Aux sources de Marguerite ».

Le donjon est entouré d'une enceinte crénelée avec des tours. Plus bas, une deuxième enceinte, plus vaste mais non munie de créneaux, renforce le dispositif de défense. On y accède par une seule porte, protégée par deux tours et une grille.

Enfin, une troisième ceinture entoure cet ensemble. Elle comporte des créneaux et enferme l'église et le village avec une partie de la garnison.

Le logement de la reine devait être au pied du donjon et dans le donjon lui-même en cas d'attaque.

On sait par une lettre écrite à la ville d'Usson le 17 juin 1614, c'est-à-dire moins d'un an avant sa mort, que Marguerite avait fait construire seize petites chapelles autour du château pendant son séjour auvergnat.

Elle a aussi, semble-t-il, fait aménager des galeries pour circuler plus facilement d'un endroit à l'autre du château.

Côté sud de la colline, il y avait une terrasse dont on aperçoit encore le site au-dessous d'une citerne. Marguerite aimait s'y rendre afin d'y contempler le village d'Usson à ses pieds. Elle pouvait observer la place de la Topaine, lieu de rendez-vous de la jeunesse du village où l'on dansait.

Des cinq portes initiales de la petite cité, il n'en reste qu'une seule que les habitants d'Usson appellent la porte de France. Elle est située dans le quartier

94 - - Joseph Scaliger, fils d'un médecin italien émigré à Agen, né lui-même dans cette ville en 1540, se convertit au protestantisme et se réfugia à Génève après la St-Barthélémy. Cela ne l'empêcha pas de venir voir la reine quinze ans après à Usson.

du Bourgelat au nord. Les principaux quartiers étaient :

Au centre et vers le sud, la Topaine, déjà évoquée avec sa place publique. La tradition désigne l'ancien presbytère autrefois situé sur cette place aux pieds du château, comme ayant été la maison du gouverneur, le marquis de Canillac. Un second bâtiment devait être le tribunal de la prévôté.

Plus bas, en direction de la fontaine de la reine, face à l'actuelle mairie, se trouve ce qui était probablement l'une des plus belles demeures d'Usson. [95] C'est celle, très bien conservée, du titulaire de l'ancienne châtellenie qui fut, à partir de 1592, François Villot de Boislvisant et à partir de 1595, Antoine de Matharel, natif d'Usson. Il resta châtelain jusqu'au départ de la reine. Officier de robe longue, il possédait des droits de justice. C'était un savant renommé, auteur de plusieurs ouvrages en latin. Son frère Pierre était le procureur de Marguerite.

Au nord le Bourgelat (bourg gelé) se trouvait, semble-t-il, la porte réservée au passage des condamnés.

A l'est, la Nugère remplie de noyers, permettait une belle vue sur le massif du Forez.

Enfin, à l'ouest, le quartier de la Fontaine se situait presque aux pieds de l'église qui subsiste.

C'est aujourd'hui le lieu d'accueil des visiteurs qui essaient d'y ranger leurs véhicules. Une magnifique perspective s'offre à leurs yeux sur la limagne d'Issoire et la chaîne des Puys en arrière-plan.

L'église qui figure entre la troisième et la deuxième enceinte sur tous les dessins de la forteresse est sans aucun doute une partie de l'église actuelle. Celle-ci a été remaniée aux XIVe, XVIe et XVIIe siècles. Elle comprend deux édifices distincts et parallèles. L'un est l'ancienne construction romane, avec la nef principale agrandie à l'est par un chœur et élargie sur toute sa longueur par deux nefs latérales de chaque côté du chœur. A l'ouest, elle est prolongée par une tour-clocher.

L'autre édifice est la chapelle datant probablement du XIVe siècle qui est aujourd'hui la sacristie. Lors des travaux d'agrandissement de l'église, les deux constructions distinctes ont été réunies. Leur accès se fait par un porche voûté au sud.

---

95 - Cette imposante construction donnait à l'ouest du temps de la reine et jusqu'au début du siècle. Elle bénéficiait d'un panorama exceptionnel face à la chaîne des Puys. Pour une cause liée à une mésentente entre la famille Matharel et la municipalité de l'époque, cette dernière construisit la mairie face à la maison de l'ancien châtelain masquant ainsi une bonne partie de la vue superbe qui s'offrait aux occupants de la belle demeure du XVIe siècle.

Des souterrains avaient été creusés au-delà de la première et de la deuxième enceinte. Ils contenaient les réserves de nourriture et les munitions. Sans doute, des passages clandestins donnaient-ils accès à des sorties à l'extérieur de la forteresse. Mais on n'a pas trouvé de traces d'éventuelles oubliettes.

L'ensemble, vu de près ou de loin, est d'une belle harmonie. Le cône qui supporte la citadelle et le village se situe idéalement dans la limagne d'Issoire.

Marguerite pouvait voir au nord, Ibois, le château de sa mère – (un mauvais souvenir) – et à l'ouest, les collines vert sombre du Livradois-Forez. Au sud, se découpait Nonette et à l'ouest, on distinguait Vodable. Mais c'était Usson qui l'emportait par sa majesté, ses portes en ogives, étroites entre deux bastions, ses fenêtres sculptées en trèfle, ses multiples créneaux, ses meurtrières, sa ceinture de mâchicoulis, ses chemins de ronde, ses gargouilles fantastiques, son beffroi avec sa cloche banale, ses tourelles pointues munies de girouettes, de bannières et de fleurons.

Marguerite disait à Scaliger « unum castrum in uxone » : « il n'y a qu'un château, c'est Usson ».

Mais qu'y fit la reine de Navarre puis reine de France, pendant plus de 18 années ?

Chapitre 3

De la prison au refuge

C'est le jeudi 13 novembre 1586 que la reine de Navarre met, pour la première fois, les pieds à Usson. Elle y demeurera pendant dix-huit ans et demi. Elle y sera d'abord prisonnière, mais en définitive assez peu de temps. Puis retournant la situation à son avantage, elle gouvernera Usson, considérant la forteresse comme un refuge en cette époque troublée. Enfin, devenue la « reine » d'Usson, elle y organisera sa petite cour.

Aubiac pendu. Marguerite prisonnière et menacée

Dès les premiers jours de son arrivée dans la forteresse, le destin de son amant Aubiac allait être scellé. Henri III avait écrit à Villeroy : « Quant à cet Aubiac, quoiqu'il mérite la mort devant Dieu et devant les hommes, il serait bon que quelques juges vissent son procès, afin que nous eussions toujours par devant nous ce qui peut servir à réprimer son audace (l'audace de sa sœur) car elle ne sera toujours que trop superbe et maligne. Résolvez ce qui s'en doit faire, car pour ce qui est de la mort, nous sommes tous résolus qu'elle s'en suive ».

En fait, Aubiac ne sera pas jugé, Henri III craignant probablement qu'un procès public n'étale trop la liaison de Marguerite et constitue un motif de divorce, ce qui permettrait à Henri de Navarre de convoler en juste noce et d'avoir des enfants.

Par conséquent, on tire du château de St-Cirgues l'amant de la reine et on le conduit à Aigueperse, dans le Dauphiné d'Auvergne, qui appartient à un Bourbon, le duc de Montpensier. Là, le prévôt, Lugoli fait installer une potence devant chez lui, place St-Louis. Aubiac est pendu « comme un manant et par un raffinement de cruauté les pieds en l'air » [96]. Il est ensuite jeté à demi-mort dans la fosse creusée sous la potence. Ce supplice infamant – la mort pour un gentilhomme était normalement la décapitation – voulait faire croire qu'on châtiait le responsable de l'empoisonnement de Marzé, le châtelain de Carlat et non l'amant de la reine de Navarre.[97]

Marguerite va pleurer son amoureux. Saint-Poncy qui est un vrai érudit mais aussi peut-être un vrai naïf se pose la question : « D'Aubiac fut-il l'amant de la reine de Navarre ? » Il répond : « il est difficile de se prononcer sur un point aussi délicat. Toujours est-il qu'une tendre sympathie les unit et que si le fidèle gentilhomme obtint de sa dame amoureuse merci, il se montra par son dévouement digne de son choix ». Le roi Henri III et sa mère ne se sont guère posé ce genre de question.

Dans le même temps, Catherine de Médicis rencontre Henri, le mari de la reine prisonnière. Or la vie de celle-ci n'est rien moins qu'en question.

La reine-mère n'a qu'un désir, on le sait : réussir de convertir le roi de Navarre au catholicisme en lui disant qu'il assurerait ainsi ses droits à la couronne… En réalité, l'astucieuse reine-mère souhaitait, comme toujours, consolider le trône, c'est-à-dire le libérer de l'opposition des protestants.

Henri de Navarre converti, c'était la fin de la menace huguenote. Cela conduirait les ligueurs, ne craignant plus l'éventualité d'un roi hérétique, à baisser les armes. Catherine proposa donc à son gendre de divorcer et de se remarier à Christine de Lorraine, fille du duc de Lorraine, dont le fils aîné, marquis de Pont-à-Mousson, épouserait sa sœur, Catherine de Bourbon. Catherine qui n'était pas assurée d'obtenir de Rome l'annulation du mariage s'intéressait, avec son fils, de très près à la santé de Marguerite dont la mort aurait, évidemment, résolu leur problème. La reine de Navarre est, dit-on, très malade. L'ambassadeur Cavriana écrit en octobre 1586, quand il apprend la fuite de Carlat et l'emprisonnement à Usson : « Parmi les premières nouvelles qui viendront d'Auvergne et du Languedoc, je crois qu'on aura celle de la mort de la reine de Navarre… (« Sulle prime nuove che verranno di Auvergna e Languedoc, io credo che ci sarà la morte della reine di Navarra… »). Si Dieu ne

96 - Mariéjol : op. cit. p. 254.

97 - Une tradition locale comme il y en tant sur Marguerite en Auvergne – elle y a quand même passé vingt ans ! – prétend, raconte St-Poncy, que d'Aubiac subit son supplice en dehors des murs de la ville. Ce lieu s'appellerait depuis Aubiat. Il existe bien aujourd'hui une commune à 7 km au sud d'Aigueperse portant ce nom, sur la route de Riom (700 habitants). Cette hypothèse reste semble-t-il dans le domaine de la légende si l'on croit le manuscrit d'Issoire.

pourvoit à son cas, elle ne peut le mener long… (« se dio non provede ai casi suoi, la non puo farla lunga ») ». Et il ajoute « si je voulais écrire à votre seigneurie toutes les choses qui se racontent, vraies ou fausses, ce serait : materia tragica ».[98] Le toscan s'attend à un dénouement rapide, compte tenu des sentiments qu'il prête au roi et à la reine dont il a été le médecin. Henri III n'écrit-il pas à Villeroy ? : « Plus je vais en avant, plus je ressens et reconnais l'ignominie que cette misérable nous fait. Le mieux que Dieu fera pour elle et pour nous, c'est de la prendre ».[99]

Catherine avait tellement pris ses rêves pour la réalité qu'elle alla jusqu'à présenter Christine de Lorraine à son gendre… Mais Marguerite ne se décidait pas à mourir. On examinait à la Cour toutes les possibilités de la faire disparaître. Une idée revenait souvent : la cloîtrer comme une nonne. Très versatile, Henri III revenait brusquement à de meilleurs sentiments. En janvier 1587, il écrit à sa mère : « il ne faut pas qu'il attende (Henri de Navarre) de nous que nous la traitions inhumainement ni aussi qu'il la puisse répudier pour après en épouser une autre… Je voudrais qu'elle fût mise en lieu où il la pût voir quand il voudrait, pour essayer d'en tirer des enfants et néanmoins fût assuré qu'elle ne se pourrait gouverner autrement, que très sagement, encore qu'elle n'eût volonté de ce faire… »

Mais Henri III ne croit guère à un rapprochement des deux époux. Il ajoute « je pense bien que cette ouverture lui sera d'abordée de dure digestion, d'autant que j'ai entendu qu'il a le nom de ladite femme très à contre cœur. Si estce toutefois qu'il faut qu'il se résolve de n'en épouser jamais d'autre tant qu'elle vivra et que s'il s'oubliait tant que de faire autrement, outre qu'il mettrait sa lignée en doute pour jamais, il m'aurait pour ennemi capital » [100]. Mariéjol écrit : « S'il répugne de croire que Catherine de Médicis fût elle-même coupable de vendre son propre sang, il est possible qu'elle eût dans son entourage des gens qui n'étaient sensibles qu'à la raison d'État ». C'est probablement disculper un peu vite la Florentine si l'on se rappelle son attitude envers sa fille la veille de la St-Barthélémy. D'ailleurs Mariéjol ajoute : « que valaient des considérations d'humanité au prix de ces grands avantages : la paix du royaume, la ruine des factions, le rétablissement de l'autorité royale ? » [101]

Les premiers jours de Marguerite à Usson sont évidemment très difficiles. Rejetée par sa famille, trahie par son entourage et sans amour, la situation est des plus pénibles. D'autant qu'Aubiac, s'il n'a peut-être pas effacé dans le cœur

---

98 - Lettre écrite le 8 décembre 1586. Voir Desjardin op. Cit. t.4.p. 663.

99 - Lettre écrite le même jour que celle de Cavriana.

100 - Lettre de janvier 1587 citée par Mariéjol p. 256.

101 - Mariéjol : op. cit. p. 256.

de la reine de Navarre le souvenir d'Henri de Guise, de Bussy ou de Chanvallon, lui était très attaché. Son dévouement, voire sa passion laisse présager, bien qu'aucune preuve positive n'existe, qu'Aubiac reçut de Marguerite la récompense de son amour. Il fut « le féal chevalier de la reine » lors de son départ de Carlat et jusqu'à sa mort. Henri III ne s'y trompait pas qui poursuivait l'amant de Marguerite mais aussi le serviteur dévoué de sa sœur qui avait pris fait et cause pour elle.

Le marquis de Canillac. Interrogation sur ses relations avec la reine de Navarre

Jean de Beaufort-Montboissier, marquis de Canillac, baron de Montboissier, vicomte de la Mothe et de Pont-du-Château, conseiller du roi en son conseil, capitaine de 50 hommes d'armes avait été gouverneur de la Haute-Auvergne de 1576 à 1584. En effet en 1574, St-Hérem, le gouverneur de toute la province d'Auvergne avait permis, en raison de son grand âge, au sieur de Montal d'être en charge de la Haute-Auvergne jusqu'en 1576, année où celui-ci mourut. Randan, successeur de St-Hérem en 1577 et Canillac, successeur de Montal l'année précédente, gouvernèrent donc respectivement les Basse et Haute Auvergne. Puis, en 1584, Canillac remit son commandement au comte de Randan et devint son lieutenant général pour la Haute-Auvergne. Il fut envoyé un peu plus tard en Turquie en qualité d'ambassadeur. A son retour il n'obtint pas ce qu'il estimait être la juste récompense de son dévouement à la couronne et se tourna vers la Ligue.

Il est à propos ici de dénoncer encore une fois le « Divorce satyrique » qui divague sur les motifs poussant Canillac à se débarrasser d'Aubiac. Si l'on en croit le pamphlet huguenot – ce dont il faut se garder – le marquis « homme d'État et plus né pour les affaires que pour l'amour », qui « préférant à la foi qu'il devait à son maître un chétif plaisir, se laissa piper aux artifices de sa prisonnière oubliant son devoir » et « quittant tout ce qu'il devait prétende de sa fortune pour le rendre amoureux et tellement jaloux qu'elle en sacrifia le pauvre Aubiac du soupçon lui faisant faire son procès par Luzoly et puis pendre et étrangler à Aigueperse » [102]. Evidemment on ne prête qu'aux riches, surtout quand la richesse est fondée en grande partie sur la légende. Marguerite aurait été décidément irrésistible ! La vérité ne réside pas dans une vengeance amoureuse mais dans le chatiment royal.

En ce qui concerne les relations de Marguerite et de Canillac, on ne peut suivre davantage le pamphlet protestant quand il brode à loisirs : « Canillac,

---

102 - Divorce Satyrique. Op. Cit. p. 671.

pour ce criminel, sur qui il exerça plutôt sa jalousie que ma vengeance, ne laissa pas de faire les doux yeux et de soigner sa petite taille outre l'ordinaire devenant en peu de temps d'aussi mal propre que je pourrais être (Henri IV est censé parler) oint et poli comme un beau petit amoureux de village. Mais de quoi lui servit à la longue sa bienséance ? [L'histoire est plaisante des ruses et artifices desquels cette reine s'avisa pour éloigner de ce château ledit marquis de Canillac qui l'importunait fort : c'est qu'elle lui faisait croire qu'elle l'aimait, qu'elle lui voulait faire du bien ; enfin elle lui donnait sa maison de Paris, l'hôtel de Navarre et une terre de 2000 livres de rentes située en son duché de Valois, proche Senlis, et pour joindre les effets aux paroles, elle lui fit expédier une donation en bonne forme de ces deux pièces et fut envoyé à Monsieur Hennequin, président en la Cour du Parlement et un des chefs de son conseil et en même temps fit expédier une contre-lettre audit sieur lui mandant qu'il n'en fit rien et que, tirant l'affaire en longueur, il le tint toujours en haleine et espérance d'obtenir d'elle tout ce qu'il voulait ».] [103]

Les panégyristes de Marguerite se sont laissé prendre par l'image du pamphlet présentant la reine se jouant de Canillac. La tentation était facile, disons-le. Hilarion de Coste, évoquant Canillac, n'hésite pas à écrire : « ce seigneur d'une maison très illustre se vit le captif de sa prisonnière, il pensait avoir triomphé d'elle et la seule vue de l'ivoire de son bras triompha de lui et dès lors il ne vécut que de la faveur des yeux victorieux de sa belle captive ». Quant à Brantôme, il insiste sur le pouvoir de séduction de « sa » princesse : « que c'était un grand cœur conduit d'une grande beauté ! Car celui qui la tenait prisonnière, en devint prisonnier dans peu de temps, encore qu'il fut brave et vaillant. Pauvre homme ! Que pouvait-il faire ? Vouloir tenir prisonnière, sujette et captive en sa prison celle qui, de ses yeux et de son beau visage, peut assujettir de ses liens et de chaînes tout le reste du monde comme forçat ! Le voilà donc ce marquis ravi et près de cette beauté, mais elle, qui ne songe en aucuns délices d'amour, mais en son honneur et en sa liberté joue son jeu si accortement qu'elle se rend la plus forte, et s'empare de la place et en chasse le marquis bien ébahi d'une telle surprise et ruse militaire ».[104]

Brantôme emboîtant, pour quelques instants, le pas du pamphlétaire, les huguenots n'en demandaient pas tant. Mais la vérité est là encore outragée. La reine Marguerite, au début de ses Mémoires dédiés à Brantôme, lui fait observer son erreur. Elle annonce une rectification à venir. Mais les Mémoires qui

---

103 - Le Divorce Satyrique. Op. cit.p. 672.

104 - Brantôme - Recueil des dames.... p. 149.

nous sont parvenus s'arrêtent à 1582, hélas. Or les raisons du revirement de Canillac sont essentiellement politiques et de bon sens, compte tenu du contexte en cette fin d'année 1586. A Paris, les responsables de la Ligue s'empressent de conseiller à Canillac la modération, s'agissant de la sœur du roi. Les Guise, le duc de Lorraine et de Savoie, font connaître leur mécontentement. Canillac se rend compte que son zèle peut se retourner contre lui. En fait, Joyeuse l'a utilisé comme bouc-émissaire. « Irrité d'avoir servi d'instrument pour une commission indigne d'un chevalier, il prit en haine ceux qui l'avaient compromis », (St-Poncy).

Mme Garrisson de son côté note, s'agissant de Marguerite : « Comme elle l'a fait à Agen pour la municipalité, à Carlat pour Marzé et Lignerac (sans réussir !) elle veut demeurer seule et entièrement maîtresse de la place. Outre le déploiement de son éventail voluptueux, la reine utilise une nouvelle fois l'appât de l'intérêt ». Empruntant le conditionnel, l'historienne poursuit : « elle aurait donné au marquis une bonne somme d'argent ainsi que le fameux hôtel de Navarre, celui auquel, il n'y a même pas cinq ans, elle accordait tous ses soins ; elle en appointe encore le concierge, Moïse Crosnier, pourvoit aux réparations, paie des impositions et fait procéder à l'occasion de la fête-Dieu à des décorations de tentures et de luminaires ».[105]

J. H Mariéjol, il est vrai, nous indique que l'histoire de l'hôtel de Navarre et de la rente, pour se trouver dans un pamphlet n'est pas nécessairement une invention. « Le don, si grand qu'il soit n'excède pas, dit-il, les moyens de l'obligée ».[106]

Enfin, les registres comptables de 1594 ou 1595 montrent un acte signé de la reine abrogeant les dons faits à la marquise de Canillac. Elle a donc « dans la même foulée acheté l'épouse » déclare Mme Garrisson qui ajoute : « d'amour, de dialectique, d'intérêt, elle se libère de son geôlier, puis de son partenaire dans la maîtrise d'Usson ».

Dépit de Canillac. Marguerite obtient sa liberté

C'est, en effet grâce à un ensemble de considérations guidées, semble-t-il, par un intérêt commun de Canillac et de la reine de Navarre que Marguerite obtient sa liberté. En revanche, on ne peut suivre St-Poncy quand il croit authentique une donation – assurément un faux comme l'écrit Mariéjol – datée du 8 septembre 1588, près de deux ans après sa délivrance par laquelle la reine

105 - Garrisson. Op. cit. p. 259.
106 - Mariéjol. Op. cit. p. 259.

de Navarre cède à Canillac et aux siens tous ses droits sur le comté d'Auvergne et « autres terres dudit pays appartenant à la reine, sa très honorée dame et mère lesquels nous peuvent et doivent appartenir tant pour le partage légitime qui nous est dû que pour les 200 000 F que notre dite dame mère nous donna par contrat de mariage »... Et Marguerite, décidément très généreuse, donne également 40 000 écus à Canillac « plus tôt qu'il nous sera possible » ainsi que 10 000 écus de pension par an... Il n'y a dans ce document rien qui puisse rappeler le style, l'orthographe et l'écriture de la reine de Navarre. Sur le fond, la farce est grossière car Marguerite se privait ainsi de tous les moyens de satisfaire son créancier !

Le marquis, qui a arrêté la sœur du roi – ce qui n'est pas rien – s'attend doublement à une récompense.

On a vu qu'il s'était démis deux ans auparavant du gouvernement de la Haute Auvergne au bénéfice de Louis de la Rochefoucault, seigneur de Randan, déjà gouverneur de la Basse Auvergne, à la condition de retrouver son commandement à son retour de Constantinople.

La mère de Randan, une italienne, Fulvie Pic de la Mirandole, arrière petite nièce du savant de la Renaissance et favorite de Catherine de Médicis, avait obtenu du roi un accord verbal sur cette affaire. [107]

La mission de Canillac en Turquie avait tourné court. Il devait même aller jusqu'en Perse pour réconcilier le sultan et le sephi en guerre et les inciter à en faire des alliés contre l'Espagne. Cela résulte d'une lettre de Mendoza au duc de Guise en date du 14 août 1588.[108]

Mais au moment où Canillac allait s'embarquer pour la Perse, « quelque intrigue de cour », en tout cas un changement de politique, mit fin soudainement à sa mission. Depuis cet épisode et son retour en France, il attendait d'être réintégré dans ses droits, ce dont personne ne semblait se soucier. Le roi l'ignorait. N'aimait-il pas Canillac ? Craignait-il de mécontenter Randan, ligueur avéré ou tout simplement fut-il négligent ? Quoi qu'il en soit, Canillac souhaitait, pour se gagner les bonnes grâces royales, faire tout ce qui pouvait lui être demandé : même faire prisonnière la reine de Navarre. Joyeuse avait été témoin de son dévouement, par exemple lors de l'expédition du Gévaudan. Joyeuse lui avait-il fait présager une réponse du roi conforme à ses voeux lors de cette campagne ? Que pouvait donc faire de plus le marquis de Canillac que d'enfermer la sœur du roi dont celui-ci voulait se débarrasser ? Il attendait une récompense. Mais elle ne vint pas. Le roi l'oublia-t-il alors que Marguerite était recluse

---

107 - Selon Mariéjol. op. cit. p. 258.

108 - Croze. Les Guise, les Valois et Philippe II p. 328 et 333.

sous la garde des Suisses du maréchal de Matignon ? On en doute. Car la reine mère, elle-même, Catherine de Médicis s'étonnait de cette indifférence dans une lettre du 27 novembre 1586 envoyée à Villeroy mais destinée à Henri III. « Il mérite beaucoup (Canillac) car il nous a obéi sans avoir égard à ce qui en pourrait advenir, aussi ce gentilhomme Montmorin qui épouse sa fille, le roi lui fasse quelque bien. Quant à moi, je lui ai donné la coupe d'un bois car je n'avais point d'argent et à Chateauneuf une petite seigneurie ».[109] Ce n'était pas tout à fait ce que l'intéressé attendait. Il fallait un geste royal. La lettre de félicitations qu'il avait reçue n'atteignait évidemment pas le prix de ce service exceptionnel.

Le roi faisait la sourde oreille aux recommandations de sa mère qui insistait dans une autre lettre du 2 février 1587 : « Je vois qu'il est très nécessaire que ledit marquis soit remis en son dit gouvernement ». Elle ajoutait « Aussi me semble-t-il (toutefois je n'en suis pas bien mémorative) que quand elle (Fulvie de la Mirandole) en poursuivit l'expédition pour son dit fils, elle disait que quand ledit marquis serait de retour de son voyage, son dit fils vous remettrait toujours entre vos mains ledit gouvernement du Haut Auvergne pour lui bailler ». Catherine pensait pouvoir convaincre la mère de Randan de décider son fils de convenir d'un arrangement avec Canillac.

Probablement par inconscience et négligence, le roi Henri III augmenta le dépit du marquis de la manière suivante :

Le 22 novembre 1586, il autorisa l'ancien conseiller et confident du duc d'Anjou à revendiquer la baronnie de Montboissier que son cousin Canillac avait en partie usurpée. La date de cet accord royal était particulièrement mal venue, quinze jours après l'ordre de se saisir de Marguerite et de l'enfermer à Usson.

Comme l'écrit Mariéjol, cette attitude « dut paraître au geôlier du roi une singulière réponse à ses revendications et à ses services ».[110]

On imagine l'état d'esprit de Canillac, « lésé dans ses intérêts, déçu dans ses espérances et berné par Henri III ». Il en tira les conséquences. Et ce fut probablement sans trop de difficultés car, à notre sens, l'élément fondamental de ce revirement, après toutes ces déceptions de Canillac, fut l'influence des Guise, probablement sonnante et trébuchante. Ils surent convaincre un Canillac déçu d'entrer dans leur jeu. Guise et son entourage craignaient, par-dessus tout, la mort de Marguerite. Cela signifiait le remariage de Navarre avec Christine de Lorraine et à la mort d'Henri III, la fin des prétentions de cette puissante famille au trône de France. Le marché était très simple. Le duc de Guise proposa à

109 - Lettres de Catherine de Médicis. t. IX. p. 92.

110 - Mariéjol. op. cit. p. 260.

Canillac d'abandonner Usson à Marguerite. En compensation, il aurait leur protection et… leurs écus. Il n'y avait pas à balancer : la captive ne le fut pas longtemps. Le capitaine Jacob et ses gardes suisses envoyés par Matignon furent remerciés. Marguerite devint libre et prit en mains le destin de la forteresse.

De prisonnière, elle devenait la reine d'Usson, mais une reine en exil. Et par les temps qui couraient la prudence et l'intelligence étaient de rigueur.

Canillac rejoint la Ligue

Le revirement de Canillac fut total : il rejoignit la Ligue. Des contacts furent pris d'abord avec Randan, ensuite avec Henri de Guise. Le roi et Catherine avaient perdu sur toute la ligne ou presque. Seuls motifs de satisfaction : Marguerite se réfugiait à Usson. Sa présence à la Cour était donc exclue. Et elle était vivante, car depuis qu'Henri de Navarre avait manifestement refusé de se convertir, la vie de Marguerite importait. En effet, tant qu'elle était en vie, elle pouvait l'empêcher de se remarier. L'existence de la reine de Navarre préservait la Cour d'un double danger : une éventuelle alliance avec une princesse étrangère pouvait renforcer son parti, un mariage avec Corisande, la maîtresse en titre, catholique mais non de sang royal, affaiblissait son prestige et souriait à la Ligue.

Marguerite n'était plus prisonnière et avait l'appui de la Ligue. Elle prenait en réalité du recul à Usson, ayant toujours à l'esprit l'intérêt de la royauté et des Valois. Ce refuge allait occuper sa vie entre sa trente-troisième et sa cinquante-deuxième année. Autrement dit, l'essentiel d'une existence.

Après avoir pris sa décision, Canillac se retira dans ses terres de St-Cirgues. Se considérant floué par Joyeuse, il refusa de venir le voir à Issoire lors de son retour du Gévaudan pendant les fêtes de Noël de 1586.

Les ligueurs, pendant ce temps, y compris le nouveau converti, ne restèrent pas les bras croisés, d'autant plus que la crainte d'une volte-face du Béarnais était toujours possible. Et sa conséquence, le remariage, inquiétait les catholiques. En janvier 1587, Pierre d'Espinac, l'archevêque de Lyon, St-Vidal le sénéchal du Velay, Randan et d'autres se réunirent à Lyon.

Henri de Guise avait délégué Foronne, un de ses gentilshommes. Mais le plus notable était la présence de Canillac qui venait affirmer « sa foi ». Quelques jours plus tard, il écrivait au chef de la Ligue : « Monseigneur, ce que vous dira Monsieur de Foronne touchant la reine de Navarre est témoignage suffisant de l'affection que j'ai de ne jamais courir d'autre fortune que la vôtre ». Canillac attendait en outre une réponse de Guise au mémoire qu'il avait confié à Foronne car disait-il « dans le commencement de mai j'espère bien avoir une très bonne troupe de mes amis pour mon particulier où il se peut trouver quelque chose de bon pour votre service ».[111] Canillac montrait ainsi son importance et sa disponibilité. Guise s'en félicitait, écrivant à Mendoza qu'il assurait ainsi le salut de la reine de Navarre (14 février 1587). Il ajoutait que Canillac ayant renvoyé les soldats qu'Henri III avait mis à sa disposition, cela constituait « le premier témoignage que je lui demandais de sa foi ».

Dans une autre lettre à Mendoza, Guise revient le 1er mars sur l'intérêt majeur d'avoir garanti la sécurité de la reine, ce qui ruine « les assurances que l'on avait données au roi de Navarre de la mort certaine de sa femme pour l'établissement d'une nouvelle alliance ».

Déception de Catherine de Médicis

La défection de Canillac donne raison à Henri III contre sa mère qui soutenait le marquis. Celle-ci répond à la lettre d'information de son fils en se déclarant « ébahie ». Elle ajoute dans la même lettre du 18 février 1587 : « Outre la très grande importance de ce fait et le grand préjudice que ce serait à notre service, je me sentirais en mon particulier merveilleusement offensée dudit marquis s'il est assez malheureux que d'user de cette infidélité et vous assure monsieur mon fils, que ce me serait telle augmentation d'affliction que je ne sais comment je la pourrais supporter ».[112] Elle a du mal à imaginer que le gendre de Madame de Curton, ancienne gouvernante des enfants de France, l'a trahie. Elle écrit donc à Canillac pour lui dire son refus de croire aux bruits qui courent sur son compte et lui demande de lui faire savoir par retour du courrier « ce que vous voudrez que j'en dise à ceux qui m'en parleront, car croyez que la promesse que je vous ai faite pour le service que vous avez fait que je n'oublierai jamais, que tout ce qui vous touchera, je le porterai, comme si c'était à moi-même. »

Le même jour encore, elle donne par écrit une leçon de morale à sa fille, allant même jusqu'à se préoccuper de sa santé, ajoutant : « pourvu que vous serviez bien Dieu et que vous retourniez à lui et viviez comme vous le devez, étant née telle que vous êtes, ce sera une grande consolation à votre bonne mère ». Une mère qui semble redouter les charmes de sa fille… Et ses conséquences.

Mais Catherine de Médicis, quelques jours après avoir écrit ces lettres de la dernière chance, apprit l'irréparable : le marquis avait « juré et promis qu'il

111 - Voir B.N. Fonds Clairembault 357 P. 379 repris par Ch. Merki op. cit. p. 353 et Mariéjol op. Cit. p. 261.

112 - Lettres du 18 février 1507 t. IX p. 176.

mettrait la reine de Navarre en liberté et en lieu sûr » lors de la réunion de Lyon. Cette défection s'explique donc par l'intérêt et la déception causée lors de son retour en Auvergne par le silence du roi à son égard. « Le Divorce satyrique » qui cultive toujours la même veine inépuisable, selon lui, du dévergondage de Marguerite, s'en donne à cœur joie : « cette inconstante (la reine de Navarre) dont il cuidait retenir la légèreté sous la clef et sous l'inexpugnable forteresse d'Usson, se fâche de son ordinaire et coutumière façon de commander et d'approcher de son ratelier ores l'une, ores l'autre, et souvent plusieurs à la fois, voulut devenir maîtresse et chercher à l'accoutumée dans le change, la pointe et l'aiguillon de son appétit; pour à quoi parvenir et sachant par expérience combien pouvait le désir sur la volupté, feint d'aimer, de se voir aimée, et consentant à l'importunité de quelques prières, elle émeut et allume si bien son gardien, qu'enfin ses artificieuses caresses obtiennent la liberté, sous promesses, que ce qui semblait être seulement accordé pour lors chichement à la force, serait prodigalement départi par la volonté lorsque libre et maîtresse d'Usson absolue, elle pourrait sans appréhension vaquer à l'amour et le tromper en cette façon, à peine eut-elle obtenu que la garnison se viderait, qu'elle la remplacerait par des gens à sa dévotion et que son facile marquis, cependant se retirerait à St-Cirgues ».[113]

Beaucoup de contemporains étaient acquis à ce genre de motif et bien après encore, nombre d'historiens ont accepté cette « explication » tendancieuse. On a vu que Brantôme lui-même si sensible, il est vrai, au charme de son enchanteresse, « a marché » et évidemment amplifié l'évocation de la grâce de Marguerite. Mais après tout, comme l'écrit Mariéjol « que Canillac aux alentours de cinquante ans se soit épris jusqu'à renier son devoir et son passé d'une princesse de trente-trois ans dont la grâce « supernaturelle » avait fait oublier à Pibrac la leçon de ses quatrains moraux et arraché au froid Montaigne un cri d'admiration, il n'y a là rien qui puisse surprendre ».[114]

Mais Brantôme, en son enthousiasme, a voulu transformer « la charmeuse en guerrière ». Or il n'est pas vrai que Marguerite ait chassé le couple Canillac d'Usson. C'est bien le marquis, de sa propre volonté et avec les ressentiments forts que l'on a décrits, qui avait eu toutes les raisons de se détourner de la Cour dans ces circonstances. Canillac, d'ailleurs, allait avoir une rapide promotion au sein de la Ligue puisqu'il devenait grand maître de l'artillerie du duc de Mayenne, successeur des Guise après leur assassinat à Blois, fin décembre 1588.

Auparavant, le duc Henri de Guise, dans une lettre, déjà citée, du 14 février

113 - Le Divorce Satyrique. P. 673.

114 - Mariéjol : op. cit. p. 263.

1587, adressée à Mendoza, l'ambassadeur d'Espagne, avait raconté les circonstances du retournement de Canillac. « Je ne veux faillir de vous avertir comme le traité que j'avais commencé avec le marquis de Canillac est heureusement réussi, l'ayant du tout fait entier à notre parti, et par ce moyen assurer la reine de Navarre, qui est maintenant en toute sécurité, et me réjouis en cette bonne nouvelle, tant pour sa personne que pour l'acquisition que cela nous apporte, d'une très grande quantité de places et châteaux, qui nous rendent le pays d'Auvergne très assuré et l'empêchement des dessins tragiques très préjudiciables au bien de la chrétienté, qui se bâtissent sur sa mort, desquels, quand les particularités vous seront vérifiées, feront dresser les cheveux de la tête. Vous pouvez alors connaître combien ce fait a altéré le roi de France, voyant que le marquis a renvoyé la garnison que sa Majesté y avait mise ». Ce renvoi était, comme on l'a dit plus haut, le témoignage de la foi de Canillac envers la Ligue.

Le marquis ne profitera pas longtemps de ses nouvelles fonctions. Non seulement il n'aura guère le temps de savourer ses pommes de St-Cirgues comme l'affirmait l'auteur du « Divorce satyrique », mais il sera mortellement atteint lors du siège de St-Ouen en Touraine en avril 1589, quatre mois après la mort d'Henri et du cardinal de Guise.

Marguerite maîtresse d'Usson, son refuge

Marguerite maîtresse d'Usson, les Canillac étaient restés à son service. Gilberte de Chabannes, épouse Canillac, continua à faire partie des premières dames de sa maison. Le marquis avait possédé en dehors de son château de St-Cirgues plusieurs autres fiefs autour d'Usson : Sugères, Châteauneuf, le Drac, le Richardie.

Marguerite avait trouvé son refuge à Usson car autour de la forteresse la guerre civile faisait rage. Villes et campagnes étaient harcelées par les troupes huguenotes qui dévastaient les monastères et pillaient les églises, faisant la chasse aux prêtres.

L'Auvergne comme les autres provinces, basculait dans la violence. Les routes étaient peu sures et évidemment pas entretenues. Les communications s'en ressentaient.

La religion était le motif invoqué pour soutenir un certain nombre d'intérêts politiques. Beaucoup de nobles se jetaient sur la réforme pour reprendre une certaine autorité sur le pouvoir central en proie à des hésitations, tiraillé par les uns et les autres. Les biens du clergé suscitaient des convoitises.... incitant à se rapprocher du protestantisme.

La Ligue recrutait surtout dans la bourgeoisie et les classes populaires attachées à la tradition catholique. Ainsi, quelques années avant l'arrivée de Marguerite, notamment après les ravages causés par les troupes huguenotes de Merle, beaucoup de drapeaux protestants flottaient sur les donjons d'Auvergne particulièrement nombreux. Mais depuis lors, les choses avaient changé. En 1586, en Auvergne, dans l'ensemble, les catholiques triomphaient des huguenots. Mais il y avait une scission des vainqueurs. Le comte de Randan conduisait les ligueurs et la seconde faction formait la coalition des royalistes unis aux réformés. « La forteresse inviolable d'Usson servit à Marguerite de port assuré pendant la tempête ou s'engloutit la race des Valois ».

Les ligueurs n'avaient plus guère confiance en Catherine de Médicis après la conférence de St-Brice (en Charente). Ils estimaient qu'elle essayait d'amadouer son gendre à leurs dépens. Une armée de protestants venant d'Allemagne portait secours aux huguenots. Henri de Guise et le duc de Lorraine furent chargés par le roi de lui barrer la route. Par ailleurs, Joyeuse devait aller au-devant de Navarre. Quant au roi Henri III lui-même, il s'installa sur la Loire afin d'éviter la jonction des armées protestantes. Joyeuse fut battu par Henri de Navarre à Coutras le 20 octobre 1587 et tué dans la bataille. Guise, vainqueur à Auneau et Vimory, ne rassura pas le roi. En janvier 1588, les ligueurs firent connaître leurs revendications : octroi de nouvelles places de sûreté, destitution du duc d'Epernon, établissement de l'inquisition dans les « bonnes villes » du royaume, confiscation et vente des biens des hérétiques, taxes énormes sur les suspects, mise à mort des huguenots pris les mains au fusil et refusant de vivre « catholiquement à l'avenir ».

Catherine de Médicis essaie d'attirer sa fille à la Cour. La réconciliation entre le roi et sa sœur.

Henri III et sa mère vivent des moments difficiles. Marguerite, elle, apprécie son havre de paix. Sa mère se pose d'ailleurs des questions. Ne prépare-t-elle pas « un coup » avec la Ligue ? Elle souhaite la faire partir d'Usson pour l'avoir plus près d'elle. Il faut l'attirer à la Cour. Cavriana, agent du grand duc de Toscane, était en général renseigné aux meilleures sources. N'avait-il pas été en qualité de médecin, successivement au service du duc de Nevers, de la princesse de Lorraine et même et surtout de Catherine ? Le 8 mai 1588, il écrit de Paris au secrétaire d'État à Florence : « la reine de Navarre retourne dans ses quartiers à Villers-Cotterets ou bien à son domaine de la Fère et cela au contentement du roi, à la clémence de qui elle s'est remise sans réserve ».[115] Mais le 12 mai suivant, c'est la journée des barricades à Paris qui oblige le roi à fuir la capitale. Le duc de Guise était arrivé, appelé par les ligueurs. Ce n'était donc pas tout à fait le moment pour Marguerite de quitter son refuge auvergnat, ni pour le roi et ni pour Guise qui risquait, en permettant un rapprochement entre le roi et sa sœur, de perdre la forteresse d'Usson.

C'est probablement à cette époque que la reine écrit une lettre inédite jusqu'en 1998 et découverte par E. Viennot à Londres. Ce document d'une grande valeur prouve que Marguerite et son frère, le roi Henri III, s'étaient réconciliés avant la mort de celui-ci. C'est son maître d'hôtel, Rupereux, qui a joué le rôle d'intercesseur. La reine écrit à Henri III : « Je n'ai point Monseigneur de termes assez suffisants pour pouvoir exprimer la joie et le contentement que j'ai reçus qu'il vous a plu m'honorer… avec très humble supplication vouloir oublier et me pardonner ce que le désespoir m'a pu contraindre faire pour la conservation de ma vie et croire, Monseigneur que si j'ai cette félicité (que je désire non moins que mon salut) qu'il vous plaise me continuer l'honneur de votre bonne grâce, que j'espère par tant de fidélité et très humble service vous faire Monseigneur connaître ma dévotion… » [116]

Marguerite évoque, bien entendu, leurs mauvais souvenirs des périodes de crises, notamment 1583, date à laquelle son frère la chasse de la Cour et 1586, les épisodes d'Agen, de Carlat et les débuts du séjour à Usson.

Le roi va errer entre Rouen, Chartres et Blois avant de s'arrêter dans cette dernière ville où il a convoqué les Etats généraux.

En juillet 1588, il expédie à Usson le sieur de Vic, maître des requêtes ordinaires de l'hôtel, pour se rendre compte de l'état de la forteresse et en dresser un plan. Canillac suppose que le roi avait quelques arrières pensées… Le marquis prévoyant avait par conséquent demandé à un ingénieur clermontois appelé Chapard d'inspecter le château et de le renseigner sur son état. L'ingénieur jugea que le rocher sur lequel la forteresse était bâtie était de « terre brisante ». Cela signifiait une fragilité qui ne devait pas être divulguée. Un travail de sape bien conduit pourrait avoir raison de l'imprenable château. Or Chapart donna ses renseignements à Jehan de Vernyes, président de la cour des Aides de Montferrand. Plus tard, en 1594, Henri IV tout nouveau roi demanda un rapport à ce haut fonctionnaire, royaliste zélé, qui rapporte ce fait dans ses mémoires.[117] Vernyes ajoute que lorsque Canillac apprit que Chapart l'avait informé, lui et d'autres, de l'état du château, le marquis rechercha longtemps l'ingénieur indiscret pour le tuer.

115 - Desjardins : op. cit. t.4 p. 778

116 - Viennot. Corresp. p. 333. Lettre n° 243.

117 - Vernyes - Mémoires p. 53-54.

Des nouvelles de l'extérieur pour Marguerite : bonnes et mauvaises

Dès son arrivée à Usson, Marguerite doit faire face au manque d'argent. Compte tenu des rapports qu'elle entretient avec la Cour, elle a du mal à recevoir sa pension de 50 000 écus. Elle s'en plaindra d'ailleurs plus tard à Henri IV, en 1593. Ses domaines étaient contestés, quand ils n'étaient pas ravagés. La petite cour d'Usson est, pour tout dire, dans la gêne. Le père Hilarion de Coste, évoquant Usson, raconte : « Bien que cette place ne craigne que le ciel, que rien que le soleil n'y puisse entrer par force, et que sa triple enceinte méprise les efforts des assaillants, comme un roc élevé sur les flots et les vagues, la nécessité toutefois y entra, et l'obligea, pour en éviter les outrages, d'engager ses pierreries à Venise, fondre sa vaisselle d'argent et n'avoir rien de libre que l'air, espérant peu, craignant tout, car tout était en désordre autour d'elle ». Durant cette époque difficile pour Marguerite, il faut rappeler combien sa belle-sœur, la pieuse Elizabeth, la veuve de son frère Charles IX, retirée en Autriche, est venue à son secours, lui donnant parfois jusqu'à la moitié de ses revenus. Elle possédait, en effet, un domaine important assis sur les duchés de Berry, de Bourbonnais, d'Auvergne et dans le Forez et la Marche. Les deux belles sœurs s'appréciaient et Elizabeth resta toujours très proche de Marguerite. Celle-ci éprouva une grande peine à sa mort en janvier 1592.

C'est à Usson, pratiquement dès son installation, que la reine de Navarre apprend l'exécution de Marie Stuart, une autre belle-sœur, à Londres, à l'âge de 45 ans. Cette reine d'Ecosse et de France, veuve de François II, avait eu, comme Marguerite, une vie des plus mouvementées. Réfugiée en Angleterre après son abdication en faveur de son fils Jacques VI, elle y passa dix-huit ans en prison avant d'être mise à mort par sa rivale politique et religieuse Elisabeth Ière, le 8 février 1587, au moment même où Marguerite recouvrait sa liberté à Usson.

Dix-huit ans, la durée du séjour de Marguerite dans sa forteresse. Heureusement pour la reine de Navarre, l'issue fut moins cruelle…

L'année suivante, fin décembre 1598, les deux Guise sont assassinés sur l'ordre d'Henri III qui craignait pour son trône. Henri, qui plaisait tant à Marguerite, disparaissait, suivi le lendemain par le cardinal. Le peuple de Paris se soulevait à la nouvelle du meurtre de Blois. La reine de Navarre avait-elle des informations sur les dangers que couraient les Guise aux Etats généraux ? Une historiette raconta plus tard qu'elle se rendit à Blois deux jours avant le meurtre, travestie en cavalier, pour les avertir du péril qu'ils couraient… En tout état de cause, Henri de Guise négligeait habituellement toutes les mises en garde, pensant qu'on n'oserait jamais s'en prendre à sa personne. Un gentilhomme d'Auvergne, nommé La Salle, l'aurait, le jour même, averti d'un danger immédiat, sans résultat. Était-il un émissaire de Marguerite ?

Dès ce moment, la Ligue devint révolutionnaire. Le cousin des Guise, le duc d'Aumale, fut nommé gouverneur de Paris par les ligueurs qui placèrent à la tête des seize quartiers de Paris les plus extrémistes d'entre eux. La Sorbonne considéra que les serments de fidélité n'étaient plus de mise et que le roi était désormais ennemi de la justice et de la religion. Le trône de France semblait vacant. Mayenne fut nommé lieutenant général du royaume.

Scission au sein de la noblesse auvergnate

En Auvergne, les États de la province réunis à Billom le 22 avril 1589 décidèrent contre le roi, que « serments et promesses seront faits par tous les dits sieurs députés de vivre et mourir en la religion catholique apostolique et romaine, en l'union des princes, parlements, villes, seigneurs, gentilshommes et tous autres qui ont fait ou feront semblable promesse sous l'autorité dudit sieur comte de Randan, gouverneur de la province ».[118] Mais ce n'était pas si simple car Clermont restait fidèle à Henri III. La noblesse se sépara en deux.

Du côté de la Ligue, derrière Randan, on vit son frère François de la Rochefoucault, l'évêque de Clermont et les seigneurs comme Lastic et Lignerac dans les montagnes, Canillac, Oradou, St-Hérem, Chalus, d'Estaing, Monfan… La Ligue choisit Riom à la place de Clermont pour siège du gouvernement.

En face, les tenants de l'autorité royale furent d'abord Gilbert d'Effiat qui avait reçu à Blois des lettres de commandement le désignant gouverneur à la place de Randan, destitué pour félonie. Il y eut donc pendant un long moment deux gouverneurs en Auvergne, l'un pour la Ligue, l'autre du roi. Derrière d'Effiat, on trouvait Curton le « plus grand terrien du pays », la Fin le Nocle, Rastignac, Lavedan, Chabannes, Florac, d'Alègre, Chavagnac, la Mothe St-Arnauld entre autres.

Il y eut deux sénéchaux de Clermont : Jacques d'Oradou, seigneur de St-Gervazy, premier maître d'hôtel de Marguerite et pour le roi, Florac, seigneur de Laqueille. Un autre membre de la suite de la reine fut aussi quelque temps sénéchal d'Auvergne, il s'agit de Jacques de l'Hospital, chevalier d'honneur de la reine. Tout cela est évidemment la preuve que l'influence de Marguerite était nette au sein de la Ligue. Mais elle n'alla pas jusqu'à combattre elle-même. Marguerite était trop intelligente pour prendre le risque d'un nouvel emprisonnement, voire plus. La sagesse était de maintenir des contacts dans les deux

---

118 - Imberdis. Histoire des guerres….. p. 348.

camps. C'est ce qu'elle fit au Puy à propos du conflit qui opposa le sénéchal royaliste, François de Chaste, et le représentant de la ligue, St-Vidal. Le 21 mai 1589, la veille de la Pentecôte, écrit dans son journal Jean Burel, bourgeois du Puy, arrivèrent « un gentilhomme de la part de la reine de Navarre, se tenant à Usson en Auvergne, tenant contraire parti du roi de Navarre, son mari, (Mariéjol fait remarquer qu'il ne dit pas du roi de France, son frère) ; autre homme de la ville de Lyon, gentilhomme de la part des seigneurs d'Urfé (Anne d'Urfé) et de Chevrières (Jacques Mitte, comte de Chevrières et de St-Chamond) s'adressant tant à la ville qu'au sieur de St-Vidal, pour moyenner quelque trêve et paix ».[119]

En l'occurrence, la ville du Puy refusa de reconnaître Chaste, le royaliste. Des réactions comme celle-ci, il y en eut beaucoup dans le pays. Henri III était désemparé par tous ces soulèvements des grandes villes et des autres, et d'une partie de la noblesse. Il se rapprocha donc du chef du parti protestant. Dire qu'il ne maîtrisait plus la situation est un euphémisme. Le roi de Navarre devenait ainsi l'héritier présomptif. Ne se tenant plus, il écrivait le 1er janvier 1589 à sa maîtresse du moment, Corisande d'Andouins, comtesse de Guiche : « Je n'attends que l'heure de ouïr dire que l'on aura étranglé la feue reine de Navarre. Cela avec la mort de sa mère (qui mourut quatre jours plus tard) me ferait bien chanter le cantique de Siméon ». Cinq mois plus tard, après avoir rencontré Henri III, il écrivait à la même destinataire : « le roi m'a parlé de la Dame d'Auvergne, je crois que je lui ferai faire un mauvais sort ». Il y a dans la forme, sans aucun doute, un excès propre à ravir la maîtresse…

1589 : Décès de Catherine de Médicis et d'Henri III. Marguerite déshéritée

Comme Henri de Navarre s'y attendait, Catherine de Médicis mourut en ce début d'année 1589, c'est-à-dire quelques jours après les Guise. Elle était en effet malade pendant les États généraux de Blois et lors de l'assassinat. Par lettres patentes de juin 1589, le roi entérina le désir de sa mère de déshériter Marguerite, ne lui faisant même pas « l'aumône d'un souvenir ou d'un regret ».

La reine de Navarre avait, lors de son mariage, renoncé aux biens de son père et de sa mère. Mais Catherine de Médicis aurait cependant pu disposer en faveur de sa fille de ses biens propres malgré le contrat signé en 1572. Elle avait préféré en faire bénéficier sa petite fille Christine, fille de Claude mariée au duc de Lorraine. Christine était fiancée au grand duc de Toscane, Ferdinand de Médicis. Le second bénéficiaire des libéralités de la reine mère était son petit-fils Charles de Valois, bâtard de Charles IX, issu de sa liaison avec Marie

1197 - Mariéjol : op. cit. p. 270 citant Chassaing - Mémoires de Jean Burel p. 13.

Touchet et qui devenait par le testament de Catherine, comte d'Auvergne. C'est dire en quelle estime la reine – mère tenait sa fille et combien celle-ci dut souffrir de cette situation.

L'année 1589 fut, au vrai, très mouvementée pour Marguerite. Début août, elle perdit son frère, Henri III, assassiné par Jacques Clément, un ligueur fanatique, alors qu'il assiégeait Paris. Le roi de Navarre lui succéda en application de la loi salique, loi que Brantôme combattait en faveur de Marguerite avec toute sa fougue amoureuse : « Et puisqu'il est juste qu'en Espagne, Navarre, Angleterre, Ecosse, Hongrie, Naples et Sicile, les filles règnent, pourquoi ne l'est-il juste, tout de même en France ? Car ce qui est juste, il est juste partout et en tous lieux et le lieu ne fait point que la loi soit juste ». Brantôme ajoute que les femmes sont duchesses, comtesses, baronnes, c'est-à-dire presque royales en matière de droits et de privilèges, en particulier en ce qui concerne les grandes familles telles que les Bourbon, Vendôme, Montpensier, Nevers, Rethel, d'Eu, Flandres, Bourgogne, Artois, etc. Il cite Mathilde, la duchesse de Normandie, Eléonore, la duchesse d'Aquitaine « qui enrichissent Henri deuxième, roi d'Angleterre, Béatrix, la comtesse de Provence qui l'apporta au roi Louis son mari, la fille unique de Raymond, comtesse de Toulouse qui l'apporta à Alphonse frère de St-Louis. » Alors pourquoi dit Brantôme « le royaume de France n'appelle-t-il pas à soi aussi bien les filles de France ? » [120]

Victoires royales à Ivry et Cros-Rolland : 14 mars 1590. Déroute de la Ligue en Auvergne

Le 14 mars 1590 a dû rester dans la mémoire de Marguerite. Deux événements se déroulèrent le même jour qui la touchèrent de près. L'un, assez lointain, mais d'importance nationale : la victoire à Ivry de son mari, Henri IV sur le duc de Mayenne laquelle va l'inciter à venir mettre le siège devant Paris en mai. L'autre, d'importance régionale, mais qui se déroule à quelques kilomètres à peine de son refuge : la défaite cuisante des ligueurs auvergnats devant les troupes royales à Cros-Rolland. A cinq ou six kilomètres au nord d'Issoire, aujourd'hui sur la commune de St-Yvoine, le lieu-dit qui vit une bataille acharnée est une petite colline qui domine le village à l'ouest. Comme l'écrit Palma Cayet « Dieu voulut en ce jour, et presque en même heure, montrer une libérale profusion de sa faveur et de son assistance au parti royal ».[121]

Il est tout à fait possible que du haut de son donjon Marguerite ait pu voir et

---

120 - Brantôme : op. cit. p. 135-136.

121 - Palma-Cayet - Chronologie novenaire p. 40.

entendre la terrible et sanglante bataille qui saigna à blanc la noblesse ligueuse de la province. Evoquant Issoire, Palma Cayet considérait qu'« en une guerre civile, quiconque en Auvergne est maître de cette ville, donne la loi à une grande étendue du pays et lève partout à son plaisir les deniers des tailles ». Et l'historien d'ajouter dans son langage fleuri du XVIe siècle : « Les royaux étaient merveilleusement fâchés de la perte de cette place » avant d'affronter les ligueurs. Ils préparèrent donc avec soin la reconquête de la ville et de la région et ne comptèrent que quelques morts alors qu'on constata une hécatombe du côté des catholiques. En effet, Randan le gouverneur pour la Ligue, fut des tués ainsi que cent vingt gentilshommes de son parti. La garnison d'Issoire capitula. « L'armée royale, ayant poursuivi quelque temps la victoire, se rassembla le plus diligemment qu'elle le put, et alla investir la citadelle avec le faux-bourg proche d'icelle. Mais ceux de dedans étant assurés de la mort de leur chef, entrèrent en composition et rendirent la citadelle, l'artillerie et les munitions dudit sieur de Randan dans les mains des royaux et le sieur de La Vort avec le capitaine Barrière et leurs soldats sortirent de cette place vies et bagues sauves, mèche éteinte ».[122] Le 16 mars, de l'avis unanime de tous les seigneurs, le sieur de Barmontet fut nommé gouverneur d'Issoire. Tout le monde s'en retourna « en ces gouvernements et places ». En fait, les troupes royales durent en grande partie leurs succès à un excellent manœuvrier, Rastignac qui deviendra le sieur de Messillac. Il vainquit aussi le duc de Joyeuse à Villemur. Sur ces journées si importantes pour l'Auvergne, on se prend évidemment à regretter que les Mémoires de Marguerite s'arrêtent à l'année 1582. A-t-elle été affectée, elle la ligueuse modérée, par la défaite et la mort de Randan ? Celui-ci fut remplacé par le fils de Canillac, son geôlier puis son libérateur. Il est sûrement exagéré de dire que Marguerite de Valois a été l'âme de la Ligue en Auvergne comme l'ont fait certains de ses biographes. Elle était cependant un symbole fort que les royalistes, à commencer par le roi lui-même auraient bien voulu supprimer. Il n'y eut pas de siège ni de tentative digne de ce nom bien qu'on ait obtenu à la Cour, tous les renseignements nécessaires à un dessein de ce genre, comme on l'a vu. Vernyes, dans le rapport que le roi lui avait demandé pour la période 1589-1593, estime que « les sieurs de St-Hérem et de Châteauneuf – (ce dernier a déjà trahi une première fois la reine en arrivant à Ybois) – avant de se rendre partiaux du service du roi, pourraient surprendre Usson et la reine dedans, ou la ville d'Issoire sur lesquelles prises on pourrait fonder des offres avantageuses » et Vernyes ajoute : « je crois que s'ils entreprenaient, ils l'exécuteraient, et eux débandés du parti, on aurait bon marché du sieur de Randan. » Ces suggestions

122 - Palma-Cayet - Chronologie novenaire p. 50-51.

sont évidemment antérieures à la bataille de Cros-Rolland, le cas de Randan ayant été résolu à cette occasion par le destin.

Marguerite échappe à un attentat (ou une conspiration)

Il y a eu cependant à la même époque un incident dont Marguerite a été victime et qui aurait pu se terminer tragiquement. Il n'est pas lié, semble-t-il, au noir dessein royal évoqué à l'instant. La reine de Navarre raconte cet épisode alors qu'elle a déjà quitté Usson depuis cinq ans, dans une lettre adressée au pape Paul V par laquelle elle lui demande l'autorisation de dresser un autel de la reconnaissance. Marguerite qui possède une bonne culture biblique emprunte sa comparaison à Jacob, qui de retour de Haute-Mésopotamie, arrivé sain et sauf à la ville de Sichem en Canaan, campa près de la ville. Puis après avoir acheté la parcelle de terrain où il avait planté sa tente, la paya cent pièces d'argent et dressa un autel à cet endroit qu'il appela Dieu d'Israël.[123] Marguerite fait un rapprochement entre ce passage de la Bible et sa mésaventure, en réalité un complot qui n'eut, semble-t-il, pour exécutants que des soldats de sa garnison, mais qui, en fait était un attentat monté par d'Allègre (du parti du roi) qui cherchait par ambition personnelle à conquérir des places-fortes dans la région. Le « divorce satyrique » évoque un épisode de ce type. Selon le pamphlet en effet, les soldats de la Ligue qui remplaçaient les gardes suisses du roi, auraient essayé de rançonner la reine et peut-être d'abuser d'elle. Plus digne de confiance est le témoignage écrit de la municipalité ligueuse du Puy aux consuls de Lyon, du 15 janvier 1591 et que rapporte Mariéjol. Ce courrier fait état de lettres précédentes informant les consuls sur l'état des affaires du pays du Velay. Mais elle annonce que depuis lors, on a appris de manière « assurée » que « ceux du parti contraire » avaient failli faire tuer la reine de Navarre « d'un coup de pistole qu'on lui tira dans sa chambre au château d'Usson, lequel donna dans les robes de sa Majesté et par même moyen faillirent de prendre ledit château d'Usson, la tragédie étant conduite par le capitaine de sa garde. Voilà comment Dieu n'abandonne jamais les siens et rend vains et inutiles les desseins des hommes comme bon lui semble. Lesdits ennemis ont surpris un autre château proche d'Usson d'une lieue et demie qu'on appelle St-Babel. Il commence fort à dresser les cornes tant audit Auvergne qu'en ce pays. Dieu nous veuille assister de sa grâce et nous garantir de leurs entreprises ».[124]

---

123 - Genèse 33-19.20.

124 - Archives municipales de Lyon. Corresp. consulaire AA74-15 janvier 1591 - cité par Mariéjol : op. cit. p. 274.

Marguerite avait donc bien raison de rendre grâce à Dieu « d'une miraculeuse délivrance d'un très grand péril qu'il lui plut faire en moi lorsque j'étais à Usson au temps des plus grands troubles de ce royaume où ma place ayant été surprise par une révolte de soldats et ne me restant que le haut du donjon, il a plu à sa toute puissante bonté me rendre le soir victorieuse de mes ennemis, ma vie et place assurée ».[125] Pour un événement qui a failli lui coûter la vie, c'est être d'une grande discrétion sur les circonstances de ce fâcheux incident. Marguerite n'en dira pas plus. Cette rébellion doit dater de fin décembre 1590 ou début janvier 1591, en tout cas après la défaite des ligueurs à Cros Rolland, donc pendant la trêve conclue par Anne d'Urfé.

Nouvelle donne pour Marguerite

Une fois les ligueurs anéantis en Auvergne et en passe de l'être dans le pays, Marguerite sut à quoi s'en tenir, car elle n'oubliait pas que la priorité des priorités était de viser un retour à la Cour. Il fallait donc se prémunir du lendemain en gardant des relations de bonne qualité avec son mari qui progressivement s'approchait du trône.

Marguerite n'apparaît donc jamais dans les documents concernant, à l'époque de la ligue auvergnate, les accords entre partis, les décisions relatives aux armées, les trêves, les réunions, etc. Elle resta sur ses gardes bien qu'on savait où allaient – jusqu'à un certain point – ses sympathies. D'ailleurs, à part Brantôme, personne n'a songé à en faire un porte-drapeau au bénéfice de la Ligue.

Le roi proclamé par les catholiques, en cette période de troubles, était Charles, troisième cardinal de Bourbon, que la Ligue appelait Charles X. Né en 1553, il mourut l'année de Cros Rolland en 1590. Il était l'oncle d'Henri IV. Curieux choix que ce Bourbon, dira-t-on ? Mais en ces temps de compromis, les catholiques avaient trouvé un arrangement entre leurs aspirations religieuses et le droit dynastique. C'est dire qu'Henri IV avait été rejeté simplement parce qu'il était huguenot. En cas d'abjuration, tout devenait plus simple pour tout le monde. En attendant que les choses évoluent, des questions se posaient sur l'avenir du royaume. Mariéjol s'interroge sur l'éventualité d'une abrogation de la loi salique. Dans une telle hypothèse, Marguerite n'était de toute façon pas prioritaire. Ses deux sœurs aînées Elisabeth et Claude mortes respectivement en 1568 et 1575 avaient eu des enfants qui pouvaient prétendre au trône. Il y avait aussi le duc de Savoie, fils de Marguerite, fille de François Ier, qui avait épousé

125 - Viennot ; Corresp. p. 588. Lettre n° 454 adressée au pape Paul V (début de l'année 1610).

en 1559 Emmanuel Philibert de Savoie : c'était un autre prétendant possible. Marguerite, qui savait tout cela, n'était donc pas dans une situation des plus confortables. D'autant plus qu'en matière de moyens financiers, la comparaison avec la fille de Philippe II, par exemple, ne lui était pas favorable.

En un mot, Marguerite n'avait plus intérêt à la défaite de son mari le roi de France. Autre sujet d'inquiétude et corollaire du précédent : le divorce. Le sujet compte tenu de son importance sera traité dans un chapitre spécial.

La reine de Navarre met à profit son exil d'Usson pour réfléchir à son avenir et surtout essayer de le maîtriser. Le contexte n'est pas simple mais elle ne craint pas les difficultés. Écoutons Brantôme évoquer la « fortune » de Marguerite.

« Donc faut-il là-dessus que la fortune nous a été à tous nous autres aussi bien ennemie qu'à elle, que nous ne voyons plus ce beau flambeau, voire ce beau soleil éclairer sur nous autres, et qu'il s'en soit allé se cacher en ces sommets et montagnes de l'Auvergne ; et mordieu au moins s'il s'en fut allé poser sur quelque beau port ou havre de mer, au feu duquel les mariniers et passants se fussent guidés, sans danger et naufrage, pour leur servir de fanal, sa demeure en serait plus belle, plus profitable et plus honorable pour elle et pour tous ». Brantôme semble préférer la mer à la montagne mais Marguerite qui, ne l'oublions pas, était en exil et donc ne bénéficiait que d'une liberté limitée y aurait eu de toutes façons les mêmes servitudes. Il suffit d'ailleurs de monter au sommet d'Usson pour se rendre compte que le site est d'une particulière beauté. Mais c'est surtout la situation maritale de Marguerite qui importe à l'époque. Situation que dénonce Brantôme : « Que maudit soit la malheureuse obstination que l'on a en ce royaume de ne la rechercher (la reine) avec le roi son mari, recueillir et honorer comme l'on doit (j'écrivais ceci au plus fort de la guerre de la Ligue !). Si c'était une reine et princesse mauvaise, malicieuse, avare, ou tyrannique, comme il y en eut force le temps passé en France et possible qu'il y en aura encore, je n'en saurais que dire ; mais elle est toute bonne, splendide, libérale, n'ayant rien à soi, donnant à tout le monde et gardant peu pour soi, toute charitable.... » [126]

Le temps cependant va venir où pour la reine de Navarre le ciel va s'éclairer. Brantôme, toujours lui, habitué de la Cour et fréquentant les Valois depuis longtemps, avoue : « Elle m'a fait cet honneur de m'écrire en son adversité assez souvent, ayant été si présomptueux d'avoir envoyé savoir de ses nouvelles. Mais quoi ! elle était fille et sœur de mes rois, et pour ce je voulais savoir de sa santé dont j'en étais bien aise et heureux quand je la savais bonne ».

---

126 - Brantôme : op. cit. p. 151.

La reine, en effet, lui écrit sa reconnaissance pour l'affection qu'il porte à sa maison, « à si peu qui reste d'un si misérable naufrage [127], qui en quelque état qu'il puisse être, sera toujours disposé de vous servir, me rendant bien heureuse que la fortune n'ai pu effacer mon nom de la mémoire de mes anciens amis, comme vous êtes ». Et elle ajoute : « j'ai su que, comme moi, vous avez choisi la vie tranquille, à laquelle j'estime heureux qui s'y peut maintenir ; comme Dieu m'en a fait la grâce depuis cinq ans, m'ayant logé en une arche de salut où les orages de ces troubles ne peuvent, Dieu merci ! me nuire ; à laquelle, s'il me reste quelque moyen de pouvoir servir à mes amis et à vous particulièrement, vous m'y trouverez entièrement disposée et accompagnée d'une bonne volonté. » [128]

En considérant que Marguerite n'a pas toujours la mémoire des dates, on peut estimer que cette période de tranquillité a commencé relativement tôt, en gros deux ans après son arrivée à Usson, c'est-à-dire fin 1588. C'est pourtant à partir de cette date que les deuils se multiplient, dans la famille ou les proches (Les Guise) de Marguerite. En particulier, un décès cruel va l'affecter en 1592. Au début de l'année, le 22 janvier exactement, meurt sa pieuse belle-sœur Elisabeth, veuve de Charles IX, qui l'avait si bien soutenue moralement et financièrement dans les premières années à Usson. La recluse en tomba malade pendant vingt jours. Brantôme nous indique qu'Elisabeth, comme Marguerite, avait rédigé des mémoires. La reine de Navarre les lisait avec beaucoup de plaisir et en faisait grand cas.

Charles de Valois, gouverneur d'Auvergne. Ses rapports avec Marguerite

Le paysage politique après Cros Rolland allait changer. Le roi se méfiait des féodalités locales. En Auvergne comme ailleurs, les grandes familles étaient apparentées. Des solidarités pouvaient se nouer contre le roi en ces périodes de grande instabilité. Il choisit donc, sur les conseils de J. de Vernyes, de nommer gouverneur Charles de Valois, bâtard de Charles IX et de Marie Touchet. Il avait dix-sept ans et était la séduction même. Henri III l'avait beaucoup aimé et lui avait décerné la grand'croix de l'ordre de Malte (ou de Jérusalem). Les mignons du roi en étaient jaloux, à commencer par Epernon.

Selon Cavriana, l'ancien médecin de Catherine, il promettait beaucoup. Henri III le considérait comme son fils à tel point que le bruit courait qu'il avait pensé à le légitimer afin qu'il lui succède.

---

127 - Brantôme : op. cit. p. 156.

128 - Avec la mort d'Henri III en 1589, tous les frères et soeurs de Marguerite ont disparu, autrement dit toute sa famille puisque sa mère est décédée début 1589.

Catherine de Médicis, qui n'avait pas eu de petit-fils légitime, lui accordait toute sa tendresse. Ecoutant le roi, elle avait légué en mourant toutes ses terres d'Auvergne à Charles, déshéritant ainsi Marguerite.

Henri IV avait remarqué les qualités au combat du très jeune homme et connaissait le ressentiment de Marguerite à l'égard de l'héritier des biens de sa mère. Il paraissait alors judicieux de placer Charles de Valois en position de surveiller la reine de Navarre. « La crainte que ce légataire de Catherine pouvait avoir des revendications de sa tante répondait de son zèle contre l'héritière naturelle ». En même temps, le roi semblait s'assurer d'une longue fidélité de son obligé en le nommant à une haute charge à un âge aussi précoce. Mais là, il se trompait lourdement comme la suite allait le démontrer. En effet Charles obtenait trop jeune un commandement qui comprenait non seulement l'Auvergne, dont il était comte, mais très peu de temps après, le 5 mai 1590, il était en charge du Lyonnais, du Forez, du Bourbonnais, de la Haute et Basse Marche. C'était beaucoup. C'était en gros l'équivalent de ce que Nemours, frère de Mayenne, s'attribuait en qualité de chef de la Ligue.

L'entourage du jeune gouverneur inquiétait, à maints égards. Sur le plan de la puissance d'abord, il s'alliait à l'une des plus grandes familles de France aux ambitions bien connues. Il se mariait à Charlotte, l'une des filles du gouverneur du Languedoc, Henri de Montmorency, duc de Damville, et de sa première femme, Antoinette de la Marck. Deux ambitieux se rapprochaient ainsi sous l'influence d'ailleurs de Diane de France la bâtarde d'Henri II qui était mariée, comme par hasard, au frère d'Henri, François de Montmorency, mort en 1579.

Si dans ce cas l'inquiétude venait de la puissance d'une famille, dans le cas qui va suivre, c'est le caractère du personnage qui suscitait la crainte. Il s'agissait de La Fin le Nocle, comploteur professionnel, ancien collaborateur d'Anjou, ambitieux et intriguant et servant les intérêts et les ambitions immenses de feu le remuant frère d'Henri III. La Fin s'imaginait qu'il allait manœuvrer à son aise avec le jeune Charles. Grand propriétaire terrien en Auvergne, ses relations avec Canillac étaient mauvaises.

Un autre personnage haut en couleur était Guillaume de Joyeuse, lui aussi ancien conseiller du duc d'Anjou, secrétaire de Damville, père d'Anne de Joyeuse, le mignon d'Henri III et de François, le cardinal.

Avec une telle équipe et son tempérament impétueux, le comte de Clermont, Charles de Valois, se rendit fort impopulaire. Or le contexte n'était pas simple. J. de Vernyes, dans son rapport au roi datant de 1593, compte le parti royal avec Clermont, Montferrand, Cusset, Usson, (Marguerite est en effet maintenant toute acquise à Henri IV), Thiers et Blanzat, le parti du duc du Maine avec Riom et Billom mais aussi bien d'autres villes, le parti de Nemours, avec Aigueperse, St-Pourçain, Brioude, Ambert… et le parti de Charles, le comte d'Auvergne sans compter certains qui penchent pour l'Espagne. D'ailleurs Vernyes n'y va pas par quatre chemins. Dans « les moyens particuliers qu'il est besoin de suivre pour réduire le Haut et Bas pays d'Auvergne en l'obéissance du roi », il propose tout simplement à Henri IV de rappeler Charles de Valois : « premièrement sa majesté doit faire avancer le plus tôt qu'il pourra près de lui le comte de Clermont, et à cet effet dépêcher souvent nouveaux messagers et courriers vers ledit sieur comte ».[129] Vernyes fait une description peu reluisante de la situation dans la province. L'Auvergne selon lui « est en si misérable état, que trois mille hommes conduits par le duc de Mayenne, avec les forces qui l'assisteraient en la province, suffiraient pour conquérir ce qui reste au service du roi ».

Quant à Charles le tout jeune gouverneur, comte de Clermont, il est « pour l'heure présente, en assez mauvais ménage avec cette ville, toutefois en étant comte et espérant toujours par ses pratiques secrètes qu'il a dans ladite ville, en devenir maître absolu; ceux de Riom craignent qu'il ne se rendra pas assez entier et dévotieux à leur réconciliation, et qu'au moins il voudra que les bureaux demeurent à Clermont… ».

Parmi ceux sur qui le roi peut compter, il y a un président à la Cour des Aides, le sieur de Combelles, ancien collaborateur du duc d'Anjou mais d'une autre envergure que la plupart des acolytes de Charles. « Désirant seulement de l'honneur », il a de grands moyens. Vernyes conseille au roi de lui écrire « un mot d'affection » à condition qu'il reste secret et ne soit pas connu de Charles qui pourrait en prendre ombrage. Vernyes se propose, car il connaît bien Combelles – son collègue à la Cour des Aides – de faire l'entremetteur. En résumé, selon le conseiller averti d'Henri IV, quatre choses peuvent rendre l'Auvergne paisible : le « voyage de Charles en Cour (un euphémisme !), la « réduction » de l'évêque de Clermont au service du roi, celle du sieur marquis de Canillac (le fils du geôlier puis protecteur de Marguerite) et celle de la ville de Riom. Sans aucun doute, pour Vernyes, l'absence de Charles de Valois facilitera les négociations. Le ralliement de l'évêque servira d'exemple et plusieurs villes suivront dans ce cas. Canillac entraînerait presque toute la noblesse avec lui, et l'évêque et le marquis unis, dans une même volonté commandant « tous deux avec pouvoir égal dans la ville de Riom, la feront remettre facilement au service du roi. Enfin, si les trois (évêque - marquis - ville de Riom) étaient bien ensemble, » ils pourraient facilement faire assembler les états de leur parti et

129 - J. de Vernyes : op. cit. p. 105.

faire une déclaration et soumission expresse et générale pour le service du roi, qu'est le point auquel on doit viser ».[130]

Vernyes considère Usson acquise au roi. Quant à la reine de Navarre, elle observe attentivement la situation. Elle connaissait déjà La Fin le Nocle. Elle prend contact avec lui en sa qualité de châtelain de Montboissier, car elle a une requête à lui adresser : Marguerite s'entremet pour une de ses servantes, Mlle de Boisbenoit qui tardait à rendre hommage à La Fin en qualité de veuve du sieur de Frédeville son vassal. L'intéressée avait sollicité les excuses du châtelain et demandé un délai supplémentaire pour payer ce qu'elle devait concernant le fief. La reine de Navarre appuie sa requête « ne croyant point qu'en l'âme d'un honnête homme la souvenance de ses amis puisse jamais se perdre » Elle demande à La Fin le Nocle de surseoir à toute poursuite. La Fin, qui accorde un délai d'un mois, répond à Marguerite qu'il était honteux de la peine qu'il avait plu à sa Majesté « de prendre » de lui écrire sur un sujet « que la moindre de ses ordonnances » lui eut tôt fait obéir à ses volontés. Il affirme ne pas pouvoir différer davantage les bénéfices qu'il tire de son fief. Il considère donc que le droit doit « être conservé à un chacun notamment à vos serviteurs très humble comme je l'ai toujours été… ».

Seconde tentative de rapprochement de Marguerite. Cette fois, elle évoque son neveu, Charles, qui rappelons-le, a hérité à sa place des biens de Catherine de Médicis. Aurait-elle essayé de marchander un quelconque avantage ? St-Poncy semble l'affirmer. Ce ne serait pas invraisemblable. Mais les preuves manquent. Quoi qu'il en soit, la reine ayant appris que son neveu avait été souffrant, s'en inquiète auprès de La Fin. Le 17 juillet 1591, elle lui écrit qu'il l'avait tirée « d'une extrême peine » en lui donnant des nouvelles de ce qu'elle avait de « plus cher au monde ». Tous ces compliments ne coûtaient pas cher… Alors Marguerite en rajoute. Elle se réjouit que le comte d'Auvergne ait auprès de lui une personne de cette qualité, formé par son frère très aimé le défunt duc d'Anjou. Charles serait un maître et un ami de La Fin, comme l'avait été Anjou « que pour notre grand malheur, nous avons perdu ».[131] En fait, la reine de Navarre compte sur l'influence positive de La Fin sur Charles de Valois pour que ses relations avec sa tante s'améliorent. C'est peut-être beaucoup demander. Mais elle avait assurément besoin d'être au mieux avec son neveu. On ne voit pas d'autres raisons qu'un arrangement sur l'héritage maternel. Elle insiste en souhaitant à La Fin le Nocle de rester auprès de Charles et d'obtenir le contentement qu'il désire et que sa valeur mérite. En tout cas, Marguerite est

---

130 - J. de Vernyes. op. cit. p. 107.

131 - Cohendy. Lettres missives p. 18-19. E. Viennot. Corresp. p. 340.

affirmative : « je vous prie de tenir en éternité pour votre plus affectionnée et fidèle amie ».

Charles, quant à lui, avait été touché « de la peine qu'elle avait soufferte pour les faux bruits que l'on a fait courir de sa mort ».

Marguerite savait aussi que son neveu essayait d'infiltrer les différentes factions opposées. On a vu qu'elles étaient nombreuses. Mais même Usson était au nombre des places où il tentait de nouer des amitiés. Il se rapprocha d'une dame d'honneur de la reine, Madame de Vermont et d'un de ses gentilshommes, Jean de Comblat. Marguerite se méfiait. D'autant plus qu'à compter de 1593-1594, au moment où ses relations avec Henri IV sont renouées, le roi lui transmet des renseignements.

La logique s'est inversée, car le roi connaît maintenant Charles comme comploteur. Mais Marguerite ne « digère » pas l'usurpation de châteaux tels que ceux de Mercurol, Ybois, Cremps et Busséol. Charles de Valois avait dès la mort de Catherine formé une requête au parlement de façon à faire enregistrer les lettres patentes d'Henri III du 3 juin 1589 lui concédant les propriétés de la reine-mère en Auvergne. Mais à l'époque, il y avait deux « morceaux » de parlement. L'un siégeait à Paris sous l'obédience de la Ligue, l'autre, resté loyal au roi, s'était retiré à Tours. L'assemblée fidèle au roi penchait évidemment pour le comte de Clermont et était hostile à Marguerite ; cependant la contestation ne fut pas tranchée immédiatement. Le parlement de Tours, n'osant se prononcer dans ces conditions particulières, se borna à ordonner en faveur de Charles une mise en possession provisoire du legs. Il ne serait statué sur le fond qu'ultérieurement. Les magistrats souhaitaient, avant d'entériner les lettres patentes, obtenir deux documents indispensables que devait fournir Charles de Valois, grand prieur de France. Il s'agissait de sa décharge du vœu concernant St-Jean de Jérusalem et du contrat de mariage de Catherine de Médicis. La présentation du premier document n'offrait pas de difficultés : il avait obtenu sa décharge de vœu quand il avait épousé Charlotte de Montmorency. Il était évidemment dans l'impossibilité de présenter le second. Au vu de ces deux pièces, le parlement jugerait au fond. En attendant, et pour une période indéterminée, Charles de Valois, comte de Clermont, était laissé en jouissance. Comme l'écrit St-Poncy, Marguerite comprenait que « le malheur des temps donnait à la politique le pas sur la justice ». La reine de Navarre, vue sa situation, avait senti qu'il n'était pas très opportun d'introduire une action en justice. Elle attendait des jours meilleurs. Ils finiraient par arriver. Marguerite, sans complexe, avait d'ailleurs vendu le 29 novembre 1590, précisément à la veuve de Frédeville, Mademoiselle de Boisbenoit, les châteaux de Cremps et de Busséol à un prix très raisonnable. De là, sans doute, sa correspondance ultérieure avec La Fin pour essayer d'amorcer une entente avec Charles de Valois sur l'ensemble du contentieux immobilier. On lui fit comprendre que ce n'était pas la peine d'aller plus loin et les châteaux de Cremps et de Busséol restèrent officiellement au comte de Clermont jusqu'à ce que le parlement casse le testament de Catherine de Médicis.

En fait ce que voulait le trop jeune gouverneur, ambitieux à l'excès, c'était la forteresse d'Usson. On aurait probablement pu négocier ensuite. Evidemment, pour Marguerite il n'en était pas question, d'autant plus qu'Usson lui appartenait en propre et ne faisait pas partie de la succession litigieuse.

Allègre, le gouverneur d'Issoire assassiné avec sa maîtresse, la mère de Gabrielle d'Estrées

La reine appréciait son refuge. On verra plus loin combien elle sut créer une vraie petite cour où vinrent la voir beaucoup d'amis et d'admirateurs. Parallèlement à cette vie de princesse, un peu particulière, il est vrai, elle devait se méfier des possibles trahisons tout à fait dans l'air du temps. Elle eut la chance qu'aucune tentative venant de l'extérieur ne fût menée pour essayer de prendre le château, hormis celle que nous avons relatée plus haut.

La devise du château inscrite sur la porte principale résumait bien la situation : « garde le traître et la dent ». Seules la trahison et la faim auraient raison des gardiens. Mais la maison et les soldats de Marguerite veillaient au grain et les provisions s'accumulaient, comme elle l'écrivait à Henri IV. En définitive, ni les huguenots, ni les royalistes, ni les soldats du comte d'Auvergne n'entreprirent ou ne réussirent une attaque contre Usson, alors que dans la plaine d'Issoire la violence fut quotidienne pendant des années. C'est à l'occasion d'un règlement de comptes, que quelques années plus tard, son assaillant d'hier, le marquis d'Allègre, nommé gouverneur d'Issoire par Henri IV, (sur la demande de l'intéressé), après la victoire de Cros-Rolland, fut assassiné avec sa maîtresse, la marquise d'Estrées (la mère de Gabrielle), le 8 juin 1592.

Il paya les exactions répetées dont il se rendit coupable dès sa nomination à Issoire. Laissons la plume sur cette affaire à A. Imberdis, censeur sévère de la reine de Navarre car trop fidèle au « Divorce satyrique », mais bon historien des guerres de religion en Auvergne. Selon lui, la maison du gouverneur fut envahie par une bande commandée par Lyron, le propre secrétaire d'Allègre, excédé par sa férocité. Le gouverneur fut poignardé dans sa chambre pendant que Françoise d'Estrées se cachait dans celle des demoiselles de sa suite.

Découverte par l'un des meurtriers, boucher de profession, elle est ramenée près du cadavre de son amant. D'une main, le boucher la saisit par les cheveux et de l'autre tire son couteau à gaine, quand il s'entend dire : « hélas, monsieur, voulez-vous tuer les dames ? » C'est la marquise qui, brisée de terreur tombe à genoux. « Oui » répond l'Issoirien, « nous voulons tuer le chien et la chienne ». La suite est souvent racontée dans la région, compte tenu de son caractère particulier. La marquise fut ensuite tuée du coup de couteau qui l'attendait. Sa chemise ornée de dentelle lui fut enlevée. Sur son corps, on vit la marque d'un raffinement de coquetterie qui, écrit poétiquement Imberdis « dans un temps où règne le bon goût ne doit point trouver d'exemple. Cette dame pour plaire au marquis ne se bornait pas à orner et à tresser sa chevelure : on aperçut dans un lieu plus secret, des tresses symétriquement arrangées avec des rubans de diverses couleurs ». « C'était », continue l'avocat ambertois devenu historien, « dans ce siècle qui continuait de ravaler ses idées religieuses par le libertinage même à la dévotion, la mode des femmes du monde. La marquise se piquait d'être en tout grande dame ; elle ne se montra que débauchée, avare et cruelle ».[132] On ajoutera que c'était pour Françoise de la Bourdaisière, marquise d'Estrées, la fin d'une vie romanesque s'il en fut. Malgré de nombreuses maternités, elle était demeurée une coquette impénitente. Après un certain nombre d'amants – dont Henri III – elle se prit à quarante-huit ans d'une folle passion pour le marquis d'Allègre, gentilhomme de vingt ans plus jeune qu'elle. L'une de ses filles, Gabrielle, fut aussi la maîtresse du roi Henri IV, le propre mari de Marguerite.

Marguerite apprend l'abjuration d'Henri IV et sa conversion à la religion catholique

Pierre de L'Estoile écrit dans son journal, à l'année 1593, : « le dimanche 25 juillet, le roi sur les huit heures du matin, revêtu d'un pourpoint et chausses de satin blanc, d'un manteau et chapeau noirs, assisté de plusieurs princes, grands seigneurs, des officiers de la couronne, et autres gentilshommes en grand nombre, précédé des Suisses de sa garde, des gardes du corps écossais et français, de douze trompettes, est allé à la grande église de Saint-Denis, les rues étaient tapissées et jonchées de fleurs, le peuple répétant mille fois "vive le roi" ».

A l'entrée de l'église étaient l'archevêque de Bourges assis en une chaise

132 - A. Imberdis - Histoire des Guerres religieuses en Auvergne pendant les XVe et XVIe siècles. Riom 1848 - Marseille-reprints 1983 p. 483.

couverte de damas blanc, aux armes de France et de Navarre, le cardinal de Bourbon et plusieurs évêques.[133]

Puis le roi a demandé « à être reçu au giron de l'église catholique, apostolique et romaine ». Après avoir entendu la grande messe, Henri IV « fit jeter au peuple des sommes d'argent ».

Charles de Valois complote à plusieurs reprises. Il est embastillé.

Revenons aux soucis de Marguerite à Usson. Vers la fin de son séjour, alors qu'elle négocie son retour à Paris, qui aura lieu au début de l'été 1605, la reine de France « honoraire », puisque le roi s'est remarié à Marie de Médicis, envoie le 21 novembre 1604 une lettre à Henri IV. Elle lui annonce qu'elle va poursuivre l'envoi en possession des biens de sa mère. Charles de Valois étant désormais déconsidéré à la Cour, les temps sont mûrs pour faire agir la justice.

Le comte d'Auvergne fut sans doute, au moins partiellement, la victime de l'ambition de sa mère Marie Touchet. Celle-ci avait épousé François de Balzac, marquis d'Entragues. Ils avaient eu une fille, Henriette, qui fut plus tard passionnément aimée d'Henri IV. Le roi lui avait promis le mariage et il la fit marquise de Verneuil. La belle marquise se crut un peu vite reine de France. Sa famille et le comte d'Auvergne, partageaient non seulement ses espérances, mais la poussaient vers le trône sans retenue. Aussi le mariage du roi en 1600 avec Marie de Médicis causa-t-il une bien grande déception chez les Entragues et chez le comte d'Auvergne, le demi-frère d'Henriette. C'en était évidemment fini des espoirs de cette famille bien qu'Henri IV continuât sa liaison, orageuse, avec la belle jusqu'en 1610.

Déçu, le comte d'Auvergne se lia aussitôt avec le maréchal de Biron, gouverneur de Bourgogne, et le duc de Bouillon, chef des mécontents. Il essaya de soulever la Guyenne et le Poitou et assiégea St-Flour. Henri IV le fit arrêter à Fontainebleau en même temps que Biron en 1602. Grâce à sa tante, la duchesse d'Angoulême, qui avait rendu des services à Henri IV et aussi à sa demi-sœur toujours maîtresse du roi, il sauva sa tête. Il en fut quitte pour une détention à la Bastille d'à peine quelques mois alors que Biron était exécuté.

En 1604, sans attendre que Marguerite n'entame officiellement son recours en justice, il fut surpris une seconde fois à comploter. Sully conseilla au roi de traiter Entragues et Charles comme Biron. Mais Henri IV, trop lié à Henriette, et face à un bâtard des Valois, recula. Il plaça simplement les deux comploteurs

---

133 - Lestoile. Journal. Ed. Michaud-Poujoulat. XV. P. 167.

en résidence surveillée. L'objet du chantage de la famille contre le roi, une promesse écrite de mariage avec la favorite, fut remise enfin à Henri IV le 6 juillet 1606. Henriette reçut en récompense 20 000 écus et son père le félon, obtint la promesse de devenir maréchal ! Charles demanda le pardon au roi et lui proposa, afin de demeurer dans ses bonnes grâces, de maintenir ses relations avec l'Espagne afin de lui dévoiler les desseins du monarque espagnol : refus outragé d'Henri IV qui eut la faiblesse de le laisser libre de ses mouvements. Il recommença donc à trahir. La marquise et son frère projetèrent de tendre un guet-apens au roi et de l'assassiner. Mais Henri IV avait de bons informateurs, y compris d'ailleurs son ancienne épouse, qui, juste avant de quitter Usson l'aida dans sa lutte contre les comploteurs.

Convoqué par Henri IV, le comte de Clermont refusa de se livrer à la justice et attendit dans la capitale de l'Auvergne qu'on lui remit les lettres de grâce sous la condition exigée par le roi de venir lui avouer son crime. Ce fut le trésorier général des Finances en personne, le sieur d'Escures qui se déplaça. Charles, en fin de compte refusa d'obéir. Henri IV décida alors de le faire arrêter en Auvergne. Mais ce ne fut pas si simple car le jeune gouverneur était souvent par monts et par vaux, toujours armé et souvent escorté, sachant se réfugier dans des endroits bien cachés. Il fallut donc utiliser la ruse pour le surprendre. Les conditions de sa prise méritent d'êtres contées. Plusieurs tentatives ont été nécessaires pour le faire prisonnier, notamment au cours de parties de chasse et pendant qu'il se restaurait. Charles se méfiait et avait toujours déjoué les mises en scène. On trouva un jour un homme habile sur les recommandations de Sylly : Jean de Murat, trésorier de l'extraordinaire des guerres, fut chargé d'aller voir le rebelle dans son château de Vic-le-Comte à une dizaine de kilomètres au nord d'Issoire. Il avait pour mission de convaincre Charles de se rendre au roi. Murat fut surpris par l'état de détresse dans lequel il trouva le comte de Clermont qui vivant dans la hantise d'être trahi, se déplaçait par conséquent sans arrêt. Il en était réduit à ne plus s'aventurer chez sa maîtresse Madeleine de Pierrebuffière, fille de François, seigneur de Châteauneuf et de Jeanne Chabot et troisième épouse de Jean II de La Queuille, seigneur de Châteaugay, Florac, Beaune, Margeride etc. C'était une amazone à l'air viril et à l'allure guerrière, chaussée de grandes bottes, l'épée au côté, qui retrouvait son amant habituellement au milieu des forêts ou dans des villages perdus, et jamais deux fois de suite au même endroit. Charles avait organisé un système de sentinelles qui l'informaient de tout danger aperçu au loin. Un jour, malgré ces précautions, le comte de Clermont tomba dans un piège.

Jean de Murat avait d'abord pris soin de s'adjoindre son frère, Antoine, lieutenant Général à la sénéchaussée d'Auvergne. Natifs de Riom, les deux auvergnats connaissaient parfaitement la contrée et surent employer les moyens qu'il fallait pour venir à bout de Charles. Ils se concertèrent avec Philibert de Nérestan, seigneur de St-Didier et l'Aurec, capitaine des gardes du corps d'Henri IV, un noble originaire du Velay, et avec quelques autres bons connaisseurs de la province. Citons le vicomte de Pont du Château, le sire de la Boulaye et le sire d'Eure, lieutenant de la compagnie de Vendôme.

L'occasion fatale fut offerte involontairement par la maîtresse de Charles de Valois, Madame de Châteaugay, qui demanda à son amant de mettre au pas deux de ses vassaux indociles, de Blanzat et de Volvic. Le passage de la compagnie de Vendôme serait une opportunité pour châtier les coupables. Le lieutenant de la compagnie, mis dans le secret par les frères Murat, proposa à Charles de passer les soldats en revue en sa qualité de colonel général de la cavalerie légère. Rendez-vous fut donc pris sur le champ de manœuvre de Clermont pour la revue des troupes cantonnées pas très loin au village de Nohanent.

En attendant la veille du jour assigné pour la capture du comte rebelle au roi, celui-ci passe toute la journée à la chasse dans la forêt de Lezoux. Le soir il soupe à Clermont avec l'un de ceux qui préparent son arrestation. Le lendemain, mardi 9 novembre 1604, Charles « court la bague » [134] et déjeune, selon certains témoins, l'esprit agité car il a reçu des conseils de méfiance. Par prudence, il décide de précipiter les événements en avançant l'heure prévue pour le passage en revue. Il regrette même de ne pas avoir fouillé les frères Murat afin de s'assurer qu'ils ne sont pas porteurs d'un ordre royal leur demandant de se saisir de lui. Pas très rassuré, il rentre dans sa chambre, gagne les écuries par un escalier dérobé et part au galop sur un rapide coursier à destination du champ de manœuvre. Il compte bien n'y trouver personne et prendre prétexte de cette situation pour s'esquiver à cause d'un important rendez-vous. Mais les événements ne se déroulent pas comme il l'avait prévu. Les chevau-légers sont bien alignés, Charles a des soupçons et reproche au lieutenant sa promptitude inexplicable. D'Eure répond qu'il ne convient pas de faire attendre le comte de Clermont. Celui-ci affirme qu'il ne souhaite pas s'attarder. Alors d'Eure le prend au mot en lui proposant d'inspecter les quelques soldats présents sans attendre le gros de la troupe. Sur ces entrefaites, survient M. de Nérestant qui arrive de Riom avec sa suite. Charles est de plus en plus inquiet. Nérestant, met-

134 - Courir la bague est un jeu d'adresse qui consiste à enfiler et à enlever au galop d'un cheval avec une lance ou une épée un ou plusieurs anneaux suspendus à un poteau.

tant pied à terre, s'avance pour le saluer puis remonte à cheval et fait le signe convenu. Charles est alors entouré brusquement par trois soldats déguisés en laquais. Ils s'élancent vers lui. L'un saisit son cheval par la bride, les deux autres le désarçonnent pendant que le lieutenant lui prend son épée. Pour couronner le tout, un coup de feu retentit, tiré par mégarde et Charles est complètement anéanti. Il peut simplement dire : « Ah ! par le diable, je m'en doutais bien ». Il est conduit sur son cheval à Aigueperse. Là, il fait avertir sa maîtresse qui rentre dans une fureur folle.

Charles fut embastillé, rapidement suivi par le comte d'Entragues. Pendant ce temps, le complot étant établi, la marquise de Verneuil fut mise aux arrêts dans son hôtel du faubourg St-Germain. Les conjurés furent inculpés devant le parlement de crimes de haute trahison et de lèse-majesté. Charles de Valois, peu courageux, chargea ses complices et surtout sa sœur. Bonne tactique, sachant que le roi serait plus enclin au pardon avec elle qu'avec les autres. Entragues fut très digne. Quant à Henriette, elle n'avait que « trois choses à demander au roi » : un pardon pour son père, une corde pour son frère et justice pour elle.

Le parlement, saisi en 1604, ne rendit son arrêt que le 1er février 1605, quelques mois avant que Marguerite ne quitte Usson. Les comtes de Clermont et d'Entragues étaient condamnés à avoir la tête tranchée tandis que la marquise de Verneuil bénéficiait d'un sursis jusqu'à plus ample informé. En attendant, un monastère devait l'accueillir : celui de Beaumont les Tours.

La maîtresse du roi eut rapidement l'autorisation de se retirer dans ses terres de Verneuil. A la fin de 1605, elle obtenait ses lettres d'abolition. Elle intervint évidemment auprès de son royal amant pour adoucir les peines des membres de sa turbulente famille. Les peines des deux condamnés à mort furent commuées en détention perpétuelle. Mais François d'Entragues sortit de prison au bout de quelques mois. Quant à Charles de Valois, il resta embastillé pendant onze ans puisque c'est le maréchal d'Ancre, Concini, qui le libéra en 1616. En 1619, il obtint le duché d'Angoulême. Il mourut en 1650 à l'âge de soixante-dix ans.

Cette conspiration de Biron et de Charles de Valois, comte de Clermont, fut à l'origine, comme on le verra en détail plus loin, de la démolition de la forteresse de Carlat par Henri IV, en 1604.

Marguerite, dont les rapports avec son mari s'étaient « normalisés » en 1593, avait fortement contribué, par ses relations et ses informations, à régler cette opposition de quelques Grands au roi de France. Quelques jours après l'arrestation, en 1604, du Comte de Clermont, elle avait écrit à Henri IV pour se réjouir de cet heureux dénouement et pour signaler l'inconvénient de laisser en l'état un certain nombre de châteaux susceptibles d'abriter des rebelles ou des opposants au roi. Elle notait en particulier que parmi « ces niches à perturbateurs de l'Etat », figuraient les quatre forteresses de Mercurol, Ybois, Cremps et Busséol, illégalement détenues par le comte de Clermont. Pour elle, ces fortifications présentaient un risque qu'il fallait supprimer. Pensant à recouvrer ses droits usurpés par son triste neveu et jugeant le moment propice, elle écarte toute idée de bénéfice et se place strictement sur le plan du droit, montrant donc son désintéressement.

Le roi, remarié en 1600 avec Marie de Médicis, est pleinement disposé à aider Marguerite qui se prépare à quitter Usson et à rejoindre la Cour. La reine de Navarre, autorisée d'ailleurs à porter le titre de reine de France dès l'annulation de son mariage en 1599, obtient le fameux contrat de mariage de sa mère en 1604. Elle estime, en tant qu'unique survivante de la maison des Valois, qu'elle seule peut se prévaloir de l'héritage issu du contrat de mariage de son père et de sa mère. Dès l'automne 1604, elle annonce qu'elle va revendiquer la succession de sa mère. Elle présente sa requête le 4 décembre 1604, six mois avant de quitter Usson. Les jugements seront rendus après le retour de Marguerite à Paris. Ils lui seront favorables.

A Usson, la reine de France avait obtenu d'autres réparations. En 1601, le parlement de Toulouse lui avait accordé le Lauragais usurpé par l'évêque de Langres, Charles d'Escars. Puis il y eut l'affaire du duché d'Aiguillon, plus compliquée.

Aiguillon, petite ville à l'ouest d'Agen, aujourd'hui dans le canton de Pont-Ste-Marie, était à l'époque une baronnie appartenant à la duchesse de Mayenne. Mais comme cela arrivait parfois dans le système féodal, la duchesse n'avait pas de pouvoir en matière de justice. C'était Marguerite, qui, en qualité de princesse d'Agen, avait toutes les attributions judiciaires. Les choses auraient pu rester ainsi, mais Henri IV avait, en août 1599, décidé de constituer le duché-paierie d'Aiguillon en faveur du fils du duc de Mayenne. L'ancien chef de la Ligue après le meurtre de son frère Henri de Guise, avait en effet rejoint Henri IV en octobre 1595. Or, pour former ce nouveau duché, on avait regroupé les baronnies d'Aiguillon précisément, de Montpezat, Ste-Livrade, Olmerac, Granges et Madallan. Pour Marguerite, il s'agissait là d'une mesure inacceptable car attentatoire à ses prérogatives de justice dans le comté d'Agen où se trouvait la baronnie d'Aiguillon. En décembre 1599, une déclaration confirmait la jouissance du duché d'Agen et d'autres duchés (Condomois, Rouergue). Mais le 2 mars 1600, le Parlement de Paris entérina l'ordonnance créant le duché-paierie d'Aiguillon. Le roi, sur la requête de Marguerite, déclara son ignorance de la situation initiale et affirma que s'il l'avait connue, il n'aurait pas créé ce fameux duché litigieux. Mais la reine ne fléchit point et conseilla à Henri IV de dédommager Mayenne en argent ou de remplacer ce duché par un autre. Le roi, qui ne voulait point déplaire à un rallié de fraîche date, temporisa. Marguerite insista et envoya lettres sur lettres non seulement à Henri IV mais aussi à son entourage. C'était pour elle une question de dignité. Elle ne pouvait souffrir qu'on prenne impunément un bien qui lui venait de ses ancêtres. Elle fit comprendre au roi qu'elle n'était pas de celles qui se lassent de réclamer un dû légitimement fondé. « Je ne veux aucunement vendre ni échanger nos dites justices, qui faisant partie de ma dot ne me peuvent être ôtées, si ce n'était par violence indigne de ma qualité et d'un roi puissant et juste comme votre Majesté ».[135] Marguerite finit par avoir gain de cause d'une manière originale car le duc d'Aiguillon conserva sa qualité de duc et pair, mais elle obtint du conseil d'Etat de « jouir de sa justice et de tous autres droits et devoirs », même du droit d'hommage et vasselage qui lui appartiennent sur la terre d'Aiguillon.

Ces contentieux enfin réglés annonçaient la fin prochaine d'un séjour à Usson considéré comme un véritable refuge en ces temps troublés par les guerres de religion et par les problèmes de succession consécutifs aux assassinats des rois ou des prétendants. Mais pendant cette période de turbulences et de combats cruels aux portes même du château d'Usson, Marguerite instaura une véritable vie de cour à l'intérieur du château pendant son long séjour. Bien sûr, les temps ne prédisposaient pas au luxe de la Cour royale mais avec les moyens souvent fort réduits dont elle disposa, la reine d'Usson réussit à rester elle-même : une véritable Valois et l'une des plus remarquables princesses de son temps.

---

135 - Lettre au roi du 19 novembre 1603 (Mémoires p. 259).

Chapitre 4

La reine d'Usson et sa cour

Sur les dix-huit années et demie que Marguerite passa à Usson, les six ou sept premières furent sans doute assez difficiles. Elles sont les moins bien connues de sa vie. Comme l'écrit l'une de ses meilleures biographes, E. Viennot « La France était trop occupée à guerroyer, à panser ses plaies, à compter les partisans de l'un ou de l'autre bord pour s'occuper de la reine de Navarre ».[136]

Il faut en effet attendre l'année 1593 pour que le contact soit rétabli avec son mari, le roi de Navarre devenu après sa conversion à la religion catholique, roi de France sous le nom d'Henri IV. En effet, les Mémoires de Marguerite s'arrêtent à l'année 1582. Le moins que l'on puisse dire, c'est que cette échéance arrange bien la royauté. C'est en effet à partir de 1583 que les « affaires se gâtent » entre Marguerite et la Cour de France. On aurait évidemment été très curieux de lire le compte rendu des événements d'août 1583 de la plume de la reine de Navarre. Nous croyons donc à un acte délibéré de l'éditeur de 1628 ou peut-être à celui d'une autorité supérieure qui aurait exercé une censure sur un texte probablement « explosif ». A moins que Marguerite, elle-même, de son propre chef et en particulier après sa réconciliation avec Henri IV, ait cru devoir faire des coupes sombres dans un passé qui lui rappelait tellement de mauvais jours…

D'autre part, les lettres et les témoignages des premières années à Usson sont rares. Il faut bien se rappeler qu'alors, un visiteur de Marguerite s'exposait à des dangers de toutes sortes, du fait des conflits l'opposant à son frère et à son mari.

Après la période délicate des premiers mois, son statut de réfugiée, dont elle sut admirablement profiter les longues années qui suivirent, lui permit d'échapper aux conséquences des troubles extérieurs suscités par les rivalités, les ambitions politiques et les haines religieuses.

136 - E. Viennot. op. cit. p. 182.

Le goût et les aspirations d'une Valois telle que Marguerite se traduisaient dans les joies et les délices d'une Cour où il lui arrivait de s'étourdir. A Usson, le contexte est bien différent. Mais la reine y eut sa cour, plus réduite certes, mais bien réelle. Elle posséda une « maison » comme on disait, un peu étriquée au début (mois de cent personnes), plus étoffée après 1593. Elle eut une bibliothèque où elle put se consacrer au plaisir de la lecture, qu'elle goûtait particulièrement. Elle écrivait des lettres à son entourage, peu nombreuses d'abord, et plus fréquentes ensuite, à partir de 1593 (avec Henri IV et avec ses conseillers en particulier). Puis elle écrivit ses Mémoires et des poésies tout en recevant ce que la région comptait de célébrités, des écrivains, des historiens, des savants. La musique comptait aussi beaucoup dans ses loisirs et dans ses moments de recueillement et de spiritualité. N'oublions pas les amours. Ce n'étaient plus Bussy ou Champvallon, mais de jeunes gens plus modestes et peut-être plus aimants. Marguerite, comme son frère Henri III, était également très attirée par le mysticisme. C'était, à n'en pas douter, son côté « Médicis ». Plus elle vieillissait, plus la dame d'Usson devenait dévote, bien qu'elle réservât encore une place à sa vie amoureuse.

La maison de la reine

Après son mariage en 1572, Marguerite bénéficie d'une maison royale digne de son rang. Au moins sur le papier, les revenus s'amoncellent… et lui viennent de plusieurs sources. Les rois d'abord, Charles IX, puis Henri III lui attribuent, au titre de sa dot, 67 500 livres assignées sur l'hôtel de ville de Paris et sur les recettes des finances de Bourges et de Rouen. En principe, elle reçoit également 50 000 livres des trésoreries de Tours et de Bourges. Sa mère, Catherine de Médicis, lui alloue une rente annuelle de 16 000 livres et son frère François d'Alençon, de 2000. Enfin, son mari, Henri de Navarre doit constituer un revenu en terres et en droits divers qu'il possède en Picardie (de 30 000 livres environ). L'ensemble permet en théorie, si tout est versé, ce qui sera rare, de mener un train de vie fastueux.

Sa maison, entre 1572 et 1574, comprend 264 personnes selon madame Garrisson, 236 en 1577, 241 en 1578. (Pour comparer, Catherine la reine-mère en a 435 et la reine Louise, épouse d'Henri III, en a 297). Mais évidemment en 1585, quand elle arrive à Carlat et en 1586 à Usson, l'effectif a fondu. Il est passé au-dessous de cent. Et même après 1593 il augmentera peu, seulement de quelques unités.

Cependant, Marguerite, à Usson, redevient progressivement une reine, même si c'est une reine virtuelle. Dans sa forteresse qui n'a évidemment pas la douceur de Chenonceau ou d'un autre château de la Loire, elle parvient à organiser, malgré l'argent qui rentre peu ou pas, une vraie petite cour. Son livre de comptes pour 1586, date de son arrivée à Usson, mentionne vingt dames à son service dont, première citée, la marquise de Canillac, quatre « filles demoiselles », six « autres dames », quatre femmes de chambre, un premier maître d'hôtel, sept gentilshommes, quatre aumôniers, six valets de chambre, un valet de garde robe, un huissier de chambre, un de salle, deux valets « pour les filles », trois « gens de conseil », deux secrétaires des finances et sept autres secrétaires. On compte aussi six « contrevoleurs », trois maréchaux des logis, deux louviers, un écuyer de cuisine, un queux et un galopin ; enfin, viennent un porteur, un « pasticier », un valet de fourrure, un portier, trois « gens de métier », un trésorier et secrétaire général (c'est à l'époque Antoine Charpentier) et six « autres gens de confort et de la villa ». Soit en tout quatre-vingt-dix-sept personnes.[137]

Ce n'est pas le Louvre… mais c'est une sorte de petite cour dont Marguerite doit se contenter. Les fonds qu'elle attend ne rentrent pas régulièrement ou pas du tout. Et même ce qui lui sera promis à l'occasion des discussions sur son futur divorce ne sera pas toujours tenu dans des délais raisonnables. Marguerite devra compter sur la patience de ses créanciers. C'était une habitude chez les Valois. Ne dit-on pas que sa mère Catherine avait 800 000 livres de dettes à sa mort ? La reine de Navarre maintiendra la tradition de l'endettement perpétuel même après son retour à Paris.

On a vu que madame Canillac est première dame d'honneur. Elle le restera jusqu'en 1588. Elle est la fille de madame de Curton qui veilla très tôt sur la jeune Marguerite, mais elle est surtout l'épouse du geôlier puis libérateur de Marguerite. Si madame de Duras a disparu, madame de Béthune est là, accompagnée de sa fille. On trouve aussi la belle-sœur d'Aubiac.

En 1572, lors de la formation de sa maison, on attribua un chancelier à Marguerite. Ce fut Henri de Mesmes jusqu'en 1578. Il fut remplacé par Guy du Faur de Pibrac, amoureux éconduit de la reine malgré ses talents de poète… Il mourut en 1584. Compte tenu des relations avec son frère, Marguerite n'eut plus de chancelier dès cette période et jusqu'en 1602. Le nouveau titulaire fut Jean de Bertier, évêque de Rieux, qui le resta jusqu'à la mort de la reine en 1615, passant donc trois à quatre ans à Usson.

137 - A. N. KK 176-177 (regroupés dans un microfilm).

On reparlera de ses deux maîtres des requêtes : Erard et du Pleix. Le premier sera très sollicité au cours de la procédure de divorce et le second se montrera bien ingrat avec Marguerite.

Rupereux le maître d'hôtel, est en même temps le financier de la reine. Sa femme fait aussi partie de sa suite. Il sert d'agent de liaison entre Paris et Usson. La reine lui fait confiance et lui emprunte de l'argent. Elle est obligée d'avoir au sein de sa maison des gens sur lesquels elle peut compter, surtout pour lui apporter des renseignements. Ils espionnent à droite, à gauche. Il y a sûrement quelques agents doubles. Et on peut compter sur Henri III et Navarre pour en soudoyer quelques-uns. Mais l'opération s'exécute dans les deux sens… En ces temps d'incertitude, il faut se débrouiller. Et Marguerite s'y connaît. Elle a par exemple deux écuyers qui lui servent d'hommes à tout faire. L'un s'appelle Tuty, l'autre Médrane. Ils assurent la liaison entre Marguerite et le duc d'Alençon .

Le rôle de Filassier est différent mais tout aussi délicat. C'est finalement – d'après le livre de comptes – un valet de chambre. Mais il est bien autre chose. C'est en réalité un orfèvre du Pont-au-Change. Il fournit l'argenterie de la reine qui ne le paie que lorsque c'est possible, c'est-à-dire rarement. Elle lui doit donc des sommes colossales. C'est pourquoi le conseil des tutelles de Paris l'a chargé de centraliser les revenus des domaines de Marguerite situés au nord de la Loire et de les redistribuer aux créanciers de la capitale, dont il fait partie… Mais cela ne résout pas son problème : il n'est payé que 20 écus par an pour son travail, bien moins que Moïse Crosnier dont il est question dans le « Divorce satyrique », et qui touche 50 écus en entretenant l'hôtel de Navarre à Paris.

Pour passer de 260 personnes environ à moins de cent, la maison de la reine a subi des coupes sombres. Il s'agit quelquefois de départs pour raison politique. Ainsi, les Frédeville, qui sont protestants, ont rejoint les rangs d'Henri de Navarre. Par ailleurs, figure dans l'entourage immédiat de Marguerite, l'épouse d'un des ligueurs les plus en vue dans la région : il s'agit de Jean de Lastic dont la femme, Madame de Sieurac était, il est vrai, déjà chez la reine avant la formation de la Ligue. Il a lui-même été le premier gentilhomme de sa chambre.

On compte aussi parmi les gentilshommes ordinaires : Louis de la Rochelambert [138] dont les descendants furent les derniers seigneurs d'Usson. Citons aussi Louis de Beauclair, Jacques d'Oradour, de la Roque.

---

138 - Le comte Léo de Saint-Poncy qui descendait d'une famille de la noblesse auvergnate connaissait bien les dynasties les plus célèbres de la région. Il raconte (t. 2. p. 432) que c'est le petit fils de Louis de la Rochelambert, Guillaume, qui fonda la branche des Rochelambert de la Valette, derniers seigneurs d'Usson. Le fief de la Valette fut apporté par l'épouse de Guillaume qui l'appelait « le bon garçon ».

Les plus grosses diminutions de personnel sont constatées dans les cuisines et les écuries. C'est la rançon de la réduction globale des effectifs. Il y a moins de bouches à nourrir et moins de chevaux. Pratiquement plus de potagers, non plus. Ni de gâte-sauce et moins de valets pour aller chercher les légumes ou les fruits. A l'écurie on chercherait en vain les pages, les laquais, les selliers.

Il faut ajouter que la reine ne reçoit presqu'aucun revenu en 1587 et 1588. Donc, personne n'est payé sauf… le trésorier, Charpentier.

La gêne financière jusqu'en 1593-1594

Dès le départ de la reine vers l'exil auvergnat, c'est-à-dire dès qu'elle quitte Agen, Henri III séquestre les biens de sa sœur qui seront gérés depuis Paris par un conseil de tutelle composé de sept avocats au Parlement et de deux procureurs. La reine ne signe rien. Toutes ses commandes sont supervisées et éventuellement signées par ce conseil.

Les dettes de Marguerite se sont accumulées depuis des années suivant en cela une tradition séculaire dans toutes les dynasties qui se sont succédé sur le trône de France. Pourquoi la reine, dont on connaît le tempérament généreux, y échapperait-elle ? a fortiori quand elle est en rébellion contre l'autorité royale… et qu'elle touche le fond. A la même période, en octobre 1585, ses créanciers se regroupent, au moment où elle arrive à Carlat, et portent leur cause devant le parlement.

Les dettes pour les années 1582 et 1583 sont énormes [139] Elles correspondent à l'apogée du luxe et de l'étourdissement de Marguerite à la Cour, avant qu'elle n'en soit chassée. Elles se montent à 67 600 écus soit 200 000 livres, c'est-à-dire, d'après madame Garrisson, à plus de 2000 fois le minimum vital annuel de l'époque. Les produits de luxe figurent pour la moitié.

Les créanciers proposent donc un plan de remboursement qu'Henri III approuve par lettres patentes. Le porte-parole des requérants n'est autre que P. Filassier, officiellement valet de chambre de la reine. Il a été chargé de saisir les revenus de Marguerite en Picardie et au nord de la Loire, autour d'Etampes et vers Senlis et de les distribuer directement aux créanciers. On ne sait pas exactement si l'exilée se trouve à Carlat ou à Usson quand elle doit signer ces accords qui lui sont imposés par le roi, le parlement et le conseil de tutelle.

Les premières années, la vie de cour est donc un peu spartiate d'autant plus que les voies de communication ne sont pas sûres. Au début, c'est tout juste si on peut apporter de l'hôtel de Navarre quatre coffres et quatre malles de cuir

---

139 - Voir aux A. N. la série KK 182 (dettes entre 1581 et 1587).

contenant des meubles, des vêtements et quelques objets divers. Pierre Filassier est obligé dès 1588 de confectionner de la vaisselle d'argent. La reine la fera compléter dans les années 1594 et 1595 quand elle aura davantage de moyens, étant désormais en relation avec son mari qui l'aide financièrement. Le maréchal des logis Bonbrussel fait la navette entre Usson et Paris. Parfois il est remplacé par un dénommé Michel Arnoul. En 1587, l'un ou l'autre lui apporte des draps de soie ainsi qu'une montre à porter au cou. Arrivent ensuite des jeux de société. Il faut meubler le temps. On peut noter un jeu d'osselets, une marelle, un jeu du renard et des poules. Les plateaux qui les accompagnent sont en ébène et en ivoire. On n'est pas Valois pour rien.

La situation s'améliore après le sacre d'Henri IV

Il est probable que les relations se sont améliorées entre Marguerite et son mari avant l'abjuration de 1593. Mais dès cette année-là, « elle s'ébroue vers l'Olympe des puissants de la terre » (Garrisson). Elle respire à nouveau l'air des cimes réservé aux grands de ce monde. Son livre de comptes reprend le terme de « Majesté ». La dernière survivante des Valois émerge du tunnel où elle se tient depuis 1586. Le roi lui promet des assignations et des pensions qui, d'ailleurs ne sont pas confirmées avant des années. Mais les revenus habituels, antérieurs à 1586, reviennent progressivement. Marguerite reprend avec toute son aisance habituelle le rôle de grande dame fastueuse qu'elle a toujours adoré.

Sa maison s'agrandit. Des têtes connues réapparaissent. Mlle de Thorigny revient à la cour sous le nom de madame de Vermont. Elle est dame d'honneur de la reine et a reçu 300 écus pour son déplacement de Paris à Usson. La fidèle Barbe Chausson est maintenant accompagnée de sa fille.

Le cérémonial de cour est à nouveau en usage. Par exemple, la reine se fait précéder de laquais et de pages. Lors des repas, une certaine étiquette revient. Rupereux, le maître d'hôtel depuis 1586, est désormais secondé par deux adjoints. Il y a maintenant un chef de la paneterie et un échanson en chef appelé Pierre Misère ainsi que son adjoint Raymond Vinaigre ; on n'en demandait pas tant ! Ils étaient tous les deux, depuis six ou sept ans au service de Marguerite en qualité de laquais. Ils ont obtenu une promotion.

La reine essaie de faire quelques réparations au château. Madame Garrisson nous indique que des travaux non identifiés ont été réalisés pour une somme de 192 écus [140]. Par ailleurs, on ignore si Marguerite a obtenu les dix mille écus demandés dès son arrivée à Usson en novembre 1586 aux États provinciaux.

Six mille lui auraient été attribués mais pour des munitions [141]. En fait le château du duc de Berry, a, semble-t-il subi peu de modifications, hormis des galeries qui facilitaient la circulation et seize oratoires autour des enceintes. Des places ont été plantées d'arbres. En revanche on fait confiance à la reine pour la décoration intérieure et le luxe des meubles. Charpentier, déjà en poste à Agen et à Carlat, s'en occupe ainsi que de la vaisselle d'argent. On dit même qu'il pourrait, en sa qualité de trésorier, arranger quelques comptes à son profit. Mais le symbole de cette renaissance est le carrosse commandé à Paris en novembre 1595, chez le carrossier du roi. Celui-ci fournit les ferrures et la couverture de cuir. Gabriel de Flexelles s'occupe de la garniture. C'est à lui que la reine s'adresse habituellement pour ses produits de luxe. On ne s'étonnera donc pas qu'il figure en bonne place sur la liste de ses créanciers. Des passementeries d'or et de soie garniront ce carrosse. Les frères Baudoin ont l'honneur de servir la reine, et peut-être celui de ne pas être payés tout de suite…

L'effectif des chevaux augmente. On en achète dix à Usson. Les pages et les selliers sont de retour. On commande des éperons dorés pour les premiers ainsi que des mors de la même couleur pour les chevaux.

En 1595, on livre une grande écritoire destinée à être installée sur une belle table accompagnée de trousses couvertes de maroquin bleu doré avec les devises de la reine. L'année suivante, en mars 1596, on commande « six mains de papier d'or fin ». Ne serait-ce pas la date à laquelle commencent les Mémoires ?

Le maître d'hôtel, Rupereux, au tout début de 1595, s'occupe du réaménagement des appartements de Marguerite. On achète des coffres pour le linge, des bahuts pour la vaisselle, des dizaines de mètres de toile, de serviettes, des nappes. En réalité, on reconstitue une partie du mobilier et du linge de maison.

Les objets de luxe pour le confort particulier de Marguerite ne sont pas oubliés. Le livre de comptes indique 130 écus pour un superbe manchon en martre. La reine prend soin de ses mains, qu'elle a fragiles. On achète aussi deux paires de gants fourrés et deux autres en maroquin. La coquetterie n'a pas quitté la reine d'Usson. Madame Rupereux s'est chargée de l'acquisition de deux miroirs. L'un est en ébène, l'autre en or. Marguerite a 42 ans à peine. Ce n'est plus une jeune femme mais elle est soucieuse de plaire et de séduire. Arrivent de Paris des dentelles, des toiles fines, des fraises brodées, des manchettes d'argent. Enfin, la chambre de la reine s'enveloppe du suave parfum du jasmin.

---

140 - Garrisson, op. cit. p. 251.

141 - Arch. municip. Clermont-Ferrand. AA 63.

On a vu que les premières années n'ont pas connu cette relative aisance. On peut imaginer que la reine s'est tournée vers des occupations qui pouvaient lui occuper l'esprit; par exemple la lecture dont elle sera toujours friande.

La bibliothèque

Le contenu de la bibliothèque de Marguerite de Valois a été inventorié à Paris après son retour, en 1608. On peut cependant considérer que la reine ayant quitté Usson en juillet 1605, les auteurs recensés dans la capitale étaient, pour la plupart déjà présents en Auvergne, où le temps n'était guère compté. L'examen de cet inventaire est assez saisissant car il révèle un esprit extrêmement curieux et cultivé.

La liste des livres appartenant à Marguerite se trouve dans les archives de la famille de Boissieu dont un ancêtre était secrétaire de la reine de Navarre et de France. Le comte de Saint-Poncy en a eu connaissance et, dans son ouvrage (souvent cité), il affirme que Marguerite possédait plus de mille volumes. Mariéjol rectifie ce chiffre après une étude attentive de la liste fournie par Maurice de Boissieu, son confrère de l'Académie de Lyon, et il en trouve environ 300… Quoi qu'il en soit, il faut s'arrêter quelque temps sur les ouvrages qui éclairent singulièrement la personnalité si attachante de Marguerite de Valois.

Cet inventaire, daté exactement du 17 décembre 1608, comptabilise tous les ouvrages détenus par la reine, c'est-à-dire ceux qu'elle a accumulés pendant ses diverses pérégrinations de Nérac à Paris en passant par Agen, Carlat et Usson. On imagine sans grands risques que, compte tenu du temps passé à Usson, la majeure partie a été sinon acquise, du moins lue dans son exil auvergnat. Les livres avaient été classés assez vaguement selon quelques rubriques : histoire, humanisme, théologie, philosophie.

Homère est présent. C'est le seul parmi les poètes grecs. L'Iliade est traduit en français par Salel, et l'Odyssée, en espagnol, traduit du grec par Gonzalo Perez.

Marguerite qui a l'Italie dans le sang, connaît le latin et parle parfaitement l'italien. On ne s'étonnera donc pas de découvrir Ovide, Horace et la grande poésie italienne. Dante est évidemment présent à travers « La comedia », avec les commentaires de Landino. Elle possède trois éditions de Pétrarque, le « Décameron » de Boccace, l'« Orlando furrioso » de l'Arioste et les « Nouvelles » de Bandello, que le père de Marguerite, Henri II, fit évêque d'Agen en 1550, et qu'elle ne put connaître car il mourut en 1561 alors qu'elle avait huit ans. Matteo Bandello, né en 1485, était un frère dominicain, piémontais, qui après une vie aventureuse s'exila en France. Il avait notamment traduit Euripide. Il avait dédié ses "canzoniere" à Marguerite de France en 1544. Ajoutons que les « Nouvelles » donnèrent à Shakespeare le sujet de « Roméo et Juliette ». Dommage qu'une telle personnalité ne connût pas Marguerite de Valois…

L'Espagne, dont elle parle également la langue, intéresse la reine. A quelques années près, elle aurait pu avoir Cervantes dans ses rayons. Mais celui-ci n'apparaît dans la littérature qu'avec « Galatea » en 1585. Encore une forte personnalité ! Marguerite possède cependant des devanciers de l'illustre écrivain, qui ne donnera la première partie de Don Quijote qu'en 1605, l'année du départ d'Usson. On trouve là Boscan, un poète catalan mort en 1550, inspiré par les italiens pour la métrique. Elle lit également un poète lui aussi très influencé par l'Italie et bien antérieur à Boscan : le Cordouan Juan de la Mova, mort en 1456, dont elle possède « Las trecientas ». Celui-ci s'inspire de Dante, de Lucain, de Virgile. Quant au « Cancionero général », présent lui-aussi, c'est une œuvre très célèbre de poésies anciennes.

Parmi les œuvres très nombreuses de la littérature française du XVIe siècle on relève des titres bien sûr, mais pas autant qu'on pourrait l'imaginer. On note les œuvres de Marguerite de Navarre, sœur de François Ier, sa grand-tante qui protégea les protestants. Elle fit de sa cour de Navarre, à Nérac, le foyer de l'humanisme et reçut nombre d'écrivains dont Marot et Rabelais, qui lui dédia le Tiers-livre.

On trouve la traduction des Psaumes de David publiée en 1603 – deux ans avant le départ de la reine d'Usson – par Philippe Desportes, le poète officiel d'Henri III.

Bien sûr, figurent les œuvres de J. du Bellay, de Jodelle mort trop tôt à 41 ans, et qui à l'âge de 20 ans écrivit « Cléopatre captive », la première tragédie classique française. Rémy Belleau, mort en 1577, un protégé des Guise est également présent, ainsi qu'Amadis Jamyn, poète mélancolique, disciple préféré de Ronsard et dont on perd la trace en 1585. Marguerite n'a pas oublié les « quatrains » de Pibrac son ancien chancelier amoureux, qui mourut en 1584. Il s'agit d'un personnage représentatif de cette époque où les conseillers au parlement se faisaient poètes de cour, ce qui ne l'avait pas empêché de représenter Charles IX au concile de Trente. On note d'autres auteurs moins connus : Claude Expilly également magistrat poète, la « Galliade » ou « De la Révolution des Arts et sciences » de la Boderie.

Aucun Ronsard n'est répertorié dans cet inventaire, ce qui est plus qu'étonnant. Mariéjol affirme cependant que la reine possédait « un très beau Ronsard, relié à ses armes ». Marguerite a annoté de sa main l'un des deux exemplaires de la « Rhétorique » d'Antoine Fouquelin de Chauny, livre de théorie sur la prose française.

On peut encore voir les « Commentaires » de César, les "décades" de Tite-Live, l'"Architecture" de Vitruve dédié à Auguste et qui fut très largement utilisé par les hommes de l'art de la Renaissance. Notons aussi de Philostrate, les « Tableaux de plate peinture », description unique d'une galerie du 2e siècle.

En remontant chez les Grecs dans le rayon « Histoire », on peut trouver Hérodote que Cicéron appelait le « père de l'histoire ». Polybe de deux siècles postérieurs, Dion Cassius encore postérieur (IIe et IIIe siècles après J. C.), et auteur d'une histoire romaine et Diodore de Sicile mort en 20 Av. J. C.

Parmi les moralistes, Plutarque est présent. On note un goût prononcé pour l'Antiquité avec en plus des auteurs cités, des ouvrages moins connus tels que les "livres hiéroglyphiques" de Pierieus, réédités par Coelius Curion et illustrés d'images et de portraits des Dieux et des hommes ou encore les Funérailles des Romains, Grecs et autres nations » de Claude Guichard.

En espagnol, de la même période, elle a lu « Los discursos de la religion y castra metacion de los Romanos y Griegos » qui est en fait la traduction d'un ouvrage français attribué au lyonnais Duchoul. Toujours dans la même langue, on constate que Marguerite possède l'œuvre entière d'Antonio de Guevara, plus franciscain qu'historien, confesseur de Charles Quint, évêque de Cadix et qui dans « l'Horloge des Princes » dessine le portrait du prince idéal.

Passons aux chroniqueurs français. Il y a bien sûr Froissard, Commines, Monluc, Jean Lemaire de Belges, l'historiographe d'Anne de Bretagne, Guillaume de Belley dont les Mémoires ont été complétés par son frère Martin mais aussi des noms moins connus comme Fumée ou Viguier. Citons aussi Jean de Serres (le frère de l'agronome) contemporain de Marguerite et qu'Henri IV nomma historiographe de France, Pierre Matthieu, également contemporain.

Ce n'est évidemment pas à la lecture d'Alexandre Dumas qu'on peut s'imaginer combien la bibliothèque de la reine de Navarre et de France était remplie d'ouvrages de piété ou de théologie. La bible figure en bonne place et pas n'importe laquelle. Il s'agit de celle de l'Université de Louvain, traduite du latin au français avec une table des matières de Jean Harlemius et « apostillée de la main de la reine » comme le souligne Mariéjol. Suivent les œuvres de Saint-Justin martyr, Saint-Denis l'Aréopagite, les « Homélies » de Saint-Jean-Chrysostome, les « Confessions » et la « Cité de Dieu » de Saint-Augustin, la somme de Saint-Thomas d'Aquin et les sermons de Saint-Bernard.

Sont également présents les grands mystiques espagnols : Louis de Grenade (Guia de Pecadores, guide des pêcheurs) et Juan de Valdes, érudit et moraliste, né à Cuenca mais mort à Naples où il avait fui l'Inquisition.

Enveloppée dès son plus jeune âge dans l'atmosphère troublée des guerres de religion, Marguerite tient à connaître les doctrines en présence. Elle n'est pas sectaire dans ses lectures. Figurent au premier plan ses contemporains tels que Pierre Charron, ce moraliste mort en 1603 qui prône la tolérance religieuse jusqu'à ce qu'on l'accuse d'athéisme, Duplessis-Mornay, longtemps principal conseiller et ambassadeur d'Henri de Navarre. Ce chef huguenot après l'abjuration du roi, se retira à Saumur où il fonda la première académie protestante. Il est l'auteur d'un traité de l'Eucharistie. Il écrira ses Mémoires quand Marguerite aura quitté Usson.

En réplique à Duplessis Mornay, la reine possède un ouvrage d'un catholique intransigeant, le père Richeome, intitulé « Victoire de la vérité catholique » qui paraît en 1601.

Sa grande curiosité intellectuelle s'observe encore dans l'ouvrage de Pic de la Mirandole « l'Heptacle » exposé des sept experts de la création. Marguerite n'ignore pas que l'érudit italien fut un temps le protégé de son aïeul, Laurent de Médicis (Le Magnifique) et que c'est précisément à Florence qu'il écrivit son ouvrage avant de mourir à 31 ans après avoir analysé la Bible de sa manière si originale. Dans la même veine polygraphique, on remarque la « Grandezza della terra a del l'acqua » du philosophe et moraliste Alexande Piccolomini, archevêque de Patras et coadjuteur de Sienne, descendant d'une famille qui eut deux papes (Pie II et Pie III). Du même auteur, on note une œuvre très différente, datant de 1560, intitulée « Institution morale » traduite par Larivey contemporain de Marguerite.

L'Italie a été au XVIe siècle le pays de grands mathématiciens, notamment Cardan, également médecin, qui dévoila la solution de l'équation du troisième degré que lui aurait confiée un autre grand savant, Tartaglia, mort à Venise en 1557. Or, Marguerite possédait une traduction de l'arithmétique de Tartaglia qui était l'œuvre d'un lecteur au collège de France nommé Guillaume Gosselin. Celui-ci avait dédicacé son ouvrage à la reine de Navarre (1578) en précisant qu'elle aimait les sciences et que c'était la raison pour laquelle elle avait pris M. Gosselin (son frère ou son cousin) pour domestique. Dans son épître dédicatoire, le savant français encourageait Marguerite à poursuivre sa curiosité et son intérêt pour les autres parties des mathématiques.[142]

142 - Mariéjol. op. cit. p. 320.

On notera encore d'autres livres de sciences de son époque concernant la physique, la géométrie, l'histoire naturelle, l'astronomie, les voyages… En matière de philosophie, Marguerite s'y intéresse comme à sa sœur, la théologie. Elle possède un Platon dans le texte avec une traduction de Marsile Ficin, le maître de l'école platonicienne de Florence. Ficin a traduit également beaucoup d'œuvres des néoplatoniciens tels que Porphyre, Plotin ou Proclus. Marguerite de Navarre, fut une de ses disciples. Notre Marguerite possède, elle, une réédition de Lyon de 1570. Elle détient également "le Timée", "le Banquet", "la République".

D'Aristote, on note « l'Ethique », la « Politique » d'ailleurs traduites dans les langues qu'elle maîtrise l'italien, le français et l'espagnol.

Mariéjol signale encore « qu'elle lit en latin ou en français les deux Pimandres et l'Hermes Trismégiste, qui exposent les révélations de l'Hermès Alexandrin et évoquent les mystères et l'ésotérisme philosophique de l'Antiquité » La « De Occulta philosophia » de Corneille Agrippa de Nettesheym s'en inspire et y ajoute.

Sont aussi dans sa bibliothèque les œuvres d'un père minime très réputé François Humblot, qui fait partie de ses visiteurs à Usson.

On n'oubliera pas les témoignages de la Renaissance italienne, les traités sur l'art de la conversation, la vie de cour, l'esthétique.

Marguerite conserve par exemple très pieusement, « Il Cortègiano » œuvre extrêmement célèbre dans toute l'Europe car traduite dans de nombreuses langues. Elle a pour auteur le comte de Castiglione, artiste et écrivain né en Lombardie en 1478 et qui vécut à la cour des marquis de Mantoue puis des ducs d'Urbino dont il était une sorte d'ambassadeur. Il avait écrit des poésies en latin et en italien. Mais c'est l'œuvre que détenait la reine de Navarre qui le rendit célèbre car elle symbolisait la Renaissance italienne. Imprimé en 1528, le livre raconte quatre soirées de conversations auxquelles participent deux personnalités. Il s'agit du secrétaire du pape Léon X, Piètro Bembo, né en 1470, futur cardinal et humaniste, ayant appris le grec, homme cultivé typique de la Renaissance et du peintre Raphaël né en 1483, qui fut, les sept dernières années de sa trop courte vie, le peintre officiel de Léon X précisément après avoir été celui de Jules II.

Castiglione était l'ami de ces deux personnages représentatifs de la Renaissance. Il expose donc dans son ouvrage les usages et bonnes manières qu'il convient de respecter, traduisant le raffinement du goût et l'élégance de la pensée qu'avait connus Castiglione à la cour de Fedérigo III Montefettro à Urbino.

On voit aussi sur la liste, la « civil conversazione » de Guazzo, comme son nom l'indique, un code de la vie mondaine. On note aussi de Claudio Tolomei un traité sur l'esthétique intitulé : « Lettere » lettres, relié en maroquin.

Un tempérament d'écrivain. L'épistolière. La poétesse. La mémorialiste

Marguerite ne se contentait pas de lire avec avidité. Elle écrivait, bien sûr avec une orthographe approximative, comme chacun à cette époque. [143] Elle avait en revanche un vrai talent d'écrivain. Aimant parler d'amour, elle aime le chanter, « de tous les embellissements du goût, de l'esprit et de la passion ». Elle fut poétesse, elle écrivit ses Mémoires et ses lettres traduisent, comme le reste, une authentique qualité littéraire. Mais ce qui est le plus utile à la connaissance de l'historien, ce sont ses lettres et en premier lieu, pour ce qui nous concerne, celles écrites à Usson.

Comme on l'a dit, [144] 469 lettres de Marguerite de Valois ont été retrouvées. On imagine qu'il en manque des centaines que les misères du temps ont fait disparaître. Mais la recherche n'a pas de fin. Sur celles dont nous disposons, 129 ont été écrites en Auvergne (d'après l'ouvrage de madame Viennot, de la lettre n° 236, écrite de Carlat, jusqu'à la lettre n° 364, écrite d'Usson, le 26 juin 1605).

Seulement deux lettres ont été retrouvées émanant de Carlat. La première est adressée à Catherine de Médicis, la seconde à Jean de Vernyes. C'est donc essentiellement aux correspondances écrites à Usson, en dehors de deux lettres probablement envoyées de Saint-Amant-Tallende (n° 238 et n° 239) que nous allons nous intéresser. Il s'agit donc des lettres numérotées de 240 à 364 ; en tout 125 correspondances.

En ce qui concerne la périodicité, on notera une irrégularité liée aux événements plus ou moins désagréables vécus par la reine les premières années. Une accélération s'observe à partir de 1593 date de la reprise des contacts avec son mari en vue précisément du divorce et de son retour à la Cour.

- En 1587, trois lettres sont écrites. Les destinataires sont sa mère, la reine Catherine de Médicis, le duc de Guise et Philippe II d'Espagne.

- En 1588, trois lettres (une à Henri III et deux au grand duc de Toscane, Ferdinand Ier de Médicis).

- En 1589, une seule lettre destinée aux consuls de Lyon. Peut-être aussi (1590 ?) la lettre à Catherine de Clèves. E. Viennot hésite à la situer en 1589. S'agissant pro-

143 - Et que dire de l'orthographe de sa mère qui il est vrai, avait des excuses.

144 - En introduction. Voir Viennot. Correspondance de Marguerite de Valois 1998.

bablement du décès du duc de Guise, nous prenons le risque de la dater de 1589.

- Aucune lettre en 1590 ni en 1592. Mais trois en 1591 (une à Brantôme et deux à Jacques de la Fin, ex collaborateur du duc d'Alençon, après avoir été celui d'Henri III. Marguerite reprend contact avec lui au sujet de ses fiefs d'Auvergne).

- Huit lettres en 1593. Il y a une raison. Le 9 avril 1593, Marguerite reprend ses relations épistolaires avec son mari qui va bientôt s'appeler Henri IV… C'est le début de la longue procédure d'annulation de leur mariage. Trois autres lettres vont suivre la même année. Trois lettres également sont adressées au conseiller du roi, Duplessis-Mornay, sur les mêmes motifs. Il est chargé de suivre la procédure et la reine sait que le roi ne lit pas toutes ses lettres. Une lettre à Henri de la Tour (il est le père du grand Turenne mais aussi le petit fils du connétable Anne de Montmorency. Henri IV l'a fait maréchal en 1592).

- Huit lettres en 1594. Les destinataires sont Henri IV (5), Duplessis-Mornay (2) et le secrétaire d'État Antoine de Loménie.

- Quatorze lettres en 1595. Les beaux jours sont revenus pour Marguerite ! C'est à nouveau la vie de cour. Mais on négocie ferme à la fois sur l'héritage maternel et sur le « démariage ». On compte ainsi huit lettres à Henri IV, c'est-à-dire plus de la moitié, ce qui n'a rien d'extravagant s'agissant à la fois du roi et de son mari… Les autres destinataires sont Jacques La Fin (4 lettres) et Henri de Montmorency Damville (2), beau-père de Charles de Valois, le « mauvais neveu de Marguerite » avec qui elle était en conflit à propos de l'héritage maternel.

- Neuf lettres en 1596. Les thèmes d'intérêt n'ayant pas changé (les relations avec Charles de Valois et le divorce en cours) les destinataires sont les mêmes : Henri IV (3), La Fin (3) Henri de Montmonrency (2) et le seigneur de Cauzac (1) à qui elle demande de l'accompagner quand elle rentrera en « France », c'est-à-dire bientôt, croit-elle… Il est son gentilhomme d'honneur depuis Agen.

- Onze lettres en 1597, dont quatre pour Henri IV, deux pour La Fin, une pour Duplessis-Mornay, une pour un de ses conseillers, Roche de Combettes, à propos des convoitises sur le sénéchalat de Rouergue qui fait partie de ses possessions, une pour Gabrielle d'Estrées (sic) qu'elle utilise habilement pour son propre intérêt afin de revenir en France et de quitter Usson, une pour Loménie et une pour le seigneur de Balzac, gendre du gouverneur du Quercy, le baron de Savensa, une vieille connaissance de Marguerite.

- En 1598, on compte seulement sept lettres dont une très importante à Villeroy, le premier secrétaire d'État pour quatre rois (Charles IX, Henri III,

145 - E. Viennot. Corresp. Lettre n° 301 p. 405. Elle y réclame ses rentes, évoque son frère Charles IX etc.

Henri IV et Louis XIII) [145] et deux nouveaux destinataires apparaissent : Diane de Valois et Rosny (Sully).

- En 1599, année du divorce enfin obtenu, les lettres écrites par Marguerite sont au nombre de dix-sept. On fera grâce au lecteur du nom de tous les destinataires. Notons simplement les noms nouveaux qu'on retrouvera plus tard à la Cour de France dans l'entourage de la reine-mère : Marguerite de Chaumeil, baronne de Fourquevaux et son mari, François de Montrevel.

- En 1600, huit lettres partent d'Usson dont une à Pomponne de Bellievre qui fit une longue carrière politique de Charles IX (ambassadeur) jusqu'à Henri IV (garde des Sceaux). A l'époque, il est chancelier. Notons la première lettre à la nouvelle reine Marie de Médicis (9.12.1600).

- En 1601, on compte seulement trois lettres dont deux à Henri IV et une à Bellièvre.

- En 1602 le chiffre est de neuf. Seul, Séguier, conseiller au parlement est un nouveau destinataire.

- En 1603, six lettres.

- En 1604, huit lettres dont une de condoléances à la princesse de Condé.

- Enfin six lettres, les dernières, partiront d'Usson en 1605 avant le retour en France, comme on disait à l'époque.

Mesure-t-on suffisamment ce qu'est l'acte d'écrire pour une reine recluse durant deux décennies ?

Qu'en est-il du courrier reçu ? De ce point de vue, l'exilée n'a pas joui de toutes les satisfactions espérées. On a recensé quinze lettres adressées à Marguerite pendant ce très long séjour auvergnat. Sans doute en a-t-elle reçu beaucoup plus, mais combien ? Quoi qu'il en soit, la proportion des lettres écrites par la reine est infiniment plus grande que celles qui lui sont parvenues. Sur cette quinzaine, la moitié (8) émanait d'Henri IV. Et ce n'étaient pas des déclarations d'amour ! bien qu'elles apportassent souvent des promesses de confort matériel ou moral à la reine.

Si l'on s'en tient à ces chiffres, Marguerite de Valois aurait reçu une seule lettre de sa mère Catherine de Médicis, [146] morte il est vrai, au début de l'année 1589. Elle n'en aurait reçu aucune d'Henri III, son frère décédé la même année. Quant à son autre frère d'Alençon, qui aurait pu lui envoyer force courriers, il avait disparu en 1584 avant l'exil auvergnat de sa sœur. Mesure-t-on l'isolement familial de cette femme dans la forteresse d'Usson ?

Rappelons enfin que son amant Aubiac, avait été pendu par les pieds à Aigueperse dès l'arrivée de Marguerite à Usson.

---

146 - Datée du 18 février 1587 de Niort. Viennot ; corresp. p. 325.

La plupart des lettres adressées par la reine à la Cour et dans l'entourage royal ont un objectif intéressé : elle les écrit dans l'espoir de recouvrer ses biens usurpés qui venaient de sa mère, de revenir à la Cour de France, et de négocier son divorce. C'est une position délicate car sa situation la place toujours en demanderesse, ce qui n'est pas flatteur, et très inconfortable. Il n'est guère possible de briller dans ces conditions. Et cependant, les lettres de Marguerite sont d'une lecture agréable. Comme l'écrit madame Viennot « le talent qu'on y voit est le produit d'une longue habitude de l'écrit et de la parole, telle qu'elle s'apprenait chez les gens instruits et appelés à intervenir dans la vie publique, et rares sont les missives qui accusent, voire qui évoquent un travail stylistique » [147] Bien sûr quand il s'agit de quémander comme elle le fait très souvent, la phrase n'est peut-être pas aussi aérienne que lorsqu'elle écrivait à Champvallon… Et le contenu est moins philosophique. Mais à Usson, au début, il faut vivre, voire survivre. Ensuite l'intelligence et la ténacité paieront. Et c'est grâce à l'inestimable correspondance de Marguerite que nous la suivons dans sa traversée du désert.

Princesse de France, elle avait été célébrée par Ronsard parmi bien d'autres poètes qui rimaient sur sa beauté légendaire.

> Son front était une table garnie
> De marbre blanc, siège de Majesté,…
> ……

Puis pour le bal de son mariage en août 1572, Ronsard écrit :

> Sitôt qu'au bal la nymphe bien aimée
> Se présenta, ses deux autres jumeaux
> Firent, au double, éclairer les flambeaux,
> Et d'un beau jour la nuit fut allumée.

Mais laissons maintenant la plume à la reine d'Usson. Au plus noir de ses premières semaines dans la forteresse, après la mort d'Aubiac, elle écrit ce poème où elle applique la théorie néoplatonicienne de la bipartition des âmes, à sa manière.

> Mon cœur, puisque la nuit est maintenant venue,
> Augmentant cette humeur si propre à mes douleurs,
> De mes humides yeux, la pluie continue !
> Et pour noyer mon mal, écoute tout en pleurs !
>
> [….] Je suis toujours au lit, toute la matinée.

147 - Viennot. Corresp. p. 40.

Ce n'est pas de paresse ; mais mon œil, désormais,
Croit qu'il est toujours nuit, depuis cette journée
Que la mort me ravit ma lumière à jamais.
Alors que mon amour prit au ciel sa volée,
L'honneur et la valeur prirent même parti ;
Les vertus, à l'instant, eurent l'aile ébranlée,
Mais seul le pauvre Amour en deux fut départi !

Mon amant prit sa part, j'eus la mienne sur l'heure,
Comme capables seuls de telles amitiés.
L'Amour, donc, comme nous, seul divisé demeure,
Jusqu'à temps que la mort rassemble nos moitiés.

Marguerite n'a, en réalité, signé aucun poème. Mais on sait qu'elle en a écrit assurément une grande quantité. Ils sont, pour la plupart, perdus. On en trouve quelques-uns épars dans quelques manuscrits à la Bibliothèque nationale par exemple. Comme Usson, avec son site, son calme et ses amours se prêtait bien à l'inspiration poétique ! Son « havre de paix » l'a connue tantôt abattue, tantôt joyeuse, autant d'états d'âme propices à la création poétique. Lisons cet autre poème qu'elle écrit probablement après la lecture de l'ouvrage que lui a envoyé Brantôme. Celui-ci la décrit dans son « Discours » telle qu'il la voyait à seize ans. Mais le temps a passé, qui inspire à la reine ce sonnet : [148]

Ami qui vas cherchant, dans la masse pierreuse
De ce fatal rocher, la grandeur qu'autrefois
Tu as vu resplendir au palais de nos rois,
Honorant et ornant leur perle précieuse,

Ne t'y travaille plus ! La fortune envieuse,
En celle de Crésus renouvelle la voix ;
De l'instabilité, l'exemple tu y vois ;
De notre injuste siècle, une marque piteuse.

Ainsi qu'en un vaisseau par l'orage agité,
Le marchand effrayé tout son bien a jeté,
Restant pour se sauver seul avec le pilote,

148 - Cité par madame Viennot. op. cit. p. 186.

De même, en ce rocher, vrai vaisseau de salut,
Eprouvant la fortune, Dieu pour pilote elle eut ;
Dieu seul elle retient, toute autre chose elle ôte.[149]

Il s'agit d'une œuvre écrite à Usson que la reine a donnée à son secrétaire M. de la Beraudrise, au mois de décembre 1593.[150]

C'est à Usson que Marguerite entreprend d'écrire ses Mémoires. Les historiens ne sont pas d'accord sur la date à laquelle elle prend la plume pour se pencher sur son noble passé. On veut bien croire Mariéjol quand il indique, au plus tard en février 1603, date de la mort de la duchesse de Retz présentée comme une personne vivante dans l'ouvrage. En revanche, on ne le suivra pas quand il propose « au plus tôt le 31 janvier 1599 à cause du mariage de Catherine de Bourbon-Navarre, la sœur d'Henri IV avec le fils du duc de Lorraine ». L'historien n'est d'ailleurs pas très sûr de lui car il ajoute un autre événement qui semble le contredire. Il s'agit là aussi de la date d'un mariage, celui de Varambon avec Dorothée de Lorraine unis en 1597. Il faut se méfier de l'imprécision des dates rapportées par Marguerite qui ne possède à Usson que sa mémoire souvent défaillante.

En réalité, tout porte à croire que l'année 1594 proposée par madame Viennot se rapproche davantage de la réalité. Pourquoi cette date ? D'abord parce qu'au début des Mémoires, Navarre est désigné comme roi : nous sommes donc après le 27 février 1594, jour de son sacre à Chartres. Ensuite, parce que la reine répond au « Discours » de Brantôme, qui lui a été adressé fin 1593, probablement sans attendre très longtemps. Nous pencherions peut-être davantage pour 1595, date à laquelle son écritoire est commandée, comme on l'a vu. En tout état de cause, la rédaction commence bien avant 1600.

Les Mémoires évoquent seulement une douzaine d'années de la vie de la reine : de 1570 à 1582. Ils seront publiés treize ans après la mort de Marguerite pour la première fois et souvent réédités depuis : quinze fois au XVIIe siècle, six fois au XIXe et deux fois au XXe, y compris l'édition d'Yves Cazaux que nous avons utilisée.

Ce n'est pas une œuvre « d'après dînée » comme voudrait nous le faire croire Marguerite. Rien d'aussi peu spontané que cet ouvrage. La reine se surveille. Le récit est habile, le ton soigné bien qu'il ne manque pas de grâce. Parfois cependant, la reine s'épanche. Le contenu est souvent d'un grand intérêt historique. Ainsi en est-il de son récit de la St-Barthélémy. Ses relations avec sa mère et ses frères nous éclairent sur leur nature profonde. Nous suivons les grandes

149 - B. N. ms. fr. 10210 (fol. 328) cité par E. Viennot. op. cit. p. 429.
150 - Cité par madame Viennot. op. cit. p. 186.

étapes de sa vie entre ses dix-sept ans et sa vingt-neuvième année. Une place centrale est donnée dans ses Mémoires au voyage qu'elle effectua à Spa pour des raisons diplomatiques et en faveur de son frère d'Alençon. Elle y avoue implicitement son goût pour les affaires publiques. Son récit se termine à Nérac lorsqu'elle quitte la cour des Albret pour celle de France.

Les hôtes du château d'Usson

Très jeune, Marguerite fut mêlée à la vie de Cour. Elle en apprit avec beaucoup de plaisir tous les agréments. Parmi ceux-ci, la conversation était une joie permanente pour la princesse puis pour la reine. Mariéjol, un tantinet « machiste » dit que « la conversation, c'est la moitié, et même un peu plus, de l'éducation de la plupart des femmes ».

Marguerite excellait dans la conversation. Enjouée, vive, moqueuse, spirituelle, elle a « une gentille grâce » nous dit Brantôme, « à rencontrer de bons et plaisants mots et brocarder si gentiment ». Il ajoute que « sa compagnie est plus agréable que toute autre au monde ». On a toujours envie de dire à Brantôme qu'il exagère. Mais il n'y a pas de fumée sans feu. En revanche dire de sa princesse adorée que « lorsqu'elle pique ou brocarde quelqu'un, cela est si bien dit qu'il n'est possible de s'en fâcher ». C'est à voir. Il faudrait demander aux victimes. Faisons confiance à la reine. Intelligente comme elle l'était, Marguerite, à travers ses lettres et ses Mémoires apparaît comme quelqu'un qui sait doser ses effets. A la Cour, les occasions étaient multiples d'exercer la gamme sur toute sa longueur. A Usson, Brantôme eut l'honneur de s'asseoir dans la salle à manger. D'après lui, les repas étaient l'occasion de brillantes conversations avec des savants, des poètes, en bref « des honnêtes gens » que la reine souhaitait avoir auprès d'elle. Marguerite savait merveilleusement les faire parler sur les sujets les plus divers, souvent très sérieux. Elle se plaisait à susciter la discussion, la controverse. Puis elle résumait les débats et concluait de belle manière. Cet art de la conversation était parfaitement possédé par cette princesse de la Renaissance. On se pressait pour l'entendre. Cette petite cour était vraisemblablement le rendez-vous de tous ceux qui appréciaient le savoir-vivre de la reine.

En effet, après les années de misère, surtout à partir de 1593, les visiteurs arrivent pendant que les guerres s'apaisent dans le royaume. Henri IV marche vers le trône après sa conversion. Marguerite, on l'a vu, dispose de moyens supérieurs pour entretenir sa cour. La noblesse de province qui s'était tenue à l'écart vient rendre visite à la reine d'Usson. Les époux Navarre se rapprochent dès le début des années 90. En 1593 les relations sont à nouveau correctes. Mais c'est vraiment en 1595 que des acquisitions importantes sont effectuées pour redonner du lustre à la maison de Marguerite.

Avant cette période, on a du mal à suivre le gentil Saint-Poncy qui semble assuré que le château d'Usson, au temps de la reine Marguerite « était le centre le plus élégant non seulement d'Auvergne, mais encore de la France » ! S'il est vrai en revanche que « nulle ne s'entendait mieux que la petite fille de François Ier à tenir une de ces cours brillantes du XVIe siècle » comme l'écrit le comte, il est à peu près certain que la réalité ne suivait pas toujours l'intention.

Les premières années, d'après ce que l'on peut attester, la cour ne peut rivaliser avec celle de Nérac fréquentée par Ronsard, mort en 1584, et qui n'a donc pu connaître Usson et y admirer celle qui l'inspira autrefois : « la Marguerite et unique perle de France, la Reine de Navarre ». A Nérac, il célébrait la jeune princesse :

> Son chef divin, miracle de nature,
> Était couvert de cheveux ondulés,
> Noués, retors, recrépelés, annelés,
> Un peu plus moins que de blonde teinture.

Montaigne, retiré sur ses terres de Guyenne, meurt en 1592. Il avait fait quelques brefs séjours à la Cour à Paris et à Nérac. Pas de visite à Usson. Il est vrai que lorsque Marguerite arrive dans sa forteresse, il a déjà 54 ans. C'est à l'époque presque un vieil homme.

En revanche, Brantôme, l'admirateur passionné de Marguerite, homme de cour s'il en est, en même temps que soldat, viendra la voir à Usson à une date estimée entre 1589 et 1591 par Etienne Vacheret, son éditeur dans la pléiade. En revanche, J. H. Mariéjol est plus précis et situe la rencontre à la fin de l'année 1593 ou au début de 1594 ce qui paraît plus plausible.[151]

Pierre de Bourdeilles, abbé et seigneur de Brantôme, né entre 1539 et 1542, a été le panégyriste le plus célèbre de Marguerite de Valois. La famille est depuis des lustres une habituée de la Cour de France. Son père François II de Bourdeilles a participé aux campagnes d'Italie et était présent à Marignan. Sa mère, Anne de Vivonne est la fille du sénéchal du Poitou et de Louise de Daillon de Lade qui fut dame d'honneur de Marguerite de Navarre, la grand-tante, célèbre par son « Heptaméron », de Marguerite de Valois.

Brantôme était très proche des Guise. Il assista d'ailleurs à la mort de François de Guise à Orléans en 1563. Il se lia ensuite aux Strozzi. Très introduit à la Cour d'Henri III, il était l'ami de Guast et de Vitteaux, l'assassiné et l'as-

---

151 - Mariéjol. op. cit. p. 312.

sassin. Il accompagna souvent Catherine de Médicis dans ses pérégrinations. Mais l'amour de sa vie, amour platonique, c'était Marguerite.

C'est d'abord la beauté de la princesse, puis de la reine que vante le sieur de Bourdeilles. Mais c'est aussi la femme qui s'intéresse aux arts suivant une tradition familiale fortement établie. Une certaine complicité de lettrés règne entre eux. C'est à lui que Marguerite dédie ses Mémoires, voulant rectifier l'excès d'admiration qu'il lui voue. Et c'est sur les conseils de la reine, quand elle le reçoit à Usson, qu'il entreprend une traduction du poète latin Lucain, le neveu de Sénèque.

« Elle est fort curieuse de se procurer tous les beaux livres nouveaux qui se composent, tant en lettres saintes qu'humaines et quand elle a entrepris à lire un livre, tant grand et long soit-il, elle ne laisse ni s'arrête jamais, jusqu'à ce qu'elle en ait vu la fin, et bien souvent en perd le manger et le dormir. Elle-même compose fort, tant en prose qu'en vers. Sur quoi ne faut penser autrement que ses compositions ne soient très belles, doctes et plaisantes, car elle en sait bien l'art, et si on le pouvait voir en lumière, le monde en tirerait un grand plaisir et profit ».

Brantôme loue aussi sa bonté : « Elle est telle et si noble et si franche, que je crois qu'elle lui a fort nui, car encore qu'elle eût de grands sujets et moyens pour se venger de ses ennemis et leur nuire, elle s'est retenu bien souvent les mains ».[152]

On a cité Brantôme. D'autres personnages fréquentaient Usson. Certains allaient devenir célèbres, la reine souhaitant « lancer » des personnalités méritantes et douées dans les arts et les lettres. « Elle attirait tous ceux qui annonçaient d'heureuses dispositions et les retenait par des bienfaits » écrivait Saint-Poncy.

Commençons par celui qui mérite le moins la sollicitude dont il fit l'objet de la part de la reine de Navarre : Dupleix.

Scipion Dupleix est né dans le Gers en 1569. C'est un philosophe avant d'être un historien. Sa famille, noble, est originaire du Languedoc. Marguerite l'a rencontré à la cour de Nérac où il lui a été présenté alors qu'il était adolescent. Il a dix-sept ans quand la reine arrive à Usson en 1586. Elle en fait son secrétaire puis son maître des requêtes. Connaissant bien le grec, il traduit pour sa bienfaitrice une partie de l'œuvre d'Aristote. Puis il écrit « La logique ou l'art de discourir ou raisonner » pendant son séjour à Usson, première œuvre de logique française avant « la logique de Port Royal ». On imagine l'auteur discutant avec Marguerite sur un sujet qui les passionnait tous les deux. Il suit la

152 - Brantôme. Recueil des Dames… p. 155.

reine à Paris en 1605 et se mettra plus tard au service de Richelieu. C'est pour être agréable à son maître et faire du zèle que plus tard Dupleix ironisera dans son « Histoire de France » sur son ancienne protectrice se montrant d'une rare ingratitude. Il mourra très vieux, à plus de 90 ans, à Condom dans son Gers natal.

Il y avait des lettrés dans la maison même de la reine de Navarre. Ainsi un second maître des requêtes Jean de Champagnac, lieutenant assesseur au présidial de Périgueux, lui dédia en 1595 son « Traité de l'immortalité de l'âme » et sa « Physique ». Ces deux ouvrages étaient écrits en français, ce qui à l'époque n'allait pas de soi. Mais Marguerite, malgré sa culture classique, encourageait les écrivains à créer dans la langue moderne et non en latin.

Les Valois aimaient les exercices intellectuels et artistiques. Charles IX goûtait particulièrement la poésie et la musique. Il avait institué une Académie où l'on recevait poètes et musiciens. Son frère, Henri III, aimait davantage la philosophie et avait étendu à cette discipline les compétences de ce cénacle, à la satisfaction de Marguerite, qui elle aussi, sollicitait des débats d'idées et de théologie. Et cette Académie accueillait les femmes. La reine de Navarre et la duchesse de Retz, comme d'ailleurs madame de Lignerolles en faisaient partie avant l'exil en Auvergne. On a d'ailleurs retrouvé dans la bibliothèque de la reine des copies d'entretiens échangés sur des sujets qui probablement se rapprochaient de ceux qui avaient cours au siècle précédent en Italie au palais des Médicis. La Renaissance n'était pas encore complètement achevée.

L'un des bons amis de Marguerite était Jean Darnalt, conseiller au présidial d'Agen. Il vint aussi la voir à Usson. Il lui soumit son projet sur les « Antiquités d'Agen » qu'il lui dédicaça. Sa visite en Auvergne laissa une très forte impression à Darnalt qui évoquait dans son œuvre le « château élyséen d'Usson ».

Maynard, le poète préféré de Marguerite, l'avait-il déjà rejointe à Usson ? Rien n'est moins sûr. Saint-Poncy affirme qu'il fut probablement présenté, par la famille Noailles, à la reine, peu avant son départ pour Paris. Cette assertion n'a pu être vérifiée. En revanche, ce qui est plus certain, c'est qu'au début de 1606, Maynard est à la Cour de la reine à Paris. Car c'est lui qui compose dans les instants qui vont suivre son assassinat, les vers à la gloire de l'amant de la reine, Saint-Julien. Le 5 avril 1606, en effet, le favori de Marguerite est tué par le jeune Vermont d'un coup de pistolet en présence de la reine. Les vers de Maynard ont tellement plu à Marguerite « qu'elle les portait sur son sein, les relisant chaque jour, soir et matin ».[153] Cela ne veut pas dire que le poète était arrivé la veille auprès de la reine ou qu'il était reparti le lendemain. Nous

153 - Lestoile. t. 12. p. 215.

sommes, en effet, portés à croire que compte tenu de l'origine de Maynard – il était né à Aurillac d'une famille originaire de St-Céré – il a pu, pendant quelques mois, être de l'entourage de la reine à Usson. Celle-ci l'aurait ensuite emmené avec elle à Paris, « où son esprit, sa verve poétique, son humeur enjouée eurent grand succès ».[154]

L'âge affaiblit mon discours
Et cette fougue me quitte
Dont je chantais les amours
De la reine Marguerite.

La reine attire nombre de poètes. Citons La Pujade, conseiller de Marguerite et secrétaire de ses finances, dont elle fait représenter une tragi-comédie de Jacob d'après la Bible. Ce dramaturge et poète religieux connaît à l'époque une réelle célébrité dans le Midi. En 1604, il publie à Paris « Les œuvres chrétiennes » dédiées à Marguerite. Plusieurs parties de l'œuvre sont composées pour elle, tel ce cantique « pour le quatorzième de mai », jour anniversaire de la reine d'Usson.

Un jeune poète du Velay, Jean Baudoin fut également attaché à son service et la suivit à Paris, imitant Maynard et figurant comme lui, sur la liste des premiers académiciens. Baudoin, qui était natif de Pradelles, eut pour compatriote à la cour d'Usson, Morgues de Saint Germain, né au Puy-en-Velay qui, fidèle à Marguerite, prononça son oraison funèbre en 1615.

N'oublions pas parmi ses hôtes le savant Scaliger qu'elle connut à Agen et à Nérac et qui vint la voir après 1593. Curieuse famille que celle de ces anciens italiens établis dans le Sud-Ouest. Le père était un personnage, à la fois savant, humaniste et médecin. Il était venu s'installer à Agen où il mourut en 1558. C'est son fils, Joseph, que Marguerite accueille probablement en 1593-1594. Né à Agen, il fait sa connaissance à la cour des Albret à Nérac. Il s'est converti au protestantisme à l'âge de 22 ans et se réfugie à Genève après la Saint-Barthélémy. C'est lui qui nous apprend que la reine fait systématiquement goûter tous ses plats avant de manger, pendant son exil auvergnat. Professeur à Leyde où il meurt en 1605, il fait partie de cette belle tradition des humanistes de la Renaissance au savoir encyclopédique, d'une époque où l'on pouvait être avocat, guerrier, magistrat mais en même temps poète, mathématicien, médecin, philosophe et ravir par la conversation une Marguerite de Valois qui n'attendait que cela dans sa forteresse d'Usson.

La famille d'Urfé tient une place à part dans la liste des hôtes les plus remar-

154 - Signalons que Maynard fit partie de la première « fournée » de l'Académie en 1635 dont il occupa le dix-septième fauteuil.

quables du château d'Usson. Leur château de la Bâtie, au milieu du Forez, est un foyer de poètes et de philosophes.

Honoré, [155] le plus célèbre de cette grande lignée féodale des Urfé, a bien connu Usson. Mariéjol dit qu'il en parle « en homme qui y est entré ». Honoré d'Urfé est l'auteur d'un des chefs-d'œuvre de la littérature sentimentale : « L'Astrée ». Les trois parties sont éditées de 1607 à 1619, c'est-à-dire après le séjour de la reine à Usson. La troisième parut même après sa mort.

Les d'Urfé étaient des lettrés, de double culture (italienne par leur mère, une Savoie-Tende, française par leur père, Jacques). Toute la famille baignait encore dans l'atmosphère de la Renaissance italienne. Ils avaient étudié Platon, Aristote, ce qui les rapprochait d'une Valois comme Marguerite. Des trois frères, le plus jeune s'appelait Antoine. Il était mort à 23 ans d'un coup d'arquebuse alors qu'il était abbé de la Chaise-Dieu. Il avait pourtant eu le loisir d'écrire deux dialogues : « De l'honneur et de la vaillance » dans lesquels s'opposaient le partisan de la guerre et celui de l'étude, à la manière de Platon. En outre il avait juste eu le temps de dédier à Marguerite une épître dont le titre était : « De la beauté qu'acquiert l'esprit par les sciences ».

Le plus âgé, Anne d'Urfé était guerrier et poète, un peu comme Brantôme dans sa jeunesse et comme beaucoup d'autres. Il aurait vécu « en toute innocence » auprès de sa jolie femme, Diane de Chateaumorand, dont Honoré était amoureux. L'official de Lyon prononça, l'annulation du mariage au bout d'une longue période. Pour se consoler, il devint prêtre et composa des poèmes d'amour… pur, « après avoir côtoyé l'autre sans aborder au port ».

Marguerite fut aussi la bénéficiaire d'une dédicace de ce frère d'Urfé. Il s'agissait du cinquième livre de ses « Hymnes ». L'un de ceux-ci est consacré à la chaste Suzanne, « ce qui ne signifiait pas obligatoirement la preuve de la vertu de Marguerite », dit plaisamment Mariéjol.

Quant à Honoré, qui n'a pas été l'amant de Marguerite, [156] il lui dédie le troisième livre de ses « Épîtres morales », la plus philosophique de toutes. Mais c'est à « l'Astrée » que l'on pense, s'agissant de son œuvre la plus connue. L'un des personnages du roman, Galathée s'inspire de Marguerite. Dans ce roman fleuve, d'inspiration néoplatonicienne, Galathée est une nymphe qui règne sur Isoure. Elle est aimée de Lindamor et de Ptolemas et s'éprend de Céladon le héros du livre. En fin de compte, elle épousera Lindamor où l'on est tenté de

155 - A noter qu'il existe une autre commune qui porte le nom d'Usson et qui se situe précisément en Forez. (Arrondissement de Montbrison et canton de St-Bonnet le Château). Usson en Forez n'est donc pas le lieu d'exil de Marguerite de Valois. Certains historiens ont fait la confusion.

156 - Pour une fois, Saint-Poncy et Mariéjol s'accordent sur la vertu de Marguerite.

voir l'auteur lui-même. L'action se passe non loin d'Usson (d'où Isoure qui ressemble à Issoire). Le personnage médite sur la fortune, la passion amoureuse, les vertus de la retraite dans une période troublée, la condition humaine. Toute ressemblance avec des personnages ayant existé… n'est pas fortuite.

Ce mécène qu'est la reine de Navarre et de France, dès 1594, recevra les frères d'Urfé à Usson. On ne doute pas que la conversation roulait sur les théories néoplatoniciennes. « Ce qui est seul aimable c'est la vertu. Donc pour être aimé, le vrai amant se rendra vertueux. Il est tout certain que le corps peut bien être aimé, mais non pas aimer. Donc, si l'amant veut être aimé de ce qu'il aime, comme dit Platon, il faut par nécessité que ce soit des beautés de l'âme ».[157]

Un autre forézien fréquente la cour d'Usson. Il s'agit du chanoine et poète Loys Papon. Adulateur de Marguerite, il l'admire parce qu'elle a résisté à Henri III et Henri IV. Il compose pour elle un Hymne que Claude Longeon baptise durement « un panégyrique sans nuances » [158] alors qu'il indique par ailleurs qu'il est sans conteste « le plus original et le plus vigoureux des poètes foréziens » [159] Mais Papon est également un portraitiste. Il a représenté dans le château familial nombre de rois, reines, papes, etc. Il dessine de multiples miniatures dont il enlumine ses manuscrits. Claude Longeon nous précise dans sa belle thèse que c'est sur un magnifique portrait de Marguerite « sur fond de lés et de marguerites » que s'ouvre l'hymne qu'il lui a consacré en 1587. Au bas de chaque page, on peut admirer, dans un médaillon ovale, une scène allégorique représentant les sens, les arts, les saisons… [160] Papon avait fait représenter auparavant, en 1588, à Montbrison, sa « Pastorelle » qui tenait à la fois du ballet de cour, du bal populaire et du théâtre. Marguerite aurait assurément aimé cette œuvre jouée, chantée et dansée par les enfants de la région, choisis pour leurs connaissances musicales.

Papon part en lutte contre ceux qui combattent les bonnes intentions de Marguerite, par exemple quand il s'agit de recruter des enfants doués d'une belle voix pour sa chapelle. L'intention est d'une vraie pureté : il s'agit d'honorer Dieu par la beauté du chant.

Citons encore deux autres protégés de la reine de Navarre, partageant avec elle le goût de l'ésotérisme. Marguerite avait hérité cette inclination de sa mère. L'un est Antoine du Verdier. Ce forézien d'une érudition très éclectique,

---

157 - « Epîtres morales ». Deuxième livre.

158 - C. Longeon. Une province française à la Renaissance. La vie intellectuelle en Forez au XVI° siècle. Univers. Lille3. 1976. p. 432.

159 - Id. p. 90.

160 - Id. p. 182.

possède dans sa bibliothèque, à Montbrison, des livres et des manuscrits grecs, latins, espagnols, italiens. Il s'initie, comme son hôtesse à la kabbale. L'autre, Guy Lefèvre de la Boderie est orientaliste. Il s'intéresse à la transmigration des âmes et rédige la bible d'Anvers.

C'est parmi ces beaux esprits que Marguerite jouit le plus parfaitement de sa cour à Usson. Beaucoup la suivront à Paris en 1605. Mais ce qu'il faut souligner, c'est le succès qu'elle a rencontré en Auvergne, dans une forteresse davantage faite pour la guerre de Cent ans que pour recevoir tout « le gratin » de la région. Marguerite a montré à Usson ce qu'était une vraie femme de cœur et d'esprit.

La musique

Poésie et musique se marient bien ensemble. Selon Brantôme, Marguerite a des talents de chanteuse : « elle a la voix belle et agréable, l'entremêlant avec le luth qu'elle touche très gentiment ».

Comme ses frères les rois Charles IX et Henri III, Marguerite aimait beaucoup la musique. Ce goût leur venait de leurs parents.

Peut-on dire après Darnalt que « la douceur de la musique et le chant harmonieux des plus belles voix de France transformaient le rocher d'Usson en un paradis sur terre » ? C'est peut-être un peu exagéré. Selon Saint-Poncy, la reine « subventionnait un grand nombre d'artistes ». Assurément, pas au début de son séjour ! Elle les aurait recrutés avec discernement, « avec un dilettantisme éclairé », les retenant avec un « bon traitement ». Dès qu'elle avait connaissance d'une belle voix, elle demandait à rencontrer l'intéressé et lui proposait de venir à Usson. Bien chanter était un excellent moyen de se faire apprécier d'elle. C'est ainsi que Pominy dont on reparlera, devint son secrétaire, que Saint-Julien devint son écuyer ainsi que Galeman dont, paraît-il, le chant plaisait beaucoup à Henri IV. Son maître de chapelle était Nicolas Cambronne. Il avait sous sa direction des chantres, des choristes, des instrumentistes. G. Raspaut et J. Poulle étaient joueurs de luth ; J. Godefroy jouait du hautbois, Aimard et Comines du violon. Mais le plus remarquable chanteur de la maison était de Villars.

Marguerite avait un maître de musique du nom d'Amant qui enseignait aux pages, demoiselles et enfants de choeur. Elle organisait de nombreux concerts. Parfois, elle participait elle-même aux spectacles en s'accompagnant par exemple au luth. Elle composait paroles et musiques.

Les amours

Il est bien difficile d'aborder une telle question. C'est par définition un domaine qui suppose, même chez la reine, une certaine discrétion donc des témoignages restreints ou inexistants. Dans une situation d'exil la difficulté augmente car les enceintes de la forteresse d'Usson ne parlent guère. Mais nous savons que l'amour a beaucoup compté dans la vie de Marguerite. Comme l'écrit Y. Cazaux, « elle aima le faire avec esprit », avouant les choses avec une franchise qui faisait de cette princesse du XVIe siècle une femme de notre temps. Mais laissons la parole à l'intéressée : « Il me faut, n'en déplaise à la parole, à la fois avouer que pour si beau que soit le discours, cet ébattement le surpasse, et peut-on bien dire, sans se tromper : rien de si doux, s'il n'était si court. »

A Usson, ces longues années auvergnates lui permirent de satisfaire ses élans dans des conditions que nous connaissons mal. Quelques indices nous conduisent cependant vers deux favoris que l'Histoire a retenus.

Ainsi en est-il de Pominy, déjà évoqué comme secrétaire de la reine, et qui fut sans doute davantage. Il s'appelait en réalité Claude François – un nom prédestiné –. C'était le fils d'un patron chaudronnier du Puy. D'après Mariéjol « il est le premier, sinon en date, du moins en notoriété de ses valets de cœur ».[161] La reine l'avait probablement fait venir, avant 1595, pour apprendre le chant aux enfants de la chapelle. Ses fonctions auprès d'elle et surtout les situations qui furent réservées à sa famille, tendent à confirmer une liaison entre le secrétaire et Marguerite. La sœur de celui-ci était une des femmes de chambre de la reine. Elle mourut le 16 juin 1595 et laissa un testament que révéla Mariéjol.[162] Selon ce document, Marguerite François, la morte, disposait en faveur de ses parents, de ses amis et d'une communauté religieuse d'une somme de 800 écus que la reine lui avait « donnés et octroyés » pour les agréables services qu'elle lui avait rendus. Cette somme pour l'époque est considérable et ne s'expliquerait selon le grand historien « que par les services encore plus agréables du frère ».

En outre, toute la famille va bénéficier des bons sentiments de la reine à l'égard de son favori. Le père de Pominy devient receveur de la reine au pays d'Agen et le frère occupe la même fonction au pays de Rouergue. Et quelques années plus tard, c'est Pominy lui-même qui est qualifié de « secrétaire des finances » de Marguerite. C'est une marque de confiance s'il en est. « Il gouverne désormais maintenant toutes ses affaires », dit-on en 1600. Il obtient

161 - A Usson, évidemment.

162 - Mariéjol. op. cit. p. 313.

qu'elle lui attribue à la cathédrale du Puy une prébende qui lui rapporte 400 écus pas an, et aussi « une place appelée Pominy… »

Comme les rois le faisaient pour leurs maîtresses, Marguerite marie son favori, le 15 mars 1601 avec une demoiselle Michelette de Faugière, de l'entourage noble de la reine. Marguerite dote la mariée et le contrat de mariage est reçu par le notaire royal de Lavaudieu, près de Brioude.[163]

Un second personnage apparaît ensuite dans la vie sentimentale de la reine d'Usson. Si l'on en croit le « Divorce satyrique », c'est parce que Pominy s'était absenté trop longtemps du château… Il s'agit cette fois-ci d'un jeune provençal appelé Dat. C'est le fils d'un charpentier d'Arles. Il devient seigneur de St-Julien (dans la Lauragais). Cette liaison est antérieure à 1604 puisque cette année-là, la reine le marie à quelqu'un qui lui rappelle bien des souvenirs. La mariée, en effet, s'appelle Jeanne de Lignerac. Elle est tout simplement la fille de Gilbert Robert de Lignerac, seigneur de Marzé, l'ancien gouverneur de Carlat, ce que ne précise d'ailleurs pas le contrat. Cet accord est passé le 26 octobre 1604, par-devant Blaise Portal, notaire royal « en la terre et la seigneurie d'Usson ». La famille Lignerac aurait-elle permis ce mariage si un doute avait pesé sur la responsabilité de Marguerite ou d'Aubiac dans la mort du commandant du château de Carlat ? Il est difficile de le croire. Comme dans le cas précédent, les bienfaits vont tomber sur la famille. Marguerite pour « plusieurs bons et agréables services qu'elle a reçus par le passé de feu le sieur de Marzé et de ladite demoiselle de Lignerac sa fille » assigne en dot à la mariée 6000 livres tournois. La reine s'engage également à payer le 1er janvier 1605 une somme égale à celle que doit verser le frère de l'épousée six mois après la célébration du mariage, c'est-à-dire en avril 1605. Belle opération pour cette famille, car en fait, c'est Marguerite qui paie la cérémonie et le reste. Le contrat, enfin, prévoit qu'au cas où l'épouse survivrait au mari, des avantages financiers demeureraient à son profit.

St-Julien plaça sa sœur, Antoinette, auprès de sa royale maîtresse qui lui trouva bien entendu un mari « noble » comme il se devait. Michel Gorce, un citoyen d'Avignon reçut un don de 1100 écus en récompense de la bonne volonté de la nouvelle mariée. Le frère à l'origine de tous ces élans du cœur de Marguerite, perçut, lui, 950 écus. On notera que ces libéralités se situent dans la seconde partie du séjour de la reine à Usson. Les premières années n'auraient pas permis une telle générosité. Mais des temps plus sereins lui donnèrent l'occasion de montrer son bon cœur.

---

163 - Ce notaire s'appelle Laurent Viallet. (Mariéjol. op. cit. p. 314).

Sa dévotion. Le bon cœur de Marguerite

Le refuge d'Usson était propice au recueillement. Il faut monter une fois au sommet de la colline pour essayer d'imaginer ce que l'âme sensible de Marguerite de Valois pouvait éprouver devant le mystère des grands espaces tant la majesté du site est évidente. Beaucoup d'éléments la portaient vers la dévotion. On a vu que la musique présentait le double intérêt de satisfaire le plaisir des sens et celui de la spiritualité. D'après les trop rares sources, les constructions effectuées par la reine dans le château sont souvent en relation avec l'exercice du culte. On sait qu'elle fit disposer des oratoires en forme de niches autour des murailles de la citadelle.

Activités intellectuelles et spirituelles occupaient, avec l'amour, les journées de Marguerite. Son séjour auvergnat, sur ce dernier plan, ne fut pas, on l'a vu, à la hauteur des idylles de la jeunesse. Il lui restait donc à compenser ce déficit sentimental et peut-être sexuel par une vie plus tournée vers la dévotion. L'alternance ou la concomitance des plaisirs et des prières semblait d'ailleurs être un point commun qu'elle partageait à un moindre degré, il est vrai, avec ses frères.[164] Mais n'était-ce pas, plus encore, une caractéristique de ce siècle de la Renaissance finissante qui mélangeait si fréquemment le bien et le mal, le vulgaire et le raffiné ? Par ailleurs, les doctrines du Florentin Marsile Ficin, de Léon l'Hébreu et « le parfait courtisan » de Baldassare Castiglione modifient les relations entre Dieu et l'amour. Les femmes ne sont plus, écrit madame Viennot, « ces éternelles auxiliaires de Satan dont la beauté ne sert qu'à perdre les hommes, mais les agents les plus sûrs de leur salut ».[165] Marguerite, on l'a vu par sa bibliothèque, va faire sienne cette théorie qui ne fait plus de l'Eternel « ce père Fouettard puritain qui condamne Eros sans appel, mais un esprit aimant qui s'appuie sur la finitude de ses créatures pour leur donner le goût de l'infini et les attirer à lui ».

Forte de ces assurances, Marguerite entendait la messe chaque matin dans la chapelle qu'elle a peut être fait édifier adossée à l'église paroissiale St-Maurice, mais rien n'est moins sûr. La sacristie actuelle serait cette ancienne chapelle. Elle ne se prête guère à recevoir les services du culte. Il y avait plus probablement, à l'intérieur du château, une autre église spécialement réservée à la reine et à son entourage.

Marguerite communiait au moins une fois par semaine. Dans la journée, elle assistait aux offices. Le dimanche et les jours de fêtes, toute la châtellenie devait être rassemblée dans l'église St-Maurice. Ses deux panégyristes les plus

164 - La même observation vaudrait pour Philippe II d'Espagne gardien vigilant du catholicisme ; il eut de longues liaisons avec ses maîtresses malgré ses quatre mariages.

165 - E. Viennot. op. cit. p. 89

enthousiastes, Brantôme et Darnalt la décrivent très dévote et le cœur très bon. La comparant à Isabelle de Castille pour qui « le fruit de la clémence en une reine de beauté… est plus doux que quelque vengeance que ce soit », Brantôme poursuit : « Cette reine a bien observé saintement cette règle, pour se vouloir conformer aux commandements de son Dieu, qu'elle a toujours aimé, craint et servi dévotement. Ores que le monde l'a abandonnée et lui fait la guerre, elle a pris son recours seul à Dieu, qu'elle sert ordinairement tous les jours… car jamais elle ne perd ses messes et fort souvent fait ses pâques ».[166]

Son esprit de charité est indubitable. Marguerite l'a démontré à maintes reprises. Elle était connue à cette époque dans la châtellenie comme « la bonne dame ». Elle distribuait de l'argent aux pauvres. Un petit hameau situé entre Usson et Ybois, appelé aujourd'hui « Les Domeries » (avec un « m ») évoque sa « donnerie » que l'on verra plus loin. Elle se rendait souvent à cet endroit pour surveiller ses aumônes. Le tempérament de Marguerite était de donner, parfois dans son propre intérêt comme à la Cour de France, mais très souvent par altruisme, par bonté. Les pauvres d'Usson et de sa région en furent les bénéficiaires. Lors des fêtes catholiques, mais aussi chaque jour dans une moindre mesure, elle faisait effectuer des distributions de denrées aux nécessiteux. Elle était prévenante pour son entourage, notamment vis-à-vis des domestiques. Elle soignait les femmes de sa maison et surveillait leur santé. La reine était très attentive aux suppliques fondées des plus pauvres ou des plus malheureux. Elle ne comptait plus les interventions auprès des autorités ou des nobles à propos, par exemple, de contentieux concernant les fiefs. Mais ces rapports ne sont-ils pas précisément l'essence même du système féodal qui impose au plus puissant de protéger le faible ? Marguerite prenait plaisir à marier les membres de son entourage, parfois entre eux, et pas seulement ses amants.

La reine de France ne voulut pas quitter Usson sans laisser une trace tangible de sa bonté pour les pauvres. Quelques semaines avant de laisser l'Auvergne derrière elle, elle créa une fondation, « une donnerie » comme on disait, en faveur d'indigents de ses trois châtellenies d'Usson, d'Ybois et St-Babel. L'acte fut enregistré devant Me Portail, notaire à Usson, le 7 mai 1605. Saint-Poncy nous a révélé ce contrat dont nous donnons le début.

« Sachent tous présents et à venir, que l'an de grâce mil six cent cinq, et le septième jour de mai, après-midi.

« A été présenté en personne très haute, très puissante et très magnanime princesse la reine Marguerite duchesse de Valois, comtesse de Senlis, Condomois, Lauragais, Rouergue et Auvergne, dame d'Usson, des quatre jugeries de Rieux,

---

166 - Brantôme. op. cit. p. 155.

Alby, Rivière, Verdun et de la baronnie de la Tour au pays d'Auvergne.

« Laquelle de son bon gré et franche volonté, munie de dévotion, et pour le désir qu'elle a que les pauvres qui sont et seront à l'avenir en seigneurie d'Usson, Ybois et St-Babel, se ressentent à jamais de ses aumônes et bienfaits ; pour cette cause et autres bonnes considérations, la dite dame reine a fondé une donnerie perpétuelle qu'elle veut être faite en ce lieu d'Usson, de la quantité de six douzaines de pains, chacun pain pesant une livre, et de la somme de 15 sols qu'elle veut être données et distribuées pour chacun jour à perpétuité aux dits pauvres à la place qui est au devant du château d'Usson, pour bailler à chacun pauvre la moitié d'un pain par les distributeurs ci-après nommés, plus un habit pour dix pauvres hommes vieux et pour dix petits garçons et vingt robes aussi drap bleu et garnies de leurs manches et avec les boucles et lacets pour dix livres tournois et pour dix petites filles : à chacun des dits pauvres une paire de chausses de drap bleu et une paire de souliers et une chemise qu'elle veut leur être baillés et distribués à chacun an et fête de Noël à perpétuité à l'effet de fondation et donnerie perpétuelle.... ».

La reine consacre à cette « donnerie » ses revenus et droits seigneuriaux d'Ybois et de St-Babel. Elle désigne une dizaine d'administrateurs chargés de la gérer parmi lesquels on compte le curé, le procureur et sa femme, le châtelain, quelques honnêtes hommes et femmes, tous d'Usson.

On note une disposition originale dans ce contrat. Elle concerne le frère Denys Thélin, « ermite pénitent » qui, lorsqu'il sera à Usson, « les susnommés administrateurs seront tenus de le prendre en leur compagnie pour faire semblable administration tant et si longtemps qu'il lui plaira demeurer au dit Usson et dans la maison de l'ermitage, que la dite dame à ces fins a acquise pour le dit Thélin, sise au faubourg d'Usson ...»

Emportée par son élan de générosité, Marguerite n'avait même pas attendu que le Parlement consacre sa jouissance de son comté disputé par Charles de Valois. Elle s'était donc approprié Ybois et St-Babel, un peu par anticipation. On a vu que le parlement avait confirmé la qualité de propriétaire du comté à la reine. Lorsqu'elle donne ses biens aux futur Louis XIII, elle exclut bien entendu ces deux seigneuries.

Tant qu'elle vécut, ces dispositions, qui révélaient le grand cœur de la dernière des Valois, furent régulièrement exécutées. Dès les années 1630, les produits de la donnerie furent étendus aux besoins ordinaires de la commune, puis de nouveaux détournements furent constatés au bénéfice de particuliers peu misérables. Au début du XVIIIe siècle, à la fin du règne de Louis XIV, les hospices de Clermont héritèrent avec des modifications, des bienfaits de la reine d'Usson.

Chapitre 5

Le divorce négocié

Au cours d'une conversation avec son conseiller Duplessis-Mornay qui lui exposait les dangers de ses errements sentimentaux, Henri IV lui aurait répondu :

- « Pourquoi ne pense-t-on pas à me marier ? »

- « Certes, à vous marier, répliqua Mornay, ne trouvez-vous pas étrange, si on n'ose y penser : il y a double difficulté ; parce qu'il vous faut démarier premièrement. Mais si c'est à bon escient, j'oserai encore par votre commandement tenter cette affaire ».

Cette conversation aurait été le point de départ de la longue négociation concernant le futur divorce du nouveau roi de France.

Un intérêt commun poussait les deux époux à divorcer. En revanche, leur logique était quelque peu différente.

En 1592, Marguerite, vivait d'expédients. Elle était pressée de « faire argent de tout ». La Ligue partait en quenouille. Elle ne voyait que des avantages à se rapprocher de son mari qui s'éloignait de Corisande et qui pâtissait des troubles perpétrés par Charles de Valois le mauvais neveu de la reine. Les deux époux se rapprochèrent. Les lettres échangées le confirment. Marguerite souhaitait surtout percevoir les revenus qu'elle touchait plus ou moins régulièrement d'ailleurs, avant la fuite en Auvergne. Elle attendait également de pouvoir éponger ses dettes.

De leur côté, les conseillers d'Henri IV réfléchissaient aux motifs susceptibles d'être invoqués devant le pape pour obtenir le « démariage ». L'inconduite de Marguerite ne pouvait être retenue par crainte du scandale. L'adultère n'était pas un moyen valable pour l'église catholique qui consacrait l'indissolubilité du mariage. Mais le droit canon retenait en revanche les motifs fondés sur l'absence de libre arbitre d'une des parties. Or, chacun savait que Marguerite avait été mariée au roi de Navarre contre son gré, c'est-à-dire en dépit de ses sentiments et de sa foi. Il suffisait de trouver des preuves, c'est-à-dire des témoignages. Le divorce s'annonçait facile.

C'était une vue de l'esprit à cause d'ailleurs des deux protagonistes. Mais l'entourage du roi, en réalité Duplessis-Mornay, toujours lui, décida Henri IV d'envoyer à Usson un messager s'enquérir des dispositions de la reine sur ce chapitre. On choisit avec subtilité quelqu'un de la maison de Marguerite. Il s'agissait d'Erard, maître des requêtes, qui était chargé d'assurer la reine des bonnes grâces du roi et de sa protection. En janvier 1593, Erard part pour Usson avec l'ordre de demander à Marguerite une procuration en blanc et une déclaration devant l'official (le juge ecclésiastique) qui confirmerait le désir de la reine de divorcer. Pour éviter toute difficulté, on invoquerait un mariage contracté à un degré de parenté prohibé, l'absence de dispense et aussi la contrainte, ce qui ne s'avérait pas faux.

Erard expliqua à la reine les raisons qui poussaient le roi à prendre cette initiative. Elles étaient nombreuses : l'intérêt de la monarchie qui devait être consolidée par la naissance d'un héritier, les vœux du peuple et celui du roi. Enfin il ajouta sans doute que l'entourage royal en serait ravi.

Marguerite accueillit cette proposition avec beaucoup de contentement. En avril 1593, Erard reprenait la route de Paris avec l'assentiment de l'exilée qui posait cependant des conditions.

Marguerite pose ses conditions

La reine savait qu'à son âge (40 ans) toutes nouvelles relations avec le roi étaient exclues. Elle ne voyait dans ce divorce que l'intérêt matériel et aussi la possibilité de rester en bons termes avec Henri IV, sachant que dans ces conditions, elle pouvait garder le maximum de prérogatives – même honorifiques – à la Cour de France où elle comptait bien revenir un jour.

Elle demandait à Henri IV qu'il lui garantisse les biens et les revenus qu'elle tenait de ses frères. Elle ajoutait à cela une somme de 200 000 écus pour résorber ses dettes.

Erard resta trois mois à Usson. Il négocia longuement avec Marguerite. On rédigea la procuration. Mais la reine la garda prudemment en guise de garantie de la réalisation des conditions qu'elle émettait au divorce. On écarta la déclaration en blanc pour la même raison. Mais celle de l'official fut établie et le maître des requêtes l'emporta avec des lettres de Marguerite destinées au roi et à ses conseillers.

En réalité, la reine, recluse à Usson, est ravie de reprendre contact avec son mari. Elle le lui écrit. Le roi en retour, lui indique son impatience d'obtenir le divorce. Marguerite se méfie car elle connaît la subtilité de l'intéressé, ses ruses et aussi son intérêt vacillant en fonction de l'intensité de ses amours. Marguerite, dans ce cas, doit recourir aux proches du roi qui reçoivent en général la copie du courrier destiné à Henri IV. Celui-ci, en effet, ne prend pas toujours le temps de lire les lettres de sa femme. La reine ne l'ignore pas. Elle souhaite donc le soutien de Sully, de Turenne, (son petit cousin) et de Duplessis-Mornay qui, semble-t-il, lui veut toujours du bien. Car le roi dit toujours « oui » mais les réalisations tardent à venir. Le 10 novembre 1593, Marguerite écrit d'Usson à Henri IV : « Monseigneur, je vous rends très humbles grâces de ce qu'il vous a plu m'accorder par les brevets que le sieur Erard m'a ballés, tant pour la continuation des biens et privilèges que j'avais eus des rois mes frères, que pour les deux cent cinquante mille écus, qu'il vous plaît me donner pour l'acquit de mes dettes, desquelles je vous supplie très humblement commander les expéditions en la forme nécessaire ». Autrement dit, l'accord est acquis, mais la reine attend toujours, alors qu'Erard est revenu la voir en septembre.

Dans cette même lettre, Marguerite « enfonce le clou ». Pendant qu'elle tient la plume, elle n'hésite pas et montre sa ténacité. Elle réclame une pension de 50 000 francs ; celle que ses frères lui auraient donnée. Et comme elle lui écrit qu'il n'est pas moins « affectionné à son bien » qu'eux, cela ne devrait pas poser de problème… Puis elle continue. « Appuyée sur cette même confiance », elle demande au roi de lui confirmer la proposition qu'il lui a faite de lui donner une place de sûreté, Usson ou une autre forteresse : Elle souhaite garder Usson et ne pas en choisir d'autre. Elle lui montre d'ailleurs sa bonne volonté en proposant de ne pas se réserver la totalité des revenus de la châtellenie. « Je suis très certaine, ajoute-t-elle, être de votre intention que l'effet en réussisse ». Marguerite termine en rassurant le roi. Dès que tout cela sera obtenu, elle enverra la procuration « vous protestant que je manquerai plutôt à ma vie qu'à l'effet de telle promesse ».[167]

Le roi lui répond le 27 décembre 1593 qu'il demande au parlement de vérifier les brevets. Comme sa femme, il est plein de prévenances : « Je tiens cher l'honneur de votre amitié, de laquelle vous m'avez su si bien témoigner les effets, qu'il ne sera jour de ma vie que je ne la reconnaisse comme je dois ».[168]

Mais Erard est obligé de retourner à Usson pendant l'été 1594. Les choses n'avancent pas. Marguerite s'en plaint dans sa lettre du 29 juillet 1594, après le séjour d'Erard, alors que le roi, précisément, l'avait rassurée dans un courrier

---

167 - Cazaux : Mémoires et Lettres. op. cit. p. 241-242. Viennot : Corresp. p. 352. Lettre n° 256.
168 - Saint-Poncy. op. cit. t.2. p. 352. Viennot. Corresp. p. 356.

antérieur. Toutefois, elle lui envoie la fameuse procuration remplie par le messager du roi.

Il y avait dans le document rapporté par Erard, le nom des procureurs désignés par la reine sur sa demande, pour la représenter dans l'instance du jugement. Dans un premier temps, on avait pensé à une représentation par des ecclésiastiques. Puis le roi avait souhaité des avocats. A la fin, la reine voulut choisir des « personnes de qualité », comme elle le fera dix ans plus tard pour sa donnerie.

Les difficultés avec l'Église

Les relations entre le roi de France et la papauté s'étaient détériorées quand Clément VIII avait appris que les évêques royalistes avaient absous, de leur propre autorité, l'hérétique Henri de Navarre. Le pape refusait de recevoir l'ambassadeur français chargé de lui annoncer l'abjuration du 25 juillet 1593, dans la cathédrale de Saint-Denis. Comme l'écrit Mariéjol, « ce n'était pas le moment de recourir à Rome, ni même à une autorité diocésaine ». On n'allait pas, une nouvelle fois, braver le pape qui continuerait à refuser son absolution et donc à interdire au roi de se remarier. Mais celui-ci pensait désormais à autre chose. Il était devenu très amoureux d'une nouvelle maîtresse : Gabrielle d'Estrées.

Gabrielle d'Estrées

Née en 1570, elle a dix-sept ans de moins que le roi. Elle est la fille de Françoise de la Bourdaisière qui, devenu la maîtresse du marquis d'Alègre, gouverneur d'Issoire, trouva la mort avec son amant dans les conditions que l'on sait. Son père Antoine d'Estrées, vicomte de Soissons et marquis de Cœuvres, fut nommé par Henri IV, gouverneur de Noyon et plus tard grand-maître de l'artillerie. Des yeux bleus d'azur au regard angélique, des sourcils noirs et de longs cils sombres, un joli sourire, ne tardèrent pas à charmer le roi qui rencontra Gabrielle pour la première fois à l'automne 1590 alors que les feux de son amour pour Corisande d'Andoins commençaient à s'éteindre. Le roi s'attacha très vite à Gabrielle qui lui donna un fils le 7 juin 1594, appelé César, le futur duc de Vendôme. Henri IV n'avait encore jamais eu d'enfant ayant vécu. Mais à l'époque de la naissance, la maîtresse du roi était mariée au sire de Liancourt qui n'eut pas droit à consommer le mariage. Il est vrai que cette « union » avait été arrangée par Henri IV afin de protéger la jeune femme des multiples tentations de son entourage masculin. Mais le roi avait éprouvé une telle joie à la naissance de son fils qu'il avait voulu libérer la jeune mère de liens aussi gênants. Autrement dit, Henri IV devait déjà s'occuper de faire divorcer sa maîtresse avant d'en venir à son propre « démariage ». Marguerite pouvait attendre. Gabrielle adressa donc le 27 août 1594 à l'official de l'évêque d'Amiens une lettre dans laquelle elle lui exposait qu'à l'âge de dix-huit ans, elle avait été mariée « par contrainte » à M. Nicolas d'Amerval, seigneur de Liancour.,Elle ajouta qu'en deux ans elle n'avait jamais connu son mari charnellement. Celui-ci confirma après bien des difficultés… d'autant plus qu'il avait eu quatre enfants d'un premier lit! Le 24 décembre 1594, Gabrielle redevenait officiellement libre de tout lien avec le mariage. Puis elle devint marquise de Monceaux et duchesse de Beaufort. En novembre 1596, elle mettait au monde une fille Catherine – Henriette, mademoiselle de Vendôme. Enfin un troisième enfant naquit en 1598, pompeusement baptisé du prénom d'Alexandre. C'est le futur chevalier de Vendôme.

Marguerite connaissait l'attachement de son mari pour sa maîtresse et en avait des preuves tangibles. Elle entreprit de se servir de la favorite pour son profit. Dans une lettre du 14 février 1597, elle lui écrivait : « Prenez cette assurance de moi et m'obligez tant de la donner au roi, et de croire que mes désirs se conforment entièrement à ses volontés et aux vôtres. J'en parle en commun, les estimant si unies que me conformant à l'une, je le serai aussi à l'autre. Je ne dis ceci sans sujet, sachant bien que des personnes qui m'ont de l'affection vous ont pu faire quelquefois des propositions qui vous ont fait peut-être juger mon intention toute autre qu'elle n'est… ».[169]

En fait Marguerite voulait simplement que Gabrielle l'aide à sortir d'Usson. Lui exposant ses problèmes, elle lui écrivait : « à celle que je veux tenir pour ma sœur, et que, après le roi, j'honore et estime le plus ». Elle lui disait que les dettes s'accumulaient et qu'elle devait se rapprocher de ses créanciers. « Ma nécessité est si pressante qu'il n'y a plus moyen de la supporter ici ». Et, évoquant le roi, elle finissait son appel au secours en ces termes : « S'il lui plaît trouver bon que j'aille en quelqu'une de nos maisons de France, la plus éloignée que je pourrai choisir de la Cour, pour pouvoir là donner ordre à mes affaires, il me serait bien nécessaire. Je vous aurais une grande obligation de m'en faire savoir sa volonté… ».

Un divorce qui traîne en longueur

Si Marguerite a pris cette initiative de contacter la maîtresse abhorrée du roi, cette « décriée bagasse » comme elle l'écrira à Sully, c'est qu'elle perd patience. Elle est à Usson depuis maintenant plus de dix ans. Et, bien sûr, elle est loin de se douter qu'elle en a encore pour huit ans. Elle s'imagine que tout va s'arranger rapidement. Or, les caisses de l'État sont vides et le roi connaît pendant

169 - Viennot : Corresp. p. 397. Lettre n° 294.

cette période des satisfactions d'ordre personnel et politique qui ne l'incitent pas à hâter son divorce.

D'abord, contrairement à sa femme à Usson, il mène une vie bien remplie avec de jeunes enfants et une maîtresse qu'il adore.

Ensuite, il y a déjà presque un an et demi que le pape Clément VIII a donné son absolution au roi au cours d'une cérémonie où les envoyés d'Henri IV se sont humiliés pour lui devant le pape. Ce 17 septembre 1595, devant la cour pontificale et les ambassadeurs de Savoie, de Ferrare et de Venise, Clément VIII vit se prosterner devant lui les procureurs du roi. Ils renièrent l'absolution de Saint-Denis et reconnurent que la seule vraie absolution était celle du souverain pontife. La réconciliation entre la Cour de Rome et Henri IV était réalisée. L'honneur restait à Clément VIII qui avait ainsi humilié l'église gallicane et le roi de France. Mais celui-ci ne voyait que les avantages de cette pénible cérémonie qu'il n'avait subie que par procuration.

Enfin, du côté de la Ligue, les soumissions intervenaient les unes après les autres. Le 28 octobre 1595, Mayenne écrivait à Henri IV pour solliciter sa bonne grâce.[170] Le roi lui fit « des cadeaux » par l'édit de Folembray, lui accordant pour six ans, trois places de sûreté, le gouvernement de l'Ile-de-France et une indemnité de 2 640 000 livres. Le marquis de Saint-Sorlin, frère et héritier du duc de Nemours se soumettait également livrant Montbrison en Forez et Ambert en Auvergne. Enfin Joyeuse, lui-même, Montpezat et Villars se ralliaient. Même en politique étrangère, les choses se calmaient. Et Marguerite restait toujours cloîtrée à Usson malgré une vie de cour plus fastueuse depuis quelques mois. C'est à ce moment, comme on l'a vu, qu'elle chercha tous les moyens de se rapprocher du roi. Elle essaya de tâter le terrain du côté de Charles de Valois en prenant contact avec La Fin le Nocle qui n'avait pourtant pas une bonne réputation. C'est dire si tous les moyens étaient bons. En cette période 1595-1597, Henri IV est heureux, même si tous les ligueurs ne sont pas réduits (en Dauphiné) et si la lutte contre les Espagnols n'est pas achevée (en Picardie). Gabrielle d'Estrées partage son bonheur. Marguerite peut attendre…

La reprise de la procédure de divorce à partir de 1598. Henri IV veut épouser Gabrielle d'Estrées

L'année 1598 a été la grande année de Gabrielle d'Estrées. Elle fiance en avril son fils César à la fille du duc de Mercœur le gouverneur de la Bretagne, un des derniers ligueurs à se soumettre. César, par contrat, obtenait les droits sur la province, la duchesse étant une descendante du duc du Penthièvre.

---

170 - Lavisse. Histoire de France. tome 6. livre 4. chap. 8. p. 403.

Le 15 avril son second fils Alexandre naît. Baptisé en décembre, il hérite du titre de Monsieur, ce qui revient à en faire le deuxième personnage de France.

Quant au fils aîné, César, il est dans les faits, le Dauphin de France.

On cite souvent la conversation à propos d'un éventuel mariage du roi avec Gabrielle d'Estrée entre Henri IV et Sully, un soir de mai 1598 au Louvre. Retenons simplement le schéma d'un discours que le peu modeste Sully gonfle à son avantage.

Henri IV exposait les trois conditions qu'il estimait nécessaire d'obtenir d'une future reine : belle, d'humeur complaisante et « qu'elle me fasse des fils ». Henri IV aurait ajouté : « Songez un peu vous-même si vous n'en sauriez pas connaître quelqu'une en qui tout cela se fût rencontré ? » Sully gardait le silence mais n'en pensait pas moins.

- Nommez-la donc, Sire, car pour moi, j'avoue que je n'ai pas assez d'esprit pour cela.

- O la fine bête que vous êtes, poursuivit le roi. Mais je vois bien où vous voulez en venir en faisant ainsi le niais et l'ignorant, c'est en intention de me la faire nommer. Or donc, le ferai-je : car vous me confesserez que toutes ces trois conditions peuvent être trouvées en ma chère maîtresse, la duchesse de Beaufort.

Et comme à ce nom Sully fronçait les sourcils.

- Non que pour cela je veuille dire que j'ai songé à l'épouser, se hâta d'ajouter le roi, mais seulement pour savoir ce que vous en diriez si, faute d'autre femme, cela me venait quelque jour en fantaisie, vous ordonnant de m'en parler librement…

Sully aurait répondu :

- Vous rendant obéissance, Sire, je vous dirai qu'outre le blâme général que vous en pourriez encourir, et la honte qu'un repentir vous apportera lorsque les bouillons d'amour seront attiédis, je ne peux imaginer nul expédient plus propre à développer les intrigues, embarras et prétentions qui surviendront à cause de vos enfants, nés de si diverses manières et avec des formes tout irrégulières. Pour le premier d'iceulx, on ne saurait nier qu'il soit né d'un double adultère. Le second fils que vous avez à présent se croira plus avantagé à cause que ce ne sera plus que sous un simple adultère. Et ceux qui viendront après, lorsque vous serez marié, ne faudront de prétendre qu'eux seuls doivent être estimés légitimes. A toutes ces difficultés je vous laisserai penser à loisir avant de vous en dire davantage.

- Ce ne sera pas mal fait, conclut le roi, car vous en avez assez dit pour la première fois.

Réel ou imaginaire, ce dialogue, en tout cas résume bien le problème qui se pose au roi.

Un peu plus tard, devisant avec le président du Parlement de Normandie, Claude Groulard, le roi lui confia ses « rêves d'avenir ». Devant son fils César qui s'ébattait joyeusement, il lui dit qu'il voulait renouveler la race royale avec une femme d'un sang plus fort et plus vigoureux que tout autre. Le haut magistrat s'enferma dans un silence réprobateur.

Malgré tous ces obstacles, Henri IV pensa au mariage jusqu'à la mort de sa maîtresse qui survint pendant la semaine sainte de 1599.

Marguerite de son côté essayait de poursuivre la procédure du divorce. Le 3 février 1599, elle constitua procureur pour obtenir l'autorisation royale lui permettant d'ester en justice à Rome. En même temps, elle renouvela sa procuration de 1593 que Sillery, l'ambassadeur devait remettre au pape.

Non seulement l'entourage du roi s'opposait très nettement au mariage avec Gabrielle d'Estrées, mais le peuple ne se faisait guère à cette perspective peu conforme à l'habituelle dignité royale. L'expression « mon bel ange » qu'employait traditionnellement Henri IV quand il écrivait à sa bien-aimée, fut l'occasion d'une épigramme qui circulait :

> Gabrielle vint jadis à la Vierge annoncer,
> Que le sauveur du monde aurait naissance d'elle
> Mais le roi aujourd'hui par une Gabrielle,
> A son propre salut a voulu renoncer.

Des bruits concernant des prétendues prédictions sinistres circulaient à propos de Gabrielle. Certaines affirmaient que la maîtresse du roi perdrait la vie avant le mariage.

Henri IV écrit à Gabrielle le 24 février 1599 : «… il ne se vit oncques une fidélité comme la mienne. Glorifiez-vous en, puisque c'est vous. Croyez le bien, ma chère souveraine, et recevez mes baise-mains d'aussi bon cœur que je vous les fis hier…. ».

L'appellation de « souveraine » prêtait à un double sens : sur le cœur et sur la nation avec le roi. Or une semaine plus tard, le 2 mars, jour du mardi gras, le roi annonça officiellement à la Cour la nouvelle de son prochain mariage avec la duchesse de Beaufort. Comme gage de sa promesse, il lui passa au doigt la bague magnifique qu'il avait reçue lui-même lors de son sacre à Chartres : c'était un gros diamant en forme de table, d'une valeur de neuf cents écus.

Gabrielle était à nouveau enceinte. Marguerite redoutait chaque jour davantage ce mariage. Elle reprenait en les modifiant ses exigences en fonction de l'évolution des événements. Pendant ce temps, la maîtresse du roi commandait pour les noces une splendide robe de velours d'Espagne couverte de broderies d'or et d'argent. Le maître brodeur, Nicolas Fleury, la gardait chez lui en attendant le grand jour, car elle n'était pas encore payée…

Mais on préparait une seconde toilette tout aussi somptueuse. Il s'agissait d'une jupe en toile d'argent avec passepoils de satin incarnadin. Le corps avait de grandes manches à l'Espagnole, en broderie d'or chamarrée d'argent. On pouvait y voir les chiffres entrelacés H et G. On ajoutait deux manteaux de chambre superbes. L'un était en damas incarnat fourré de petit-gris, l'autre en satin et velours feuille morte avec des boutons en or et en argent.

On n'avait pas oublié ce qui ressemblait à une couronne et qui s'appelle « enseigne » que Ducaurroy, le maître joaillier, avait fabriquée. Ronde, en or ciselé, en forme de soleil, garnie de cinquante-huit diamants, cette magnifique parure coûtait le somme rondelette de onze mille écus.

Gabrielle passait maintenant ses nuits au Louvre, sauf quand le roi s'absentait. L'étiquette en honneur pour les femmes des souverains était désormais en usage. Henri IV pensait à tout. Il songeait en particulier à assurer l'avenir de Gabrielle et de leurs enfants. Il avait déjà quarante-cinq ans. Il s'adressa à l'époque, à un homme sûr (sic) : le maréchal de Biron, le gouverneur de Bourgogne. Il était le fils de son vieux compagnon d'armes et avait fait ses preuves en matière de bravoure. Nous étions au début de l'année 1599. Ceci explique cela. Car, a posteriori, l'idée paraît hasardeuse, s'agissant d'un futur félon qui périra pour trahison trois ans plus tard. Biron, en tout cas, eut la promesse d'Henri IV d'obtenir l'épée de connétable à la mort de Montmorency. Il lui promit aussi de le marier à la plus jeune sœur de Gabrielle, Françoise, âgée alors de quinze ans. Enfin, il pouvait espérer encore les comtés de Bigorre et de Périgord ainsi qu'une importante somme d'argent. Biron exultait. Dans ces conditions, si le roi venait à disparaître avant la majorité de César, le maréchal de Biron, beau-frère de la reine et connétable de France, serait de force à étouffer toute opposition. Le lieutenant de Biron pouvait, en outre, être le propre frère de Gabrielle, très dévoué à son endroit : Annibal. On prévoyait de le marier à la jolie mademoiselle de Guise. On affermissait ainsi les liens entre la duchesse de Beaufort et la puissante famille de Lorraine.

Il restait une incertitude dans ce domaine : Henri II de Bourbon, le troisième prince de Condé, né en 1588, aurait pu contester les droits des fils de Gabrielle. Henri IV hésitait pour lui entre deux solutions. Il pouvait le pousser vers l'Église, comme son oncle le cardinal de Bourbon avec à l'horizon de substantiels bénéfices ecclésiastiques. Il pouvait aussi envisager un mariage avec mademoiselle de Mercœur. Celle-ci était déjà fiancée à César de Vendôme, il est vrai.

Mais dans le cas où César devenait l'héritier du trône, il pouvait prétendre à une alliance encore plus élevée, par exemple à une union avec la fille du duc de Savoie. Celui-ci, précisément, s'activait à la Cour de Rome pour obtenir le divorce d'Henri IV. Le roi avait donc, semble-t-il, paré à toute éventualité…

Alors que les préparatifs du mariage avec Gabrielle étaient en cours, Henri IV avait chargé Brûlart de Sillery d'aller voir le pape pour accélérer la procédure de divorce à cause « d'un fait de si grande importance que rien ne saurait lui être comparé, sinon la grâce de son propre retour à l'Église ». Ce fait très important, c'était le remariage du roi de France avec sa maîtresse. Il n'y avait pas là de quoi enthousiasmer le chef de l'Église catholique. En réponse, le pape accrédita comme nonce en France, l'évêque de Modène, Silingardi, avec des instructions précises. Le pape montrait au roi les dangers qu'il courait à rompre son mariage avec sa femme, la sœur du roi Henri III et d'en épouser « une autre ».

Dans le cas où Henri IV persisterait dans son erreur, le pape s'opposerait de toutes ses forces à la rupture de ce mariage.

Mort de Gabrielle d'Estrées. Divorce d'Henri IV et de Marguerite.

Clément VIII ne pouvait tolérer une mésalliance qui élèverait au trône un fils né hors mariage. Mais le roi avait déjà dit et écrit que, s'il le fallait, il passerait outre à l'opposition de Rome pour se remarier. La date d'ailleurs du mariage avait été prévue pour la Quasimodo. Mais le destin allait frapper dans un sens qui bouleversa toutes ces belles prévisions. Gabrielle, après être passée rue de la Cerisaie, dans la petite, mais luxueuse maison du financier Zamet, qui avait souvent abrité ses rendez-vous d'amour, fut prise d'un malaise. Zamet, prévenu de la visite, avait fait préparer par ses cuisiniers florentins un menu composé de plats raffinés. Mais la duchesse y toucha à peine. Au dessert, après avoir mangé une orange dont le goût lui parut amer, elle se sentit mal à l'aise et se mit au lit presque aussitôt. Gabrielle mourait le 10 avril 1599 après avoir été plusieurs heures dans le coma. C'était une mort qui pouvait rassurer bien des gens, aussi bien à Paris qu'à Usson… et à Rome.

On parla évidemment d'empoisonnement, non sans quelque vraisemblance. Certains disaient que la rivale de Marie de Médicis (qui allait se marier avec le roi l'année suivante) avait été empoisonnée chez Zamet sur ordre du grand duc de Toscane.

Dès que Marguerite eut connaissance du décès de Gabrielle d'Estrées, elle révoqua sa procuration du 21 mars qui mettait des conditions à son consentement. Le 12 mai 1599, elle demandait au pape de poursuivre le jugement de divorce.

Désormais le roi et la reine convergeaient vers un même désir. Quant au pape, on n'ignorait pas, il l'avait dit, que seule la perspective d'un remariage avec Gabrielle, lui imposait un refus de consentir au divorce. Désormais, l'obstacle majeur avait disparu. Les étapes de la procédure allaient s'accélérer.

Marguerite, dans cette affaire, paraît avoir conformé son attitude à celle du pape Clément VIII. Et ce ne fut pas facile pour le saint-père ni pour la reine de France. Mais chacun tenait bon, malgré les intimidations. La mort de la favorite soulagea l'un et l'autre.

Marguerite avait expliqué à Sully, « qu'étant née fille de France, ayant été fille, sœur et femme de rois et seule restée de toute la royale race des Valois qui respirait l'air de cette vie, elle aimait si chèrement sa patrie, affectionnait tellement la personne et le contentement du roi, et désirait si ardemment de lui voir des enfants légitimes, qui pussent succéder sans dispute à cette couronne, que n'étant pas en état de lui faire trouver ce bonheur en sa personne, elle le désirait et souhaitait en une autre, qui fût digne de lui, et que, pour ce même effet, était elle résolue de contribuer tout ce qui serait en sa puissance pour faciliter et accélérer la dissolution de son mariage ; mais que, si c'était pour mettre en sa place une femme de si basse extraction et qui avait démené une vie si sale et si vilaine, comme était celle dont on faisait courir le bruit, elle ferait tout le contraire, et ne quitterait rien du sien pour le voir si mal colloquer ».[171]

Dès la mort de Gabrielle, le parlement, les corps municipaux, les corporations religieuses, manifestèrent au roi leur désir de le voir contracter une nouvelle union. Henri IV donna des instructions à l'ambassadeur Sillery, accompagné du cardinal d'Ossat, d'accélérer les démarches. Pendant la même période, il écrivit à son épouse à Usson pour lui exprimer les vœux de son peuple en la priant de les exaucer et en comptant sur elle pour faciliter l'accomplissement de son projet. Langlais, le porteur du message, avait ordre de demander à Marguerite tout ce qui lui importait pour la bonne suite de cette affaire. La reine mit toute la bonne volonté souhaitable et écrivit au pape pour demander l'annulation de son mariage. Les moyens de nullité évoqués étaient les suivants :

1 - Le défaut de dispense pour cause de parenté au degré prohibé. Une dispense avait été nécessaire pour le mariage d'Henri de Navarre et de Marguerite, parents au troisième degré suivant le droit canon et au sixième selon le droit français. Or, cette dispense était arrivée à Paris après la célébration, qui dès lors, ne pouvait être légale.

2 - Il y avait, d'après le droit canon, une parenté spirituelle. Les par-

171 - Cité par Saint-Poncy. op. cit. t.2. p. 371.

rain et marraine étaient parents. Cela supposait aussi une dispense spéciale qui n'avait pas été donnée.

3 - La contrainte. Marguerite avait subi les pressions de sa mère et de son frère.

Autrement dit, le pape, selon elle, n'avait ni de fait ni d'intention, accordé l'autorisation de mariage.

Dans sa requête au pape, Marguerite rappelait qu'elle avait dû s'éloigner de son mari lorsque celui-ci fut excommunié. Puis elle en venait au point crucial : compte tenu de son âge, elle ne pouvait plus lui donner d'héritier. Or c'était le souhait fondamental de sa Majesté de pouvoir encore procréer afin d'assurer la survie de la dynastie. Elle suppliait donc le pape de déclarer la nullité de son mariage pour plaire au roi et lui rendre la liberté d'épouser une autre femme « tel que l'exigeait le bien de l'État ».

Sully, une nouvelle fois, reçut les confidences de la reine par une lettre écrite le 29 juillet 1599.

« Mon cousin, je commence à prendre bonne espérance de mes affaires, puisque, j'ai tout l'heur que vous les voulez prendre en votre protection comme vos lettres m'en assurent. J'en désire l'avancement avec bon succès pour avancer le contentement du roi et de celui de tous les bons Français, que vous m'écrivez désirer si ardemment de voir des enfants légitimes au roi, qui lui puissent sans dispute succéder à cette couronne qu'il a retiré de ruine et de dissipation avec tant de labeurs et de périls. Que si j'ai ci-devant usé de longueurs et interposé des doutes et difficultés, vous en savez aussi bien les causes que nul autre, ne voulant voir en ma place une telle décriée bagasse que j'estimais sujet indigne de la posséder, ni capable de faire jouir la France des fruits par elle désirés. Mais maintenant que les choses sont changées par un bénéfice du ciel, et que je ne doute nullement de la prudence du roi et du sage conseil de ses bons serviteurs pour faire une bonne élection, lorsque je la verrai faire une sûreté à mes affaires, à mes titres et à ma condition et ma forme de vivre (car je veux acheter le reste de mes jours en repos de corps et tranquillité d'esprit, en quoi le roi et vous pouvez tant), je m'accorderai à tout ce qui sera convenable, et que me conseillerez. Surtout assurez-moi ma pension et l'argent pour payer mes créanciers, afin qu'ils ne me tourmentent plus, ainsi que j'ai donné charge à monsieur Langlais de vous le requérir en mon nom, et vous m'obligerez à le reconnaître en tout ce qui dépendra de moi. Prenez en donc assurance, et me tenez pour votre plus affectionnée et fidèle cousine ».[172] Voici une lettre qui à la fois donne son accord définitif pour le divorce, expose les raisons de « ses

---

172 - Cazaux. op. cit. p. 250. Viennot. Corresp. p. 422-423.

longueurs » des dernières semaines et rappelle ses exigences. Marguerite montre ainsi sa bonne volonté mais aussi sa ténacité et son désir de « s'accommoder » d'Henri IV, contribuant ainsi à rétablir la dignité royale.

Pendant ce même mois de juillet, l'ambassadeur Sillery, secondé par le cardinal d'Ossat, avait demandé audience au pape. Celui-ci consulta une congrégation de sept cardinaux qui se réunit le 31 août. Dix jours plus tard, celle-ci déclara les moyens de nullité recevables. Il fallait désormais s'entendre sur le mode de procéder. Le pape ne craignait plus de mésalliance et savait également que l'idée d'un mariage du roi de France avec Marie de Médicis, la nièce du grand duc de Toscane, faisait son chemin.

Brûlart de Sillery et d'Ossat négocièrent avec le pape les modalités du jugement. Clément VIII voulait un seul juge qui aurait été le nonce du pape en France. Du côté français, on demandait une juridiction nationale : l'assemblée des évêques de France comme on avait fait lors de la séparation de Louis XII et de Jeanne de France en 1498. Il fallait trouver un moyen terme entre les souhaits ultramontains et les prétentions gallicanes. On s'arrêta à un compromis. La commission serait composée du nonce, d'un cardinal français et d'un évêque « italien par nation mais français par bénéfice et adoption ».

Le 14 septembre 1599, le pape délégua pour instruire et juger le procès en France, le nonce, l'archevêque de Modène, Gaspard Silingardi, le cardinal de Joyeuse et l'archevêque d'Arles, Orazio del Monte.

Le 15 octobre, le nonce, assisté de ses collègues donna lecture de la bulle en présence du procureur général La Guesle, représentant le roi et des deux mandataires de la reine, Mole et Langlais. La procédure du divorce commençait vraiment. On entendit les deux parties. Les interrogatoires furent conduits séparément pour l'un et l'autre conjoints. Henri IV fut interrogé au Louvre. Marguerite qui craignait une émotion trop forte, avait obtenu de ne pas comparaître en personne devant ses juges. On délégua donc à Usson pour l'entendre, l'archidiacre Bertier, son chancelier, spécialiste du droit canon et le protonotaire Rossignol. Elle leur déclara que son frère et sa mère l'avaient forcée d'épouser le roi de Navarre. La reine fit preuve de la meilleure volonté dans sa déposition à tel point que lorsque Bertier fit part de sa mission au roi, celui-ci en eut les larmes aux yeux.

Marguerite avait écrit à sa grande amie la duchesse de Retz afin qu'elle témoigne du chagrin qu'elle lui avait confié lors des préparatifs du mariage. Quant à madame Carnavalet, elle aurait pu également se porter garante de la réalité des pleurs versés par Marguerite à la veille des noces. Mais les commissaires ne crurent pas nécessaire d'entendre ces deux grandes dames. En revanche, ils enregistrèrent plusieurs témoignages intéressants qui confirmaient tous la pression familiale et le défaut de consentement. Il en fut ainsi notamment de l'ancien secrétaire d'État de Charles IX, Nicolas Brûlart de Sillery, devenu conseiller d'Henri IV, qui déposa en ce sens. Puis Etienne le Roi, abbé commendataire de l'abbaye de Saint-Martin de Nevers, déclara que Jacques Amyot, l'évêque d'Auxerre, l'ancien précepteur des enfants royaux, qui était mort en 1593, avait refusé d'assister au mariage de Marguerite parce que, lui avait-il dit, il y manquait « le consentement et la religion ». Mais c'est dans l'entourage immédiat de Catherine de Médicis et de Marguerite que les témoignages étaient les plus probants car ils confirmaient la peine de la future jeune mariée. Péan, le secrétaire de la reine-mère, avait vu la jeune femme en larmes quelques jours avant la cérémonie. Quant à madame de Curton, elle pleurait de voir Marguerite pleurer. Des affirmations émanant de madame de Sauves et de la femme de chambre de Catherine de Médicis, évoquaient les menaces proférées par la mère sur sa fille dans le cas où elle refuserait de se marier à Henri de Navarre. Enfin, le duc de Retz, Albert de Gondi et madame de Sauves, témoignèrent de l'aversion de Marguerite pour son mari.

Les juges-commissaires retinrent que le consentement de l'un des époux, nécessaire à la réalité du mariage, avait fait défaut. Ils ajoutaient à cela l'absence des dispenses pontificales indispensables pour lever l'interdiction d'épouser un parent au troisième degré.

Le samedi 10 novembre 1599, les juges réunis au palais épiscopal à Paris, déclarèrent le mariage nul. Ils conclurent à la dissolution du lien matrimonial entre Henri de Bourbon et Marguerite de Valois et à la faculté pour chacun de se remarier. Dès le lendemain de la sentence, pour certains auteurs, peu après l'annonce officielle par le pape, pour d'autres (vers le 20 décembre), le roi écrit à son ex-femme pour lui apprendre la nouvelle. « Je n'ai voulu différer plus longtemps (…) pour vous renouveler les assurances de mon amitié (…) si Dieu a permis que le lien de notre conjonction ait été dissous, sa justice divine l'a fait autant pour notre particulier repos que pour le bien public du royaume ». Il ajoute plus loin : « Je désire aussi que vous croyiez que je ne veux pas moins vous chérir et aimer pour ce qu'est advenu que je le faisais avant ; au contraire, vouloir avoir plus de soin de tout ce qui vous concerne que jamais et vous faire voir en toutes occasions que je ne veux pas être dorénavant votre frère seulement de nom mais aussi d'effet… ».

Enfin, le roi termine en espérant que Dieu bénisse le reste de leurs jours d'une amitié fraternelle « accompagnée d'une fidélité publique ».[173]

---

173 - Viennot. Corresp. p. 434.

La réponse de Marguerite va donner lieu à des discussions entre historiens, car en réalité il y a deux copies distinctes qui font double emploi. L'une est probablement fausse comme l'indique madame Viennot. Dans cette lettre, Marguerite écrit avec une certaine préciosité et d'un ton légèrement résigné : « Monseigneur, puisqu'il faut déférer à Dieu la gloire des heureux événements, comme à l'auteur de tous biens, je le loue de ce qu'au plus fort de mes déplaisirs, et lorsque mon repos était désespéré, il m'envoie sa bénédiction, en me donnant votre paix en laquelle votre Majesté fait reluire sa clémence. C'est un vrai office de frère... Si vous avez autrefois consenti à mes afflictions, ce sont plutôt des excès du temps que des effets de votre humeur, qui réparent à présent le tort qu'elle avait fait à ma qualité, en me gratifiant de votre protection à l'objet de laquelle je mets le reste de ma vie. Il est vrai qu'en ce gain je perds beaucoup et le contrepoids du mal que je trouve en la conquête, (de la bonne grâce du roi) affaiblirait ma consolation et me ferait méconnaître le changement de ma fortune, si je ne considérais que ce sont vos volontés et que vous croyez que mon dommage réussisse au bien du public. Je me range donc à cette loi, non pour vous contenter mais pour vous obéir... ».[174]

Le roi fut très touché et d'après Lestoile, il répondit aux quelques piqûres qui lui étaient adressées, que la reine seule était cause de son malheur. Les pensions de Marguerite furent augmentées. Elle remercia le roi en lui écrivant « qu'à l'invitation des Dieux, il ne se contente pas de consoler ses créatures de biens et de faveurs mais daigne encore les regarder et les consoler en leur affliction ».[175]

Le 17 décembre, le pape annonça officiellement la dissolution du mariage. Désormais, Marguerite de Valois cesse d'être reine de France et de Navarre. Elle n'avait d'ailleurs guère profité des prérogatives qui y étaient attachées.

Mais son sacrifice fut payé de retour. Par lettres patentes du 29 décembre 1599, le roi lui assura le titre honorifique de reine et de duchesse de Valois. Il lui confirma la jouissance de ses domaines d'Agenais, Condomois et Rouergue et des quatre jugeries de Verdun, Rieux, Rivière et Albi. Une somme de deux cent mille écus, payables en quatre fois lui était promise pour éponger ses dettes

---

174 - L'Estoile. op. cit. t. 7. p. 199 200. Citée par Mariéjol. op. cit. p. 296. note 3. En revanche, il ne s'agit pas de la lettre que donnent Guessard et Cazaux comme réponse à celle du roi. Or nous sommes perplexe comme E. Viennot sur le style et le contenu de cette lettre qui circule beaucoup et dont il n'existe pas d'original. Le nombre important de copies, l'évocation par P. de l'Estoile dans son ouvrage et la publication partielle dans l'œuvre de Dupleix fait penser à un montage réalisé par le pouvoir afin de présenter, dit E. Viennot, « une image misérabiliste » de la « pauvre reine Marguerite ». Voir dans E. Viennot. Corresp. p; 435 à 438 (lettres 321 et 322) les deux lettres attribuées à Marguerite.

175 - C'est la lettre la plus authentique. (n° 321).

qui la poursuivaient en permanence. La France et le roi pouvaient se réjouir de ce dénouement. Dès avant la dissolution du mariage avec Marguerite, ses conseillers préparaient le « remariage ».

Le remariage d'Henri IV

Le choix s'était porté vers Marie de Médicis, la nièce du grand duc régnant de Toscane, Ferdinand Ier.[176] Celui-ci ne tolérait guère l'hégémonie espagnole en Italie et souhaitait se tourner vers la France. Il était prêt à apporter un soutien financier à Sully qui en avait bien besoin. Le surintendant appelait de ses vœux le mariage toscan qui lui aurait permis de réduire une dette intérieure et extérieure énorme. Le contrat de mariage fut signé à Florence le 25 avril 1600. Les Français firent monter les enchères de la dot. On arriva à 600 000 écus d'or de sept livres et demie. 350 000 seraient payés aussitôt après le mariage. Le reste serait retiré de la dette.

Pendant que ses conseillers préparaient ses futures noces, Henri IV poursuivait son idylle avec une nouvelle conquête, Henriette d'Entragues dont on a vu le rôle pernicieux qu'elle joua dans sa vie.

Quant à Marguerite, elle n'avait plus la crainte du lendemain. Elle bénéficiait de la dignité de reine douairière, ce qui évidemment n'était peut-être pas ce qu'elle avait espéré à dix-huit ans. Mais la perspective d'un retour à la Cour de France était envisageable. En attendant, son ex-mari allait convoler en juste noce le 17 décembre 1600. Marie de Médicis avait 27 ans et lui 47. L'année suivante, naissait un fils, le futur Louis XIII.

---

176 - Ferdinand avait succédé à son frère, le grand duc François - Marie Ier, le père de Marie, en 1587, après la mort subite de ce dernier à 47 ans.

Quatrième partie

Après l'exil

Chapitre 1er

Le retour à la Cour de France

Marguerite rejoint Paris. Son accueil

La procédure de divorce classée, Marguerite n'est pas encore au bout de ses peines. Elle doit encore poursuivre son action au sujet de son héritage maternel, du duché d'Aiguillon etc.

La meilleure façon de suivre les procès à venir est de vivre désormais à Paris. Elle demande donc au roi l'autorisation de s'installer, non pas à Villers-Cotterets, mais dans sa maison de Boulogne, c'est-à-dire au château de Madrid.[177] Marguerite en a assez d'être confinée depuis de longues années à Usson où se répètent sans cesse visites, lectures, chants, dévotion, écriture dans une forteresse d'un autre âge.

Probablement depuis 1598, dès avant le décès de Gabrielle d'Estrées, la reine fait connaître à Henri IV son souhait de regagner la capitale. Elle va réitérer sa demande, sans résultat. Henri IV doit terminer la procédure de divorce en 1599. Il se marie en 1600; une naissance survient en 1601. Puis c'est le complot de Biron exécuté en 1602. Le roi considère que les temps ne sont pas encore mûrs pour un retour d'une Valois alors que la nouvelle dynastie des Bourbon s'installe à peine. Marguerite lui paraît un peu encombrante compte tenu de son passé parisien. Sa sympathie pour les ex-ligueurs ne le rassure pas non plus.

177 - Ce château avait été construit par François Ier à son retour d'Espagne sur les bords de la Seine en lisière du bois de Boulogne. Bernard Palissy l'avait décoré de faïences. Il fut démoli par Louis XVI.

Marguerite patiente. Puis, le 5 juillet 1605, selon E. Viennot, [178] elle quitte Usson. Le jour même ou la veille elle aurait écrit à Henri IV une lettre aujourd'hui perdue, mais que le roi aurait reçue le 9 et dans laquelle elle l'informait des menées du duc de Bouillon [179] (Turenne) qui continuait de comploter dans la région et que l'Espagne soutenait. Le duc voulait, en effet, venger la mort du maréchal de Biron et l'embastillement de Charles de Valois.

Henri IV demanda à Sully, accompagné de La Varenne, d'aller au-devant de Marguerite pour recueillir au plus vite des informations sur les conjurés. Marguerite et Rodelle, de sa maison, rencontrèrent Sully à Cercottes, à quelques kilomètres au nord d'Orléans, probablement le 12 juillet puisque l'on sait que Rodelle était de retour à Paris le 13.

Le départ d'Usson n'a donc pas été d'une soudaineté qui a surpris le roi. Au contraire, celui-ci a probablement, souhaité à ce moment, le retour rapide ou du moins la rencontre précipitée de la reine et de Sully qui, d'ailleurs, n'a pas été entièrement convaincu par les affirmations de Marguerite. Le roi, qui avait d'autres sources, prit lui très au sérieux le témoignage de la reine qui put ensuite regagner Paris sous les meilleurs auspices.

César, le petit duc de Vendôme, le fils légitimé de Gabrielle d'Estrées, accueillit Marguerite qui s'avoua très touchée par la réception. A la Cour, on a souhaité que l'arrivée de la dernière représentante des Valois s'effectue dans la dignité. Cet événement est en soi extraordinaire. Il n'y a pas d'exemple dans toute l'histoire de France du retour d'une reine répudiée, recluse pendant vingt ans si l'on compte la totalité de son exil auvergnat, et qui aurait rejoint la Cour presque comme si de rien n'était. On redoute évidemment une exploitation politique de ce retour spectaculaire. Les époux ne se sont plus rencontrés depuis deux décennies. La première entrevue est très aimable. Villeroy raconte à Sully : « Le roi était à

---

178 - E. Viennot. Corresp. p. 494.
Parmi les nombreuses lettres inédites figurant dans l'ouvrage de madame Viennot, deux sont particulièrement intéressantes pour la période qui nous occupe, c'est-à-dire l'année 1605. L'une est adressée à la baronne de Fourquevault en date du 2 mai. La reine lui demande de lui rendre visite à Usson le 26 juin suivant. La seconde est destinée au mari de la baronne, F. de Beccaria, baron de Fourquevault, homme de lettres, fils d'ambassadeur d'une famille du sud-ouest. Elle est datée du 26 juin. Marguerite indique au baron que sa femme va l'accompagner à Paris. Le voyage en "France" paraît imminent. La reine a donc bien préparé son départ d'Usson et savait probablement à quoi s'en tenir sur la date choisie de concert sans doute avec l'entourage du roi. Voir Viennot. Corresp. Lettres n° 362 et 364.

179 - Henri de La Tour d'Auvergne, vicomte de Turenne, duc de Bouillon. Petit cousin de Marguerite. Ils ont peut-être été amants, dans les années 1578-79. Il fut le père du grand Turenne.

Boulogne avec la reine Marguerite, d'où il ne revint qu'à six heures du soir ».

A nouveau, Pierre de L'Estoile peut continuer de parler de Marguerite. Comme un tel chroniqueur a manqué à Usson ! Il note la curiosité évidente qu'elle suscite, les commentaires qui fusent à son propos. Sa surprise et celle des courtisans paraissent grandes. Voici ce qu'il note dans son journal, en août 1605 (c'est-à-dire avec un mois de retard).

« En ce mois, la venue de la reine Marguerite à Paris, où on ne l'avait vue depuis vingt-quatre ou vingt-cinq ans, et son arrivée à la Cour tant soudaine et précipitée qu'il semblait qu'elle n'y dut jamais être assez à temps, réveillèrent les esprits curieux, et fournirent d'amples matières de discours à toutes sortes de personnes ».

Puis le 27 juillet, Marguerite se rend au Louvre, où on la reçoit en grande pompe. Le roi l'accueille et la présente à Marie de Médicis qui l'attend au pied du grand escalier. Henri IV reprochera plus tard à sa femme de n'avoir pas su aller au-devant de Marguerite.

Le 6 août, à Saint-Germain, dans les murs où elle est née et où elle a grandi, elle fait la connaissance du dauphin, le futur Louis XIII qui a quatre ans. Son émotion est grande. Elle voit dans ces appartements qui lui sont familiers le fils légitime de son ancien mari. Il devrait être le sien. Elle se dit qu'il lui doit son existence, d'une certaine manière. Elle va lui léguer tous ses biens et aura avec le futur Louis XIII des relations quasi maternelles.

Le roi va lui proposer de quitter le château de Madrid que la reine appelle sa « maison du Bois de Boulogne » pour être plus près de lui à Paris. Elle accepte très volontiers d'habiter la très belle demeure de l'hôtel de Sens près de l'Arsenal qui abrite Sully.

Marguerite devint un objet de curiosité dans la capitale. Elle arrivait avec sa réputation parisienne qui, vingt ans après, n'était peut-être plus la même. Le roi lui aurait dit en arrivant de ne plus confondre le jour et la nuit comme elle en avait l'habitude et de restreindre sa générosité. Elle aurait promis de tout faire pour contenter le roi en ce qui concerne le premier point mais elle ne pouvait répondre sur le second « il lui était du tout impossible, ne pouvant jamais vivre autrement, et tenant cette libéralité de race ». [180]

La reine s'installe donc début 1606 à l'hôtel de Sens. Trois mois après survient un épisode sanglant que nous avons déjà évoqué : l'assassinat de son favori, Saint-Julien qu'elle avait ramené d'Usson, par le fils d'une de ses suivantes, l'ex-mademoiselle de Thorigny, devenue madame de Vermont. La reine en veut tellement au meurtrier qui a commis ce geste devant elle, qu'elle réclame ven-

180 - L'Estoile. op. cit. t. XV. p. 386.

geance au roi dans l'instant. Le criminel sera exécuté le lendemain à l'endroit même de son forfait. C'est à cette occasion que Maynard, qui avait suivi sa dame à Paris, quittant son Auvergne natale, composa un poème de « Regrets amoureux ». Marguerite s'essaya aussi de rimer à cette occasion :

Atys de qui la mort attriste mes années
Atys digne, des vœux de tant d'âmes bien nées,
Que j'avais élevé pour montrer aux humains
Une œuvre de mes mains !

L'assassinat de Saint-Julien est probablement à rapprocher du procès qui s'ouvre à la même époque concernant les biens auvergnats de Marguerite disputés à Charles de Valois.

Quoi qu'il en soit, Marguerite refuse désormais de vivre à l'hôtel de Sens après ce qu'il s'y est passé. Elle va séjourner l'été dans son domaine d'Issy au Sud-Ouest de Paris. Le site est très agréable avec des parterres de fleurs, des fontaines, un double escalier de pierre, un verger.

L'hôtel de Marguerite rue de Seine. Sa cour

Pendant cette année 1606, elle achète des terrains juste en face du Louvre et fait construire un vrai palais digne d'un souverain. « Si votre Majesté voyait mon bâtiment, écrit-elle à Henri IV, je m'assure qu'elle ne plaindrait pas le bien qu'il lui plaît me faire, et qu'elle l'estimerait digne d'être offert à M. le Dauphin… ».

Puis Marguerite se souvient du vœu qu'elle prononça à Usson quand elle faillit être tuée dans son château par une mutinerie commandée par d'Allègre.

En juin 1606, l'un de ses prédicateurs, un religieux ermite à St-Augustin, obtient un brevet pour faire bâtir un couvent de son ordre. C'est ainsi qu'en 1608 est entreprise l'édification d'un couvent et d'une chapelle sur une partie de l'immense terrain acquis l'année précédente.

L'hôtel de Marguerite achevé, elle va y mener à nouveau une vie de cour, protégeant les écrivains et les poètes. Tous les noms connus de l'époque viennent à l'hôtel des Augustins : Desportes, Maynard, Malherbe, Théophile de Viaux, Mathurin Régnier, Claude Garnier, François de la Roque…

Marguerite les encourage, les aide, les fait connaître. En retour, ils la célèbrent. La reine croit revivre ses instants de jeunesse où Ronsard la portait aux nues. Peut-être est-ce pour cela qu'elle penche vers le style pétrarquisant du maître de la Pléiade lors de la querelle qui oppose Desportes et Malherbe entre 1606 et 1609.

Les femmes d'esprit ne sont pas absentes de sa cour. Autour de madame de Gournay, sa bibliothécaire, on rencontre les poétesses Antoinette de la Tour et Mlle de Beaulieu. Citons aussi Mlle de Choisy qui va plus tard tenir un salon.

Enfin n'oublions pas dans le domaine philosophique ou religieux, Elie Pitard et Vincent de Paul, ses aumôniers.

L'un des plus grands magistrats du temps et aussi historien, Etienne Pasquier fréquentait la cour de Marguerite. Il admirait chez elle son sens de la conversation, son habileté à discourir, en un mot son intelligence. Déjeuners ou dîners étaient particulièrement appréciés pour leur entrain, leur atmosphère spirituelle et leur accompagnement musical. Un vrai bonheur pour tous ces commensaux.

On a vu en outre combien sa bibliothèque était variée. Elle sut tirer un grand profit, pour elle et pour ses invités, de sa culture accumulée année après année. Usson contribua à n'en pas douter à lui façonner un esprit réfléchi, curieux de tout ce qui pouvait concerner une belle âme du siècle finissant de la Renaissance.

Il faut ajouter à ces plaisirs intellectuels ou spirituels les réceptions données à l'occasion d'événements marquants et les bals où Marguerite montre son faste et son éclat. Ainsi la réception donnée le 31 janvier 1609 est très appréciée. L'Estoile s'empresse de commenter cette vie parisienne précisant : « Leurs Majestés trouvèrent la collation magnifique et somptueuse, que ladite dame leur avait fait apprêter (qu'on disait lui revenir à quatre mille écus) ». Le roi et la reine quittèrent l'hôtel de la reine à six heures du matin.

Si l'on comparait la Cour du roi et celle de Marguerite, celle-ci maintenait la réputation des Valois par la dignité des manières, la noblesse de l'attitude, le style royal. Henri IV et Marie de Médicis ne pouvaient prétendre faire jeu égal. La jeune florentine venait d'une petite cour « paresseuse et lourde ». Quant au roi, il était « enclin par nature au débraillé ». C'était d'abord un chasseur et un soldat et il détestait l'étiquette. Mademoiselle de Vitry qui venait de le rencontrer pouvait s'écrier : « j'ai vu le roi, je n'ai pas vu sa Majesté ».

Bajaumont. Marguerite coquette et jalouse

En 1606, Marguerite tombe sous le charme d'Hector Regnault de Durfort, seigneur et baron de Bajaumont. Jeune et beau, il séduit Marguerite qui malgré un certain embonpoint, fait de gros efforts pour rester désirable. Elle a 53 ans. Elle marie son favori, et en mai 1607 lui obtient une abbaye. Selon le « Divorce satyrique », c'est le plus parfait sot qui soit à la Cour. D'après le poète Vital d'Audignier, il ne déteste pas la philosophie. Difficile de se faire une idée avec des témoignages aussi tendancieux. Mais le cas Bajaumont est la source idéale pour les moqueries et les quolibets à l'adresse d'une Marguerite qui n'a pas modifié son style et conserve une certaine fantaisie. Par exemple, elle arbore des décolletés somptueux et… généreux à tel point que le prédicateur de Notre Dame s'en offusque. Les anecdotes grivoises circulent, d'autant plus que Bajaumont reçoit, entre mai et septembre 1608, 1470 écus alors que les autres gentilshommes du même grade en ont 200 par an. Quand une des filles de sa maison approche d'un peu près le favori, Marguerite la chasse. Lorsque celui-ci tombe malade, la reine s'affole. Selon son médecin, c'est elle qui l'épuiserait…

Sa générosité

Mais par ailleurs, on loue sa générosité en particulier à l'égard des miséreux. Même l'Estoile prompt à dénoncer ses travers, n'hésite pas à souligner sa bonté. En 1607, on la voit distribuer de l'argent devant son hôtel à plus de « cinquante gueux amassés » alors que l'aumône était interdite…

Ses relations avec son ex-mari sont au mieux. Sans rancune, elle se montre très solidaire du roi et son soutien est désormais inconditionnel. En septembre 1607, elle a d'ailleurs fait don de ses biens au dauphin. L'année précédente, elle avait repris possession de ses terres d'Auvergne par un arrêt du parlement du 17 juin 1606 achevant une longue procédure commencée à Usson. Elle avait été si heureuse du dénouement favorable du procès qu'elle en avait quitté brusquement l'église de St-Séverin où son chancelier était venu lui apporter la bonne nouvelle. Elle était immédiatement sortie pour aller faire chanter un Te Deum au couvent des Cordeliers.

Marguerite a si bon cœur que pour plaire au roi, elle va jusqu'à organiser un bal en l'honneur du prince de Condé qui vient de se marier. Il faut dire qu'Henri IV est amoureux de la jeune mariée, la belle Charlotte de Montmorency. En novembre 1608, elle propose même d'abandonner définitivement l'usufruit de ses possessions d'Auvergne en échange d'une pension.

Dupleix lui-même, pourtant bien ingrat par la suite, relate les dons faits aux pauvres notamment le jour de son anniversaire. Or, c'est précisément en ce 14 mai, qui devrait être un jour de bonheur que le destin frappe à nouveau.

L'assassinat d'Henri IV

Le 14 mai 1610, le couteau de Ravaillac interrompt la vie du roi. Il n'avait pas 57 ans.

Marguerite se rend au Louvre apporter son soutien à Marie de Médicis et revient plusieurs jours de suite. Elle va se montrer solidaire de la reine-mère pendant la régence. Celle-ci sait qu'elle peut compter sur elle. Elle aurait d'ailleurs écrit à Sully : « J'avais un extrême déplaisir que ma sœur la reine Marguerite eût occasion de se plaindre de moi… car j'affectionne ce qui est de son bien et contentement à l'égal du mien propre ».

Marguerite penche pour la thèse d'un complot à l'origine de la mort d'Henri IV. C'est ce que lui confirme une des anciennes femmes de sa maison, Jacqueline d'Escoran qui désigne les coupables : Epernon, madame de Verneuil et peut-être les jésuites avec lesquels d'ailleurs, la reine honoraire a déjà pris ses distances.

Le 22 mai, Marguerite fait donner un service funéraire chanté pour le repos de l'âme du défunt.

Après le deuil, en juillet, la régente va lui rendre visite à Issy où elle apprécie une collation « magnifique et somptueuse ».

Les deux femmes se rapprochent après cette épreuve. On voit Marie de Médicis descendre parfois dans le jardin des Tuileries afin d'écouter un chanteur nommé Villars dont Marguerite a fait son dernier favori.

Villars : le dernier favori - Les dernières années

L'Estoile, le fameux chroniqueur parisien meurt en 1611. Il n'évoque pas le chanteur ce qui signifie qu'il n'a pas encore fait parler de lui à cette date. C'est pourtant lui qui va accompagner Marguerite jusqu'à la fin de sa vie en 1615. Tallement des Réaux, mauvaise langue habituelle, le tourne en ridicule : car la reine lui ferait porter des habits d'un autre âge, comme d'ailleurs elle en a l'habitude pour elle-même. Les vingt ans en Auvergne ne lui ont pas permis de suivre l'évolution de la mode. On se gausse souvent de son allure. C'est l'occasion pour elle de montrer des réparties parfois rabelaisiennes. A un ancien secrétaire d'État, Du Fresne-Forget, qui se moquait un jour des vertugadins, trop sûrs gardiens de la vertu des femmes, elle répondit que l'ampleur de sa fraise ne l'empêchait pas de manger de la crème s'il était en mesure d'avoir… une cuiller de bonne longueur.

Marguerite, au côté de Villars, va continuer sa vie dévote. Mais le pouvoir royal est affaibli et l'argent rentre moins. Elle donne cependant mille écus lors de la pose d'une première pierre d'un portail de Saint-Etienne du Mont.

Elle se montre moins souvent à la Cour. Mais en son hôtel des Augustins, le théâtre, les bals, les concerts et les lectures continuent et continueront jusqu'au bout.

En 1610, à la fin de l'année, elle est la marraine d'Henriette, la fille posthume d'Henri IV, la future reine d'Angleterre. [181]

Jusqu'au dernier jour, elle s'intéresse aux débats intellectuels et aux polémiques. Elle répond par exemple au père Loryot, un membre de son entourage, qui a rédigé un manuel de morale jugé misogyne. Sa réplique se fonde sur les principaux arguments des féministes de l'époque dont en particulier Cornelius Agrippa, l'auteur de « Sur la noblesse et l'excellence du sexe féminin » (1537). Cette lettre est publiée à la fin de l'année 1614 par le père Loryot lui-même. Son titre : « Discours docte et subtil dicté promptement par la reine Marguerite et envoyé à l'auteur des secrets moraux ». Le texte de la reine est accompagné du commentaire du père jésuite qui fait un éloge de sa protectrice mais en ajoutant, cependant, que la reine avait « l'un des plus grands entendements dont son sexe puisse être capable » (sic).

En mars 1615, Marguerite tombe malade. Elle se prépare à la mort. Aussi, l'historien Dupleix, ainsi que les proches de la reine témoignent-ils de sa contrition. Elle est « chérie et honorée de tous les ordres du Royaume, pour les royales conditions qui avaient toujours paru avec un merveilleux éclat en elle et mêmement la piété, la dévotion, l'affection envers l'État, l'honneur envers les lettres, la magnificence, la courtoisie, l'affabilité et l'estime de la vertu ».

Marguerite de Valois meurt le 26 mars 1615 entre onze heures et minuit dans son hôtel des Saints-Augustins. Elle allait avoir 62 ans. On raconte que la mort n'avait pas altéré la beauté de ses traits. Son corps, reposant dans un cercueil de plomb, resta un an et demi dans l'église de son palais des Augustins, rue de Seine. Le 20 juillet 1616, il fut transporté de nuit, sans cérémonie, à Saint-Denis, dans le mausolée des Valois construit par Philibert Delorme.

181 - Après son mariage avec Charles Ier.

Chapitre 2

Le destin des châteaux de Carlat et d'Usson

CARLAT

On se rappelle que le complot ourdi par le maréchal de Biron, Charles de Gontaut, avait eu des ramifications dans plusieurs provinces, dont l'Auvergne.

Charles de Valois avait trempé dans l'affaire et plusieurs seigneurs l'avaient suivi. Parmi ceux-ci, le capitaine gouverneur de Carlat, François-Jacques de Pouget de Nadaillac, seigneur de Morèze eut un sort particulier. Ordre fut donné de l'arrêter. Cette arrestation fut très laborieuse en particulier à cause d'une vive résistance de l'épouse du capitaine qui refusa dans un premier temps de quitter la forteresse avec ses neuf enfants. Il fallut une lettre en bonne et due forme d'Henri IV (9 juin 1602) pour que les choses rentrent dans l'ordre et que les conditions de la remise du château « toutes à l'honneur de madame de Morèze » soient arrêtées. [182]

M. de Noailles, lieutenant général en Haute Auvergne prenait possession de la place, suivi d'un grand nombre de seigneurs de la région, du Limousin, du Quercy et du Rouergue. Dans la soirée, M. de Morèze, qui avait été enfermé à Aurillac, tout au début de l'opération afin de prévenir une éventuelle résistance, fut libéré. Il reçut même ultérieurement un brevet de « maître de camp » du roi…

La difficulté de cette reddition justifia, s'il en était besoin, la nécessité d'abattre cette forteresse qui ne pouvait que susciter les alarmes du nouveau roi de France.

En réalité, Henri III, dès le début des années 1580, avait essayé de faire disparaître le château. Des moyens financiers insuffisants avaient seuls empêché la réalisation de ce vœu.

Maintenant on ne devait plus attendre. Ce fut Sully, alors grand maître de l'artillerie qui supervisa la démolition de la forteresse. De Noailles dirigeait les

182 - Voir sur cet épisode, le compte rendu de Saige et de Dienne. t. 2. p. 344.

opérations. Enfin, le commissaire ordinaire de l'artillerie, le sieur du Plessis Prévost était responsable des procédures d'adjudication et de démolition.

M. de Giou fut retenu pour réaliser l'opération en échange d'une somme de douze mille livres. Ce furent les quatre prévôtés de la Haute Auvergne qui payèrent.

La lecture du cahier des charges intitulé « Articles de la Ruyne » permet de constater a posteriori l'emplacement des différentes constructions. C'est elle qui nous a servi à dresser le plan énoncé dans la deuxième partie.

Ce document montre combien la rigueur a présidé à la réalisation de ce travail de démolition. Il fallait, en effet, prendre des précautions contre d'éventuelles chutes de pierres et aussi rendre impossible la construction, au même endroit, d'autres citadelles du même type.

MM. Saize et de Dienne reproduisent dans leur ouvrage fort documenté sur la vicomté de Carlat la déposition d'un témoin oculaire de la destruction, le sieur Desprats. Celui-ci donne d'intéressants détails sur l'état de la forteresse au moment de sa démolition qui commença le 22 octobre 1603.

Les travaux ont débuté par la Fausse Braye « qui avait deux toises [183] de large sur deux cents de longueur et qui fut mise définitivement à terre le 8 avril 1604 par Bernard Pouderoux, assisté de quarante maçons ».

Puis sans attendre la fin de la démolition de cette partie du château, on s'attaque à la Tour Noire et à la Tour Gaittat situées sur la pointe du rocher, du côté est, dès le 30 décembre 1603. Le 30 mars 1604, elles étaient abattues par vingt-cinq maçons commandés par Jean Prunet.

La muraille, les tours et les guérites du côté nord sont probablement plus anciennes et d'ailleurs presque en ruine. Ce sont des manœuvres de la vicomté qui sont chargés de les abattre. Puis vingt maçons viennent à bout de l'église. en une seule journée, le 1er janvier 1604. Le fameux hôtel Bridoré qui avait abrité Marguerite, était rasé le 23 mars. Enfin le 31 mars 1604 toute la forteresse était abattue y compris le Murgat dont quelques vestiges demeurent encore aujourd'hui sur le rocher.

Le 12 mai 1604, le lieutenant-général du bailliage d'Aurillac, le commissaire Philippe Prévost, sieur du Plessis, l'avocat du roi Antoine de Cambefort et un greffier se rendirent à Carlat pour établir un état des lieux. Tout était accompli selon le cahier des charges excepté deux ou trois choses. Ainsi rien n'avait été jeté du côté de la brèche naturelle pour la combler. En outre, l'adjudicataire n'avait pas voulu creuser de tranchées ou faire des canaux pour l'écoulement des sources, considérant que cette obligation s'était trouvée sans objet.

183 - La toise équivalait à six pieds, c'est-à-dire 2 mètres environ.

L'opération avait duré de fin octobre à fin mars, soit cinq mois environ.

On n'avait pu éviter complètement les accidents dûs aux éboulis. Des maisons avaient été construites juste au-dessous des murailles. Certaines furent endommagées. Un homme au moins fut tué au cours de ces opérations. Un arrêt du Conseil du 26 mars 1605 accorda des indemnités aux propriétaires des immeubles écrasés ou endommagés, ainsi qu'à la veuve de la victime.

Les contributions demandées aux habitants de Haute Auvergne étaient lourdes. Les 45000F rentrèrent difficilement dans les caisses royales. A St-Flour, les habitants firent opposition. Un arrêt du Conseil en date du 7 octobre 1603 ordonna la levée des impositions.

C'était la fin d'une des places-fortes les plus redoutées de France et qui, depuis huit siècles, avait illustré l'histoire militaire et politique de notre pays.

Un quatrain en latin fut dédié à M. du Plessis le maître d'œuvre de la démolition. Le voici :

Nunc omnis longo solvit se Arvernia luctu
Cernens Carlatum marte perire tuo
Et cum sit monstrum, te debellante, subactum
Jactat te Arvernum, per sua soecla solum.

qui peut être traduit – en alexandrins – de la manière suivante :

L'Auvergne libérée d'une longue douleur,
Voyant Carlat périr sous ta martiale ardeur
Car tu défis ce monstre en un dernier combat,
De son histoire te nomme son unique Auvergnat. [184]

Et on peut encore lire aujourd'hui dans l'église construite dans le bourg de Carlat par Anne de France ou de Beaujeu, fille aînée de Louis XI l'inscription suivante :

« Par le commandement du très chrétien, très clément, très magnanime, très victorieux, très admirable Henri IV roi de France et de Navarre, libérateur, père et restaurateur du royaume, fut cette place démolie pour satisfaire aux vœux de ses bons sujets, étant Maximilien de Béthune, marquis de Rosni, grand maître de l'artillerie surintendant des finances et fortifications et grand voyer de France, le sieur Duplessis Prévost, ordonné pour faire le rasement, le fit accomplir le dernier mai [185] 1604 ».

Comme l'écrivent les auteurs du dictionnaire historique du Cantal, « aujourd'hui nulle trace de ces orgueilleux donjons, de cette formidable citadelle que

184 - Nous devons cette traduction à Françoise et Claude Moisan.

185 - Il y a probalement une erreur sur le mois : selon nous, c'est mars et non mai puisque l'état des lieux est du 12 mai.

Brantôme qualifiait la plus forte de France, ne s'aperçoit sur le vaste plateau qui la supportait ; le silence le plus absolu a remplacé le bruit du clairon, le tumulte des combats, les chants du triomphe, et sans le maigre gazon qui couvre la surface rocheuse, gazon qui y attire de loin en loin quelques brebis avec leur pastourelle, on n'apercevrait jamais aucun être vivant dans ce lieu, jadis demeure princière et guerrière à la fois. Cependant, aux heures où la chaleur se fait vivement sentir, ou si un orage vient à éclater, les brebis et la pastourelle tiennent un peu d'abri sous le feuillage d'un tilleul isolé, seule et dernière sentinelle qu'on voit de fort loin, mais qui n'inspire plus d'effroi ».

Quant à la vicomté de Carlat elle-même, son destin fut singulier. Par lettres patentes de février 1643 elle fut agrandie de trois châtellenies de la vicomté de Murat et érigée en comté de Carladez au bénéfice d'Honoré II Grimaldi, prince souverain de Monaco.

La principauté avait été plus ou moins annexée à l'Espagne entre 1524 et 1641. Mais par un traité secret signé à Péronne le 24 septembre 1641, elle se mit sous la protection de la France. La rupture des relations de la principauté avec l'Espagne devait évidemment entraîner la perte de ses domaines dans les territoires contrôlés par son ancien « protecteur ». C'est en prévision de ces confiscations que le traité avait prévu la donation de domaines dans le royaume de France d'un revenu égal à celui des possessions perdues (évalué à 75 000 livres). Ce revenu devait être produit par un fief important érigé au duché pairie et, si besoin était, par l'adjonction d'autres terres, dont une érigée en comté.

La nouvelle pairie fut le duché de Valentinois [186] (qui avait appartenu à Diane de Poitiers) auquel on ajouta la seigneurie de St-Rémy de Provence. Mais le fils du prince, Hercule Grimaldi avait vu ses revenus particuliers également confisqués. On lui donna le marquisat de Vaux également en Provence.

La vicomté de Carlat et ses extensions constituèrent la dotation du Prince Grimaldi, l'indemnisant ainsi des conséquences financières de son rattachement à la France.

A la Révolution, tous ces droits furent abolis, bien qu'issus d'un traité. Toutefois, le prince de Monaco conserve aujourd'hui la propriété du rocher de Carlat sauf le Murgat qui appartient à la commune. Celle-ci a d'ailleurs aménagé un "point d'accueil" dans le village, ouvert l'été, et un panneau d'information permanent attend le visiteur, plus haut entre les deux rochers.

A gauche de cette installation se trouve l'escalier de la reine dont les cinquante marches permettent l'accès à la plate-forme.

186 - Situé dans la région de Valence dans la vallée du Rhône.

Marguerite de Valois quitta Usson le 5 juillet 1605 d'après madame Viennot. Avant de partir, elle confia la garde du château à son vieux maître d'hôtel Gabriel de Gironde qui était écuyer et aussi seigneur de Bégoule. Il avait une petite garnison composée de soldats français et de mercenaires suisses.

Sa dame d'honneur, madame de Vermont était également restée à Usson en attendant que des dispositions soient prises par les autorités royales chargées des domaines. En partant, la reine ne manqua d'ailleurs pas de donner comme consigne aux officiers de ne recevoir au château que des mandataires du roi.

Marguerite souhaitait évidemment qu'Henri IV dote très vite la forteresse d'un gouverneur fidèle. Et réfléchissant au devenir de son cher refuge, Marguerite, sur la route du retour « en France », écrivit à Henri IV depuis Artenay à vingt kilomètres au nord d'Orléans. Elle lui confirma qu'elle lui abandonnait Usson, « car c'est une place d'importance, qui ruinerait tout le pays, si elle tombait en mauvaises mains ».

Or, pendant ce temps, le roi de France pensait très sérieusement à détruire le château, comme cela avait été le cas à Carlat l'année précédente. Et il n'était pas le seul à souhaiter un tel destin à ces forteresses repaires de brigands.

En Auvergne, et dans bien d'autres provinces, les guerres de religion avaient été une catastrophe pour l'économie et la société. Dans le dernier quart du XVIe siècle, le peuple auvergnat était dans une misère noire.

Dès 1576, à une date où Marguerite était loin de penser à Usson ou à Carlat, le comte de St-Hérem gouverneur de la province écrivait à Henri III que « le pays est en telle extrémité qu'il n'y a plus moyen de respirer, ni les habitants de pouvoir entretenir femmes et enfants ». [187]

La misère constatée en 1576 s'est évidemment accrue pendant les guerres de religion mettant aux prises huguenots, catholiques puis troupes royales dans la région d'Issoire. Mais surtout, les « gens de guerre », c'est-à-dire les mercenaires utilisés par les différentes factions et désœuvrés après la fin des hostilités, pillaient et ravageaient villes et campagnes autour des forteresses auvergnates. Le peuple redoutait par-dessus tout la présence des garnisons incontrôlées qui suscitaient l'effroi, le trouble et la misère.

Dès l'arrivée d'Henri IV sur le trône, quelques représentants des assemblées des villes adressent des requêtes au roi demandant la suppression des garnisons et les démolitions des forteresses et des châteaux qui les abritent.

---

187 - L. Welter. Détresse de l'Auvergne du fait des gens de guerre dans la première moitié du XVIIe siècle. B.H.S.A. 1959. 3°. trim. n° 584. p. 166.

Villes et villages se barricadent. Par lettres patentes de septembre 1596, le roi autorise, par exemple, les habitants du village de La Mongie, aujourd'hui dans le canton de Jumeaux, à conserver les fortifications qu'ils ont élevées autour de leur village, à quelques kilomètres d'Usson « afin de se garantir des ravages des gens de guerre ». [188]

Or, la soldatesque est partout. Et les châteaux pullulent en Auvergne et particulièrement tout autour de la Limagne d'Issoire. Nonette, Vodable, Ibois, Usson sont concernés. Ce qui explique que les récriminations viennent de partout et pas seulement des alentours d'Usson. Les treize « bonnes villes du bas-pays d'Auvergne » n'arrêtent pas d'alerter les autorités royales. Par exemple, à l'assemblée du 25 août 1596, il est décidé d'envoyer en Cour des députés « chargés d'obtenir permission de sa Majesté de faire rayer et démolir les citadelles qui sont en aucunes villes du pays, par exprès celles de Brioude, Cusset, Issoire, et de faire vider généralement toutes les garnisons de gens de guerre qui sont dans la province, comme inutiles en icelle ».

Quelles sont ces treize bonnes villes ? Ce sont les villes principales dont Clermont est la capitale et qui de « tout temps et ancienneté, ont accoutumé de résoudre en ladite ville, avec les députés desdites douze autres villes, à la pluralité des voix desdites villes, » toutes les affaires publiques de la province. Les villes concernées sont, en dehors de Clermont : Riom, [189] Montferrand, Aigueperse, Billom, Saint-Pourçain, Cusset, Issoire, Brioude, Langeac, Saint-Germain Lembron, Ebreuil et Auzon. Elles sont disséminées dans toute la région et cela montre que le mal est partout.

La requête est bien accueillie par Henri IV, ainsi que la demande que lui adresse sa première femme, Marguerite, de retour « en France ». Le roi donne par conséquent sans tarder des ordres au grand maître de l'artillerie afin de commander une expertise pour déterminer l'état de la forteresse et les conditions d'une éventuelle destruction du château d'Usson et de ceux du voisinage.

Mais dès son arrivée à Paris, Marguerite informe Henri IV que telle n'est pas son intention. La reine tient à conserver vivant le souvenir de la citadelle. L'exemple récent de la démolition de Carlat incitait le roi à l'imiter à Usson, d'autant plus que les bonnes villes s'impatientaient. Mais Henri IV comprit les répugnances de Marguerite pour la démolition d'une forteresse qui l'avait si longtemps abritée et qu'elle avait elle-même embellie.

Henri IV épargna donc Usson. Avec l'assentiment de Marguerite, il envoya le sieur Barenton faire un rapport sur l'état du château et surtout sur la fidélité

---

188 - B. M. Clermont-Ferrand. 621-A.72.

189 - J. de Vernyes. op. cit. p. 15.

que vous savez m'avoir été plus contraire qu'aucun autre ». La sanction tombe : « pour cette impiété, ingratitude et malice, je vous déclare que je vous démets de la commission que je vous avais baillée (donnée) d'être l'un des directeurs de ma dite donnerie… ».

Elle envoie ensuite la copie de ce courrier à la ville d'Usson et demande au capitaine-gouverneur de remplacer Vernet. Dans cette lettre du 17 juin, elle souligne que ce n'est ni à lui ni à personne d'autre, pas même à la reine, de changer quoi que ce soit aux termes du contrat signé avant son départ d'Usson.

Elle insiste auprès des habitants pour qu'ils veillent « au bon ménage de l'affermage des terres d'Ybois et de St-Babel, afin » dit-elle « que vos pauvres habitants d'Usson s'en puissent davantage prévaloir et [que] j'aie ce contentement que mon vœu s'y accomplisse ».

Elle annonce enfin son espoir d'envoyer « les seize tableaux d'autel qui sont nécessaires pour les seize petites chapelles que j'ai faites autour d'Usson, avec un évêque qui les ira consacrer pour y faire dire les messes que j'y ai fondées, suivant ledit contrat où est porté mon vœu. Je vous prie croire que j'aurais toujours autant de soin en ce qui vous touchera comme si j'étais présente avec vous, ce que je vous témoignerai en toutes occasions qui se présenteront »…

C'est la dernière évocation d'Usson dont nous disposons.

Malgré les demandes répétées des bonnes villes d'Auvergne, alors que Marguerite était encore à Usson, les citadelles de la province étaient toujours debout, Carlat exceptée. Les moyens manquent. Le roi souhaiterait que ceux qui se plaignent prennent en charge les démolitions. Ceux-ci estiment qu'il s'agit là d'une responsabilité qui ne leur revient pas ! En juin 1610, aussitôt après la mort d'Henri IV, l'assemblée des treize bonnes villes réitère les vœux émis une douzaine d'années auparavant. Elle « requiert sa Majesté que sous son bon plaisir et celui de nos seigneurs de son conseil, les châteaux et places fortes de ce pays, qui ne peuvent servir que de réceptacles de gens de guerre, soient rasés ». [192]

Aucune suite n'est donnée à cette requête. Et pour cause car ce n'est pas la seule dans le pays. Le trésor royal ne peut évidemment pas faire face à de telles dépenses ni se permettre d'imposer les villes par la force. On recommence à se plaindre en 1616 au sein de l'assemblée des villes où l'on signale que les châteaux de Vodable, à proximité d'Usson, et de Montpensier sont de « véritables pépinières de voleurs ». Or, les temps ne sont pas encore mûrs pour une opération chirurgicale d'envergure. Mais, elle viendra.

A l'assemblée d'avril 1622, on déplore « la perte et les dommages que les châteaux et places fortes de cette province peuvent causer en icelle, puisque

---

192 - A. D. Puy-de-Dôme. Assemblée du 2 juin 1610.

longtemps après l'établissement de la paix générale en ce royaume, ladite province, ayant reçu les incursions et ravages des garnisons, aurait été contrainte de capituler et composer particulièrement avec les capitaines des places, et donner notables sommes et deniers pour les leur faire quitter. Cela doit faire appréhender et craindre de tomber à l'avenir aux mêmes inconvénients. Et pour se garantir de cette misère et servitude qui serait beaucoup plus fâcheuse, on ne doit négliger l'occasion que ci devant elle a recherché, de requérir de sa Majesté d'ordonner le rasement et démolition des places et châteaux forts, et, avec l'assistance de plusieurs amis que ledit pays peut avoir… d'assurer que sa Majesté s'y portera et accordera toutes lettres de commandements à ce requis ». Il est répondu que « le temps n'est pas propice pour entreprendre lesdites affaires ». Cela n'est pas surprenant, car la royauté est encore une fois aux prises avec les protestants. Les troupes royales n'ont-elles pas fait le siège de Montauban pendant près de six mois en 1621 ?

Il faut attendre la montée en puissance de Richelieu à partir de 1624, quand le cardinal revient au conseil du roi, pour que la question soit reprise très sérieusement. En 1626, la démolition des châteaux et places fortes situés à l'intérieur du royaume est promise solennellement par le roi aux États de Bretagne. En 1629, l'ordonnance de démolition est rendue. Les provinces et les municipalités sont chargées d'exécuter la volonté royale. Mais il faudra encore du temps pour en voir la réalisation. C'est seulement le 8 novembre 1633 que Louis XIII, sur la proposition de Richelieu, signe une ordonnance qui prévoit la démolition des châteaux d'Usson, Nonette, Vodable, Ybois, Murat, Mercurol, Buront, Montpensier et Léotoing. (On notera que les quatre forteresses entourant la limagne d'Issoire, les premières citées, sont comprises dans la même décision.)

M. d'Argenson, « conseiller du roi en ses conseils, commissaire député par sa Majesté pour la démolition et rasement des châteaux et places fortes en plusieurs provinces de France », visite l'Auvergne en 1633.Il annonce que les destructions seront mises "en estrousse", c'est à dire en adjudication.

Pour Usson, M. de Bournazel, gouverneur royal de la place surveille les opérations sous l'autorité de l'intendant de la province.

L'opération est adjugée à la même entreprise que celle qui a œuvré à Carlat. Elle est dirigée par Jacques de Giou, commissaire d'artillerie. Il a pour associés des voisins, les frères Andrieux, bourgeois de Nonette, qui vont être les vrais responsables de la démolition de la forteresse d'Usson. Les sommes nécessaires à l'opération seront bien entendu imposées sur la province. Elles seront, semble-t-il, excessives.

Saint-Poncy a écrit (p. 469), citant Chabrol, que Richelieu se serait déplacé en personne, compte tenu de l'importance de cette affaire, pour donner les premiers coups de pioche sur la forteresse. Cette assertion demande à être vérifiée.

L'une des causes principales du retard pris par les opérations de démolition était le manque d'argent. Une autre tenait à la résistance des chefs de garnisons. Il était bien difficile de les déloger. Évidemment, on essayera parfois de les soudoyer. Exercice très fréquent au Moyen-Âge, surtout pendant la guerre de Cent ans. Cela réussira parfois mais pas pendant très longtemps. Les soldats reviennent quand ils n'ont plus d'argent. En tout état de cause, ils veulent êtres payés de l'abandon qui leur est demandé. Par exemple à Brioude en 1597, il a fallu composer avec le commandant du château. A Issoire, grâce à l'intervention du marquis de Canillac fils, le capitaine Chalus a accepté de partir mais à la condition que lui soient remis 1600 écus et que 11 000 écus soient distribués à ses hommes. A Montaigu, toujours la même année, en 1597, le sieur de Léviston ne réclame pas moins de 40000 écus et 1000 écus par mois pour empêcher ses soldats de faire des courses dans le pays. A Usson, acquis à la royauté, le problème ne se pose pas tout à fait en ces termes mais on ignore ce qui a été attribué au successeur de Gabriel de Gironde et de Louis de Beauclair.

Ce n'est qu'en 1634 que les travaux de démolition furent menés à bien, en même temps d'ailleurs que ceux de Nonette à quelques encablures. Jean de France, duc de Berry dut se retourner dans sa tombe, peut-être dans le même mouvement que Marguerite de Valois.

Les vestiges que l'on peut voir aujourd'hui encore à Usson et à Nonette témoignent de la puissance de ces deux forteresses. Des milliers de blocs de basalte sont encore entassés autour des sommets des deux collines. Beaucoup de ces pierres ont été utilisées pour la construction des maisons des deux villages.

Quant au souvenir de Marguerite de Valois, il est toujours vivace à Usson. Pendant les deux mois d'été, six mille visiteurs en moyenne viennent découvrir un site particulièrement séduisant, comme cette reine de France dont Brantôme avait fait sa déesse. Il faut rendre hommage ici à la municipalité d'Usson qui fournit de gros efforts pour perpétuer le souvenir de la dernière reine de la dynastie des Valois. Le village classé, à juste titre « l'un des plus beaux villages de France », mérite à lui seul le détour. Le donjon qui autrefois dominait la plaine d'Issoire, a été remplacé en 1893 par une statue de la Vierge en fonte, haute de sept mètres. Chaque année, une procession a lieu le dernier dimanche de mai.

Jusqu'à la Révolution, Usson resta une prévôté royale. Les revenus du domaine étaient versés en grande partie au marquis de Bournazel, gouverneur et bailli d'Usson, longtemps encore après le départ de la reine. Puis en 1724, la seigneurie d'Usson fut engagée [193], c'est-à-dire aliénée sous la réserve d'une faculté de rachat perpétuel, au marquis d'Allègre, maréchal de France. Le gendre de celui-ci, le marquis de Millebois céda son héritage en 1765 au marquis Gilbert de la Rochelambert qui était un descendant de Louis, autrefois gentilhomme de Marguerite. C'est cette famille qui possédait la châtellenie d'Usson à la fin de l'Ancien Régime.

193 - Le roi jouait le rôle d'emprunteur, conservant toujours le droit de rembourser ou de retirer le gage

Chapitre 3

L'histoire et la légende en Auvergne

« La traversée du désert » de Marguerite, entre 1585 et 1605, a-t-elle contribué à forger encore davantage sa légende ? Probablement. D'abord parce que pendant cette période, les courtisans, les chroniqueurs, les historiens l'ont oubliée.

Pour les uns, qui ne l'aimaient pas, cet exil était jugé comme une sorte d'épreuve, de purgatoire nécessaire ou salutaire. Pour les autres, qui souhaitaient son retour à la Cour, ce séjour auvergnat n'était qu'une longue parenthèse.

Marguerite à sa mort est en effet déjà un personnage légendaire. Et l'exil auvergnat ajoute encore, semble-t-il, au mystère qui l'entoure. C'est une princesse extraordinaire au sens étymologique du terme. Son esprit d'indépendance l'a conduite dans les voies les plus inattendues s'agissant d'une femme de la plus haute noblesse.

Alexandre Dumas ne lui fait-il pas dire : « car les amours des personnes de mon rang illuminent et souvent dévorent toute l'époque qui leur est contemporaine » ? [194]

Cela n'autorise pas cependant à remplacer les témoignages manquants souvent par des affirmations péjoratives ou diffamatoires. Beaucoup d'historiens ont pris les pamphlets pour des chroniques mettant leur confiance dans des récits beaucoup trop douteux. Que Marguerite ait été sensible aux hommages qui l'enveloppaient en permanence ne semble pas contestable. Peut-on en conclure qu'elle était « hystérique » ? comme l'écrit J.H. Mariéjol. Mais combien d'autres ouvrages sur la « Reine Margot » mettent l'accent sur sa légèreté et en font une licencieuse !

Ce type de procès d'intention continue depuis des siècles malgré la recherche historique. Il faut par conséquent distinguer entre les tenants de "Margot" et ceux (surtout celles) de Marguerite, faire la part de ceux ou de celles qui accordent un certain crédit aux sources de la malveillance initiale (ou qui la suscitent) et les autres qui se cantonnent aux sources historiques vérifiables.

---

194 - A. Dumas. La reine Margot. Edition Folio. p. 35.

de la garnison. Très content du travail d'investigation effectué par Barenton, Henri IV écrivit le 8 septembre 1605 à Sully pour qu'il prît toutes dispositions afin de garantir la sauvegarde du château. Les troupes que Marguerite avait laissées furent maintenues et payées. Un commissaire d'artillerie fut envoyé à Usson pour examiner les fortifications. Il considéra qu'il n'y avait pas lieu de démanteler la place-forte. Son commandant, Gabriel de Gironde fut maintenu dans ses fonctions. Trop âgé, il fut remplacé en 1609 par Louis de Beauclair.

Jusqu'à sa mort, Marguerite veille sur Usson

En 1609, elle lègue au dauphin, le futur Louis XIII, la nue-propriété d'Usson se réservant une pension en guise d'usufruit. (Plus tard, le roi incorpora tous ses biens dans le domaine de la couronne.) Les années passent…

On ne peut oublier un endroit où l'on a vécu plus de dix-huit ans dans des conditions aussi singulières. Les souvenirs qu'elle avait laissés étaient, pour certains, très vifs et lui tenaient à cœur. Ainsi en était-il de sa donnerie.

Un jour de mai ou de juin 1614, en effet, elle reçoit une lettre de Vernet l'un des administrateurs de la donnerie. Celui-ci lui propose d'accorder aux religieux (des Cordeliers) de Vic-le-Comte, une partie du revenu de la fameuse donnerie, « ce sera les obliger à prier pour vous » écrit Vernet à la reine qui le prend très mal. Le 17 juin 1614, elle répond donc au lieutenant par une lettre très vive pour lui notifier son profond désaccord et lui ordonne de cesser de s'occuper de ses affaires. « La cruauté que produit votre mauvais naturel contre les habitants d'Usson, lieu de votre naissance, m'est si odieuse que je ne saurais permettre qu'en une œuvre pie comme est celle de ma donnerie, une personne si impie comme vous en ait la maniement, ayant bien en ce mauvais courage, connaissant la pauvreté de votre ville et sachant que si j'en avais ôté ce peu d'aumône que j'y fais par ma donnerie d'Ybois et de St-Babel, tant le pauvre peuple d'Usson mourrait de faim » [190] Le grand cœur de Marguerite, une fois encore, se porte vers Usson et ses habitants. Elle indique au lieutenant Vernet combien elle se sent redevable envers Usson. Très agacée, elle ajoute : « Etant nonobstant si dénaturé contre votre patrie, si inspiré contre l'obligation de mon vœu, et si déraisonnable (contre le devoir à quoi dix-neuf ans de séjour où il a plu à Dieu me conserver dans Usson, m'obligent à bien faire aux habitants d'Usson) de prier et persuader, comme il appert votre lettre ci-attachée, de l'ôter à votre dite ville d'Usson pour la donner aux cordeliers de Vic-le-Comte [191] bien

190 - E. Viennot. Corresp. p. 594. Lettre n° 457.

191 - Vic-le-Comte était la résidence principale de son « mauvais neveu », Charles de Valois.

Sans doute, comme le souligne Charles Merki, « nous n'imaginons point que la reine Marguerite ait été entièrement la princesse aux qualités toutes spéciales que nous vante Brantôme ni qu'elle ait mené au château d'Usson la vie d'austérité que rapportent Jean Darnalt et le père Hilarion de Coste ».

L'historien remarque très justement que Marguerite « n'avait pas sur la vertu et la foi conjugale – que d'ailleurs elle eût été bien sotte de défendre avec un mari comme Henri IV – des idées de puriste qui n'étaient ni de celles de son temps, ni du milieu où elle avait grandi, vécu et trouvé depuis le premier âge l'exemple journalier » [195]

Mais il est avéré depuis quatre siècles que des pamphlets huguenots ont tenté de la déconsidérer aux yeux de l'opinion en insistant presque essentiellement sur sa « lubricité » (sic)…

Les « deux premières pierres » de la légende sont posées en 1574 par « Le Reveil-matin des Français et de leurs voisins » : l'inceste avec son frère Henri et le surnom que lui donnait Charles : “Margot”. En effet, il s'agit d'un ouvrage qui vise à présenter la famille royale sous un jour ignoble.

On y montre le roi Charles IX impatient et décidé à ne plus attendre la dispense du mariage de sa sœur. « Et que par la Mort-Dieu, il ne voulait pas que sa Margot (car ainsi appelait-t-il sa sœur) fut plus longtemps en cette langueur ». On ajoute plus loin : « la bonne dame n'avait garde d'avoir si longtemps attendu : monsieur son frère savait bien qu'il avait eu son pucelage » L'un des personnages répond : « Je ne savais pas cela, mais j'avais bien ouï dire qu'elle était prête d'accoucher dès lors que la reine fut à Saintes ». [196]

A partir de 1585, on constate en France une multiplication des pamphlets. Cette date correspond à la reprise des guerres de religion et en particulier à celle de la Ligue qui soulève le Nord et le Centre. Cela conduit Henri III à en prendre la tête. C'est aussi l'époque où Marguerite se rebelle une nouvelle fois. Elle quitte Nérac pour Agen, d'où elle s'enfuit pour l'Auvergne. Or la reine, éloignée de la Cour de France, n'est pas vraiment identifiée comme un élément essentiel des parties en présence. Les pamphlets ne l'attaquent donc pas pour l'instant. Mais cela ne va pas durer. En 1607, alors qu'elle vient de regagner la Cour de France, où elle commence à redorer son blason, entourée de poètes, de lettrés et de savants, un pamphlet huguenot, souvent ignoble à son endroit, circule sous le manteau. Il s'agit du « Divorce satyrique » dont on a déjà parlé et qui évoque la période auvergnate avec

195 - Cl. Merki. op. cit. p. 370.
196 - E. Viennot. Histoire… p. 238.

peut être encore moins de vergogne que les autres épisodes de la vie de Marguerite. Celle-ci est entourée d'un mystère propre à toutes les élucubrations…

Ce pamphlet très violent, insiste tout particulièrement sur la lubricité de la reine de Navarre, comme le « Reveil-matin », dont il reprend d'ailleurs presque mot à mot certaines expressions.

Mais elle n'est pas seule à être mise en cause. Bien qu'Henri IV soit le supposé rédacteur de ce prétendu manifeste destiné à justifier son divorce causé par la conduite de sa femme, il n'est pas épargné. Le pamphlet est même « truffé d'attaques perfides contre Henri IV » (Viennot). Il est présenté comme le renégat qui a favorisé ses anciens ennemis en leur donnant des fonctions publiques très importantes. On insiste sur sa complaisance de mari trompé tout en évoquant ses propres frasques. On présente aussi de manière peu reluisante les amants de Marguerite ce qui permet à la fois de déconsidérer la reine et le roi.

Pendant l'exil auvergnat, on prête à Marguerite plusieurs liaisons, ce qui n'est pas en soi extravagant. Mais d'après le pamphlet, celles-ci sont sordides ou dégradantes. C'est la manière du genre. Sur les deux enfants illégitimes qu'on lui attribue, l'un d'eux aurait vu le jour en Auvergne. Il s'agit de l'enfant issu de son amour pour Aubiac et qui serait né à Carlat sourd et muet et « pour ces imperfections, abandonné de l'amour et du soin de sa propre mère, qui ayant oublié les plaisirs de la conception, a longtemps permis qu'il ait gardé les oisons en Gascogne ». Cet épisode, qui n'a jamais pu être vérifié, permet au pamphlétaire d'ajouter encore aux défauts de la mère en la faisant passer pour indigne de l'amour d'un enfant après l'avoir été d'un mari.

Le « Divorce satyrique » accuse Marguerite d'avoir empoisonné Marzé à Carlat, « espérant, délivrée de cet obstacle et fortifiée des soldats que Romes, cousin d'Aubiac, était allé lever en Gascogne, se rendre maîtresse absolue de la place ». Or, Mariéjol a bien montré que Marguerite n'est pour rien dans la mort de Marzé.

Enfin, on ne reviendra pas sur les descriptions de l'arrestation d'Aubiac à Ybois, volontairement dégradante, sur sa pendaison avilissante à Aigueperse, sur la ruse supposée de Marguerite et sa volupté qui soumettent Canillac à toutes ses volontés. Tout cela est issu du « Divorce » et malheureusement beaucoup d'historiens reprendront ces épisodes farfelus, non vérifiables car se déroulant dans "l'Auvergne profonde" en un temps où les communications n'étaient pas ce qu'elles sont aujourd'hui.

Mais c'est évidemment sur toute la vie de Marguerite que brode insidieusement et ignoblement le « Divorce satyrique ».

On a hésité, et certains hésitent encore, sur la paternité du pamphlet, qui d'ailleurs, dans le genre exécrable, est un petit chef-d'œuvre. Un nom se détache parmi d'autres : celui d'Agrippa d'Aubigné. Beaucoup de raisons conduisent à le désigner en priorité. C'est d'abord le huguenot déçu dont Chateaubriand écrivait d'ailleurs qu'il était « hargneux, ambitieux, mécontent, d'un esprit caustique » et qu'il ne fallait « pas croire entièrement ». Beaucoup de faits rapportés sont réels en effet, mélangés à des élucubrations sordides. C'est ce qui le rend dangereux.

Le tempérament satirique d'Aubigné qui s'observe déjà dans « Les Tragiques » commencés en 1576 et publiés en 1616, le montre du doigt. Retiré à Maillezais en Vendée après l'abjuration d'Henri IV en juillet 1593, il est déçu, aigri et se trouve parfaitement en situation pour rédiger ce libelle tout en poursuivant son « Histoire universelle ». Enfin, il a écrit d'autres textes satiriques comme la « Confession du très catholique sieur de Sancy » et les « Aventures du baron de Faeneste » qui confirment son talent de pamphlétaire. En réalité, Aubigné était un homme blessé dans ses convictions, qui stigmatisa et refusa toujours les abjurations intéressées. [197]

Mais il faut attendre 1660 pour que le pamphlet attribué à d'Aubigné soit publié. Il paraît en effet dans le « Recueil de diverses pièces servant à l'histoire de Henri III » à Cologne édité par Pierre de Marteau. Le succès est foudroyant et plusieurs éditions paraissent à nouveau dans les années qui suivent. Le recueil en question comporte en fait trois rééditions : celle du Journal d'Henri III de l'Estoile, le baron de Faenestre d'Aubigné et les Amours du grand Alcandre de la princesse de Conti. Il faut y ajouter une œuvre inédite composée également par Aubigné : « la confession catholique de Sancy ». L'objectif du recueil est simple : déconsidérer les grands auxquels la monarchie fait la guerre depuis quelques temps au profit des bourgeois, et dénigrer la « participation des femmes au jeu politique » comme l'écrit madame Viennot [198]

Puis le « Divorce satyrique » sera inclus dans les œuvres complètes d'Aubigné avec l'édition de Réaume et Caussade en 6 volumes parus à Paris entre 1873 et 1882 [199]

On a parfois attribué le pamphlet à Palma Cayet, un ancien « sous-précepteur » d'Henri de Navarre, qui après avoir été pasteur dans le Poitou entra au service de Jeanne d'Albret et de son fils. Puis la sœur d'Henri, Catherine de Bourbon, choisit Cayet pour prédicateur. Il la suivit à Paris en 1594 quand Henri devint Henri IV. Cayet eut donc tout le loisir de bien connaître le roi de France dès sa tendre jeunesse. Ce n'est pas une raison suffisante pour le soupçonner d'être l'auteur du

---

197 - A commencer par celle de son propre fils Constant, le père de Françoise d'Aubigné, marquise de Maintenon.

198 - E. Viennot. op. cit. p. 278.

199 - Il se trouve dans le tome 2 (p. 653 à 684).

libelle. Dans aucun de ses deux ouvrages essentiels la « Chronologie septenaire » et la « chronologie novenaire », n'apparaissent des allusions à la « petite histoire » de nature « croustillante ».

Enfin un soupçon a pu peser sur Charles de Valois qui avait lui, bien des raisons de ne pas apprécier Henri IV.

Quant à l'accusation d'inceste de Marguerite avec ses trois frères, on peut dire qu'elle relève de la fantasmagorie.

C'est désormais du côté d'un historien nommé Scipion Dupleix qui devait tant à son ex-protectrice, que nous devons nous tourner. Cet ancien maître des requêtes de la reine devint l'historien d'Henri III et d'Henri IV. Il accrédita la thèse des deux enfants illégitimes de Marguerite pour faire plaisir au pouvoir en place. Il provoqua ainsi l'ire du maréchal de Bassompierre. Celui-ci fut scandalisé par l'ingratitude de l'historiographe officiel de la royauté, aux gages de Richelieu et vouant désormais aux gémonies son ancienne bienfaitrice.

Margot. La légende sympathique

L'un des plus grands romanciers français, Alexandre Dumas, va sceller la légende sympathique de Marguerite de Valois sous le surnom de Margot, ignominieusement galvaudé au XVIIe siècle.

« La reine Margot » paraît en effet dans le journal « La Presse » en feuilleton du 25 décembre 1844 au 5 avril 1845. Dumas s'était documenté très sérieusement sur la période concernée et consulta notamment le journal de l'Estoile. Il a ainsi étayé son roman sur une base historique avec laquelle bien sûr il prend des libertés, mais c'est la règle du genre.

Pourquoi Margot ? Dumas le précise dans le roman : « ... c'était la perle de la couronne de France, c'était Marguerite de Valois, que dans sa familière tendresse pour elle, le roi Charles IX n'appelait jamais que sa sœur Margot ». [200] Le roman ne raconte, malgré son volume, que deux années de la vie de la reine entre son mariage et la mort de son frère le roi, c'est-à-dire, entre 1572 et 1574.

Margot est présentée par l'auteur sous un jour plutôt sympathique. C'est une grande amoureuse, espiègle, malicieuse, se débattant au mieux dans l'atmosphère épouvantable de la Cour.

Le séjour auvergnat est encore loin. Mais la légende sympathique qui naît avec le roman bientôt édité à de très nombreuses reprises, va aussi se diffuser en Auvergne et dissiper progressivement la mauvaise impression laissée par les pamphlets huguenots. La jeune femme agréable et intelligente du roman rejoint

---

200 - A. Dumas. La reine Margot. Folio p. 23.

la réalité du XVIe siècle en l'embellissant, car dans le roman Marguerite a vingt ans pour l'éternité…

Persistance de légendes locales

Cependant la légende de Marguerite de Valois en Auvergne est ambiguë.

L'imagination populaire, issue des pamphlets huguenots, est encore vivace de nos jours. On raconte ainsi à Issoire et dans sa région des récits fantastiques à son propos. Des fables la présentent « mangeant les petits enfants et buvant leur sang pour entretenir la fraîcheur de son teint ».

L'église de Sallèdes à dix kilomètres au nord d'Usson, à l'est de Vic-le-Comte « posséderait » ses restes. Selon la chronique locale, en effet, Marguerite serait venue finir ses jours ici après la mort d'Henri IV. Elle aurait habité dans un joli château appelé de "la Chaux-Montgros", situé comme il se doit sur un des pitons dont l'Auvergne est si généreuse.

D'autres légendes courent à son sujet, même loin d'Usson, tellement sa popularité et son prestige étaient grands. En Velay, en particulier, elle a laissé d'excellents souvenirs, sans doute à cause de sa médiation pendant les luttes religieuses et politiques. On y raconte qu'elle aurait possédé et habité le manoir d'Artyas, situé dans la région d'Yssingeaux, à l'est du Puy. C'est une pure invention mais elle est sympathique.

Dans beaucoup de communes de l'arrondissement d'Issoire, on trouve une référence à la « Reine Margot ». Le diminutif est tellement répandu qu'on ignore complètement le prénom exact de la reine.

Un historien local, Léon Vasseur, issu de la région d'Usson, a écrit en 1934 un petit ouvrage intitulé « La reine Margot. Son exil au château d'Usson. Résumé de la vie de la plus heureuse des femmes » (sic) [201]. Cet opuscule est très révélateur de la légende locale sur le séjour de Marguerite de Valois. Dédiant son livre à sa sœur qui partagea les souvenirs des récits de leur grand-père concernant Usson, l'auteur se laisse aller à la rêverie. « La beauté grandiose de ce paysage immense, coloré de teintes mordorées de l'automne finissant, me pénétrait, me transportait dans une sorte de monde irréel où je m'abîmais, délicieusement heureux… ». Puis il rapporte ce que le grand-père, qui évidemment, n'avait pas connu Marguerite, racontait à ses petits enfants :

« Un château monstrueux aux vingt tours nous disait-il, dans lequel habitait une reine belle comme une fée, mais très méchante à ses heures dévorant même

201 - Ed. Vessely. Issoire. 1934. 64 p. Disponible à la bibliothèque de Clermont-Ferrand. N° A 35596.

les enfants… Elle vivait tout là-haut, dans sa forteresse, entourée de jolies femmes, de nobles chevaliers et de pages galants : c'était la reine Margot ».[202] Mais Léon Vasseur de ne contente pas de présenter la légende rapportée par ses ancêtres. Malgré la lecture des ouvrages de St-Poncy et de Mariéjol, antérieurs à son petit livre, il ne peut s'empêcher d'écrire à propos de la reine : « qui sait combien partagèrent sa couche dans ce château d'Usson aux portes hermétiquement closes… ». Puis reprenant les pires fantasmes écrits sur le compte de Marguerite, il poursuit : « Pareille à ces pirates qui gardaient dans leur repaire des troupeaux de captives, Marguerite entretenait dans sa chambre d'Usson de jeunes garçons ramassés aux environs et qui étaient presque des esclaves. Fils de paysans ou d'ouvriers venus jeunes au château comme enfants de chœur ou valets, ils entouraient la reine, la servaient avec amour, plusieurs se disputèrent sa faveur avec une ardeur de montagnard. Elle leur donnait de l'or, des postes. Dès qu'ils devenaient trop virils, dès que le temps durcissait leur visage, elle les renvoyait de son lit et les mariait ». [203]

Comme on ne prête qu'aux riches, de nombreux châteaux se vantent d'avoir abrité - même pour un temps très court - la reine de France. En particulier les forteresses les plus proches d'Usson, c'est-à-dire Nonette et Moncelet sont souvent données comme ayant vu Marguerite évoluer dans leurs murs. Peut-être la reine a-t-elle visité Nonette, par exemple, situé à quelques kilomètres au sud d'Usson ? Mais elle n'y a pas habité. Construit, comme on l'a vu, par le même bâtisseur que celui d'Usson, Jean de France, duc de Berry, Nonette qui faisait partie du duché d'Auvergne et non du comté, appartenait à l'époque de Marguerite au duc de Nemours, de la famille des Guise. Quant à celui de Moncelet, il était propriété du duc de Montpensier.

Mais tout cela montre combien la région s'enorgueillit du séjour de la reine de Navarre et de France. Les restaurants à l'enseigne de la « reine Margot » fleurissent à Issoire, Besse, La Tour d'Auvergne, Saint-Saturnin et ailleurs. Son souvenir n'aurait-il donc pas trop pâti des pamphlets huguenots ? Pourtant, nulle femme n'en a plus souffert que la reine Marguerite. Sa mémoire, écrit Saint-Poncy « a été si profondément altérée, la routine des historiens se traînant dans le sentier battu par les pamphlétaires, si bien enracinée, qu'il semble aujourd'hui singulièrement paradoxal et téméraire de s'inscrire en faux contre des jugements erronés ».

---

202 - L. Vasseur. Op. cit. Introduction.
203 - L. Vasseur. Op. cit. p. 47 (d'après P. Rival. La folle vie de la reine Margot. Paris 1929).

Marguerite de Valois a passé le tiers de sa vie exilée en Auvergne. Si les circonstances lui avaient été plus favorables, placée sur un trône, par exemple, ce qui aurait été son vœu le plus cher, comme celui de son frère Alençon, à n'en pas douter, elle aurait joué un rôle de tout premier plan.

Cette « bienfaitrice de l'État », comme l'appelle à propos Mme Viennot, avait montré en effet, pendant son séjour auvergnat, d'immenses qualités qui laissaient présager l'importance du personnage : une grande force de caractère, de la ténacité à revendre, une intelligence subtile et pour couronner le tout, l'art de se faire des amis de tous les horizons. C'était une vraie Valois devenue « le seul rameau resté d'un arbre abattu par l'orage » (Saint-Poncy).

Unique dans l'histoire de France, l'aventure auvergnate de Marguerite de Valois l'a grandie sans aucun doute. Elle y poursuivit sa mission déjà entamée à Paris et à Nérac de protectrice des lettres françaises qu'elle continua après son retour à la Cour de France, dans des conditions beaucoup plus favorables et plus fastueuses. L'écho de la reine de France en Auvergne est celui de la reine Margot avec toute l'ambiguïté qui s'attache à ce surnom.

L'audience de la fille la plus célèbre de Catherine de Médicis dépasse, on s'en doute, le cadre hexagonal. Beaucoup d'historiens, notamment anglo-saxons, ont écrit à son propos. Le dernier en date, l'américain R. Sealy, a publié en 1994 à New-York et à Paris : « The myth of the Reine Margot : toward the elimination of a legend ». Après la belle thèse d'Éliane Viennot (1993) il s'agit d'une nouvelle contribution, plus modeste, il est vrai, mais authentique, à la restauration de l'image de la "vraie" Marguerite de Valois.

Celle-ci en a bien besoin après un film récent sur "Margot" dont le côté "hystérique" a encore été accentué.

*
* *

Le promeneur qui visite Carlat ou Usson ne doit pas manquer, en arpentant ces sites impressionnants, de s'imaginer une femme délaissée par son mari, sacrifiée par sa mère, exécrée par son frère le roi, bannie par ses adversaires, essayant de survivre puis de retrouver sa dignité royale en reconstituant une cour. Pendant ces vingt années à Usson, après avoir échappé de peu à la mort, elle va voir disparaître toute sa famille et ses amis. Sa dynastie engloutie, elle verra passer la couronne des Valois sur la tête du mari qui l'avait répudiée.

Malgré toutes ces épreuves, quelle force de caractère a-t-il fallu à cette femme en quittant Usson, pour se retrouver à Paris « étrangère dans le palais de ses ancêtres » !

Elle allait, avec quel succès, une nouvelle fois, subir la plus douloureuse des épreuves, celle de « se survivre » suscitant comme l'écrivait Saint-Poncy « la pitié de ses amis, les railleries des autres et l'étonnement de tous ».

BIBLIOGRAPHIE SELECTIVE

AUBIGNE (A. d') - Œuvres complètes. Paris 1873-1892. Réaume et Caussade 6 Vol. t. 2 : Le Divorce satyrique.

BALUZE - Histoire générale de la maison d'Auvergne. 2 t.

BAYLE - Dictionnaire historique et critique. Edition de 1740.

BOUILLET (J. B.) - Annales de la Ville d'Issoire. Clermont-Ferrand 1848.

BRANTÔME - Recueil des Dames, poésies et tombeaux. Pleiade.

CASTAREDE (J) - La Triple vie de la reine Margot, Paris, France-Empire, 1992.

CASTELNAU (J) - La Reine Margot. Paris, Payot, 1981.

CASTELOT (A) - La Reine Margot. Paris, Perrin, 1993.

Catherine de MÉDICIS - Lettres. La Ferrière Baguenault. Imprimerie Nationale 1880-1909, 11 vol.

CAZAUX (Y) - Mémoires de Marguerite de Valois, la Reine Margot, suivis d'autres lettres et autres écrits. Mercure de France 1971.

CIMBER (L) et DANJOU (F.) - Archives curieuses de l'histoire de France. 2 séries. Voir 2° série, tome 7.

COHENDY - Lettres missives. Clermont-Ferrand.

COSTE (Père Hilarion de) - Éloges et vie des reines, princesses, dames et damoiselles illustres. 1630.

CROZE (J. de) - Les Guise, les Valois et Philippe II. Paris 1866.

DESJARDIN (A). Négociations de la France avec la Toscane, 1311-1610. 6 vol. Paris 1859-1886.

DONNAY (M) - La Reine Margot. Paris 1946.

DULAURE - Description de l'Auvergne. 1789.

ERLANGER (Ph) - La Reine Margot ou la Rébellion. Paris, Club français du livre, 1972, rééd. Presses-Pocket, 1984.

GALZY (J) - Margot, reine sans royaume. Paris 1939.

GARRISSON (J). Marguerite de Valois. Fayard, 1994.

IMBERDIS (A) - Histoire des guerres religieuses en Auvergne pendant les XV° et XVI° siècles. Riom. 1848.

LALOY (M) - Les six siècles d'austérité des chevaliers de St-Jean-de-Jérusalem. BHSA 1961 n° 591.

LAUZUN (P) - Itinéraire de Marguerite de Valois en Gascogne 1578-1586. Paris Picard 1902.

LAVISSE - Histoire de France 1901-1910. t. 6.

LEHOUX (F) - La vie de Jean de France, duc de Berry. Sa vie, son action politique. Picard 1966-68, 4 t.

LESTOILE. - Journal. Ed. Michaud-Poujoulat.

LONGEON (C) - Une province française à la Renaissance. La vie intellectuelle en Forez au XVI° siècles. Univ. Lille 3. 1976.

LUCINGE (R) - Lettres sur la cour d'Henri III en 1586. Droz 1966.

MARIEJOL (J. H) - La vie de Marguerite de Valois, reine de Navarre et de France. Hachette. 1928.

MERKI (C) - La reine Margot et la fin des Valois. Paris 1905.

MONGEZ (A) - Histoire de la reine Marguerite de Valois, première femme du roi Henri IV. Paris 1777.

PEDRON (F) - La Reine Margot : l'amour et la gloire. Paris, Laffont, 1985.

RIVAL (P) - La folle vie de la Reine Margot. Paris, 1929.

SAIGE (G) et DE DIENNE - Documents historiques relatifs à la vicomté de Carlat. Monaco. 1900. 2 t.

SAINT-PONCY (comte de) - Histoire de Marguerite de Valois, reine de France et de Navarre. Paris 1887. 2 t.

SAVARON (S) - Les origines de la ville de Clermont. Horvath.

SAVINE (A) - La vraie reine Margot. Paris, 1908.

SEALY (Robert T) The myth of the Reine Margot : toward the elimination of a legend. New-York, Seter Lang Publishing Inc. 1994.

SULLY - Mémoires de Maximilien de Béthune, duc de Sully. Londres, 1747, 8 v. in-16.

TARDIEU (Ambroise) - Grand dictionnaire biographique du Puy-de-Dôme. Laffitte, Marseille 1977 (1878).

TARDIEU (Ambroise) - Grand dictionnaire historique du département du Puy-de-Dôme. Laffitte Marseille 1976 (Moulins 1877).

VAISSIERE (P. de) - Marguerite de Valois et la Ligue en Auvergne. Revue des questions historiques. 131. Mars 1938.

VASSEUR (L) - La Reine Margot. Son exil au château d'Usson. Résumé de la vie de la plus heureuse des femmes. Vessely, Issoire, 1934.

VERNYES (J. de) - Mémoires 1589-1593. Clermont-Ferrand, 1838.

VIENNOT (E) - Marguerite de Valois. Correspondance 1569-1614. Honoré Champion, Paris, 1998.

VIENNOT (E) - Marguerite de Valois. Histoire d'une femme. Histoire d'un mythe. Payot, 1993

LES TROIS MARGUERITE

Marguerite de Valois est parfois confondue avec l'une ou l'autre des deux Marguerite suivantes de la même dynastie qu'elle, celle des Valois - Angoulême.

Marguerite d'Angoulême, puis d'Alençon, puis de Navarre. (1492-1549).

Elle fut reine de Navarre.

Elle était la sœur unique de François Ier dont elle était la conseillère dans le domaine culturel.

Fille de Charles d'Orléans, comte d'Angoulême et de Louise de Savoie.

Elle épousa Charles, duc d'Alençon en 1509, puis après le décès de celui-ci, Henri II d'Albret, roi de Navarre.

C'était l'une des femmes les plus instruites de son temps. Elle possédait sept langues dont le grec et l'hébreu. Sa cour de Nérac était le foyer de l'Humanisme de la Renaissance.

Elle fut écrivain de talent et poétesse. Elle écrivit des comédies et un recueil de nouvelles (inachevé) : "L'Heptameron", sur le modèle de Boccace.

Favorable à une réforme de l'Eglise, elle accueillit Lefèvre d'Etaples à Nérac à partir de 1529. Elle ne rompra cependant jamais avec l'Eglise catholique.

Sa fille Jeanne d'Albret, en revanche, la mère d'Henri IV, introduira officiellement le calvinisme en Navarre et au Béarn.

Marguerite de Navarre est donc la grand-mère d'Henri IV. Etant la sœur du grand-père de Marguerite de Valois (François Ier), elle est sa grand-tante.

Marguerite de France (1523-1574)

Elle est la seconde fille de François Ier et de Claude de France. Elle est donc la nièce de la précédente qui l'éleva et lui fit partager son goût du mécénat. Ellc fut duchesse de Savoie après s'être mariée à Emmanuel Philibert en 1559.

Enfin notre Marguerite de Valois (1553-1615), appelée aussi Marguerite de Navarre ou même Marguerite de France, que seuls les romanciers devraient s'arroger le pouvoir de prénommer Margot, est la petite-fille de François Ier. Elle est donc la nièce de la précédente et la petite-nièce de Marguerite de Navarre.

Index des noms de personnes

CHRONOLOGIE

	1553
14 mai	Naissance de Marguerite, troisième fille d'Henri II et de Catherine de Médicis au château de St-Germain-en-Laye.
	1556
	Eglises calvinistes à Paris, Tours, La Rochelle.
	1557
10 août	Victoire de l'Espagne sur la France à St-Quentin.
	1558
janvier	François de Guise prend Calais.
	1559
3 avril	Traité du Cateau-Cambrésis. Paix entre la France, l'Espagne et la Savoie.
10 juillet	Mort d'Henri II. Avènement de François II, son fils aîné, né en 1544. (le 19 janvier).
	1560
31 janvier	Troisième mariage de Philippe II d'Espagne avec Elizabeth de Valois (Isabelle de France), sœur de Marguerite.
17 mars	Conspiration d'Amboise.
5 décembre	Mort de François II. Avènement de Charles IX né en 155O.
21 décembre	Catherine de Médicis régente.
	1561
31 janvier	Clôture des Etats Généraux d'Orléans ouverts le 31 décembre 1560.
7 avril	Triumvirat : Montmorency - Guise - St-André.
21 octobre	Colloque de Poissy.
	1562
17 janvier	Édit de St-Germain : réglementation du culte protestant.
1er mars	Massacre de Wassy.
16 mars	Entrée triomphale des Guise dans Paris.
8 avril	Manifeste de Condé. Première guerre de religion.
12 avril	Massacre de huguenots à Sens.
13 juillet	Le Parlement met les protestants hors la loi.
	1563
24 février	François de Guise assassiné près d'Orléans par Poltrot de Méré.
19 mars	Édit de Pacification d'Amboise.
17 août	Charles IX déclaré majeur au parlement de Rouen.

	1564
24 juin	Départ de la Cour de Paris pour un voyage à travers la France.
	1565
14 juin - 2 juillet	Rencontre entre Catherine de Médicis et les Espagnols à Bayonne. Marguerite revoit sa sœur.
	1566
8 février	Henri, duc d'Orléans (qui s'est appelé Alexandre-Edouard jusqu'en 1564) devient duc d'Anjou. Son frère François-Hercule jusqu'alors duc d'Anjou devient duc d'Alençon et ne deviendra duc d'Anjou qu'en 1576.
1er mai	Fin du grand voyage. Retour de la Cour à Paris.
	1567
Septembre	Début de la deuxième guerre de religion. Le prince de Condé tente de s'emparer de la famille royale.
12 novembre	Henri duc d'Anjou, lieutenant général du royaume.
	1568
23 mars	Paix de Longjumeau rétablissant l'édit d'Amboise.
24 mai	Départ de Michel de l'Hospital.
	1569
13 mars	Bataille de Jarnac (Victoire d'Henri d'Anjou).
	1570
8 août	Edit de St-Germain - Fin de la troisième guerre de religion.
27 novembre	Charles IX épouse Elizabeth d'Autriche.
	1571
7 octobre	Bataille de Lépante. Les catholiques mettent la flotte turque en déroute.
	1572
18 août	Mariage de Marguerite avec Henry de Navarre.
22 août	Attentat manqué contre l'amiral G. de Coligny.
24 août	Début des massacres de la St-Barthélémy. Assassinat de Coligny.
	1573
11 mai	Le duc d'Anjou, roi de Pologne.
6 juillet	Levée du siège de La Rochelle. Edit de Boulogne.
	1574
30 mai	Mort de Charles IX. Avènement d'Henri III.
19 août	Début de la 5° guerre de Religion. Le réveille-matin des Français.
	1575
13 février	Sacre d'Henri III à Reims.

15 septembre	Première évasion de la Cour de Monsieur, duc d'Alençon.
	1576
3 février	Fuite de la cour d'Henri de Navarre qui redevient huguenot.
7 mai	Edit de Beaulieu (près de Loches). Condamnation de la St-Barthélémy.
Juin	Formation de la Ligue à Péronne.
2 décembre	Henri III se déclare chef de la Ligue.
	1577
Février	Clôture des Etats généraux de Blois (les premiers).
Mars	Sixième guerre de religion.
11 mai	Mise à sac d'Issoire par Monsieur duc d'Anjou (Alençon).
3 juillet	Voyage de Marguerite à SPA.
16 septembre	Paix de Bergerac.
	1578
14 février	Deuxième évasion de la Cour de François d'Alençon.
	Premier voyage de Marguerite à Nérac.
	1579
	Septième guerre de religion.
Juin	Fin du voyage de pacification de Catherine de Médicis dans le Midi.
19 août	Assassinat de Bussy d'Amboise (favori de Monsieur (François d'Alençon) et amant de Marguerite).
	1580
Avril - mai	Reprise de la guerre dite des Amoureux dans le Midi.
26 novembre	Paix du Fleix.
	1582
10 février	Le duc d'Anjou débarque aux Pays-Bas.
	Marguerite de retour à la Cour de France.
Décembre	Edit sur l'adoption du calendrier grégorien.
	(On retranche dix jours du 15 au 25 décembre.)
	1583
7 août	Marguerite chassée de la Cour.
	1584
10 juin	Mort de Monsieur, François duc d'Alençon ou d'Anjou.
	Marguerite est à Nérac.
	1585
19 mars	Marguerite arrive à Agen.
31 mars	Déclaration de Péronne. Début de la 8° guerre de religion.
25 septembre	Départ d'Agen pour Carlat (Cantal actuel).
30 septembre	Arrivée de Marguerite à Carlat.

1586

4 juin Marguerite à Vic-sur-Cère.
14 octobre Départ de Carlat pour Ibois (près d'Issoire).
16 octobre Arrivée à Ibois.
20 octobre (ou le 21) Arrestation de Marguerite à Ibois.
Du 21 octobre au 6 novembre Marguerite à St-Amant-Tallende.
Du 7 novembre au 13 novembre Marguerite à St-Saturnin.
Jeudi 13 novembre Arrivée de Marguerite à Usson.
Décembre Conférence de St-Brice entre Catherine de Médicis et Henri de Navarre.

1587

Janvier Marguerite libérée par le marquis de Canillac son geôlier
18 février Exécution de Marie Stuart à Fotheringay.
20 octobre Bataille de Coutras :victoire d'Henri de Navarre sur les catholiques et mort du duc de Joyeuse.

1588

5 mars Mort d'Henri de Condé à St-Jean d'Angély.
Henri de Navarre devient le seul chef des protestants.
Mai Occupation de Paris par les troupes des Guise.
11 au 13 mai Journée des barricades. Fuite du roi Henri III.
16 octobre Ouverture des seconds Etats généraux de Blois.
23 décembre Exécution d'Henri de Guise au château de Blois.
24 décembre Exécution de son frère, le cardinal Louis de Guise.

1589

5 janvier Mort de Catherine de Médicis.
18 janvier Clôture des Etats généraux.
13 mars Le duc de Mayenne lieutenant général.
Mars Henri III se replie à Tours.
3 juillet Henri III et Navarre prennent Etampes.
1er août Assassinant d'Henri III par Jacques Clément, religieux dominicain.
Henri de Navarre devient Henri IV, roi de France.

1590

14 mars Henri IV vainqueur à Ivry. Les troupes royales remportent la victoire de Cros-Rolland près d'Issoire.

1591

9 février Début du siège de Chartres par Henri IV.
5 Avril Adresse du pape à la noblesse contre Henri IV

1592

mars Négociation Henri IV - duc de Mayenne.

1593

Janvier - février Début des négociations entre Henri IV et Marguerite de Valois en vue de divorcer.

25 juillet	Abjuration d'Henri IV.
	1594
27 février	Sacre d'Henri IV à Chartres.
22 mars	Entrée d'Henri IV à Paris.
	Début probable de la rédaction des Mémoires de Marguerite à Usson.
	1595
17 septembre	Absolution du pape Clément VIII.
	1598
15 avril	Edit de Nantes.
2 mai	Paix de Vervins avec les Espagnols.
	1599
10 avril	Mort de Gabrielle d'Estrées.
10 novembre	Annulation du mariage entre Henri de Navarre et Marguerite de Valois.
	1600
17 décembre	Henri IV épouse Marie de Médicis.
	1602
29 juillet	Exécution de Biron.
	1604
Mars	Destruction du château de Carlat.
	1605
5 juillet	Marguerite quitte Usson pour Paris.
27 juillet	Accueil solennel de Marguerite au Louvre par la famille royale.
	1610
14 mai	Ravaillac assassine Henri IV.
	1614
	Marguerite écrit le "Discours docte et subtil".
	1615
26 mars	Mort de Marguerite de Valois.
	1616
20 juillet	Son corps est transporté de nuit sans cérémonie à St-Denis.
	1634
	Démolition du château d'Usson.

TABLES DES MATIÈRES